罗霄山脉生物多样性考察与保护研究

罗霄山脉生物多样性综合科学考察

廖文波　王英永　贾凤龙　王　蕾
陈春泉　李泰辉　苏志尧　主编

科学出版社

北京

内 容 简 介

本书是国家科技基础性工作专项"罗霄山脉地区生物多样性综合科学考察"项目的成果。全书分为20章,内容包括地质地貌、土壤、气候、水资源、植物、动物、真菌、植被等。共鉴定高等植物325科1511属5720种,大型真菌72科218属672种,陆生贝类22科45属129种,昆虫268科1860属3422种,鱼类17科68属113种,两栖动物8科26属52种,爬行动物15科44属68种,鸟类70科215属369种,哺乳动物22科56属91种,发表或发现生物新种118种。在此基础上,对罗霄山脉地区的生物区系、生物资源、生态保护现状等进行了论述和评价,从而为该地区进一步有效保护和管理奠定了基础。

本书可供生物学、生态学、林学、园艺学、农学、地理学、环境科学等科研机构与高等学校的科研人员和师生参考,也可为从事生态环境保护的政府管理部门和企业工作人员及生态旅游爱好者参考。

图书在版编目(CIP)数据

罗霄山脉生物多样性综合科学考察/廖文波等主编. —北京:科学出版社,2022.10

(罗霄山脉生物多样性考察与保护研究)

ISBN 978-7-03-073118-0

Ⅰ.①罗… Ⅱ.①廖… Ⅲ.①生物多样性–科学考察–研究–中国 Ⅳ.①Q16

中国版本图书馆 CIP 数据核字(2022)第 169019 号

责任编辑:王 静 王 好 田明霞 / 责任校对:宁辉彩
责任印制:肖 兴 / 封面设计:北京美光设计制版有限公司

科学出版社 出版
北京东黄城根北街 16 号
邮政编码:100717
http://www.sciencep.com

北京汇瑞嘉合文化发展有限公司 印刷
科学出版社发行 各地新华书店经销
*

2022 年 10 月第 一 版 开本:889×1194 1/16
2022 年 10 月第一次印刷 印张:26 1/2 插页:12
字数:784 000
定价:528.00 元
(如有印装质量问题,我社负责调换)

罗霄山脉生物多样性考察与保护研究
编委会

组织机构：吉安市林业局　中山大学　吉安市林业科学研究所

主　　　任：胡世忠

常务副主任：王少玄

副　主　任：杨　丹　王大胜　李克坚　刘　洪　焦学军

委　　　员：洪海波　王福钦　张智萍　肖　兵　贺利华　傅正华

　　　　　　陈春泉　肖凌秋　孙劲涛　王　玮

主　　　编：廖文波　陈春泉

编　　　委：陈春泉　廖文波　王英永　李泰辉　王　蕾　陈功锡

　　　　　　詹选怀　欧阳珊　贾凤龙　刘克明　李利珍　童晓立

　　　　　　叶华谷　吴　华　吴　毅　张　力　刘蔚秋　刘　阳

　　　　　　苏志尧　张　珂　崔大方　张丹丹　庞　虹　涂晓斌

　　　　　　单纪红　饶文娟　李茂军　余泽平　邓旺秋　凡　强

　　　　　　彭焱松　刘忠成　赵万义

《罗霄山脉生物多样性综合科学考察》
编委会

本书编写分工

第1章 罗霄山脉的地质地貌

张 珂* 黄康有 李忠云 李肖杨

中山大学地球科学与工程学院，广州 510275

第2章 罗霄山脉的土壤

苏志尧* 张 璐 曾曙才 黄润霞 徐明锋 张 毅 王永强

华南农业大学林学与风景园林学院，广州 510642

第3章 罗霄山脉的水文和气候

崔大方* 赵旭明 王家琼 陈 捷 李 岗 梁 鹏

华南农业大学林学与风景园林学院，广州 510642

第4章 罗霄山脉的植被

丁巧玲[1] 刘忠成[1,2] 赵万义[1] 王 蕾[2*] 叶华谷[1,3] 凡 强[1] 詹选怀[4] 陈功锡[5] 廖文波[1*]

1 中山大学生命科学学院，广州 510275

2 首都师范大学资源环境与旅游学院，北京 100048

3 中国科学院华南植物园，广州 510520

4 中国科学院庐山植物园，九江 332900

5 吉首大学植物资源保护与利用湖南省高校重点实验室，吉首 416000

第5章 罗霄山脉苔藓植物区系

刘蔚秋[1*] 张 力[2] 左 勤[2] 石祥刚[1] 钟淑婷[2] 王国兵[3] 刘嘉杰[2] 方平福[3] 黎杰俊[3]

1 中山大学生命科学学院，广州 510275

2 深圳市中国科学院仙湖植物园，深圳 518004

3 江西官山国家级自然保护区管理局，宜春 336300

第6章 罗霄山脉蕨类植物区系

陈功锡[1*] 孙 林[1] 詹选怀[2*] 王 蕾[3] 刘克明[4] 叶华谷[5] 廖文波[5]

1 吉首大学植物资源保护与利用湖南省高校重点实验室，吉首 416000

2 中国科学院庐山植物园，九江 332900

3 首都师范大学资源环境与旅游学院，北京 100048

4 湖南师范大学生命科学学院，长沙 410081

注：*各章责任作者。

5 中山大学生命科学学院，广州 510275

第 7 章　罗霄山脉裸子植物区系

王　蕾 [1*]　刘忠成 [1,2]　赵万义 [2]　旷仁平 [3]　彭焱松 [4]　叶华谷 [5]

1 首都师范大学资源环境与旅游学院，北京 100048

2 中山大学生命科学学院，广州 510275

3 湖南师范大学生命科学学院，长沙 410081

4 中国科学院庐山植物园，九江 332900

5 中国科学院华南植物园，广州 510520

第 8 章　罗霄山脉被子植物区系

赵万义 [1]　刘忠成 [1,2]　凡　强 [1*]　王　蕾 [2]　叶华谷 [3]　刘克明 [4]　陈功锡 [5]　詹选怀 [6]　廖文波 [1*]

1 中山大学生命科学学院，广州 510275

2 首都师范大学资源环境与旅游学院，北京 100048

3 中国科学院华南植物园，广州 510520

4 湖南师范大学生命科学学院，长沙 410081

5 吉首大学植物资源保护与利用湖南省高校重点实验室，吉首 416000

6 中国科学院庐山植物园，九江 332900

第 9 章　罗霄山脉种子植物区系的特有现象

赵万义 [1]　刘忠成 [1,2]　王　蕾 [2]　凡　强 [1*]　叶华谷 [3]　陈功锡 [4]　廖文波 [1*]

1 中山大学生命科学学院，广州 510275

2 首都师范大学资源环境与旅游学院，北京 100048

3 中国科学院华南植物园，广州 510520

4 吉首大学植物资源保护与利用湖南省高校重点实验室，吉首 416000

第 10 章　罗霄山脉植物区系的孑遗现象和生物避难所性质

赵万义 [1]　刘忠成 [1,2]　王　蕾 [2]　凡　强 [1*]　廖文波 [1*]

1 中山大学生命科学学院，广州 510275

2 首都师范大学资源环境与旅游学院，北京 100048

第 11 章　罗霄山脉植物区系的替代分化、地理亲缘和区系区划

赵万义 [1]　刘忠成 [1,2]　王　蕾 [2*]　陈功锡 [3]　刘克明 [4]　詹选怀 [5]　叶华谷 [6]　廖文波 [1*]

1 中山大学生命科学学院，广州 510275

2 首都师范大学资源环境与旅游学院，北京 100048

3 吉首大学植物资源保护与利用湖南省高校重点实验室，吉首 416000

4 湖南师范大学生命科学学院，长沙 410081

5 中国科学院庐山植物园，九江 332900

6 中国科学院华南植物园，广州 510520

第 12 章 罗霄山脉大型真菌及其物种多样性

邓旺秋　李泰辉*　宋宗平　张　明　徐隽彦　王超群

广东省科学院广东省微生物研究所，广州 510070

第 13 章 罗霄山脉陆生贝类及其物种多样性

欧阳珊*　吴小平　谢广龙　徐　阳　张　妍

南昌大学生命科学学院，南昌 330031

第 14 章 罗霄山脉昆虫区系及其物种多样性

贾凤龙[1*]　李利珍[2]　童晓立[3]　庞　虹[1*]　张丹丹[1]　赵梅君[2]　王　敏[2]

1 中山大学生命科学学院，广州 10275

2 上海师范大学生命科学学院，上海

3 华南农业大学农学院，广州 510642

第 15 章 罗霄山脉鱼类区系及其物种多样性

欧阳珊[1*]　吴小平[1,2]　刘雄军[2]　秦佳军[1]　敖雪夫[1]　郭　琴[1]　肖文磊[1]

1 南昌大学生命科学学院，南昌 330031

2 南昌大学资源环境与化工学院，南昌 330031

第 16 章 罗霄山脉两栖类动物区系组成及特征

王英永[1*]　王　健[1]　吴　华[2]　罗振华[2]　赵　健[1]　吕植桐[1]

1 中山大学生命科学学院，广州 510275

2 华中师范大学生命科学学院，武昌 430079

第 17 章 罗霄山脉爬行类动物区系及其物种多样性

王英永[1*]　赵　健[1]　吴　华[2]　罗振华[2]　王　健[1]　吕植桐[1]

1 中山大学生命科学学院，广州 510275

2 华中师范大学生命科学学院，武昌 430079

第 18 章 罗霄山脉鸟类区系及其物种多样性

刘　阳[1*]　王英永[1]　吴　华[2]　潘新园[1]　黄　秦[1]　吴　毅[3]　余文华[3]　梁　丹[1]

1 中山大学生命科学学院，广州 510275

2 华中师范大学生命科学学院，武汉 430079

3 广州大学生命科学学院，广州 510006

第 19 章 罗霄山脉哺乳类动物区系及其物种多样性

吴　毅[1*]　余文华[1]　吴　华[2]　邓学建[3]　胡宜峰[1]　王晓云[1]　周　全[1]

1 广州大学生命科学学院，广州 510006

2 华中师范大学生命科学学院，武汉 430079

3 湖南师范大学生命科学学院，长沙 410081

第 20 章 罗霄山脉新种与新记录种

刘 佳[1] 李玉龙[1] 彭 中[2] 王 敏[3] 张 明[4] 张记军[5] 肖佳伟[6] 旷仁平[7] 贾凤龙[1*] 廖文波[1*]

1 中山大学生命科学学院，广州 510275

2 上海师范大学生命科学学院，上海 200241

3 华南农业大学农学院，广州 510642

4 广东省科学院广东省微生物研究所，广州 510070

5 首都师范大学资源环境与旅游学院，北京 100048

6 吉首大学植物资源保护与利用湖南省高校重点实验室，吉首 416000

7 湖南师范大学生命科学学院，长沙 410081

序 一

　　建设生态文明,关系人民福祉,关乎民族未来。党的十八大以来,以习近平同志为核心的党中央从坚持和发展中国特色社会主义事业、统筹推进"五位一体"总体布局的高度,对生态文明建设提出了一系列新思想、新理念、新观点,升华并拓展了我们对生态文明建设的理解和认识,为建设美丽中国、实现中华民族永续发展指明了前进方向、注入了强大动力。

　　习近平总书记高度重视江西生态文明建设,2016年2月和2019年5月两次考察江西时都对生态建设提出了明确要求,指出绿色生态是江西最大财富、最大优势、最大品牌,要求我们做好治山理水、显山露水的文章,走出一条经济发展和生态文明水平提高相辅相成、相得益彰的路子;强调要加快构建生态文明体系,繁荣绿色文化,壮大绿色经济,创新绿色制度,筑牢绿色屏障,打造美丽中国"江西样板",为决胜全面建成小康社会、加快绿色崛起提供科学指南和根本遵循。

　　罗霄山脉大部分在江西省吉安境内,包含5条中型山脉及其中的南风面、井冈山、七溪岭、武功山等自然保护区、森林公园和自然山体,保存有全球同纬度最完整的中亚热带常绿阔叶林,蕴含着丰富的生物多样性,以及丰富的自然资源库、基因库和蓄水库,对改善生态环境、维护生态平衡起着重要作用。党中央、国务院和江西省委省政府高度重视罗霄山脉片区生态保护工作,早在1982年就启动了首次井冈山科学考察;2009~2013年吉安市与中山大学联合开展了第二次井冈山综合科学考察。在此基础上,2013~2018年科技部立项了"罗霄山脉地区生物多样性综合科学考察"项目,旨在对罗霄山脉进行更深入、更广泛的科学研究。此次考察系统全面,共采集动物、植物、真菌标本超过21万号30万份,拍摄有效生物照片10万多张,发表或发现生物新种118种,撰写专著13部,发表SCI论文140篇、中文核心期刊论文102篇。

　　"罗霄山脉生物多样性考察与保护研究"丛书从地质地貌,土壤、水文、气候,植被与植物区系,大型真菌,昆虫区系,脊椎动物区系和生物资源与生态可持续利用评价等7个方面,以丰富的资料、翔实的数据、科学的分析,向世人揭开了罗霄山脉的"神秘面纱"。进一步印证了大陆东部是中国被子植物区系的"博物馆",也是裸子植物区系集中分布的区域,为两栖类、爬行类等各类生物提供了重要的栖息地。这一系列成果的出版,不仅填补了吉安在生物多样性科学考察领域的空白,更为进一步认识罗霄山脉潜在的科学、文化、生态和自然遗产价值,以及开展生物资源保护和生态可持续利用提供了重要的科学依据。成果来之不易,饱含着全体科考和编写人员的辛勤汗水与巨大付出。在第三次科考的5年里,各专题组成员不惧高山险阻、不畏酷暑严寒,走遍了罗霄山脉的山山水水,这种严谨细致的态度、求真务实的精神、吃苦奉献的作风,是井冈山精神在新时代科研工作者身上的具体体现,令人钦佩,值得学习。

　　罗霄山脉是吉安生物资源、生态环境建设的一个缩影。近年来,我们深入学习贯彻习近平生态文明思想,努力在打造美丽中国"江西样板"上走在前列,全面落实"河长制""湖长制",全域推开"林长制",着力推进生态建养、山体修复,加大环保治理力度,坚决打好"蓝天、碧水、净土"保卫战,努力打造空气清新、河水清澈、大地清洁的美好家园。全市地表水优良率达100%,空气质量常年保持在国家二级标准以上。

　　当前,吉安正在深入学习贯彻习近平总书记考察江西时的重要讲话精神,以更高标准推进打造美丽中国"江西样板"。我们将牢记习近平总书记的殷切嘱托，不忘初心、牢记使命，积极融入江西省国家生态文明试验区建设的大局，深入推进生态保护与建设，厚植生态优势，发展绿色经济，做活山水文章，繁荣绿色文化，筑牢生态屏障，努力谱写好建设美丽中国、走向生态文明新时代的吉安篇章。

是为序。

胡世忠

江西省人大常委会副主任、吉安市委书记

2019 年 5 月 30 日

序　二

　　罗霄山脉地区是一个多少被科学界忽略的区域，在《中国地理图集》上也较少被作为一个亚地理区标明其独特的自然地理特征、生物区系特征。虽然 1982 年开始了井冈山自然保护区科学考察，但在后来的 20 多年里该地区并没有受到足够的关注。胡秀英女士于 1980 年发表了水杉植物区系研究一文，把华中至华东地区均看作第三纪生物避难所，但东部被关注的重点主要是武夷山脉、南岭山脉以及台湾山脉。罗霄山脉多少被选择性地遗忘了，只是到了最近 20 多年，研究人员才又陆续进行了关于群落生态学、生物分类学、自然保护管理等专题的研究，建立了多个自然保护区。自 2010 年起，在江西省林业局、吉安市林业局、井冈山管理局的大力支持下，在 2013～2018 年国家科技基础性工作专项的支持下，项目组开始了罗霄山脉地区生物多样性的研究。

　　作为中国大陆东部季风区一座呈南北走向的大型山脉，罗霄山脉在地质构造上处于江南板块与华南板块的结合部，是由褶皱造山与断块隆升形成的复杂山脉，出露有寒武纪、奥陶纪、志留纪、泥盆纪等时期以来发育的各类完整而古老的地层，记录了华南板块6亿年以来的地质史。罗霄山脉自北至南又由 5 条东北—西南走向的中型山脉组成，包括幕阜山脉、九岭山脉、武功山脉、万洋山脉、诸广山脉。罗霄山脉是湘江流域、赣江流域的分水岭，是中国两大淡水湖泊——鄱阳湖、洞庭湖的上游水源地。整体上，罗霄山脉南部与南岭垂直相连，向北延伸。据统计，罗霄山脉全境包括67处国家级、省级、市县级自然保护区，34处国家森林公园、风景名胜区、地质公园，以及其他数十处建立保护地的独立自然山体等。

　　罗霄山脉地区生物多样性综合科学考察较全面地总结了多年来的调查数据，取得了丰硕成果，共发表 SCI 论文140 篇、中文核心期刊论文102 篇，发表或发现生物新种118 个，撰写专著13 部，全面地展示了中国大陆东部生物多样性的科学价值、自然遗产价值。

　　其一，明确了在地质构造上罗霄山脉南北部属于不同的地质构造单元，北部为扬子板块，南部为加里东褶皱带，具备不同的岩性、不同的演化历史，目前绝大部分已进入地貌发展的壮年期，6 亿年以来亦从未被海水全部淹没，从而使得生物区系得以繁衍和发展。

　　其二，罗霄山脉是中国大陆东部的核心区域、生物博物馆，具有极高的生物多样性。罗霄山脉高等植物共有325科1511属5720种，是亚洲大陆东部冰期物种自北向南迁移的生物避难所，也是间冰期物种自南向北重新扩张等历史演化过程的策源地；具有全球集中分布的裸子植物区系，包括银杉属、银杏属、穗花杉属、白豆杉属等共6科21属32种，以及较典型的针叶树垂直带谱，如穗花杉、南方铁杉、资源冷杉、白豆杉、银杉、宽叶粗榧等均形成优势群落。罗霄山脉是原始被子植物——金缕梅科（含蕈树科）的分布中心，共有12属20种，包括牛鼻栓属、金缕梅属、双花木属、马蹄荷属、枫香属、蕈树属、半枫荷属、檵木属、秀柱花属、蚊母树属、蜡瓣花属、水丝梨属；也是亚洲大陆东部杜鹃花科植物的次生演化中心，共有9属64种，约占华东五省一市杜鹃花科种数（81 种）的 79.0%。同时，与邻近植物区系的比较研究表明，罗霄山脉北段的九岭山脉、幕阜山脉与长江以北的大别山脉更为相似，在区划上两者组成华东亚省，中南段的武功山脉、万洋山脉、诸广山脉与南岭山脉相似，在区划上组成华南亚省。

　　其三，罗霄山脉脊椎动物（鱼类、两栖类、爬行类、鸟类、哺乳类）非常丰富，共记录有 132 科660 种，两栖类、爬行类尤其典型，存在大量隐性分化的新种，此次科考发现两栖类新种 13 个。罗霄山脉是亚洲大陆东部哺乳类的原始中心、冰期避难所。动物区系分析表明，两栖类在罗霄山脉中段武功山脉的过渡性质明显，中南段的武功山脉、万洋山脉、诸广山脉属于同一地理单元，北段幕阜山脉、九岭山脉属于另一个地理单元，与地理上将南部作为狭义罗霄山脉的定义相吻合。

其四，针对5条中型山脉，完成植被样地调查788片，总面积约58.8万m^2，较完整地构建了罗霄山脉植被分类系统，天然林可划分为12个植被型86个群系172个群丛组。指出了罗霄山脉地区典型的超地带性群落——沟谷季风常绿阔叶林为典型南亚热带侵入的顶极群落，有时又称为季雨林（monsoon rain forest）或亚热带雨林[①]，以大果马蹄荷群落、鹿角锥-观光木群落、乐昌含笑-钩锥群落、鹿角锥-甜槠群落、蕈树类群落、小果山龙眼群落等为代表。

毫无疑问，罗霄山脉地区是亚洲大陆东部最为重要的物种栖息地之一。罗霄山脉、武夷山脉、南岭山脉构成了东部三角弧，与横断山脉、峨眉山、神农架所构成的西部三角弧相对应，均为生物多样性的热点区域，而东部三角弧似乎更加古老和原始。

秉系列专著付梓之际，乐为之序。

王伯荪

2019 年 6 月 25 日

[①] Wang B S. 1987. Discussion of the level regionalization of monsoon forests. Acta Phytoecologica et Geobotanica Sinica, 11(2): 154-158.

前　言

2010 年春季，在吉安市政府、井冈山管理局的支持下，中山大学、南昌大学、江西省地质调查研究院等开始了第二次"井冈山地区生物多样性综合科学考察"，其间为论证井冈山地区的自然遗产价值，考察的范围进一步扩大至江西南风面和七溪岭、湖南桃源洞。借助第二次科考资料，2012 年井冈山被联合国教科文组织列入"人与生物圈计划"保护地成员；后于 2015 年，井冈山与北武夷山（江西境内）联合申报，在第 39 届世界遗产大会被列入世界文化与自然遗产地预备清单。2013 年，在以井冈山地区为核心的基础上，课题组联合其他兄弟单位将罗霄山脉地区作为一个单元申报了国家科技基础性工作专项并获得批准，因而开始了罗霄山脉地区生物多样性综合科学考察。

罗霄山脉地处中国大陆东部季风区，是一条呈南北走向的大型山脉，地理位置在北纬 25°36′～29°45′，东经 112°57′～116°05′，跨湖北、湖南、江西三省，涵盖 14 个地级市 55 个县（市），南北约 516 km，东西 175～285 km，总面积约 6.76 万 km²。罗霄山脉自北至南由 5 条东北—西南走向的中型山脉组成，包括幕阜山脉、九岭山脉、武功山脉、万洋山脉、诸广山脉；是湘江流域、赣江流域的分水岭，也是中国两个最大的淡水湖泊——鄱阳湖和洞庭湖上游水源地。整体上，罗霄山脉南部与南岭垂直相连，向北延伸，截至 2012 年全境有 67 处国家级、省级、市县级自然保护区，34 处国家森林公园、风景名胜区地质公园以及各区其他独立的自然山体等。

在科技部和吉安市政府等的支持下，针对罗霄山脉生物多样性的综合科学考察自 2013 年一直延续至 2019 年。六年来，项目组对罗霄山脉全境 150 多个山地样点进行了充分的调查，内容涉及地质、土壤、气候、真菌、植物、植被、动物、昆虫等专题，前后共有 1322 人次参加野外调查，工作总量超过 21 500 人天。考察获得了大量第一手资料和考察成果，完成地质钻孔 5 个，总进尺 2403 cm；分析土壤样品 351 个（包括剖面 101 个），水样标本 111 份；完成样地调查 788 片，面积 58.8 万 m²；采集生物标本 21 万号，拍摄生物、生境照片 10 万多张；发表 SCI 论文 140 篇，核心期刊论文 102 篇，发表或发现生物新种 118 个。

罗霄山脉生物多样性综合科学考察从整体上论证了罗霄山脉的自然遗产价值。罗霄山脉在地质构造上处于江南板块与华南板块的接合部，是由褶皱造山与断块隆升形成的复杂山脉，出露有寒武纪、奥陶纪、志留纪、泥盆纪等时期以来发育的各类完整而古老的地层。据统计，罗霄山脉高等植物 5720 种中含中国特有种 1792 种、各类孑遗种 260 多种、各类珍稀濒危保护植物 360 多种。植被调查表明，罗霄山脉地区天然林可划分为 12 个植被型 86 个群系 172 个群丛组，其中保存有南亚热带地区的超地带性群落——沟谷季风常绿阔叶林或季雨林，以大果马蹄荷群落、鹿角锥-观光木群落、乐昌含笑-钩锥群落、鹿角锥-甜槠群落、蕈树类群落、小果山龙眼群落等为代表。在动物多样性方面，共记录罗霄山脉六足动物 3666 种；陆生脊椎动物（鱼类、两栖类、爬行类、鸟类、哺乳类）660 种。无疑，罗霄山脉是两栖类、爬行类物种多样性最高的地理分布区之一，存在大量隐形分化的新种，本次科考发现两栖类新种 13 个，占整个罗霄山脉地区两栖类总种数的 23.2%。

注：在"罗霄山脉地区生物多样性综合科学考察"立项之初，罗霄山脉自北至南被划分为北段的幕阜山脉、九岭山脉，中段的武功山脉、万洋山脉，以及南段的诸广山脉，但因各课题组考察设计路线不同，本书不同章节对 5 条山脉的划归略有不同；本书统稿时尚有相当部分标本未完成鉴定，部分外送标本尚未有结果，最终统计数据将在丛书各分册更新；第三纪在地质年代中已不再使用，但在古生物学和植物区系演化中有特殊意义，不能简单地拆分为古近纪和新近纪，本书涉及相关内容仍用第三纪的名称。

　　整体上，罗霄山脉是"华中、华东、华南生物区系"的交汇区，保存有全球亚热带地区较为典型的季风常绿阔叶林，具有大陆东部极为丰富的子遗种、珍稀濒危种、中国特有种等，是两栖、爬行动物保存和分化的重要栖息地，是鸟类南北迁徙、东西扩散的中转站和重要通道和国际重要鸟区，是亚洲东部冰期最重要的生物避难所之一，因而具有突出的生物多样性与生态学价值。

　　罗霄山脉综合科学考察针对区域生态环境、生物资源保护与可持续利用等进行了研究，从而也为该地区的自然保护规划、管理、生态可持续发展提供了基础依据。

编　者

2019 年 4 月 25 日

目　录

图版

第1章　罗霄山脉的地质地貌

摘　要　完成对罗霄山脉地层、岩石、地质构造和地貌的资料收集及野外调查，获得了较丰富的资料，其中实施高山沼泽手摇钻孔 5 个，总进尺 2403cm，^{14}C 测年样品 24 个，实测 20 个。分析了罗霄山脉的形成与演化过程。初步结果表明，罗霄山脉南段的诸广山脉、万洋山脉和武功山脉与北段的九岭山脉和幕阜山脉属于两个不同的地质构造单元。南部为江南褶皱带，加里东运动时，华夏板块与扬子板块碰撞形成江南褶皱带；加里东运动后，由西南向东北发生海侵，沉积了以石英砂岩为主的坚硬岩石，为高大山脉的形成提供了物质基础。北部为扬子板块，印支运动时华北板块向扬子板块俯冲，产生一系列由北往南的推覆逆冲构造，使中元古界页岩、板岩等浅变质岩（软弱岩石）广泛出露。燕山运动时，太平洋板块向欧亚板块碰撞俯冲，引发广泛的构造变形与岩浆活动；燕山运动后期发生大规模拉伸，形成内陆红色碎屑盆地沉积。新构造运动早期造就了罗霄山脉总体呈南北、局部呈北东的地貌格局，后期构造抬升减弱，风化、剥蚀、岩性以及均衡作用成为主旋律，罗霄山脉进入壮年期，形成了复杂多样的地貌景观，加上第四纪冰期的叠加，造就了丰富多彩的小气候环境，为生物多样性的形成提供了前提条件。

1.1　罗霄山脉地质地貌的基本特征

罗霄山脉地处亚洲大陆东部，总体近南北走向，纵贯鄂、湘、赣三省边界，由一系列北东—南西走向的中型山脉由南往北分别是诸广山脉、万洋山脉、武功山脉、九岭山脉和幕阜山脉等。最高海拔 2122m，为万洋山脉南风面，最低海拔 82m，落差达 2040m，形成了复杂多样的地貌形态。罗霄山脉经历了从元古宙到中生代漫长的地质演化，形成了复杂的地层岩石和构造格局。新生代以来，在内外动力的共同作用下，逐渐"雕琢"成今天所见的宏伟山系。

罗霄山脉作为湘江和赣江两大水系的分水岭，对大气环流也产生了一定的影响，造就了丰富多彩的山地小气候环境，既给不同生物群提供了特定的生存空间，也给它们的迁徙造成了一定的障碍。第四纪时期，冰期和间冰期交替的气候剧变叠加到不同高度、不同岩性、不同形貌的山地上，形成了十分复杂的环境变迁，既为孑遗生物营造了残存的避难空间，也给迁徙物种提供了庇护通道，使生物多样性明显优于罗霄山脉两侧的低山丘陵或平原盆地。

通过 5 年来的调查研究，获得了较丰硕的成果。本章针对罗霄山脉的各中型山脉，从地层、岩石、地质构造、山地地貌、水系变迁、高山沉积以及成因演化等多个方面进行了总结，为探讨生物区系的特征和演化提供了基本依据与参考资料。

1.1.1　诸广山脉

诸广山脉位于湘、赣、粤三省交界，罗霄山脉的南段，北邻万洋山脉，南接南岭，总体走向北东—南西，主体由花岗岩组成。山峦起伏，北高南低，北部山峰一般海拔 1500～2000m，南部降至海拔 1000～1500m，其中齐云山的主峰齐云峰为最高峰，海拔 2061m。

1. 主要地层

沉积岩主要分布于山脉的外围,从老到新简述如下。

(1)新元古界

震旦系。震旦系鹰杨关群为一套遭受低绿片岩相区域变质的长英砂岩、细砂岩、炭质板岩及薄层状硅质岩,夹基性海底火山喷发沉积,如细碧角斑岩、暗灰绿色凝灰岩,属海相复理石建造,总厚度3000m以上。含冰水沉积,可与扬子板块的南沱冰碛层对比;上部含磷层增加,与扬子板块的陡山沱组大致相当,前者代表地球的"雪球地球"(snowball earth)(Kirschivink,1992),后者则代表"雪球地球"之后的气候回暖和生命大繁盛。

(2)下古生界

1)寒武系。寒武系八村群为一套遭受低绿片岩相区域变质的中至细粒长石石英砂岩、泥炭质板岩(图1-1)和灰岩,也是一套浅海相复理石建造,厚度大于3000m,岩相较稳定,其中下部石煤层和炭质页岩比较发育,可与华南其他地区对比,顶部含锰质灰岩和白云岩。

图1-1 诸广山脉的寒武系炭质页岩

2)奥陶系。下奥陶统岩性为沉积细砂岩、粉砂岩、长石石英砂岩、粉砂岩、炭质板岩、钙质岩及硅质岩等,南侧局部夹火山岩,缺失中奥陶统、上奥陶统。

上述地层之间均为整合接触。

(3)上古生界

1)泥盆系。中泥盆统半山组(D₂b)和跳马涧组(D₂t)主要为灰白色和紫红色石英砂砾岩、砂页岩、粉砂岩和砂质页岩,是含铁、锰、铅、锌、银、硫等元素的赋矿地层,底部常含赤铁矿层(宁乡式铁矿);上泥盆统棋梓桥组(D₂q)主要为灰色或灰黑色白云岩、白云质灰岩;上泥盆统佘田桥组(D₂s)和锡矿山组(D₂x)为灰岩、泥质灰岩、白云岩以及钙质砂岩、粉砂岩、粉砂质页岩。泥盆系沉积总厚度约为1200m。

泥盆系与下伏地层为角度不整合接触关系,代表加里东运动。

2)石炭系。下石炭统由粉砂岩、页岩过渡到泥灰岩、灰岩。上石炭统主要为白云岩夹灰岩或灰岩夹白云岩和煤层。

3)二叠系。下二叠统岩性组成为燧石结核铁锰硅质岩、页岩,南侧上部局部出现灰岩透镜体、安山岩等,上二叠统主要为页岩、硅质岩,下部含煤,部分地段有凝灰质砂岩,南侧还出现凝灰岩。

石炭系至二叠系在诸广山脉分布较为局限。

上述地层之间为整合接触。

（4）中生界

侏罗系。侏罗系为海陆交替及沼泽环境，形成地层岩性为红色石英砂岩、粉砂质泥岩、泥岩，含煤层；侏罗纪晚期，燕山运动产生大规模断裂、断陷盆地，沉积形成了巨厚的陆相红色砂岩。侏罗系与下伏地层均为角度不整合接触关系，是燕山运动的结果。

诸广山脉缺失古近系—新近系，第四系则零星分布，主要为冲积相、洪积相。

2. 主要岩石

诸广山岩体由多期多阶段的复式花岗岩体构成，包括加里东期的扶溪岩体、澜河混合岩体，印支期的白云岩体、乐洞岩体、江南岩体、龙华山岩体、大窝子岩体、寨地岩体、古亭岩体、油洞岩体和塘洞岩体，燕山期的九峰岩体、三江口岩体、长江岩体、红山岩体、企岭岩体、赤坑岩体、日庄岩体和百顺岩体等。以燕山期的侵入岩规模及数量占绝对优势。

九峰岩体（图 1-2a）位于诸广山复式花岗岩的西端，岩体呈岩基状侵入元古宇和古生界。岩体主体岩性为中粒等粒状黑云母花岗岩；三江口岩体（图 1-2b、c）位于诸广山复式花岗岩的中部，规模最大，岩体呈岩株状侵入元古宇和古生界，岩性为中粒似斑状二云母花岗岩；长江岩体（图 1-2d）位于诸广山复式花岗岩的东部，西侧与三江口岩体相邻，东侧侵入印支期油洞岩体，岩性为中粒黑云母花岗岩。

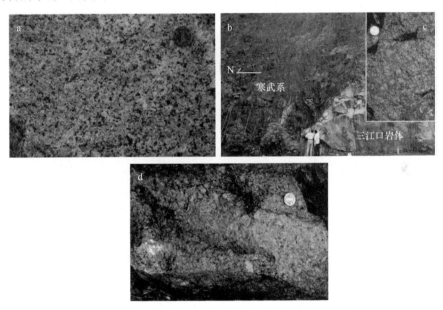

图 1-2　九峰岩体、三江口岩体和长江岩体野外照片
a. 九峰岩体；b、c. 三江口岩体；d. 长江岩体

3. 地质构造

诸广山岩体内断裂构造主要可以分为南北、北西和北东等三组，其中以北东向断裂最发育，控制了山体的走向。

4. 地貌特征

诸广山脉是长江水系和珠江水系的分水岭，是长江水系的湘江、赣江以及珠江水系支流北江的源头，因而有"水注三江"之说。

诸广山脉的主要山峰都发育在花岗岩（又称为诸广山岩体）之上，形成"花岗岩地貌"。花岗岩广泛暴露暗示该区经历了长期的风化剥蚀。其中，位于湘、粤、赣三省交界处的万时山保留了较好的最高夷平面，海拔约 1500m（图 1-3），代表新构造运动的抬升幅度。

图 1-3　诸广山脉万时山最高夷平面

山脉抬升除了夷平面证据，还有大量裂点（瀑布），如珠江水系北江源头的湖南汝城县九龙江瀑布群（图 1-4）。

图 1-4　珠江水系北江源头的九龙江瀑布群

在诸广山岩体南面的粤北燕山期花岗岩中，取深钻岩心进行热年代学和构造抬升速率分析，900m深的钻孔中共取样品 8 个。目前，已获得了锆石和磷灰石（U-Th）/He 的测量结果，两者比较接近（由于断层错动，测试结果发生重复，故仅采用 4 个样品的测试结果进行分析）。4 个样品的高度-年龄拟合表明，40Ma（始新世）以来，山脉抬升速率（剥蚀速率）为 0.0096km/Ma（图 1-5），结合地貌证据（最高夷平面），揭示诸广山脉始新世前可能有过较强抬升，始新世以来，抬升非常缓慢，以处于剥蚀减荷的均衡抬升为主。诸广山脉热年代学研究结论，与武功山脉热年代学研究结论（后述）有类似之处，可能说明晚新生代以来，罗霄山脉总体上抬升都很微弱，这解释了为什么大部分山脉都已进入壮年期。

1.1.2　万洋山脉

万洋山脉主要有南风面、井冈山、七溪岭、桃源洞等山地，下面以井冈山、桃源洞等为例加以说明。

1. 主要地层

从老到新为下古生界、上古生界。

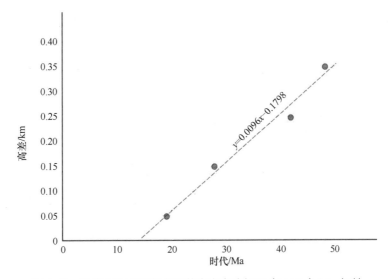

图 1-5 诸广山脉南部燕山期花岗岩中磷灰石（U-Th）/He 年龄

（1）下古生界

1）寒武系。寒武系主要为变余长石石英砂岩夹板岩、多层炭质硅质岩及含硅质板岩，依据岩性的差异，次分为下寒武统牛角河群、中寒武统高滩群和上寒武统水石群。沉积厚度巨大，为活动类型的深海相沉积，总厚度可达 6000m 以上。总体而言，以浅变质岩为主，粒度较小，岩性较为软弱，形成低山，大面积分布于井冈山东麓地带。

2）奥陶系。下奥陶统爵山沟组（O_1j），岩性以灰绿色、深灰色粉砂质板岩、板岩、千枚岩为主，夹少量含硅含炭板岩及粉砂岩，厚度近 700m。下奥陶统七溪岭组（O_1q），以灰黑色含硅炭质板岩、炭质板岩及灰绿色板岩为主，厚度近 800m。中奥陶统（未分组），岩性主要为淡灰色、灰绿色变余细粒石英砂岩、硬砂岩、粉砂岩、粉砂质板岩，夹少量炭质板岩及含硅质板岩，厚度 3000m 以上。岩性较为坚硬，往往构成高地，如井冈山主峰五指峰（1586m 左右）。

寒武系—奥陶系沉积厚度巨大，总厚度＞10km，代表了扬子板块与华夏板块之间华南（或称江南）活动的深海沉积类型。

（2）上古生界

泥盆系。中泥盆统跳马涧组（D_2t），上部为砂岩、凝灰岩及粉砂质页岩；中部为中粗粒石英砂岩，含长石石英砂岩，夹粉砂岩和页岩；下部为石英砾岩、砂砾岩，含砾砂岩及石英砂岩。厚度 500m。该地层分布广，岩性较为坚硬，是山脉的主体岩石。中泥盆统棋梓桥组（D_2q），上部为条带状泥质灰岩夹厚层灰岩，中部为泥灰岩与绢云母千枚岩互层，下部为厚层硅质泥灰岩，底部为绢云母千枚岩与薄层泥灰岩互层。厚度 100m 左右。由于碳酸盐岩在亚热带地区易发生溶蚀，中泥盆统棋梓桥组为井冈山山间盆地（井）的主要地层。上泥盆统佘田桥组（D_2s），以石英砂岩、含长石石英砂岩夹钙质砂岩、粉砂岩、粉砂质页岩为主。厚度接近 300m。

总体上，泥盆系沉积以碎屑岩为主，总厚度不足 1km，与下古生界寒武系—奥陶系巨厚沉积形成了鲜明的对照。但由于石英砂岩比例较高，岩性较坚硬，是井冈山的主体岩石。从下到上，钙质成分有所增加，抗风化能力有所减弱。

泥盆系与奥陶系为角度不整合接触（图 1-6，奥陶系产状 110°∠75°，68°∠73°，奥陶系更陡且产状多变，说明褶皱强烈，而泥盆系产状较稳定，西部产状 130°∠33°），加里东运动在此表现明显而强烈。

图 1-6　江西与湖南两省交界处，泥盆系与奥陶系的角度不整合接触界线

省界界碑（虚线）以上为泥盆系跳马涧组底砾岩（D），以下为奥陶系板岩、页岩（O）

除此之外，还有少量石炭系灰岩夹煤层以及侏罗系陆相砂岩，但分布范围十分有限。

2. 主要岩石

井冈山主要岩浆岩为加里东期中粒斑状黑云母二长花岗岩，侵入寒武系—奥陶系之中，分布于山脉南段，与诸广山岩体相接。

3. 地质构造

万洋山脉总体北东走向，主要断层多为北东向，以压性为主，透镜体发育，活动时间相对较早；北西向断层数量较少，规模不大，表现为张性特征，活动时间相对较晚。

4. 地貌特征

万洋山脉实际上是受北东向断层控制的断块山地。断块山地中的井冈山由大型北东向向斜组成，向斜的核部地层为上泥盆统佘田桥组石英砂岩，两翼为中泥盆统跳马涧组石英砂岩、砾岩。黄洋界、八面山等位于向斜西翼，地层总体向东倾斜，地貌上形成东缓西陡的单面山（图 1-7），成为易守难攻的天险。实际上，万洋山脉北部高耸的山地，基本上都由泥盆系石英砂岩、砂砾岩构成，山脊线经常沿中泥盆统跳马涧组底砾岩分布，岩性对地形的控制十分明显。

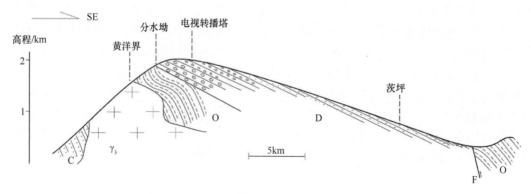

图 1-7　井冈山过黄洋界的东西向地质地貌剖面

C. 寒武系；O. 奥陶系；D. 泥盆系；γ₃. 加里东期花岗岩；F. 断层

　　井冈山地区夷平面保存较好，其中以 1500m 左右较为突出（图 1-8）。湖南境内的神农谷高山沼泽（海拔约 1470m）也是该夷平面的典型表现。夷平面是抬升的准平原，反映了曾经长期稳定的侵蚀基准面，其高度大致代表新构造的抬升量。

图 1-8　井冈山八面山附近向东远眺 1500m 齐顶山峰（夷平面）

图中虚线所示为齐顶山峰

5. 高山沉积

　　井冈山中有不少海拔千米以上的山间盆地，由于高度大，比同纬度低海拔地区对气候变化更加敏感，沉积物中留下了环境变化的宝贵记录。

　　（1）井冈山大井钻孔

　　在井冈山大井以东海拔约 1000m 的淤泥沼泽洼地中，钻孔位置：26.007°N，115.120°E。用手摇钻进行了全岩心连续取样，取样长度 243cm。钻孔岩性主要是淤泥、黏土和泥炭层。取上、下两个样品进行 ^{14}C 测年，其中下部样品测年结果为 1.7Ka B. P.。该钻孔记录的时间太短，^{14}C 测年后没有进行更详细研究。

　　（2）井冈山江西坳钻孔

　　在井冈山长坪以西海拔 1650m 的山顶洼地沼泽中，钻孔位置：26.470°N，114.092°E。用手摇钻进行了全岩心连续取样。取样长度 150cm。钻孔岩性主要是黏土、粉砂质黏土和泥炭层，共测量了 6 个 ^{14}C 样品，其中最老样品年龄为 9.41Ka B. P.，属全新世早期。由于样品相对较年轻，尚未开展详细分析。

　　（3）桃源洞钻孔

　　在井冈山西南湖南省境内的桃源洞（又名神农谷）高山沼泽，海拔 1468m，钻孔位置：26.458°N，113.999°E。用手摇钻进行了全岩心连续取样，取样长度 265cm。钻孔岩性主要是黏土，但颜色分带明显，总体上呈灰白色间黄褐色，夹泥炭层。共测量了 6 个 ^{14}C 样品，其中最老样品年龄可达 37Ka B. P.，实属十分难得的高山沉积，记录了深海氧同位素 3 阶段（MIS3）以来的气候变化。

　　钻孔岩心孢粉初步研究表明，MIS3 早中期气候较温暖，以温带落叶阔叶林占优势，以水青冈、松和铁杉林为主的落叶针叶混交林，同时伴生少量桦木、常绿栎、栲、落叶栎等乔木。林下有大量以莎草科和禾本科等为主的草本植物。35.9Ka B. P. 开始铁杉含量迅速降低，其他植被类型及含量则变化不大，铁杉喜湿且对湿度变化敏感，可能反映气候变干。总体来看，尽管处于间冰期，但当时气温比现今低 4～5℃。MIS3 晚期，约 30.1Ka B. P. 开始温带落叶林占比骤降，而热带-亚热带常绿阔叶林含量增多，乔木类主要以常绿栎占绝对优势，伴生冬青、桦木等，还有少量水青冈和蕈树。林下则是以莎草科和伞形科为主的草本植物，表明此时气温较上阶段明显上升。25.1Ka B. P. 常绿类植被逐渐减少，而落叶类逐渐增多，说明此时气温开始下降。至 23.4Ka B. P. 进入末次冰期极盛期（LGM，MIS2），温度降到最低点,孢粉浓度低,温带落叶林相对百分含量迅速增加,特别是水青冈的含量达到最高值,常绿栎虽然减少了,但相对含量依然较高。推测此处的植被以水青冈、常绿栎为主,伴生桦木、柯/栲、松等;林下草本则以莎草科和伞形科为主。此后,从15.0Ka B.P.开始,进入冰消期,温度逐渐上升,温带落叶林的含量减少,主要表现为水青冈含量的降低,此时乔木类植被类型以水青冈、常绿栎、桦木、柯/栲为主,草本则以伞形科为主。12.4Ka B.P.进入全新世(MIS1),温度显著回升,孢粉浓度升至峰值,与此同时,常绿阔叶林的含量也迅速增至最高值,其中以冬青为最,温带落叶林的含量随之降低;此时植被类型以冬青林为主,伴生常绿栎、柯/栲、桦木等。5.1Ka B.P.之后孢粉浓度再次降低,松的相对百分含量升高,表明此时植被以松为主,伴生常绿栎和柯/栲,草本则以莎草科和禾本科含量丰富。暗示全新世大西洋气候适宜期(最温暖期)后的温度下降。

1.1.3 武功山脉

武功山脉位于萍乡坳陷以南,与万洋山脉相比,山体规模较小,呈北东东向延伸,地质上为穹隆构造,但从地形上来看,该穹隆构造已被破坏,形成"逆构造地形",穹隆的核部成为低地,最高峰在穹隆南缘,海拔近1900m。总体上,武功山脉向北东东方向逐渐降低,至新余一带,地势仅为100～200m的低山丘陵。

武功山脉地层岩石出露齐全,种类繁多,从新元古界直至古近系—新近系均有发育,仅缺失奥陶系和志留系。

1. 主要地层

(1)新元古界

新元古界地层厚度大,以浅变质岩为主,多分布于武功山脉的东北部,从老到新分别有如下几种。

1)潭头群(青白口系),分为神山(下)和库里(上)两个组,岩性主要为灰白色和浅灰色变余沉凝灰岩、绢云母千枚岩,常呈互层产出,水平层理发育,含微古植物化石,见细碧角斑岩,说明为次深海相沉积,厚度较大,总厚度大于1800m。

2)杨家桥群(南华系),分为上施组(下)、古家组(中)和下坊组(上),岩性主要为青灰色绢云母千枚岩、板岩,含凝灰质,上部出现条带状磁铁石英岩、含铁千枚岩(图1-9a),是著名的"新余式铁矿"的赋矿层位,产微古植物化石,浅海相沉积,厚度大于900m。

3)乐昌峡群(震旦系),分为坝里(下)和老虎塘(上)两个组,岩性主要为变余石英杂砂岩与千枚岩互层(图1-9b),还含有变余长石石英砂岩、变余粉砂岩等,中至厚层状,产微古植物化石,深海沉积,总厚度大于1200m。

(2)下古生界

下古生界寒武系八村群分布范围广,构成了武功山脉的主体地层。根据岩性不同又可分为上、中、下三部分,下部为灰黑色炭质千枚岩、变余砂岩,含石煤;中部为变余长石石英杂砂岩与千枚岩互层,向上千枚岩增多,产腕足动物化石;上部为变余长石石英杂砂岩、绢云母千枚岩和变质砂岩。该套地层是区域低温动力变质作用的产物,变质岩相属低绿片岩系。产小型腕足动物化石。沉积环境属浅海到次深海沉积,总厚度大于1400m。除八村群外,还有高变质相地层(称为温汤变粒岩),层序紊乱,残留在武功山核部花岗岩系的顶部,主要为二云母片岩、黑云母片岩、黑云母石英片岩、黑云斜长变粒岩或斜长角闪岩等,局部还夹大理岩化灰岩。

(3)上古生界

上古生界发育且连续,与下古生界呈不整合接触,分别有如下几种。

1)泥盆系。从下到上分别有灵岩寺组、云山组、中棚组、罗段组、嶂崃组、麻山组和洋湖组,其中云山组到嶂崃组统称峡山群。主要为砂砾岩组成的碎屑沉积,下部沉积粒度粗,为紫红色砾岩、

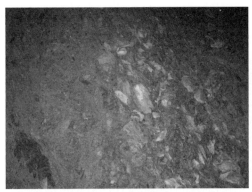
a. 新元古界南华系杨家桥群含铁千枚岩

b. 新元古界震旦系乐昌峡群板岩、千枚岩

c. 石炭系梓山组强烈硅化砂岩

d. 石炭系梓门桥组白云质灰岩及其风化壳

图 1-9　武功山脉外围部分地层

砂砾岩；中部紫红色砂岩夹白云岩；上部沉积粒度细，为粉砂岩和泥岩。化石含量较多，有植物、腕足动物及珊瑚，为河流到滨海沉积，总厚度 1700m 左右。砂岩抗风化能力强，常构成地貌上的隆起。

2）石炭系。从下到上分为杨家源组、梓山组（或梓门桥组）、黄龙组和马平组，其中下部两组以碎屑沉积为主，主要为砂岩、粉砂岩和泥岩，碳质和钙质含量较高（图 1-9c），还夹有煤层（无烟煤）；上部以碳酸盐岩为主，岩性为灰岩、白云岩（图 1-9d）。化石丰富，主要有珊瑚、腕足动物、蜓等，为潮坪和潟湖沉积，总厚度 900m 左右。

3）二叠系。从下到上分为马平组（下部穿时到石炭系顶部）、栖霞组、小江边组、茅口组、乐平组和长兴组，下部主要是碳酸盐类地层，如泥晶灰岩、生物碎屑灰岩、白云岩；上部先以较纯碳酸盐类为主，如亮晶灰岩、生物碎屑灰岩、白云质灰岩等，但继续往上，碎屑含量逐渐增加，到乐平组出现粉砂岩、细砂岩、泥岩和页岩等，并夹煤层。生物化石丰富，主要有珊瑚、藻类、蜓、腕足动物等，乐平组出现菊石和植物。沉积环境为开阔滨海到河流沼泽，总厚度约 1200m。

上古生界环绕武功山脉分布，沉积连续，特别是二叠系，在武功山脉以北的萍乡—宜春坳陷分布最广，组成了一系列北东东向的重力滑脱构造。

（4）中生界

中生界发育较全。

1）三叠系。分上下两部分，下部从下到上分为殷坑组、青龙组和周冲村组，上部从下到上分为安源组和多江组。上下两部分为角度不整合接触，反映了印支运动的影响。

三叠系下部仍以碳酸盐为主，但碎屑成分明显增多，如泥晶灰岩、砾屑灰岩、泥岩、粉砂岩和砂岩等，生物化石较少，有瓣鳃类或菊石，沉积环境分别是潮坪和次深海，反映了扬子和华夏两板块正在逐渐靠近。

三叠系上部变为陆相沉积，为砾岩、石英砂岩、粉砂岩、炭质泥岩和煤层（安源煤系），有的地方变为山间磨拉石沉积，含安山岩和凝灰岩等，反映了印支运动时扬子和华夏两板块的碰撞拼合过程。

上下部之间为角度不整合接触。

2）侏罗系。侏罗系分布局限，仅有中侏罗统、下侏罗统，缺失上侏罗统（称林山群）。主要为内陆河流和湖泊相沉积，以砾岩、砂岩和粉砂质泥岩为主，夹凝灰岩，产瓣鳃类和苏铁类、真蕨类植物化石。总厚度可达 3000m。

中侏罗统、下侏罗统与上三叠统为平行不整合接触，与上覆白垩系为角度不整合接触，中侏罗统、下侏罗统与上三叠统构成了北东向右阶排列的紧闭褶皱（新余一带），反映了左旋力偶的作用，暗示晚侏罗世燕山运动主幕的构造格局与应力场都与印支期有很大的不同。

3）白垩系。分上下二统。下白垩统为武夷群和火把山群，主要为紫红色复成分砾岩、砂砾岩、粉砂质泥岩夹熔结凝灰岩、流纹岩，是火山盆地沉积，厚度 2000m 以上；上白垩统为赣州群和龟峰群，主要为紫红色复成分砾岩、砂砾岩、砂岩粉砂岩等，产恐龙蛋化石和腹足类化石，属于河流-冲积扇相沉积，厚度大于 6000m。

上下白垩统之间为角度不整合接触。

（5）新生界

1）古近系。古近系分为新余和临江两组，为紫红色到灰黄色砾岩、砂岩、粉砂岩和泥岩，分布局限，为河湖相沉积，含被子植物孢粉和爬行类与龟鳖类化石，厚度 700m 左右。

2）新近系。中新统黄桥组为灰黄色石英杂砂岩、泥岩和页岩，有虫孔等遗迹化石和被子植物孢粉，代表山间湖泊沉积，分布局限，厚度 100m 左右。

3）第四系。主要是高山沼泽、河流、残坡积，沉积不连续，分布比较零散。

2. 主要岩石

1）加里东期花岗岩类。武功山脉山体主要由花岗岩组成（图 1-10a），是多期次的复式岩体。核部主要出露加里东期（以志留纪为主）花岗岩类岩石（图 1-10b），主要岩性有花岗闪长岩、黑云母花岗岩、二长花岗岩等，以中粗粒为主。早期（寒武纪）拉伸线理、眼球状构造、片麻状构造等十分发育（图 1-10c），岩石普遍糜棱岩化。

2）印支期花岗岩。主要分布于武功山脉的东端，岩性为中粗粒至中细粒黑云母二长花岗岩。

3）燕山期花岗岩。以复式岩体的形式产于武功山脉的核部，分早、晚二期，早期（侏罗纪）主要为花岗闪长岩、二长花岗岩，以中细粒为主（图 1-10d）；晚期（白垩纪）主要为二长花岗岩、花岗闪长斑岩和石英斑岩，多位于武功山脉的东端，以复式岩体的形式产出。

3. 地质构造

武功山脉位于北东东向的萍乡—乐平坳陷（绍兴—江山—东乡—萍乡断裂带或钦杭结合带）以南，该带是扬子板块和华夏板块的分界线，加里东运动两者碰撞造山，又经历了燕山期的褶皱、推覆与滑脱，形成十分复杂的构造带。

1）武功山脉内部北北东向断裂系。该断裂系主要由 4~5 条断裂组成，共同的特征是硅化明显，发育挤压片理化带和透镜体带，断层宽窄不一，有的地方沿断层有石英脉或酸性岩脉灌入。早期以挤压推覆为特征，多处见飞来峰和构造窗，晚期表现为张剪性活动，上盘下滑。

2）北西向断裂组。主要分布于武功山脉的东面，断裂北西走向，早期推覆明显，形成糜棱岩带、片理化带，运动方向为由南西向北东推覆；后期转为伸展构造，推覆体转为滑脱，主体由北西向南东滑动，剖面上呈"铲式"断层特征，形成构造角砾岩带和硅化碎裂岩带。

3）武功山脉变质核杂岩构造。武功山脉变质核杂岩构造中变质核杂岩主体主要由塑性固态流变构造的变质核及块状深成岩构成，其中含加里东期花岗岩和寒武纪温汤组变粒岩变质核及燕山期花岗岩（图 1-11），长轴 100km 以上，中心为岩浆穹隆构造区，周边为滑覆构造带。

a. 加里东期黑云母花岗岩组成的山体　　　　　　b. 加里东期黑云母花岗岩(武功山脉的主体岩石)

c. 加里东期片麻状混合岩(温汤岩组)　　　　　　d. 侵入加里东期岩体的燕山期黑云母二长花岗岩

图 1-10　武功山脉山体的主要岩石

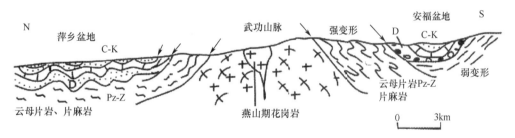

图 1-11　武功山脉变质核杂岩构造南北向剖面示意图（舒良树等，1998；有修改）

Pz. 元古界；Z. 震旦系；Pz-Z. 元古界–震旦系未分；D. 泥盆系；C-K. 石炭系–白垩系

　　根据热年代学的研究，武功山脉燕山期花岗岩的 Rb-Sr 年龄为 180Ma（中侏罗世），其中黑云母的 K-Ar 年龄为 152Ma（晚侏罗世），钾长石的 K-Ar 年龄为 83Ma（晚白垩世），磷灰石裂变径迹年龄为 41.5Ma（始新世），反映岩体形成之后，180～152Ma（中侏罗世至晚侏罗世）为快速抬升剥蚀阶段，冷却速率可达 10.7℃/Ma（相当于抬升或剥蚀速率为 0.11mm/a），此后，冷却速率明显减弱到约 1.7℃/Ma（相当于抬升或剥蚀速率为 0.02mm/a）（岳焕印等，1998）。始新世以后抬升剥蚀更为缓慢，可能以均衡减荷抬升为主，构造抬升趋于零。武功山脉热年代学的研究结果与诸广山脉的研究结果（前述）相当吻合。

　　4. 地貌特征

　　（1）岩石地貌

　　武功山脉无论是山脚还是山顶，都发育厚层风化壳，特别是山脚，网纹红土风化壳（图 1-12a）非常普遍，无洪积扇等堆积；山顶花岗岩也达到中至强风化程度（图 1-12b），发育厚层土壤，是高山草甸形成的良好基础。上述现象也表明，武功山脉的新构造隆升非常微弱，主要处于剥蚀均衡抬升状态。

a. 山脚巨厚的网纹红土风化壳，中间残留花岗岩"球"　　　　b. 山顶仍然可见厚层风化壳和土塘

图 1-12　武功山脉的风化壳

武功山脉作为花岗岩穹隆山，由于构造长期稳定，遭受广泛剥蚀，穹隆北部已被外力破坏成残山，仅南部仍保留穹状的弧形形态。

（2）构造地貌

武功山脉北面萍乡—乐平坳陷北东东向推覆、滑覆构造及褶皱构造地貌表现特别清晰，表现为一系列北东东向的条带状丘陵。

武功山脉内部构造地貌也非常突出且典型，包括断层地貌、节理地貌等。其中北东向断层规模大，形成早，后期活动不明显，对地貌的控制比较弱，个别形成较大型的断层谷（图 1-13a）；而北西向断层虽然规模小，但数量多，均表现为张剪性活动，对地貌的影响较大，常形成延伸长且平直的沟谷，成为独特的小气候环境（图 1-13b）。节理类型也很多，有构造节理（图 1-13c、d）、花岗岩冷凝收缩形成的节理（图 1-13e）以及卸荷节理（图 1-13f）等。

5. 高山沉积

在武功山脉穹隆东北，江西省萍乡市芦溪县武功山乡羊狮幕高山湿地进行了钻探和连续取样。钻孔位置：27.61°N，115.20°E，钻孔高程 518m，所获岩心长度 100cm。岩性可分为三层：上层（0～15cm）为富含植物根茎的淤泥；中层（15～93cm）为浅灰色黏土；下层（93～100cm）则为灰黄色黏土。由于钻孔海拔不高，岩性较为均一，暗示气候变化不明显，年龄也可能较新，没有对岩心做进一步的分析研究。

1.1.4　九岭山脉

九岭山脉位于萍乡坳陷以北，山体范围较大，但山峰分布较为零散。最高峰约 1600m，大部分地区为低山丘陵。

九岭山脉山体主要由中元古界浅变质岩组成，属于扬子板块与华夏板块的过渡带，印支运动影响非常明显，构造运动非常强烈，使中元古界强烈变形变质，其南面以华南加里东褶皱带的地层为主，其北面则以扬子区的地层为主，由于扬子板块固结较早，震旦系—古生界、中生界厚度较薄，几乎连续沉积，出露齐全。

1. 主要地层

（1）中元古界

中元古界厚度巨大，构成了九岭山脉的主体，以浅变质岩为主，其他地层主要分布于九岭山脉的

a. 北东向的断层谷

b. 北西向张剪性正断层

c. 被两组节理切割的岩块

d. 密集节理带切割的山体

e. 花岗岩冷凝收缩形成的三组相互垂直的节理

f. 残留的卸荷节理(节理平行地表)

图 1-13　武功山脉内部的断层地貌、节理地貌

北部和南部，从老到新分别如下。

1）双桥山群（蓟县系中、下部），分为安乐林（下）和修水（上）两个组。安乐林组岩性主要为灰色—深灰色—灰绿色巨厚层状千枚岩（如绿泥绢云千枚岩、粉砂质千枚岩、凝灰质千枚岩等）、板岩（如凝灰质板岩、粉砂质板岩等）以及变细砂岩、变余岩屑砂岩等。沉积环境为半深海浊流沉积，沉积时期伴有火山喷发，代表了活动或震荡的构造环境。根据岩性的差异，又可进一步分为下、中、上三段，总厚度大于3000m（图1-14）。

a. 中元古界双桥山群千枚岩及板岩

b. 中元古界双桥山群千枚岩、板岩及板劈理

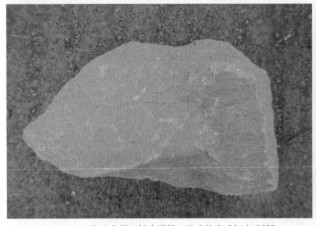
c. 中元古界双桥山群绢云母千枚岩手标本(新鲜)

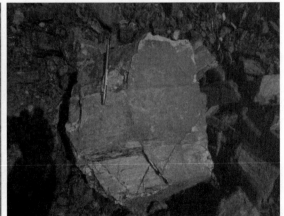
d. 中元古界双桥山群绢云母片岩手标本(风化)

图1-14 九岭山脉内部主体地层（双桥山群）

修水组岩性主要为厚层状青灰、浅灰色凝灰质板岩、粉砂质板岩夹变质细碎屑沉积凝灰岩，沉积环境与安乐林组类似，厚度大于4000m（郭建秋等，2003）。修水组凝灰岩SHRIMP锆石U-Pb年龄为824Ma±5Ma（高林志等，2012）。

双桥山群实际上是北面扬子板块南缘的沟-弧-盆体系沉积（王鸿祯等，1980）。

双桥山群、安乐林组及修水组均定名于九岭山脉北麓的武宁县和修水县（吴新华，2007）。

2）宜丰组（蓟县系上部），为钠长绢云石英片岩、绢云片岩、砂质绢云母片岩夹多层细碧质玄武岩、变质石英角斑岩。

（2）新元古界

1）下震旦统（有学者称南华系）。莲沱组（南华系下部），上部为深灰色中至粗粒长石岩屑砂岩、含砾砂质凝灰岩、岩屑石英细砂岩、含砾砂岩等，下部为岩屑石英砂岩、含砾砂岩，底部为石英砾岩（图1-15a）。岩石成熟度低，有平行层理、斜层理、递变层理、槽状层理及冲刷构造，属河流相沉积。

顶部为前滨砂岩相沉积，代表前滨海滩环境。南沱组（南华系上部），为粉砂岩、粉砂质泥岩、硅质泥岩和冰碛砾岩，属冰水沉积环境。

a. 新元古界下震旦统砂岩

b. 下寒武统王音铺组黑色碳质页岩

c. 上寒武统厚层状灰岩及其埋藏石茅、落水洞

d. 志留系黑色页岩

e. 志留系黑色页岩风化后呈竹叶状碎片

f. 白垩系圭峰群也为紫红色碎屑岩

图 1-15　九岭山脉北部新元古代至早古生代主要地层

　　2）上震旦统。陡山沱组（狭义震旦系的上部），上部为灰色、深灰色中-薄层状含黄铁矿泥岩，水平层理发育；下部为灰白色泥质白云岩夹灰质白云岩。主要为泥、泥质白云岩、灰质白云岩。极丰富的黄铁矿反映了较深水滞流还原环境，属深水陆棚环境沉积。有些地方相变为长石岩屑杂砂岩、硅

质板岩、砂质板岩、板岩，顶部为凝灰岩。砂岩呈厚层状，具递变层理，板岩呈薄层状，具水平层理，代表了较深水陆棚环境。

灯影组（皮园村组）（狭义震旦系的上部），灰黑色薄-中层状硅质岩、硅质灰岩。总体来看，由老到新水体变浅，有机质增多，反映了相对封闭的还原海洋台盆相沉积。

莲沱组、南沱组、陡山沱组及灯影组等定名于长江三峡地区，由于距标准剖面较远，九岭山脉地区的岩性有所变化。但无论如何，均代表了构造相对稳定的沉积环境。

（3）下古生界

1）寒武系。分布于九岭山脉北麓，属扬子板块的沉积体系。从下到上分为王音铺组（下寒武统）、观音堂组（下寒武统）、杨柳岗组（中寒武统）和华严寺组（上寒武统）。总体而言，下部以泥质岩石为主，向上逐渐过渡为灰岩。王音铺组与扬子板块其他地区相似，主要为黑色碳质页岩（图1-15b），含石煤层；观音堂组石煤层消失，灰质成分增加；杨柳岗组虽然仍以黑色页岩为主，但厚度和灰质成分均增加；华严寺组为灰色条带状泥质砂岩与纹层状泥质灰岩互层和较纯灰岩（图1-15c）。杨柳岗组和华严寺组的定名地点在浙江西部，与之相比，九岭山脉北部两组的泥质含量比标准地点偏多，灰岩纯度偏低。

2）奥陶系。分布于九岭山脉北麓，大体上属扬子板块边缘沉积体系，有扬子板块沉积的一些特点，但更多地表现为华南加里东褶皱带（又称为"江南地块"）的活动构造沉积类型。就扬子板块沉积而言，有红花园组（下奥陶统灰岩、白云质灰岩），薄层状，厚度小，分布稳定；就"江南地块"的活动类型沉积体系而言，有印渚埠组（下奥陶统）、宁国组（下奥陶统）、砚瓦山组（中奥陶统）、黄泥岗组（中奥陶统）和新开岭组（上奥陶统），该套沉积的主要特点是泥质成分明显增加，主要为泥灰岩、瘤状灰岩和泥质条带灰岩等。

3）志留系。分布于九岭山脉北麓，属于大陆斜坡相沉积，主要为黄绿色、灰黄色、灰绿色粉砂岩、泥岩和页岩（图1-15d、e）。有的层位颜色较深，呈黑色，含大量笔石化石，又称为黑色笔石页岩。厚度较大，沉积韵律明显，属于动荡环境下的复理石沉积。

（4）上古生界

除九岭山脉南面的萍乐坳陷泥盆系、石炭系及二叠系比较发育外，九岭山脉内部及北部几乎全部缺失。但在九岭山脉南缘，有少量二叠系出露，从老到新分别是茅口组、南港组、乐平组、七宝山组和长兴组。茅口组为灰色至深灰色泥晶灰岩、泥灰岩夹钙质泥岩；南港组为深灰色生物碎屑灰岩、泥岩、钙质泥岩、页岩、局部夹燧石条带灰岩；乐平组为灰色粗—细粒砂岩、粉砂岩、泥岩夹长石石英砂岩及少量煤层；七宝山组和长兴组均以灰色亮晶灰岩为主，夹灰岩或白云岩透镜体。

（5）中生界

1）三叠系。分上、中、下三部分。下部从下到上分为青龙组和周冲村组；中部为杨家组；上部为安源群。这些地层以泥岩、砂岩、粉砂岩为主，下部钙质成分较多，向上逐渐减少，安源群为陆相碎屑岩，以含煤为其显著特征。安远群与下部的杨家组为角度不整合接触，反映了印支运动的影响。

2）侏罗系。侏罗纪早期沉积仅少量分布于九岭山脉南缘，称多江组，由杂色砾岩、砂砾岩、含砾砂岩、砂岩、粉砂岩、泥岩、炭质泥岩和煤线组成。

3）白垩系。缺失下白垩统，上白垩统从下到上为赣州群和圭峰群，主要由一套陆相盆地的紫红色碎屑岩构成。赣州群下部主要为紫红色砾岩、砂砾岩，上部粒度变小，主要为紫红色粉砂岩；圭峰群也为紫红色碎屑岩（图1-15f），具有粗—细—粗的变化特点。除大面积分布于平乐坳陷外，在九岭山脉内部也有分布。该地层平行不整合地覆盖于所有更老地层或岩石之上，反映了燕山主幕强烈的构造运动的影响。

（6）新生界

1）古近系（始新统至渐新统）。由老到新的顺序如下。

磨下组总体由巨厚层状至块状砾岩、砂砾岩、砾质砂岩、砂岩、粉砂岩组成，岩石粒度由下往上渐细，岩石成层性渐佳。下部为冲积扇相。

郑家渡组以紫红色夹灰绿色泥岩、粉砂质泥岩、泥质粉砂岩、粉砂岩为主，中部夹少量砂砾岩、砂岩，钙质粉砂岩及多层石膏。与下伏地层磨下组呈整合接触，厚度大于 2680m，属浅湖–次深湖相沉积，夹有石膏层，反映了炎热干旱的古气候。

奉新砾岩以红色、深红色厚层状砾岩和砂砾岩为主，夹少量含砾砂岩、砂岩及薄层状泥岩、泥质粉砂岩，厚度大于 3637m，与下伏地层郑家渡组呈相转换面接触。沉积环境属山麓洪积相。

新余组总体为一细碎屑岩沉积组合，下段普遍含钙，并有钙质团块；上段普遍不含钙，底部常可见夹有砂砾岩的透镜体，组成一个向上粒度渐细、水体渐深的退积-加积型沉积组合，沉积环境为浅湖-次深湖相。

临江组主要由灰绿色和暗绿色泥岩、绢云母页岩、绢云粉砂质页岩组成，夹细砂岩、粉砂岩、油页岩，底部常夹灰色砾岩、砂砾岩。水平层理和波状水平层理发育，厚度大于 233.45m，为静水、有机质丰富的深湖相沉积。

2）新近系。中新统黄桥组为灰黄色石英杂砂岩、泥岩和页岩，有虫孔等遗迹化石和被子植物孢粉，代表山间湖泊沉积，分布局限，厚度 100m 左右。

3）第四系。可分为更新统望城岗组、进贤组，全新统联圩组和赣江组。

望城岗组一般出露于地形坡度小于 10°、海拔 150m 左右的矮丘及山麓地带。岩性上部为紫红色、棕红色、深褐色黏土，网纹状红土，具蠕虫状构造和网纹状构造；下部一般为砾石层、碎石土层，砾石成分与下伏基岩相近，大多呈棱角状至次棱角状，磨圆差，分选性差，砾径悬殊，呈半固结状态，厚度一般大于 4.5m。属于残坡积类型。

进贤组分布广泛，组成测区 T_2 级阶地基座，阶地较连续宽阔，局部地段呈零星状出露，宽 45km，阶地标高一般为 60～150m。

联圩组大面积分布于水系两侧，常组成各水系的 T_1 级阶地。T_1 级阶地分布广泛，阶地连续而宽阔，宽可达 15km，标高一般在 60m 以下，属内叠式阶地，岩性上部为灰黄色和褐黄色亚砂土、亚黏土、粉砂土层，下部一般为灰白色和棕黄色砾石层、砂砾石层、含砾砂层，发育冲刷充填构造，有时可见斜层理。呈半固结状态。

赣江组一般为近代河流沉积，常组成河道边滩、心滩。上部岩性为褐灰色和灰黄色亚砂土、黏土、砂层或含砾砂层，下部一般为砾石层、砂砾石层。具二元结构，砾石一般具定向排列，具叠瓦状构造，岩石呈松散状态，厚度大于 3.35m。属河流冲积型产物。

2. 主要岩石

（1）新元古代花岗岩类

九岭山脉主要由中元古代双桥山群（蓟县系下、中部）和宜丰组（蓟县系上部）变质岩系构成。新元古代九岭山脉中细粒至中粒黑云母花岗闪长岩岩体（图 1-16a、b）侵入其中（图 1-16c），现呈北东东向长条状展布，中部向北凸出，呈岩基、岩株状产出，西北部可见南华系莲沱组砂砾岩沉积不整合于岩体之上，侵入接触面多被后期韧性剪切带改造切割，围岩产生强烈的片理化，形成构造片岩及片理化岩石（图 1-16d）。U-Pb 法同位素年龄值为 818Ma±13Ma。新元古代另一较小的侵入岩为石花尖黑云母英云闪长岩、细粒黑云母花岗闪长岩、细粒黑云母二长花岗岩，多呈岩株状、岩瘤状产出。平面上呈椭圆状、不规则状或长条状近东西向。

（2）燕山期花岗岩

九岭山脉燕山期最大的花岗岩体主要分布于奉新县的甘坊地区，又称为"甘坊岩体"。甘坊岩体是燕山期早、中、晚期各种侵入体组成的复式岩体。早期以粗粒斑状黑云母、二云母花岗岩为主，表现为花岗岩岩基；中期过渡为中、细粒白云母花岗岩，呈小岩基、岩株和岩脉状产出；晚期全为岩脉，

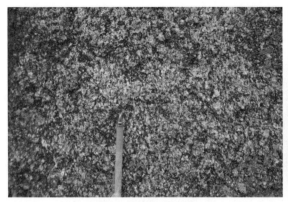

a. 新元古代中粒黑云母花岗闪长岩

b. 新元古代中粒黑云母花岗闪长岩风化成石蛋

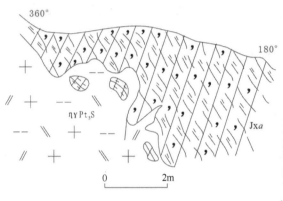

c. 新元古代侵入双桥山群变质岩中的花岗岩闪长岩

d. 新元古代片理化花岗闪长岩

图 1-16 九岭山脉的主要侵入岩

c 图中 Jxa 为中元古代蓟县纪角岩化斑点绢云母千枚岩；ηγPt₃S 为新元古代双桥山期正长花岗岩

有伟晶岩、正长斑岩、石英斑岩、霏细斑岩和煌斑岩等。岩基大小可能与剥蚀程度大小有关。武宁县石门楼镇东侧，为九岭山脉山脊线，最高海拔 1700m，那里有燕山期晚期（早白垩世）的花岗岩小岩基出露，那里也是大型高温热液钨矿分布的地方，暗示剥蚀深度较小。武堂岩体零星分布于武宁县石门楼镇东侧的九岭隆起区和奉新县甘坊地区，呈岩枝状、岩瘤状、岩脉状产出，平面上呈椭圆状、不规则状，主要岩性为细粒二云母二长花岗岩、细粒白云母二长花岗岩。该岩体侵入新元古代花岗岩、早侏罗世甘坊岩体中。

3. 地质构造

（1）近东西向构造带

近东西向构造带是九岭山脉最主要的构造带，其规模较大、特征明显、多期变形、延伸性好，大部分长达数十千米至百余千米，宽数米至数百米，呈带状平行展布于整个九岭山脉。断裂带多发生了强烈的韧性剪切变形（糜棱岩带和片理化带）。其中，逆冲推覆、飞来峰和构造窗等十分发育（图 1-17，图 1-18）。

（2）北北东向断裂

北北东向断裂在九岭山脉分布广泛，主要分布于九岭山脉中部和北部，断裂带延伸性好，大部分延伸长度在数十千米至百余千米，宽数千米，呈带状平行展布。断裂几乎全部表现为左旋走滑，使大量近东西向断裂、褶皱被左旋错断。北东向断裂不断左旋扩展了各种地质体，同时改造了晚白垩世盆地，使盆地呈北北东向展布，暗示北北东向断裂的活动时间为晚白垩世，有可能延续到新生代初期，相当于李四光先生提出的"新华夏系"断裂。

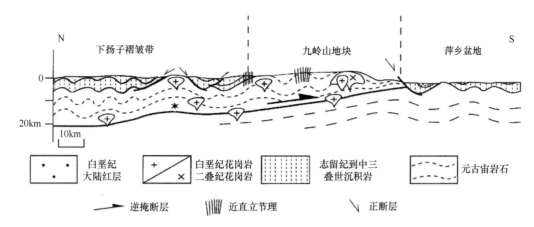

图 1-17 九岭山脉深部由北向南的盲逆冲（据 Lin et al., 2001；有修改）

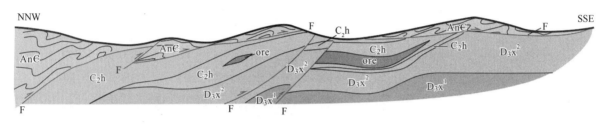

图 1-18 九岭山脉印支期逆冲推覆构造

An∈. 下寒武统变质岩（结晶基底）；D_3x^2. 上泥盆统锡矿山组下段；D_3x^1. 上泥盆统锡矿山组上段；C_2h. 中石炭统黄龙组；ore. 矿体；F. 逆冲（掩）断层

（3）北西向断裂

北西向断裂带散布于九岭山脉中部和南部，形成时代最晚，断裂带延长数千米至十几千米，总体特征表现为硅化破碎，显示张性特征。柘林水库诱发地震即与该方向断裂活动有关（徐秀登，1984；陈益明，1985）。

4. 地貌特征

（1）地貌轮廓

九岭山脉山脊线大致呈"S"形，从东北到西南先为近东西，然后转为北北东，最后又呈北东东向，构成了南北水系的分水岭。分水岭高程保持在 1600m 左右，可能代表了残余的夷平面（图 1-19）。

图 1-19 九岭山脉海拔约 1600m 的山脊线（夷平面）

武宁县石门楼镇境内

总体而言，近东西向断裂除九岭山脉东北缘外，对地貌控制不明显，卫星影像图上隐约显现。北北东向断裂对地貌有一定的控制作用，显示该方向断裂活动时代较新。北西向断裂尽管活动时代最新，但区内分布少，延伸短，对地貌的控制并不明显。

（2）岩石地貌

"S"形的山脊线可能代表了广泛剥蚀后残留的山顶面。除此之外，九岭山脉无论是山麓还是山顶，都普遍发育厚层网纹红土风化壳（图1-20a～c），暗示九岭山脉的新构造隆升非常微弱，处在剥蚀均衡抬升状态。花岗岩类风化残留石蛋地貌。石灰岩也强烈风化，石牙洞穴中残留富铝铁红土。在铜鼓县境内，上白垩统圭峰群风化成红色峰林，成为典型的丹霞地貌，由于水库蓄水，成为"水上丹霞"，是著名景点（图1-20d）。

a. 九岭山脉山麓地带广布的网纹红土风化壳

b. 网纹红土局部

c. 新元古代花岗岩类形成的红色风化壳

d. 上白垩统圭峰群构成的丹霞地貌(天柱岩)

图1-20　九岭山脉风化壳及其风化侵蚀地貌

（3）流水地貌

九岭山脉山脊线大致显现出"S"形，构成锦江和修水河南北两大水系的分水岭。山谷中多见洪坡积相（图1-21a），河流旁侧可见基座阶地（图1-21b），两者均网纹红土化（图1-21a，b）。特别是河流阶地，拔河高度虽然很低，但风化强烈，暗示构造抬升微弱。在构造相对较强抬升区，河谷呈深切的"V"形峡谷（图1-21c）。修水河水系下游，20世纪70年代初修筑了柘林水库（图1-21d），曾诱发多次3～4级水库地震，现已经成为赣西北的旅游胜地，又称"庐山西海"。

另外，我们对分水岭两侧两大水系的支流长度进行了统计，从南西向北东，南侧支流逐渐变长，而北侧支流则逐渐变短；但是，北侧最短支流长度明显小于南侧支流。由于分水岭两侧支流长度与构造抬升幅度有关，支流越短，抬升幅度越大，反之亦然（Burbank and Anderson，2012），说明九岭山脉北东段抬升幅度北侧大于南侧，这与那里的断层崖平直而明显且有水库诱发地震等现象吻合。

a. 九岭山脉北麓洪坡积物

b. 九岭山脉北麓的河流基座阶地

c. 九岭山脉东北部的深切"V"形峡谷

d. 修水河水系下游的柘林水库

图 1-21　九岭山脉侵蚀和堆积地貌

5. 高山沉积

保存最好的高山沼泽位于江西省武宁县、修水县和奉新县三县交界处的分水岭地带，分水岭海拔接近 1700m。钻孔位于分水岭东南侧的大湖塘，具体位置为 28.9427°N，114.9711°E，海拔 1446m。用手摇钻进行了全岩心连续取样，取样长度 145cm。钻孔岩性可分为 4 层，从上往下分别为：①灰褐色植物泥炭，富含植物根系；②灰黑色的泥炭；③灰褐色的泥炭黏土；④青灰色的含粗砂黏土。共取 6 个样品进行 ^{14}C 测年，其中最老年龄仅为 5.19Ka B P.，属中全新世。由于年龄相对较新，没有对岩心开展更详细的分析研究。

1.1.5　幕阜山脉

幕阜山脉位于罗霄山脉的最北部，总体呈北东东向，略呈"S"形，是鄂、赣两省边境。狭义的幕阜山位于幕阜山脉的西部，湘、鄂、赣三省交界，主峰海拔 1596m；中部主要为九宫山，主峰老崖尖海拔 1657m；东部则为著名的庐山，最高峰汉阳峰海拔 1474m。

幕阜山脉在扬子板块的北缘，地层具有扬子板块普遍特征，山脉主要由元古宇古老的变质岩构成，古生界、中生界主要分布于山脉的北侧。

1. 主要地层

（1）中元古界

中元古界分为下部的板溪群和上部的五强溪组，两者岩性相近，主要是一套浅变质岩系，为灰绿色、青灰色板岩，千枚岩和变余石英细砂岩，长石石英砂岩，最大厚度可达 13km，最小厚度也接近 7km。代表了一套活动类型的沉积，是扬子板块的结晶基底岩石（图 1-22a）。纵贯幕阜山脉，构成山脉的主体地层。

a. 幕阜山脉南麓中元古界泥质板岩

b. 寒武系观音堂组灰岩

c. 志留系黑色页岩、板岩

d. 幕阜山脉北麓瑞昌采石场中二叠系薄层状灰岩

e. 三叠系大冶组厚层灰岩

f. 幕阜山脉东侧石牛寨白垩系衡阳群红层及丹霞地貌

g. 幕阜山脉东侧衡阳群白垩系红层

h. 中侏罗统黑云母花岗岩

图 1-22　幕阜山脉的岩石

（2）新元古界（震旦系）

新元古界（震旦系）分为南沱组和灯影组。南沱组下部为灰白色石英砂岩、长石石英砂岩，上部含有华南典型的冰碛沉积，主要是冰碛砾岩，总体上呈暗绿色，砾石成分为中元古代的板岩、石英砂岩以及花岗岩等，砾石常见冰川擦痕。南沱冰碛层代表的罗迪尼亚（Rodinia）超级大陆拼合后地球降温的"雪球地球"。灯影组为灰色页岩、钙质页岩、硅质岩、硅质灰岩及白云岩，含磷铁锰层，含磷地层代表了雪球事件之后地球气温升高，出现了生命初次繁荣的环境，又称为埃迪卡拉（Ediacaran）。震旦系代表了扬子板块盖层的稳定沉积，厚度小且稳定，最大厚度在千米左右，一般为几百米，与中元古界沉积厚度无法比拟。

幕阜山脉缺失震旦系的莲沱组和陡山沱组。

震旦系与中元古界为角度不整合接触，代表了扬子地区普遍发育的造山运动（晋宁运动）。

（3）下古生界

下古生界沉积较为齐全，包括寒武系、奥陶系以及志留系等。

1）寒武系以灰岩、泥灰岩为主，从下到上分为王音铺组、观音堂组（图 1-22b）、华严寺组以及西阳山组，是扬子板块东部的典型沉积。其中王音铺组以黑色页岩为主，产大量三叶虫化石，有的地方含石煤层，地层含铀量较高（环境污染的潜在危险），反映了较为典型的还原环境。寒武系厚度为400～2000m。

2）奥陶系以灰绿色页岩为主，产大量笔石化石，通常又称为笔石页岩层。笔石页岩中夹灰岩层、瘤状灰岩，从下到上分为印渚埠组（页岩）、宁国组（页岩）、胡乐组（硅质页岩）、砚瓦山组（灰绿色瘤状灰岩）、黄泥岗组（紫红色瘤状灰岩）和五峰组（黑色碳质页岩）。除五峰组外，其下的地层均为扬子板块东部的典型沉积。其中下奥陶统厚度约800m，中奥陶统约200m，上奥陶统五峰组在定名地点的湖北五峰厚度很大，但在幕阜山脉厚度较小，为 20～350m，可能与后期强烈剥蚀有关。

3）志留系也以页岩为主，夹砂岩、粉砂岩层（图 1-22c），笔石化石丰富，可进一步分为下志留统的龙马溪组、中志留统的罗惹坪组和上志留统的纱帽组。厚度与寒武系、奥陶系相比又有所增加，最大可达 5000m，最小也有 1000m。幕阜山脉志留系也是扬子板块东部的代表性地层。

（4）上古生界

1）泥盆系。上泥盆统五通组为黄绿色、紫红色中、厚层状长石石英砂岩，主要分布于幕阜山脉东部，西部缺失，代表造山运动后的稳定沉积。幕阜山脉的五通组代表了泥盆纪从西南向东北海侵的一支。幕阜山脉五通组沉积厚度近 50m，因此与罗霄山脉南部不同的是，五通组地层不可能是幕阜山脉造貌的主要地层。

上泥盆统与其下伏地层为角度不整合接触，反映了加里东造山运动的影响。由于缺失下泥盆统、中泥盆统，说明幕阜山脉经历了漫长的剥蚀夷平作用，形成了大量沉积型铁矿（"宁乡式铁矿"）。

2）石炭系。中石炭统黄龙组为比较典型的碳酸盐岩，主要为灰白色厚层灰岩、白云质灰岩和白云岩，蜓科化石丰富。厚度不足 100m。

3）二叠系。二叠系分为下部的栖霞组、茅口组和上部的龙潭组、长兴组。其中栖霞组为典型的广海沉积，以灰色、灰黑色中、厚层灰岩为主，含燧石条带，由于有机质含量较高，具沥青臭味。古生物化石丰富，如腕足类、珊瑚类等。沉积厚度小而稳定，一般为100～200m。茅口组为灰黑色厚层状灰岩，少量燧石结核，厚度与栖霞组相比有所增加，可达 400m，但厚度变化比栖霞组大。龙潭组为黑色砂质页岩夹煤层（常称为"龙潭煤系"）和浅灰色灰岩（图 1-22d），厚度 20m 左右。长兴组为燧石结核的厚层状灰岩，厚度 60m 以下。在幕阜山脉西部，煤层消失，转为深灰色薄层状至厚层状灰岩，厚度 200m 左右，为海相沉积。

从泥盆纪到二叠纪沉积地层组成的一个比较完整的沉积旋回，早期逐渐海侵，晚期发生海退，形成龙潭组的煤层。

总体而言，幕阜山脉上古生界沉积厚度薄，总厚度只有 500m 左右，是十分典型的"地台型"沉积，与下古生界相差较大，与元古宇更不能相提并论。

（5）中生界

1）三叠系。下三叠统分为下部的大冶组和上部的嘉陵江组两套地层。大冶组为灰白色中厚层状灰岩（图 1-22e），下部有页岩，厚度变化很大，最小 52m，最大 1000m 以上，一般为 160～360m。嘉陵江组为浅灰色至肉红色厚层灰岩、白云质灰岩及白云岩，厚度大于 600m。

三叠系大冶组与二叠系为角度不整合接触，反映了印支造山运动的影响。

2）侏罗系。侏罗系武昌组为黄绿色、灰白色厚层状长石石英砂岩，细砂岩，粉砂岩以及碳质页岩，偶夹不稳定的砾石层和煤层，厚度 40m 左右。侏罗系分布非常局限。

从三叠纪到侏罗纪是一个显著的海退旋回，由早三叠纪早期的海相沉积发展到三叠纪晚期和侏罗纪的陆相沉积。

侏罗纪发生了燕山造山运动，绝大部分地区隆起为陆地，经受了长期的剥蚀作用。

3）白垩系。白垩系衡阳群为紫红色的陆相碎屑沉积（图 1-22f），分布于幕阜山脉西段南北两麓，构成白垩系大型盆地，从下到上，沉积粒度逐渐变细，由厚层状砾岩、砂砾岩、粗砂岩往上逐渐过渡到薄层状细砂岩、页岩。但由粗到细的旋回有多个，总厚度最大可达 11.7km，最小也有 1000m。地层中常见玄武岩穿插，反映了燕山运动后期大规模的伸展运动。

2. 主要岩石

幕阜山脉西北大面积出露燕山期花岗岩，其中以中侏罗世花岗岩面积最大，为中细粒黑云母花岗岩，早白垩世花岗岩呈多个小岩体侵入其中，岩性变为二云母花岗岩，是岩浆演化后期的产物，两者之间有先后关系和成因联系。

3. 地质构造

幕阜山脉地质构造总体走向由西向东从北东（狭义的幕阜山）—近东西（九宫山）—北北东（庐山），大致呈"S"形，由一系列同方向的褶皱和断层组成，其中幕阜山脉主要是中元古界板溪群和五强溪组为核部的背斜，背斜两翼地层为震旦系—下古生界。而幕阜山以北则是一系列大致呈"S"形展布的侏罗山式褶皱，其中向斜狭长，背斜宽缓（隔槽式褶皱），向斜核部地层主要是三叠系，两翼为石炭系—二叠系，少量泥盆系。地貌上构成"逆构造地形"，即向斜成山，背斜成谷。

4. 地貌特征

幕阜山脉受地质构造与岩性构造作用影响比较明显，总体走向北东东向，但西段主要为北东东向，中段为近东西向，而东段则为北北东向，平面上大致呈"S"形。

（1）岩石地貌

幕阜山脉主要由中元古界构成，由于地层厚度巨大，岩性相对较硬，构成高地。从震旦系—侏罗系，地层较为连续，但厚度小，主要为石灰岩，易于风化剥蚀，深度风化成网纹红土（图 1-23a），连同中生代花岗岩一道，主要构成低山丘陵。白垩纪红层经流水切割，形成丹霞地貌。狭义的幕阜山峰（海拔 1596m）由燕山期花岗岩构成；九宫山主峰老崖尖（海拔 1657m）和庐山最高峰汉阳峰（海拔 1474m）则由中元古界板溪群变质岩构成。

（2）构造地貌

幕阜山脉实际上是断层控制的断块山地，表现为正断层型的地貌，同时，山地本身是中元古界板溪群为核部的背斜构造，山脉之巅夷平面有一定的保存，最高夷平面在山脉西段海拔约 1200m，东段的庐山则更高，为 1300～1400m（图 1-23c），这些夷平面代表了新构造的抬升幅度。在庐山，断层地貌表现比较明显，如龙首崖（图 1-23d）。庐山是幕阜山脉中比较典型的断块山地。

a. 幕阜山脉北麓灰岩风化后形成的网纹红土

b. 幕阜山脉西段最高夷平面远眺

c. 庐山高山夷平面

d. 庐山龙首崖断层地貌

图 1-23　幕阜山脉地貌

1.2　罗霄山脉的大地构造分区及其演化

1.2.1　罗霄山脉的大地构造分区

罗霄山脉北邻长江，南接南岭，纵贯湘赣边界，南北长超过 500km，跨越了不同的大地构造单元。各大地构造单元有着独特的发展演化历史。认识大地构造单元的分区，能够更好地理解罗霄山脉的形成演化，从更深层面上认识大地构造单元对地质地貌形成演化的控制作用，从而更好地认识生物多样性地球科学背景。

从大地构造角度来看，华南分为两大构造单元，即北面的扬子板块、南面的华夏板块。

扬子板块的北界由秦岭-大别造山带（断裂带）与华北板块相接，龙门山断裂带为西北边界，哀牢山-红河断裂带则为西南边界，而东南边界为江山-绍兴断裂带（简称"江绍断裂带"）（舒良树，2006），该断裂带往西南延伸，一般认为进入广西钦州湾，因此，有时又把该断裂带称为"钦州-杭州构造带"（简称"钦杭结合带"）（徐磊等，2012）。

华夏板块由西北面的"加里东褶皱带"和东南面的"华夏地块"（狭义的华夏板块）组成，两者的界线为政和-海丰大断裂，该断裂北起福建政和，向西南延伸至广东海丰后入海。

华南加里东褶皱带，顾名思义，是加里东运动褶皱隆起的造山带，但关于其大地构造属性，是地质学界长期争论的问题。目前多数人偏向于加里东褶皱带前身是陆内盆地，本质上属于陆内造山带（张国伟等，2013），与过去认为属于"优地槽"（即大洋板块）的认识（王鸿祯等，1986）有所不同。

罗霄山脉从北往南跨越两大大地构造单元，其中，北段的九岭山脉和幕阜山脉位于扬子板块内；南段的武功山脉、万洋山脉和诸广山脉则位于华夏板块中。北段的幕阜山脉和九岭山脉又位于扬子板块内的"江南造山带"（旧称"江南古陆"）（李江海和穆剑，1999；黄汲青，1959；王鸿祯等，1980），因此，幕阜山脉和九岭山脉除了与扬子板块其他地方具有相同之处，也有其特殊的地方。南段的武功山脉、万洋山脉以及诸广山脉则属于华夏板块。

1.2.2 罗霄山脉的大地构造演化

1. 华南加里东褶皱带

诸广山脉、万洋山脉和武功山脉位于华南加里东褶皱带，加里东运动前（即早古生代以前），该区强烈下沉，伴有强烈的基性火山活动，沉积了巨厚的海相复理石建造以及典型的海底火山喷出石（如细碧角斑岩等），伴随加里东运动，发生了绿片岩相的浅变质作用和酸性岩浆侵入。例如，诸广山脉和万洋山脉的震旦系鹰杨关群、寒武系的八村群以及下至中奥陶统厚层沉积；武功山脉的中元古界潭头群、杨家桥群，新元古界震旦系的乐昌峡群，寒武系的八村群，加上不完整的奥陶系，这套海相复理石建造厚度极大，在诸广山脉和万洋山脉均接近或大于 10km，往北到武功山脉，同时代的地层厚度减少到 5km 多，说明武功山脉已经接近加里东"海槽"的北部边缘。上述地区均缺失志留系沉积，表明志留纪时，加里东运动已经影响该区。

加里东运动时期，华夏板块与扬子板块再次发生强烈碰撞拼合（图 1-24），形成了华南加里东褶皱带，伴随变形与变质作用，还有岩浆侵入和火山喷发，此时的火山活动，已经由基性的海底岩浆侵入与喷发转为中酸性的大陆岩浆侵入与喷发。

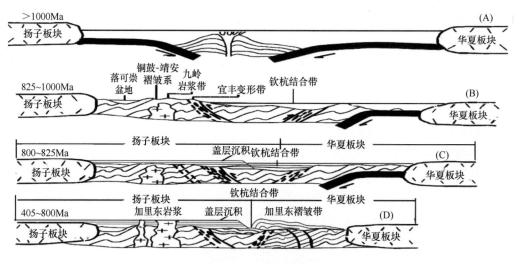

图 1-24 华夏板块与扬子板块的相互作用
图中显示华夏板块与扬子板块之间相互作用历史，华夏板块于加里东运动时向扬子板块俯冲使两板块最终拼合在一起

加里东运动之后，虽然扬子板块与华夏板块已经拼合在一起，形成统一的华南大陆板块，但华北板块与华南板块仍相距遥远，两者之间为大洋相隔。

加里东运动在华南形成高大的加里东造山带，遭受了长期的风化剥蚀和夷平，地势逐渐降低，由于风化时间很长，风化程度很深，很多地方形成了铝铁型风化壳，经过剥蚀作用，在海陆交互地带形成富铁沉积，成为泥盆系下部的铁矿层，即沿罗霄山脉中、西部分布的著名的"宁乡式铁矿"，也说明了当时的古地理环境。

加里东运动之后，伴随地势的夷平面降低，逐渐发生海侵，海侵最早从广西钦州湾开始，逐渐向东北扩展，使得华南板块由西南向东北，泥盆系沉积逐渐变新、变薄，与志留系或奥陶系之间的时间间隔逐渐增大，出现"穿时"地层的现象。

早泥盆世晚期的海侵远未到罗霄山脉地区。

中泥盆世晚期，海侵范围显著扩大，罗霄山脉南部的诸广山脉、万洋山脉和武功山脉等已经受到海侵的影响，先沉积了中泥盆统跳马涧组（D_2t）的灰白色和紫红色石英砂砾岩、砂页岩、粉砂岩和砂质页岩，然后是中泥盆统棋梓桥组（D_2q）的碳酸盐类岩石，说明随着海侵的逐渐扩大，水深也逐渐加大，由陆相、海陆交互沉积过渡到较纯的海相沉积。

例如，井冈山、武功山脉等地，海侵向北已经淹没了"江南古陆"中段。由于经历了较长的风化剥蚀，沉积物"成熟度"较高，早期以石英砂岩为主，能够形成坚硬岩石，为新生代高大山峰的形成奠定了物质基础。

晚泥盆世海侵已经接近鼎盛时期，向北可达武汉，并向东北形成海槽，与浙北、苏南一带沟通，形成著名的上泥盆统五通组紫红色砂砾岩。五通组在罗霄山脉北部的幕阜山脉也有出现，但沉积厚度薄，由西向东厚度有所增加，总体而言，主要还是以陆相碎屑沉积为主，由于厚度薄，尽管岩性比较坚硬，也难以构成高大山地的物质基础。

2. 扬子板块

罗霄山脉北段的九岭山脉和幕阜山脉位于扬子板块内，其中九岭山脉与武功山脉之间的乐萍盆地是扬子板块与华南加里东褶皱带的分界线，两者虽然距离不大，但发展演化的历程却大相径庭。

扬子板块是华南较早固结的板块。其基底形成于晋宁运动之前（约 800Ma 前），相当于中元古代与新元古代（或狭义的震旦纪）之间的界线。例如，九岭山脉的双桥山群、幕阜山脉板溪群等巨厚的浅变质岩系。晋宁运动使扬子板块褶皱回返，固结成为结晶基底。从更大范围来看，大致与晋宁运动相当的时期，全球形成了罗迪尼亚超级大陆（Rodinia supercontinent）（Dalziel，1997）。由于超级大陆的形成，全球发生大规模海退，气候逐渐变冷，终于震旦纪早期（又称为"南华纪"）进入"冰河时代"，即"雪球地球"（Kirschivink，1992）。

罗迪尼亚超级大陆形成后，全球又开始了新一轮的大陆裂解旋回，海面逐渐上升。在扬子板块，构造运动微弱，几乎连续地沉积了震旦系至下—中三叠统。虽然时间很长，沉积连续很好，但厚度并不大，岩浆活动也微弱，加里东运动在扬子板块仅表现为造陆运动，主要为升降运动，局部地方呈现平行不整合接触关系。

加里东运动之后，华夏板块与扬子板块连成一体，形成了统一的华南板块，因此，晚古生代至中生代早期，华南两大构造单元的沉积特征差异基本上消失了。如果说泥盆纪各地沉积尚有时间差的话，到了石炭纪，各地沉积时代与环境已经趋向一致，再到二叠纪时期，发生了华南前所未有的栖霞期大海侵，沉积了栖霞灰岩。该组虽然定名于江苏南京附近的栖霞寺，但地层几乎遍布华南大地。扬子板块构造稳定发展进程，直到与华北板块碰撞时才宣告结束。

印支运动时期，华北板块与华南板块逐渐靠近，先是华南板块向华北板块俯冲，到印支运动主幕时，华北板块与华南板块终于碰撞拼贴在一起。强烈的碰撞产生近南北向的挤压应力，在如今的幕阜山脉、九岭山脉直至武功山脉一带，形成了一系列大规模近东西走向、由北向南的逆冲推覆构造和与之伴生的强烈褶皱，中元古界浅变质基底（如双桥山群、板溪群等）逆掩于下—中三叠统等地层之上，形成飞来峰和构造窗等构造现象，使得扬子板块基底变质岩广泛出露。在还没有认识到这一现象之前，有学者就把这些古老地层看成是长期隆起剥露的"古陆地"，"江南古陆"因此而得名（黄汲青，1959；王鸿祯等，1980）。现在多改称为"江南造山带"（李江海和穆剑，1999）。

九岭山脉和幕阜山脉正好位于"江南造山带"中，浅变质岩广泛出露，由于这套岩系主要为泥岩、页岩、板岩，抗风化能力较弱，加上新生代构造抬升不强，因此多形成低山丘陵，与华南加里东褶皱带泥盆系砂砾岩为主的山地地貌有较显著的不同。

全球泛大陆又称为盘古大陆（Pangea）（Unrug，1992），形成于二叠纪的海西运动，华北板块与华南板块的碰撞缝合略晚于全球泛大陆的形成。当华北板块与华南板块碰撞缝合时，全球泛大陆新一轮的裂解又开始了。

　　3. 东亚板块

　　印支运动之后，华北板块与华南板块已经成为统一的东亚板块。此后，由于大西洋的快速扩张，太平洋板块向四周俯冲，古太平洋板块从侏罗纪开始向东亚板块强烈俯冲（万天丰，2011），开启了燕山构造运动的历程。在罗霄山脉，形成了一系列北北东向的构造带，并伴随强烈的岩浆活动，形成巨大的花岗岩体和强烈中、酸性火山喷发。其中，幕阜山脉、武功山脉、九岭山脉均有燕山期花岗岩浆侵入，连同加里东期的岩体一道，组成复杂的"复式岩体"。这些山脉中，以诸广山脉花岗岩体最大，武功山脉次之，九岭山脉最小，与更大区域所显示的燕山运动从东南到西北减弱的趋势是一致的。显然，与印支运动南北向的挤压力不同的是，燕山运动的力源来自东南方向，形成了北东偏东的构造组合。罗霄山脉中北东东向的中型山脉格局应该是在这个时候奠定的。燕山运动晚期，太平洋俯冲板块后撤，引发中国东部大规模的拉伸活动，形成了一系列白垩纪红层盆地，有的地方还有基性岩脉的侵入，暗示这种拉伸剥离作用很可能涉及上地幔的对流和侵入。加上俯冲方向改为北北西，在中国东部形成了北北东向的左旋构造格局，并左旋切错了北东东向构造，使原先的北东东向构造发生左旋扭动，首尾扭曲成"S"形状。

　　白垩纪后期，构造运动逐渐减弱，包括罗霄山脉在内的中国东部地区进入了漫长而稳定的剥蚀夷平阶段，形成了广泛的准平原地貌。

　　进入新生代以来，大约在始新世，特提斯海（又称古地中海）关闭，印度板块与欧亚板块发生陆-陆碰撞（Yang et al.，2002）；与此同时，太平洋板块由北北西方向转向北西西方向运动（李三忠等，2013）。在印度板块和太平洋板块的联合作用下，重新"激活"了华南中生代晚期的拉伸构造，沿早期的北东偏东构造带，形成一系列的北东东向的盆岭构造，准平原解体。分布于山顶或分水岭上的夷平面便是曾经准平原化的证据。

　　罗霄山脉的次级山地如诸广山脉、万洋山脉、武功山脉、九岭山脉和幕阜山脉均受正断层控制，其排列格局和力学性质反映其形成受近南北向右旋力偶作用。显然与印度板块与欧亚板块陆-陆碰撞有关。由于古碰撞边界更偏南（van Hinsbergen et al.，2019），对欧亚大陆东部施加了北东偏北的挤压力，在华南地区产生右旋力偶。随着印度板块与欧亚板块碰撞边界的逐步北进，对华南的影响逐渐减弱，山地主要处在剥蚀减荷和均衡抬升状态，多表现为壮年期和老年期地貌特征。

1.3　主要结论

通过对罗霄山脉较系统全面的调查研究，得到如下主要结论。

　　1）罗霄山脉南部的诸广山脉、万洋山脉和武功山脉属于华夏板块的华南加里东褶皱带；北部的九岭山脉、幕阜山脉属于扬子板块。两个大地构造单元的演化历史不同，使得坐落于两大构造单元的山脉特征有所差异。

　　2）华南加里东褶皱带基底固结的时间比较晚，从中元古代至早古生代沉积了6～10km的海相复理石沉积，夹海底基性火山喷发的细碧角斑岩、凝灰岩层，直至早古生代晚期的加里东运动（约400Ma前），北面的扬子板块与南面的华夏板块强烈碰撞，使华南加里东褶皱带的地层褶皱隆起，并发生了绿片岩相的浅变质作用，成为后续稳定类型沉积的结晶基底。加里东运动使扬子板块和华夏板块最终拼贴到一起，形成了统一的华南板块。加里东运动后，华南进入了较为稳定的"地台"发展阶段，沉积了分布广泛、厚度不大、沉积环境较稳定的海相、海陆过渡相的碳酸岩和碎屑岩。

3）华南加里东褶皱带形成后，经历了漫长的风化剥蚀过程，碎屑沉积物中石英含量增加，海侵从广西钦州开始，逐渐向北东、北西两个方向扩展，先后沉积了较纯的石英砂岩和碳酸盐岩，这些石英砂岩具有"穿时"性。罗霄山脉地区从南往北逐渐被中、上泥盆统石英砂岩覆盖，南面较厚，北面较薄，石英砂岩较为坚硬，抗风化能力较强，为后来高大山脉的形成提供了有利条件。

4）扬子板块基底的固结时间比较早，中元古代沉积了 7～13km 的海相复理石沉积，火山活动较弱，中元古代晚期的晋宁运动使这套活动类型的沉积褶皱回返，发生浅变质作用，形成扬子板块的结晶基底，从新元古代开始，沉积了稳定类型的盖层沉积，记录了地球的"雪球地球""埃迪卡拉事件"以及寒武纪生命大爆发等重大事件，直至加里东运动之后，扬子板块与华南加里东褶皱带的稳定型浅海相、海陆交互相沉积连为一体。

5）印支运动（约 235Ma 前）时期，华北板块与华南板块发生碰撞，形成了统一的东亚板块。华北与华南板块的碰撞拼合，产生了近南北向的强烈挤压，在罗霄山脉北段的九岭山脉、幕阜山脉地区发生了由北往南的逆掩推覆，使扬子板块的结晶基底逆冲于上中生界至三叠系等较新地层之上，造成扬子板块的浅变质岩广泛出露，由于主要是页岩、板岩和千枚岩，岩性较为软弱，易于风化，难以形成高大山脉，罗霄山脉北段的九岭山脉和幕阜山脉主要表现为低山丘陵，少量高山呈线状或孤立山峰状分布。

6）燕山运动时期（侏罗纪至白垩纪），古太平洋板块向东亚板块俯冲，罗霄山脉发生广泛的变形、变质和岩浆活动，形成大规模的花岗岩体，特别是南面的诸广山脉，主要由复式花岗岩体构成，燕山期花岗岩体有从南往北逐渐减小的趋势。燕山运动的主要构造为北东向，这些构造或者使早期北东东向构造错动，或者扭曲成"S"形；燕山运动晚期，发生构造拉伸作用，形成红层盆地和"变质核杂岩"。

7）白垩纪晚期至新生代初期，罗霄山脉地区经历了长期的风化夷平，形成了广袤的准平原，大约在始新世（40Ma 前），受印度板块与欧亚板块强烈碰撞的影响，罗霄山脉地区循早期断裂构造发生断块抬升，随着印度板块的不断北进，对中国西部的作用逐渐加强，而对中国东部，特别是位于华南腹地的罗霄山脉的影响逐渐减弱，以至于后期山脉长期处于剥蚀和均衡抬升状态，大部分地方已经发展到"壮年期"，山脉外围已逐渐向"老年期"过渡，只有山脉的分水岭地带保留了夷平面这种幼年期地貌。壮年期地貌类型复杂多样，为罗霄山脉营造了独特的小气候环境，也为生物多样性提供了良好的发展空间。

8）罗霄山脉地貌的形成主要受岩性控制，新构造运动影响较弱，表现为"岩石地貌"。罗霄山脉南段的诸广山脉、万洋山脉和武功山脉主要受华南加里东运动后的泥盆系砂砾岩和多期次复式花岗岩控制，岩石较为坚硬，山脉较为宏伟高大；罗霄山脉北段的九岭山脉、幕阜山脉主要受扬子板块印支期形成的"江南造山带"浅变质岩控制，岩石较为软弱，山脉较为狭窄低平。罗霄山脉的岩性和山体的南北差异可能是生物多样性南北差异的原因之一。

9）罗霄山脉高大山区，对第四纪冰期、间冰期的气候变化敏感，对各类动植物的生存、迁徙产生了较大影响。

参 考 文 献

陈益明. 1985. 柘林水库地震及其震源机制. 地震, (4): 35-41.

高林志, 黄志忠, 丁孝忠, 等. 2012. 赣西北新元古代修水组和马涧桥组 SHRIMP 锆石 U-Pb 年龄. 地质通报, 31(7): 1086-1093.

郭建秋, 张雄华, 章泽军. 2003. 江西修水地区中元古界双桥山群修水组内波内潮汐沉积. 地质科技情报, 22(1): 47-52.

黄汲青. 1959. 中国东部大地构造分区及其特点的新认识. 地质学报, 39(2): 115-134.

李江海, 穆剑. 1999. 我国境内格林威尔期造山带的存在及其中元古代末期超大陆再造的制约. 地质科学, 34(3): 259-272.

李三忠, 余珊, 赵淑娟, 等. 2013. 东亚大陆边缘的板块重建与构造转换. 海洋地质与第四纪地质, 33(3): 65-94.

刘文均, 张锦泉, 陈洪德. 1993. 华南泥盆纪的沉积盆地特征、沉积作用和成矿作用. 地质学报, 67(3): 244-254.

丘元禧, 梁新权. 2006. 两广云开大山—十万大山地区盆山耦合构造演化——兼论华南若干区域构造问题. 地质通报, 25(3): 340-346.

舒良树. 2006. 华南前泥盆纪构造演化: 从华夏地块到加里东期造山带. 高校地质学报, 12(4): 418-431.

舒良树, 孙岩, 王德滋, 等. 1998. 华南武功山中生代伸展构造. 中国科学, 28(5): 431-438.

万天丰. 2011. 中国大地构造学. 北京: 地质出版社.

王鸿祯, 王自强, 朱鸿, 等. 1980. 中国晚元古代古构造与古地理. 地质科学, (2): 103-111.

王鸿祯, 杨巍然, 刘本培. 1986. 华南地区古大陆边缘构造史. 武汉: 武汉地质学院出版社.

吴富江, 钟春根, 钟达洪. 2001. 江西武功山岩浆热强龙伸展滑覆构造的基本特征及形成时代. 江西地质, 15(3): 161-165.

吴新华. 2007. 双桥山群的再讨论. 资源调查与环境, 28(2): 95-105.

徐磊, 李三忠, 刘鑫, 等. 2012. 华南钦杭结合带东段成矿特征与构造背景. 海洋地质与第四纪, 32(5): 57-66.

徐秀登. 1984. 柘林水库地震的形成条件和诱发机制问题. 地震学刊, (4): 1-8.

岳焕印, 舒良树, 王觉富, 等. 1998. 华南武功山中生代花岗岩体热史及隆升机制研究. 大地构造与成矿学, 22(3): 227-233.

张国伟, 郭安林, 王岳军, 等. 2013. 中国华南大陆构造与问题. 中国科学(地球科学), 43(10): 1553-1582.

Burbank W D, Anderson S R. 2012. Tectonic Geomorphology. 2nd edition. Malden: Blackwell Publishing.

Dalziel W D. 1997. Overview: Neoproterozoic-Paleozoic geography and tectonics: review hypothesis, environmental speculation. Geological Society of America Bulletin, 109(1): 16-42.

Kirschivink J L. 1992. Late Proterozoic low-latitude global glaciation: the snowball earth // Schopf J W, Klein C. The Proterozoic Biosphere: A Multidisciplinary Study. Cambridge: Cambridge University Press.

Lin W, Faure M, Sun Y, et al. 2001. Compression to extension switch during the Middle Triassic orogeny of East China: the case study of the Jiulingshan massif in the southern foreland of the Dabieshan. Journal of Asian Earth Sciences, 20: 31-43.

Unrug P. 1992. The supercontinent cycle and Gondwanaland assembly: component cratons and the timing of suturing events. Journal of Geodynamics, 16(4): 215-240.

van Hinsbergen D J J, Lippert P C, Li S H, et al. 2019. Reconstructing creater India: paleogeographic, kinematic, and geodynamic perspectives. Tectonophysics, 760: 69-94.

Xu X S, O'Reilly S Y, Griffin W L, et al. 2007. The crust of *Cathaysia*: age, assembly and reworking of two terranes. Precambrian Research, 158: 51-78.

Xue J Z, Huang P, Wang D M, et al. 2018. Silurian-Devonian terrestrial revolution in South China: taxonomy, diversity, and character evolution of vascular plants in a paleogeographically isolated, low-latitude region. Earth Science Reviews, 180: 92-125.

Yang T, Z, Sun Z, Lin A. 2002. New early cretaceous paleomagnetic results from Qilian orogenic belt and its tectonic implication. Science China Earth Sciences, 45(6): 565-576.

第 2 章　罗霄山脉的土壤

摘　要　土壤是植物生长的基质，为植物的生长发育提供必备的养分和水分等，土壤的理化性质与植物的组成和分布密切相关。2013 年 6 月至 2018 年 5 月，在线路踏查的基础上，运用土壤学的调查方法，对罗霄山脉全境，包括幕阜山脉、九岭山脉、武功山脉、万洋山脉和诸广山脉的土壤理化性质的空间异质性进行调查研究，设置了 101 个样点，挖取 101 个土壤剖面，并采集了 351 个土壤样品，分析其理化性质，进而揭示罗霄山脉土壤本底与森林群落和植物多样性的关系。

我们发现土壤理化性质存在垂直空间异质性和水平空间异质性，浅层土壤的持水性能较好，土壤疏松，孔隙较大，除全钾以外，其他土壤养分含量均随着土壤深度的增加而减小。土壤理化性质在罗霄山脉各区域存在差异，境内中部土壤的养分含量比南部和北部的高。此外，不同植被类型、森林起源和干扰程度均会对土壤理化性质造成影响。

土壤是森林生态系统内物质交换和能量守恒的载体，可以为植物生长发育提供必不可少的养分，与植物的生长、分布和群落演替密切相关（李昌龙等，2011；徐亮等，2012）。土壤中某些营养元素的缺失会对植物生长产生一定的消极作用，而植物的分布、物种组成又会对土壤的理化性质有很大的影响（王凯博等，2007；Holmes，2010；刘丽丹等，2013）。空间异质性是土壤的一个重要属性（Burgess and Webster，2010），在土壤形成的物理、化学及生物过程中，由于不同地区的气候、地形、母质、植被和动物等条件不同，形成的土壤类型也不同，土壤性质存在明显的差异。即使在土壤质地和类型相同的区域，不同时间和不同空间的土壤特性（如土壤含水量、养分含量等）也有明显差异，土壤的这种属性称为土壤的空间异质性（Trangmar et al.，1986；Webster，1985）。土壤的空间异质性主要受地形、植被、气候等自然作用及人为干扰作用等因素控制。地形主要影响太阳辐射和降水空间的再分配，进而影响局部生境的小气候条件及土壤理化性质的空间差异。已有许多国内外学者的研究表明，土壤含水量、密度、孔隙度等物理性质在不同的空间尺度上存在空间异质性（Iqbal et al.，2005；王政权和王庆成，2000）。在大尺度下，母质和气候是决定土壤空间异质性的关键因素；在小尺度范围内，土壤的空间异质性除了受母质和气候的影响，还受地形和生物因素的影响，地上和地下生物的相互作用是导致土壤空间异质性的主要原因（Ettema and Wardle，2002）。

罗霄山脉位于中国大陆东南部，纵跨湖北、湖南、江西三省，是一条历史悠久、成因复杂、总体呈南北走向的大型山脉。罗霄山脉是一道天然屏障，在夏季截留来自东南向的海洋暖气流，形成大量降水，在冬季阻挡西北向的南下寒潮，并带来丰厚雪水，使区域内发育有各种典型的中亚热带山地森林植被类型。这一区域是中国大陆东部第三级阶梯最重要的气候和生态交错区。在长期的演化过程中形成了众多不同的植被类型，多样化的生态环境孕育了丰富的植物区系，也为各类动物提供了丰富的食物资源和栖息场所，孕育着较高的物种多样性。罗霄山脉区域建立有数十处自然保护区，但是，所建立的各类自然保护区大部分未进行过系统全面的科学考察，或者仅仅进行过局部区域的证论，缺乏整体性、系统性的研究，因此对罗霄山脉进行整体、系统的科学研究考察具有迫切性。土壤是植物生长的基质，可以为植物提供养分、水分等，对植物的生长起着关键的作用，直接影响着植物的组成、结构和分布状况，进而影响森林生态系统的生物多样性。土壤理化性质的空间异质性直接影响了植物个体的生长，间接影响了群落的演替，对群落的空间格局也起到一定的作用。因此，了解土壤理化性质的空间异质性对植物的生长、分布，以及生物多样性的维持具有重要作用。

2.1　研究区概况和研究方法

研究区位于中国大陆东南部的罗霄山脉，罗霄山脉北与长江相依，南与南岭相连，是鄱阳湖和洞庭湖流域的分水岭，形成"盆岭"地貌，总体呈南北走向。罗霄山脉主要山峰海拔多数在 1000m 以上，最高海拔为 2122m，为南风面，最低海拔为 82m，落差达 2040m。其气候类型属亚热带季风性湿润气候，由于地貌复杂，形成中亚热带、北亚热带和暖温带 3 个垂直气候带。在夏季截留东南向的海洋暖气流，形成大量降水，冬季阻挡西北向的南下寒潮并带来丰厚雪水，使区内形成各种典型的中亚热带山地森林植被类型，包括暖温性针叶林、暖温性阔叶林、常绿阔叶林、落叶阔叶林、针阔混交林、亚高山矮曲林、竹林、山地灌草丛、亚高山草甸、苔原等。区内土壤类型丰富，属于中亚热带常绿阔叶林红黄壤土带，主要土壤类型为山地红壤、山地红黄壤、山地黄壤、山地黄棕壤、山地草甸、山地沼泽土等。罗霄山脉生物多样性丰富，尤其是高等植物区系特有现象极为明显，如仅井冈山地区就有中国特有科 5 科，为银杏科 Ginkgoaceae、大血藤科 Sargentodoxaceae、杜仲科 Eucommiaceae、瘿椒树科 Tapisciaceae、伯乐树科 Tapisciaceae。

2.1.1　样点设置与土壤取样

在线路踏查的基础上，在罗霄山脉全境按北段（幕阜山脉、九岭山脉）、中段（武功山脉、万洋山脉）和南段（诸广山脉）分区域设置取样点，涵盖了阔叶林、针叶林、针阔混交林、灌木林、高山草丛、竹林等主要的植被和植物群落类型，共设置了 101 个样点，挖取 101 个土壤剖面，剖面宽度为 1.5m，深度为 1.2m（不包括枯枝落叶层），对土壤剖面形态进行观察、拍照。把土壤剖面分为 4 层，分别为第一层（1cm≤I<25cm）、第二层（25cm≤II<50cm）、第三层（50cm≤III<75cm）、第四层（75cm≤IV<100cm）。每个剖面从 1m 处由下而上分别进行环刀取土、小铝盒取土和封口袋取土，各层分别采集 1 份环刀样品，3 份铝盒样品和用封口袋取 1 份土壤分析样品（1kg）。封口袋中的混合土样去除植物根系和石块后带回实验室。小铝盒、环刀中的土样进行物理性质实验，混合土样进行化学性质实验。另外，用 MAGELLAN 基准定位仪测定样地的经纬度、海拔等信息，用地质罗盘仪（DQL-5）测定样地的坡度、坡向等信息。

2.1.2　土壤理化性质的测定

土壤物理性质的测定参考《土壤物理研究法》（依艳丽，2009），土壤自然含水量、土壤容重、土壤毛管持水量和土壤毛管孔隙度的计算公式如下：

$$W = \frac{鲜重_1 - 干重_1}{干重_1 - 铝盒重} \times 1000$$

$$土壤容重 = \frac{M}{环刀容重}$$

$$M = \frac{鲜重_2 - 环刀重}{1 + \dfrac{W}{1000}}$$

$$土壤毛管持水量(g/kg) = \frac{环刀持水重 - 环刀重 - M}{M} \times 1000$$

$$土壤毛管孔隙度=\frac{土壤毛管持水量}{10}\times 土壤容重\times 100\%$$

式中，W 为土壤自然含水量，g/kg；M 为环刀内干土重，g；鲜重$_1$为铝盒与铝盒中土壤鲜重之和，g；干重$_1$为铝盒与铝盒中土壤干重之和，g；鲜重$_2$为环刀与环刀中土壤鲜重之和，g，环刀容积为 100cm^3。

土壤质地的测量采用比重计法（NY/T 1121.3—2006），计算出土壤颗粒小于 0.01mm 的质量百分比，并依据卡庆斯基制对土壤进行分类。

土壤化学性质测定指标主要包括 pH、有机质、全氮、全磷、全钾、碱解氮、速效磷、有效钾、交换性钙、交换性镁、有效铜、有效锌、有效硼等，测定方法主要参考《土壤农化分析》（鲍士旦，2000）。pH 的测定采用玻璃电极法（NY/T 1121.2—2006）；有机质的测定采用重铬酸钾氧化-外加热法（NY/T 1121.6—2006）；全氮的测定采用半微量凯氏法（NY/T 53—1987）；碱解氮的测定采用碱解扩散法（LY/T 1229—1999）；全磷的测定采用 NaOH 熔融-钼锑抗比色法（NY/T 88—1988）；速效磷的测定采用 NH$_4$F-HCl 浸提-钼锑抗比色法（NY/T 300—1995）；全钾的测定采用 NaOH 熔融-火焰光度计法（NY/T 87—1988）；有效钾的测定采用 2mol/L HNO$_3$ 溶液冷浸提-火焰光度法（NY/T 889—2004）；交换性钙和交换性镁的测定采用原子吸收分光光度法（LY/T 1245—1999）；有效铜和有效锌的测定采用 DTPA-TEA 浸提-AAS 法；有效硼的测定采用热水回流浸提法。

2.1.3　数据分析

对罗霄山脉的土壤物理化学性质进行描述性统计分析，从整体上了解罗霄山脉土壤理化性质的空间分布格局。采用单因素方差分析（one-way ANOVA）对罗霄山脉土壤物理化学性质的空间异质性进行分析，并进行 Kruskal-Wallis 检验和 t 检验。所有的数据分析均在 STATISTICA 12.0 中运行。

2.2　罗霄山脉土壤特征

2.2.1　罗霄山脉土壤物理性质的空间分布特征

罗霄山脉的土壤自然含水量平均值为 277.2933～397.9374g/kg，最大值达 1099.0330g/kg，而土壤容重平均值为 0.9871～1.2390g/cm^3，最大值达 1.7005g/cm^3（表 2-1）。研究区上层土的自然含水量、毛管持水量、总孔隙度、毛管孔隙度、非毛管孔隙度、通气孔隙度均大于下层土，而土壤容重和质地相反。说明研究区土壤随着深度增加，自然含水量、毛管持水量、总孔隙度、毛管孔隙度、非毛管孔隙度和通气孔隙度减小，而土壤容重和质地随土层加深而增大。导致该现象的主要原因是土壤上层含有大量有机质及植物根系，土壤疏松，孔隙较大，土壤毛管持水量较大，土壤容重较小，而下层土壤有机质含量减少，矿化比例有所增加，所以土壤容重增大。罗霄山脉同一土层的土壤含水量、毛管持水量、非毛管孔隙度、通气孔隙度和土壤质地波动幅度均较大，而土壤容重、总孔隙度、毛管孔隙度的变幅较小。不同样点的土壤物理性质差异可能是地形及植物组成、根系或凋落物分布造成的。从变异系数（CV）来看，土层 I 的非毛管孔隙度变异系数最大，为 0.7882。各指标的变异系数为 0.1449～0.7882，为中等变异（0.1≤CV<1），由大到小依次为：非毛管孔隙度＞自然含水量＞质地＞毛管持水量＞通气孔隙度＞毛管孔隙度＞容重＞总孔隙度。并且上层土壤自然含水量、容重、毛管持水量、总孔隙度、毛管孔隙度、非毛管孔隙度和土壤质地的变异大于深层的变异，唯有土壤通气孔隙度上层土的变异小于深层土壤的变异。

表 2-1　罗霄山脉土壤物理性质垂直分布的描述性统计

土壤物理性质	土层	平均值	最小值	最大值	标准误	变异系数
自然含水量（g/kg）	I	397.9374	136.0145	1099.0330	227.6299	0.5720
	II	346.9616	82.9400	1011.1250	187.4944	0.5404
	III	312.1886	99.5221	728.9793	156.1870	0.5003
	IV	277.2933	117.2400	704.1305	123.8552	0.4467
容重（g/cm³）	I	0.9871	0.3500	1.5900	0.2699	0.2734
	II	1.0957	0.6057	1.5440	0.2474	0.2258
	III	1.1680	0.7572	1.6445	0.2186	0.1872
	IV	1.2390	0.7757	1.7005	0.2001	0.1615
毛管持水量（g/kg）	I	552.5762	138.8416	1751.7890	269.5130	0.4877
	II	474.2041	209.7750	1117.6250	201.9541	0.4259
	III	407.8052	150.4275	787.1504	155.3275	0.3809
	IV	363.7459	172.2678	777.8429	130.3475	0.3583
总孔隙度（%）	I	62.7615	40.1200	86.8600	10.1863	0.1623
	II	58.6597	41.7188	77.1430	9.3326	0.1591
	III	55.9281	37.9417	71.4267	8.2492	0.1475
	IV	53.3241	35.8300	71.4976	7.7244	0.1449
毛管孔隙度（%）	I	43.7958	9.3700	76.0910	14.0888	0.3217
	II	44.4662	22.9000	68.5380	11.2978	0.2541
	III	42.4601	20.8100	65.3468	10.7600	0.2534
	IV	41.3803	25.0500	70.3422	9.6173	0.2324
非毛管孔隙度（%）	I	18.9661	−6.7800	72.2600	14.9484	0.7882
	II	14.1934	−6.1045	41.0300	9.4954	0.6690
	III	13.4677	−2.1594	46.4400	10.1054	0.7503
	IV	11.9440	−5.9577	38.5611	9.1116	0.7629
通气孔隙度（%）	I	28.8275	−3.4035	56.5300	12.4548	0.4320
	II	24.3180	0.4443	46.6900	10.7297	0.4412
	III	21.9270	−0.5994	51.2214	12.1755	0.5553
	IV	20.8007	−1.1939	49.8911	11.6545	0.5603
质地（<0.01mm 土粒%）	I	21.2079	7.0000	53.0000	10.7604	0.5074
	II	24.7767	8.0000	60.0000	13.1115	0.5292
	III	28.3077	9.0000	60.0000	13.9891	0.4942
	IV	29.1806	2.0000	59.0000	13.7762	0.4721

　　罗霄山脉土壤自然含水量、容重、毛管持水量、总孔隙度、毛管孔隙度、非毛管孔隙度和质地在各区域间存在显著差异（$P<0.05$），只有通气孔隙度不存在显著差异（图 2-1）。其中，万洋山脉的土壤自然含水量、毛管持水量和总孔隙度最大，九岭山脉的最小，其余依次为诸广山脉、幕阜山脉和武功山脉。而土壤容重、非毛管孔隙度、通气孔隙度、质地在九岭山脉的表现值最大。而毛管孔隙度在诸广山脉最大，在九岭山脉最小。非毛管孔隙度在武功山脉最小，土壤容重在万洋山脉最小。

　　土壤自然含水量、毛管持水量、毛管孔隙度在万洋山脉的四分位距离最大，非异常值距离也最大，说明在万洋山脉区域的土壤自然含水量、毛管持水量和毛管孔隙度分布相对其他区域较分散，即自然含水量、毛管持水量和毛管孔隙度在该区域变化最大。土壤自然含水量和毛管持水量在罗霄山脉每个分段区域内均出现了异常值，诸广山脉的土壤毛管孔隙度、非毛管孔隙度、质地，万洋山脉的非毛管孔隙度，武功山脉的毛管孔隙度、非毛管孔隙度，幕阜山脉的毛管孔隙度均出现了异常值，说明在这些山脉内某些样点的土壤物理性质比其他样点的明显大或小很多。

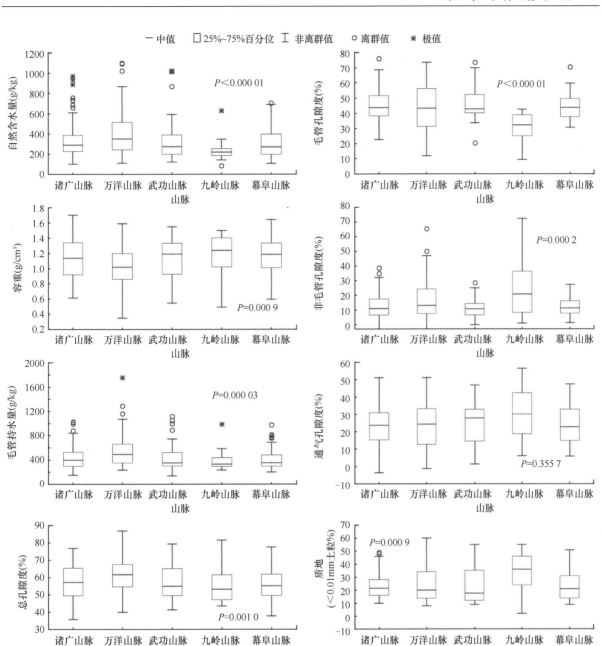

图 2-1 罗霄山脉土壤物理性质的空间分布

2.2.2 罗霄山脉土壤化学性质的空间分布特征

罗霄山脉土壤化学性质描述统计结果如表 2-2 所示。研究区内土壤 pH 平均值为 4.5845～4.7807，为酸性土壤。土壤有机质含量丰富，平均值为 15.2806～59.8292g/kg，最大值达到 185.8240g/kg。研究区内土壤化学性质的垂直分布规律为：土壤的有机质、全氮、全磷、碱解氮、有效磷、速效钾、交换性钙、交换性镁、有效铜、有效锌、有效铁、有效锰和有效硼等均随着土壤深度的增加而呈减小趋势，而 pH 和全钾则相反，即土壤越深 pH 和全钾含量越大。其次，土壤有机质、全钾、碱解氮、速效钾、交换性钙、交换性镁、有效铁和有效锰等含量差异很大。从变异系数来看，有效磷、交换性钙、交换性镁、有效铜、有效锰等养分的变异系数均大于 1，属于强变异。变异系数最小的为 pH，为 0.1160。而有机质、全氮、全磷、全钾、碱解氮、速效钾和有效铁等的变异系数为 0.4229～0.9952，属于中等变异（0.1≤CV<1），由大到小依次为：有效铁>有机质>全氮>碱解氮>速效钾>全磷>全钾。

表 2-2　罗霄山脉土壤化学性质垂直分布的描述性统计

土壤化学性质	土层	平均值	最小值	最大值	标准误	变异系数
pH	I	4.5845	3.7900	7.2300	0.5606	0.1223
	II	4.7120	3.8000	7.2400	0.5467	0.1160
	III	4.7523	3.7900	7.2400	0.5624	0.1183
	IV	4.7807	3.9500	7.2100	0.5631	0.1178
有机质（g/kg）	I	59.8292	6.0213	185.8240	38.5385	0.6441
	II	33.9767	6.1519	138.9750	27.8851	0.8207
	III	22.6700	3.0689	127.5221	21.4187	0.9448
	IV	15.2806	2.6130	66.1133	12.5136	0.8189
全氮（g/kg）	I	2.2168	0.3477	7.2080	1.3116	0.5917
	II	1.3287	0.1753	5.1810	0.9611	0.7233
	III	0.9471	0.1158	4.8602	0.7325	0.7734
	IV	0.6940	0.0961	2.5437	0.4701	0.6774
全磷（g/kg）	I	0.4385	0.1189	1.1610	0.2038	0.4648
	II	0.4170	0.0975	1.1280	0.2124	0.5094
	III	0.3777	0.0757	0.8765	0.1989	0.5266
	IV	0.3597	0.0557	0.9715	0.1938	0.5388
全钾（g/kg）	I	23.0920	4.4600	45.1920	10.0389	0.4347
	II	24.7968	5.2100	46.2690	10.4874	0.4229
	III	24.1245	5.1900	50.2999	10.8329	0.4490
	IV	25.3350	4.4600	50.6219	10.9842	0.4336
碱解氮（mg/kg）	I	187.7464	26.7890	535.5170	92.8518	0.4946
	II	115.2923	23.0510	496.0400	81.8072	0.7096
	III	81.2778	18.3083	429.1000	63.4878	0.7811
	IV	58.7031	14.9520	250.5944	40.4106	0.6884
有效磷（mg/kg）	I	3.7844	0.0401	64.8000	7.9385	2.0977
	II	2.8363	0.0500	57.6500	7.3705	2.5986
	III	1.8787	0.0500	37.1742	5.6663	3.0161
	IV	2.5313	0.0500	83.6500	9.9906	3.9468
速效钾（mg/kg）	I	57.6147	12.0993	155.7460	29.6271	0.5142
	II	35.1478	10.4730	126.7740	23.9479	0.6813
	III	31.5532	8.8430	109.4210	19.7910	0.6272
	IV	26.8751	4.8990	120.3010	16.8509	0.6270
交换性钙（mg/kg）	I	142.5089	5.7700	1426.8600	242.2176	1.6997
	II	96.8811	1.1700	1996.5600	244.5968	2.5247
	III	60.7847	2.9300	554.4000	102.7993	1.6912
	IV	61.3745	0.0800	684.2000	121.4785	1.9793
交换性镁（mg/kg）	I	17.1919	2.5600	107.4600	20.6075	1.1987
	II	11.6825	1.1450	153.1400	22.4555	1.9221
	III	11.0879	0.6700	151.3600	20.9831	1.8924
	IV	13.0383	0.5250	150.7100	24.9971	1.9172
有效铜（mg/kg）	I	0.5153	0.0172	6.1250	0.7550	1.4652
	II	0.4176	0.0114	4.9220	0.8145	1.9504
	III	0.2705	0.0136	3.2848	0.5215	1.9279
	IV	0.2188	0.0136	1.9190	0.2954	1.3501
有效锌（mg/kg）	I	1.2227	0.0458	8.1860	1.0586	0.8658
	II	0.4597	0.0126	5.4970	0.6567	1.4285
	III	0.2776	0.0080	2.1225	0.3349	1.2064
	IV	0.2372	0.0040	1.5810	0.2263	0.9540

续表

土壤化学性质	土层	平均值	最小值	最大值	标准误	变异系数
有效铁（mg/kg）	I	52.1640	2.4560	295.7660	51.9126	0.9952
	II	28.2438	1.1300	229.1280	28.0846	0.9944
	III	22.5450	1.8474	108.0120	17.3220	0.7683
	IV	21.6013	1.8681	111.3500	18.2798	0.8462
有效锰（mg/kg）	I	4.8291	0.0326	85.2340	10.8764	2.2523
	II	2.7709	0.0378	74.3300	8.3900	3.0279
	III	3.0265	0.0234	97.0100	11.1192	3.6739
	IV	3.6059	0.0436	101.9700	12.2268	3.3908
有效硼（mg/kg）	I	0.1457	0.0147	1.0320	0.1263	0.8668
	II	0.0967	0.0140	0.6100	0.1088	1.1251
	III	0.0894	0.0077	0.5956	0.1186	1.3266
	IV	0.0881	0.0053	0.5979	0.1299	1.4745

　　罗霄山脉土壤的 pH、有机质、全氮、全磷、全钾、碱解氮、有效磷、速效钾、交换性钙、交换性镁、有效铜、有效锌、有效铁、有效锰、有效硼等含量在各区域之间均存在显著差异（$P<0.05$，图 2-2，图 2-3）。诸广山脉的土壤 pH 最低，即土壤酸性最强，其余依次为万洋山脉、幕阜山脉、九岭山脉和武功山脉。有机质在万洋山脉最为丰富，全氮、全磷、碱解氮和有效硼等在武功山脉最为丰富。全钾、速效钾在幕阜山脉的含量最高。

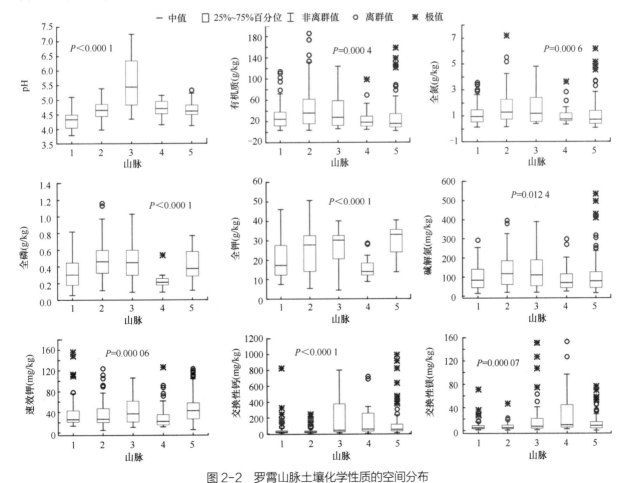

图 2-2　罗霄山脉土壤化学性质的空间分布

1. 诸广山脉；2. 万洋山脉；3. 武功山脉；4. 九岭山脉；5. 幕阜山脉

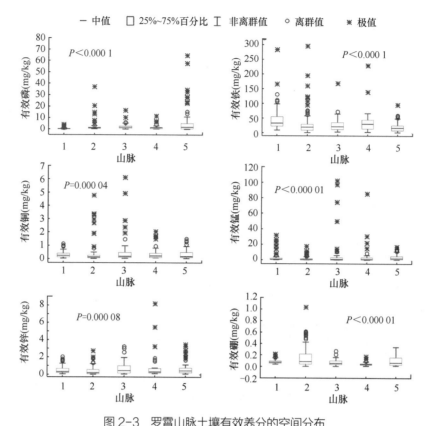

图 2-3 罗霄山脉土壤有效养分的空间分布

1. 诸广山脉; 2. 万洋山脉; 3. 武功山脉; 4. 九岭山脉; 5. 幕阜山脉

有效养分含量在罗霄山脉的分布情况: 有效铁>有效锰>有效磷>有效锌>有效铜>有效硼。各有效养分含量在罗霄山脉各区域存在显著差异。其中, 武功山脉的有效铜和有效锌含量明显高于其他山脉, 而诸广山脉的有效铁含量最高, 万洋山脉有效硼含量最高。有效铁、有效锰、有效磷、有效硼、有效锌、有效铜等养分在诸广山脉、万洋山脉、武功山脉、九岭山脉、幕阜山脉等均出现了较多异常值, 说明在这些山脉内某些样点的土壤有效养分含量要比其他样点的明显大或小很多。

2.2.3 不同植被类型土壤物理性质的异质性

土壤自然含水量、容重、毛管持水量、总孔隙度、毛管孔隙度、非毛管孔隙度、通气孔隙度、质地等指标在 6 种植被类型间均存在显著差异 ($P<0.05$, 图 2-4)。说明罗霄山脉土壤的物理性质受植被类型的影响。其中, 土壤自然含水量、毛管持水量、总孔隙度和毛管孔隙度在高山草丛最高, 其次为灌木林。而针叶林的土壤自然含水量、毛管持水量和总孔隙度虽然在几种植被类型中最低, 但其土壤容重最高。土壤非毛管孔隙度在阔叶林中最高, 在灌木林中最低。竹林中土壤通气孔隙度最高, 但毛管孔隙度最低。从土壤质地来看, 土壤质地最高的是针阔混交林, 而高山草丛的土壤质地最低, 其余由大到小依次为针叶林、竹林、阔叶林和灌木林。在不同的植被间土壤的物理性质均表现出较强的异质性。而且在灌木林中, 土壤自然含水量和毛管持水量的变化幅度较大。在阔叶林和针叶林的土壤中, 土壤自然含水量和毛管持水量均出现了较多的异常值, 说明在这两种植被类型里某些样点的自然含水量和毛管持水量要比其他样点的大很多。土壤容重和质地在阔叶林中的变化幅度最大。

阔叶林的土壤自然含水量、容重、毛管持水量、总孔隙度、毛管孔隙度、非毛管孔隙度、通气孔隙度和质地在不同土层间均存在显著差异 ($P<0.05$, 图 2-5)。说明阔叶林中土壤的物理性质受土层深度的影响。其中, 阔叶林土壤的自然含水量、毛管持水量、总孔隙度、毛管孔隙度与土层深度成反比, 即土层越深, 阔叶林土壤的自然含水量、毛管持水量、总孔隙度和毛管孔隙度越低。而土壤容

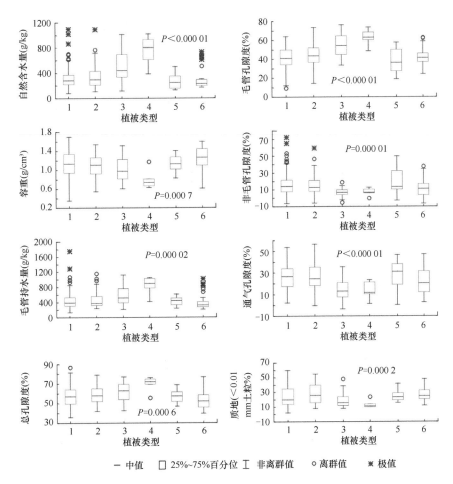

— 中值　□ 25%~75%百分位　⊥ 非离群值　○ 离群值　＊ 极值

图 2-4　不同植被类型土壤物理性质的分异特征

1. 阔叶林；2. 针阔混交林；3. 灌木林；4. 高山草丛；5. 竹林；6. 针叶林

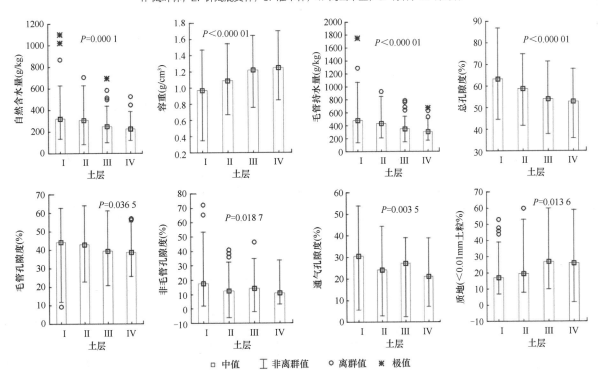

□ 中值　⊥ 非离群值　○ 离群值　＊ 极值

图 2-5　阔叶林不同土层土壤物理性质的分异特征

重和质地与之相反,即土层越深,土壤容重和质地越大。非毛管孔隙度和通气孔隙度没有明显的垂直变化规律。土壤自然含水量在不同土层均出现异常值,说明在阔叶林内不同土层出现的某些样点比其他样点的自然含水量要大得多。

　　针阔混交林的土壤容重、毛管持水量、总孔隙度在不同土层间均存在显著差异($P<0.05$),而土壤自然含水量、毛管孔隙度、非毛管孔隙度、通气孔隙度和质地均不存在显著差异($P>0.05$,图2-6)。其中,针阔混交林土壤的自然含水量、毛管持水量、总孔隙度、非毛管孔隙度和通气孔隙度与土层深度成反比,即土层越深,针阔混交林土壤的自然含水量、毛管持水量、总孔隙度、非毛管孔隙度和通气孔隙度越低。而土壤容重和质地与之相反,即土层越深,土壤容重和质地越大。

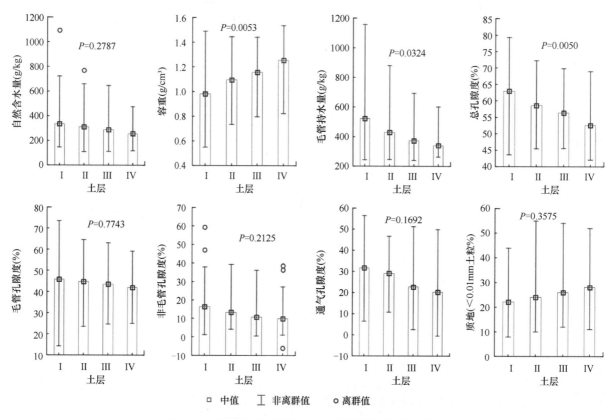

图2-6　针阔混交林不同土层土壤物理性质的分异特征

　　灌木林的土壤仅有土壤质地在不同土层间存在显著差异($P<0.05$),而自然含水量、容重、毛管持水量、总孔隙度、毛管孔隙度、非毛管孔隙度和通气孔隙度在不同土层间均不存在显著差异($P>0.05$,图2-7)。说明土层深度对灌木林土壤的物理性质影响不大。其中,灌木林的土壤毛管持水量、总孔隙度和通气孔隙度与土层深度成反比,即土层越深,灌木林的土壤毛管持水量、总孔隙度和通气孔隙度越低。而土壤容重和质地与之相反,即土层越深,土壤容重和质地越大。而土壤自然含水量和毛管孔隙度则呈先上升后下降的趋势。

　　高山草丛的土壤自然含水量、土壤容重、毛管持水量、总孔隙度、毛管孔隙度、非毛管孔隙度、通气孔隙度和质地在不同土层间均不存在显著差异($P>0.05$,图2-8)。说明土层深度对高山草丛土壤的物理性质影响不大,其土壤物理性质分布的垂直规律也并不明显。其中,土壤自然含水量、毛管持水量、总孔隙度、毛管孔隙度在土层 I 达最大值。而土壤容重和质地最小值也出现在土层 I。非毛管孔隙度和通气孔隙度在土层 I、土层 II、土层 III 之间差异不明显,但在土层 IV 达最大值。

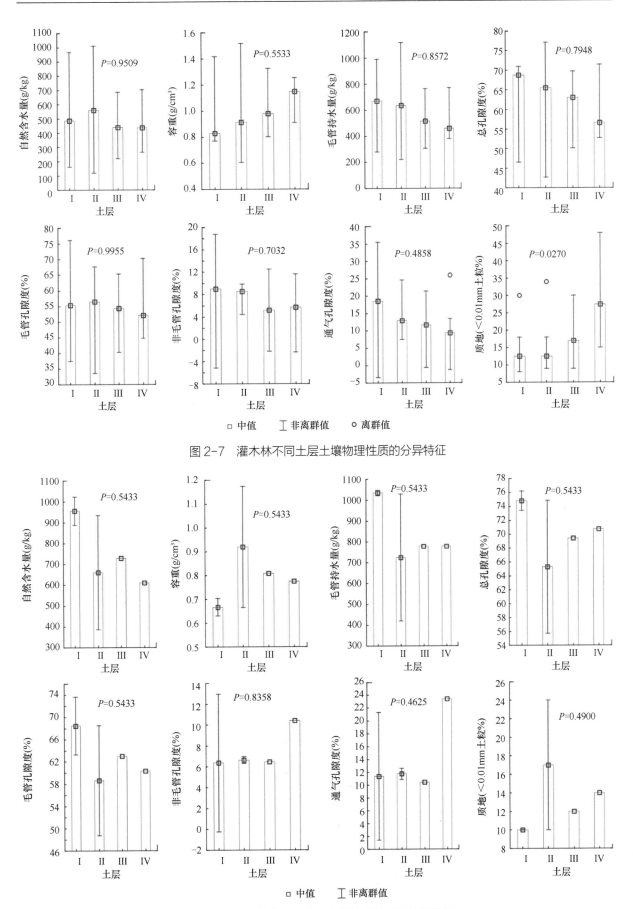

图 2-7　灌木林不同土层土壤物理性质的分异特征

图 2-8　高山草丛不同土层土壤物理性质的分异特征

竹林的土壤自然含水量、容重、毛管持水量、总孔隙度、毛管孔隙度、非毛管孔隙度、通气孔隙度和质地在不同土层间均不存在显著差异（$P>0.05$，图 2-9）。说明土层深度对竹林土壤的物理性质影响不大。其中，土壤容重和土壤质地随着土层加深而增大，而总孔隙度和通气孔隙度随着土层加深而减小，但这种趋势在土层 III 和土层 IV 之间均不明显。土层 IV 的土壤自然含水量、容重、毛管孔隙度和质地均最大。

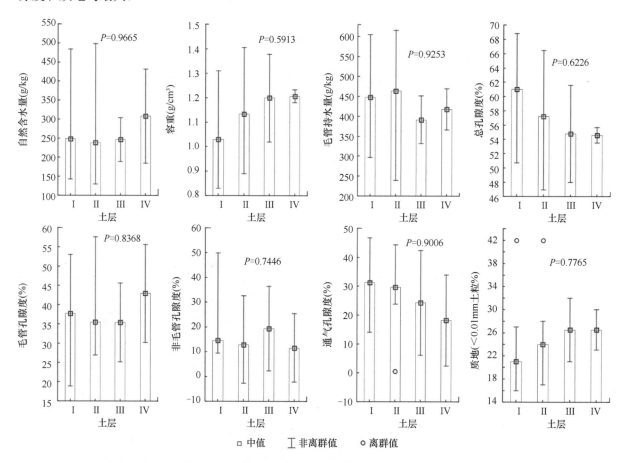

图 2-9　竹林不同土层土壤物理性质的分异特征

针叶林的土壤自然含水量、容重、毛管持水量、总孔隙度、毛管孔隙度、非毛管孔隙度、通气孔隙度和质地在不同土层间均不存在显著差异（$P>0.05$，图 2-10）。说明土层深度对针叶林的土壤物理性质影响不大。其中，针叶林的土壤毛管持水量、总孔隙度、非毛管孔隙度和通气孔隙度与土层深度成反比，即土层越深，针叶林的土壤毛管持水量、总孔隙度、非毛管孔隙度和通气孔隙度越低。而土壤容重与之相反，即土层越深，土壤容重越大。土壤毛管孔隙度和质地在不同土层的分布没有明显的变化规律。针叶林的土壤自然含水量在不同土层的含量差异和变化范围不大，但出现了较多异常值，说明在针叶林内不同土层出现的某些样点比其他样点的自然含水量要大得多。

2.2.4　不同植被类型土壤化学性质的异质性

土壤的化学性质在不同植被类型间存在差异，但仅有土壤有机质、全氮、全磷、碱解氮等指标差异达到显著水平（$P<0.05$），而土壤 pH、全钾、速效钾、交换性钙和交换性镁等指标差异未达到显著水平（$P>0.05$，图 2-11）。其中，高山草丛的土壤 pH 最低，即土壤酸性最强，而灌木林的 pH 最高，说明灌木林相对其他植被类型土壤酸性最弱。高山草丛的有机质含量最高，其余植被有机质含量由大到小依次为：灌木林＞阔叶林＞针阔混交林＞竹林＞针叶林。高山草丛的全氮、全磷、碱解氮

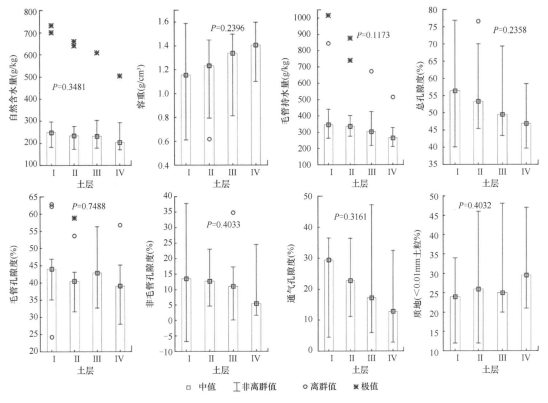

图 2-10　针叶林不同土层土壤物理性质的分异特征

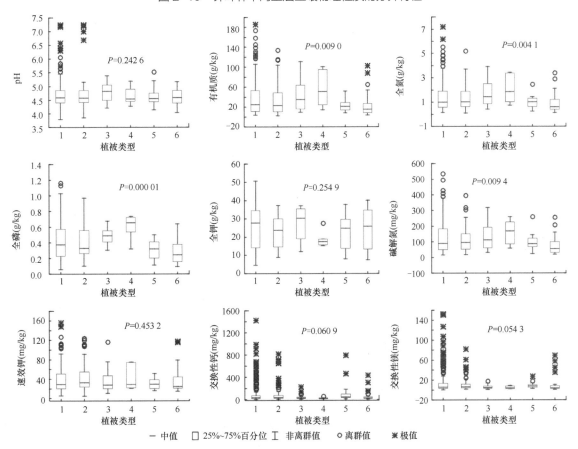

图 2-11　不同植被类型土壤化学性质的分异特征

1. 阔叶林；2. 针阔混交林；3. 灌木林；4. 高山草丛；5. 竹林；6. 针叶林

含量最高，但全钾的含量在所有植被类型中最低，而灌木林的全钾含量最高。速效钾、交换性钙和交换性镁在不同植被类型间含量差异不大。但交换性钙和交换性镁在阔叶林、针阔混交林和针叶林中出现了较多的异常值，说明在这些植被类型中的某些样点的交换性钙和交换性镁的含量比其他样点的要大得多。

从不同植被类型间的有效养分来看，有效养分在不同植被类型间的含量存在差异。其中，有效磷、有效铁和有效锰的含量差异达到显著水平（$P<0.05$），而有效铜、有效锌和有效硼等含量差异未达到显著水平（$P>0.05$，图 2-12）。除了高山草丛的有效铁含量显著高于其他植被类型，其他有效养分在其余植被类型中的含量差异和变化范围均不大。有效养分在阔叶林、针阔混交林出现了较多异常值，说明在阔叶林和针阔混交林出现了一些样点的有效养分含量比其他样点的要大很多。

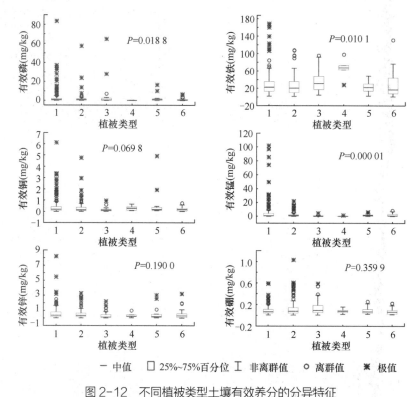

图 2-12　不同植被类型土壤有效养分的分异特征

1. 阔叶林；2. 针阔混交林；3. 灌木林；4. 高山草丛；5. 竹林；6. 针叶林

阔叶林的土壤有机质、全氮、碱解氮、有效磷、有效铁和交换性镁含量在不同土层间存在显著差异（$P<0.05$），而全磷和有效锰含量不存在显著差异（$P>0.05$，图 2-13）。其中，有机质含量在土层 I 达最大值。阔叶林土壤的化学性质垂直分布规律为：土壤有机质、全氮、碱解氮和有效铁均与土层深度成反比，即土层越深，阔叶林土壤有机质、全氮、碱解氮和有效铁含量越低。全磷、有效磷、有效锰和交换性镁含量在不同土层的垂直变化规律不明显，且有效磷、有效锰和交换性镁在不同土层的含量变化范围不大，但在土层 I 和土层 II 出现的异常值较多，说明在阔叶林土层 I 和土层 II 的某些样点的有效磷、有效锰和交换性镁含量比其他样点的要大得多。

针阔混交林的土壤有机质、全氮、碱解氮、有效磷、有效铁和交换性镁含量在不同土层间存在显著差异（$P<0.05$），而全磷和有效锰含量不存在显著差异（$P>0.05$，图 2-14），这与阔叶林相似。有机质含量在土层 I 达最大值。针阔混交林土壤的化学性质垂直分布规律为：土壤有机质、全氮、碱解氮均与土层深度成反比，即土层越深，针阔混交林土壤有机质、全氮和碱解氮含量越低。全磷、有效磷、有效铁、有效锰和交换性镁含量在不同土层的垂直变化规律不明显。有效磷、有效铁、有效锰和交换性镁在不同土层的含量差异和变化范围不大，但在不同土层均出现了一些异常值，说明在针阔混交林不同土层的某些样点有效磷、有效铁、有效锰和交换性镁含量比其他样点的要大得多。

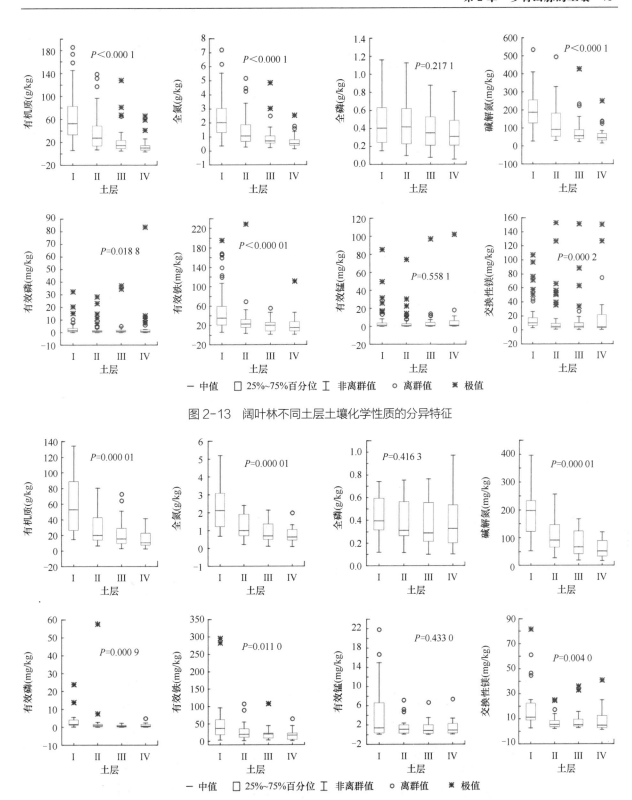

图 2-13 阔叶林不同土层土壤化学性质的分异特征

图 2-14 针阔混交林不同土层土壤化学性质的分异特征

灌木林的土壤有机质、全氮、碱解氮和交换性镁含量在不同土层间存在显著差异（$P<0.05$），而全磷、有效磷、有效铁和有效锰含量不存在显著差异（$P>0.05$，图 2-15）。土壤有机质含量在土层 I 达最大值。灌木林土壤化学性质的垂直分布规律为：土壤有机质、全氮、碱解氮、有效铁和交换性镁均与土层深度成反比，即土层越深，灌木林有机质、全氮、碱解氮、有效铁和交换性镁的含量越低。

而全磷含量随土层深度的增加先下降后上升再下降。有效磷和有效锰在不同土层的垂直变化规律不明显,并且在不同土层的含量差异和变化范围不大。

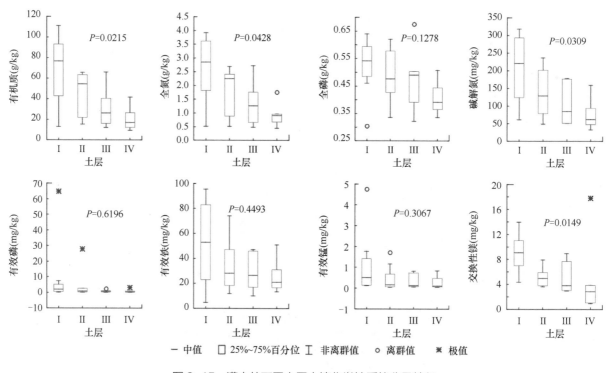

图2-15 灌木林不同土层土壤化学性质的分异特征

竹林土壤有机质、全氮和碱解氮含量在不同土层间存在显著差异($P<0.05$),而全磷、有效磷、有效铁、有效锰和交换性镁含量不存在显著差异($P>0.05$,图2-16),这与阔叶林和针阔混交林相似。有机质含量在土层 I 达最大值。竹林土壤的化学性质垂直分布规律为:土壤有机质和全氮含量均与

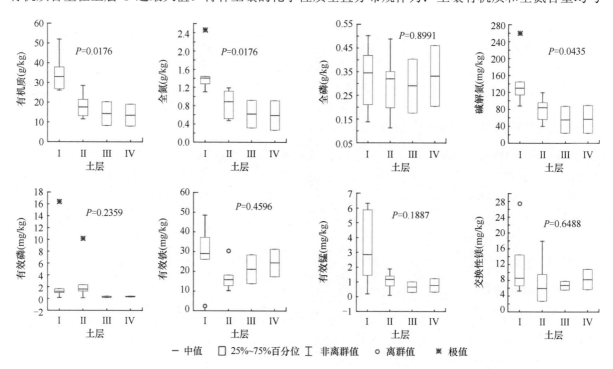

图2-16 竹林不同土层土壤化学性质的分异特征

土层深度成反比，即土层越深，竹林土壤有机质和全氮的含量越低。而全磷、碱解氮、有效铁、有效锰和交换性镁含量随着土壤深度增大呈先下降后上升的变化趋势。而有效磷在不同土层的含量差异和变化范围则不大。

针叶林的土壤有机质、碱解氮和交换性镁含量在不同土层间存在显著差异（$P<0.05$），而全氮、全磷、有效磷、有效铁和有效锰含量不存在显著差异（$P>0.05$，图 2-17）。有机质含量在土层 I 达最大值。针叶林土壤的化学性质垂直分布规律为：土壤有机质、全氮、全磷和碱解氮均与土层深度成反比，即土层越深，针叶林土壤有机质、全氮、全磷和碱解氮的含量越低。而有效磷、有效铁、有效锰和交换性镁在不同土层的垂直变化规律不明显，并且交换性镁在不同土层之间的含量差异和变化范围不大，但在不同土层间均出现了异常值，说明在针叶林不同土层的某些样点交换性镁的含量比其他样点的要大得多。

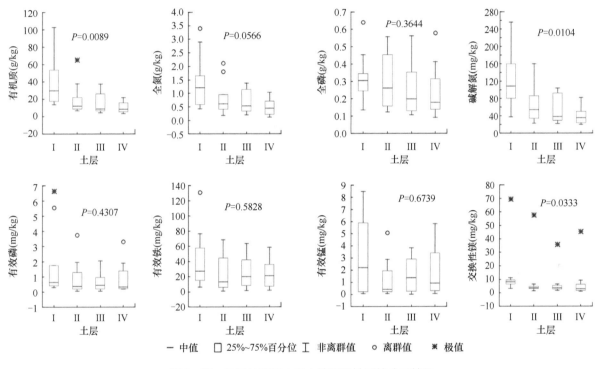

图 2-17 针叶林不同土层土壤化学性质的分异特征

2.2.5 不同森林起源对土壤物理性质的影响

罗霄山脉森林按起源可分为半天然林、天然林和人工林。罗霄山脉的土壤自然含水量、容重、毛管持水量、总孔隙度、毛管孔隙度、非毛管孔隙度、通气孔隙度和质地在半天然林、天然林和人工林间均存在显著差异（$P<0.05$，图 2-18）。其中，天然林的土壤自然含水量、毛管持水量、总孔隙度、毛管孔隙度、通气孔隙度最高，其次为半天然林和人工林。从中值来看，土壤自然含水量在天然林的变化范围最大。而天然林的土壤容重和质地在 3 种类型中最低，土壤容重和质地最高的是人工林。表明罗霄山脉天然林的土壤疏松，持水性能好，土壤容蓄能力也较半天然林和人工林强。

2.2.6 不同森林起源对土壤化学性质的影响

罗霄山脉的土壤化学性质在半天然林、天然林和人工林之间存在差异，其中土壤 pH、有机质、全氮、全磷、全钾、碱解氮、速效钾、交换性钙在半天然林、天然林和人工林之间的差异达到显著水平（$P<0.05$），交换性镁差异不显著（$P>0.05$，图 2-19）。3 种林分土壤均呈酸性，天然林的有机质含量最多，且有机质含量变化范围最大，其次为半天然林和人工林。全氮、全磷、碱解氮和速效钾在

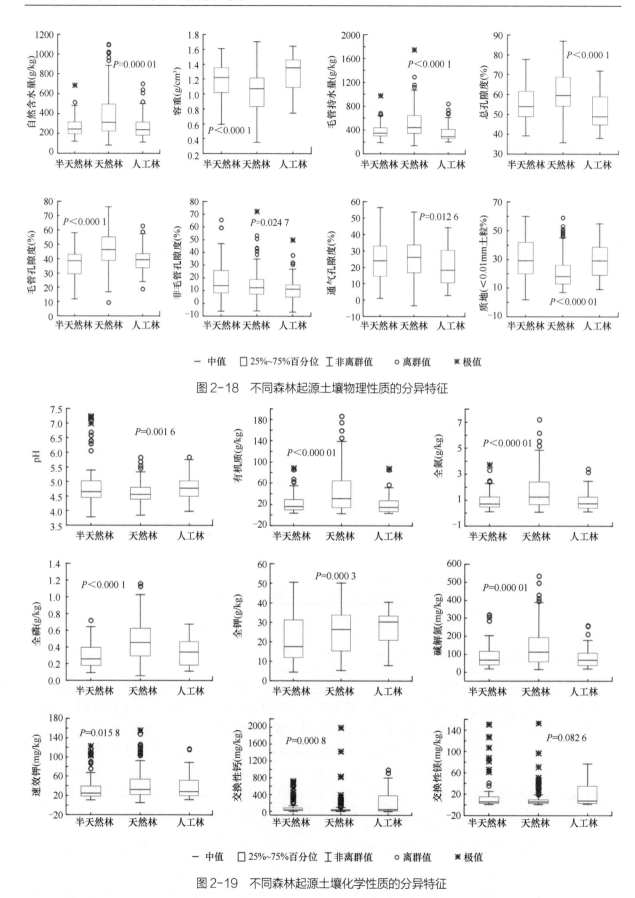

— 中值 □ 25%~75%百分位 ⊥ 非离群值 ○ 离群值 ✳ 极值

图 2-18 不同森林起源土壤物理性质的分异特征

— 中值 □ 25%~75%百分位 ⊥ 非离群值 ○ 离群值 ✳ 极值

图 2-19 不同森林起源土壤化学性质的分异特征

天然林的含量最大,而全钾在人工林的含量最大。交换性镁含量在 3 种林分间没有明显差异,但交换性钙和交换性镁在半天然林和天然林出现了较多异常值，说明在半天然林和天然林内某些样点土壤交换性钙和交换性镁含量要比其他样点大很多。

从有效养分来看，有效铁、有效铜、有效锰、有效硼含量在半天然林、天然林和人工林间存在显著差异（$P<0.05$），而有效磷和有效锌含量在 3 种林分间差异未达到显著水平（$P>0.05$，图 2-20）。3 种林分的有效铁含量均高于其他有效养分。其中，有效铁和有效硼在天然林含量最高，其次是半天然林和人工林。其他有效养分在半天然林、天然林和人工林含量差别不大。从四分位距离来看，几种有效养分在 3 种林分类型间的变化范围均不大，但均在天然林出现了最多异常值，说明在天然林出现有效养分含量远大于其他样点的某些样点数量最多。

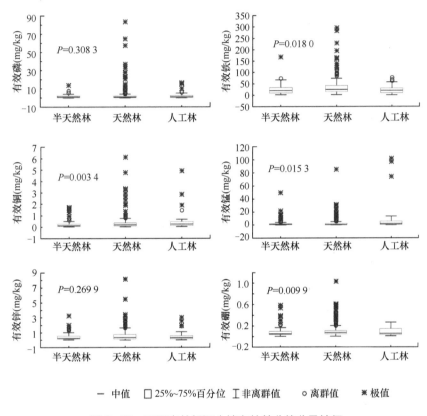

　— 中值　□ 25%~75%百分位　⊥ 非离群值　○ 离群值　✳ 极值

图 2-20　不同森林起源土壤有效养分的分异特征

2.2.7　不同干扰程度下土壤物理性质的异质性

罗霄山脉土壤按干扰程度可分为低、中、高三个水平。不同干扰程度土壤的自然含水量、容重、毛管持水量、总孔隙度、毛管孔隙度和质地均达到显著差异（$P<0.05$），非毛管孔隙度和通气孔隙度则不存在显著差异（$P>0.05$，图 2-21）。土壤自然含水量在干扰程度低时表现最高，其次是高干扰程度，中等干扰程度的土壤自然含水量最低，且土壤自然含水量在低干扰程度时变化范围最大。土壤容重与干扰程度成正比，即干扰程度越高，土壤容重越大。而土壤毛管持水量、总孔隙度和通气孔隙度则相反，即干扰程度越高，土壤毛管持水量、总孔隙度和通气孔隙度越小。毛管孔隙度在低干扰程度表现最高，非毛管孔隙度在中等干扰程度表现最高，土壤质地也在中等干扰程度表现最高。

2.2.8　不同干扰程度下土壤化学性质的异质性

罗霄山脉不同干扰程度的土壤化学性质存在差异，其中 pH、有机质、全氮、全磷、碱解氮、速效钾、交换性钙差异达到显著水平（$P<0.05$），全钾和交换性镁含量不存在显著差异（$P>0.05$，图 2-22）。其中，干扰程度低的土壤 pH 最低，即土壤酸性最强，其次是干扰程度中等和干扰程度高

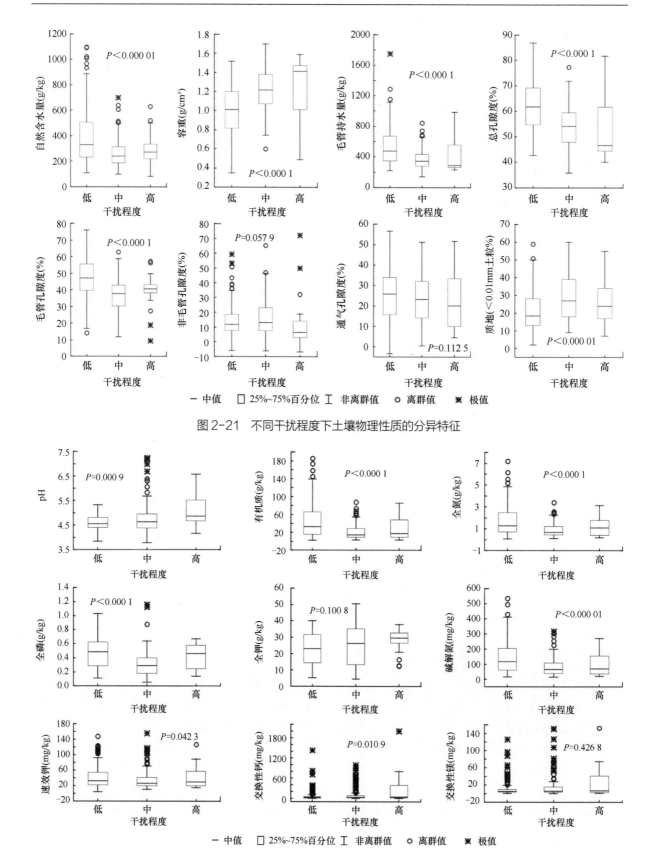

图 2-21　不同干扰程度下土壤物理性质的分异特征

图 2-22　不同干扰程度下土壤化学性质的分异特征

的。有机质、全氮和全磷含量在干扰程度低的土壤中最高，且变化范围最大，其次是干扰程度高的，干扰程度中等的土壤有机质、全氮和全磷含量最低。全钾含量在干扰程度高的土壤中最高，但中等干扰程度土壤全钾的含量变化范围最大。碱解氮的含量随着干扰程度变强而减少。速效钾、交换性钙和交换性镁含量在 3 种干扰程度的土壤中含量不大，但在干扰程度高的土壤中交换性钙和交换性镁含量的变化范围最大，且交换性钙和交换性镁在干扰程度低和中等的土壤中出现了相对较多的异常值，说明在干扰程度低和中等的土壤中出现了较多样点的交换性钙和交换性镁含量比其他样点大很多。

从有效养分来看，不同干扰程度土壤的有效铁、有效铜、有效锰、有效锌含量差异达到显著水平（$P<0.05$，图 2-23），而有效磷和有效硼含量差异不显著（$P<0.05$）。其中，有效铁在干扰程度低的土壤中含量明显高于干扰程度中等和干扰程度高的土壤。而有效铜在干扰程度高的土壤中含量最高，其次为干扰程度低和干扰程度中等的土壤。有效磷、有效锰、有效锌和有效硼在不同干扰程度土壤中含量差别不大，但有效锌在干扰程度高的土壤中含量变化范围相对较大。几种有效养分含量在不同干扰程度土壤中均出现了较多异常值，其中，有效养分在干扰程度低的土壤中出现的异常值最多，说明在干扰程度低的土壤中出现了最多样点的有效养分含量比其他样点大得多，其次是在干扰程度中等的土壤出现了较多异常值，说明在干扰程度中等的土壤中也出现了较多的样点有效养分含量比其他样点大得多。

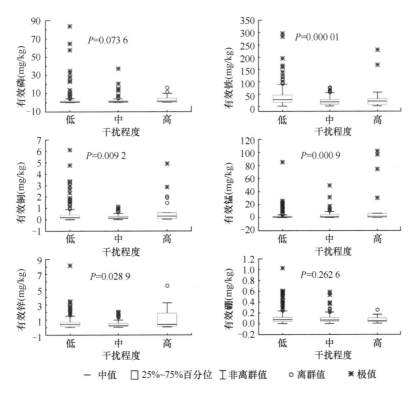

图 2-23　不同干扰程度下土壤有效养分的分异特征

2.3　小　　结

罗霄山脉土壤自然含水量平均值为 277.2933～397.9374g/kg，最大值达 1099.0330g/kg，而土壤容重平均值为 0.9871～1.2390g/cm³，最大值达 1.7005g/cm³。土壤为酸性土壤，土壤 pH 平均值为 4.5845～4.7807，土壤有机质含量丰富，平均值为 15.2806～59.8292g/kg，最大值达 185.8240g/kg。有效养分含量在罗霄山脉土壤中由大到小依次为：有效铁＞有效锰＞有效磷＞有效锌＞有效铜＞有效硼。土壤理化性质垂直分布规律明显，即浅层土壤的自然含水量、毛管持水量、总孔隙度、毛管孔隙度、非毛管孔隙度、通气孔隙度均大于深层土，而土壤容重和质地相反，即罗霄山脉浅层土壤的持水性能较好，土壤疏松，孔隙较大，土壤容蓄能力相对深层土较好。而土壤有机质、全氮、全磷、碱解氮、有效磷、速效钾、交换性钙、交换性镁、有效铜、有效锌、有效铁、有效锰和有效硼等养分含量均随着土壤深度的增加而减小，而全钾则相反，即土壤越深全钾含量越大。

罗霄山脉土壤理化性质在各区域的空间分布存在差异。罗霄山脉土壤的理化性质在诸广山脉、万洋山脉、武功山脉、九岭山脉和幕阜山脉存在差异。其中，万洋山脉土壤的自然含水量、毛管持水量和总孔隙度最大。九岭山脉的自然含水量、毛管孔隙度和总孔隙度最小，但土壤容重和质地最大。从土壤物理性质的空间分布格局来看，罗霄山脉南部土壤的物理性能优于中部和北部。其次，诸广山脉的土壤酸性最强，其余依次为万洋山脉、幕阜山脉、九岭山脉和武功山脉，即土壤越往中部靠近酸性越弱。武功山脉的全氮、全磷、碱解氮、有效硼、有效铜和有效锌等养分含量最高，万洋山脉的有机质含量最高，即境内中部土壤的养分含量比南部和北部的高。而全钾、速效钾在幕阜山脉含量最高。

罗霄山脉土壤理化性质在不同植被类型间表现出较强的异质性。其中，土壤的物理性质：自然含水量、容重、毛管持水量、总孔隙度、毛管孔隙度、非毛管孔隙度、通气孔隙度、质地等指标在阔叶林、针阔混交林、灌木林、高山草丛、竹林和针叶林6种植被类型间均存在显著差异（$P<0.05$）。土壤物理性质垂直分布规律在针阔混交林中表现最明显，在阔叶林、竹林和针叶林土壤只有某些物理性质表现出明显的垂直分布规律，而灌木林和高山草丛土壤的物理性质并没有明显的垂直分布规律。说明土层深度对灌木林和高山草丛土壤物理性质影响不大。其次，不同植被类型对土壤有机质、全氮、全磷、碱解氮含量等影响显著，而对土壤 pH、全钾、速效钾、交换性钙和交换性镁等影响不大。有机质含量由大到小依次为：高山草丛＞灌木林＞阔叶林＞针阔混交林＞竹林＞针叶林。高山草丛的全氮、全磷、碱解氮等养分的含量也最为丰富，但全钾含量在所有植被类型中最低。而速效钾、交换性钙和交换性镁等养分在不同植被类型间含量差异不大。

罗霄山脉不同森林起源对土壤理化性质空间异质性有显著影响。其中，土壤物理性质在半天然林、天然林和人工林3种林分间均存在显著差异（$P<0.05$）。天然林的土壤自然含水量、毛管持水量、总孔隙度、毛管孔隙度、通气孔隙度在天然林中最高，其次为半天然林和人工林，而其土壤容重和质地在3种林分中表现最低，即天然林的土壤疏松，持水性能好，土壤容蓄能力也较半天然林和人工林大。土壤的化学性质除了交换性镁，其余化学性质的差异在半天然林、天然林和人工林之间达到显著水平（$P<0.05$）。土壤有机质含量由大到小依次为：天然林＞半天然林＞人工林。不同养分在3种林分间分布不一。全氮、全磷、碱解氮和速效钾等养分在天然林的含量最多，而全钾在人工林的含量最大。交换性镁在3种林分间含量没有明显差异，说明不同森林起源对土壤交换性镁含量的影响不大。

罗霄山脉不同干扰程度对土壤理化性质的影响也不一致。不同干扰程度的土壤自然含水量、容重、毛管持水量、总孔隙度、毛管孔隙度和质地均达到显著水平（$P<0.05$），非毛管孔隙度和通气孔隙度则不存在显著差异（$P>0.05$）。土壤自然含水量在干扰程度低时表现最高，且土壤自然含水量变化范围最大。土壤容重与干扰程度成正比，即干扰程度越高，土壤容重越大。而土壤毛管持水量、总孔隙度和通气孔隙度则相反。罗霄山脉不同干扰程度的土壤化学性质除了全钾、有效磷和有效硼，其余化学性质均存在显著差异（$P<0.05$）。干扰程度越低，土壤酸性越强。各养分在不同干扰程度的土壤分布也不一。干扰程度低的土壤有机质、全氮和全磷含量最高，且含量变化范围最大，其次是干扰程度高的，中等干扰程度的最低。可能是因为干扰导致土壤微生物活性降低或者植被覆盖率低，使得归还到土壤的枯枝落叶减少。而全钾含量在干扰程度高的土壤最高。速效钾、交换性钙和交换性镁含量在不同干扰程度下差别不大，即不同干扰程度对速效钾、交换性钙和交换性镁等养分含量的影

响不大。

参 考 文 献

鲍士旦. 2000. 土壤农化分析. 北京: 中国农业出版社.

李昌龙, 肖斌, 王多泽, 等. 2011. 石羊河下游盐渍化弃耕地植被演替与土壤养分相关性分析. 生态学杂志, 30(2): 241-247.

刘丽丹, 谢应忠, 邱开阳, 等. 2013. 宁夏盐池沙地 3 种植物群落土壤表层养分的空间异质性. 中国沙漠, 33(3): 782-787.

王凯博, 陈美玲, 秦娟, 等. 2007. 子午岭植被自然演替中植物多样性变化及其与土壤理化性质的关系. 西北植物学报, 27(10): 2089-2096.

王政权, 王庆成. 2000. 森林土壤物理性质的空间异质性研究. 生态学报, 20(6): 945-950.

徐亮, 陈功锡, 刘慧娟, 等. 2012. 吉首蒲儿根种群土壤养分特征与分布格局. 西北植物学报, 32(8): 1664-1670.

依艳丽. 2009. 土壤物理研究法. 北京: 北京大学出版社.

Burgess T M, Webster R. 2010. Optimal interpolation and isarithmic mapping of soil properties. I: the semivariogram and punctual kriging. European Journal of Soil Science, 31(2): 315-331.

Ettema C H, Wardle D A. 2002. Spatial soil ecology. Trends in Ecology & Evolution, 17(4): 177-183.

Holmes P M. 2010. Shrubland restoration following woody alien invasion and mining: effects of topsoil depth, seed source, and fertilizer addition. Restoration Ecology, 9(1): 71-84.

Iqbal J, Thomasson J A, Jenkins J N, et al. 2005. Spatial variability analysis of soil physical properties of alluvial soils. Soil Science Society of America Journal, 69(4): 1338-1350.

Trangmar B B, Yost R S, Uehara G. 1986. Application of geostatistics to spatial studies of soil properties. Advances in Agronomy, 38(1): 45-94.

Webster R. 1985. Quantitative Spatial Analysis of Soil in the Field. New York: Springer.

第3章 罗霄山脉的水文和气候

摘 要 罗霄山脉位于中国大陆东南部，其在夏季截留来自东南向的海洋暖气流，形成大量降水，在冬季阻挡西北向的南下寒潮，并带来丰厚雪水，使区域内形成了丰富的水资源。

初步统计罗霄山脉地区主干河流共计 10 多条，一、二、三级支流 101 条，有水库 128 座，其中大型水库有 10 多座，包括青山水库等。罗霄山脉地表水资源丰富，区域内河流主干道控制流域总面积为 60 131km²，年平均降水量为 1598mm；水库控制流域总面积约 49 794km²，水面面积 641.717km²，总库容达 155.9444 亿 m³。

对罗霄山脉区域内地表水和地下水进行采样与水质监测，共采集地表河流水样 84 份，水库水样 15 份，地下水样 12 份。依照国家《地表水环境质量标准》（GB 3838—2002）和《地下水质量标准》（GB/T 14848—2017）所推荐的标准与规范进行了测定分析，结果表明：罗霄山脉地表水、地下水和水库水资源整体水质较好，基本符合国家《生活饮用水卫生标准》（GB 5749—2006），但个别地区地表水和地下水的汞含量超过了《地表水环境质量标准》Ⅰ类、Ⅱ类和《地下水质量标准》Ⅰ类标准限值。

罗霄山脉地区总体属于亚热带季风性湿润气候，区域内年均降水量在 1400～2100mm，其中，罗霄山脉北段的九岭山脉，年平均气温在 14℃以上，年平均降水量为 1653mm，年平均蒸发量为 1053.3mm；中段万洋山脉的井冈山年平均温度在 17℃以上，年平均降水量为 1889.8mm，年平均蒸发量为 978.8mm；南段的诸广山脉则属于中亚热带湿润季风气候，年平均降水量达 1900mm 以上。

3.1 罗霄山脉地表水资源分布及其水文特征[①]

3.1.1 地表水分布及特征

1. 幕阜山脉水系

幕阜山脉的北面有隽水、陆水、富水等主要水系和富水水库、青山水库、望江岭水库等。隽水干流全长 192km，流域面积 3950km²，河流年平均含沙量仅 0.137kg/m³，是湖北省注入长江的第四大支流；隽水进入崇阳县以后就称为陆水，进入陆水水库；另外在通山县区域，来自幕阜山北坡的溪流汇入富水，最后进入富水水库。

幕阜山脉的南面有修水河、汨罗江等主要水系和柘林水库等，以及东津水、渣津水、武宁水等主要的二、三级支流。汨罗江全长 253.2km，流域总面积 5543.2km²；东津水主河长 133km，流域面积达 1137km²；渣津水主河长 71.5km，流域面积达 952km²；武宁水主河长 130km，流域面积达 1735km²。

---

① 本节数据主要参考《江西河湖大典》（武汉：长江出版社，2010）。

2. 九岭山脉水系

九岭山脉地区雨量充沛,年平均降水量 1653mm,年平均蒸发量 1053.3mm。

九岭山脉北面众多支流水系相继汇聚成修水河和柘林水库。其中,修水河发源于九岭山脉大围山西北麓,是鄱阳湖水系五大河流之一,长 419km,流域面积 14 797km^2,年平均流量 39.0m^3/s,年平均降水量约 1726mm,最后流经柘林水库注入鄱阳湖水域。

九岭山脉南面主要河流为北潦河,是潦河中游左岸一级支流,主河道长 125km,流域面积 1518km^2,年平均降水量 1720mm,年平均水面蒸发量 926mm,年径流量 5.17 亿 m^3。北潦河有南北两条支流——北河和南河。北河是北潦河下游左岸一级支流,发源于靖安县九岭山脉大雾塘东麓,主河道长 103km,流域面积 715km^2,年平均降水量 1700mm,年径流量 6.89 亿 m^3;南河发源于靖安县中源乡的白沙坪,全长 130km,流域面积 709km^2。北潦河自西向东、自北向南在安义县汇合后在永修县汇入修水,最后注入鄱阳湖。

九岭山脉南面另一水系即锦江水系,为赣江下游左岸一级支流,发源于罗霄山脉东麓,流经宜春市境内的万载、宜丰、上高、高安四县(市),入南昌市新建区后,又绕入市内丰城北境,注入赣江。锦江主河道长 307km,流域面积 200km^2,支流有 12 条。流域内年平均降水量 1660mm,年平均水面蒸发量 958mm,年平均水资源总量 72.38 亿 m^3。锦江流域支流众多,有白良河、康乐水、芳溪水、宜丰河、斜口港、城陂河、苏溪水等重要支流。

3. 武功山脉水系

武功山脉位于湘赣边界的罗霄山脉中段,是湘江、赣江两大水系的分脊线和发源地,其中赣江流域有袁水、泸水,湘江流域有萍水,河流两侧发育着宽窄不一的多级河谷阶地,形成的袁水、萍水河谷也是湘赣间重要的天然通道。

武功山脉北面河流较多,有萍水、袁水、温汤河、金瑞河、杨桥河等主要河流以及温汤镇水库、水口水库和坪村水库。萍水是萍乡市境内最大的河流,它源于杨岐山,有多条支流汇入,中部贯穿整个萍乡城,萍水全长 80km,历年平均流量 18.3m^3/s,萍水流经萍乡市上栗县、安源区、湘东区,从萍乡市湘东区荷尧镇出境,流经醴陵市,在渌口区城区渌口镇汇入湘江,为湘江一级支流。袁水发源于武功山脉西北麓,是赣江下游左岸一级支流,主河道长 279km,流域面积约 6262km^2,流域内年平均降水量 1583mm;武功山脉东北面的温汤河是袁水上游右岸一级支流,主河道长 36.9km,流域面积 197km^2,年平均降水量 1654mm,年平均水面蒸发量 900mm,年平均径流量 1.79 亿 m^3;袁水上游左岸一级支流金瑞河,主河道长 44.9km,流域面积 394km^2,年平均降水量 1375mm,年平均水面蒸发量 900mm,年平均径流量 2.979 亿 m^3;杨桥河为袁水中游左岸的另一级支流,主河道长 53.5km,流域面积 553km^2,年平均降水量 1590mm,年平均水面蒸发量 900mm,年平均径流量 4.82 亿 m^3。

武功山脉南面主要流域为禾水流域,有泸水、琴水和七都河等主要河流以及社上水库、枫渡水库、功阁水库等重要水库。禾水是赣江中游左岸一级支流,主河道长 256km,流域面积 9103km^2,年平均降水量 1595mm,年平均水面蒸发量 880mm,年平均径流量 77.7 亿 m^3,其水源部分来自南部的万洋山。社上水库是江西省 24 座大型水库之一,正常蓄水位水面面积 11.8km^2,其出水口在严田镇汇入泸水。泸水是禾水下游左岸一级支流,全长约 160km,流域面积 3400km^2,年平均降水量 1590mm,年平均水面蒸发量 843mm,年平均径流量 28.7 亿 m^3,在横龙镇与七都河汇合流入赣江。武功山脉西南面的洣水发源于罗霄山脉西麓的炎陵县枝山,是湘江流域三大支流之一,主河道长 296km,流域面积 10 505km^2,年平均径流量 41.69 亿 m^3。

4. 万洋山脉水系

万洋山脉是湘江、赣江两大水系的分脊线和发源地。其中万洋山脉东面的井冈山区域为亚热带温暖湿润季风气候，年平均降水量为 1855mm，水域以蜀水流域为主，主要支流有大旺水、龙江、郑溪、拿山河、行洲河，树枝状和肘状水系向四周分流。蜀水主河道长 152km，流域面积 1301km²，年平均降水量 1630mm，年平均水面蒸发量 856mm，年平均径流量 11.9 亿 m³，流域内有井冈冲水库、罗浮水库、石市口水库等 18 座水库。大旺水是蜀水下游左岸一级支流，主河道长 70.9km，流域面积 326km²，年平均降水量 1550mm，年平均水面蒸发量 652mm，年平均径流量 2.78 亿 m³。

万洋山脉西面的桃源洞国家级自然保护区 5km 以上或集雨面积 10km² 以上的河流有 49 条，总长 782km，为洣水之源。其中，由八面山及其支脉控制的斜濑水，长 92km，流域面积 778km²；由万洋山脉和八面山支脉控制的河漠水，长 88km，流域面积 904km²，两水在三河汇合为洣水；发源于万洋山的沔水，长 56km，流域面积 508km²，经茶陵县也汇于洣水。此外，还有东风河，长 12.6km，往西流入安仁县永乐河。

5. 诸广山脉水系

诸广山脉的西北面有遂川江、大水、沤江等主要河流，以及东江水库和龙潭电站水库。其中，遂川江是赣江中游左岸一级支流，主河道长 176km，流域面积 2882km²，流域涉及湖南省桂东县和江西省遂川县、井冈山市、万安县，年平均降水量 1640mm，年平均水面蒸发量 941mm，年平均径流量 27.1 亿 m³。大汾水为遂川江上游右岸一级支流，主河道长 46km，流域面积 275km²，年平均降水量 1590mm，年平均水面蒸发量 652mm，年平均径流量 3.2 亿 m³。左溪为遂川江上游左岸一级支流，主河道长 92.8km，流域面积 990km²，年平均降水量 1720mm，年平均水面蒸发量 845mm，年平均径流量为 10.6 亿 m³。金沙水为遂川江中游右岸一级支流，主河道长 33km，流域面积 211km²，年平均降水量 1360mm，年平均水面蒸发量 652mm，年平均径流量 1.78 亿 m³。

诸广山脉东南面有上犹江、思颖江、麟潭江、横水河等主要河流，以及上犹江水库、西湖水库、长河坝水库、千斤滩等。上犹江为章水下游左岸一级支流，主河道长 204km，流域面积 4647km²（在湖南省境内称为集龙江，流域面积 505km²；在江西省崇义县麟潭乡境内称为麟潭江，为上犹江的上游段和中游段，长 148km），年平均降水量 1570mm，年平均水面蒸发量 1030mm，年平均径流量 39.7 亿 m³。上犹江中游左岸一级支流思顺江，发源于崇义县思顺乡，主河道长 35.9km，流域面积 231km²，年平均降水量 1780mm，年平均径流量 2.47 亿 m³。上犹江中游右岸一级支流横水河，主河道长 70.8km，流域面积 498km²，年平均降水量 1750mm，年平均水面蒸发量 950mm，年平均径流量 4.53 亿 m³。

3.1.2 地表水资源利用情况

罗霄山脉为典型的亚热带季风性湿润气候特征，水资源利用情况较为可观。在幕阜山脉北坡的富水流域各行各业用水总量为 3.93 亿 m³，其中农业用水量最大，为 1.887 亿 m³（2010 年）。另外，陆水水库（控制流域面积 3400km²，总库容 7.42 亿 m³）、富水水库（控制流域面积 2450km²，总库容 16.65 亿 m³）、青山水库（控制流域面积 441km²，总库容 4.29 亿 m³）、王英水库（控制流域面积 243km²，总库容 5.84 亿 m³）以及望江岭水库（翠屏水库）等，在当地灌溉、发电、防洪、供水、养殖、航运、旅游等综合利用方面发挥了重要作用。南坡修水河干流中上游形成了多级人工湖泊，流域内多年平均水资源量 135.05 亿 m³，年发电量 39.17 亿 kW·h，流域内森林覆盖率为 65%，森林总面积 58.37 万 hm²，流域内人口 235 万人（农业人口 184 万人），耕地面积达到 16 万 hm²，其中有水田 14.2 万 hm²。

九岭山脉北坡修水河流域已建成大、中、小型水库和塘坝多座，有效灌溉面积达 10.9 万 hm²，旱涝保收面积 9.28 万 hm²，分别占流域内总耕地面积的 68% 和 58%。东南麓的潦河流域，水力资源理论蕴藏量 14.55 万 kW，森林覆盖率 65% 以上，流域内人口 70.6 万人，耕地面积 5 万 hm²（2007 年）。南坡锦江流域，雨量充沛，流域内多年平均水资源总量 72.38 亿 m³，水力资源理论蕴藏量 11.4 万 kW，流域内人口 202.2 万人（农业人口 157.52 万人），耕地面积 14.22 万 hm²，森林覆盖率 64.5%。九岭山脉水库资源丰富，集中了整个罗霄山脉近 50% 的湖泊、水库，包括了柘林水库、大墈水库、东津水库、罗湾水库、小湾水库、上游水库、碧山水库等在内的近 30 座大大小小的水库。其中，柘林水库流域面积 9340km²，占修水河流域面积 14 797km² 的 63.1%，年平均径流量 80.6 亿 m³，总库容 79.2 亿 m³，是目前全国已建成的库容最大的土坝水库，涉及 17 个乡、镇（场）14.7 万 hm² 农田的灌溉，30 万城镇、农村居民生活用水和工业用水。另外，还有大墈水库（控制流域面积 610.45km²，总库容 1.15 亿 m³）、东津水库（控制流域面积 610.45km²，总库容 7.95 亿 m³）、罗湾水库（控制流域面积 162km²，总库容 7700 万 m³）等，在当地灌溉、发电、防洪、供水、养殖、航运、旅游等综合利用方面发挥了重要作用。

武功山脉北坡袁水流域多年平均水资源总量 58.85 亿 m³，水力资源理论蕴藏量 16.36 万 kW，森林总面积 33.37 万 hm²，耕地面积 99.36 万 hm²，流域内人口 212.41 万人（农业人口 99.36 万人）（2004 年）。南坡禾水流域多年平均水资源量 77.7 亿 m³，水力资源理论蕴藏量 21.84 万 kW，森林面积 63 万 hm²，流域人口 171.8 万人（农业人口 137.65 万人），耕地面积 12.56 万 hm²，农业以种植水稻为主（2005 年）。武功山脉有大小水库 16 座，北坡有飞剑潭水库（控制流域面积 79.3 km²，总库容 1236 万 m³）、坪村水库（控制流域面积 52.2km²，总库容 1789 万 m³）等，南坡有江西省 24 座大型水库之一的社上水库（流域控制面积 427km²，总库容 1.707 亿 m³）和江口水库（控制流域面积 3900 km²，总库容 8.9 亿 m³）等，在当地灌溉、发电、防洪、供水、养殖、航运、旅游等综合利用方面发挥了重要作用。

万洋山脉以蜀水流域为主，主要有井冈山全境分布的中型水库 4 座、小型水库 18 座，如井冈冲水库（控制流域面积 48km²，总库容为 1990 万 m³）、茅坪水库（控制流域面积 3.5km²，总库容 22.5 万 m³）、罗浮水库（控制流域面积 54km²，总库容 1125 万 m³）等。井冈山蜀水流域人口 9.61 万人，耕地面积 9600hm²，农业以种植水稻为主，水力资源理论蕴藏量 4.34 万 kW，水产养殖以鲢、鳙为主（2005 年）。西坡桃源洞国家级自然保护区以洣水流域为主，主要是洣水流域上游支脉。

诸广山脉水资源相对较少，以东南面上犹江水库控制的流域和西北面东江水库控制的流域为主。其中，上犹江水库控制流域面积 2750km²，占上犹江流域面积的 59.2%，水库总库容 8.22 亿 m³；东江水库控制流域面积 4719km²，占东江流域面积的 39.6%。诸广山脉遂川江流域，水力资源理论蕴藏量 16.85 万 kW，人口 60 万人，其中农业人口 45.5 万人，耕地面积 2.55 万 hm²，农业以种植水稻为主，水产养殖以鳙、鲢为主（2005 年）。

3.1.3　小结

经查阅资料结合实地考察，初步统计罗霄山脉地区河流主干道共计有 25 条，包括了湖北省境内的富水，江西省境内的修水河、锦江、潦河、袁水、蜀水、萍水、遂川江、禾水、章水，湖南省境内的洣水等，一、二、三级支流 101 条。例如，幕阜山脉北有富水支流陆水和隽水；九岭山脉北有修水河支流杨津水，潦河支流南潦河和北潦河，南有锦江支脉大旺水、龙江、郑溪等；武功山脉有袁水支流温汤河、金瑞河、杨桥河等；万洋山脉有蜀水支流拿山河、行洲河，洣水支流茶水和遂川江支流大汾水、左溪、金沙水；诸广山脉有章水支流上犹江、思顺江等。罗霄山脉地区水库共计 128 座，其中九岭山脉有全国最大的土坝水库柘林水库、位于湖北省界跨江西省的大 I 型水库富水水库以及江西省南部靠近湖南省的大 I 型东江水库，武功山脉有江口水库、社上水库以及飞剑潭水库等大中型水库。罗霄山脉地区多年平均降水量为 1598mm；河流主干道控制流域总面积为 60 131km²，其中，幕阜山脉河流流域面积约为 5310km²，九岭山脉河流流域面积约为 14 797km²，武功山脉河流流域面积约为 15 725km²，万洋山脉河流流域面积约为 8713km²，诸广山脉河流流域面积约为 15 586km²。

整个罗霄山脉水库控制流域总面积约 49 794km²，水面面积 641.722km²，总库容达 155.9424 亿 m³。其中幕阜山脉水库控制流域面积 6650.64km²，水面面积 61.5199km²，总库容 31.5058 亿 m³；九岭山脉水库控制流域面积 18 166.25km²，水面面积 402.449km²，总库容 95.6142 亿 m³；武功山脉水库控制流域面积 10 027.81km^2，水面面积 102.13km^2，总库容 15.7967 亿 m^3；万洋山脉水库控制流域面积 780.8km^2，水面面积 8.3431km^2，总库容 1.1957 亿 m^3；诸广山脉水库控制流域面积 14 168.5km^2，水面面积 67.28km^2，总库容 11.83 亿 m^3。

罗霄山脉地区河网密布，水资源总量丰富，河道众多，雨量充沛，水系发达，水质优良，且水资源利用范围广，从农业用水到工业用水和生活用水，带来的生产价值高。但水资源时空分布不均匀，3～9 月为湿季，11 月至翌年 1 月为旱季，汛期结束后就会进入干旱期，多数水库建在山区、丘陵等地，造成旱季的时候空间水资源分布不均匀，水资源的利用情况也呈现出时空的差异。因此，应该多关注水资源的利用率和安全问题，优化水资源配置，调节水的供需平衡，加大环境监管力度。

3.2　罗霄山脉水质检测特征

3.2.1　水样采集与检测方法

1. 采集方法

对罗霄山脉区域内地表水和地下水进行采样与水质检测，共采集地表河流水样 84 份，水库水样 15 份，地下水样 12 份。采集水样的地点包含了罗霄山脉 5 座山脉的大部分水系，采集地点见表 3-1～表 3-7。

选择河流、支流等水系的上游、中游和下游区域布设 3 个采样断面，并在缓流处进行水样的采集。根据河流、支流的深度，选择在水面下 0.5m 和 1/2 水深处采样。水库水的采集在水面下 0.5m 处采样。采集的水样用聚乙烯塑料容器盛装，采样时使样品充满容器至溢流并盖紧塞子，使水样上方没有空隙，减少运输过程中水样的晃动，避免溶解性气体逸出、pH 变化、低价铁被氧化及挥发性有机物的挥发损失，每采集一份水样用记号笔记录。所有水样在采集 24h 内送往水质检测单位，检测单位在收到水样的 1～2 天对水样进行检测，对于不能马上进行检测的水样保存在 2～5℃冷藏柜中。

表 3-1　罗霄山脉（幕阜山脉）地表水水样采集地点分布

采集号	采集地	经纬度	水源种类	采集时间（年-月-日）
LX04-1-30501	关刀镇隽水上游	29°09′91.16″N，113°21′13.27″E	地表河流水	2016-11-11
LX04-1-30502	石城镇隽水中游	29°13′03.60″N，113°54′36.23″E	地表河流水	2016-11-11
LX04-1-30503	青山水库	29°25′43.68″N，114°14′58.33″E	水库水	2016-11-11
LX04-1-30504	港口乡	29°26′52.67″N，114°12′61.88″E	地表河流水	2016-11-11
LX04-1-30505	杨芳林镇	29°29′02.85″N，114°22′45.36″E	地表河流水	2016-11-11
LX04-1-30506	望江岭水库	29°29′02.75″N，114°22′45.23″E	水库水	2016-11-12
LX04-1-30507	西湖坑	29°29′87.38″N，114°28′13.08″E	地表河流水	2016-11-12
LX04-1-30508	陈家	29°28′60.20″N，114°37′12.42″E	地表河流水	2016-11-12
LX04-1-30510	金家田管理站	29°23′66.08″N，114°33′96.74″E	地表河流水	2016-11-12
LX04-1-30511	杨林村	29°29′10.14″N，114°47′89.72″E	地表河流水	2016-11-12
LX04-1-30512	株林村柘林水库	29°23′87.65″N，115°09′11.43″E	水库水	2016-11-12
LX04-1-30513	澧溪村澧溪河	29°23′87.33″N，115°09′11.59″E	地表河流水	2016-11-12
LX04-1-30514	坳头村	29°11′34.97″N，114°41′62.33″E	地表河流水	2016-11-12
LX04-1-30515	西港镇西口水	29°04′28.24″N，114°22′28.03″E	地表河流水	2016-11-13
LX04-1-30517	司前村杨津水	29°02′89.50″N，114°16′39.20″E	地表河流水	2016-11-13
LX04-1-30518	古市镇渣津河	29°52′32.65″N，113°59′32.32″E	地表河流水	2016-11-13
LX04-1-30519	王家屋汨罗江	29°98′47.38″N，114°08′24.40″E	地表河流水	2016-11-13

表 3-2　罗霄山脉（九岭山脉）地表水水样采集地点分布

采集号	采集地	经纬度	水源种类	采集时间（年-月-日）
LX04-1-30103	宝峰镇和尚坪村	29°02′42.20″N，115°24′01.54″E	地表河流水	2015-10-03
LX04-1-30104	小湾水库	29°02′16.30″N，115°23′44.25″E	水库水	2015-10-03
LX04-1-30105	三爪仑乡上垅村	29°03′05.96″N，115°15′16.10″E	地表河流水	2015-10-03
LX04-1-30106	三爪仑乡铁炉下	29°03′25.21″N，115°11′38.46″E	地表河流水	2015-10-03
LX04-1-30108	璪都镇新庄村	29°01′48.47″N，115°09′47.04″E	地表河流水	2015-10-03
LX04-1-30111	璪都镇株坪村	29°02′27.12″N，115°09′42.11″E	地表河流水	2015-10-03
LX04-1-30112	罗湾乡石镜街	28°59′21.63″N，115°03′59.69″E	地表河流水	2015-10-03
LX04-1-30113	罗湾水库	28°58′26.99″N，115°04′56.03″E	水库水	2015-10-03
LX04-1-30114	中源乡向务村	28°56′52.54″N，115°04′01.46″E	地表河流水	2015-10-04
LX04-1-30115	中源乡白沙坪村	28°54′15.78″N，115°03′19.98″E	地表河流水	2015-10-04
LX04-1-30117	中源乡矛家塅	28°86′46.77″N，114°99′66.62″E	地表河流水	2015-10-04
LX04-1-30119	黄港镇毛竹山村	28°49′48.85″N，114°53′19.47″E	地表河流水	2015-10-04
LX04-1-30120	黄坳乡潭溪村	28°57′27.49″N，114°49′20.44″E	地表河流水	2015-10-04
LX04-1-30121	石门楼镇长潭村	29°02′24.74″N，114°55′24.72″E	地表河流水	2015-10-04
LX04-1-30122	罗溪乡东湾村	29°03′41.93″N，115°00′12.00″E	地表河流水	2015-10-04
LX04-1-30123	源口水库	29°11′58.01″N，115°08′58.71″E	水库水	2015-10-04
LX04-1-30124	澧溪镇石嘈里村	29°10′21.34″N，115°06′13.67″E	地表河流水	2015-10-04
LX04-1-30125	罗坪镇长水村	29°13′10.03″N，115°15′22.64″E	地表河流水	2015-10-04
LX04-1-30126	武陵岩桃源谷风景区	29°06′54.07″N，115°18′24.30″E	地表河流水	2015-10-04
LX04-1-30127	武陵岩桃源谷风景区庄上村	29°06′52.67″N，115°18′55.11″E	地表河流水	2015-10-04
LX04-1-30128	杨洲乡紫槽坑村	29°08′32.06″N，115°21′50.88″E	地表河流水	2015-10-04
LX04-1-30129	南岳乡吴仙岭坳下村	29°09′23.57″N，115°23′07.30″E	地表河流水	2015-10-04
LX04-1-30130	柘林镇司马村	29°11′47.75″N，115°27′24.87″E	地表河流水	2015-10-04

表 3-3　罗霄山脉（武功山脉）地表水水样采集地点分布

采集号	采集地	经纬度	水源种类	采集时间（年-月-日）
LX04-1-30401	严田村	27°22′26.47″N，114°22′62.40″E	地表河流水	2016-10-15
LX04-1-30402	社上水库	27°22′63.31″N，114°16′24.85″E	水库水	2016-10-15
LX04-1-30403	箕峰景区	27°29′41.99″N，114°14′58.33″E	地表河流水	2016-10-15
LX04-1-30404	羊狮幕景区	27°30′65.24″N，114°15′50.26″E	地表河流水	2016-10-15
LX04-1-30405	泸水章庄村	27°31′66.46″N，114°21′93.93″E	地表河流水	2016-10-15
LX04-1-30406	七都河长岭胡溪	27°32′42.85″N，114°22′49.56″E	地表河流水	2016-10-15
LX04-1-30407	南庙河三观村	27°37′96.51″N，114°23′22.99″E	地表河流水	2016-10-15
LX04-1-30409	明月山小溪南惹村	27°36′90.64″N，114°19′12.78″E	地表河流水	2016-10-15
LX04-1-30410	温汤镇水库	27°41′09.17″N，114°17′55.22″E	水库水	2016-10-15
LX04-1-30411	水口水库	27°39′81.37″N，114°17′14.73″E	水库水	2016-10-15
LX04-1-30412	温汤河	27°42′20.79″N，114°16′93.18″E	地表河流水	2016-10-15
LX04-1-30413	谭家村边	27°42′20.74″N，114°16′72.96″E	地表河流水	2016-10-15
LX04-1-30414	蔡家村边	27°30′30.57″N，114°07′92.88″E	地表河流水	2016-10-15
LX04-1-30415	麻田村	27°30′05.88″N，114°06′35.66″E	地表河流水	2016-10-15
LX04-1-30417	坪村水库	27°30′06.71″N，113°58′17.02″E	水库水	2016-10-15
LX04-1-30418	杂溪河	27°27′46.81″N，113°59′46.83″E	地表河流水	2016-10-15
LX04-1-30419	琴水沿背村	27°17′04.48″N，113°57′93.47″E	地表河流水	2016-10-15
LX04-1-30420	车田村	27°20′26.04″N，114°11′82.94″E	地表河流水	2016-10-15

表 3-4　罗霄山脉（万洋山脉桃源洞）地表水水样采集地点分布

采集号	采集地	经纬度	水源种类	采集时间（年-月-日）
LX04-1-30001	珠帘瀑布	26°29′57.85″N，113°59′57.85″E	地表河流水	2014-04-13
LX04-1-30003	桃花桥小溪	26°28′48.82″N，114°01′40.65″E	地表河流水	2014-04-13
LX04-1-30004	焦石小溪	26°29′58.86″N，114°02′44.06″E	地表河流水	2014-04-13
LX04-1-30005	牛角垄小溪	26°30′11.32″N，114°03′40.28″E	地表河流水	2014-04-13
LX04-1-30006	鸡公岩（1）	26°33′50.18″N，114°04′34.13″E	地表河流水	2014-04-13
LX04-1-30007	鸡公岩（2）	26°33′49.73″N，114°04′33.21″E	地表河流水	2014-04-13
LX04-1-30008	神农客家山庄背后小溪	26°28′56.43″N，114°01′35.33″E	地表河流水	2014-04-14
LX04-1-30009	洪水江	26°22′45.74″N，113°58′59.74″E	地表河流水	2014-04-14
LX04-1-30010	右江	26°22′45.96″N，113°58′58.07″E	地表河流水	2014-04-14
LX04-1-30011	斜濑水	26°21′20.85″N，113°48′11.41″E	地表河流水	2014-04-14
LX04-1-30012	三江西桥	25°21′59.08″N，113°45′11.80″E	地表河流水	2014-04-14

表 3-5　罗霄山脉（万洋山脉井冈山）地表水水样采集地点分布

采集号	采集地	经纬度	水源种类	采集时间（年-月-日）
LX04-1-30014	刘家坪河水	26°58′81.89″N，114°17′31.58″E	地表河流水	2011-05-02
LX04-1-30015	小井龙塘	26°70′70.73″N，114°24′57.09″E	地表河流水	2011-05-02
LX04-1-30016	湘洲河上游	26°60′96.44″N，114°27′93.30″E	地表河流水	2011-05-02
LX04-1-30017	湘洲河下游	26°60′06.07″N，114°27′87.15″E	地表河流水	2011-05-02
LX04-1-30018	北坑口	26°61′70.61″N，115°18′20.87″E	地表河流水	2011-05-02
LX04-1-30019	石溪村	26°77′23.22″N，115°59′49.86″E	地表河流水	2011-05-02
LX04-1-30020	锡坪河	26°62′48.02″N，114°21′05.97″E	地表河流水	2011-05-02
LX04-1-30021	石市口水库	26°66′52.72″N，114°24′59.72″E	水库水	2011-05-02
LX04-1-30022	荆竹山栏杆桥	26°51′46.27″N，114°10′32.55″E	地表河流水	2011-05-02
LX04-1-30023	井冈冲水库	26°57′05.35″N，114°17′76.15″E	水库水	2011-05-02
LX04-1-30024	井冈冲水库旁	26°56′98.73″N，114°17′64.16″E	地表河流水	2011-05-02
LX04-1-30025	水口下井交叉	26°59′10.55″N，114°13′55.14″E	地表河流水	2011-05-02
LX04-1-30026	双溪口	26°18′46.19″N，114°43′68.22″E	地表河流水	2011-05-02
LX04-1-30027	福溪村河水	26°48′41.59″N，114°19′80.92″E	地表河流水	2011-05-02
LX04-1-30028	八吨桥河水	26°48′42.92″N，114°19′84.96″E	地表河流水	2011-05-02

表 3-6　罗霄山脉（诸广山脉）地表水水样采集地点分布

采集号	采集地	经纬度	水源种类	采集时间（年-月-日）
LX04-1-30131	集益乡联盟村	24°42′16.85″N，112°58′38.91″E	地表河流水	2015-10-24
LX04-1-30132	金鸡岭千斤滩	25°37′38.12″N，114°00′18.20″E	水库水	2015-10-25
LX04-1-30133	上堡乡梅坑村	25°41′97.79″N，114°02′79.92″E	地表河流水	2015-10-25
LX04-1-30135	思顺乡沿佑村	25°46′48.15″N，114°08′20.73″E	地表河流水	2015-10-25
LX04-1-30136	上犹江水库	25°45′47.23″N，114°13′03.12″E	水库水	2015-10-25
LX04-1-30137	金坑乡洋坑口村	25°52′31.51″N，114°10′05.58″E	地表河流水	2015-10-25
LX04-1-30138	平富乡向前村	25°54′15.80″N，114°13′79.85″E	地表河流水	2015-10-25
LX04-1-30139	五指峰乡黄沙坑	25°58′56.08″N，114°11′38.76″E	地表河流水	2015-10-25
LX04-1-30140	五指峰乡小横河	25°95′66.08″N，114°12′39.74″E	地表河流水	2015-10-25
LX04-1-30142	龙潭电站水库	25°57′03.53″N，114°08′24.20″E	水库水	2015-10-25
LX04-1-30143	凤形圳棉花土村	25°52′10.33″N，114°08′24.25″E	瀑布水	2015-10-25
LX04-1-30144	桂东县新庄村	25°52′10.33″N，113°58′47.38″E	地表河流水	2015-10-26
LX04-1-30146	普乐镇上老田村	25°57′18.25″N，113°52′31.39″E	地表河流水	2015-10-26
LX04-1-30147	桂东县东洛乡上洞村	25°49′41.83″N，113°52′00.80″E	地表河流水	2015-10-26
LX04-1-30148	普乐镇文溪村	25°52′32.65″N，113°59′32.32″E	地表河流水	2015-10-26

表 3-7　罗霄山脉地下水水样采集地点分布

采集号	采集地	经纬度	水源种类	采集时间（年-月-日）
LX04-1-30509	幕阜山脉闯王墓	29°28′60.38″N，114°37′12.15″E	地下水	2016-11-12
LX04-1-30516	幕阜山脉西港镇	29°04′50.24″N，114°22′34.03″E	地下水	2016-11-13
LX04-1-30109	九岭山脉靖安县茶坑村	29°02′94.06″N，115°10′23.11″E	地下水	2015-10-03
LX04-1-30110	九岭山脉靖安县三爪仑乡	29°03′10.11″N，115°08′49.90″E	地下水	2015-10-03
LX04-1-30118	九岭山脉靖安县中源乡白沙坪村	28°50′10.73″N，114°55′01.22″E	地下水	2015-10-04
LX04-1-30408	武功山脉明月山	27°36′91.07″N，114°19′13.96″E	地下水	2016-10-15
LX04-1-30416	武功山脉麻田村	27°30′11.04″N，114°06′37.72″E	地下水	2016-10-15
LX04-1-30002	万洋山脉桃源洞不老泉	26°28′56.43″N，114°01′35.33″E	地下水	2014-04-13
LX04-1-30013	万洋山脉井冈山狮子岩	26°52′26.39″N，114°32′89.90″E	地下水	2011-05-02
LX04-1-30134	诸广山脉上堡乡梅坑村	25°41′97.79″N，114°02′79.92″E	地下水	2015-10-25
LX04-1-30141	诸广山脉五指峰乡黄沙坑	25°59′10.22″N，114°11′27.54″E	地下水	2015-10-25
LX04-1-30145	诸广山脉桂东县新庄	25°50′69.09″N，113°57′56.03″E	地下水	2015-10-26

2. 检测项目与方法

地表河流和水库水样选取 pH、铁、氯化物、耗氧量、锰、铜、锌、挥发酚类、阴离子合成洗涤剂、硫酸盐 10 个一般化学指标，以及氟化物、硝酸盐氮、铅、镉、铬（六价）、氰化物、砷、硒、汞、氨氮 10 个毒理性指标，共 20 个项目。地下水样选取了色（度）、浑浊度、总硬度、pH、铁、氯化物、耗氧量、锰、铜、锌、挥发酚类、阴离子合成洗涤剂、硫酸盐、溶解性总固体共 14 个一般指标，以及氟化物、硝酸盐氮、铅、镉、铬（六价）、氰化物、砷、硒、汞、氨氮、亚硝酸盐氮、钼、钴、镍、铍共 15 个毒理性指标，共 29 个项目进行检测处理。

依照国家《地表水环境质量标准》（GB 3838—2002）、《地下水质量标准》（GB/T 14848—2017）所推荐的标准和规范分析方法进行了测定分析，参考《生活饮用水标准检验方法》（GB/T 5750—2006）、《生活饮用水卫生标准》（GB 5749—2006）用直接滴定法测定氯化物、总硬度，用反滴定法测定耗氧量，用二氮杂菲分光光度法检测铁含量，用麝香草酚分光光度法检测硝酸盐氮，用原子吸收光度法检测锰、铜、锌、铅、镉、钼、钴、镍、铍等金属元素，用原子荧光法检测硒。

3.2.2　罗霄山脉地表河流水质检测结果

采集罗霄山脉地表河流水样共 84 份，检测结果见表 3-8～表 3-13。一般化学指标中，整个罗霄山脉地表河流水的各项指标基本符合标准限值。但是仍有少部分指标不符合国家《地表水环境质量标准》（GB 3838—2002）I 类或 II 类。具体表述如下。

1. 一般化学指标

幕阜山脉地表河流水的 pH、氯化物、铁、锰、铜、锌、挥发酚类、阴离子合成洗涤剂、硫酸盐都符合《地表水环境质量标准》I 类标准限值。由表 3-8 可看出，金家田管理站测得的 pH 为 6.4（现场测得的为 7.0），偏酸性，同时测得的酸性物质，如硫酸盐、氯化物含量均低于幕阜山脉北面的各个采样点，可能是水样在运输过程中酸性物质被溶解，从而导致 pH 的降低而出现检测出来的酸性物质比其他采样点低。

从一般化学指标来看，九岭山脉地表河流水的水质较好，水的氯化物、耗氧量、锰、挥发酚类、阴离子合成洗涤剂、硫酸盐含量均基本符合《地表水环境质量标准》I 类标准限值。只有中源乡矛家垴地表河流水的 pH 接近《地表水环境质量标准》I 类标准限值，呈弱酸性；璪都镇新庄村河水中铜含量为 0.012mg/L，高出《地表水环境质量标准》I 类标准限值（≤0.01mg/L）；宝峰镇和尚坪村、三爪仑乡上垅村、璪都镇新庄村、璪都镇株坪村、罗湾乡石镜街、中源乡白沙坪村河水中锌含量高于

表3-8　罗霄山脉（幕阜山脉）地表河流水质检测结果

测定项目	GB I类	GB II类	关刀镇隽水上游	石城镇隽水中游	港口乡	杨芳林镇	西湖湖坑	陈家	金家田管理站	杨林村	澧溪村澧溪河	坳头村	西港镇西口水	司前村杨津水	古市镇渣津河	王家屋泊罗江
pH	6~9	6~9	7.1	7.3	7.4	7.1	7.1	7.1	6.4	7.1	7.7	7.6	7.6	7.6	7	7
铁（mg/L）	≤0.3	≤0.3	0.11	<0.05	<0.05	<0.05	<0.05	<0.05	<0.05	<0.05	0.06	0.08	0.06	0.05	<0.05	0.05
氯化物（mg/L）	≤250	≤250	2.3	6.7	1.7	3.7	1	3.8	0.8	1.5	7.3	2	15.5	2.5	4.7	8.3
耗氧量（mg/L）	≤2	≤4	1.66	1.54	1.56	1.46	1.78	1.96	2.12	1.68	1.88	2.36	1.94	1.88	2.2	2.28
锰（mg/L）	≤0.1	≤0.1	<0.10	<0.10	<0.10	<0.10	<0.10	<0.10	<0.10	<0.10	<0.10	<0.10	<0.10	<0.10	<0.10	<0.10
铜（mg/L）	≤0.01	≤1.0	<0.005	<0.005	<0.005	<0.005	<0.005	<0.005	<0.005	<0.005	<0.005	<0.005	<0.005	<0.005	<0.005	<0.005
锌（mg/L）	≤0.05	≤1.0	<0.05	<0.05	<0.05	<0.05	<0.05	<0.05	<0.05	<0.05	<0.05	<0.05	<0.05	<0.05	<0.05	<0.05
挥发酚类（mg/L）	≤0.002	≤0.002	<0.002	<0.002	<0.002	<0.002	<0.002	<0.002	<0.002	<0.002	<0.002	<0.002	<0.002	<0.002	<0.002	<0.002
阴离子合成洗涤剂（mg/L）	≤0.2	≤0.2	<0.050	<0.050	<0.050	<0.05	<0.05	<0.05	<0.05	<0.05	<0.050	<0.050	<0.050	<0.050	<0.050	<0.050
硫酸盐（mg/L）	≤250	≤250	5.4	12.2	10.1	7	7.1	7.1	<5.0	8.1	9.8	5.3	16.5	10.5	6.6	10.6
氰化物（mg/L）	≤1.0	≤1.0	0.2	0.19	<0.10	<0.10	<0.10	<0.10	0.12	<0.10	0.18	0.2	0.25	<0.10	0.22	0.23
硝酸盐氮（mg/L）	≤10	≤10	0.7	1	1.7	0.9	1.6	0.9	1.1	1	0.5	0.5	0.8	0.5	<0.5	<0.5
铅（mg/L）	≤0.01	≤0.01	<0.01	<0.01	<0.01	<0.01	<0.01	<0.01	<0.01	<0.01	<0.01	<0.01	<0.01	<0.01	<0.01	<0.01
镉（mg/L）	≤0.001	≤0.005	<0.0005	<0.0005	<0.0005	<0.0005	<0.0005	<0.0005	<0.0005	<0.0005	<0.0005	<0.0005	<0.0005	<0.0005	<0.0005	<0.0005
铬（六价）（mg/L）	≤0.01	≤0.05	<0.004	<0.004	<0.004	<0.004	<0.004	<0.004	<0.004	<0.004	<0.004	<0.004	<0.004	<0.004	0.008	<0.004
氟化物（mg/L）	≤0.005	≤0.05	<0.002	<0.002	<0.002	<0.002	<0.002	<0.002	<0.002	<0.002	<0.002	<0.002	<0.002	<0.002	<0.002	<0.002
砷（mg/L）	≤0.05	≤0.05	<0.001	<0.001	<0.001	0.001	<0.001	<0.001	<0.001	<0.001	0.001	0.003	<0.001	0.002	0.001	<0.001
硒（mg/L）	≤0.01	≤0.01	<0.001	<0.001	<0.001	<0.001	<0.001	<0.001	<0.001	<0.001	<0.001	<0.001	<0.001	<0.001	<0.001	<0.001
汞（mg/L）	≤0.00005	≤0.00005	<0.0001	<0.0001	<0.0001	<0.0001	<0.0001	<0.0001	<0.0001	<0.0001	<0.0001	<0.0001	<0.0001	<0.0001	<0.0001	<0.0001
氨氮（mg/L）	≤0.15	≤0.5	0.04	0.02	<0.02	<0.02	<0.02	<0.02	<0.02	<0.02	<0.02	<0.02	<0.02	<0.02	<0.02	0.03

一般化学指标；毒理性指标

注：依据《地表水环境质量标准》（GB 3838—2002），GB I类代表主要适用于源头水、国家自然保护区，GB II类代表主要适用于集中式生活饮用水地表河流水源地一级保护区、珍稀水生生物栖息地、鱼虾类产卵场、仔稚幼鱼的素饵场等，表3-9～表3-14同。

表3-9　罗霄山脉（九岭山脉）地表河流水质检测结果

测定项目	GB I类	GB II类	石门楼镇长潭村	罗溪乡东湾村	澄溪镇石嘴里村	罗坪镇长水村	武陵岩桃源谷风景区	武陵岩桃源谷风景区上村	杨洲乡紫槽坑村	南岳乡吴仙岭坳下村	黄港镇毛竹村	黄坳乡潭溪村	柘林镇司马村	宝峰镇和尚坪村	三爪仑乡上垅村	三爪仑乡铁炉下	璪都镇新庄村	璪都镇株坪村	罗湾乡石镜街	中源乡向务村	中源乡白沙坪村	中源乡牙家坪
pH	6~9	6~9	7.5	6.8	6.9	6.1	6.2	6.4	6.7	6.6	7	7.9	6.6	7.8	7.4	7.7	7.8	6.8	6.4	7.1	7.2	5.8
铁(mg/L)	≤0.3	≤0.3	0.53	2.07	<0.05	0.08	<0.05	<0.05	<0.05	<0.05	0.26	0.12	<0.05	0.19	0.11	0.07	0.06	0.06	<0.05	0.08	0.19	0.06
氯化物(mg/L)	≤250	≤250	1	0.6	<0.5	0.5	<0.5	<0.5	<0.5	0.8	<0.5	0.8	<0.10	0.6	0.5	0.7	0.5	<0.5	3.4	0.6	0.7	2.3
耗氧量(mg/L)	≤2	≤4	0.7	0.6	0.7	0.6	0.7	0.7	0.4	0.5	0.8	0.8	0.4	0.8	1	0.9	0.8	1	1.1	0.7	0.7	0.6
一般化学指标 锰(mg/L)	≤0.1	≤0.1	<0.01	0.01	<0.01	<0.01	<0.01	0.01	<0.01	<0.01	<0.01	<0.01	<0.01	0.04	0.02	0.03	0.03	0.03	0.04	0.04	0.03	0.08
一般化学指标 铜(mg/L)	≤0.01	≤1.0	0.006	<0.005	<0.005	<0.005	<0.005	<0.005	<0.005	<0.005	<0.005	0.027	<0.005	<0.005	<0.005	<0.005	0.012	<0.005	0.006	<0.005	<0.005	<0.005
一般化学指标 锌(mg/L)	≤0.05	≤1.0	<0.05	<0.05	<0.05	<0.05	<0.05	<0.05	<0.05	<0.05	<0.05	<0.05	<0.05	0.12	0.09	<0.05	0.14	0.72	0.18	<0.05	0.08	<0.05
一般化学指标 挥发酚类(mg/L)	≤0.002	≤0.002	<0.002	<0.002	<0.002	<0.002	<0.002	<0.002	<0.002	<0.002	<0.002	<0.002	<0.002	<0.002	<0.002	<0.002	<0.002	<0.002	<0.002	<0.002	<0.002	<0.002
一般化学指标 阴离子合成洗涤剂(mg/L)	≤0.2	≤0.2	<0.050	<0.050	<0.050	<0.050	<0.050	<0.050	<0.050	<0.050	<0.050	<0.050	<0.050	<0.050	<0.050	<0.050	<0.050	<0.050	<0.050	<0.050	<0.050	<0.050
一般化学指标 硫酸盐(mg/L)	≤250	≤250	<5.0	<5.0	<5.0	<5.0	<5.0	5.4	<5.0	<5.0	<5.0	6.2	5.5	<5.0	<5.0	<5.0	<5.0	<5.0	5.6	<5.0	<5.0	<5.0
氟化物(mg/L)	≤1.0	≤1.0	0.47	0.11	<0.10	<0.10	<0.10	<0.10	<0.10	0.1	<0.10	0.13	<0.10	<0.10	0.15	<0.10	<0.10	<0.10	0.27	0.26	0.14	0.57
硝酸盐氮(mg/L)	≤10	≤10	<0.5	<0.5	<0.5	0.9	1	1	1	1.3	<0.5	<0.5	1.7	1.4	0.6	10.8	<0.5	<0.5	<0.5	<0.5	<0.5	0.8
毒理性指标 铅(mg/L)	≤0.01	≤0.01	<0.01	<0.01	<0.01	<0.01	<0.01	0.01	<0.01	<0.01	<0.01	<0.01	<0.01	<0.01	<0.01	<0.01	<0.01	<0.01	<0.01	<0.01	<0.01	<0.01
毒理性指标 镉(mg/L)	≤0.001	≤0.005	<0.0005	<0.0005	<0.0005	<0.0005	<0.0005	<0.0005	<0.0005	<0.0005	<0.0005	<0.0005	<0.0005	<0.0005	<0.0005	<0.0005	<0.0005	<0.0005	<0.0005	<0.0005	<0.0005	<0.0005
毒理性指标 铬(六价)(mg/L)	≤0.01	≤0.05	0.007	0.004	0.004	0.004	0.004	0.004	0.004	0.004	0.008	0.005	0.005	0.01	0.008	0.004	0.004	0.004	0.004	0.004	0.006	0.004
毒理性指标 氰化物(mg/L)	≤0.005	≤0.05	<0.002	<0.002	<0.002	<0.002	<0.002	<0.002	<0.002	<0.002	<0.002	<0.002	<0.002	<0.002	<0.002	<0.002	<0.002	<0.002	<0.002	<0.002	<0.002	<0.002
毒理性指标 砷(mg/L)	≤0.05	≤0.05	0.003	0.001	<0.001	<0.001	<0.001	<0.001	<0.001	0.001	0.002	0.002	0.001	<0.001	<0.001	<0.001	0.001	0.001	0.001	0.003	0.003	0.001
毒理性指标 硒(mg/L)	≤0.01	≤0.01	<0.001	<0.001	<0.001	<0.001	<0.001	<0.001	<0.001	<0.001	<0.001	<0.001	<0.001	<0.001	<0.001	<0.001	<0.001	<0.001	<0.001	<0.001	<0.001	<0.001
毒理性指标 汞(mg/L)	≤0.00005	≤0.00005	<0.0001	0.0001	0.0001	0.0001	0.0001	0.0001	0.0001	0.0001	<0.0001	<0.0001	<0.0001	<0.0001	0.0001	<0.0001	<0.0001	<0.0001	<0.0001	<0.0001	<0.0001	<0.0001
氨氮(mg/L)	≤0.15	≤0.5	0.05	0.45	<0.02	0.02	<0.02	0.02	<0.02	0.03	0.03	0.04	0.03	0.02	0.06	0.02	0.02	0.04	0.06	<0.02	0.02	<0.02

表3-10　罗霄山脉（武功山山脉）地表河流水质检测结果

测定项目	GB I类	GB II类	温汤河	谭家村边	蔡家村边	麻田村	杂溪河	车田村	严水沿背村	南庙河三观村	七都河长岭胡溪	箕峰景区	羊狮鬃景区	泸水草庄村	明月山小溪南茔村
pH	6~9	6~9	7	7.4	8.2	8.2	7	7.1	7.5	8	7.4	7.3	7	6.9	7.2	7
铁 (mg/L)	≤0.3	≤0.3	0.05	0.39	0.17	<0.05	<0.05	0.19	0.06	<0.05	0.11	<0.05	<0.05	0.05	0.14	<0.05
氯化物 (mg/L)	≤250	≤250	1.9	1	1	1.1	0.9	1	2	2.1	1	<0.5	<0.5	<0.5	0.6	0.6
耗氧量 (mg/L)	≤2	≤4	1.9	0.94	0.74	0.86	0.42	0.78	1.46	0.54	1.42	0.86	1.1	1.34	1.42	0.7
锰 (mg/L)	≤0.1	≤0.1	<0.10	<0.1	<0.1	<0.1	<0.1	<0.1	<0.1	<0.1	<0.1	<0.1	<0.1	0.05	<0.1	<0.1
铜 (mg/L)	≤0.01	≤1.0	<0.005	<0.005	<0.005	<0.005	<0.005	<0.005	<0.005	<0.005	<0.005	<0.005	<0.005	<0.005	<0.005	<0.005
锌 (mg/L)	≤0.05	≤1.0	<0.05	<0.05	<0.05	<0.05	<0.05	<0.05	<0.05	<0.05	<0.05	<0.05	<0.05	<0.05	<0.05	<0.05
挥发酚类 (mg/L)	≤0.002	≤0.002	<0.002	<0.002	<0.002	<0.002	<0.002	<0.002	<0.002	<0.002	<0.002	<0.002	<0.002	<0.002	<0.002	<0.002
阴离子合成洗涤剂 (mg/L)	≤0.2	≤0.2	<0.050	<0.050	<0.050	<0.050	<0.050	<0.05	<0.025	<0.05	<0.05	<0.05	<0.05	<0.05	<0.05	<0.05
硫酸盐 (mg/L)	≤250	≤250	<5.0	<5.0	<5.0	<5.0	6.8	<5.0	<5.0	11.1	<5.0	<5.0	<5.0	<5.0	<5.0	<5.0
氟化物 (mg/L)	≤1.0	≤1.0	0.2	0.1	0.1	<0.1	<0.1	0.6	0.26	<0.10	0.17	0.1	<0.10	0.27	0.15	0.18
硝酸盐氮 (mg/L)	≤10	≤10	<0.50	<0.50	<0.50	<0.50	<0.50	<0.50	<0.50	<0.50	<0.50	<0.50	<0.50	<0.50	<0.50	0.7
铅 (mg/L)	≤0.01	≤0.01	<0.01	<0.01	<0.01	<0.01	<0.01	<0.01	<0.01	<0.01	<0.01	<0.01	<0.01	<0.01	<0.01	<0.01
镉 (mg/L)	≤0.001	≤0.005	<0.0005	<0.0005	<0.0005	<0.0005	<0.0005	<0.0005	<0.0005	<0.0005	<0.0005	<0.0005	<0.0005	<0.0005	<0.0005	<0.0005
铬（六价）(mg/L)	≤0.01	≤0.05	<0.004	<0.004	<0.004	<0.004	<0.004	<0.004	<0.004	<0.004	<0.004	<0.004	<0.004	<0.004	<0.004	<0.004
氰化物 (mg/L)	≤0.005	≤0.05	<0.002	<0.002	<0.002	<0.002	<0.002	<0.002	<0.002	<0.002	<0.002	<0.002	<0.002	<0.002	<0.002	<0.002
砷 (mg/L)	≤0.05	≤0.05	<0.001	<0.001	<0.001	<0.001	<0.001	<0.001	<0.001	<0.001	<0.001	<0.001	<0.001	<0.001	<0.001	<0.001
硒 (mg/L)	≤0.01	≤0.01	<0.001	<0.001	<0.001	<0.001	<0.001	<0.001	<0.001	<0.001	<0.001	<0.001	<0.001	<0.001	<0.001	<0.001
汞 (mg/L)	≤0.00005	≤0.00005	<0.0001	<0.0001	0.0001	<0.0001	<0.0001	<0.0001	<0.0001	0.0001	0.0001	0.0001	0.0001	0.0002	<0.0001	0.0002
氨氮 (mg/L)	≤0.15	≤0.5	0.15	0.04	0.13	0.07	0.04	0.07	0.02	0.03	0.04	0.02	0.03	0.03	0.04	0.03

一般化学指标：pH、铁、氯化物、耗氧量、锰、铜、锌、挥发酚类、阴离子合成洗涤剂、硫酸盐

毒理性指标：氟化物、硝酸盐氮、铅、镉、铬（六价）、氰化物、砷、硒、汞、氨氮

表 3-11　罗霄山脉（万洋山脉桃源洞）地表河流水质检测结果

测定项目	GB I类	GB II类	焦石小溪	牛角垄小溪	神农客家山庄背后小溪	三江西桥	鸡公岩(1)	鸡公岩(2)	桃花桥小溪	洪水江	珠帘瀑布	右江	斜濑水
pH	6~9	6~9	6.9	6.8	6.5	7.1	6.4	6.9	6.8	6.6	6.9	6.9	7.5
铁（mg/L）	≤0.3	≤0.3	0.05	<0.05	0.06	0.24	<0.05	0.12	0.09	<0.05	0.06	<0.05	0.12
氯化物（mg/L）	≤250	≤250	<0.5	<0.5	<0.5	1.5	<0.50	<0.50	<0.5	0.6	<0.5	0.5	1.4
耗氧量（mg/L）	≤2	≤4	0.4	0.4	0.4	0.9	0.5	0.6	0.4	0.4	0.4	0.4	0.6
锰（mg/L）	≤0.1	≤0.1	<0.01	0.01	<0.01	0.03	<0.01	<0.01	<0.01	<0.01	<0.01	<0.01	0.01
铜（mg/L）	≤0.01	≤1.0	<0.005	<0.005	<0.005	<0.005	<0.005	<0.005	<0.005	<0.005	<0.005	0.005	<0.005
锌（mg/L）	≤0.05	≤1.0	<0.05	<0.05	<0.05	<0.05	<0.05	<0.05	<0.05	<0.05	<0.05	<0.05	<0.05
挥发酚类（mg/L）	≤0.002	≤0.002	<0.002	<0.002	<0.002	<0.002	<0.002	<0.002	<0.002	<0.002	<0.002	<0.002	<0.002
阴离子合成洗涤剂（mg/L）	≤0.2	≤0.2	<0.025	<0.025	<0.025	<0.025	<0.025	<0.025	<0.025	<0.025	<0.025	<0.025	<0.025
硫酸盐（mg/L）	≤250	≤250	<5.0	<5.0	<5.0	<5.0	8.5	<5.0	<5.0	<5.0	<5.0	<5.0	<5.0
氟化物（mg/L）	≤1.0	≤1.0	<0.010	0.2	0.34	0.21	<0.10	<0.10	0.13	0.22	0.15	0.24	0.14
硝酸盐氮（mg/L）	≤10	≤10	<0.50	<0.50	<0.50	<0.50	<0.50	<0.50	<0.50	<0.50	<0.50	<0.50	<0.50
铅（mg/L）	≤0.01	≤0.01	<0.01	<0.01	<0.01	<0.01	<0.01	<0.01	<0.01	<0.01	<0.01	<0.01	<0.01
镉（mg/L）	≤0.001	≤0.005	<0.0005	<0.0005	<0.0005	<0.0005	<0.005	<0.0005	<0.0005	<0.0005	<0.0005	<0.0005	<0.0005
铬（六价）（mg/L）	≤0.01	≤0.05	<0.004	<0.004	<0.004	0.011	0.05	0.008	<0.004	<0.004	<0.004	<0.004	<0.004
氰化物（mg/L）	≤0.005	≤0.05	<0.002	<0.002	<0.002	<0.002	<0.002	<0.002	<0.002	<0.002	<0.002	<0.002	<0.002
砷（mg/L）	≤0.05	≤0.05	<0.001	<0.001	0.002	0.01	<0.01	0.001	<0.001	<0.001	<0.001	0.002	<0.001
硒（mg/L）	≤0.01	≤0.01	<0.001	<0.001	<0.001	<0.001	<0.01	<0.001	<0.001	<0.001	<0.001	<0.001	<0.001
汞（mg/L）	≤0.00005	≤0.00005	<0.0001	<0.0001	<0.0001	<0.0001	<0.0001	<0.0001	0.0001	<0.0001	<0.0001	<0.0001	0.0001
氨氮（mg/L）	≤0.15	≤0.5	<0.02	<0.02	<0.02	0.1	<0.02	0.03	<0.02	0.02	<0.02	<0.02	0.06

一般化学指标：pH～硫酸盐

毒理性指标：氟化物～氨氮

表3-12 罗霄山脉（万洋山脉井冈山）地表河流水质检测结果

	测定项目	GB I类	GB II类	刘家坪河水	小井龙塘	北坑口	湘洲河上游	湘洲河下游	石溪村	锡坪河	荆竹山栏杆桥	水口下井交叉	井冈冲水库旁	双溪口	福溪村河水	八吨桥河水
一般化学指标	pH	6~9	6~9	6.9	7	6.6	6.9	6.9	7.1	4.5	6.5	6	7	6.9	6.7	6.8
	铁 (mg/L)	≤0.3	≤0.3	0.27	0.05	<0.05	0.05	0.13	0.28	0.21	<0.05	<0.05	<0.05	<0.05	<0.05	0.17
	氯化物 (mg/L)	≤250	≤250	0.6	0.9	1.4	1.1	0.9	1.5	1.4	1.4	0.8	1	0.9	0.9	0.6
	耗氧量 (mg/L)	≤2	≤4	1.3	1.4	3.1	2.6	3.1	1	0.9	1.6	1.2	0.6	1.5	0.7	1.9
	锰 (mg/L)	≤0.1	≤0.1	0.17	0.08	<0.01	<0.01	<0.01	0.1	0.29	0.01	<0.01	0.09	0.14	0.1	0.14
	铜 (mg/L)	≤0.01	≤1.0	0.006	0.003	0.003	0.003	0.002	0.006	0.051	0.001	0.003	0.004	0.008	0.004	0.006
	锌 (mg/L)	≤0.05	≤1.0	<0.05	<0.05	<0.05	<0.05	<0.05	<0.05	0.08	<0.05	<0.05	<0.05	<0.05	<0.05	<0.05
	挥发酚类 (mg/L)	≤0.002	≤0.002	<0.002	<0.002	<0.002	<0.002	<0.002	<0.002	<0.002	<0.002	<0.002	<0.002	<0.002	<0.002	<0.002
	阴离子合成洗涤剂 (mg/L)	≤0.2	≤0.2	<0.10	<0.10	<0.10	<0.10	<0.10	<0.10	<0.10	<0.10	<0.10	<0.10	<0.10	<0.10	<0.10
	硫酸盐 (mg/L)	≤250	≤250	9.5	7.6	8	9.5	10.6	8	9.5	10.3	8.3	9.9	11	10.3	8.7
毒理性指标	氟化物 (mg/L)	≤1.0	≤1.0	<0.10	0.1	0.1	0.1	<0.10	0.1	0.1	0.15	<0.10	0.1	0.1	0.1	0.1
	硝酸盐氮 (mg/L)	≤10	≤10	<0.12	<0.12	<0.12	<0.12	<0.12	<0.12	<0.12	<0.12	<0.12	<0.12	<0.12	<0.12	<0.12
	铅 (mg/L)	≤0.01	≤0.01	<0.01	<0.01	<0.01	<0.01	<0.01	<0.01	<0.01	<0.01	0.07	<0.01	<0.01	<0.01	0.01
	镉 (mg/L)	≤0.001	≤0.005	<0.0005	<0.0005	<0.0005	<0.0005	<0.0005	<0.0005	0.0027	<0.0005	<0.0005	<0.0005	<0.0005	<0.0005	<0.0005
	铬（六价）(mg/L)	≤0.01	≤0.05	<0.004	<0.004	<0.004	<0.004	<0.004	<0.004	<0.004	<0.004	<0.004	<0.004	<0.004	<0.004	<0.004
	氰化物 (mg/L)	≤0.005	≤0.05	<0.002	<0.002	<0.002	<0.002	<0.002	<0.002	<0.002	<0.002	<0.002	<0.002	<0.002	<0.002	<0.002
	砷 (mg/L)	≤0.05	≤0.05	<0.001	<0.001	<0.001	<0.001	0.002	<0.001	<0.001	0.002	<0.001	<0.001	<0.001	<0.001	<0.001
	硒 (mg/L)	≤0.01	≤0.01	<0.001	<0.001	<0.001	<0.001	<0.001	<0.001	<0.001	<0.001	<0.001	<0.001	<0.001	<0.001	<0.001
	汞 (mg/L)	≤0.00005	≤0.00005	0.0004	0.00016	0.00008	0.00008	0.00005	0.00066	0.00056	0.00014	0.00014	0.00024	0.00034	0.0003	0.00036
	氨氮 (mg/L)	≤0.15	≤0.5	0.19	0.12	0.14	0.17	0.13	0.12	0.13	0.09	0.15	0.11	0.1	0.09	0.07

表 3-13　罗霄山脉（诸广山脉）地表河流水质检测结果

测定项目	GB I类	GB II类	普乐镇文溪村	东洛乡上洞村	普乐镇上老田村	凤形咀棉花土村	桂东县新庄村	五指峰乡黄沙坑夹河	五指峰乡小横河	平富乡向前村	集益乡联盟村	上堡乡梅坑村	思顺乡沿佑村	金坑乡洋坑口村
pH	6~9	6~9	7.2	7	6.9	6.9	6.1	6.9	7	7	7	5.9	7.4	7.4
铁（mg/L）	≤0.3	≤0.3	1.37	1.3	0.53	0.17	<0.05	0.05	<0.05	0.13	0.07	0.37	0.1	0.13
氯化物（mg/L）	≤250	≤250	5	1.7	1.6	<0.5	<0.5	<0.5	<0.5	0.5	<0.5	<0.5	0.6	<0.5
耗氧量（mg/L）	≤2	≤4	1	1	1.4	1.2	1.7	0.6	0.9	1.4	1	1.2	1.1	0.8
锰（mg/L）（一般化学指标）	≤0.1	≤0.1	<0.01	<0.01	<0.01	<0.01	<0.01	<0.01	<0.01	<0.01	<0.010	<0.010	<0.010	<0.010
铜（mg/L）	≤0.01	≤1.0	<0.005	<0.005	<0.005	<0.005	<0.005	<0.005	<0.005	<0.005	<0.005	<0.005	<0.005	<0.005
锌（mg/L）	≤0.05	≤1.0	<0.05	<0.05	<0.05	<0.05	<0.05	<0.05	<0.05	<0.05	<0.05	<0.05	<0.05	<0.05
挥发酚类（mg/L）	≤0.002	≤0.002	<0.002	<0.002	<0.002	<0.002	<0.002	<0.002	<0.002	<0.002	<0.002	<0.002	<0.002	<0.002
阴离子合成洗涤剂（mg/L）	≤0.2	≤0.2	<0.050	<0.050	<0.050	<0.050	<0.050	<0.050	<0.050	<0.050	<0.050	<0.050	<0.050	<0.050
硫酸盐（mg/L）	≤250	≤250	<5.0	<5.0	<5.0	<5.0	<5.0	<5.0	<5.0	<5.0	<5.0	<5.0	<5.0	5.5
氟化物（mg/L）（毒理性指标）	≤1.0	≤1.0	0.16	0.1	0.18	<0.10	0.31	0.42	0.35	0.2	<0.10	<0.10	0.19	0.15
硝酸盐氮（mg/L）	≤10	≤10	<0.5	<0.5	<0.5	<0.5	<0.5	<0.5	<0.5	<0.5	<0.50	<0.50	<0.50	<0.50
铅（mg/L）	≤0.01	≤0.01	<0.01	<0.01	<0.01	<0.01	<0.01	<0.01	<0.01	<0.01	<0.01	<0.01	<0.01	<0.01
镉（mg/L）	≤0.001	≤0.005	<0.0005	<0.0005	<0.0005	<0.0005	<0.0005	<0.0005	<0.0005	<0.0005	<0.0005	<0.0005	<0.0005	<0.0005
铬（六价）（mg/L）	≤0.01	≤0.05	0.005	0.006	0.015	0.006	<0.004	<0.004	0.004	0.006	0.004	0.012	0.005	0.004
氰化物（mg/L）	≤0.005	≤0.05	<0.002	<0.002	<0.002	<0.002	<0.002	<0.002	<0.002	<0.002	<0.002	<0.002	<0.002	<0.002
砷（mg/L）	≤0.05	≤0.05	0.004	<0.001	<0.001	<0.001	<0.001	<0.001	<0.001	<0.001	<0.001	<0.001	<0.001	<0.001
硒（mg/L）	≤0.01	≤0.01	<0.001	<0.001	<0.001	<0.001	<0.001	<0.001	<0.001	<0.001	<0.001	<0.001	<0.001	<0.001
汞（mg/L）	≤0.00005	≤0.00005	0.0001	<0.0001	<0.0001	0.0001	<0.0001	<0.0001	<0.0001	0.0001	<0.0001	<0.0001	0.0001	0.0001
氨氮（mg/L）	≤0.15	≤0.5	0.11	0.11	0.11	<0.02	<0.02	<0.02	<0.02	<0.02	<0.02	<0.02	<0.02	<0.02

《地表水环境质量标准》I类标准限值（≤0.05mg/L），均符合 II 类标准限值；石门楼镇长潭村、罗溪乡东湾村河水水体中铁含量超过 I 类标准限值（≤0.3mg/L）。

武功山脉地表河流水的一般化学指标中 pH、氯化物、耗氧量、挥发酚类、阴离子合成洗涤剂、硫酸盐、铜、锌、锰的含量都符合《地表水环境质量标准》I 类标准限值。谭家村边河水的铁含量为 0.39mg/L，超过《地表水环境质量标准》I 类标准限值。车田村、泸水章庄村和南庙河三观村的铁含量分别为 I 类标准限值的 63.3%、46.7%、36.7%，在标准范围之内但是略高于武功山脉北面的其他各点（约为标准限值的 16.7%）。

万洋山脉井冈山区域地表河流水的 pH、铁、氯化物、铜、挥发酚类、阴离子合成洗涤剂、硫酸盐的含量都符合《地表水环境质量标准》I 类标准限值，耗氧量、锌含量符合 II 类标准限值。但是，这里 4 处的水体中锰元素含量高于《地表水环境质量标准》I 类标准限值，为刘家坪河水、锡坪河、双溪口、八吨桥河水水体。万洋山脉桃源洞地表河流水的一般化学指标中 pH、铁、耗氧量、锰、氯化物、铜、锌、挥发酚类、阴离子合成洗涤剂、硫酸盐的含量都符合《地表水环境质量标准》I 类标准限值，说明水质保护程度较好。

诸广山脉地表河流水的一般化学指标中，pH、耗氧量、氯化物、挥发酚类、阴离子合成洗涤剂、硫酸盐、铜、锌、锰的含量基本符合《地表水环境质量标准》I 类标准限值。但上堡乡梅坑村地表河流水铁含量（0.37mg/L）超过 I 类标准限值；普乐镇文溪村、普乐镇上老田村、东洛乡上洞村这 3 个比较相近点的铁含量（1.37mg/L、0.53mg/L、1.3mg/L）也都超过了 II 类标准限值。

2. 毒理性指标

幕阜山脉、武功山脉和诸广山脉地表河流水的毒理性指标中，硝酸盐氮、氟化物、氰化物、氨氮、铅、镉、硒、砷的含量均符合并低于《地表水环境质量标准》I 类标准限值。汞含量（<0.0001mg/L）是 I 类标准限值（0.000 05mg/L）的 2 倍，但符合《生活饮用水卫生标准》对汞元素的限值（0.001mg/L）。

九岭山脉地表河流水的毒理性指标中，氟化物、铅、镉、铬（六价）、砷、硒含量均符合《地表水环境质量标准》I 类标准限值，硝酸盐氮、氨氮的含量接近或符合 II 类标准限值。值得注意的是，中源乡向务村、中源乡白沙坪村、中源乡矛家坞 3 个地点水体中氰化物含量分别为 0.26mg/L、0.14mg/L、0.57mg/L，都超过 II 类标准限值。另外，山脉整体河水中汞含量检测结果几乎都为 <0.0001mg/L，是《地表水环境质量标准》I 类标准限值的 2 倍，但低于《生活饮用水卫生标准》对汞元素的限制（0.001mg/L）。

万洋山脉井冈山地区地表河流水的毒理性指标中，硝酸盐氮、氟化物、氰化物、铬（六价）、砷、硒的含量均符合《地表水环境质量标准》I 类标准限值。除了湘洲景区湘洲河水体中的汞含量（0.000 05～0.000 08mg/L）接近 I 类标准限值以外，其他地表河流水的汞含量都有超标，特别是锡坪河、石溪村水体汞含量（0.000 56mg/L、0.000 66mg/L）明显超过 I 类标准限值，但低于《生活饮用水卫生标准》对汞的限值（0.001mg/L）。另外，锡坪河水中镉的含量（0.0027mg/L）超过 I 类标准限值，但符合 II 类标准限值。黄洋界景区水口下井交叉处水样铅的含量（0.07mg/L）超过 I 类标准限值的 7 倍，明显高于景区其他地方。桃源洞保护区地表河流水的毒理性指标中，水体汞含量（<0.0001mg/L）都超过 I 类标准限值，鸡公岩（1）水体中的镉（<0.005mg/L）含量和铬（六价）含量（0.05mg/L）符合 II 类标准限值，硝酸盐氮、铅、硒、氨氮、氰化物、砷的含量均符合并低于《地表水环境质量标准》I 类标准限值。

3.2.3　罗霄山脉地区水库水质特征

如表 3-14 所示，整个罗霄山脉水库水的一般化学指标 pH、氯化物、挥发酚类、阴离子合成洗涤剂、硫酸盐、铜的含量符合《地表水环境质量标准》I 类标准限值。只有武功山脉社上水库水（pH 为 7.9）偏碱性；幕阜山脉青山水库、望江岭水库、柘林水库水的耗氧量为 1.66mg/L、1.98mg/L、2.2mg/L，为 I 类标准限值的 83%、99%、110%，高于罗霄山脉其他山地的水库水耗氧量；九岭山脉源口水库水的铁含量（0.29mg/L）为 I 类标准限值的 96.7%，而罗霄山脉其他山地基本低于 0.05mg/L；九岭山脉小湾水库水的锌含量为 0.17mg/L，符合 II 类标准，但高于罗霄山脉其他地区的水库水锌含量；万洋山脉石市口水库水的锰含量为 0.2mg/L，超过 II 类标准限值，万洋山脉井冈冲水库水的锰含量符合 II 类标准限制，超过罗霄山脉其他水库水的锰含量；万洋山脉石市口水库水的阴离子合成洗涤剂含量为 0.19mg/L，符合 II 类标准限值，略高于罗霄山脉其他水库水的含量。

整个罗霄山脉水库水的毒理性指标中，氟化物、硝酸盐氮、铅、镉、氰化物、砷、硒、氨氮的含量均符合《地表河流水环境质量标准》I 类标准限值。其中，九岭山脉罗湾水库和源口水库的铬（六价）含量分别为 0.007mg/L、0.006mg/L，分别为 I 类标准限值的 70%、60%；诸广山脉龙潭电站水库水的铬（六价）含量为 0.013mg/L，为 I 类标准限值的 130%，含量略高于其他地区。另外，井冈冲水库和石市口水库水的汞含量分别为 0.000 18mg/L、0.000 36mg/L，超过 I 类标准限值，但低于《生活饮用水卫生标准》对汞元素的限值 0.001mg/L。另外，万洋山脉井冈冲水库和石市口水库水的氨氮含量分别为 0.16mg/L、0.17mg/L，符合 II 类标准限值（0.5mg/L）。

3.2.4　罗霄山脉地区地下水水质特征

如表 3-15 所示，在一般化学指标中，整个罗霄山脉地下水的总硬度、浑浊度、氯化物、硫酸盐、铜含量符合《地下水质量标准》I 类标准限值。但是部分地区的个别指标，如挥发酚类、锌、锰含量不符合 II 类标准限值。整个罗霄山脉地下水的 pH 大部分呈中性，只有万洋山脉桃源洞不老泉以及井冈山狮子岩的地下水呈微酸性（pH 分别为 6.5 和 5.5），且狮子岩地下水的锰含量为 0.12mg/L，超过 II 类标准限值，阴离子合成洗涤剂含量为 0.13mg/L，为 II 类标准限值的 130%；九岭山脉靖安县中源乡白沙坪地下水的铁含量为 0.12mg/L，符合 II 类标准限值，略高于其他地区；靖安县三爪仑乡地下水的锌含量为 0.59mg/L，为 II 类地下水标准限值的 118%。九岭山脉有三处地下水的溶解性总固体分别为 212mg/L、149mg/L、197mg/L，分别为 I 类标准限值的 70.7%、49.7% 和 65.7%，说明九岭山脉地区地下水的矿物质含量较高，也因此导致了总硬度较高；五指峰乡黄沙坑地下水的铁含量为 0.15mg/L，为 I 类标准限值的 150%，但在 II 类标准限值之内；幕阜山脉闯王墓地下水和西港镇的地下水总硬度分别为 129.6mg/L、135.6mg/L，达到了 I 类地下水标准限值的 86.4% 和 90.4%，均高于其他四座山脉的地下水总硬度，该两处的溶解性总固体的含量分别为 185mg/L、187mg/L，也相对较高，说明幕阜山脉的矿物质较多地溶解在地下水中。

在毒理性指标中，整个罗霄山脉地区地下水有一部分指标不符合《地下水质量标准》I 类标准限值，如汞的含量基本为 0.0001mg/L，为 I 类标准限值的 2 倍，但符合 II 类标准限值的还有氟化物、氰化物、亚硝酸盐氮、硒、砷、镍、镉、铬（六价）、铅等的含量大部分都在 II 类地下水标准限值之内。只有幕阜山脉西港镇地下水的硝酸盐氮含量为 8.1mg/L，超过 II 类标准限值的 162%；万洋山脉桃源洞不老泉和井冈山狮子岩地下水的氨氮含量分别为 0.03mg/L、0.21mg/L，诸广山脉五指峰乡黄沙坑与桂东县新庄地下水的氨氮含量分别为 0.05mg/L、0.17mg/L，超过 I、II 类标准限值（≤0.02mg/L）。

在非常规性指标中，除万洋山脉井冈山狮子岩地下水的钼含量（0.02mg/L）为 II 类标准限值的 2 倍以外，罗霄山脉各处的地下水钼含量均小于 0.005mg/L，在 II 类标准限值内；另外，整个罗霄山脉地下水的铍含量检测结果中，除万洋山脉井冈山狮子岩的地下水达到 II 类标准限值外，其他各处地下水的铍含量均小于 0.0002mg/L，不符合 I 类和 II 类标准限值。

3.2.5　小结

对照《地表水环境质量标准》I 类和 II 类的标准，罗霄山脉地区地表河流水、水库水大部分指标符合该标准。值得注意的是，一些地表河流水及水库水中汞的含量普遍超过了 I 类或 II 类标准限值，汞的含量基本为标准限值的 2 倍，万洋山脉地表河流水的汞含量达到标准限值的 3 倍以上，万洋山脉

表 3-14 罗霄山脉地区水库水质检测结果

测定项目	GB I类	GB II类	幕阜山脉青山水库	幕阜山脉望江岭水库	幕阜山脉柘林水库	九岭山脉小湾水库	九岭山脉罗湾水库	九岭山脉源口水库	武功山脉社上水库	武功山脉温汤镇水库	武功山脉水口水库	武功山脉坪村水库	万洋山脉井冈冲水库	万洋山脉石市口水库	诸广山脉龙潭电站水库	诸广山脉金鸡岭千斤滩	诸广山脉上犹江水库
pH	6~9	6~9	7.5	7.1	7.5	7.8	6.8	7.3	7.9	7.1	7	7.1	6.9	7.1	7	7	7.2
铁(mg/L)	≤0.3	≤0.3	<0.05	<0.05	<0.05	<0.05	0.07	0.29	<0.05	<0.05	<0.05	<0.05	0.1	0.21	0.18	0.08	0.11
氯化物(mg/L)	≤250	≤250	0.9	1.6	2.6	2.4	0.9	0.5	1.7	0.7	0.8	0.7	0.8	0.8	0.5	1.2	1.3
耗氧量(mg/L)	≤2	≤4	1.66	1.98	2.2	0.9	0.8	0.6	1.06	1.48	1.1	0.54	1.4	1.7	0.8	0.4	1.5
锰(mg/L)	≤0.1	≤0.1	<0.10	<0.10	<0.10	0.03	0.02	0.03	<0.1	<0.10	<0.10	<0.1	0.09	0.2	<0.01	<0.10	<0.10
铜(mg/L)	≤0.01	≤1.0	<0.005	<0.005	<0.005	<0.005	<0.005	<0.005	<0.005	<0.005	<0.005	<0.005	0.006	0.007	<0.005	<0.005	<0.005
锌(mg/L)	≤0.05	≤1.0	<0.05	<0.05	<0.05	0.17	<0.05	<0.05	<0.05	<0.05	<0.05	<0.05	<0.05	<0.05	<0.05	<0.05	<0.05
挥发酚类(mg/L)	≤0.002	≤0.002	<0.002	<0.002	<0.002	<0.002	<0.002	<0.002	<0.002	<0.002	<0.002	<0.002	<0.002	<0.002	<0.002	<0.002	<0.002
阴离子合成洗涤剂(mg/L)	≤0.2	≤0.2	<0.050	<0.05	<0.050	<0.050	<0.050	<0.050	<0.05	<0.050	<0.050	<0.050	<0.10	0.19	<0.050	<0.050	<0.050
硫酸盐(mg/L)	≤250	≤250	6.5	8.6	15.9	<5.0	<5.0	<5.0	<5.0	<5.0	<5.0	<5.0	8	8.3	<5.0	5.7	6.5
氟化物(mg/L)	≤1.0	≤1.0	<0.10	<0.10	0.12	0.47	0.16	<0.10	0.11	<0.10	<0.10	<0.1	0.1	0.15	0.19	0.75	0.21
硝酸盐氮(mg/L)	≤10	≤10	<0.50	1.2	<0.50	1.3	<0.5	<0.5	<0.50	<0.50	<0.50	<0.50	<0.12	<0.12	<0.5	<0.50	<0.50
铅(mg/L)	≤0.01	≤0.01	<0.01	<0.01	<0.01	<0.01	<0.01	<0.01	<0.01	<0.01	<0.01	<0.01	<0.01	<0.01	<0.01	<0.01	<0.01
镉(mg/L)	≤0.001	≤0.005	<0.0005	<0.0005	<0.0005	<0.0005	<0.0005	<0.0005	<0.0005	<0.0005	<0.0005	<0.0005	<0.0005	<0.0005	<0.0005	<0.0005	<0.0005
铬(六价)(mg/L)	≤0.01	≤0.05	<0.004	<0.004	<0.004	0.005	0.007	0.006	<0.004	<0.004	<0.004	<0.004	<0.004	<0.004	0.013	0.001	0.007
氰化物(mg/L)	≤0.005	≤0.05	<0.002	<0.002	<0.002	<0.002	<0.002	<0.002	<0.002	<0.002	<0.002	<0.002	<0.002	<0.002	<0.002	<0.002	<0.002
砷(mg/L)	≤0.05	≤0.05	<0.001	<0.001	0.001	<0.001	0.001	<0.001	<0.001	<0.001	<0.001	<0.001	0.001	<0.001	<0.001	0.003	0.004
硒(mg/L)	≤0.01	≤0.01	<0.001	<0.001	<0.001	<0.001	<0.001	<0.001	<0.001	<0.001	<0.001	<0.001	<0.001	<0.001	<0.001	<0.001	<0.001
汞(mg/L)	≤0.00005	≤0.00005	<0.0001	<0.0001	<0.0001	0.0001	<0.0001	<0.0001	<0.0001	<0.0001	<0.0001	<0.0001	0.00018	0.00036	0.0001	<0.0001	0.0001
氨氮(mg/L)	≤0.15	≤0.5	0.02	<0.02	<0.02	0.06	0.11	0.11	0.02	0.02	0.03	0.06	0.16	0.17	0.05	<0.02	0.03

一般化学指标: 铁、氯化物、耗氧量、锰、铜、锌、挥发酚类、阴离子合成洗涤剂、硫酸盐

毒理性指标: 氟化物、硝酸盐氮、铅、镉、铬(六价)、氰化物、砷、硒、汞、氨氮

表 3-15　罗霄山脉地区地下水水质检测结果

	测定项目	GB/T I类	GB/T II类	幕阜山脉 闯王墓	幕阜山脉 西港镇	九岭山脉 靖安县茶坑村	九岭山脉 靖安县三爪仑乡	九岭山脉 安县中源乡白沙坪	武功山脉 明月山	武功山脉 麻田村	万洋山脉 桃源洞不老泉	万洋山脉 井冈山狮子岩	诸广山脉 上堡乡梅坑村	诸广山脉 五指峰乡黄沙坑	诸广山脉 桂东县新庄
一般化学指标	色（度）	≤5	≤5	<5.0	<5.0	<5.0	<5.0	<5.0	<5.0	<5.0	<5.0	<5.0	<5.0	<5.0	<5.0
	浑浊度（NTU）	≤3	≤3	0.69	0.74	0.28	2.01	0.12	0.8	0.71	0.25	0.27	2.39	2.4	0.3
	pH	6.5~8.5	6.5~8.5	7.7	7.1	7.4	7	7.2	6.8	7	6.5	5.5	7.3	7.1	6.8
	总硬度（mg/L）	≤150	≤300	129.6	135.6	22	23.5	19	100	83.6	28.4	25.9	41	29.5	53.5
	铁（mg/L）	≤0.1	≤0.2	<0.05	<0.05	<0.05	0.14	0.12	<0.05	<0.05	0.05	<0.05	0.06	0.15	0.09
	氯化物（mg/L）	≤50	≤150	0.6	16.2	0.7	<0.5	<0.5	<0.5	2.1	0.6	2.2	1.2	0.8	<0.5
	耗氧量（mg/L）	≤1.0	≤2.0	2.04	1.9	0.3	0.4	0.4	0.54	0.94	0.4	0.8	0.4	0.8	2.9
	锰（mg/L）	≤0.05	≤0.05	<0.1	<0.1	<0.01	<0.01	<0.01	<0.1	<0.01	<0.01	0.12	<0.01	<0.01	<0.01
	铜（mg/L）	≤0.01	≤0.05	<0.005	<0.005	<0.005	<0.005	<0.005	<0.005	<0.005	<0.001	0.004	<0.005	<0.005	<0.005
	锌（mg/L）	≤0.05	≤0.5	<0.05	<0.05	<0.05	0.59	<0.05	<0.05	<0.05	<0.002	0.1	<0.05	<0.05	<0.05
	挥发酚类（mg/L）	≤0.001	≤0.001	<0.002	<0.002	<0.002	<0.002	<0.002	<0.002	<0.002	<0.002	<0.001	<0.002	<0.002	<0.002
	阴离子合成洗涤剂（mg/L）	不得检出	≤0.1	<0.050	<0.050	<0.050	<0.050	<0.050	<0.050	<0.050	<0.025	0.13	<0.050	<0.050	<0.050
	硫酸盐（mg/L）	≤50	≤150	9.5	33.2	5.5	<5.0	<5.0	<5.0	6.8	<5.0	8.3	<5.0	<5.0	<5.0
	溶解性总固体（mg/L）	≤300	≤500	185	187	212	149	197	15	86	44	129	47	66	58
毒理性指标	氟化物（mg/L）	≤1.0	≤1.0	0.16	<0.10	<0.10	<0.10	<0.10	0.14	0.13	<0.10	0.15	0.23	0.19	0.34
	硝酸盐氮（mg/L）	≤2.0	≤5.0	0.8	8.1	0.006	0.008	0.006	0.8	<0.5	0.76	0.17	<0.5	<0.5	<0.5
	铅（mg/L）	≤0.005	≤0.01	<0.01	<0.01	<0.01	<0.01	<0.01	<0.01	<0.01	<0.01	<0.01	<0.01	<0.01	<0.01
	镉（mg/L）	≤0.0001	≤0.001	<0.0005	<0.0005	<0.0005	<0.0005	<0.0005	<0.0005	<0.0005	<0.0005	<0.0005	<0.0005	<0.0005	<0.0005
	铬（六价）（mg/L）	≤0.005	≤0.01	0.004	0.004	0.004	0.004	0.004	<0.004	0.004	<0.004	<0.004	0.005	0.007	0.006
	氰化物（mg/L）	≤0.001	≤0.01	0.002	0.001	0.002	<0.001	<0.002	<0.002	0.002	<0.002	<0.002	<0.002	<0.002	0.002
	砷（mg/L）	≤0.001	≤0.01	0.001	0.001	0.001	0.001	0.001	<0.001	0.001	<0.001	<0.001	<0.001	<0.001	<0.001
	硒（mg/L）	≤0.01	≤0.01	<0.001	<0.001	<0.001	<0.001	<0.001	<0.001	<0.001	<0.001	<0.001	<0.001	<0.001	<0.001
	汞（mg/L）	≤0.0001	≤0.001	<0.0001	<0.0001	<0.0001	<0.0001	<0.0001	<0.0001	<0.0001	<0.0001	0.0002	0.0001	0.0001	<0.0002
	氨氮（mg/L）	≤0.02	≤0.5	0.02	0.02	0.02	0.02	0.02	0.02	0.02	0.03	0.21	0.02	0.05	0.17
	亚硝酸盐氮（mg/L）	≤0.001	≤0.01	0.002	0.002	0.006	0.008	0.006	0.001	0.001	<0.001	<0.001	0.001	0.002	0.002
	钼（mg/L）	≤0.001	≤0.01	<0.005	<0.005	<0.005	<0.005	<0.005	<0.005	<0.005	<0.005	0.02	<0.005	<0.005	<0.005
	钴（mg/L）	≤0.005	≤0.05	<0.005	<0.005	<0.005	<0.005	<0.005	<0.005	<0.005	<0.005	<0.01	<0.005	<0.005	<0.005
	镍（mg/L）	≤0.005	≤0.05	<0.005	<0.005	<0.005	<0.005	<0.005	<0.005	<0.005	<0.005	<0.005	<0.005	<0.005	<0.005
	铍（mg/L）	≤0.00002	≤0.0001	<0.0002	<0.0002	<0.0002	<0.0002	<0.0002	<0.0002	<0.0002	<0.0002	<0.0001	<0.0002	<0.0002	0.002

注：依据《地下水质量标准》（GB/T 14848—2017），GB/T I 类主要代表反映地下水化学组分的天然低背景含量，GB/T II 类代表主要反映地下水化学组分的天然背景含量。

井冈冲水库和石市口水库水的汞含量更是达到 I 类标准限值的 3.6 倍和 7.2 倍，但对照《生活饮用水卫生标准》对汞元素的限值（0.001mg/L），罗霄山脉地表河流水和水库水汞含量均符合《生活饮用水卫生标准》，其他各项指标也基本符合该标准。

罗霄山脉地区地下水符合《生活饮用水卫生标准》，对照《地下水质量标准》，地下水水体中汞的含量普遍超过了 I 类标准限值，且基本为 I 类标准限值的 2 倍。另外，挥发酚类、钼、铍、镉、氰化物含量超过了《地下水质量标准》 I 类标准限值，但基本在 II 类标准限值之内。相比较而言，幕阜山脉和武功山脉地下水质量在罗霄山脉 5 座山当中是最好的。

井冈山风景区由于旅游业发达，人为活动密集，给水体带来了不同程度的污染，有机物的污染导致水体的耗氧量偏高，水质呈弱酸性，个别河流汞、锰等含量略有超标，因此建议在开发旅游业的同时，有关部门加强监控和治理，尽可能保护好自然资源不受污染和破坏。

整体来看，罗霄山脉地区水体无论是一般化学指标还是毒理性指标都基本符合标准，水质良好，不仅有利于农林灌溉，同时也适用于生活用水，在维护生态环境当中扮演着重要的角色。

3.3 罗霄山脉气候特征

3.3.1 气候调查方法

罗霄山脉地区地带性气候因子的调查采用气候学方法，按北段、中段、南段进行选择性分区域采集数据。全境范围内的气候因子获取以收集资料为主，主要数据来源于国家气象科学数据中心，收集各采样点所在地区历年的气候因子数据，分析罗霄山脉地区的气候因子。本书所参考的气候因子主要包括：年平均气温、极端最低气温、极端最高气温、年平均降水量、最大日降水量、日降水量（≥0.1mm）、日照时数、日照百分率、平均风速、最大风速、风向、平均气压、平均相对湿度和最小相对湿度等。

3.3.2 罗霄山脉气候基本特点

罗霄山脉地处中亚热带南缘，属北半球湿润区域，设置的不同站点数据变化情况如表 3-16 所示，年平均气温为 15.997～19.072℃，极端最低气温为 6.143～10.156℃，极端最高气温为 28.031～31.761℃，年平均降水量为 123.719～148.693mm（江西省水利厅，2010）。

表 3-16 罗霄山脉不同站点的数据

站点	年平均气温（℃）	极端最低气温（℃）	极端最高气温（℃）	日照时数（h）	平均相对湿度（%）	年平均降水量（mm）	最大日降水量（mm）
平江县	17.101	7.424	30.345	121.775	75.475	126.891	40.180
攸县	18.435	9.628	31.253	119.976	73.596	124.682	37.375
株洲市区	17.928	9.189	30.219	127.699	74.374	131.769	44.783
桂东县	15.997	6.143	28.031	117.156	79.657	140.137	37.875
莲花县	18.166	9.044	30.807	113.539	77.788	136.393	42.318
宜春市区	17.869	8.839	30.071	119.988	80.293	148.693	42.847
吉安县	18.956	10.156	30.996	120.373	78.960	138.018	42.127
遂川县	19.072	10.140	31.761	133.589	76.879	123.719	37.795
武宁县	17.152	8.113	29.059	133.659	77.960	131.005	40.286
靖安县	17.557	8.696	29.470	126.732	77.333	141.357	44.414
差值	3.075	4.013	3.730	20.120	6.697	24.974	7.408

整体上罗霄山脉地质地貌环境复杂多样，海拔相差近 2040m，导致热量和水分在时空上有明显差异，形成了中亚热带、北亚热带和暖温带 3 个垂直气候带（亚带）（赵万义，2017）。罗霄山脉北部、南部的气候也有明显差异，如北段的九岭山脉，年平均气温一般在 14℃以上，年平均蒸发量 1053.3mm，中段的

万洋山脉年平均气温在 17℃以上，年平均蒸发量为 978.8mm；南段的诸广山脉年平均气温为 19℃以上。

为了解罗霄山脉区域的气温变化情况，在国家气象科学数据中心获取罗霄山脉区域 1999～2017 年的月平均气温和月平均降水量数据，进而得到该区域的年平均气温和年平均降水量。

罗霄山脉区域内温度大致随高程变化，随海拔升高温度逐渐降低。年平均最低气温为 15.997℃，在桂东县站点附近，海拔大约为 839m。年平均最高气温在 18.166～19.072℃，海拔 78～126m。罗霄山脉区域降水量随海拔的升高而减少，且迎风坡的年平均降水量在 138～140mm，较背风坡多。年平均降水量最多的区域位于江西省峡江站点附近，年平均降水量 153.4mm；而湖南桂东、汝城站点附近，由于地形抬升较大，降水较同一纬度站点少。

为了解罗霄山脉区域的气温变化情况，在国家气象科学数据中心获取位于罗霄山脉地区的桂东县、遂川县、吉安县、宜春市区、莲花县、攸县、株洲市区、靖安县、平江县和武宁县 10 个站点的气候因子数据（江西省水利厅，2010）。罗霄山脉区域不同地区的年平均气温差异不显著，最高、最低均位于南部诸广山脉（东坡遂川县 19.072℃；西坡桂东县 15.997℃），除去最高、最低，其他的年平均气温差仅为 1.855℃（图 3-1）。罗霄山脉区域不同地区的日照时数和日照百分率差异均不显著，武宁县和遂川县的日照时数最多，这两个地区的日照百分率也高于其他地区（图 3-2）。

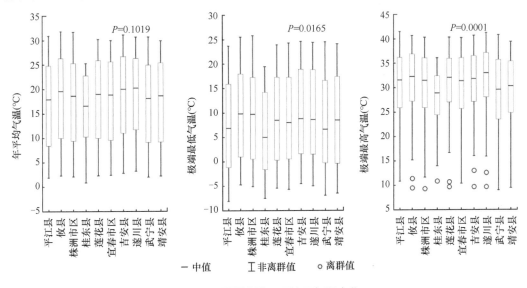

图 3-1　罗霄山脉不同地区气温变化

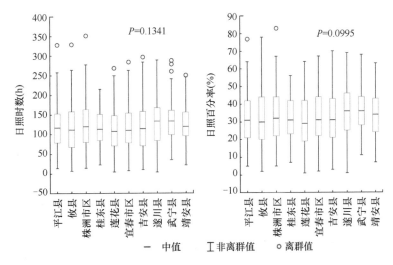

图 3-2　罗霄山脉不同地区日照变化

　　罗霄山脉区域不同站点的年平均降水量为 123.719～148.693mm，差值为 24.974mm，不同地区的年平均降水量差异不显著，宜春市区的年平均降水量最高，为 148.693mm，遂川县的年平均降水量最低，为 123.719mm。罗霄山脉区域不同地区的最大日降水量差异不显著（图 3-3）。罗霄山脉区域不同地区的平均相对湿度和最小相对湿度均呈极显著差异（$P<0.0001$），罗霄山脉区域地形地貌较复杂，增加了该区域生境条件的异质性（图 3-4）（赵万义，2017；涂业苟等，2007；林燕春等，2010）。

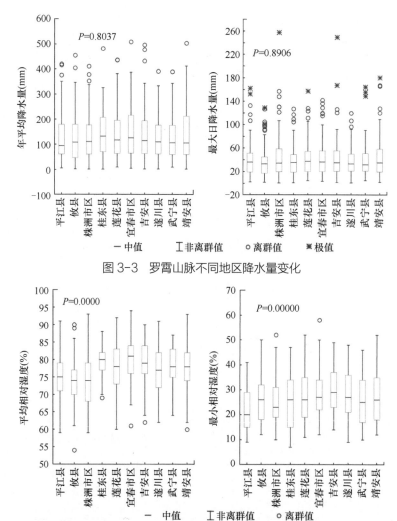

图 3-3　罗霄山脉不同地区降水量变化

图 3-4　罗霄山脉不同地区湿度变化

　　罗霄山脉区域不同地区的年平均气温和年平均降水量在不同年份间均呈不规则的变化趋势（图 3-5，图 3-6）（江西省水利厅，2010）。

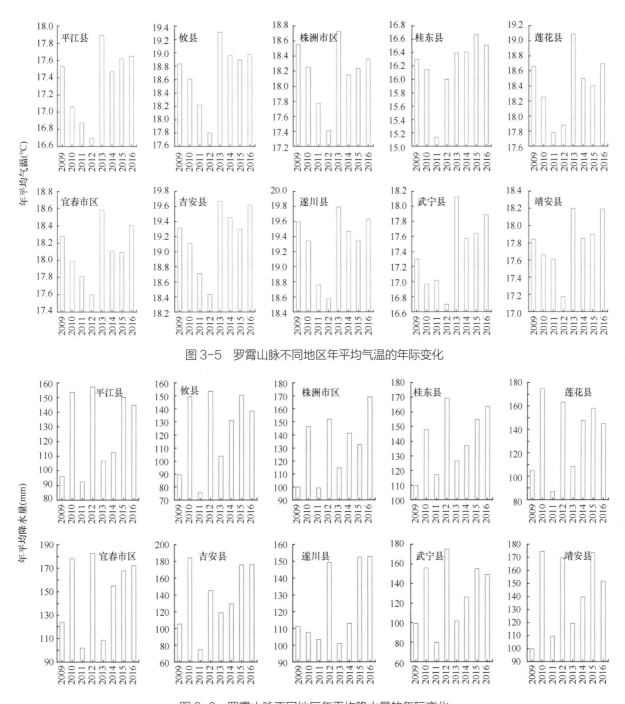

图 3-5　罗霄山脉不同地区年平均气温的年际变化

图 3-6　罗霄山脉不同地区年平均降水量的年际变化

参 考 文 献

陈红, 李华. 2012. 水力砼自动翻板闸门在通山县望江岭水库中的应用. 科技资讯, (12): 55, 58.

程孟孟, 杜成寿, 郑桂平. 2013. 陆水流域水文特性分析. 人民长江, 44(18): 56-59.

樊华, 陈然, 刘志刚. 2009. 柘林水库水环境容量及水污染控制措施研究. 人民长江, (24): 39-40.

胡焕发, 周梦蕾. 2014. 富水流域水资源状况及开发利用分析. 水电与新能源, (5): 11-14.

黄亮亮, 吴志强. 2010. 江西省九岭山脉自然保护区鱼类资源概况. 四川动物, 29(2): 307-310.

江阿源. 2012. 地表水资源保护法律制度研究. 四川省社会科学院博士学位论文.

江西省水利厅. 2010. 江西河湖大典. 武汉: 长江出版社.

李艳华. 2016. 东江水库入库径流预报. 华北水利水电大学硕士学位论文.

林秀武. 1995. 20 年来第二松花江甲基汞污染危害渔民健康的研究进展. 环境与健康杂志, 12(5): 238-240.

林燕春, 周德中, 廖菲菲, 等. 2010. 萍乡武功山地质地貌与水旱灾害国土安全研究. 安徽农业科学, 38(7): 3657-3658, 3661.

刘大奎, 王福生, 徐晓, 等. 2010. 桃源洞自然保护区功能区划与效益评估. 中南林业调查规划, 20(4): 30-32.

罗翔. 2013. 中国炎帝陵风景名胜区洣水河生态景观设计研究. 湖南工业大学硕士学位论文.

马荣华, 杨桂山, 段洪涛, 等. 2011. 中国湖泊的数量、面积与空间分布. 中国科学, 41(3): 394-401.

彭子恒, 王怀领, 王宇欣. 2008. 井冈山国家级自然保护区森林生态系统服务功能价值测度. 林业经济问题, 28(6): 512-516.

曲永和. 2004. 试论修水河源的确定. 江西水利科技, 30(3): 153-156.

潭益民, 吴章文. 2009. 桃源洞国家级自然保护区的生态状况. 林业科学, 45(7): 52-58.

涂业苟, 黄晓凤, 李小平, 等. 2007. 江西幕阜山(修江、汨罗江源头)自然保护区动植物资源调查分析. 江西林业科技, (3): 24-26, 31.

张晓元, 李长城. 2006. 湖北省青山水库大坝渗流及稳定计算. 大坝与安全, (5): 43-45.

张移郁. 2010. 河漠水流域"2007-08"暴雨洪水分析. 湖南水利水电, (2): 44-45, 52.

张余庆, 陈昌春, 杨绪红, 等. 2013. 基于 SUFI-2 算法的 SWAT 模型在修水流域径流模拟中的应用. 水电能源科学, 31(9): 24-28.

赵万义. 2017. 罗霄山脉种子植物区系地理学研究. 中山大学博士学位论文.

第4章 罗霄山脉的植被

摘 要 近5年来，对罗霄山脉的主要植被、植物群落进行了样地调查，各山脉均完成样地调查788片，包括乔木样地（1600m²）261片（其中有8个为2000m²，6个为2400m²）、灌木样地（400m²）256片、草本样地（20m²）271片，总面积共约533 420m²。此外，2010～2013年在井冈山地区完成样地调查共54 600m²，包括乔木林样地25片（6个为2000m²，3个为2400m²）、灌木林25片（1片为200m²），即全部合计约58.8万m²。据此对植被的组成、结构、演替等进行了数量分析，罗霄山脉植被的主要特征如下。①中亚热带山地植被系统较完整，类型丰富，包括4个植被型组，12个植被型，86个群系和172个群丛组。植被型主要有常绿针叶林、针阔叶混交林、常绿阔叶林、常绿落叶阔叶混交林、落叶阔叶林、竹林、常绿阔叶灌丛、落叶阔叶灌丛、竹丛、疏灌草坡、草本植被和水生植被。②在不同植被类型的群系分化中，以常绿阔叶林的群系最丰富，是地带性植被的代表，包括22个群系和31个群丛组，占群系总数的25.6%；其次是落叶阔叶林、常绿阔叶灌丛和常绿针叶林，分别占群系总数的15.1%、11.6%和11.6%。③罗霄山脉自南至北跨越中亚热带、北亚热带，各山地的优势群系表现出纬度地带性和过渡性，南部山地以常绿阔叶林、常绿落叶阔叶混交林居多，而北部的大围山、幕阜山等山地则具备较丰富的落叶阔叶林、落叶阔叶灌丛。在山地垂直地带性方面，一般自低海拔向高海拔依次为常绿阔叶林、常绿落叶阔叶混交林、落叶阔叶林、针阔叶混交林、常绿阔叶灌丛或落叶阔叶灌丛、竹丛及疏灌草坡。④罗霄山脉有典型孑遗植物165属289种，其中部分种类组成了优势群落有：杉木林、穗花杉林、铁杉林、长苞铁杉林、银杉林、南方红豆杉林、福建柏林、资源冷杉林、瘿椒树林、香果树林、青钱柳林、紫茎林、赤杨叶林、枫杨林、蚊母树林、大果马蹄荷林、蜡瓣花灌丛、灯笼树灌丛等，包含约58个群丛组。

4.1 罗霄山脉植被类型及其特征

4.1.1 中国植被类型系统的划分和原则

1980年出版的《中国植被》（中国植被编辑委员会，1980）根据"植物群落学原则，或植物群落学-生态学原则"，具体来说是"高级分类单位偏重生态外貌，而中、低级单位着重种类组成和群落结构"，将中国植被划分为10个植被型组、29个植被型和560多个群系，群系下设置群丛为植被分类的基本单位。

2011年，宋永昌在《对中国植被分类系统的认知和建议》一文中对《中国植被》的编写提出了几点看法和建议，认为在贯彻1980年《中国植被》原则的基础上，在名词概念上应与目前国际主流植被分类有一定的互通性；对于植被分类的基本单位"群丛"的概念需要统一；最终制定的分类等级系统应是一个既严格又开放的系统，以便适应将来类型扩展之需。因此，宋永昌等对1980年相关原则进行了较大程度的修订（宋永昌，2011；宋永昌等，2017），但修订的原则与国内现存通用的分类系统存在较大差异。基于目前中国植被系统存在的问题，"中国植被志"编研项目于 2015 年正式启动，其以植物群落调查和历史样方数据的整理为基础，修订和完善中国植被的分类系统。为便于国内参考，本次罗霄山脉植被类型划分参考了宋永昌（2011）关于群落特征种命名的划分方法，但在整体上仍主要按照《中国植被》和《中国植被分类系统修订方案》（郭柯等，2020）两个规范处理。主要分类等级单位如下。

植被型组（vegetation formation group）：最高级别分类单位。主要依据植被外貌特征和综合生态条件进行划分，反映陆地生物群区主要植被类型和主要非地带性植被类型。

植被型（vegetation formation）：主要高级分类单位。在同一个植被型组内，建群种或优势层片植物生活型组成相同或相近、结构相对一致的植物群落联合即为植被型。

植被亚型（vegetation subformation）：主要高级分类单位植被型之下的辅助分类单位。在同一个植被型内，主要依据生境特点或生态条件，同时也参考群落外貌上的明显差异进行划分。

群系组（alliance group）：主要中级分类单位之上的辅助分类单位。在同一个植被型或亚型范围内，建群种为同属植物的植物群落和多个植物种经常形成共优势组合的植物群落联合即为群系组。

群系（alliance）：主要中级分类单位。建群种或主要共建种相同的植物群落联合即为群系。

群丛组（association group）：主要低级分类单位之上的辅助分类单位。凡是层片结构相似，且优势层片和次优势层片的优势种或共优种（或标志种）相同的植物群落联合即为群丛组；对于层次结构较简单的植被类型，次优势层片的优势植物生活型和生态习性相同的植物群落联合即为群丛组。

群丛（association）：植被分类低级单位。凡是物种组成基本相同，且层片结构和各层片的优势种或共优种（或标志种）相同，群落结构和动态特征（包括相同的季相变化规律和演替阶段等）以及生境相对一致，具有相似生产力的植物群落联合即为群丛。

4.1.2 罗霄山脉植被类型系统概要

依据《中国植被》（1980）和《中国植被分类系统修订方案》（郭柯等，2020），罗霄山脉的植被分类系统划分主要等级有：植被型组、植被型、群系、群丛组和群丛 5 级。

群丛组的命名原则参考宋永昌（2004）的规范，即以优势种为主，辅以特征种组或标志种组的代表植物来命名；将标志种置于优势种前，用"-"连接，优势种一般不超过 2 种；如果优势种之间优势度区别不明显，并出现代表种相互交错时则在种名之间用"/"连接，前后顺序并不严格表示优势度的大小。群丛的命名在群丛组名称后面用"-"连接上灌木层的优势种。本研究中，优势种为样地中乔木层重要值最高的种，标志种采用数量分类中的指示种来表示；在群丛组命名时，当标志种与优势种相同时，省略标志种。

4.1.3 样地调查及群落数量分类方法

在对罗霄山脉全境的主要山地进行植被考察的基础上，选择代表性乔木群落、灌木群落和草本群落进行样地调查。乔木样地大小为 1600~2400m^2，灌木样地大小为 400m^2（有时为 200 m^2），草本样地大小为 20m^2。每个乔木样地和灌木样地划分为 10m×10m 的方格样方，每个方格样方内再设置 1 个 2m×2m 的草本小样方。每个草本样地包括 5 个 2m×2m 的样方。乔木和灌木样方调查记录植物的种名、胸径、高度和冠幅，起测径阶为 1.5cm；草本样方记录草本植物的种名、株数、高度和盖度。

计算每个样地各物种的重要值，依据重要值确定群落的优势种。分别构建所有乔木样地、灌木样地和所有草本样地的"样地–物种重要值"数据矩阵，用于群落的聚类分析。重要值计算公式为：乔、灌木物种重要值 = 相对多度+相对频度+相对显著度；草本物种重要值 = 相对盖度。

4.1.4 罗霄山脉植被分类系统

罗霄山脉在植被区划上属于中国东部中亚热带常绿阔叶林带，万洋山脉、诸广山脉属于南岭山地栲类林、蕈树林区；而武功山脉、九岭山脉及幕阜山脉则属于湘赣丘陵山地青冈栎林、栲类林、马尾松林区（侯学煜，2001；陈灵芝等，2014）。由于罗霄山脉跨越中亚热带、北亚热带，各山地的群落优势性群系表现出过渡性，南部山地以常绿阔叶林、常绿落叶阔叶混交林居多，而北部的大围山、幕阜山等地则有较多的落叶阔叶林及阔叶灌丛。植被带在山地表现出垂直地带性，一般自低海拔向高海拔依次为常绿阔叶林、常绿落叶阔叶混交林、落叶阔叶林、针阔叶混交林、阔叶灌丛及疏灌草坡。

　　根据调查结果，罗霄山脉的自然植被分为 4 个植被型组、12 个植被型、86 个群系和 172 个群丛组。在不同植被类型的群系分化中，以常绿阔叶林的群系最丰富，包括 22 个群系和 31 个群丛组，占群系总数的 25.6%；其次是落叶阔叶林、常绿阔叶灌丛和常绿针叶林，分别有 13 个、10 个和 10 个群系。罗霄山脉植被具体的分类系统见表 4-1（群丛未列入该表）。

表 4-1　罗霄山脉植被类型分类系统

植被型组	植被型	群系	群丛组
1. 森林	I. 常绿针叶林	I.1 黄山松林群系	a) 黄山松群丛组
			b) 鹿角杜鹃-黄山松群丛组
		I.2 日本柳杉林群系	a) 日本柳杉群丛组
		I.3 铁杉林群系	a) 铁杉群丛组
		I.4 资源冷杉林群系	a) 鹿角杜鹃-资源冷杉群丛组
		I.5 马尾松林群系	a) 马尾松群丛组
		I.6 杉木林群系	a) 长柄双花木-杉木群丛组
			b) 毛竹-杉木群丛组
			c) 油茶-杉木群丛组
			d) 短丝木犀-杉木群丛组
			e) 狗枣猕猴桃-杉木/赤杨叶群丛组
			f) 箬竹-杉木群丛组
			g) 杉木群丛组
			h) 杉木-檫木群丛组
			i) 杉木-赤杨叶/钩锥群丛组
			j) 杉木-麻栎群丛组
			k) 杉木-木荷/钩锥群丛组
			l) 甜槠-杉木群丛组
			m) 黄山松-杉木群丛组
			n) 鹿角杜鹃-杉木群丛组
			o) 杜鹃-杉木群丛组
		I.7 南方红豆杉林群系	a) 栲-南方红豆杉群丛组
			b) 杉木-南方红豆杉群丛组
			c) 甜槠-南方红豆杉群丛组
		I.8 穗花杉林群系	a) 穗花杉群丛组
			b) 尖连蕊茶-穗花杉群丛组
		I.9 银杉林群系	a) 鹿角杜鹃-银杉群丛组
		I.10 福建柏林群系	a) 鹿角杜鹃-福建柏群丛组
	II. 针阔叶混交林	II.1 黄山松针阔叶混交林群系	a) 黄山松-甜槠/倒卵叶青冈群丛组
			b) 鹿角杜鹃-黄山松群丛组
			c) 甜槠-黄山松群丛组
		II.2 铁杉针阔叶混交林群系	a) 尖连蕊茶-铁杉群丛组
			b) 鹿角杜鹃-铁杉群丛组
		II.3 长苞铁杉针阔叶混交林群系	a) 大果马蹄荷-长苞铁杉群丛组
			b) 鹿角杜鹃-长苞铁杉群丛组
	III. 常绿阔叶林	III.1 栲林群系	a) 栲群丛组
		III.2 钩锥林群系	a) 乐昌含笑-钩锥群丛组

植被型组	植被型	群系	群丛组
1. 森林	III. 常绿阔叶林	III. 3 鹿角锥林群系	a) 华南桂-鹿角锥群丛组
		III. 4 罗浮锥林群系	a) 罗浮锥群丛组
		III. 5 米槠林群系	a) 吊皮锥-米槠群丛组
		III. 6 甜槠林群系	a) 长柄双花木-甜槠群丛组
			b) 甜槠群丛组
			c) 鹿角杜鹃-甜槠群丛组
		III. 7 苦槠林群系	a) 苦槠群丛组
		III. 8 蚊母树林群系	a) 杜仲-蚊母树群丛组
		III. 9 大果马蹄荷林群系	a) 吊皮锥-大果马蹄荷群丛组
			b) 大果马蹄荷群丛组
		III. 10 石笔木林群系	a) 华南蒲桃-石笔木群丛组
		III. 11 日本杜英林群系	a) 亮叶桦-日本杜英群丛组
			b) 广东山胡椒-日本杜英群丛组
		III. 12 观光木林群系	a) 栲-观光木群丛组
		III. 13 金叶含笑林群系	a) 喜树-金叶含笑群丛组
		III. 14 乐昌含笑林群系	a) 乐昌含笑群丛组
		III. 15 湘楠林群系	a) 湘楠群丛组
		III. 16 闽楠林群系	a) 亮叶桦-闽楠群丛组
		III. 17 红楠林群系	a) 鹿角杜鹃-红楠群丛组
			b) 甜槠-红楠群丛组
			c) 云南桤叶树-红楠群丛组
		III. 18 浙江新木姜子林群系	a) 山胡椒-浙江新木姜子群丛组
		III. 19 显脉新木姜子林群系	a) 倒卵叶青冈-显脉新木姜子群丛组
		III. 20 多脉青冈林群系	a) 贵州连蕊茶-多脉青冈群丛组
			b) 尖连蕊茶-多脉青冈群丛组
			c) 桂南木莲-多脉青冈群丛组
			d) 云南桤叶树-多脉青冈群丛组
		III. 21 小叶青冈林群系	a) 铁杉-小叶青冈群丛组
		III. 22 银木荷林群系	a) 鹿角杜鹃-银木荷群丛组
	IV. 常绿落叶阔叶混交林	IV. 1 赤杨叶混交林群系	a) 广东山胡椒-赤杨叶群丛组
			b) 大叶白纸扇-赤杨叶群丛组
			c) 栲-赤杨叶群丛组
			d) 苦槠-赤杨叶/枫香树群丛组
			e) 狗枣猕猴桃-赤杨叶/多脉青冈群丛组
		IV. 2 南酸枣混交林群系	a) 栲-南酸枣群丛组
		IV. 3 香冬青混交林群系	a) 杉木-香冬青群丛组
		IV. 4 瘿椒树混交林群系	a) 乐昌含笑-瘿椒树群丛组
		IV. 5 石灰花楸混交林群系	a) 鹿角杜鹃-石灰花楸群丛组
		IV. 6 短柄枹栎混交林群系	a) 蜡瓣花-黄丹木姜子/短柄枹栎群丛组
		IV. 7 枫香树/毛红椿混交林群系	a) 薄叶润楠-毛红椿群丛组
			b) 薄叶润楠-枫香树群丛组
		IV. 8 枫香树/青榨槭混交林群系	a) 甜槠-枫香树群丛组
			b) 云南桤叶树-枫香树/青榨槭群丛组
			c) 云南桤叶树-红楠/青榨槭群丛组
	V. 落叶阔叶林	V. 1 枫杨林群系	a) 枫杨群丛组
		V. 2 中华槭林群系	a) 中华槭群丛组
		V. 3 青榨槭林群系	a) 山胡椒-青榨槭群丛组
		V. 4 锥栗林群系	a) 锥栗群丛组
		V. 5 毛红椿林群系	a) 尖连蕊茶-毛红椿群丛组

续表

植被型组	植被型	群系	群丛组
1. 森林	V. 落叶阔叶林	V. 6 青钱柳林群系	a）狗枣猕猴桃-青钱柳群丛组
		V. 7 紫茎林群系	a）紫茎群丛组
		V. 8 南酸枣林群系	a）尖连蕊茶-南酸枣群丛组
		V. 9 盐肤木林群系	a）楮-盐肤木群丛组
		V. 10 香果树林群系	a）香果树群丛组
		V. 11 山樱花林群系	a）大叶苎麻-山樱花群丛组
		V. 12 华中樱桃林群系	a）杜鹃-华中樱桃群丛组
			b）中国绣球-华中樱桃群丛组
		V. 13 江南桤木林群系	a）豪猪刺-江南桤木群丛组
	VI. 竹林	VI. 1 毛竹林群系	a）毛竹群丛组
		VI. 2 笔竿竹林群系	a）笔竿竹群丛组
		VI. 3 玉山竹林群系	a）黄山松-玉山竹群丛组
2. 灌丛	VII. 常绿阔叶灌丛	VII. 1 马银花灌丛群系	a）鹿角杜鹃-马银花群丛组
		VII. 2 乌药灌丛群系	a）毛果珍珠花-乌药群丛组
		VII. 3 油茶灌丛群系	a）油茶群丛组
		VII. 4 格药柃灌丛群系	a）杜鹃-格药柃群丛组
			b）云南桤叶树-格药柃/马银花群丛组
		VII. 5 尖连蕊茶灌丛群系	a）尖连蕊茶群丛组
		VII. 6 交让木灌丛群系	a）鹿角杜鹃-交让木群丛组
		VII. 7 鹿角杜鹃灌丛群系	a）桂南木莲-鹿角杜鹃群丛组
			b）鹿角杜鹃群丛组
		VII. 8 猴头杜鹃灌丛群系	a）鹿角杜鹃-猴头杜鹃群丛组
			b）铁杉-猴头杜鹃群丛组
		VII. 9 耳叶杜鹃灌丛群系	a）耳叶杜鹃群丛组
		VII. 10 云锦杜鹃灌丛群系	a）桂南木莲-云锦杜鹃群丛组
			b）云锦杜鹃群丛组
	VIII. 落叶阔叶灌丛	VIII. 1 三叶海棠灌丛群系	a）三叶海棠群丛组
		VIII. 2 圆锥绣球灌丛群系	a）圆锥绣球群丛组
		VIII. 3 灯笼树灌丛群系	a）灯笼树群丛组
		VIII. 4 满山红灌丛群系	a）满山红群丛组
		VIII. 5 蜡瓣花灌丛群系	a）蜡瓣花群丛组
		VIII. 6 杜鹃灌丛群系	a）杜鹃群丛组
		VIII. 7 中国绣球灌丛群系	a）中国绣球群丛组
		VIII. 8 贵州桤叶树灌丛群系	a）贵州桤叶树群丛组
	IX. 竹丛	IX. 1 井冈寒竹灌丛群系	a）井冈寒竹群丛组
3. 草本植被	X. 疏灌草坡	X. 1 禾草疏灌草坡群系	a）蕨状薹草-大叶直芒草群丛组
			b）台湾剪股颖群丛组
			c）无芒稗群丛组
			d）拂子茅/芒群丛组
			e）毛秆野古草群丛组
			f）画眉草群丛组
			g）荩草群丛组
			h）狗牙根群丛组
			i）野荸荠-牛鞭草群丛组
			j）茶-野青茅群丛组
			k）荻群丛组
			l）垂穗石松-斑茅群丛组
			m）白茅群丛组

续表

植被型组	植被型	群系	群丛组
3. 草本植被	X. 疏灌草坡	X.1 禾草疏灌草坡群系	n）双穗雀稗群丛组
			o）矛叶荩草群丛组
		X.2 莎草疏灌草坡群系	a）两歧飘拂草群丛组
			b）香附子群丛组
			c）下江委陵菜-穹隆薹草群丛组
		X.3 杂类草疏灌草坡群系	a）拐芹-繁缕群丛组
			b）江南短肠蕨-三叶豆蔻群丛组
			c）碎米荠-鳢肠群丛组
			d）星毛鸭脚木-鼠麹草群丛组
			e）安徽繁缕-长鬃蓼群丛组
			f）牻牛儿苗-腺茎柳叶菜群丛组
			g）蚊母草-湖南千里光群丛组
			h）刺柏-糯米条群丛组
			i）丫蕊花-短梗挖耳草群丛组
			j）山莓-林荫千里光群丛组
			k）两型豆-糯米团群丛组
			l）裸花水竹叶-灯心草群丛组
			m）柳叶白前-野灯心草群丛组
			n）华南鳞毛蕨-丛枝蓼群丛组
			o）白背蒲儿根-长瓣马铃苣苔群丛组
			p）毛华菊-香薷群丛组
			q）微毛血见愁-三脉紫菀群丛组
			r）羽叶蓼-悬铃叶苎麻群丛组
			s）粗齿冷水花群丛组
			t）齿萼凤仙花-庐山楼梯草群丛组
			u）薹草-黄金凤群丛组
			v）毛花点草群丛组
		X.4 蕨类疏灌草坡群系	a）蛇根草-节肢蕨群丛组
			b）金丝桃-细叶卷柏群丛组
			c）金星蕨群丛组
			d）抱茎白花龙-华南鳞盖蕨群丛组
			e）盾果草-笔管草群丛组
4. 沼泽与水生植被	XI. 草本与藓类沼泽	XI.1 草本沼泽群系	a）华凤仙-弓果黍群丛组
		XI.2 藓类沼泽群系	a）书带蕨-泥炭藓群丛组
			b）圆锥绣球-金发藓群丛组
	XII. 水生植被	XII.1 漂浮植物群系	a）浮萍群丛组
		XII.2 挺水植物群系	a）水虱草/假稻群丛组
			b）长箭叶蓼-柳叶箬群丛组

4.1.5 罗霄山脉主要植被类型的特征

1. 森林

I. 常绿针叶林

I.1 黄山松林群系

黄山松林为温性常绿针叶林，中国亚热带东部中山地区常见常绿针叶林。罗霄山脉的黄山松林包括 2 个群丛组。

a）黄山松群丛组：代表群落在 5 条山脉均有分布，位于海拔 800～1900m 的山坡；乔木层优势种为黄山松；随着海拔的升高，群落结构变得更加简单，较低海拔的群落还常伴生有一定优势度的锥栗、小叶白辛树和多脉青冈等乔木；而高海拔的群落则仅分为乔、灌两层，乔木层伴生类群优势度较低；随着海拔的升高，该群丛组灌木层优势种由马银花转变为格药柃、杜鹃和满山红，再变为三桠乌药和白檀。

b）鹿角杜鹃-黄山松群丛组：代表群落位于武功山脉、万洋山脉和诸广山脉海拔 1200～1650m 的山脊或山顶；乔木层优势种为黄山松，常见伴生种有红楠、石灰花楸、银木荷、枫香树、缺萼枫香树、青冈、甜槠、银木荷、毛漆树和蓝果树等；灌木层常见类群为鹿角杜鹃、格药柃、满山红、杜鹃、金缕梅、交让木和马银花等（表 4-2）。

表 4-2　鹿角杜鹃-黄山松群落重要值排序表（群落编号：G1808S03；GPS：27.5472°，114.2558°；1548m）

种名	重要值	相对多度（%）	相对显著度（%）	相对频度（%）
黄山松	108.53	20.05	78.96	9.52
鹿角杜鹃	36.47	20.33	6.62	9.52
杜鹃	25.23	14.34	1.96	8.93
华东山柳	18.47	7.44	2.1	8.93
满山红	16.34	8.80	0.99	6.55
中国绣球	12.69	7.35	0.58	4.76
漆树	10.16	3.63	1.17	5.36
雷公鹅耳枥	8.14	2.72	1.25	4.17
小叶石楠	7.74	2.54	0.44	4.76
山樱花	5.07	1.63	1.06	2.38
蜡瓣花	5.05	1.81	0.26	2.98

注：仅显示重要值大于等于 5 的物种；群落编号首字母显示所在山脉，即 G 表示武功山脉，M 表示幕阜山脉，J 表示九岭山脉，W 表示万洋山脉（万洋山脉中，T 表示桃源洞，J 表示井冈山），Z 表示诸广山脉；GPS 依次显示纬度（N）、经度（E）和海拔（本章下表同）。

I.2　日本柳杉林群系

日本柳杉林为温性常绿针叶林。罗霄山脉的日本柳杉林群系仅有 1 个群丛组，即日本柳杉群丛组。代表群落位于幕阜山脉海拔 692m 的山坡；乔木层优势种为日本柳杉，伴生有小叶白辛树、黄丹木姜子和短柄枹栎等；灌木类群很少，如宜昌荚蒾等；此外，毛竹优势度较高，仅次于日本柳杉（表 4-3）。

表 4-3　日本柳杉-宜昌荚蒾群落重要值排序表（群落编号：M1510S02；GPS：29.5348°，115.9318°；692m）

种名	重要值	相对多度（%）	相对显著度（%）	相对频度（%）
日本柳杉	169.65	58.76	83.23	27.66
毛竹	52.80	16.49	2.27	34.04
小叶白辛树	15.20	4.12	6.82	4.26
黄丹木姜子	8.87	3.09	1.52	4.26
短柄枹栎	7.61	3.09	0.26	4.26
四照花	7.22	2.06	0.90	4.26
宜昌荚蒾	6.38	2.06	0.06	4.26

I.3　铁杉林群系

铁杉林为温性常绿针叶林。罗霄山脉的铁杉林群系仅有 1 个群丛组，即铁杉群丛组。代表群落位于万洋山脉海拔 1600～1800m 的山脊或山顶；乔木层优势种为铁杉，伴生有银木荷、美丽新木姜子、小叶青冈、杨桐、凹叶冬青和香冬青等；灌木层常见类群为猴头杜鹃、美丽马醉木和厚叶红淡比等（表 4-4）。

表 4-4　铁杉-猴头杜鹃群落重要值排序表（群落编号：W1112S01；GPS：26.3201°，114.0468°；1737m）

种名	重要值	相对多度（%）	相对显著度（%）	相对频度（%）
铁杉	63.60	9.34	43.61	10.65
猴头杜鹃	35.29	18.68	8.33	8.28
杨桐	25.32	11.04	6.00	8.28
美丽马醉木	22.35	10.40	3.67	8.28
凹叶冬青	21.69	6.58	6.23	8.88
厚叶红淡比	17.73	8.07	6.11	3.55
银木荷	16.52	3.61	9.36	3.55
香冬青	9.76	4.03	2.18	3.55
光枝杜鹃	9.73	3.61	1.98	4.14
榕叶冬青	8.66	2.55	2.56	3.55
香桂	8.37	3.61	0.62	4.14
尖连蕊茶	5.13	2.12	0.05	2.96

I.4　资源冷杉林群系

资源冷杉林为温性常绿针叶林。罗霄山脉的资源冷杉林群系仅有 1 个群丛组，即鹿角杜鹃-资源冷杉群丛。代表群落位于万洋山脉桃源洞海拔 1507m 的山坡；资源冷杉在乔木层占绝对优势，伴生有一定优势度的毛竹；灌木层常见类群为鹿角杜鹃、黑叶冬青、格药柃、背绒杜鹃、贵定桤叶树和马银花等（表 4-5）。

表 4-5　鹿角杜鹃-资源冷杉群落重要值排序表（群落编号：T1308S01；GPS：26.4077°，114.0353°；1507m）

种名	重要值	相对多度（%）	相对显著度（%）	相对频度（%）
资源冷杉	51.97	6.72	37.38	7.87
鹿角杜鹃	45.52	22.44	14.84	8.24
毛竹	23.46	13.63	3.46	6.37
黑叶冬青	23.09	4.69	12.78	5.62
格药柃	19.10	9.56	1.67	7.87
背绒杜鹃	17.80	10.67	2.64	4.49
贵定桤叶树	10.37	3.33	2.92	4.12
马银花	10.17	2.84	2.84	4.49
箬竹	8.24	5.30	0.69	2.25
吴茱萸五加	8.23	3.27	1.21	3.75
交让木	7.42	0.8	2.87	3.75
峨眉鼠刺	6.04	1.85	0.44	3.75
细枝柃	5.51	1.6	0.54	3.37

I.5　马尾松林群系

马尾松林为暖性常绿针叶林，是中国东南部湿润亚热带地区分布最广的针叶林类型。罗霄山脉的马尾松林群系仅有 1 个群丛组，即马尾松林群丛组。代表群落位于幕阜山脉和九岭山脉海拔 150～1000m 的山坡。在幕阜山脉低海拔的群落，乔木层优势种为马尾松，伴生有枫香树、秀丽锥、杨桐、杉木、槲栎和锥栗等，灌木层常见类群为鹿角杜鹃、檵木、油茶、山矾、尖连蕊茶和格药柃等；在幕阜山脉高海拔的群落，乔木层优势种为马尾松，伴生有苦槠、杉木、金钱松、香柏、甜槠、蓝果树和鹅掌楸等，灌木植物稀少；在九岭山脉低海拔的群落，乔木层优势种为马尾松，伴生有雷公鹅耳枥、米槠、杉木、钩锥、香冬青、木荷和野含笑等，灌木植物稀少；在九岭山脉高海拔的群落，乔木层优势种为马尾松和杉木，伴生有黄丹木姜子、黄山松、红楠、锥栗和赤杨叶等，灌木层常见类群为格药柃和油茶（表 4-6）。

表 4-6 马尾松/杉木-格药柃群落重要值排序表（群落编号：J1509S13；GPS：29.0308°，115.3003°；881m）

种名	重要值	相对多度（%）	相对显著度（%）	相对频度（%）
马尾松	48.55	3.28	41.19	4.08
杉木	43.40	13.99	22.88	6.53
格药柃	18.58	9.84	2.62	6.12
黄丹木姜子	16.64	10.36	0.97	5.31
黄山松	13.66	0.69	12.15	0.82
四照花	10.24	5.70	0.46	4.08
红楠	10.18	4.66	0.62	4.90
青榨槭	9.89	3.80	2.42	3.67
锥栗	8.24	1.04	5.98	1.22
油茶	7.80	4.84	0.10	2.86
美丽新木姜子	7.49	3.28	0.13	4.08
雷公鹅耳枥	7.03	2.94	1.23	2.86
变叶树参	5.48	3.28	0.16	2.04

I.6 杉木林群系

杉木林为暖性常绿针叶林，分布范围与马尾松林大致相同，常与各种常绿阔叶林形成次生针阔叶混交林。罗霄山脉的杉木林群系包括 15 个群丛组。

a）长柄双花木-杉木群丛组：代表群落位于九岭山脉海拔 653m 的山坡；乔木层优势种为杉木，伴生有麻栎、小叶青冈、赤杨叶、小叶白辛树和红楠等；灌木层中长柄双花木占绝对优势，还伴生有峨眉鼠刺和马银花等。

b）毛竹-杉木群丛组：代表群落位于幕阜山脉和诸广山脉海拔 400～1100m 的山坡；乔木层优势种为杉木和毛竹，伴生有赤杨叶、老鼠矢、樟、马尾松、短柄枹栎、山柿和黄檀等；灌木层常见类群为油茶和檵木等。

c）油茶-杉木群丛组：代表群落位于幕阜山脉海拔 643m 的山坡；乔木层优势种为花榈木和杉木，伴生有苦槠、雷公鹅耳枥和赤杨叶等；灌木层优势类群为油茶，还常见檵木、尾叶冬青和南烛等。

d）短丝木犀-杉木群丛组：代表群落位于万洋山脉海拔 1411m 的山坡；乔木层优势种为杉木和多脉青冈，伴生有尖叶四照花、青榨槭和蓝果树等；黄杨在灌木层占绝对优势，还常见格药柃、尖连蕊茶和福建假卫矛等。

e）狗枣猕猴桃-杉木/赤杨叶群丛组：代表群落位于九岭山脉海拔约 350m 的山坡；乔木层优势种为杉木和赤杨叶，伴生有椤木石楠、枫香树、杉木和苦槠等；灌木层常见类群为细枝柃、鼠刺和檵木等。

f）箬竹-杉木群丛组：代表群落位于万洋山脉海拔 1100m 的山脊；乔木层优势种为杉木和华榛，伴生有尖叶四照花、红柴枝、灯台树和小叶青冈等；灌木层常见类群为油茶和窄基红褐柃等。

g）杉木群丛组：代表群落位于幕阜山脉、九岭山脉、万洋山脉和诸广山脉海拔 250～1700m 的山坡；乔木层优势种为杉木，伴生有檫木、木荷、赤杨叶、马尾松、多脉青冈、枫香树、南酸枣、深山含笑、大果马蹄荷和黄山松等；灌木层常见类群为檵木、细齿叶柃、细枝柃、格药柃、马银花、尖连蕊茶、圆锥绣球和鹿角杜鹃等（表 4-7）。

h）杉木-檫木群丛组：代表群落位于九岭山脉海拔约 329m 的山坡；乔木层优势种为檫木和杉木，伴生有樟、枫香树、木油桐、八角枫和油桐等；灌木类群稀少。

表 4-7　杉木-格药柃群落重要值排序表（群落编号：J1509S20；GPS：29.0315°，115.3034°；669m）

种名	重要值	相对多度（%）	相对显著度（%）	相对频度（%）
杉木	83.83	16.14	60.74	6.95
枫香树	28.64	12.38	10.08	6.18
格药柃	19.16	13.32	0.43	5.41
马尾松	12.75	0.78	10.43	1.54
白辛树	11.37	3.45	2.90	5.02
红淡比	10.29	5.96	0.47	3.86
多脉青冈	9.17	3.29	1.63	4.25
赤杨叶	6.31	0.94	3.44	1.93
黄檀	6.25	2.66	0.12	3.47
红果山胡椒	6.21	1.88	0.86	3.47
四照花	5.56	1.72	1.14	2.70
小蜡	5.17	2.66	0.19	2.32

i）杉木-赤杨叶/钩锥群丛组：代表群落位于九岭山脉和诸广山脉；九岭山脉的群落分布于海拔 400～700m 的山坡，乔木层优势种为杉木和赤杨叶或钩锥，伴生有南方红豆杉、红楠、枫香树、麻栎、灯台树、豹皮樟、缺萼枫香树、三峡槭、小叶青冈和乐昌含笑等，灌木类群稀少；诸广山脉的群落分布于海拔 1041m 的山坡，乔木层优势种为杉木和赤杨叶，伴生有红楠、青榨槭和榕叶冬青等，灌木常见鹿角杜鹃等。

j）杉木-麻栎群丛组：代表群落位于九岭山脉海拔约 529m 的山坡；乔木层优势种为麻栎和杉木，伴生有钩锥、多花泡花树和毛豹皮樟等；灌木类群稀少。

k）杉木-木荷/钩锥群丛组：代表群落位于九岭山脉海拔 300～400m 的沟谷；乔木层优势种为杉木和木荷或钩锥，伴生有榕叶冬青、枫香树、苦槠、南酸枣、雷公鹅耳枥、小叶青冈和罗浮柿等；灌木层优势类群为变叶树参、细齿叶柃和鼠刺等。

l）甜槠-杉木群丛组：代表群落位于万洋山脉海拔 924m 的山坡；乔木层优势种为甜槠和杉木，伴生有日本杜英、云山青冈、深山含笑和赤杨叶等；灌木层常见类群为腺萼马银花和马银花等。

m）黄山松-杉木群丛组：代表群落位于九岭山脉海拔 1140m 的山坡；乔木层优势种为杉木，伴生有雷公鹅耳枥、黄丹木姜子、短柄枹栎和黄山松等；灌木层常见类群为交让木、鹿角杜鹃和格药柃等。

n）鹿角杜鹃-杉木群丛组：代表群落位于诸广山脉海拔 1016m 的山坡；乔木层优势种为杉木，伴生有黄山松、红楠和青榨槭等；灌木层常见类群为鹿角杜鹃和红淡比等。

o）杜鹃-杉木群丛组：代表群落位于九岭山脉海拔 1100m 左右的山坡；乔木层优势种为杉木和鹅掌楸或锥栗，伴生有山樱花、红柴枝、异色泡花树和黄檀等；灌木层常见类群为格药柃和油茶等。

I.7　南方红豆杉林群系

南方红豆杉林为暖性常绿针叶林。罗霄山脉的南方红豆杉林群系包括有 3 个群丛组。

a）栲-南方红豆杉群丛组：代表群落分布于诸广山脉海拔 487m 的山坡；乔木层优种为南方红豆杉，阔叶树主要为鳞苞锥、栲、南酸枣、鸭公树、华南桂和黄樟等；灌木类群很少，如野茉莉等。

b）杉木-南方红豆杉群丛组：代表群落分布于幕阜山脉海拔 500～800m 的山坡；乔木层优种为杉木和南方红豆杉，伴生有枫香树、马尾松、苦槠和蓝果树等；灌木层常见类群为油茶和鹿角杜鹃等。

c）甜槠-南方红豆杉群丛组：代表群落分布于万洋山脉海拔 950m 的山坡；乔木层优种为南方红豆杉、银木荷和甜槠，伴生有缺萼枫香树、红楠和黄山松等；灌木层常见类群为油茶和鹿角杜鹃等（表 4-8）。

表 4-8　甜槠-南方红豆杉+银木荷-油茶群落重要值排序表（群落编号：W1011S06；GPS：26.5653°，114.1245°；950m）

种名	重要值	相对多度（%）	相对显著度（%）	相对频度（%）
南方红豆杉	38.17	7.78	24.34	6.05
银木荷	22.45	3.15	15.27	4.03
甜槠	21.76	7.62	9.70	4.44
缺萼枫香树	20.41	2.48	14.70	3.23
油茶	18.05	11.59	0.41	6.05
红楠	16.95	8.44	2.86	5.65
鹿角杜鹃	16.55	9.77	1.54	5.24
黄山松	13.32	0.50	11.61	1.21
吴茱萸五加	7.09	3.31	1.36	2.42
乌药	6.94	3.64	0.07	3.23
山橿	6.57	3.64	0.11	2.82
赤杨叶	6.22	2.48	0.92	2.82
杉木	5.71	1.32	1.97	2.42
毛竹	5.19	2.65	0.93	1.61

I.8　穗花杉林群系

穗花杉林为暖性常绿针叶林。罗霄山脉的穗花杉林群系包括有 2 个群丛组。

a）穗花杉群丛组：代表群落位于万洋山脉的桃源洞和井冈山的沟谷；桃源洞的群落海拔为 363m，乔木层优势种为穗花杉，伴生有灯台树、红楠、青冈和杨梅叶蚊母树等，灌木层常见类群为格药柃、粗糠柴和茜树等；井冈山的群落海拔为 770m，乔木层优势种为穗花杉，伴生有深山含笑、赤杨叶、栓叶安息香、日本杜英和云山青冈等，灌木层常见类群为细枝柃、茶和马银花等（表 4-9）。

表 4-9　穗花杉+深山含笑-细枝柃群落重要值排序表（群落编号：W1011S20；GPS：26.5738°，114.2345°；770m）

种名	重要值	相对多度（%）	相对显著度（%）	相对频度（%）
穗花杉	39.70	15.84	17.04	6.82
深山含笑	32.24	13.49	10.80	7.95
细枝柃	16.95	8.21	1.92	6.82
赤杨叶	15.91	3.23	9.27	3.41
栓叶安息香	15.69	5.87	4.14	5.68
皂荚	13.29	1.47	10.12	1.70
日本杜英	12.93	2.93	6.02	3.98
云山青冈	10.01	4.11	1.92	3.98
茶	8.27	2.93	0.79	4.55
伯乐树	6.85	1.17	3.98	1.70
马银花	6.73	2.93	1.53	2.27
大叶新木姜子	6.45	1.76	1.85	2.84
尖连蕊茶	6.42	2.64	0.37	3.41
黄丹木姜子	5.89	2.05	1.00	2.84
红毒茴	5.70	1.76	2.8	1.14
滑皮柯	5.68	2.35	1.63	1.70
青榨槭	5.25	0.88	3.23	1.14

b）尖连蕊茶-穗花杉群丛组：代表群落分布于万洋山脉海拔 1635m 的山坡；乔木层优种为穗花杉，

阔叶树主要为灰柯、多脉青冈、枫香树和伯乐树等；灌木层优势类群为尖连蕊茶等。

I.9　银杉林群系

银杉林为暖性常绿针叶林。罗霄山脉的银杉林群系仅有 1 个群丛组，即鹿角杜鹃-银杉群丛组。代表群落位于诸广山脉海拔 1100～1250m 的山坡；乔木层优势种为银杉和甜槠，伴生有铁杉、福建柏、凤凰润楠和深山含笑等；灌木层常见类群为鹿角杜鹃、猴头杜鹃和赤楠等（表 4-10）。

表 4-10　鹿角杜鹃-银杉群落重要值排序表（群落编号：Z1507S09；GPS：26.0560°，113.7210°；1243m）

种名	重要值	相对多度（%）	相对显著度（%）	相对频度（%）
鹿角杜鹃	32.86	17.65	10.23	4.98
银杉	29.78	3.10	23.36	3.32
猴头杜鹃	22.16	11.99	6.44	3.73
甜槠	18.79	3.91	10.32	4.56
深山含笑	13.84	2.43	8.09	3.32
小果珍珠花	9.40	4.85	1.23	3.32
吴茱萸五加	8.45	2.56	1.74	4.15
日本杜英	7.73	2.02	3.22	2.49
金叶含笑	7.41	2.83	2.51	2.07
马银花	7.32	3.64	0.78	2.90
腺萼马银花	7.29	3.37	1.43	2.49
银木荷	7.14	1.08	3.57	2.49
齿缘吊钟花	6.54	2.56	1.08	2.90
小果冬青	5.49	0.67	3.58	1.24
硬壳柯	5.46	2.16	0.81	2.49
蜡瓣花	5.23	2.96	1.03	1.24
秀丽槭	5.16	0.13	4.62	0.41

I.10　福建柏林群系

福建柏林为暖性常绿针叶林。罗霄山脉的福建柏林群系仅有 1 个群丛组，即鹿角杜鹃-福建柏群丛组。代表群落位于万洋山脉桃源洞海拔 1370m 左右的山坡；乔木层优势种为福建柏和甜槠，伴生有多脉青冈和小叶青冈等；灌木层常见类群为鹿角杜鹃、猴头杜鹃、吴茱萸五加、马银花、峨眉鼠刺、台湾冬青、香桂和窄基红褐柃等（表 4-11）。

表 4-11　鹿角杜鹃-福建柏群落重要值排序表（群落编号：T1311S11；GPS：26.4707°，114.0589°；1370m）

种名	重要值	相对多度（%）	相对显著度（%）	相对频度（%）
福建柏	37.99	5.61	26.99	5.39
鹿角杜鹃	33.96	19.43	7.67	6.86
猴头杜鹃	20.98	11.34	6.21	3.43
南烛	20.18	10.69	4.10	5.39
甜槠	19.33	3.78	10.65	4.9
吴茱萸五加	14.39	4.30	4.21	5.88
马银花	13.58	5.74	1.96	5.88
多脉青冈	12.78	3.26	5.11	4.41
峨眉鼠刺	11.75	5.22	0.65	5.88
猴欢喜	8.59	1.96	3.20	3.43
大叶冬青	8.43	1.69	3.31	3.43
尖连蕊茶	7.45	3.78	1.22	2.45
厚叶红淡比	7.20	3.78	1.95	1.47
显脉新木姜子	6.41	1.83	0.17	4.41
柿	5.84	0.65	3.72	1.47
银木荷	5.45	0.52	3.46	1.47

II. 针阔叶混交林

II. 1　黄山松针阔叶混交林群系

黄山松针阔叶混交林群系包括 3 个群丛组。

a）黄山松-甜槠/倒卵叶青冈群丛组：代表群落位于万洋山脉和诸广山脉海拔 1250～1600m 的山坡；乔木层优势种为甜槠或倒卵叶青冈，伴生有川桂、深山含笑、美丽新木姜子和硬壳柯等；灌木层常见类群为背绒杜鹃、马银花和鹿角杜鹃等。

b）鹿角杜鹃-黄山松群丛组：代表群落位于万洋山脉和诸广山脉海拔 900～1500m 的山坡、山脊或山顶；在海拔 900m 左右的群落中，乔木层优势种为黄山松、杉木、银木荷或红楠，伴生有甜槠和细叶青冈等，灌木层常见类群为鹿角杜鹃、黑桗、吴茱萸五加和油茶等；在海拔 1300m 以上的群落中，乔木层优势种为黄山松和银木荷，伴生乔木较少且优势度很低，灌木层常见类群为鹿角杜鹃、两广杨桐、窄基红褐桗、马银花、格药柃、蜡瓣花、小叶石楠、华东山柳和吴茱萸五加等（表 4-12）。

表 4-12　鹿角杜鹃-黄山松/银木荷-两广杨桐群落重要值排序表（群落编号：Z1607S01；GPS：25.9964°，114.1362°；1361m）

种名	重要值	相对多度（%）	相对显著度（%）	相对频度（%）
黄山松	56.41	7.38	42.16	6.87
银木荷	43.50	9.13	27.50	6.87
两广杨桐	29.54	17.16	5.51	6.87
窄基红褐桗	24.18	17.94	1.46	4.78
鹿角杜鹃	20.66	11.27	3.72	5.67
马银花	16.74	8.16	2.31	6.27
格药柃	11.40	5.25	1.08	5.07
满山红	8.59	4.34	0.67	3.58
老鼠矢	6.58	1.94	0.76	3.88
岭南槭	6.24	1.04	1.62	3.58
厚叶厚皮香	5.34	1.68	0.38	3.28

c）甜槠-黄山松群丛组：代表群落位于万洋山脉海拔 906m 的山坡；乔木层优势种为黄山松和红楠，伴生有甜槠、银木荷、水青冈和黄丹木姜子等；灌木层常见类群为细枝柃和马银花等。

II. 2　铁杉针阔叶混交林群系

铁杉针阔叶混交林群系包括有 2 个群丛组。

a）尖连蕊茶-铁杉群丛组：代表群落位于万洋山脉海拔 1752m 的山顶；乔木层优势种为多脉青冈和铁杉，伴生有石木姜子、资源冷杉、南方红豆杉和假地枫皮等；尖连蕊茶在灌木层占绝对优势，还常见厚叶红淡比和窄基红褐桗等。

b）鹿角杜鹃-铁杉群丛组：代表群落位于万洋山脉桃源洞海拔 1500m 左右的山脊；乔木层优势种为银木荷和铁杉，伴生乔木较少；灌木层常见类群为鹿角杜鹃、背绒杜鹃、华东山柳和吴茱萸五加等（表 4-13）。

表 4-13　鹿角杜鹃-铁杉/银木荷群落重要值排序表（群落编号：T1311S07；GPS：26.3489°，113.9854°；1495m）

种名	重要值	相对多度（%）	相对显著度（%）	相对频度（%）
银木荷	54.05	4.79	42.91	6.35
鹿角杜鹃	51.90	35.34	8.09	8.47
铁杉	42.24	5.00	28.77	8.47
背绒杜鹃	36.91	24.88	3.56	8.47
华东山柳	20.57	8.60	3.50	8.47

续表

种名	重要值	相对多度（%）	相对显著度（%）	相对频度（%）
吴茱萸五加	17.71	6.08	3.16	8.47
马银花	9.73	3.19	0.72	5.82
格药柃	8.46	2.22	0.42	5.82
多脉青冈	6.93	1.13	1.04	4.76
厚叶红淡比	6.51	1.75	1.59	3.17
鼠刺	5.37	1.34	0.33	3.70
羊舌树	5.36	0.52	0.61	4.23
油茶	5.02	0.62	0.17	4.23

II.3 长苞铁杉针阔叶混交林群系

长苞铁杉针阔叶混交林群系包括有 2 个群丛组。

a）大果马蹄荷-长苞铁杉群丛组：代表群落位于诸广山脉海拔 1165m 的山坡；乔木层优势种为长苞铁杉和甜槠，伴生有大果马蹄荷、日本杜英和凤凰润楠等；灌木层常见类群为五列木、鹿角杜鹃和猴头杜鹃等（表 4-14）。

表 4-14 大果马蹄荷-长苞铁杉/甜槠-五列木群落重要值排序表（群落编号：Z1611S09；GPS：25.8926°，113.9962°；1165m）

种名	重要值	相对多度（%）	相对显著度（%）	相对频度（%）
长苞铁杉	38.06	6.96	25.93	5.17
甜槠	33.92	4.83	22.19	6.90
五列木	32.76	13.36	13.80	5.60
大果马蹄荷	30.62	11.67	12.05	6.90
鹿角杜鹃	22.81	15.71	1.93	5.17
猴头杜鹃	17.18	8.42	4.45	4.31
日本杜英	14.34	5.61	2.26	6.47
凤凰润楠	11.60	5.72	0.28	5.60
毛竹	10.35	5.05	3.14	2.16
美丽新木姜子	8.97	2.81	0.13	6.03
银木荷	7.18	1.01	4.45	1.72
深山含笑	6.39	2.02	1.35	3.02
厚叶冬青	5.31	1.68	0.61	3.02

b）鹿角杜鹃-长苞铁杉群丛组：代表群落位于诸广山脉海拔 1400m 左右的山脊；乔木层优势种为长苞铁杉和银木荷，伴生有石笔木、黄山松、甜槠和美丽新木姜子等；灌木层常见类群为鹿角杜鹃、窄基红褐柃和格药柃等。

III. 常绿阔叶林

III.1 栲林群系

栲林群系仅有 1 个群丛组，即栲群丛组。代表群落分布于万洋山脉海拔约 650m 的沟谷；乔木层优势种为栲，伴生有钩锥、鹿角锥、黄丹木姜子、山杜英、深山含笑和赤杨叶等；灌木层常见类群为细枝柃和茜树等，如表 4-15 所示。

III.2 钩锥林群系

钩锥林群系仅有 1 个群丛组，即乐昌含笑-钩锥群丛组。代表群落分布于九岭山脉的官山和万洋山脉的井冈山。在官山分布于海拔 350~500m 的沟谷；乔木层优势种为钩锥，伴生有乐昌含笑、青冈、木荷、麻栎、枫香树和赤杨叶等；灌木层植物常为峨眉鼠刺、南烛、茜树、细齿叶柃等（表 4-16）。

表 4-15　栲-细枝柃群落重要值排序表（群落编号：W1609S19；GPS：26.5874°，114.2332°；651m）

种名	重要值	相对多度（%）	相对显著度（%）	相对频度（%）
栲	67.17	11.22	50.14	5.81
黄丹木姜子	23.76	14.03	4.30	5.43
鹿角锥	19.81	3.96	11.97	3.88
细枝柃	16.53	10.40	1.09	5.04
山杜英	16.14	7.26	4.62	4.26
深山含笑	9.09	3.80	1.03	4.26
茜树	7.67	3.30	0.49	3.88
钩锥	7.29	1.98	2.98	2.33
罗浮柿	6.91	2.48	0.55	3.88
赤杨叶	6.36	0.99	3.04	2.33
光亮山矾	6.00	2.15	0.75	3.10
蓝果树	5.78	0.50	4.50	0.78
褐毛杜英	5.70	2.15	1.22	2.33
五裂槭	5.33	1.49	2.29	1.55

表 4-16　乐昌含笑-钩锥-南烛群落重要值排序表（群落编号：J1708S02；GPS：28.5585°，114.5858°；456m）

种名	重要值	相对多度（%）	相对显著度（%）	相对频度（%）
钩锥	57.56	20.32	29.69	7.55
乐昌含笑	20.29	10.38	3.31	6.60
小叶青冈	19.66	4.97	10.44	4.25
青冈	17.70	9.26	3.25	5.19
枫香树	16.06	2.93	10.30	2.83
麻栎	13.46	2.93	8.64	1.89
赤杨叶	12.99	2.71	5.56	4.72
南烛	11.78	2.26	7.16	2.36
杉木	10.23	4.51	2.89	2.83
闽粤石楠	7.99	2.71	1.98	3.30
茜树	6.43	2.93	0.20	3.30
小叶白辛树	5.61	2.71	0.54	2.36
轮叶蒲桃	5.33	2.48	0.02	2.83
中华卫矛	5.13	1.81	0.02	3.30

在井冈山分布于海拔 350～1000m 的沟谷；乔木层优势种为钩锥，随着海拔的升高，伴生种从猴欢喜、闽楠、鹿角锥、乐昌含笑和罗浮槭转变为杉木、木姜叶柯、红楠、云山青冈、深山含笑、赤杨叶和南方红豆杉等；灌木层优势类群则由粗糠柴变为细枝柃。

Ⅲ.3　鹿角锥林群系

鹿角锥林群系仅有 1 个群丛组，即华南桂-鹿角锥群丛组。代表群落位于万洋山脉井冈山海拔 350～800m 的山坡；乔木层优势种为鹿角锥，低海拔群落主要伴生种为华南桂、栲、甜槠、罗浮柿、日本杜英和罗浮锥等；较高海拔群落主要伴生种为罗浮锥、猴欢喜、甜槠、福建柏、日本杜英和南方红豆杉等；灌木层常见类群从细枝柃、峨眉鼠刺、鼠刺等转变为茜树、马银花和油茶等（表 4-17）。

表4-17　华南桂-鹿角锥-细枝柃群落重要值排序表（群落编号：W1011S22；GPS：26.6016°，114.2645°；384m）

种名	重要值	相对多度（%）	相对显著度（%）	相对频度（%）
华南桂	41.41	0.42	40.12	0.87
鹿角锥	41.29	11.25	24.85	5.19
毛竹	25.26	14.17	5.03	6.06
细枝柃	14.17	8.54	0.44	5.19
峨眉鼠刺	12.55	6.88	0.48	5.19
密花山矾	11.42	5.21	0.58	5.63
罗浮柿	11.20	4.17	2.27	4.76
多穗石栎	8.68	4.38	0.40	3.90
日本杜英	8.06	2.92	2.54	2.60
矮冬青	7.74	3.54	0.30	3.90
栲	7.16	2.08	2.48	2.60
赤杨叶	6.80	2.29	1.05	3.46
南酸枣	6.64	1.04	4.30	1.30
黄樟	6.00	2.50	0.90	2.60
绒毛润楠	5.81	2.71	0.07	3.03
台湾冬青	5.66	1.67	1.39	2.60
枫香树	5.08	0.42	3.79	0.87

III.4　罗浮锥林群系

罗浮锥林群系仅有 1 个群丛组，即罗浮锥群丛组。代表群落位于万洋山脉海拔 600～900m 的山坡；乔木层优势种为罗浮锥，伴生有青冈、水青冈、香桂、甜槠、金叶含笑、红楠、褐毛杜英和木姜叶柯等；灌木层常见类群为厚皮香、细枝柃和满山红等（表4-18）。

表4-18　罗浮锥-细枝柃群落重要值排序表（群落编号：W1708S18；GPS：26.5380°，114.1482°；864m）

种名	重要值	相对多度（%）	相对显著度（%）	相对频度（%）
罗浮锥	68.52	19.70	43.46	5.36
红楠	23.82	6.70	11.76	5.36
细枝柃	21.88	14.11	2.41	5.36
褐毛杜英	13.01	4.57	4.15	4.29
木姜叶柯	10.49	5.28	1.28	3.93
日本杜英	8.76	1.62	4.64	2.50
青冈	8.50	3.05	2.24	3.21
水青冈	7.82	0.41	6.34	1.07
深山含笑	7.47	2.64	0.90	3.93
柏拉木	7.19	5.48	0.64	1.07
厚皮香	6.10	2.23	0.30	3.57
马银花	6.05	2.64	1.27	2.14
赤杨叶	5.15	0.71	2.65	1.79

III.5　米槠林群系

米槠林群系仅有 1 个群丛组，即吊皮锥-米槠群丛组。代表群落分布于九岭山脉和诸广山脉。九岭山脉的群落分布于海拔 600m 的山坡；群落结构简单，米槠在乔木层占绝对优势，伴生有杉木；灌木层常见类群为榕叶冬青、鹿角杜鹃、峨眉鼠刺和马银花等（表4-19）。诸广山脉的群落分布于海拔 300m 的山坡；乔木层优势种为米槠，但优势不及九岭山脉的群落显著，伴生有木荷、毛锥和栲等；灌木层常见类群为石木姜子和美丽新木姜子等。

表 4-19 吊皮锥-米槠-马银花群落重要值排序表（群落编号：J1509S10；GPS：29.0150°，115.2266°；600m）

种名	重要值	相对多度（%）	相对显著度（%）	相对频度（%）
米槠	129.57	38.04	80.02	11.51
杉木	24.37	6.34	8.68	9.35
马银花	19.92	10.51	0.78	8.63
榕叶冬青	16.78	6.70	0.73	9.35
鹿角杜鹃	16.73	8.15	0.67	7.91
绒毛润楠	11.25	3.26	0.08	7.91
峨眉鼠刺	8.64	3.26	0.34	5.04
矮冬青	7.89	3.99	0.30	3.60
杨桐	7.84	2.17	0.63	5.04
吊皮锥	7.52	0.91	4.45	2.16
赤楠	5.80	1.99	0.21	3.60

III.6 甜槠林群系

甜槠林群系包括 3 个群丛组。

a）长柄双花木-甜槠群丛组：代表群落位于九岭山脉和万洋山脉海拔约 600m 的山坡；乔木层优势种为甜槠，伴生有虎皮楠、红楠、赤杨叶、小叶青冈和杉木等；长柄双花木在灌木层占绝对优势；此外，毛竹的优势度也较高。

b）甜槠群丛组：代表群落分布于九岭山脉、万洋山脉和诸广山脉海拔 600~1200m 的山坡；乔木层优势种为甜槠，常伴生有红楠、黄丹木姜子、新木姜子和青冈类群；灌木层常见马银花、细枝柃和鹿角杜鹃等；在较低海拔，青冈类群常见小叶青冈、青冈和米心水青冈，而较高海拔常见细叶青冈和云山青冈；较低海拔群落还常伴生有褐毛杜英、日本杜英、深山含笑、银木荷、虎皮楠、榕叶冬青、栲、石木姜子和罗浮柿等，而较高海拔群落还常伴生有硬壳柯、川桂、锥栗、青榨槭、椴栎、赤杨叶、杉木、山樱花、雷公鹅耳枥、毛竹、中华槭、显脉新木姜子和美丽新木姜子等（表 4-20）。

表 4-20 甜槠-细枝柃群落重要值排序表（群落编号：Z1507S15；GPS：25.9774°，113.6999°；1063m）

种名	重要值	相对多度（%）	相对显著度（%）	相对频度（%）
甜槠	45.53	21.68	17.55	6.30
红楠	21.89	8.82	8.03	5.04
青榨槭	17.07	3.32	9.13	4.62
杉木	15.95	1.88	10.71	3.36
山樱花	14.80	3.90	6.70	4.20
锥栗	14.80	1.45	10.83	2.52
雷公鹅耳枥	11.66	3.47	3.57	4.62
细枝柃	10.36	5.20	0.54	4.62
鹿角杜鹃	10.34	5.64	1.76	2.94
油茶	10.30	4.34	0.92	5.04
贵定桴叶树	10.18	3.61	4.05	2.52
马银花	7.95	2.89	0.86	4.20
南酸枣	7.64	2.60	2.52	2.52
江南花楸	7.48	2.75	1.37	3.36
黄檀	6.57	0.87	4.44	1.26
赤杨叶	6.49	0.87	3.52	2.10
椴栎	6.32	1.01	3.21	2.10
山胡椒	5.19	2.02	0.65	2.52

c）鹿角杜鹃-甜槠群丛组：代表群落位于万洋山脉海拔 1300～1450m 的山脊或山顶；乔木层优势种为甜槠，伴生有银木荷、黄丹木姜子、黄山松和多脉青冈等；灌木层中鹿角杜鹃在群落中优势明显，还常见杜鹃、马银花、峨眉鼠刺、华东山柳、格药柃、白檀、吴茱萸五加和背绒杜鹃等。

III.7 苦槠林群系

苦槠林群系仅有 1 个群丛组，即苦槠群丛组。代表群落分布于九岭山脉和万洋山脉。九岭山脉的群落位于海拔 1093m 的山坡；乔木层优势种为苦槠，伴生有黄丹木姜子、建始槭和显脉新木姜子等；灌木层常见类群为宜昌胡颓子、小蜡和白檀等。万洋山脉的群落位于海拔 764m 的山坡；乔木层优势种为苦槠，伴生有甜槠、银木荷、红楠和木姜叶柯等；灌木层常见类群为油茶、乌药和山檀等（表 4-21）。

表 4-21　苦槠-油茶群落重要值排序表（群落编号：W1708S17；GPS：26.5708°，114.1722°；764m）

种名	重要值	相对多度（%）	相对显著度（%）	相对频度（%）
苦槠	71.51	14.25	50.16	7.10
甜槠	44.96	10.18	27.13	7.65
银木荷	25.25	4.07	14.62	6.56
油茶	23.86	13.35	3.95	6.56
红楠	16.11	9.05	0.50	6.56
乌药	13.80	7.47	1.41	4.92
木姜叶柯	9.06	5.66	0.12	3.28
山檀	5.06	3.39	0.03	1.64

III.8 蚊母树林群系

蚊母树林群系仅有 1 个群丛组，即杜仲-蚊母树群丛组。代表群落位于万洋山脉的井冈山，分布于海拔 367m 的山坡；蚊母树为乔木层优势种，伴生有米槠、甜槠和多脉青冈等；灌木层常见类群为腺叶桂樱、棕榈、绒毛润楠、香楠、桃叶石楠等（表 4-22）。

表 4-22　杜仲-蚊母树+腺叶桂樱群落重要值排序表（群落编号：W1011S05；GPS：26.5126°，114.2173°；367m）

种名	重要值	相对多度（%）	相对显著度（%）	相对频度（%）
蚊母树	92.88	14.55	70.90	7.43
米槠	23.37	6.93	13.96	2.48
甜槠	9.78	2.77	4.53	2.48
棕榈	9.56	3.70	1.90	3.96
腺叶桂樱	7.72	4.62	0.13	2.97
绒毛润楠	7.45	3.93	0.05	3.47
多脉青冈	6.98	4.16	0.84	1.98
香楠	6.80	2.77	0.07	3.96
桃叶石楠	6.10	1.85	1.77	2.48
木竹子	5.78	3.23	0.07	2.48
日本杜英	5.15	2.08	0.10	2.97

III.9 大果马蹄荷林群系

大果马蹄荷林群系包括 2 个群丛组。

a）吊皮锥-大果马蹄荷群丛组：代表群落位于诸广山脉东南部的金盆山，分布于海拔 549m 的山坡；大果马蹄荷为乔木层优势种，伴生有华润楠、米槠、毛锥和越南安息香等；灌木层常见类群为白皮唐竹、红淡比、鹿角杜鹃和桃叶石楠等。

b）大果马蹄荷群丛组：代表群落分布于万洋山脉和诸广山脉。万洋山脉的群落位于海拔 300～

700m 的沟谷；乔木层优势种为大果马蹄荷，伴生有甜槠、马醉木、云山青冈、米心水青冈、水青冈、罗浮锥、鹿角锥、绒毛润楠和石木姜子等；灌木层常见类群为鹿角杜鹃、吊钟花、少花柏拉木和台湾冬青等。诸广山脉的群落位于海拔 800～1200m 的沟谷；乔木层优势种为大果马蹄荷和甜槠，伴生有红楠、杉木、深山含笑、日本杜英和雷公鹅耳枥等；灌木层常见类群为鹿角杜鹃和鼠刺等（表 4-23）。

表 4-23　大果马蹄荷-鹿角杜鹃群落重要值排序表（群落编号：Z1611S10；GPS：25.8903°，113.9947°；1151m）

种名	重要值	相对多度（%）	相对显著度（%）	相对频度（%）
大果马蹄荷	57.07	15.69	34.24	7.14
甜槠	34.97	5.39	22.91	6.67
鹿角杜鹃	34.90	22.19	5.09	7.62
红楠	14.91	2.85	7.77	4.29
杉木	11.95	4.44	2.75	4.76
深山含笑	10.40	3.49	2.62	4.29
日本杜英	10.27	3.65	3.29	3.33
厚叶冬青	9.51	3.96	2.22	3.33
虎皮楠	8.87	1.90	2.21	4.76
鼠刺	8.53	3.65	1.07	3.81
木姜叶柯	8.50	3.17	0.57	4.76
蜡瓣花	6.22	3.17	0.67	2.38
美丽新木姜子	5.96	2.22	0.41	3.33
白木乌桕	5.54	1.90	0.31	3.33
岭南槭	5.48	2.54	1.51	1.43
黄山松	5.17	0.48	3.74	0.95

III. 10　石笔木林群系

石笔木林群系仅有 1 个群丛组，即华南蒲桃-石笔木群丛组。代表群落位于万洋山脉桃源洞九曲水海拔 355m 的沟谷；乔木层优势种为石笔木，深山含笑、美叶柯、红楠等也占有一定优势；灌木层优势类群为茜树、星毛鸭脚木等（表 4-24）。

表 4-24　华南蒲桃-石笔木-茜树群落重要值排序表（群落编号：T1404S03；GPS：26.5570°，114.0804°；355m）

种名	重要值	相对多度（%）	相对显著度（%）	相对频度（%）
石笔木	50.37	17.23	26.50	6.64
茜树	25.58	14.01	5.35	6.22
深山含笑	21.51	12.26	4.27	4.98
美叶柯	20.04	2.92	12.97	4.15
红楠	12.93	2.77	6.84	3.32
石木姜子	11.12	5.84	1.55	3.73
罗浮槭	11.11	2.92	4.04	4.15
钩锥	11.09	1.02	8.00	2.07
杨梅叶蚊母树	10.80	3.07	4.41	3.32
尖萼厚皮香	8.96	2.92	2.72	3.32
南烛	8.83	2.19	2.49	4.15
青冈	7.85	2.19	2.76	2.90
新木姜子	7.56	4.09	0.57	2.90
星毛鸭脚木	6.71	3.07	0.32	3.32

III.11　日本杜英林群系

日本杜英林群系包括 2 个群丛组。

a) 亮叶槭-日本杜英群丛组：代表群落位于九岭山脉官山海拔 452m 的沟谷；乔木层优势种为日本杜英，伴生有檵木、石木姜子和枫香树等；灌木层常见类群为茜树、马银花、密花树和细枝柃等。

b) 广东山胡椒-日本杜英群丛组：代表群落位于万洋山脉井冈山海拔 600m 左右的沟谷；乔木层优势种为日本杜英，伴生有广东山胡椒、宜昌润楠、赤杨叶、榄叶柯和鹿角锥等；灌木层常见类群为细枝柃、格药柃和茜树等（表 4-25）。

表 4-25　广东山胡椒-日本杜英-格药柃群落重要值排序表（群落编号：W1011S11；GPS：26.5223°，114.1714°；653m）

种名	重要值	相对多度（%）	相对显著度（%）	相对频度（%）
日本杜英	30.49	4.23	21.57	4.69
榄叶柯	22.48	2.35	16.84	3.29
赤杨叶	18.53	1.88	13.36	3.29
格药柃	17.85	12.68	1.88	3.29
鹿角锥	17.68	1.41	13.92	2.35
广东山胡椒	16.67	10.09	1.42	5.16
细枝柃	15.07	9.62	1.22	4.23
深山含笑	10.97	5.87	1.34	3.76
杏叶柯	10.76	3.29	5.59	1.88
华润楠	8.66	2.82	3.02	2.82
宜昌润楠	7.26	2.82	0.21	4.23
杨桐	6.87	2.82	1.23	2.82
青冈	6.51	2.82	0.87	2.82
茜树	6.35	3.05	0.48	2.82

III.12　观光木林群系

观光木林群系仅有 1 个群丛组，即栲-观光木群丛组。代表群落分布于诸广山脉海拔 300～500m 的沟谷；乔木层优势种为栲或观光木，伴生有华润楠、鸭公树、赤杨叶、鱶蔚锥和南酸枣等；灌木层常见类群为细枝柃和茜树等（表 4-26）。

表 4-26　栲/观光木-细枝柃群落重要值排序表（群落编号：Z1507S02；GPS：25.4383°，115.2506°；409m）

种名	重要值	相对多度（%）	相对显著度（%）	相对频度（%）
观光木	30.08	4.29	21.38	4.41
华润楠	27.92	6.06	16.47	5.39
栲	23.31	4.04	14.37	4.90
鸭公树	16.78	8.33	2.08	6.37
香皮树	16.70	4.80	7.00	4.90
南酸枣	15.46	2.27	10.74	2.45
锈叶新木姜子	13.72	6.57	0.78	6.37
硬壳桂	11.27	5.30	0.58	5.39
细枝柃	10.20	6.57	0.20	3.43
石木姜子	9.83	4.55	0.38	4.90
鱶蔚锥	9.20	5.05	1.21	2.94
峨眉鼠刺	8.18	4.55	0.20	3.43
胭脂	7.90	2.27	3.67	1.96

续表

种名	重要值	相对多度（%）	相对显著度（%）	相对频度（%）
毛锥	7.12	0.76	4.89	1.47
罗浮柿	6.49	2.53	1.51	2.45
瓜馥木	5.99	2.78	1.74	1.47
茜树	5.89	3.03	0.41	2.45
黄丹木姜子	5.55	2.53	0.08	2.94
白花苦灯笼	5.36	1.77	0.65	2.94

III. 13　金叶含笑林群系

金叶含笑林群系仅有 1 个群丛组，即喜树-金叶含笑群丛组。代表群落位于诸广山脉海拔 329m 的沟谷；乔木层优势种为金叶含笑，伴生有杉木、喜树、红楠、栓叶安息香、黄樟、日本杜英和赤杨叶等；灌木层优势类群为盐肤木和三花冬青（表 4-27）。

表 4-27　喜树-金叶含笑-盐肤木群落重要值排序表（群落编号：Z1409S05；GPS：25.2386°，115.2133°；329m）

种名	重要值	相对多度（%）	相对显著度（%）	相对频度（%）
金叶含笑	95.61	21.23	59.83	14.55
杉木	20.05	10.06	2.72	7.27
喜树	17.94	5.59	6.90	5.45
盐肤木	15.07	6.15	1.65	7.27
红楠	14.68	6.70	1.62	6.36
栓叶安息香	14.48	7.26	0.86	6.36
黄樟	13.65	5.03	4.07	4.55
三花冬青	11.12	5.03	0.64	5.45
日本杜英	10.16	3.35	2.26	4.55
赤杨叶	10.05	2.23	5.09	2.73
木油桐	9.49	3.91	1.94	3.64
东南野桐	7.82	3.35	0.83	3.64
南酸枣	7.57	2.79	2.05	2.73
鹿角锥	7.42	1.12	4.48	1.82
枫香树	5.37	1.68	0.96	2.73

III. 14　乐昌含笑林群系

乐昌含笑林群系仅有 1 个群丛组，即乐昌含笑群丛组。代表群落分布于九岭山脉的官山和万洋山脉的井冈山。在官山分布于海拔 350～450m 的沟谷；乔木层优势种为乐昌含笑和钩锥或巴东木莲，伴生有苦槠、三峡槭、檫椒树和南酸枣等；灌木层常见类群为尖连蕊茶、茜树和野茉莉等（表 4-28）。在井冈山分布于海拔约 500m 的沟谷；乔木层优势种为乐昌含笑和钩锥，伴生有赤杨叶和罗浮锥等；灌木层常见类群为香楠、细枝柃和尖连蕊茶等。

III. 15　湘楠林群系

湘楠林群系仅有 1 个群丛组，即湘楠群丛组。代表群落主要分布于九岭山脉、万洋山脉和诸广山脉，由北往南，其分布海拔从 750m 左右升至大约 1000m。乔木层优势种为湘楠，伴生一些优势度较低的落叶类群，如九岭山脉的群落伴生有木油桐、赤杨叶、南酸枣和枫香树等；万洋山脉桃源洞的群落伴生有枫香树、赤杨叶、中华槭和岭南槭等（表 4-29）；诸广山脉的群落伴生有灯台树、赤杨叶、南紫薇和蓝果树等。灌木层常见油茶、尖连蕊茶、细枝柃等山茶科植物，万洋山脉桃源洞的群落还有较高优势度的金缕梅。

表 4-28 乐昌含笑-尖连蕊茶群落重要值排序表（群落编号：J1708S09；GPS：28.5560°，114.5726°；408m）

种名	重要值	相对多度（%）	相对显著度（%）	相对频度（%）
乐昌含笑	78.84	23.87	41.70	13.27
钩锥	42.12	14.40	16.22	11.50
尖连蕊茶	26.71	17.28	0.58	8.85
三峡槭	15.56	4.94	4.43	6.19
茜树	14.03	6.58	0.37	7.08
木荷	11.46	3.29	3.75	4.42
南酸枣	11.11	1.65	6.81	2.65
多花泡花树	9.19	1.23	5.31	2.65
香冬青	8.88	4.12	0.34	4.42
枫香树	7.38	1.23	3.50	2.65
腺毛泡花树	6.72	0.82	5.02	0.88
三花冬青	6.58	2.06	0.10	4.42
粗糠柴	6.17	2.47	0.16	3.54
赤杨叶	5.93	1.23	2.93	1.77
野含笑	5.40	2.06	0.69	2.65
西南卫矛	5.03	1.65	0.73	2.65
罗浮柿	5.02	1.65	0.72	2.65

表 4-29 湘楠-金缕梅群落重要值排序表（群落编号：T1407S05；GPS：26.5538°，114.0864°；850m）

种名	重要值	相对多度（%）	相对显著度（%）	相对频度（%）
湘楠	57.91	34.09	15.66	8.16
金缕梅	24.44	13.64	4.68	6.12
枫香树	23.08	3.03	15.97	4.08
江南桤木	15.85	0.76	13.05	2.04
赤杨叶	15.04	3.03	7.93	4.08
假地枫皮	14.93	6.82	4.03	4.08
中华槭	14.54	2.27	8.19	4.08
青冈	13.19	3.79	1.24	8.16
岭南槭	10.85	2.27	6.54	2.04
小叶青冈	10.83	1.52	5.23	4.08
美叶柯	10.47	3.03	3.36	4.08
青钱柳	9.18	1.52	5.62	2.04
红楠	7.28	2.27	2.97	2.04
尖连蕊茶	6.52	2.27	0.17	4.08
缺萼枫香树	5.65	1.52	2.09	2.04

III. 16 闽楠林群系

闽楠林群系仅有 1 个群丛组，即亮叶槭-闽楠群丛组。代表群落位于九岭山脉官山海拔 470m 的沟谷；乔木层优势种为闽楠，伴生有枫香树、亮叶槭、豹皮樟、檵木和榕叶冬青等；灌木层常见类群为茜树、尖连蕊茶和马银花等（表 4-30）。

III. 17 红楠林群系

红楠林群系包括 3 个群丛。

a）鹿角杜鹃-红楠群丛组：代表群落位于万洋山脉海拔 883m 的山坡；乔木层优势种为红楠，伴生有青榨槭、木蜡树和小叶青冈等；灌木层中鹿角杜鹃和格药柃在群落中优势明显。

表 4-30　亮叶械-闽楠-茜树群落重要值排序表（群落编号：J1611S20；GPS：28.5517°，114.5331°；470m）

种名	重要值	相对多度（%）	相对显著度（%）	相对频度（%）
闽楠	40.03	23.68	8.02	8.33
茜树	33.10	21.12	2.46	9.52
枫香树	25.43	1.02	21.43	2.98
亮叶械	17.70	9.03	2.72	5.95
豹皮樟	17.47	2.73	8.79	5.95
尖连蕊茶	15.65	6.81	1.10	7.74
檵木	13.80	2.56	7.67	3.57
马银花	12.95	3.24	4.35	5.36
薄叶润楠	10.51	5.11	1.83	3.57
榕叶冬青	10.50	2.39	5.13	2.98
罗浮械	9.33	4.26	1.50	3.57
甜槠	9.28	0.51	6.98	1.79
日本杜英	8.02	0.68	4.96	2.38
细枝柃	7.15	3.24	0.34	3.57
南酸枣	6.54	0.17	5.77	0.60
鼠刺	5.39	2.04	0.37	2.98

　　b）甜槠-红楠群丛组：代表群落位于诸广山脉海拔 1100～1300m 的山坡；乔木层优势种为红楠，伴生有短尾柯、香椿、缺萼枫香树、小叶青冈、雷公鹅耳枥、椴树和银木荷等；灌木层常见类群为格药柃、交让木和鹿角杜鹃等（表 4-31）。

表 4-31　甜槠-红楠-鹿角杜鹃群落重要值排序表（群落编号：Z1607S10；GPS：25.9217°，114.0468°；1218m）

种名	重要值	相对多度（%）	相对显著度（%）	相对频度（%）
红楠	66.61	29.19	27.66	9.76
短尾柯	25.84	4.31	16.65	4.88
香椿	19.98	3.05	13.27	3.66
鹿角杜鹃	15.03	8.63	0.91	5.49
缺萼枫香树	13.81	2.79	6.75	4.27
小叶青冈	13.32	5.58	2.86	4.88
银木荷	11.87	2.28	5.32	4.27
马银花	10.48	5.33	0.88	4.27
黄檀	8.91	1.27	6.42	1.22
甜槠	8.19	2.03	4.33	1.83
黄丹木姜子	8.11	3.05	0.18	4.88
香港四照花	8.09	3.30	0.52	4.27
云山青冈	6.01	1.52	1.44	3.05
三尖杉	5.98	1.27	2.27	2.44
红柴枝	5.88	2.28	0.55	3.05
柯	5.67	1.52	2.93	1.22
川桂	5.40	2.28	0.07	3.05

　　c）云南桤叶树-红楠群丛组：代表群落位于诸广山脉海拔 1200～1300m 的山坡；乔木层优势种为红楠，伴生有云山青冈、银木荷、杉木、青榨械、枫香树、枳椇、黄山松、钟花樱桃、宜昌润楠等；灌木层常见类群为云南桤叶树、格药柃、鹿角杜鹃、马银花、油茶和贵定桤叶树等。

III. 18 浙江新木姜子林群系

浙江新木姜子林群系仅有 1 个群丛组，即山胡椒-浙江新木姜子群丛组。代表群落位于幕阜山脉海拔 705m 的山坡；乔木层优势种为浙江新木姜子，伴生有檫木、黄山松、白蜡树、青榨槭、木蜡树和黄檀等；灌木层常见类群为马银花、尖连蕊茶和山胡椒等（表4-32）。

表 4-32　山胡椒-浙江新木姜子-马银花群落重要值排序表（群落编号：M1708S11；GPS：29.5417°，115.9851°；705m）

种名	重要值	相对多度（%）	相对显著度（%）	相对频度（%）
马银花	42.42	25.87	10.58	5.97
浙江新木姜子	30.05	11.97	13.60	4.48
檫木	14.33	3.86	5.99	4.48
黄山松	13.45	0.39	11.57	1.49
尖连蕊茶	13.36	7.34	1.54	4.48
山胡椒	13.05	6.95	3.11	2.99
白蜡树	12.57	2.70	5.39	4.48
青榨槭	11.49	1.16	5.85	4.48
木蜡树	11.21	3.09	5.13	2.99
黄檀	10.35	3.86	2.01	4.48
白木乌桕	9.46	1.93	4.54	2.99
红楠	9.31	1.54	4.78	2.99
山樱花	9.20	1.54	3.18	4.48
短柄枹栎	8.80	2.32	2.00	4.48
光叶石楠	8.34	3.47	1.88	2.99
稠李	7.22	0.77	4.96	1.49
楝叶吴茱萸	5.89	1.54	2.86	1.49
山合欢	5.37	0.77	3.11	1.49

III. 19 显脉新木姜子林群系

显脉新木姜子林群系仅有 1 个群丛组，即倒卵叶青冈-显脉新木姜子群丛组。代表群落位于诸广山脉海拔 1700m 以上的山脊或山顶；群落分层不明显，高度都在 7m 以下，乔木层优势种为倒卵叶青冈、显脉新木姜子或硬壳柯，伴生有南岭山矾、光亮山矾、假地枫皮、凹叶冬青、具柄冬青、川桂和黄丹木姜子等；灌木层常见类群为尖连蕊茶、马银花、窄基红褐柃和云锦杜鹃等（表4-33）。

表 4-33　倒卵叶青冈-显脉新木姜子-尖连蕊茶群落重要值排序表（群落编号：Z1611S04；GPS：25.8955°，114.0184°；1759m）

种名	重要值	相对多度（%）	相对显著度（%）	相对频度（%）
显脉新木姜子	45.51	23.02	16.04	6.45
南岭山矾	21.13	1.51	16.39	3.23
光亮山矾	20.92	9.43	6.65	4.84
假地枫皮	19.86	6.42	6.99	6.45
倒卵叶青冈	19.70	6.79	8.07	4.84
尖连蕊茶	18.60	8.68	6.69	3.23
黄丹木姜子	17.54	3.77	8.93	4.84
窄基红褐柃	12.94	6.79	4.54	1.61
云锦杜鹃	12.23	3.40	2.38	6.45
川桂	11.28	2.26	7.41	1.61
马银花	8.72	2.26	1.62	4.84
小蜡	6.70	2.64	2.45	1.61
多脉青冈	6.50	3.40	1.49	1.61
两广杨桐	6.32	1.89	1.20	3.23

III. 20　多脉青冈林群系

多脉青冈林群系包括 4 个群丛组。

a）贵州连蕊茶-多脉青冈群丛组：代表群落位于万洋山脉海拔约 1000m 的山坡；乔木层优势种为多脉青冈，伴生有杉木、尖叶四照花、枫香树、伯乐树、黄丹木姜子和红柴枝等；贵州连蕊茶在灌木层占绝对优势，还常见长蕊杜鹃、香楠、蜡莲绣球和细枝柃等。

b）尖连蕊茶-多脉青冈群丛组：代表群落分布于武功山脉海拔 1300m 左右的山脊；乔木上层优势种为多脉青冈，伴生有大叶苦柯和缺萼枫香树等；乔木下层优势种为水丝梨；尖连蕊茶在灌木层占绝对优势，常见的还有厚叶红淡比、格药柃等（表 4-34）。

表 4-34　尖连蕊茶-多脉青冈群落重要值排序表（群落编号：G1808S06；GPS：27.4512°，114.1842°；1361m）

种名	重要值	相对多度（%）	相对显著度（%）	相对频度（%）
多脉青冈	48.75	12.12	30.23	6.40
水丝梨	25.56	9.81	10.82	4.93
大叶苦柯	20.10	2.50	14.64	2.96
缺萼枫香树	19.65	3.46	11.76	4.43
尖连蕊茶	19.24	8.65	4.68	5.91
香桂	14.57	8.46	1.18	4.93
厚叶红淡比	9.80	3.65	3.69	2.46
黄丹木姜子	8.06	3.27	0.85	3.94
红柴枝	6.96	2.69	0.82	3.45
格药柃	6.92	2.50	0.48	3.94
五裂槭	6.88	1.73	2.19	2.96
窄基红褐柃	6.35	3.65	0.24	2.46
腺柄山矾	5.81	2.12	0.24	3.45

c）桂南木莲-多脉青冈群丛组：代表群落分布于万洋山脉和诸广山脉；万洋山脉的群落分布于海拔 1300~1600m 的山脊，乔木层优势种为多脉青冈，伴生有天目紫茎、青榨槭、雷公鹅耳枥、甜槠、缺萼枫香树和银木荷等，灌木层常见类群为尖连蕊茶、猴头杜鹃、鹿角杜鹃和厚叶红淡比等；诸广山脉的群落位于海拔 1400~1800m 的山脊，乔木层优势种为多脉青冈，较低海拔群落的伴生有折柄茶、美丽新木姜子、刨花润楠、云山青冈等，较高海拔群落的伴生有美丽新木姜子、桂南木莲、甜槠、红皮木姜子和云和新木姜子等，灌木层常见类群为猴头杜鹃、鹿角杜鹃、云锦杜鹃、厚叶红淡比和马银花等。

d）云南桤叶树-多脉青冈群丛组：代表群落位于诸广山脉海拔 1319m 的山坡；乔木层优势种为多脉青冈和银木荷，伴生有云山青冈、青榨槭、红楠和漆树等；灌木层常见类群为云南桤叶树和格药柃等。

III. 21　小叶青冈林群系

小叶青冈林群系仅有 1 个群丛组，即铁杉-小叶青冈群丛组。代表群落位于诸广山脉海拔 1824m 的山顶；乔木层优势种为小叶青冈，伴生有红皮木姜子、云和新木姜子等；灌木层常见类群为云锦杜鹃、猴头杜鹃、厚叶红淡比、华东山柳和满山红等（表 4-35）。

III. 22　银木荷林群系

银木荷林群系仅有 1 个群丛组，即鹿角杜鹃-银木荷群丛组。代表群落位于万洋山脉和诸广山脉海拔 900~1600m 的山坡、山脊或山顶；乔木层优势种为银木荷，伴生有漆树、黄山松、红楠、虎皮楠、黄牛奶树、刨花润楠和赤杨叶等；灌木层常见类群为格药柃、鹿角杜鹃、云锦杜鹃、厚叶红淡比和马银花等（表 4-36）。

表 4-35 铁杉-小叶青冈-云锦杜鹃群落重要值排序表（群落编号：Z1808S58；GPS：25.9971°，113.7064°；1824m）

种名	重要值	相对多度（%）	相对显著度（%）	相对频度（%）
小叶青冈	59.70	14.36	38.44	6.90
云锦杜鹃	26.03	11.65	7.48	6.90
红皮木姜子	22.65	10.84	4.91	6.90
云和新木姜子	21.76	11.38	3.48	6.90
猴头杜鹃	21.44	5.15	11.12	5.17
厚叶红淡比	18.76	8.67	4.92	5.17
华东山柳	14.58	2.98	8.15	3.45
假地枫皮	13.89	4.61	2.38	6.90
满山红	13.45	5.69	4.31	3.45
灯笼树	12.78	4.88	2.73	5.17
多脉青冈	9.72	1.90	4.37	3.45
黄牛奶树	9.54	2.17	2.20	5.17
短尾越橘	9.14	3.25	0.72	5.17
茵芋	7.10	1.63	0.30	5.17
半齿柃	5.56	1.90	0.21	3.45

表 4-36 鹿角杜鹃-银木荷-格药柃群落重要值排序表（群落编号：Z1611S03；GPS：25.9004°，114.0080°；1314m）

种名	重要值	相对多度（%）	相对显著度（%）	相对频度（%）
银木荷	48.63	12.94	31.21	4.48
红楠	37.54	15.50	16.44	5.60
黄山松	16.05	1.17	12.27	2.61
格药柃	14.56	7.34	2.37	4.85
虎皮楠	13.89	2.56	8.34	2.99
马银花	12.98	7.11	2.14	3.73
翅柃	12.66	7.46	1.10	4.10
黄牛奶树	11.05	6.06	0.51	4.48
刨花润楠	10.19	3.73	3.47	2.99
交让木	9.19	2.10	4.48	2.61
硬壳柯	7.87	2.21	1.93	3.73
香叶子	6.58	3.15	0.44	2.99
鹿角杜鹃	6.47	2.45	0.66	3.36

IV. 常绿落叶阔叶混交林

IV.1 赤杨叶混交林群系

赤杨叶混交林群系包括 5 个群丛组。

a）广东山胡椒-赤杨叶群丛组：代表群落位于万洋山脉井冈山海拔 560m 左右的沟谷；乔木层优势种为赤杨叶和宜昌润楠，伴生有广东山胡椒、椭叶柯、日本杜英和南酸枣等；灌木层常见类群为细枝柃和格药柃等。

b）大叶白纸扇-赤杨叶群丛组：代表群落分布于武功山脉、万洋山脉和诸广山脉海拔 600～1200m 的山坡；乔木层优势落叶树为赤杨叶，常绿树在低海拔群落主要是猴欢喜和青冈，在高海拔群落主要是红楠、华润楠和青冈；随着海拔的升高，赤杨叶、缺萼枫香树或灯台树、苦树等落叶树比例显著增加，灌木层优势类群由尖连蕊茶和细枝柃变为金缕梅、香港四照花和蜡莲绣球。

c）栲-赤杨叶群丛组：代表群落分布于诸广山脉海拔 200～500m 的山坡；乔木层优势落叶树为赤杨叶，常绿树主要为栲、华润楠、鹿角锥、鬼栎锥、石木姜子、米槠、鸭公树和木荷等，伴生的落叶树还有南酸枣和枫香树等；灌木层常见类群为白花苦灯笼和细枝柃等（表 4-37）。

表 4-37　栲-赤杨叶-细枝柃群落重要值排序表（群落编号：Z1409S07；GPS：25.2999°，115.1709°；277m）

种名	重要值	相对多度（%）	相对显著度（%）	相对频度（%）
赤杨叶	44.03	5.01	33.22	5.80
栲	34.45	5.01	24.13	5.31
米槠	27.69	8.52	13.86	5.31
毛竹	23.71	11.28	6.15	6.28
鸭公树	14.44	7.52	1.12	5.80
木荷	11.48	5.26	1.39	4.83
红锥	10.62	2.76	5.44	2.42
细枝柃	7.87	4.26	0.23	3.38
木油桐	7.73	2.26	2.57	2.90
榕叶冬青	7.03	3.51	0.62	2.90
石木姜子	7.01	3.51	0.12	3.38
山矾	6.95	4.51	0.51	1.93
枝穗山矾	5.10	2.51	0.17	2.42
岭南山茉莉	5.07	2.01	0.16	2.90

d）苦槠-赤杨叶/枫香树群丛组：代表群落分布于幕阜山脉海拔 150～400m 的山坡；乔木层优势落叶树为赤杨叶或者枫香树，优势常绿树为苦槠，伴生有青冈、杉木、槲栎、枹栎、合欢和南酸枣等；灌木层常见类群为檵木和马银花等。

e）狗枣猕猴桃-赤杨叶/多脉青冈群丛组：代表群落分布于九岭山脉海拔约 450m 的山坡；乔木层优势落叶树为赤杨叶，优势常绿树为多脉青冈，伴生有木油桐、红楠、南酸枣、黄丹木姜子和杉木等；灌木层常见类群为檵木和油茶等。

IV. 2　南酸枣混交林群系

南酸枣混交林群系仅有 1 个群丛组，即栲-南酸枣群丛组。代表群落分布于诸广山脉海拔 400～700m 的山坡；乔木层优势落叶树为南酸枣，常绿树主要为栲、毛锥、鹿角锥、硬壳桂和华润楠等，伴生的落叶树还有枫香树等；灌木层常见类群为白花苦灯笼和细枝柃等（表 4-38）。

表 4-38　栲-南酸枣-白花苦灯笼群落重要值排序表（群落编号：Z1507S03；GPS：25.4496°，115.2651°；623m）

种名	重要值	相对多度（%）	相对显著度（%）	相对频度（%）
栲	48.06	14.16	27.05	6.85
南酸枣	32.80	1.47	29.04	2.28
华润楠	27.54	17.26	3.43	6.85
鹿角锥	19.15	2.36	13.14	3.65
绒毛润楠	16.97	10.77	0.26	5.94
白花苦灯笼	13.05	6.93	0.18	5.94
枫香树	11.56	0.59	9.60	1.37
赤杨叶	11.04	0.74	8.02	2.28
细枝柃	10.24	4.87	0.35	5.02
黄牛奶树	9.53	3.69	1.73	4.11
褐毛杜英	6.76	2.65	0.46	3.65
虎皮楠	5.85	2.21	0.44	3.2
青冈	5.58	2.36	0.48	2.74

IV. 3　香冬青混交林群系

香冬青混交林群系仅有 1 个群丛组，即杉木-香冬青群丛组。代表群落分布于九岭山脉海拔约360m 的山坡；乔木层优势常绿树为香冬青和木荷，优势的落叶树为赤杨叶、南酸枣和枫香树等，还伴生有杉木、麻栎、苦槠、多花泡花树和雷公鹅耳枥等；灌木层常见类群为细枝柃等（表4-39）。

表4-39 杉木-南酸枣+香冬青-细枝柃群落重要值排序表（群落编号：J1708S07；GPS：28.5528°，114.5733°；360m）

种名	重要值	相对多度（%）	相对显著度（%）	相对频度（%）
南酸枣	30.73	6.25	18.15	6.33
香冬青	25.72	15.00	2.49	8.23
枫香树	25.00	5.31	15.26	4.43
杉木	19.23	8.75	4.15	6.33
木荷	19.20	6.56	8.84	3.80
麻栎	13.85	0.94	11.01	1.90
苦槠	12.74	5.31	2.37	5.06
雷公鹅耳枥	12.22	5.31	1.85	5.06
毛豹皮樟	11.86	4.38	3.68	3.80
钩锥	10.16	3.44	2.92	3.80
三峡槭	9.91	4.69	1.42	3.80
赤杨叶	9.30	2.19	3.95	3.16
多花泡花树	9.18	4.69	0.69	3.80
细枝柃	6.10	1.88	1.06	3.16
山杜英	5.22	0.63	3.96	0.63

IV. 4 瘿椒树混交林群系

瘿椒树混交林群系仅有 1 个群丛组，即乐昌含笑-瘿椒树群丛组。代表群落分布于九岭山脉海拔559m 的山坡；乔木层优势落叶树为瘿椒树，优势的常绿树为钩锥，伴生有赤杨叶、枳椇和南方红豆杉等；灌木层常见类群为紫楠和四川溲疏等（表4-40）。

表4-40 乐昌含笑-瘿椒树/钩锥-四川溲疏群落重要值排序表（群落编号：J1708S19；GPS：28.5556°，114.5961°；559m）

种名	重要值	相对多度（%）	相对显著度（%）	相对频度（%）
瘿椒树	61.73	15.23	38.39	8.11
钩锥	54.51	28.81	15.56	10.14
赤杨叶	17.46	5.30	6.08	6.08
紫楠	13.79	5.96	0.40	7.43
枳椇	12.83	1.32	9.48	2.03
灯台树	8.63	2.98	1.60	4.05
湘楠	8.36	3.64	0.67	4.05
细叶青冈	8.36	2.32	3.34	2.70
南方红豆杉	7.59	1.99	2.22	3.38
杉木	7.40	2.65	1.37	3.38
三峡槭	6.02	2.98	0.34	2.70
枫香树	5.88	0.99	2.86	2.03
青榨槭	5.88	2.65	0.53	2.70
海通	5.41	1.66	1.72	2.03
四川溲疏	5.38	2.65	0.03	2.70

IV. 5 石灰花楸混交林群系

石灰花楸混交林群系仅有 1 个群丛组，即鹿角杜鹃-石灰花楸群丛组。代表群落分布于万洋山脉海拔 850～950m 的山坡；乔木层优势落叶树为石灰花楸，常绿树常见深山含笑、红楠和黄丹木姜子等；灌木层常见类群为鹿角杜鹃、格药柃、小叶石楠和绒毛山胡椒等（表 4-41）。

表 4-41　鹿角杜鹃-石灰花楸/深山含笑群落重要值排序表（群落编号：W1808S18；GPS：26.6432°，114.2595°；912m）

种名	重要值	相对多度（%）	相对显著度（%）	相对频度（%）
鹿角杜鹃	41.87	15.45	21.29	5.13
石灰花楸	35.91	10.50	21.56	3.85
深山含笑	22.23	2.04	17.63	2.56
格药柃	21.18	9.62	6.43	5.13
小叶石楠	16.21	8.16	2.92	5.13
绒毛山胡椒	13.67	7.87	1.95	3.85
朱砂根	13.11	8.75	0.51	3.85
黄丹木姜子	11.41	5.25	1.03	5.13
枫香树	9.04	0.87	5.61	2.56
红楠	8.23	3.21	1.17	3.85
羊舌树	8.10	2.04	0.93	5.13
满山红	7.55	3.79	2.48	1.28
马银花	7.47	2.92	0.70	3.85
杜鹃	7.19	3.21	1.42	2.56
青榨槭	6.53	0.87	1.81	3.85
光叶石楠	5.76	0.29	4.19	1.28
小果珍珠花	5.75	0.87	2.32	2.56
日本杜英	5.01	1.17	1.28	2.56

IV. 6　短柄枹栎混交林群系

短柄枹栎混交林群系仅有 1 个群丛组，即蜡瓣花-黄丹木姜子/短柄枹栎群丛组。代表群落分布于幕阜山脉海拔约 920m 的山坡；乔木层优势种为黄丹木姜子或短柄枹栎，伴生有白毛椴、青榨槭、檫木、小叶白辛树、锥栗、杉木和石灰花楸等；灌木层常见类群为蜡瓣花、川榛、杜鹃和微毛柃等（表 4-42）。

表 4-42　蜡瓣花-黄丹木姜子/短柄枹栎群落重要值排序表（群落编号：M1708S17；GPS：29.5333°，115.9664°；920m）

种名	重要值	相对多度（%）	相对显著度（%）	相对频度（%）
短柄枹栎	29.53	3.51	21.89	4.13
蜡瓣花	21.02	12.72	2.10	6.20
川榛	17.64	9.94	3.15	4.55
黄丹木姜子	16.56	8.19	1.76	6.61
石灰花楸	14.88	3.95	5.97	4.96
锥栗	14.79	0.88	12.26	1.65
檫木	11.76	0.44	10.49	0.83
杜鹃	10.87	6.58	0.57	3.72
椴树	10.32	3.07	3.53	3.72
青钱柳	7.37	0.88	5.25	1.24
伞形绣球	7.32	5.26	0.41	1.65
鸡爪槭	7.15	2.34	0.68	4.13
泡花树	7.06	3.22	0.53	3.31
杉木	6.96	2.78	0.87	3.31
青榨槭	6.58	2.19	1.91	2.48
粉叶柿	6.55	0.88	4.43	1.24
微毛柃	6.38	2.92	0.57	2.89
细叶青冈	6.06	1.61	2.80	1.65
白毛椴	5.75	1.32	3.19	1.24

IV. 7 枫香树/毛红椿混交林群系

枫香树/毛红椿混交林群系包括 2 个群丛组。

a) 薄叶润楠-毛红椿群丛组。代表群落分布于诸广山脉海拔 1087m 的山坡；乔木层优势落叶树为毛红椿，优势的常绿树为薄叶润楠，伴生有红楠、紫弹树、灯台树、枫香树和赤杨叶等；灌木层常见类群为尖叶四照花和油茶等（表 4-43）。

表 4-43　薄叶润楠-毛红椿-垂枝泡花树群落重要值排序表（群落编号：Z1610S02；GPS：25.9130°，114.0614°；1087m）

种名	重要值	相对多度（%）	相对显著度（%）	相对频度（%）
毛红椿	38.10	8.37	24.59	5.14
薄叶润楠	27.36	8.13	14.56	4.67
红楠	14.85	6.70	3.48	4.67
紫弹树	13.90	5.74	3.95	4.21
灯台树	13.19	2.39	8.93	1.87
枫香树	10.67	1.91	5.96	2.80
赤杨叶	9.19	2.87	3.98	2.34
黄丹木姜子	8.50	3.83	1.87	2.80
朴树	7.78	2.15	3.76	1.87
垂枝泡花树	7.39	4.78	0.27	2.34
尖叶四照花	6.78	1.67	1.84	3.27
秀丽槭	6.46	1.91	2.68	1.87
中国旌节花	5.78	3.83	0.08	1.87
木姜叶柯	5.19	1.20	2.59	1.40
油茶	5.05	2.15	0.10	2.80

b) 薄叶润楠-枫香树群丛组：代表群落分布于九岭山脉海拔 520m 的山坡；乔木层优势落叶树为枫香树、君迁子和南酸枣，优势的常绿树为薄叶润楠，伴生有红楠、杉木和柯等；灌木层常见类群为油茶和檵木等。

IV. 8 枫香树/青榨槭混交林群系

枫香树/青榨槭混交林群系包括 3 个群丛组。

a) 甜槠-枫香树群丛组：代表群落分布于万洋山脉和诸广山脉海拔 1100m 左右的山坡；乔木层优势落叶树为枫香树和缺萼枫香树，优势的常绿树为甜槠或红楠，伴生有猴欢喜、岭南槭和华南木姜子等；灌木层常见类群为南烛、鹿角杜鹃和杨梅叶蚊母树等。

b) 云南桤叶树-枫香树/青榨槭群丛组：代表群落分布于诸广山脉海拔 1100~1300m 的山坡；乔木层优势落叶树为枫香树或青榨槭，优势的常绿树为红楠或银木荷，伴生有漆树、多脉青冈、野桐、云山青冈、杉木和钟花樱桃等；灌木层常见类群为云南桤叶树、尖叶四照花和马银花等（表 4-44）。

c) 云南桤叶树-红楠/青榨槭群丛组：代表群落分布于诸广山脉海拔 1270~1300m 的山坡；乔木层优势落叶树为青榨槭，优势的常绿树为红楠，伴生有云山青冈、宜昌润楠、漆树和黄牛奶树等；灌木层常见类群为格药柃、云南桤叶树、红果山胡椒、圆锥绣球和鹿角杜鹃等。

V. 落叶阔叶林

V. 1 枫杨林群系

枫杨林群系仅有 1 个群丛组，即枫杨群丛组。代表群落位于幕阜山脉和九岭山脉海拔 300~500m 的山坡；乔木层优势种为枫杨和赤杨叶，伴生有枫香树、杉木和油桐等；灌木层常见类群为光萼小蜡等（表 4-45）。

表 4-44 云南桤叶树-枫香树/红楠-马银花群落重要值排序表（群落编号：Z1808S15；GPS：25.9991°，113.7186°；1193m）

种名	重要值	相对多度（%）	相对显著度（%）	相对频度（%）
红楠	28.46	7.60	15.67	5.19
枫香树	26.54	5.20	16.15	5.19
马银花	25.17	14.00	7.27	3.90
云南桤叶树	23.75	10.40	8.16	5.19
青榨槭	20.24	2.80	12.25	5.19
格药柃	18.11	9.60	4.61	3.90
银木荷	13.74	4.40	6.74	2.60
尖叶四照花	13.37	4.40	3.78	5.19
漆树	10.39	2.40	4.09	3.90
多脉青冈	10.04	4.40	1.74	3.90
大青	7.01	2.40	2.01	2.60
峨眉鼠刺	6.98	3.60	0.78	2.60
宜昌润楠	6.61	1.60	2.41	2.60
甜槠	6.06	1.20	2.26	2.60
穗序鹅掌柴	6.01	1.60	0.51	3.90
云山青冈	5.92	2.40	0.92	2.60
鹿角杜鹃	5.55	2.00	0.95	2.60

表 4-45 枫杨-檵木群落重要值排序表（群落编号：M1411S01；GPS：28.7745°，114.7835°；415m）

种名	重要值	相对多度（%）	相对显著度（%）	相对频度（%）
枫杨	95.91	20.19	62.93	12.79
赤杨叶	56.10	24.41	16.57	15.12
枫香树	41.55	18.31	9.29	13.95
盐肤木	23.73	8.45	5.98	9.3
檵木	11.50	4.23	0.29	6.98
油桐	9.11	3.29	1.17	4.65
杉木	7.67	2.82	1.36	3.49
野鸦椿	7.11	2.35	0.11	4.65
檫木	5.23	1.41	0.33	3.49

V.2 中华槭林群系

中华槭林群系仅有 1 个群丛组，即中华槭群丛组。代表群落位于九岭山脉和万洋山脉。在九岭山脉分布于海拔 900~1000m 的山坡；乔木层优势种为中华槭，伴生有山棟、灯台树、建始槭、黄丹木姜子和杉木等；灌木层常见类群为半边月、绿叶甘橿和蜡莲绣球等。在万洋山脉分布于海拔 1187m 的山坡；乔木层优势种为中华槭，伴生有樱椒树、薄叶润楠、海通和灯台树等；灌木层常见类群为蜡莲绣球、尖连蕊茶和格药柃等（表 4-46）。

表 4-46 中华槭-蜡莲绣球群落重要值排序表（群落编号：T1407S01；GPS：26.4514°，114.0328°；1187m）

种名	重要值	相对多度（%）	相对显著度（%）	相对频度（%）
中华槭	52.24	7.31	37.32	7.61
蜡莲绣球	35.21	25.38	1.20	8.63
樱椒树	25.95	5.38	13.46	7.11
薄叶润楠	15.55	5.16	5.82	4.57
尖连蕊茶	13.86	7.53	0.75	5.58
格药柃	13.48	5.81	1.58	6.09

续表

种名	重要值	相对多度（%）	相对显著度（%）	相对频度（%）
海通	11.45	2.58	5.32	3.55
灯台树	10.60	3.44	3.61	3.55
黄丹木姜子	9.90	3.01	1.81	5.08
华桑	9.18	2.15	4.49	2.54
南方红豆杉	7.87	0.65	5.70	1.52
华润楠	6.42	2.80	0.57	3.05
小叶青冈	6.25	1.94	1.26	3.05
细叶青冈	5.14	1.29	1.82	2.03

V.3　青榨槭林群系

青榨槭林群系仅有 1 个群丛组，即山胡椒-青榨槭群丛组。代表群落分布于幕阜山脉、万洋山脉和诸广山脉。幕阜山脉的群落分布于海拔 400～1000m 的山坡；乔木层优势种为青榨槭，伴生有短柄枹栎、黄山松、山樱花、黄檀和化香树等；灌木层常见类群为尖连蕊茶、马银花、杜鹃、山胡椒和金缕梅等（表 4-47）。万洋山脉的群落分布于海拔 800m 左右的山坡；乔木层优势种为青榨槭，伴生有红楠、山樱花和黄丹木姜子等；灌木层常见类群为圆锥绣球、山胡椒和山橿等。诸广山脉的群落分布于海拔 1000m 左右的山坡；乔木层优势种为山樱花、南酸枣和青榨槭，伴生有红楠、江南花楸、楠木和南岭黄檀等；灌木层常见类群为绒毛山胡椒、褐毛石楠和大青等。

表 4-47　山胡椒-青榨槭群落重要值排序表（群落编号：M1708S06；GPS：29.5304°，115.9829°；483m）

种名	重要值	相对多度（%）	相对显著度（%）	相对频度（%）
青榨槭	74.56	16.59	50.24	7.73
山胡椒	40.82	26.47	8.55	5.80
短柄枹栎	20.77	6.12	7.89	6.76
杜鹃	11.67	5.06	0.81	5.80
石灰花楸	11.61	3.06	5.17	3.38
尖连蕊茶	9.52	4.00	0.69	4.83
黄檀	9.20	2.47	1.42	5.31
中华石楠	8.33	2.35	2.12	3.86
鸡爪槭	7.76	2.35	1.06	4.35
山樱花	7.26	1.53	2.83	2.90
白檀	5.89	1.65	1.34	2.90
华空木	5.37	3.76	0.16	1.45
红脉钓樟	5.06	2.94	1.15	0.97

V.4　锥栗林群系

锥栗林群系仅有 1 个群丛组，即锥栗群丛组。代表群落位于幕阜山脉和九岭山脉海拔 700～1000m 的山坡；乔木层优势种为锥栗，伴生有小叶白辛树、细叶青冈、黄山松、杉木、青冈、檫木、赤杨叶和枫香树等；灌木层常见类群为华空木、山胡椒、宜昌荚蒾和长柄双花木等（表 4-48）。

V.5　毛红椿林群系

毛红椿林群系仅有 1 个群丛组，即尖连蕊茶-毛红椿群丛组。代表群落位于武功山脉海拔 747m 的山坡；乔木层优势种为毛红椿，伴生有赤杨叶、大叶新木姜子、薄叶润楠和云山青冈等；尖连蕊茶在灌木层占绝对优势，常见的还有海通和细枝柃等（表 4-49）。

表 4-48　锥栗-华空木群落重要值排序表（群落编号：M1708S29；GPS：29.5369°，115.9347°；860m）

种名	重要值	相对多度（%）	相对显著度（%）	相对频度（%）
锥栗	59.14	3.65	48.35	7.14
小叶白辛树	25.51	8.06	9.21	8.24
华空木	19.30	14.99	0.46	3.85
山胡椒	15.93	7.93	1.41	6.59
椴木	14.58	1.64	9.64	3.30
宜昌荚蒾	12.49	8.56	0.63	3.30
荚蒾	12.36	7.43	0.53	4.40
野珠兰	12.03	9.95	0.43	1.65
山橿	8.61	5.67	0.19	2.75
青榨槭	7.91	1.76	2.85	3.30
灯台树	6.47	1.76	1.41	3.30
短毛椴	5.04	0.88	0.86	3.30

表 4-49　尖连蕊茶-毛红椿群落重要值排序表（群落编号：G1808S02；GPS：27.5414°，114.2335°；747m）

种名	重要值	相对多度（%）	相对显著度（%）	相对频度（%）
尖连蕊茶	63.57	36.29	14.88	12.40
毛红椿	33.82	3.30	25.09	5.43
海通	28.55	5.58	16.77	6.20
大叶新木姜子	25.29	9.14	9.17	6.98
赤杨叶	21.43	5.08	10.92	5.43
薄叶润楠	14.48	4.06	3.44	6.98
云山青冈	14.06	4.31	4.32	5.43
黑壳楠	8.29	2.28	3.68	2.33
香冬青	7.22	1.78	0.79	4.65
红楠	7.12	2.28	0.96	3.88
细枝柃	5.46	2.28	0.85	2.33
红茴香	5.38	1.78	1.27	2.33

V.6　青钱柳林群系

青钱柳林群系仅有 1 个群丛组，即狗枣猕猴桃-青钱柳群丛组。代表群落位于万洋山脉海拔 918m 的山坡；乔木层优势种为青钱柳和赤杨叶，伴生有黄山松、枫香树、杉木、青榨槭和马尾松等；灌木层常见类群为野茉莉、山胡椒和格药柃等（表 4-50）。

表 4-50　狗枣猕猴桃-青钱柳-野茉莉群落重要值排序表（群落编号：W1105S01；GPS：26.5170°，114.1010°；918m）

种名	重要值	相对多度（%）	相对显著度（%）	相对频度（%）
青钱柳	36.70	13.40	15.61	7.69
赤杨叶	26.24	7.20	12.89	6.15
黄山松	23.93	3.97	16.88	3.08
枫香树	18.69	4.47	10.12	4.10
杉木	12.91	2.73	7.62	2.56
青榨槭	12.79	5.46	2.71	4.62
马尾松	10.22	2.23	6.45	1.54
野茉莉	9.83	4.47	2.28	3.08
红楠	9.69	3.72	1.35	4.62
枫杨	8.28	0.74	6.51	1.03
山胡椒	7.80	4.47	0.25	3.08
青冈	7.08	3.47	0.53	3.08
格药柃	6.80	2.48	1.24	3.08
南烛	6.54	4.47	0.53	1.54
油茶	5.09	1.99	0.54	2.56

V.7 紫茎林群系

紫茎林群系仅有 1 个群丛组，即紫茎群丛组。代表群落位于九岭山脉海拔 1000m 左右的山坡；乔木层优势种为紫茎，伴生有雷公鹅耳枥、秀丽槭和小叶青冈等；灌木层常见类群为格药柃、满山红和杜鹃等（表 4-51）。

表 4-51 紫茎-格药柃群落重要值排序表（群落编号：J1611S19；GPS：28.5673°，114.6023°；1005m）

种名	重要值	相对多度（%）	相对显著度（%）	相对频度（%）
紫茎	46.19	23.74	17.41	5.04
雷公鹅耳枥	32.86	12.33	15.49	5.04
秀丽槭	29.50	6.62	18.68	4.20
格药柃	19.13	12.33	1.76	5.04
小叶青冈	16.75	5.71	6.84	4.20
满山红	12.08	6.16	1.72	4.20
中华石楠	10.83	3.42	2.37	5.04
甜槠	9.16	1.83	3.13	4.20
杜鹃	7.46	2.97	0.29	4.20
秀丽四照花	7.32	0.91	3.05	3.36
檫木	6.97	1.83	2.62	2.52
君迁子	6.42	0.68	3.22	2.52
小叶石楠	5.83	2.05	0.42	3.36
华中樱桃	5.69	1.60	3.25	0.84
黄丹木姜子	5.18	1.14	0.68	3.36

V.8 南酸枣林群系

南酸枣林群系仅有 1 个群丛组，即尖连蕊茶-南酸枣群丛组。代表群落位于万洋山脉海拔 1042m 的山坡；乔木层优势种为南酸枣，伴生有湘楠、红楠、多脉青冈、杉木和蓝果树等；尖连蕊茶在灌木层占绝对优势，常见的还有细枝柃和小蜡等（表 4-52）。

表 4-52 尖连蕊茶-南酸枣群落重要值排序表（群落编号：W1708S25；GPS：26.5075°，114.1560°；1042m）

种名	重要值	相对多度（%）	相对显著度（%）	相对频度（%）
尖连蕊茶	86.06	65.59	9.66	10.81
南酸枣	51.99	0.54	48.75	2.70
湘楠	16.38	5.38	2.89	8.11
红楠	15.56	1.08	11.78	2.70
多脉青冈	11.39	3.23	2.75	5.41
细枝柃	11.21	2.69	0.41	8.11
鄂西清风藤	10.92	5.38	0.13	5.41
杉木	10.56	0.54	7.32	2.70
蓝果树	10.50	1.08	6.72	2.70
小蜡	7.01	1.08	0.52	5.41
簇叶新木姜子	6.57	1.08	0.08	5.41
南方红豆杉	5.74	0.54	2.50	2.70
山矾	5.64	2.15	0.79	2.70
枫香树	5.23	1.08	1.45	2.70

V.9 盐肤木林群系

盐肤木林群系仅有 1 个群丛组，即楮-盐肤木群丛组。代表群落位于九岭山脉海拔 1000～1100m

的山坡；乔木层优势种为盐肤木、灯台树和海通，伴生有青榨槭、小叶白辛树和黄丹木姜子等；灌木层常见类群为半边月、蝴蝶戏珠花和尖连蕊茶等（表 4-53）。

表 4-53　楮-盐肤木-蝴蝶戏珠花群落重要值排序表（群落编号：J1808S03；GPS：28.9235°，114.9627°；1060m）

种名	重要值	相对多度（%）	相对显著度（%）	相对频度（%）
盐肤木	47.10	15.15	25.57	6.38
蝴蝶戏珠花	19.65	14.39	1.00	4.26
灯台树	17.58	2.27	13.18	2.13
宜昌胡颓子	14.63	8.33	2.04	4.26
鹿角杜鹃	14.25	2.27	9.85	2.13
溲疏	12.97	4.55	2.04	6.38
四角柃	11.82	3.03	4.53	4.26
楮	10.84	3.79	0.67	6.38
绿叶甘橿	10.26	4.55	1.45	4.26
鄂西清风藤	9.57	4.55	0.76	4.26
海通	9.16	1.52	3.38	4.26
黄丹木姜子	8.78	2.27	2.25	4.26
黄檀	8.66	6.06	0.47	2.13
山乌桕	8.09	0.76	5.20	2.13
山樱花	8.09	0.76	5.20	2.13
虎杖	6.62	2.27	0.09	4.26
半边月	6.61	3.79	0.69	2.13
野茉莉	5.45	3.03	0.29	2.13
南方红豆杉	5.44	0.76	2.55	2.13

V.10　香果树林群系

香果树林群系仅有 1 个群丛组，即香果树群丛组。代表群落位于九岭山脉和诸广山脉海拔 1100～1400m 的山坡；乔木层优势种为香果树，伴生有青钱柳、野核桃、柯、黄檀、多脉榆等；灌木层常见类群为四川溲疏、油茶、格药柃、接骨木和鄂西清风藤等（表 4-54）。

表 4-54　香果树-鹿角杜鹃群落重要值排序表（群落编号：Z1507S13；GPS：26.0207°，113.7056°；1315m）

种名	重要值	相对多度（%）	相对显著度（%）	相对频度（%）
香果树	44.31	16.06	23.12	5.13
野核桃	28.52	3.63	17.84	7.05
鹿角杜鹃	14.78	8.29	2.64	3.85
小叶青冈	13.88	3.11	6.92	3.85
青钱柳	13.65	1.30	9.79	2.56
江南桤木	13.61	5.70	1.50	6.41
接骨木	12.30	5.70	0.19	6.41
鄂西清风藤	12.09	8.55	0.33	3.21
华润楠	11.89	3.89	2.23	5.77
柃木	11.45	3.37	6.16	1.92
尾叶樱桃	10.94	2.85	4.88	3.21
华南木姜子	10.12	3.37	1.62	5.13
红楠	9.25	2.85	2.55	3.85
尖叶四照花	8.42	3.63	2.23	2.56
大果卫矛	7.34	2.59	0.90	3.85
多脉青冈	6.28	3.37	0.99	1.92
缺萼枫香树	6.16	1.81	1.79	2.56
红椿	5.69	1.55	0.29	3.85
赤杨叶	5.16	1.81	1.43	1.92

V. 11 山樱花林群系

山樱花林群系仅有 1 个群丛组，即大叶苎麻-山樱花群丛组。代表群落位于诸广山脉海拔 1107m 的山坡；乔木层优势种为山樱花，伴生有伯乐树、杉木和小叶青冈等；灌木层常见类群为湖北算盘子、蜡莲绣球、中国绣球和黄毛楤木等（表 4-55）。

表 4-55 大叶苎麻-山樱花-湖北算盘子群落重要值排序表（群落编号：Z1507S10；GPS：26.0693°，113.7224°；1107m）

种名	重要值	相对多度（%）	相对显著度（%）	相对频度（%）
山樱花	47.58	5.97	37.61	4.00
湖北算盘子	34.03	10.45	19.58	4.00
伯乐树	29.65	11.19	10.46	8.00
蜡莲绣球	17.14	10.45	0.69	6.00
杉木	16.34	1.49	10.85	4.00
中国绣球	13.58	8.21	1.37	4.00
黄毛楤木	11.21	3.73	1.48	6.00
小叶青冈	10.45	6.72	1.73	2.00
盐肤木	10.12	5.22	0.90	4.00
君迁子	9.39	2.24	5.15	2.00
灯台树	9.06	2.99	2.07	4.00
山合欢	8.73	2.99	1.74	4.00
青榨槭	7.89	2.24	1.65	4.00
尖叶四照花	7.43	2.99	0.44	4.00
虎杖	7.04	2.99	0.05	4.00
红果山胡椒	6.62	2.24	0.38	4.00
黄丹木姜子	6.46	1.49	0.97	4.00
常山	5.56	1.49	0.07	4.00

V. 12 华中樱桃林群系

华中樱桃林群系包括 2 个群丛组。

a）杜鹃-华中樱桃群丛组：代表群落位于九岭山脉海拔 1000m 以上的山坡；乔木层优势种为华中樱桃，伴生有黄丹木姜子、山槐、美丽新木姜子和黄山松等；灌木层常见类群为杜鹃、白檀、格药柃和圆锥绣球等。

b）中国绣球-华中樱桃群丛组：代表群落位于九岭山脉海拔 1231m 的山坡；乔木层优势种为华中樱桃，伴生有大叶早樱、湖北海棠、白栎、杉木、钟花樱桃和粉叶柿等；灌木层常见类群为中国绣球、马银花、格药柃、白檀和杜鹃等（表 4-56）。

表 4-56 中国绣球-华中樱桃群落重要值排序表（群落编号 J1409S15；GPS：28.4278°，114.0950°；1231m）

种名	重要值	相对多度（%）	相对显著度（%）	相对频度（%）
华中樱桃	45.47	5.83	34.51	5.13
大叶早樱	33.28	3.75	21.84	7.69
中国绣球	32.65	21.67	0.72	10.26
马银花	30.21	22.08	3.00	5.13
湖北海棠	24.75	12.50	1.99	10.26
格药柃	21.39	13.75	2.51	5.13
钟花樱桃	16.59	2.50	11.53	2.56
白檀	16.21	5.83	2.69	7.69
粉叶柿	11.83	0.83	8.44	2.56

续表

种名	重要值	相对多度（%）	相对显著度（%）	相对频度（%）
柿	7.92	1.25	4.11	2.56
梾木	6.49	1.25	2.68	2.56
中华槭	6.22	0.83	0.26	5.13
水青冈	6.00	0.83	0.04	5.13
石灰花楸	5.32	0.83	1.93	2.56
四照花	5.12	1.25	1.31	2.56

V. 13　江南桤木林群系

江南桤木林群系仅有 1 个群丛组，即豪猪刺-江南桤木群丛组。代表群落位于万洋山脉海拔 1269m 的山坡；乔木层优势种为江南桤木，伴生有湖北海棠、黄丹木姜子和红楠等；灌木层常见类群为尖连蕊茶、交让木、豪猪刺和落霜红等（表 4-57）。

表 4-57　豪猪刺-江南桤木-尖连蕊茶群落重要值排序表（群落编号：W1011S14；GPS：26.5810°，114.0811°；1269m）

种名	重要值	相对多度（%）	相对显著度（%）	相对频度（%）
江南桤木	114.45	24.37	79.82	10.26
尖连蕊茶	46.16	27.73	8.17	10.26
湖北海棠	14.79	6.30	0.80	7.69
黄丹木姜子	14.26	5.04	1.53	7.69
交让木	13.10	3.78	1.63	7.69
毛叶石楠	12.92	6.30	1.49	5.13
厚叶红淡比	12.26	3.78	0.79	7.69
豪猪刺	9.15	6.30	0.29	2.56
毛竹	8.77	3.78	2.43	2.56
尾叶樱桃	8.29	5.04	0.69	2.56
红楠	6.55	0.84	0.58	5.13
豹皮樟	6.24	0.84	0.27	5.13
灯台树	6.12	0.84	0.15	5.13

VI. 竹林

VI. 1　毛竹林群系

毛竹林群系仅有 1 个群丛组，即毛竹群丛组。代表群落位于幕阜山脉、九岭山脉和万洋山脉。幕阜山脉的群落分布于海拔 200～600m 的山坡；群落优势种为毛竹，伴生的乔木有苦槠、青冈、钩锥、杉木和南方红豆杉等；灌木类群常见树参和油茶等（表 4-58）。九岭山脉的群落分布于海拔 1000～1100m 的山坡；群落优势种为毛竹，伴生的乔木有小叶白辛树、西川朴、灯台树、岭南槭、建始槭、五裂槭、中华槭、黄丹木姜子、南方红豆杉、杉木、红柴枝和蓝果树等；灌木类群常见长尾毛蕊茶、尖连蕊茶、蝴蝶戏珠花、小蜡、海通和蜡莲绣球等。万洋山脉的群落分布于海拔 800～1200m 的山坡；群落优势种为毛竹，伴生的乔木有银木荷、赤杨叶、雷公鹅耳枥、木姜叶柯、柯、多脉青冈、岭南槭、甜槠和红楠等；灌木类群常见格药柃、鹿角杜鹃、马银花和少花柏拉木等。

VI. 2　笔竿竹林群系

笔竿竹林群系仅有 1 个群丛组，即笔竿竹群丛组。代表群落位于万洋山脉海拔 1100～1200m 的山顶；群落优势种为笔竿竹，伴生的乔木有栗、黄山松、青榨槭和枫香树等；灌木类群常见白檀、油茶、山橿和圆锥绣球等（表 4-59）。

表 4-58　毛竹-油茶群落重要值排序表（群落编号：M1309S02；GPS：28.5565°，114.4445°；564m）

种名	重要值	相对多度（%）	相对显著度（%）	相对频度（%）
毛竹	67.54	38.41	19.31	9.82
苦槠	37.29	5.23	24.08	7.98
钩锥	35.33	8.86	14.20	12.27
杉木	28.46	8.41	8.39	11.66
南方红豆杉	27.92	10.45	8.88	8.59
树参	20.53	7.50	3.83	9.20
油茶	18.87	6.82	2.85	9.20
玉兰	12.85	2.73	5.21	4.91
小叶栎	6.68	0.91	3.32	2.45
枫香树	5.48	0.91	2.12	2.45

表 4-59　笔竿竹-圆锥绣球群落重要值排序表（群落编号：W1808S24；GPS：26.4947°，114.0819°；1201m）

种名	重要值	相对多度（%）	相对显著度（%）	相对频度（%）
笔竿竹	63.41	45.84	12.44	5.13
黄山松	24.73	0.27	23.18	1.28
圆锥绣球	19.82	9.12	6.85	3.85
白檀	14.19	3.22	5.84	5.13
山橿	13.98	9.12	1.01	3.85
湖北海棠	12.98	6.70	2.43	3.85
交让木	11.57	1.34	7.67	2.56
栗	10.47	1.88	3.46	5.13
漆树	9.64	1.07	3.44	5.13
甜槠	7.78	2.14	3.08	2.56
小叶白辛树	7.48	1.07	5.13	1.28
青榨槭	7.30	0.80	2.65	3.85
台湾泡桐	6.34	0.27	4.79	1.28
小蜡	5.73	0.80	2.37	2.56
格药柃	5.22	1.07	0.30	3.85
榕叶冬青	5.08	0.80	0.43	3.85

VI.3　玉山竹林群系

玉山竹林群系仅有 1 个群丛组，即黄山松-玉山竹群丛组。代表群落位于九岭山脉海拔 1664m 的山顶；群落优势种为玉山竹和黄山松，其他伴生乔木类群优势度极低；灌木类群常见杜鹃、马银花和小果珍珠花等（表 4-60）。

表 4-60　黄山松-玉山竹-杜鹃群落重要值排序表（群落编号：J1808S64；GPS：28.7875°，114.8392°；1664m）

种名	重要值	相对多度（%）	相对显著度（%）	相对频度（%）
玉山竹	100.30	74.01	14.29	12.00
黄山松	96.84	5.20	79.64	12.00
杜鹃	21.82	7.65	2.17	12.00
马银花	20.82	3.67	1.15	16.00
小果珍珠花	11.50	2.75	0.75	8.00
胡枝子	9.48	1.22	0.26	8.00
交让木	9.27	0.92	0.35	8.00
半边月	8.83	0.61	0.22	8.00
鹿角杜鹃	6.66	2.14	0.52	4.00

2. 灌丛

VII. 常绿阔叶灌丛

VII.1 马银花灌丛群系

马银花灌丛群系仅有 1 个群丛组，即鹿角杜鹃-马银花群丛组。代表群落位于万洋山脉海拔 883m 的山坡；群落处于次生演替早期，优势类群为马银花、杜鹃和山胡椒；灌木类群还常见鹿角杜鹃、黑桴、小叶石楠、米饭花和中华石楠等；还伴生有少数乔木类群，如杉木和细叶青冈等（表 4-61）。

表 4-61 鹿角杜鹃-马银花群落重要值排序表（群落编号：W1808S20；GPS：26.6433°，114.2590°；883m）

种名	重要值	相对多度（%）	相对显著度（%）	相对频度（%）
马银花	32.92	14.50	14.07	4.35
杜鹃	21.69	13.51	4.92	3.26
山胡椒	19.90	13.27	2.28	4.35
鹿角杜鹃	16.36	3.19	9.91	3.26
黑桴	16.31	8.60	4.45	3.26
杉木	13.50	0.98	10.35	2.17
小叶石楠	12.36	5.65	2.36	4.35
米饭花	12.32	3.19	6.96	2.17
中华石楠	12.22	5.16	3.80	3.26
细叶青冈	10.87	1.23	7.47	2.17
青榨槭	9.18	1.47	4.45	3.26
红楠	9.05	2.46	2.24	4.35
油茶	8.20	2.70	2.24	3.26
尖叶四照花	7.91	1.47	3.18	3.26
赤杨叶	6.39	2.21	2.01	2.17
黄檀	5.83	1.23	1.34	3.26
黄丹木姜子	5.36	1.47	0.63	3.26
石灰花楸	5.11	0.98	1.96	2.17
南方红豆杉	5.06	0.74	1.06	3.26

VII.2 乌药灌丛群系

乌药灌丛群系仅有 1 个群丛组，即毛果珍珠花-乌药群丛组。代表群落位于万洋山脉的井冈山，分布于海拔 1000m 以上的山脊或山顶；优势类群为乌药、鹿角杜鹃和油茶，伴生有茶荚蒾、窄基红褐桴、宜昌荚蒾、杜鹃和圆锥绣球等；此外，群落中常伴生有银木荷、杉木和马尾松等乔木类群（表 4-62）。

表 4-62 毛果珍珠花-乌药群落重要值排序表（群落编号：W1808S01；GPS：26.4591°，114.1465°；1086m）

种名	重要值	相对多度（%）	相对显著度（%）	相对频度（%）
乌药	64.86	36.49	22.89	5.48
鹿角杜鹃	32.35	14.32	12.55	5.48
油茶	20.91	8.38	7.05	5.48
银木荷	17.95	1.22	12.62	4.11
杉木	17.72	1.62	11.99	4.11
茶荚蒾	14.26	6.22	2.56	5.48
贵定桤叶树	13.11	2.97	4.66	5.48
青榨槭	12.22	2.16	5.95	4.11
窄基红褐桴	11.56	5.41	2.04	4.11
宜昌荚蒾	11.19	3.65	2.06	5.48
杜鹃	11.10	4.86	3.50	2.74

种名	重要值	相对多度（%）	相对显著度（%）	相对频度（%）
延平柿	7.54	1.76	1.67	4.11
山橿	6.81	2.16	0.54	4.11
毛果珍珠花	5.97	1.08	0.78	4.11
江南越橘	5.93	0.95	0.87	4.11
圆锥绣球	5.77	1.08	1.95	2.74

VII. 3　油茶灌丛群系

油茶灌丛群系仅有 1 个群丛组，即油茶群丛组。代表群落位于万洋山脉井冈山，分布于海拔 1000m 以上的山脊或山顶；油茶在群落中占绝对优势，伴生有山橿、赤杨叶、乌药和山鸡椒等（表 4-63）。

表 4-63　油茶群落重要值排序表（群落编号：W1808S06；GPS：26.4572°，114.1492°；1041m）

种名	重要值	相对多度（%）	相对显著度（%）	相对频度（%）
油茶	166.52	65.13	90.28	11.11
山橿	18.63	6.58	0.94	11.11
赤杨叶	15.25	4.61	2.31	8.33
乌药	12.71	3.95	0.43	8.33
山鸡椒	11.97	3.29	3.12	5.56
山莓	9.72	3.29	0.87	5.56

VII. 4　格药柃灌丛群系

格药柃灌丛群系包括 2 个群丛组。

a）杜鹃-格药柃群丛组：代表群落位于九岭山脉海拔 1000m 以上的山脊或山顶；格药柃在群落中占绝对优势，叶萼山矾、杜鹃和伯乐树等优势度次之；群落中还伴生少数乔木，如垂丝卫矛、多脉青冈和黄杨等（表 4-64）。

表 4-64　杜鹃-格药柃群落重要值排序表（群落编号：J1607S06；GPS：28.4163°，114.1193°；1363m）

种名	重要值	相对多度（%）	相对显著度（%）	相对频度（%）
格药柃	72.01	34.23	28.89	8.89
叶萼山矾	38.56	11.71	17.96	8.89
杜鹃	33.09	20.27	6.15	6.67
伯乐树	24.76	1.35	18.97	4.44
白檀	17.92	3.60	7.65	6.67
小叶石楠	12.72	3.15	2.90	6.67
垂丝卫矛	11.67	4.05	3.18	4.44
多脉青冈	10.80	2.70	1.43	6.67
猫儿刺	10.24	3.15	0.42	6.67
红果山胡椒	9.83	0.90	6.71	2.22
华东山柳	9.36	3.15	1.77	4.44
紫珠	7.86	3.15	0.27	4.44
黄杨	7.40	2.70	0.26	4.44
合轴荚蒾	6.26	1.35	0.47	4.44

b）云南楛叶树-格药柃/马银花群丛组：代表群落位于诸广山脉海拔 1250m 左右的山脊或山顶；群落优势类群为格药柃、马银花和云南楛叶树；伴生的灌木有峨眉鼠刺、翅柃、尖叶四照花和南烛等；

还伴生有少数乔木，如银木荷、枫香树和青榨槭等。

VII. 5　尖连蕊茶灌丛群系

尖连蕊茶灌丛群系仅有 1 个群丛组，即尖连蕊茶群丛组。代表群落位于九岭山脉、万洋山脉和诸广山脉。九岭山脉的群落分布于海拔 1246m 的山脊；尖连蕊茶在群落中占绝对优势，伴生有格药柃、圆锥绣球、秀丽四照花、黄丹木姜子、红柴枝和交让木等。万洋山脉的群落分布于海拔 1350～1800m 的山脊或山顶；尖连蕊茶在群落中占绝对优势；1700m 以下的群落伴生有多脉青冈、云山青冈、交让木、石笔木、鹿角杜鹃、云锦杜鹃、井冈山杜鹃、合轴荚蒾和金叶含笑等；1700m 以上的群落伴生有鹿角杜鹃、圆锥绣球、马银花、背绒杜鹃和小果珍珠花等（表 4-65）。诸广山脉的群落分布于海拔 1700～1800m 的山顶；群落优势种为尖连蕊茶，伴生有红皮木姜子、厚叶红淡比、多脉青冈、云锦杜鹃、湖南杜鹃、云和新木姜子、假地枫皮、美丽马醉木、满山红和华东山柳等。

表 4-65　尖连蕊茶群落重要值排序表（群落编号：T1609S05；GPS：26.4113°，114.0885°；1798m）

种名	重要值	相对多度（%）	相对显著度（%）	相对频度（%）
尖连蕊茶	117.80	51.05	60.30	6.45
鹿角杜鹃	27.46	11.18	9.83	6.45
圆锥绣球	23.30	9.34	7.51	6.45
马银花	14.88	6.05	3.99	4.84
背绒杜鹃	11.98	4.34	1.19	6.45
小果珍珠花	10.02	1.84	1.73	6.45
芬芳安息香	8.42	2.50	1.08	4.84
灯笼树	6.82	1.32	0.66	4.84
耳叶杜鹃	6.53	1.71	1.59	3.23
合轴荚蒾	6.05	1.97	0.85	3.23
五裂槭	5.86	0.39	0.63	4.84

VII. 6　交让木灌丛群系

交让木灌丛群系仅有 1 个群丛组，即鹿角杜鹃-交让木群丛组。代表群落位于万洋山脉海拔 1407m 的山顶；群落优势类群为交让木；伴生的灌木有蜡瓣花、格药柃、窄基红褐柃和马银花等；还伴生有少数乔木，如银木荷和黄山松等（表 4-66）。

表 4-66　鹿角杜鹃-交让木群落重要值排序表（群落编号：W1609S22；GPS：26.5399°，114.2177°；1407m）

种名	重要值	相对多度（%）	相对显著度（%）	相对频度（%）
交让木	39.91	5.41	30.69	3.81
蜡瓣花	20.50	10.27	6.66	3.57
银木荷	15.16	2.67	9.87	2.62
格药柃	12.53	6.35	2.85	3.33
黄山松	11.85	1.10	9.32	1.43
窄基红褐柃	11.69	7.69	0.67	3.33
马银花	10.60	5.57	1.70	3.33
尖连蕊茶	8.07	4.31	1.86	1.90
深山含笑	7.90	2.90	1.67	3.33
黄丹木姜子	7.67	3.29	1.52	2.86
合轴荚蒾	7.27	2.90	1.75	2.62
鹿角杜鹃	6.95	3.14	0.95	2.86
小叶石楠	6.72	2.82	1.04	2.86
红楠	6.62	1.57	2.91	2.14

续表

种名	重要值	相对多度（%）	相对显著度（%）	相对频度（%）
红果山胡椒	6.05	1.25	3.61	1.19
齿缘吊钟花	5.72	2.43	0.43	2.86
米饭花	5.69	2.27	1.28	2.14
山矾	5.09	1.96	0.75	2.38

VII.7 鹿角杜鹃灌丛群系

鹿角杜鹃灌丛群系包括2个群丛组。

a）桂南木莲-鹿角杜鹃群丛组：代表群落分布于诸广山脉海拔1500m左右的山脊；群落优势种为鹿角杜鹃和厚叶红淡比；伴生的乔木有黄山松、甜槠、银木荷、石笔木和蓝果树等。

b）鹿角杜鹃群丛组：代表群落位于九岭山脉、万洋山脉和诸广山脉海拔100~1750m的山坡、山脊或山顶；一般海拔低于1100m的群落处于次生演替早期，鹿角杜鹃是群落的优势种，但往往还伴生有赤杨叶、杉木、锥栗、枫香树、红楠、甜槠、水青冈和青冈等乔木（表4-67）；而在海拔高于1200m的群落中，鹿角杜鹃往往占绝对优势，伴生的乔木较少且优势度很低，常见的伴生灌木有杜鹃、背绒杜鹃、圆锥绣球、贵定桤叶树、峨眉鼠刺、华东山柳和马银花等。

表4-67 鹿角杜鹃群落重要值排序表（群落编号：Z1507S08；GPS：25.9747°，113.7001°；1060m）

种名	重要值	相对多度（%）	相对显著度（%）	相对频度（%）
鹿角杜鹃	50.31	31.56	13.19	5.56
马银花	32.87	21.24	6.07	5.56
锥栗	25.20	0.59	23.22	1.39
枫香树	19.49	1.77	12.16	5.56
甜槠	18.44	5.31	7.57	5.56
赤杨叶	18.09	1.77	12.15	4.17
红楠	15.44	4.72	5.16	5.56
银木荷	14.27	6.49	5.00	2.78
红柴枝	8.99	2.36	1.07	5.56
细枝柃	8.90	1.77	1.57	5.56
水青冈	8.88	1.77	4.33	2.78
峨眉鼠刺	8.39	2.06	0.77	5.56
光叶山矾	8.37	2.36	0.45	5.56
油茶	8.26	3.54	0.55	4.17
赛山梅	7.82	2.06	1.59	4.17
光叶石楠	6.75	1.77	0.81	4.17
单耳柃	5.22	2.36	0.08	2.78

VII.8 猴头杜鹃灌丛群系

猴头杜鹃灌丛群系包括2个群丛组。

a）鹿角杜鹃-猴头杜鹃群丛组：代表群落位于万洋山脉海拔1300~1600m的山脊或山顶；群落优势类群为猴头杜鹃和鹿角杜鹃；伴生的灌木有马银花、背绒杜鹃、满山红、贵定桤叶树、云锦杜鹃、厚叶红淡比、吴茱萸五加、尖连蕊茶和交让木等；还伴生有少数乔木，如银木荷、缺萼枫香树、青冈、铁杉、黄山松和多脉青冈等。

b）铁杉-猴头杜鹃群丛组：代表群落分布于万洋山脉和诸广山脉；万洋山脉的群落分布于海拔1400~1700m的山脊或山顶，群落优势种为猴头杜鹃，伴生的灌木有尖连蕊茶、厚叶红淡比、波叶红果树、吊钟花、吴茱萸五加、南烛、鹿角杜鹃、美丽马醉木、鼠刺和杜鹃等，随着海拔升高，伴生的乔木从多脉青冈、白豆杉、铁杉、福建柏和黄山松等变为美丽新木姜子、甜槠、香桂、小叶青冈、香冬青和缺萼枫香树等；诸广山脉的群落位于海拔约 1800m 的山顶，群落优势种为猴头杜鹃，伴生的灌木有厚叶红淡比、红皮木姜子和云锦杜鹃等，伴生的乔木有多脉青冈、铁杉、假地枫皮、小叶青冈和云和新木姜子等（表 4-68）。

表 4-68　铁杉-猴头杜鹃群落重要值排序表（群落编号：Z1808S59；GPS：25.9974°，113.7006°；1814m）

种名	重要值	相对多度（%）	相对显著度（%）	相对频度（%）
猴头杜鹃	80.09	35.76	38.27	6.06
多脉青冈	28.18	8.72	13.40	6.06
厚叶红淡比	24.96	11.34	7.56	6.06
红皮木姜子	15.78	7.56	2.16	6.06
铁杉	15.32	1.45	9.32	4.55
云锦杜鹃	13.77	2.62	5.09	6.06
假地枫皮	12.27	4.36	3.36	4.55
小叶青冈	10.97	2.03	4.39	4.55
云和新木姜子	10.44	4.36	1.53	4.55
狭叶珍珠花	7.56	1.45	3.08	3.03
茵芋	6.93	2.62	1.28	3.03
凹叶冬青	6.17	2.03	1.11	3.03
漆树	6.15	2.62	0.50	3.03
灯笼树	5.92	0.87	2.02	3.03
黄牛奶树	5.36	1.16	1.17	3.03

VII.9　耳叶杜鹃灌丛群系

耳叶杜鹃灌丛群系仅有 1 个群丛组，即耳叶杜鹃群丛组。代表群落位于万洋山脉和诸广山脉海拔1600m 以上的山顶；群落优势种为耳叶杜鹃，伴生有油茶、红毒茴、山矾、华东山柳、圆锥绣球、云锦杜鹃、三叶海棠、城口桤叶树、背绒杜鹃和小果珍珠花等（表 4-69）。

表 4-69　耳叶杜鹃群落重要值排序表（群落编号：T1207S04；GPS：26.4213°，114.0703°；1645m）

种名	重要值	相对多度（%）	相对显著度（%）	相对频度（%）
耳叶杜鹃	48.88	16.49	24.65	7.74
圆锥绣球	41.20	20.80	11.47	8.93
云锦杜鹃	36.38	13.22	14.23	8.93
三叶海棠	27.55	8.69	13.50	5.36
城口桤叶树	15.37	6.61	2.81	5.95
有梗越橘	12.47	5.94	1.77	4.76
小果珍珠花	10.12	2.67	1.50	5.95
鹿角杜鹃	7.40	2.75	2.27	2.38
山櫍	6.95	3.19	0.19	3.57
华榛	6.52	0.15	5.77	0.60
黄山松	6.38	0.30	5.48	0.60
灯笼树	6.29	2.75	2.35	1.19
交让木	5.41	0.22	4.00	1.19

VII.10　云锦杜鹃灌丛群系

云锦杜鹃灌丛群系包括 2 个群丛组。

　　a）桂南木莲-云锦杜鹃群丛组：代表群落分布于诸广山脉海拔 1781m 的山脊；群落优势种为云锦杜鹃，伴生的灌木有厚叶红淡比、华东山柳、半齿枵、蜡瓣花和猴头杜鹃等；还伴生有少数乔木，如甜槠、多脉青冈和黄牛奶树等。

　　b）云锦杜鹃群丛组：代表群落位于九岭山脉、万洋山脉和诸广山脉海拔 1400m 以上的山脊或山顶；云锦杜鹃在群落中占绝对优势，伴生乔木较少。九岭山脉的群落伴生植物几乎都为灌木，常见杜鹃、红脉钓樟、半边月和蔓胡颓子等；万洋山脉的群落伴生乔木常为湖北海棠、毛序花楸和黄山松等，灌木常为杜鹃、鹿角杜鹃、圆锥绣球、贵定桤叶树、格药枵、华东山柳、满山红、窄基红褐枵、小果珍珠花和三叶海棠等（表 4-70）；诸广山脉的群落伴生乔木常为刨花润楠、巴东栎和日本杜英等，灌木常为尖萼毛枵、厚叶红淡比、圆锥绣球、格药枵和满山红等。

表 4-70　云锦杜鹃群落重要值排序表（群落编号：W1103S07；GPS：26.4330°，114.0886°；1750m）

种名	重要值	相对多度（%）	相对显著度（%）	相对频度（%）
云锦杜鹃	119.65	53.07	55.04	11.54
杜鹃	43.70	9.82	30.03	3.85
圆锥绣球	43.54	20.86	7.30	15.38
湖北海棠	21.48	4.60	1.50	15.38
贵定桤叶树	16.70	3.68	1.48	11.54
毛序花楸	11.58	2.45	1.44	7.69
格药枵	9.16	0.92	0.55	7.69
红果山胡椒	6.71	2.45	0.41	3.85
交让木	5.76	0.31	1.60	3.85

VIII. 落叶阔叶灌丛
VIII. 1　三叶海棠灌丛群系

　　三叶海棠灌丛群系仅有 1 个群丛组，即三叶海棠群丛组。代表群落位于万洋山脉桃源洞，分布于海拔 1603m 的山顶；三叶海棠在群落中占绝对优势，伴生有茶荚蒾、总状山矾、交让木、圆锥绣球和格药枵等（表 4-71）。

表 4-71　三叶海棠群落重要值排序表（群落编号：T1607S01；GPS：26.3247°，114.0090°；1603m）

种名	重要值	相对多度（%）	相对显著度（%）	相对频度（%）
三叶海棠	92.65	41.83	43.41	7.41
茶荚蒾	38.16	21.04	9.71	7.41
总状山矾	24.10	6.68	11.86	5.56
交让木	16.87	2.97	8.34	5.56
圆锥绣球	12.53	3.47	1.65	7.41
格药枵	10.57	2.48	2.53	5.56
中华石楠	8.21	3.22	1.29	3.70
宜昌胡颓子	7.40	2.97	2.58	1.85
厚边木犀	7.33	2.48	3.00	1.85
黄山松	7.21	0.25	5.11	1.85
长叶木犀	7.14	2.23	1.21	3.70
长叶冻绿	6.60	0.74	0.30	5.56
马银花	6.21	1.24	1.27	3.70
山樱花	6.13	0.99	1.44	3.70
鹿角杜鹃	5.70	1.24	0.76	3.70

VIII. 2 圆锥绣球灌丛群系

圆锥绣球灌丛群系仅有 1 个群丛组，即圆锥绣球群丛组。代表群落位于万洋山脉和诸广山脉海拔1200m 以上的山脊或山顶。万洋山脉的群落中圆锥绣球占绝对优势；伴生乔木随着海拔的上升而减少，在海拔 1400m 以下的群落中常见杉木、黄山松、黄丹木姜子、青榨槭、檫木、椤木和华润楠等，在海拔 1600m 以上的群落中常见山樱花、栓叶安息香和银木荷等；灌木常见类群随着海拔升高，由格药柃、交让木和鹿角杜鹃等变为三叶海棠、白檀、杜鹃、吴茱萸叶五加和江西小檗等（表 4-72）。诸广山脉的群落中圆锥绣球在群落中占绝对优势，伴生的乔木有青榨槭、红楠和黄山松等；灌木类群常见交让木、翅柃、宜昌胡颓子、小蜡、格药柃、云锦杜鹃和窄基红褐柃等。

表 4-72　圆锥绣球群落重要值排序表（群落编号：W1609S08；GPS：26.3075°，114.0316°；2003m）

种名	重要值	相对多度（%）	相对显著度（%）	相对频度（%）
圆锥绣球	184.32	80.62	81.48	22.22
白檀	44.53	8.31	14.00	22.22
江西小檗	31.10	7.54	1.34	22.22
山樱花	12.30	0.62	0.57	11.11
窄基红褐柃	8.08	1.69	0.83	5.56
美脉花楸	7.41	0.62	1.23	5.56
马银花	6.55	0.46	0.53	5.56
合轴荚蒾	5.73	0.15	0.02	5.56

VIII. 3 灯笼树灌丛群系

灯笼树灌丛群系仅有 1 个群丛组，即灯笼树群丛组。代表群落位于万洋山脉桃源洞，分布于海拔1778m 的山顶；灯笼树在群落中占绝对优势，伴生有马银花、鹿角杜鹃、背绒杜鹃、满山红、贵定桤叶树、小果珍珠花和云锦杜鹃等（表 4-73）。

表 4-73　灯笼树群落重要值排序表（群落编号：T1609S06；GPS：26.4114°，114.0841°；1778m）

种名	重要值	相对多度（%）	相对显著度（%）	相对频度（%）
灯笼树	85.07	31.41	46.99	6.67
马银花	30.55	14.35	9.53	6.67
鹿角杜鹃	28.26	10.87	10.72	6.67
背绒杜鹃	26.33	14.35	5.31	6.67
满山红	17.62	7.39	3.56	6.67
贵定桤叶树	13.93	2.72	4.54	6.67
小果珍珠花	12.76	3.59	2.50	6.67
云锦杜鹃	11.04	1.96	2.41	6.67
耳叶杜鹃	9.77	1.85	1.25	6.67
格药柃	8.89	2.72	1.17	5.00
野柿	8.15	1.41	1.74	5.00
美丽马醉木	7.92	1.63	4.62	1.67
香冬青	6.21	0.76	2.12	3.33

VIII. 4 满山红灌丛群系

满山红灌丛群系仅有 1 个群丛组，即满山红群丛组。代表群落位于幕阜山脉、九岭山脉和万洋山脉。幕阜山脉的群落分布于海拔 700m 的山顶；群落优势种为满山红，伴生的乔木有短柄枹栎、石灰花楸、黄山松、锥栗和小叶青冈等；伴生的灌木有蜡瓣花、杜鹃、宜昌荚蒾和格药柃等。九岭山脉的群落分布于海拔 1500m 左右的山顶；群落优势种为满山红，伴生有红腺悬钩子、石灰花楸、云锦杜鹃、野鸦椿、格药柃和山莓等（表 4-74）。万洋山脉的群落分布于海拔 1300m 左右的山顶；群落优势种为满山红，伴生有黄丹木姜子、鹿角杜鹃、交让木、灯笼树和白檀等。

表 4-74　满山红群落重要值排序表（群落编号：J1409S11；GPS：28.4246°，114.1539°；1493m）

种名	重要值	相对多度（%）	相对显著度（%）	相对频度（%）
满山红	229.70	94.23	95.47	40.00
红腺悬钩子	13.62	2.23	1.39	10.00
石灰花楸	12.95	1.12	1.83	10.00
云锦杜鹃	12.90	1.96	0.94	10.00
野鸦椿	10.60	0.28	0.32	10.00
格药柃	10.12	0.09	0.03	10.00
山莓	10.12	0.09	0.03	10.00

VIII. 5　蜡瓣花灌丛群系

蜡瓣花灌丛群系仅有 1 个群丛组，即蜡瓣花群丛组。代表群落位于幕阜山脉、万洋山脉和诸广山脉。幕阜山脉的群落分布于海拔 900m 左右的山顶；蜡瓣花在群落中占绝对优势，伴生有杜鹃、短柄枹栎、微毛柃、白木乌桕、石灰花楸、宜昌荚蒾和中华石楠等。万洋山脉的群落分布于海拔 1429m 的山顶；群落优势种为蜡瓣花，伴生有银木荷、圆锥绣球、尖连蕊茶、格药柃、小叶石楠和鹿角杜鹃等（表 4-75）。诸广山脉的群落分布于海拔 1600m 的山顶；群落优势种为赛山梅和蜡瓣花，伴生有交让木、贵定桤叶树、格药柃和青榨槭等。

表 4-75　蜡瓣花群落重要值排序表（群落编号：W1609S24；GPS：26.5411°，114.2186°；1429m）

种名	重要值	相对多度（%）	相对显著度（%）	相对频度（%）
蜡瓣花	81.56	42.60	33.83	5.13
银木荷	40.36	5.70	29.53	5.13
圆锥绣球	17.56	7.31	5.12	5.13
尖连蕊茶	13.15	5.53	3.77	3.85
格药柃	11.98	4.28	2.57	5.13
小叶石楠	11.21	4.63	1.45	5.13
鹿角杜鹃	10.32	3.74	1.45	5.13
野茉莉	9.39	2.67	4.16	2.56
香叶子	8.50	3.39	1.26	3.85
山鸡椒	8.21	1.78	2.58	3.85
马银花	7.65	1.96	0.56	5.13
黄山松	7.20	0.89	2.46	3.85
山矾	6.64	1.96	0.83	3.85
红果山胡椒	6.18	0.71	2.91	2.56
黄丹木姜子	5.76	1.25	1.95	2.56
杜鹃	5.67	1.43	0.39	3.85
齿缘吊钟花	5.20	1.07	0.28	3.85

VIII. 6　杜鹃灌丛群系

杜鹃灌丛群系仅有 1 个群丛组，即杜鹃群丛组。代表群落位于九岭山脉和幕阜山脉海拔 1000m 以上的山脊或山顶；群落主要由杜鹃、白檀、半边月、圆锥绣球、中国绣球、红果山胡椒和格药柃等组成，其中以杜鹃和（或）另一种或两种落叶类群占优势；群落中还伴生有少数乔木类群，如黄山松、山樱花、石灰花楸、四照花、湖北海棠、华中樱桃、多脉青冈、黄丹木姜子和豹皮樟等（表 4-76）。

表 4-76　杜鹃群落重要值排序表（群落编号：M1710S01；GPS：28.9878°，113.8286°；1570m）

种名	重要值	相对多度（%）	相对显著度（%）	相对频度（%）
杜鹃	132.56	68.24	33.55	30.77
白檀	67.20	18.97	17.46	30.77
蜡瓣花	59.18	11.47	32.33	15.38
黄山松	32.09	0.59	16.12	15.38
湖北海棠	8.97	0.74	0.54	7.69

VIII. 7　中国绣球灌丛群系

中国绣球灌丛群系仅有 1 个群丛组，即中国绣球群丛组。代表群落位于诸广山脉海拔 1600m 左右的山顶；中国绣球在群落中占绝对优势，伴生的乔木有青榨槭、银木荷和山矾等；灌木还常见交让木、满山红、茶荚蒾和细枝柃等（表 4-77）。

表 4-77　中国绣球群落重要值排序表（群落编号：Z1507S06；GPS：26.0060°，113.7122°；1604m）

种名	重要值	相对多度（%）	相对显著度（%）	相对频度（%）
中国绣球	180.25	93.22	67.98	19.05
交让木	29.19	0.47	19.20	9.52
青榨槭	19.51	1.64	8.35	9.52
银木荷	17.46	0.93	2.24	14.29
山矾	10.64	0.93	0.19	9.52
美脉花楸	6.39	0.93	0.70	4.76
满山红	5.60	0.23	0.61	4.76
茶荚蒾	5.44	0.47	0.21	4.76
山樱花	5.29	0.23	0.30	4.76
野柿	5.16	0.23	0.17	4.76
湖南悬钩子	5.01	0.23	0.02	4.76
漆树	5.01	0.23	0.02	4.76
细枝柃	5.01	0.23	0.02	4.76

VIII. 8　贵州栲叶树灌丛群系

贵州栲叶树灌丛群系仅有 1 个群丛组，即贵州栲叶树群丛组。代表群落位于诸广山脉海拔 1600m 左右的山顶；群落优势种为贵州栲叶树，伴生的乔木有银木荷、黄檀、漆树、山樱花和灯台树等，灌木类群还常见杜鹃、贵定栲叶树和马银花等（表 4-78）。

表 4-78　贵州栲叶树群落重要值排序表（群落编号：Z1507S04；GPS：25.9841°，113.6877°；1604m）

种名	重要值	相对多度（%）	相对显著度（%）	相对频度（%）
贵州栲叶树	69.44	27.64	32.98	8.82
银木荷	31.86	5.03	20.95	5.88
杜鹃	26.49	14.57	3.10	8.82
黄檀	24.69	9.55	6.32	8.82
漆树	22.88	5.03	9.03	8.82
贵定栲叶树	21.06	13.57	4.55	2.94
马银花	12.96	4.52	2.56	5.88
豆科种	11.60	4.52	4.14	2.94
五裂槭	10.17	1.51	5.72	2.94
小果珍珠花	9.96	3.52	3.50	2.94
香槐	8.36	3.52	1.90	2.94
青榨槭	5.97	0.50	2.53	2.94

IX. 竹丛

IX. 1 井冈寒竹灌丛群系

井冈寒竹灌丛群系仅有 1 个群丛组，即井冈寒竹群丛组。代表群落位于万洋山脉和诸广山脉海拔 1700～2100m 的山脊或山顶；井冈寒竹在群落中占绝对优势，其余伴生乔木、灌木很少，常见的有满山红、杜鹃、云锦杜鹃、华东山柳和香冬青等。

3. 草本植被

X. 疏灌草坡

X. 1 禾草疏灌草坡群系

禾草疏灌草坡群系包括 15 个群丛组。

a）蕨状薹草-大叶直芒草群丛组：代表群落位于万洋山脉海拔 1800～2100m 的山顶；群落优势类群为大叶直芒草和湖南千里光，还常见蕨状薹草、芒、獐牙菜、尼泊尔蓼、珠光香青、密腺小连翘、棒头草和野古草等；常见的散生灌木为小果蔷薇、粉花绣线菊、江西小檗和山莓等。

b）台湾剪股颖群丛组：代表群落位于万洋山脉海拔 1900m 以上的山顶；群落的优势类群为台湾剪股颖，还常见湖南千里光、中国繁缕、矮桃、白酒草、大头橐吾、蕨状薹草、毛秆野古草、密腺小连翘、尼泊尔蓼、山芹、鸭跖草和珠光香青等；常见的散生灌木为小果蔷薇、白檀、江西小檗、井冈寒竹和中南悬钩子等。

c）无芒稗群丛组：代表群落位于九岭山脉海拔 1600～1750m 的山顶；群落优势类群为无芒稗，还常见落新妇、林荫千里光、紫萼、紫花前胡、矮桃、珠光香青、芒等，散生灌木常见金丝桃、山莓和粉花绣线菊等。

d）拂子茅/芒群丛组：代表群落位于幕阜山脉海拔 1139m 的山坡、九岭山脉海拔 1620～1650m 的山坡、万洋山脉海拔 1980～2070m 的山顶和诸广山脉海拔 1700～1870m 的山顶；群落优势类群为拂子茅和芒，还常见密腺小连翘、毛秆野古草、蕨状薹草、珠光香青、獐牙菜、画眉草和大头橐吾等，散生灌木常见山莓、掌叶悬钩子、杜鹃、满山红和香冬青等。

e）毛秆野古草群丛组：代表群落位于九岭山脉海拔 1640～1670m 的山坡和诸广山脉海拔 1800～1880m 的山坡；群落优势类群为毛秆野古草，还常见芒、密腺小连翘、矮桃、香附子、林荫千里光、落新妇、细叶卷柏和紫萼等；散生灌木常见山莓、渐尖叶粉花绣线菊和云锦杜鹃等。

f）画眉草群丛组：代表群落位于幕阜山脉海拔 1369m 的山坡；群落优势类群为画眉草，还常见白酒草、狗牙根、石荠苎、算盘子、土丁桂和毛马唐等。

g）荩草群丛组：代表群落位于幕阜山脉海拔 1369m 的山坡；群落优势类群为荩草，还常见芒、鸡眼草、小蓬草、灯心草、囊颖草、珍珠菜、求米草和三脉紫菀等；散生灌木常见软条七蔷薇、小果菝葜和山檵等。

h）狗牙根群丛组：代表群落位于幕阜山脉和武功山脉海拔 150～160m 的林缘路旁；群落优势类群为狗牙根，还常见兰香草、马棘、糯米条、五节芒、白花败酱、荩草和野菊等；散生灌木常见野桐、中华绣线菊和木防己等。

i）野荸荠-牛鞭草群丛组：代表群落位于幕阜山脉海拔 56m 的水田旁；群落优势类群为牛鞭草，还常见灯心草、地耳草、狗牙根、鸡眼草、囊颖草、石荠苎、碎米莎草、小画眉草、野荸荠、白茅、蓼子草、水蜈蚣和鸭嘴草等。

j）茶-野青茅群丛组：代表群落位于幕阜山脉海拔 830m 的山坡；群落优势类群为野青茅，还常见求米草、杜根藤、蕨、糯米团和毛枝三脉紫菀等；散生灌木常见盐肤木、高粱泡、青榨槭、三花悬钩子和茶等。

k）荻群丛组：代表群落位于武功山脉海拔 470～1930m 的山坡；群落优势类群为荻，还常见野青茅、三脉紫菀、线叶珠光香青、一枝黄花和紫花前胡等。

l）垂穗石松-斑茅群丛组：代表群落位于万洋山脉海拔 328m 的山坡；群落优势类群为斑茅，还常见酢浆草、珠芽景天、乌蕨、地菍、芒萁、粗叶悬钩子、细叶鼠麹草、积雪草、小蓬草和紫花堇菜等。

m）白茅群丛组：代表群落位于万洋山脉海拔 775m 的山坡平地；群落仅白茅一种。

n）双穗雀稗群丛组：代表群落位于武功山脉海拔 80~165m 的山坡或农田路旁；群落优势类群为双穗雀稗，还常见地桃花、小鱼仙草、春蓼、箭叶蓼、狼尾草和芋等。

o）矛叶荩草群丛组：代表群落位于武功山脉海拔 200m 左右的林缘路旁；群落优势类群为矛叶荩草，还常见春蓼、红鳞扁莎、小鱼仙草、藿香蓟、金色狗尾草、长蒴母草、碎米莎草和黄背草等。

X.2　莎草疏灌草坡群系

莎草疏灌草坡群系包括 3 个群丛组。

a）两歧飘拂草群丛组：代表群落位于诸广山脉海拔 1800~1900m 的山顶；群落优势类群为两歧飘拂草，还常见拂子茅、黑紫藜芦、画眉草、芒、毛秆野古草、密腺小连翘、河八王、少叶龙胆、石松和野灯心草等；散生灌木常见灯笼树、杜鹃、波叶红果树和厚叶红淡比等。

b）香附子群丛组：代表群落位于九岭山脉海拔 1620~1680m 的山坡；群落优势类群为香附子，还常见拂子茅、落新妇、密腺小连翘、紫萼、林荫千里光、无芒稗、珠光香青、紫花前胡、矮桃、鹿藿、芒和獐牙菜等；散生灌木常见茅莓、山莓和渐尖叶粉花绣线菊等。

c）下江委陵菜-穿隆薹草群丛组：代表群落位于幕阜山脉海拔 5m 的路旁平地；群落优势类群为穿隆薹草，还常见下江委陵菜、狗牙根、马兰、毛秆野古草、水虱草、小画眉草和蓼子草等。

X.3　杂类草疏灌草坡群系

杂类草疏灌草坡群系包括 22 个群丛组。

a）拐芹-繁缕群丛组：代表群落位于幕阜山脉海拔 1324m 的山顶；繁缕在群落中占绝对优势，还常见牛皮消、腺梗豨莶、拐芹、活血丹、圆叶苦荬菜、沿阶草、碎米草、刻叶紫堇和早熟禾等。

b）江南短肠蕨-三叶豆蔻群丛组：代表群落位于武功山脉海拔 628m 的山坡；三叶豆蔻在群落中占绝对优势，还常见江南短肠蕨、淡竹叶、赤车、虎杖、异药花、深绿卷柏和斜方复叶耳蕨。

c）碎米荠-鳢肠群丛组：代表群落位于幕阜山脉海拔 185m 的农田路旁；群落优势类群为鳢肠，还常见鼠麹草、小蓼花、委陵菜、裸柱菊和碎米荠等。

d）星毛鸭脚木-鼠麹草群丛组：代表群落位于万洋山脉海拔 797m 的山坡；群落优势类群为鼠麹草，还常见细风轮菜、积雪草、蛇莓、小车前、过路黄、通泉草和酢浆草等；散生灌木为星毛鸭脚木。

e）安徽繁缕-长鬃蓼群丛组：代表群落位于幕阜山脉海拔 1608m 的山顶；群落优势类群为长鬃蓼和鹿蹄橐吾，还常见安徽繁缕、山类芦、鸡矢藤、奇蒿、心叶堇菜、地榆、山芹和鸭跖草等。

f）牻牛儿苗-腺茎柳叶菜群丛组：代表群落位于诸广山脉海拔 1825m 的山顶；群落优势类群为腺茎柳叶菜和老鹳草，还常见柔毛路边青、车前、尼泊尔蓼、牻牛儿苗、野灯心草、拂子茅、龙芽草、莠竹和水蓼等。

g）蚊母草-湖南千里光群丛组：代表群落位于万洋山脉海拔 300m 左右的山坡；群落的优势类群为湖南千里光，还常见雀舌草、蚊母草、翅茎灯心草、看麦娘、蓼子草、泥胡菜、球菊、匙叶鼠麹草、酸模、通泉草和紫云英等。

h）刺柏-糯米条群丛组：代表群落位于幕阜山脉海拔 140~240m 的山坡；群落优势类群为糯米条；还常见粉条儿菜、兰香草、马唐、芒、蜈蚣草、野菊和油芒等；散生灌木常见刺柏、侧柏、云实、柏木、胡枝子、算盘子、藤黄檀、细叶水团花和中华绣线菊等。

i）丫蕊花-短梗挖耳草群丛组：代表群落位于诸广山脉海拔 1791m 的山顶；群落优势类群为短梗挖耳草；还常见类头状花序蔍草、毛秆野古草、江西蒲儿根、泥炭藓、金发藓、蒲儿根、华南龙胆和丫蕊花等；散生灌木常见黄山松。

j）山莓-林荫千里光群丛组：代表群落位于九岭山脉海拔 1600m 左右的山坡；群落优势类群为林荫千里光；还常见矮桃、落新妇、獐牙菜、毛轴线盖蕨、无芒稗、珠光香青、紫花前胡等；散生灌木常见山莓和菝葜等。

k）两型豆-糯米团群丛组：代表群落位于幕阜山脉海拔 1084m 的山坡；群落优势类群为糯米团，还常见败酱、车前、狗尾草、鸡眼草、蕨、两型豆、龙葵、芒、密腺小连翘、山黑豆、蛇莓、鼠尾栗、小蓬草、心叶堇菜、野菊、一年蓬和酢浆草等；散生灌木常见白叶莓、鹅掌楸和绿叶胡枝子等。

l）裸花水竹叶-灯心草群丛组：代表群落位于幕阜山脉海拔 1369m 的山坡和万洋山脉海拔 304m 的山坡；群落优势类群为灯心草，还常见裸花水竹叶、蛇莓、红鳞扁莎、荩草、密腺小连翘、囊颖草、小蓬草、珍珠菜、车前、风轮菜、糠稷和獐牙菜等。

m）柳叶白前-野灯心草群丛组：代表群落位于武功山脉海拔 996m 的山坡；群落优势类群为野灯心草，还常见箭叶蓼、石荞苎、柳叶白前、中日金星蕨、丛枝蓼、疏花车前、地菍、蕺菜、柳叶箬和稀羽鳞毛蕨等。

n）华南鳞毛蕨-丛枝蓼群丛组：代表群落位于武功山脉海拔 135m 的沟谷；群落优势类群为丛枝蓼，还常见萱草、石韦、蛇含委陵菜、长瓣马铃苣苔、佛甲草、香薷、鸭跖草、华南鳞毛蕨和瓦韦等。

o）白背蒲儿根-长瓣马铃苣苔群丛组：代表群落位于武功山脉海拔 1050m 左右的山坡；群落优势类群为长瓣马铃苣苔和赤车，还常见柄状薹草、矛叶荩草和求米草等。

p）毛华菊-香薷群丛组：代表群落位于武功山脉海拔 1195m 的山坡；群落优势类群为香薷，还常见林荫千里光、三脉紫菀、藏薹草、画眉草、发草、尼泊尔蓼、毛华菊和水蜈蚣。

q）微毛血见愁-三脉紫菀群丛组：代表群落位于武功山脉海拔 519m 的山坡；群落优势类群为三脉紫菀，还常见苍耳、芋、白苞蒿、紫苏、马兰、短毛金线草、野灯心草、地桃花、狼尾草、龙芽草和微毛血见愁等。

r）羽叶蓼-悬铃叶苎麻群丛组：代表群落位于武功山脉海拔 1075m 的山坡；群落优势类群为悬铃叶苎麻，还常见糯米团、羽叶蓼、蕨、三脉紫菀、丛枝蓼、荻、奇蒿、山冷水花和矛叶荩草等。

s）粗齿冷水花群丛组：代表群落位于武功山脉海拔 1064m 的山坡；群落优势类群为粗齿冷水花，还常见大叶金腰、麦冬、山冷水花、冷水花、宽叶荨麻、日本求米草、紫花前胡、牛膝、吉祥草、日本蹄盖蕨、接骨草和短毛金线草。

t）齿萼凤仙花-庐山楼梯草群丛组：代表群落位于武功山脉海拔 135m 的溪谷；群落优势类群为庐山楼梯草，还常见齿萼凤仙花、黄金凤、日本蹄盖蕨、蕨叶人字果、丽叶秋海棠、麦冬、华中冷水花和矛叶荩草等。

u）薹草-黄金凤群丛组：代表群落位于武功山脉海拔 1575m 的山坡；群落优势类群为黄金凤，还常见山冷水花、白茅、橐吾、毛轴碎米蕨、薹草、碗蕨、淡竹叶、楮头红和凹叶景天等。

v）毛花点草群丛组：代表群落位于武功山脉海拔 1035m 的山坡；群落优势类群为毛花点草，还常见野茼蒿、泥花草、双穗雀稗、长蒴母草、大狼杷草、红鳞扁莎、白花蛇头草和藿香蓟等。

X.4 蕨类疏灌草坡群系

蕨类疏灌草坡群系包括 5 个群丛组。

a）蛇根草-节肢蕨群丛组：代表群落位于幕阜山脉海拔 185m 的山坡；群落优势类群为节肢蕨和纤维青菅；还常见蛇根草、土茯苓、肿足蕨、杜根藤、江南卷柏、芒、野雉尾金粉蕨和苎麻等；散生灌木常见华素馨、灰叶安息香、络石、木防己、青灰叶下珠和藤黄檀等。

b）金丝桃-细叶卷柏群丛组：代表群落位于九岭山脉海拔 1600～1750m 的山顶；群落优势类群为细叶卷柏，还常见矮桃、落新妇、无芒稗、野菊、珠光香青、紫花前胡、紫萼、林荫千里光、毛轴线盖蕨、獐牙菜等；散生灌木常见金丝桃、菝葜、山莓、云锦杜鹃等。

c）金星蕨群丛组：代表群落位于万洋山脉海拔 1900m 以上的山顶；群落优势类群为金星蕨，还常见大头橐吾、拂子茅、湖南千里光、蜜腺小连翘、碗蕨、獐牙菜和珠光香青等；散生灌木常见山莓。

d）抱茎白花龙-华南鳞盖蕨群丛组：代表群落位于诸广山脉海拔 1786m 的山顶；群落优势类群为华南鳞盖蕨，还常见芒、萱草和尼泊尔蓼等；散生灌木常见抱茎白花龙、云锦杜鹃、绒毛石楠、杜鹃和五裂槭等。

e）盾果草-笔管草群丛组：代表群落位于武功山脉海拔 415m 的山坡；群落优势类群为笔管草，还常见蒲儿根、石荠苎、地锦苗、紫萼蝴蝶草、盾果草、黄鹌菜、毛梗豨莶、矛叶荩草、丛枝蓼和野茼蒿等。

4. 沼泽与水生植被

XI. 草本与藓类沼泽

XI. 1　草本沼泽群系

草本沼泽群系仅有 1 个群丛组，即华凤仙-弓果黍群丛组。代表群落位于武功山脉海拔 174m 的水田边；群落优势类群为弓果黍，还常见华凤仙、香蒲、笔管草、矛叶荩草、囊颖草、荩草、半边莲、白茅、薄荷、两歧飘拂草和野青茅等。

XI. 2　藓类沼泽群系

藓类沼泽群系包括 2 个群丛组。

a）书带蕨-泥炭藓群丛组：代表群落位于万洋山脉海拔 762m 的山坡；群落优势类群为泥炭藓，还常见马铃苣苔、紫萼、石韦、书带蕨和东南景天。

b）圆锥绣球-金发藓群丛组：代表群落位于万洋山脉海拔 1770～1780m 的山坡；群落优势类群为金发藓，还常见泥炭藓、毛秆野古草、灯心草、棒头草、华北剪股颖、蕨状薹草、如意草、习见蓼、獐牙菜和中华薹草等；散生灌木常见圆锥绣球和江西小檗等。

XII. 水生植被

XII. 1　漂浮植物群系

漂浮植物群系仅有 1 个群丛组，即浮萍群丛组。代表群落位于武功山脉海拔 140m 左右的水田边；群落优势类群为浮萍，还常见双穗雀稗、菖蒲、凤眼蓝、黑藻、芋和蒝草等。

XII. 2　挺水植物群系

挺水植物群系包括 2 个群丛组。

a）水虱草/假稻群丛组：代表群落位于幕阜山脉海拔 12m 的水田边；群落优势类群为水虱草和假稻，还常见狗牙根、马兰、毛秆野古草、小画眉草和天胡荽等。

b）长箭叶蓼-柳叶箬群丛组：代表群落位于武功山脉海拔 135m 的水田边；群落优势类群为柳叶箬，还常见长箭叶蓼、囊颖草、香蒲、白茅、莲、矛叶荩草、双穗雀稗、水毛花、野慈姑和野生稻等。

4.2　罗霄山脉重要孑遗、珍稀植物群落

4.2.1　桃源洞香菇棚资源冷杉群落及其种群动态

资源冷杉隶属于松科冷杉属，是我国特有的第四纪孑遗植物，为国家 I 级重点保护野生植物，呈极度濒危状态（于永福，1999；汪松和谢焱，2004）。资源冷杉主要分布在湘桂和湘赣两省交界的狭

长地带,如广西银竹老山、湖南舜皇山、湖南炎陵县大院、江西井冈山和南风面等地(傅立国等,1980;刘起衔,1998;汪维勇和裘利洪,1999)。香菇棚位于湖南省炎陵县桃源洞国家级自然保护区内。香菇棚资源冷杉主要分布点位于海拔1451m的东西向的山脊上,有高1m以上的资源冷杉75株。该群落乔木第一层优势种是资源冷杉和杉木,第二层是毛竹,伴生树种仅见极少量的吴茱萸叶五加、缺萼枫香树、多脉青冈和亮叶桦;灌木层物种较为丰富,常见鹿角杜鹃、变叶树参、吴茱萸叶五加、格药柃等;草本层物种较为稀少,林下有大量枫香树和杉树小苗,而资源冷杉小苗较少。除了该主分布点,香菇棚徐屋地区海拔1499m处零散分布着6株资源冷杉,其中4株的胸围在96~154cm。该群落毛竹入侵严重,阔叶树种仅有少量的缺萼枫香树、多脉青冈、华东山柳。林下无灌木,草本层物种丰富,如三脉紫菀、蔓生莠竹、楮头红、求米草等。通过对香菇棚资源冷杉群落进行样地调查,分析其年龄结构和生存状况得到以下结果(刘羽霞等,2016)。

(1)种群数量

1991年香菇棚分布点的资源冷杉数量为239株(肖学菊和康华魁,1991),2004年为163株(胸径DBH:3.5~22.0cm)(刘招辉等,2011),2008年为86株(株高$H>1m$)(苏何玲和唐绍清,2004),2013年为81株($H>1m$)。22年来,香菇棚资源冷杉的数量持续下降。1991~2004年约下降31.8%;受2008年雪灾的影响,2004~2008年下降47.24%;2008~2013年下降趋势有所缓和,约为5.81%。据肖学菊和康华魁(1991)的考察报告,1991年的香菇棚资源冷杉面积为12亩[①],数量为239株。而截至2013年8月,香菇棚高1m以上的资源冷杉仅81株。

(2)年龄结构

参考常规生态学方法,本书将群落中的立木划分为9级,即0<I级≤5 cm,5 cm<II级≤10 cm,10 cm<III级≤15 cm,依此类推。

香菇棚资源冷杉I级幼苗缺失,II级幼树仅7株,幼树和幼苗占所有树木的8.64%;IX级和V级树木占所有树木的53.09%;IX级及其以上大树共5株。幼苗和幼树的数量过少,该种群的天然更新不良,香菇棚自然分布点的资源冷杉年龄结构为衰退型。

(3)生存分析

香菇棚资源冷杉的死亡率曲线和消失率曲线变化趋势基本一致。II~IX级小树死亡率较低;IV~VI级的资源冷杉死亡率较高,为40%~50%;死亡率的高峰期出现在第VII级,达到80%。香菇棚资源冷杉种群的存活曲线符合Deevy-III型,是凹曲线。该种群的最高死亡率出现在V~VII级,即幼苗幼树个体数量不足,中等径级的树木死亡率高。

(4)人为干扰

在香菇棚发现"环剥"树皮的现象,资源冷杉及其伴生树种树干基部的树皮被"环剥",阻碍了水分运输,从而致使树木缓慢死亡。在香菇棚共发现10株由"环剥"致死的植株,包括缺萼枫香树4株、台湾松3株、资源冷杉2株、华东山柳1株,枯树干仍存在原地。此外,尚有大量被"环剥"但尚未枯死的植株。资源冷杉植株的"环剥"会直接导致其种群数量下降,而其伴生树种的"环剥"则会导致其原始生境遭到破坏而间接加重其濒危状态。

综合以上调查分析结果,人为干扰是香菇棚资源冷杉种群退化的主要因素,主要体现在:人为"环剥"树皮直接促使资源冷杉及其伴生树种死亡,从而扩大了毛竹的生长范围,使资源冷杉原始冷湿生境遭到破坏而间接使其数量下降;挖竹笋及为了提高竹笋产量而主动清除资源冷杉幼苗等行为使得资源冷杉幼苗数量不足。

4.2.2 桃源洞牛石坪和梨树洲南方铁杉群落

南方铁杉是第三纪孑遗植物,为中国特有种。南方铁杉的分布虽广但数量少而分散,是珍稀濒危

---

① 1亩≈666.7m²。

植物，被列为国家 II 级重点保护野生植物。南方铁杉分布于浙江、安徽南部、福建北部、武夷山、江西武功山、湖南莽山、广东北部、广西北部及云南麻栗坡等地，分布区地跨中亚热带至北亚热带（张志祥，2011）。其分布的垂直高度变化较大，在海拔 600～2100m，但以海拔 800～1400m 的生长较好（张志祥，2011）。湖南桃源洞国家级自然保护区的牛石坪和梨树洲均保存有典型的南方铁杉群落。牛石坪南方铁杉群落分布于海拔 1370m，坡向东南，坡度 40°，群落郁闭度为 0.65～0.70，群落中南方铁杉数量较少但多为大树，鲜有幼树。梨树洲南方铁杉群落分布于海拔 1495m，坡向东，坡度 45°，群落郁闭度为 0.95，群落中南方铁杉数量较多但多为小树，少大树。通过对这 2 个南方铁杉群落进行比较研究，以了解南方铁杉种群的生存状态及其更新演替的趋势，为南方铁杉的保护和管理提供理论依据，具体结果如下（丁巧玲等，2016）。

（1）群落物种组成

牛石坪南方铁杉群落乔木层优势种为马银花和南方铁杉，次优势种为尖连蕊茶、鹿角杜鹃和漆树；灌木层优势种为马银花，次优势种为尖连蕊茶和鹿角杜鹃；南方铁杉在灌木层没有分布。梨树洲南方铁杉群落乔木层优势种为银木荷和南方铁杉，次优势种为鹿角杜鹃、吴茱萸五加和华东山柳；灌木层优势种为鹿角杜鹃和背绒杜鹃，次优势种为华东山柳、吴茱萸五加、马银花和南方铁杉。

（2）群落物种多样性

牛石坪南方铁杉群落乔木层和草本层的 Shannon-Wiener 指数、Simpson 指数和 Pielou 均匀度指数均大于灌木层，草本层的 Simpson 指数和 Pielou 均匀度指数略大于乔木层，而 Shannon-Wiener 指数则略低于乔木层；梨树洲南方铁杉群落的 Shannon-Wiener 指数、Simpson 指数和 Pielou 均匀度指数变化趋势相同，均为草本层＞乔木层＞灌木层；2 个南方铁杉群落各层的物种多样性水平差别不大。2 个南方铁杉群落的 Shannon-Wiener 指数和 Simpson 指数均为乔木下层＞乔木中层＞灌木层＞乔木上层；牛石坪南方铁杉群落的 Pielou 均匀度指数为乔木中层＞乔木下层＞灌木层＞乔木上层；梨树洲南方铁杉群落的 Pielou 均匀度指数为乔木中层＞乔木下层＞乔木上层＞灌木层，并且乔木层的 3 个亚层 Pielou 均匀度指数变化不大，这与银木荷和南方铁杉在该群落乔木上层分布均匀且数量较多相关。

（3）南方铁杉种群年龄结构

牛石坪南方铁杉群落中南方铁杉种群的年龄结构为衰退型，幼年阶段的个体数量较少，成年个体相对丰富；种群内个体集中分布在 VI～IX 级，并在 VII 级出现个体数量高峰；此外，种群在 II 级、XII 级和 XIII 级出现断层，表明受到过严重的干扰，如人为砍伐、自然灾害等。而梨树洲南方铁杉群落中南方铁杉种群的年龄结构为增长型，个体数随龄级的增加而递减；VI 级、VII 级、X～XIII 级出现断层，同样表明群落存在一定的干扰。

（4）南方铁杉种群生存分析

梨树洲南方铁杉种群的静态生命表和存活曲线表明：梨树洲南方铁杉种群结构存在一定的波动性；III 级是其存活的一个关键时期，表现为其存活数量迅速下降以及死亡率和消失率达到第一个峰值；在 III 级以前，该种群的生存率、累积死亡率和危险率变化显著，生存率锐减而累积死亡率和危险率骤增；到 V 级以后，生存率和死亡率变化趋于平缓，但由于干扰的存在，V～VI 级的生存率为 0。

总的来说，牛石坪南方铁杉种群的个体数明显少于梨树洲南方铁杉种群的个体数，前者仅有南方铁杉 32 株，后者共有南方铁杉 98 株。根据南方铁杉树干解析结果（祁红艳等，2014），VII 级植株树龄在 100 年左右，表明 100 年前牛石坪南方铁杉种群存在自我更新。然而，由于低龄级个体的缺乏和种群总体数量的不足，牛石坪南方铁杉种群可因为高龄级个体的生理衰老而不断死亡和低龄级个体的缺失而呈现更新困难与衰亡的趋势。梨树洲南方铁杉种群中低龄级个体数较丰富，年龄结构分布基本连续，理论上可实现自我更新。但是，根据生存分析，III 级是其存活的一个关键时期，群落的郁闭度为其限制因子，并且梨树洲南方铁杉种群还较年轻，其是否能自然更新还存在一定的挑战。此外，2 个南方铁杉种群均有较严重的干扰现象，成为影响高龄级个体数量的一个重要原因。因此，建议对桃源洞南方铁杉群落加强后续监测，如有必要应进行人为干扰以降低林地郁闭度和加强群落通风条件。此外，还应加强保护性标识牌的使用和警示。

4.2.3 八面山脚盆辽银杉群落

银杉隶属于松科银杉属（Chun and Kuang，1958），为中国特有子遗植物，是国家Ⅰ级重点保护野生植物，堪称"植物界大熊猫"。从化石证据来看，银杉曾广泛分布于中新世至上新世的欧洲中部、北美洲及亚洲，第四纪冰川来临前其分布区大幅度缩减，现仅残存于中国南部山区（周浙昆和 Momohara，2005；Wang and Ge，2006），因此，银杉也是"活化石"。据统计，目前在湖南八面山、广西大瑶山、贵州大娄山、重庆金佛山和湖南越城岭 4 个山区内的 36 个分布点共有银杉 3018 株，其中八面山地区有 879 株（Qian et al.，2016）。湖南八面山属于罗霄山脉南段支脉，地处资兴市、桂东县和炎陵县的交界处，是中国银杉群落分布的东界。银杉群落主要分布于八面山国家级自然保护区东北侧支脉溪谷两侧山坡的中部和下部，形成典型的针阔叶混交林，邻近地区也有零星分布，垂直分布在海拔 1000～1400m。脚盆辽为该自然保护区内银杉分布较集中的区域。通过对脚盆辽银杉群落进行样地调查，分析其群落组成、结构并与分布在不同区域的 6 个银杉群落进行种子植物属的分布区类型及其相似性系数的比较，得到以下结果（苏乐怡等，2016）。

（1）群落外貌及物种组成

脚盆辽银杉群落终年常绿，林冠层起伏度大。乔木层总郁闭度为 0.8，可分为 3 个亚层：第一亚层高度为 15.0～18.0m，主要由高大的银杉和南方铁杉组成，一些老龄的甜槠也可高达 15.0m；第二亚层高度为 10.0～15.0m，主要为福建柏、银杉、青冈、甜槠和猴头杜鹃，伴生种为日本杜英和细叶青冈等；第三亚层高度为 5.0～10.0m，主要为鹿角杜鹃、猴头杜鹃、辣汁树、美丽新木姜子和南岭山矾。灌木层高 1.5～4.0m，种类较丰富，主要为毛玉山竹、赤楠、杜鹃、鹿角杜鹃和小果珍珠花；其他种类还有少花柏拉木和凤凰润楠等。草本层种类较少，多为耐旱的狗脊、里白、芒萁以及鳞毛蕨科的种类。

（2）群落物种多样性及频度

湖南八面山脚盆辽银杉群落的物种丰富度指数为 66；木本层 Shannon-Wiener 多样性指数为 3.20，Simpson 多样性指数为 0.94；Pielou 均匀度指数较高，均匀度指数 J_{sw} 和 J_{si} 值均在 0.8 以上。表明该银杉群落的物种多样性程度偏低，但群落中物种分布均匀；虽然物种数量不多但群落目前处于较为稳定的状态。

群落中各生活型频度百分比由高到低依次为 A 级、B 级、C 级、D 级、E 级。与 Raunkiaer 标准频度图谱相比，该银杉群落 A 级、B 级、C 级和 D 级的频度百分比略大，而 E 级的频度百分比则降低 13%。E 级树种仅甜槠和鹿角杜鹃，而高大乔木银杉和南方铁杉的频度级分别为 D 级和 C 级，说明该银杉群落中银杉和南方铁杉这两种针叶树种在群落中分布不均匀，优势度也不十分明显，群落呈现出向以甜槠为建群种的常绿阔叶林演替的趋势。

（3）群落优势种径级结构及银杉种群年龄结构

群落优势种径级结构分析表明：银杉和南方铁杉的幼龄个体较多，老树（胸径≥30.0cm）个体极少，且中龄个体也较少；福建柏的径级结构也与二者相似；甜槠的壮年个体（20cm≤胸径＜40cm）占据较高比例，数量明显多于老龄个体（胸径≥40cm），且幼树（胸径＜5cm）个体多达 20 余株，丰富度高，为稳定增长型；乔木下层及灌木层的猴头杜鹃和鹿角杜鹃的径级结构也均呈增长状态，中龄个体的比例大于幼龄和老树个体。综合来看，在脚盆辽银杉群落中，银杉、南方铁杉和福建柏种群规模可能会随甜槠、猴头杜鹃和鹿角杜鹃种群的增长而逐步消退。

银杉种群年龄结构分析表明：群落中年龄小于 20 年的银杉有 19 株，为 1～3 年生幼树，其中胸径达到 1.5cm 以上的幼树只有 6 株；银杉成年树可存活 240 年以上，但群落中年龄在 80～180 年的银杉植株比例偏低。银杉为喜阳树种，生长期短，光饱和点和光补偿点均较高，光照因素对其幼树的生长明显有利，并且其在成年阶段更需要充足的光照。而脚盆辽银杉群落的郁闭度较高，且中下层乔灌木丰富，虽然林下层存在一定数量的银杉和福建柏幼苗，但林窗缺失，这在很大程度上影响了林下幼树的生长，导致银杉种群表现出中龄级壮树较少的格局。

（4）6 个银杉群落种子植物属的分布区类型及其相似性系数比较

6 个银杉群落分别位于湖南八面山的脚盆辽和小桃辽、广西大瑶山、湖南越城岭、贵州大娄山以及重庆金佛山。种子植物属的分布区类型分析表明：6 个银杉群落均体现出中亚热带植被区系成分交汇的性质；大瑶山银杉群落处于最南部，但温带分布型属所占比例居中，推测与该群落所处的海拔较高以及山地黄壤土较贫瘠有关；在纬度相对偏北的越城岭银杉群落中，热带分布型属所占比例略高于温带分布型属，推测与该群落的海拔较低及所在区域降雨丰富有关；位于八面山脚盆辽和小桃辽的银杉群落纬度居中，其热带分布型属与温带分布型属的比例基本持平；在大娄山和金佛山银杉群落中，温带分布型属所占比例明显高于热带分布型属。从上述分析可见，银杉群落属的分布区类型除与纬度相关外，也受海拔的影响。

相似性系数分析表明：脚盆辽、小桃辽、大瑶山和越城岭的银杉群落地处华南区系与华东南区系的交汇区，相似性系数均大于 0.5；八面山脚盆辽银杉群落与地处北部的大娄山和金佛山银杉群落的相似性系数均小于 0.5。从地理位置及区系区划来看，大娄山和金佛山银杉群落同位于贵州高原亚地区西北部，二者距离较接近，且所处纬度较高，因此与南部 4 个银杉群落区别较大；金佛山银杉群落的海拔高于大娄山银杉群落，金佛山银杉群落中落叶性植物明显多于后者，因此二者间的相似性系数也小于 0.5；小桃辽和脚盆辽银杉群落同处于湖南八面山国家级自然保护区内，在植物区划上属粤北亚地区，这两个群落的地理距离最近，它们的种子植物属分布区类型的相似性系数也最高，达到 0.67；此外，这两个群落与地处粤桂山地亚地区的大瑶山和越城岭银杉群落的相似性系数也达 0.55 以上，反映出这 4 个银杉群落在植物区划上的一致性，即它们均属于岭南山地地区。

粤北、粤桂山地和贵州高原这 3 个植物区系亚地区的 6 个银杉群落的建群种所在属如铁杉属、润楠属、水青冈属和福建柏属等在各群落间有相似性与共通性，且多为古老成分和孑遗成分，表明现存的银杉群落具有相近的变迁历史，分布地域具有明显的亚热带山地避难所特征，体现出演替过程的孑遗性和保守性。脚盆辽银杉种群为衰退型种群，群落中有 3 株银杉大树处于结实期，林下层也有较多的落果及银杉幼苗，但群落郁闭度太大，导致银杉幼树和幼苗死亡率高，限制了银杉种群的更新和发展。银杉作为一种长龄树种，适于生长在山脊和悬崖等光线充足的生境中，而在林下其幼苗的竞争力降低，因此，对银杉幼苗周围树木进行适当间伐，形成人为林窗，可在一定程度上促进银杉种群复壮。

4.2.4　桃源洞田心里瘿椒树群落

瘿椒树又名银鹊树，隶属于我国特有科——瘿椒树科瘿椒树属，是我国特有种、第三纪孑遗种，国家珍稀濒危保护植物（吴征镒等，2003）。瘿椒树星散分布于我国亚热带、南亚热带地区，西起四川中部，东至浙江东部，南达广西西南部，北至陕西中南部（陶金川等，1990；宗世贤等，1985）。瘿椒树群落在桃源洞国家级自然保护区内主要分布于田心里村附近海拔 1187m 左右的山腰，下侧延伸为平缓沟谷，生境条件良好，群落分层明显，林冠层郁闭度为 0.85～0.9。通过每木调查，分析群落物种组成、物种多样性、频度和优势种群年龄结构，得到以下结果（张记军等，2017）。

（1）群落物种组成

群落分为乔木层、灌木层和草本层，其中乔木层可划分为乔木上层、乔木中层和乔木下层 3 个亚层。乔木上层高 18～25m，以中华槭和瘿椒树为主，伴生有南方红豆杉、蓝果树和灯台树等，该层除南方红豆杉外，基本为落叶树种。乔木中层高 10～18m，以中华槭、瘿椒树和海通为主，伴生有灯台树、薄叶润楠和华榛等。乔木下层高 5～10m，植物种类比较丰富，以薄叶润楠、瘿椒树和灯台树为主，伴生有中华槭、杉木、饭甑青冈、黄丹木姜子等 32 种植物。灌木层以蜡莲绣球、格药柃为主，伴生有细枝柃、蜡瓣花以及薄叶润楠、华润楠、黄丹木姜子等乔木层幼树。草本层常见大叶金腰、花葶薹草、江南星蕨、黑足鳞毛蕨、骤尖楼梯草、七叶一枝花等 75 种植物，还有中华槭、瘿椒树和蜡莲绣球等乔木层与灌木层植物小苗。群落内层间植物较发达，大型缠绕藤本主要有野木瓜、木通、象鼻藤和南五味子等。

（2）群落物种多样性及频度

群落的 Simpson 指数为 0.92，Shannon-Wiener 指数为 3.06，Pielou 均匀度指数为 0.84，与中亚热带常绿阔叶林基本相符，反映出桃源洞瘿椒树群落物种丰富，且均匀度较高，具有典型的中亚热带山地的性质。频度分析显示，5 个频度级的大小排序为 A>B>C=D<E，与标准频度定律 A>B>C≥D<E 几乎一致，表明群落具有良好的稳定性。瘿椒树群落频度级为 A 级的物种所占比例很大，说明群落中物种丰富，偶见种较多，使得 D、E 级比例显著减少。E 级植物是群落中的优势种和建群种，在瘿椒树群落中主要为乔木层的中华槭和瘿椒树以及灌木层中的蜡莲绣球。

（3）乔木层优势种群年龄结构

中华槭、瘿椒树、灯台树和海通的种群年龄结构均属于倒金字塔形，为衰退型种群，表明群落已处于成熟或过成熟阶段，即顶极或亚顶极阶段。中华槭种群中，Ⅴ级立木占据绝对优势，且有一定比例的 Ⅱ 级立木，Ⅲ、Ⅳ 级立木较少，表明在以后的演替过程中，中华槭的老树虽然会逐渐衰亡，但是 Ⅲ、Ⅳ 级个体数量会得到一定的补充。瘿椒树种群 Ⅲ、Ⅴ 级立木均较多，说明瘿椒树种群整体上呈现出一定的平衡状态，会在一段时期内保持一定的稳定性，继续占据着优势地位。灯台树和海通种群中，Ⅲ、Ⅳ、Ⅴ 级立木较多，处于发展的成熟阶段，均属于衰退型种群，在群落演替过程中可能会被其他种群替代。薄叶润楠种群中，Ⅲ 级立木最多，其他各级立木也占据着一定的比例，为增长种群，可能会在以后的发展演替中逐步占据优势地位。整体上，该群落乔木层处于亚顶极状态，但由于地处沟谷地带，湿度较大，坡度较大，灌木丰富，在一定程度上影响了乔木层苗木的发育。

4.2.5 大围山和八面山香果树群落

香果树隶属于茜草科香果树属，起源于约 1 亿年前中生代白垩纪，是第四纪冰川幸存孑遗植物之一。香果树为中国特有的单型属植物，是研究茜草科系统发育、形态演化及中国植物地理区系的重要材料，且因现存数量有限，濒临灭绝，被列为国家 Ⅱ 级重点保护野生植物（于永福，1999）。香果树为中国亚热带中山或低山地区的落叶阔叶林或常绿落叶阔叶混交林的伴生种，分布于中国西南和长江流域一带。目前所发现野生香果树群落分布范围虽然较广，但多零散生长于疏林中，且多为高大乔木，幼苗较少，加之种子萌发率低，天然更新能力差，分布范围逐渐缩减（傅立国等，1980）。湖南大围山国家森林公园位于湖南省浏阳市大围山镇与张坊镇交界处，地处湘东幕阜山与九岭山接壤地带，属于罗霄山脉的北段。对大围山上游和下游的 2 个香果树群落及八面山的 1 个香果树群落进行样地调查，分析群落的物种组成、生活型、物种多样性、优势种群年龄结构和生存，得到以下结果（张明月等，2017）。

（1）群落物种组成

3 个香果树群落均分为 4 层，乔木上层高 20~25m，乔木中层高 10~20m，乔木下层高 5~10m，灌木层高 1.5~5m。大围山上游香果树群落的乔木上层和乔木中层的优势种为多脉榆、香果树、青钱柳等落叶树种；乔木下层和灌木层的优势种为白木乌桕、香果树、油茶、格药柃、四川溲疏等常绿灌木和落叶小乔木。大围山下游香果树群落的乔木上层、乔木中层和乔木下层冠层连续，乔木层的物种组成单一，该 3 层的优势种均为香果树、多脉榆和黄檀等落叶乔木；灌木层优势种为四川溲疏、油茶、白木乌桕、格药柃等常绿灌木。八面山香果树群落林冠层整齐连续，起伏小，群落乔木层的优势种为野核桃、香果树、青钱柳等落叶乔木；灌木层植被浓密，优势种为薄叶润楠、鹿角杜鹃和小叶青冈等常绿树种及香果树、接骨木和野核桃等落叶树种。

（2）群落物种生活型

大围山上游、下游和八面山香果树群落中，高位芽植物所占比例最高，均高于种总数的 45%；3 个群落的地面芽植物占该群落植物种总数的比例分别为 22.41%、24.54% 和 38.89%；地上芽植物所占比例均不足 15%；隐芽植物所占比例最低不足 5%。从生态气候适应参数来看，3 个群落均符合生活型谱中的第 2 型亚热带常绿阔叶林地带。由于大围山 2 个香果树群落所处纬度较高，处于中亚热带向北亚热带过渡区域，并且位于沟谷溪流附近，因此四季较温和；而八面山香果树群落所处纬度相对较低，虽然处于南亚热带向中亚热带过渡区域，但其海拔较高。因此在生活型上 3 个群落都处在 3 型和 4 型中亚热带常绿阔叶林与暖温带落叶阔叶林区域之间，但八面山偏向于亚热带常绿阔叶林的特征。

（3）群落物种多样性

大围山上游香果树群落乔灌层的物种数少于下游群落，但上游香果树群落物种的个体数大于下游群落。大围山下游香果树乔木层的 Simpson 指数、Shannon-Wiener 指数，以及灌木层的 Simpson 指数、Shannon-Wiener 指数和 Pielou 均匀度指数在 3 个群落中最高，表明大围山下游香果树群落的物种丰富度在 3 个群落中最高。八面山香果树群落乔灌木的 Simpson 指数、Shannon-Wiener 指数和 Pielou 均匀度指数都较高且均匀，反映了八面山香果树群落的均匀性较高。

（4）优势种群年龄结构和生存

在大围山上游香果树群落中，香果树种群多为 V 和 IV 级立木，虽然乔木层中香果树为优势种群，群落生境良好，但群落内岩石裸露度较高，群落郁闭度高达 90%，幼苗极少，分布疏散，加上种子萌发率低，在以后的群落演替中将会呈现更新困难现象，可以推断此群落的香果树种群在以后的群落发展过程中处于衰退趋势；大围山下游香果树群落中，香果树种群的 V 级立木数量最多，III 级立木和 V 级立木数量相当，香果树小树较少，群落岩石裸露度相对较低，但群落郁闭度稍高，不利于小苗的萌发与生长，但相对于群落内其他优势种群，香果树仍处于优势地位，因此推断在可预见的群落发展中，香果树种群在群落内的地位变化不大，属于稳定型种群。而在八面山的香果树群落中，香果树种群的 I、II 和 III 级立木数量较多，为金字塔形结构，而群落内的其他种群均缺乏 I、II、III 级立木，同时八面山的纬度较低、温度高、降水多，群落内水热条件较好，加上群落的郁闭度低，更有利于香果树种群 I、II、III 级立木的生长，为典型的增长型种群。

综上所述，导致大围山 2 个香果树群落在相同地理位置上出现不同演替动态的原因主要是：与下游香果树群落相比，上游香果树群落内郁闭度大和岩石裸露度相对较高导致香果树的幼苗生长受阻；大围山下游的香果树群落内香果树的 I、II 和 III 级立木数量较多，而其他优势种群缺乏 I、II 和 III 级立木，因此为香果树幼苗提供了生长空间。与大围山的香果树群落相比，八面山香果树种群为增长型的原因为：八面山纬度位置稍低，水热条件较好，为香果树提供了适合的生长环境；群落内郁闭度较低，为低龄级香果树提供了生长空间；群落内其他优势种群植株数量少，且多为高龄级树木，与低龄级香果树生长竞争的优势种少。

参 考 文 献

陈灵芝, 孙航, 郭柯. 2014. 中国植物区系与植被地理. 北京: 科学出版社.

丁巧玲, 刘忠成, 王蕾, 等. 2016. 湖南桃源洞国家级自然保护区南方铁杉种群结构与生存分析. 西北植物学报, 36(6): 1233-1244.

傅立国, 吕庸浚, 莫新平. 1980. 冷杉属植物在广西与湖南首次发现. 植物分类学报, 18(2): 205-210.

郭柯, 方精云, 王国宏, 等. 2020. 中国植被分类系统修订方案. 植物生态学报, 44(2): 111-127.

侯学煜. 2001. 1:1000000 中国植被图集. 北京: 科学出版社.

刘起衔. 1998. 湖南产新植物. 植物研究, 8(3): 85-86.

刘羽霞, 廖文波, 王蕾, 等. 2016. 桃源洞国家级保护区资源冷杉种群动态. 首都师范大学学报(自然科学版), 37(3): 51-56.

刘招辉, 张建亮, 刘燕华, 等. 2011. 大院资源冷杉种群的空间分布格局分析. 广西植物, 931(5): 614-619.

祁红艳, 金志农, 杨清培, 等. 2014. 江西武夷山南方铁杉生长规律及更新困难的原因解释. 江西农业大学学报, 36(1): 137-143.

宋永昌. 2004. 中国常绿阔叶林分类试行方案. 植物生态学报, 28(4): 435-448.

宋永昌. 2011. 对中国植被分类系统的认知和建议. 植物生态学报, 35(8): 882-892.

宋永昌, 阎恩荣, 宋坤. 2017. 再议中国的植被分类系统. 植物生态学报, 41(2): 269-278.

苏何玲, 唐绍清. 2004. 濒危植物资源冷杉遗传多样性研究. 广西植物, 25(4): 414-417.

苏乐怡, 赵万义, 张记军, 等. 2016. 湖南八面山银杉群落特征及其残遗性和保守性分析. 植物资源与环境学报, 25(4): 74-86.

陶金川, 宗世贤, 杨志斌, 等. 1990. 银鹊树的地理分布与引种. 南京林业大学学报, 14(2): 34-40.

汪松, 谢焱. 2004. 中国物种红色名录 第一卷 红色名录. 北京: 高等教育出版社.

汪维勇, 裘利洪. 1999. 江西裸子植物多样性及保护. 江西林业科技, 增刊: 13-15.

王炜, 裴浩, 王鑫厅. 2016. 优势种植被分类系统的逻辑分析与示例方案化. 生物多样性, 24(2): 136-147.

吴征镒, 路安民, 汤彦承, 等. 2003. 中国被子植物科属综论. 北京: 科学出版社.

肖学菊, 康华魁. 1991. 关于大院冷杉的考查报告. 湖南林业科技, 18(2): 38-40.

于永福. 1999. 中国野生植物保护工作的里程碑——《国家重点保护野生植物名录(第一批)》出台. 植物杂志, (5): 3-11.

张记军, 陈艺敏, 刘忠成, 等. 2017. 湖南桃源洞国家级自然保护区珍稀植物瘿椒树群落研究. 生态科学, 36(1): 9-16.

张明月, 刘楠楠, 刘佳, 等. 2017. 湖南大围山和八面山香果树种群的年龄结构和演替动态比较. 西北植物学报, 37(8): 1603-1615.

张志祥. 2011. 珍稀濒危植物南方铁杉研究进展. 生物学教学, 36(6): 3-5.

中国植被编辑委员会. 1980. 中国植被. 北京: 科学出版社.

周浙昆, Momohara A. 2005. 一些东亚特有种子植物的化石历史及其植物地理学意义. 云南植物研究, 27(5): 449-470.

宗世贤, 杨志斌, 陶金川. 1985. 银鹊树生态特性的研究. 植物生态学报, 9(3): 192-201.

Borcard D, Gillet F, Legendre P. 2014. 数量生态学——R 语言的应用. 赖江山译. 北京: 高等教育出版社.

Chun W Y, Kuang K Z. 1958. A new genus of Pinaceae, *Cathaya* Chun et Kuang, General Nov, from southern and western China. Botaniceskii Urnal SSSR, 43: 461-470.

Qian S H, Yang Y C, Tang C Q, et al. 2016. Effective conservation measures are needed for wild *Cathaya argyrophylla* populations in China: insights from the population structure and regeneration characteristics. Forest Ecology and Management, 361: 358-367.

Wang H W, Ge S. 2006. Phylogeography of the endangered *Cathaya argyrophylla* (Pinaceae) inferred from sequence variation of mitochondrial and nuclear DNA. Molecular Ecology, 15: 4109-4122.

第5章　罗霄山脉苔藓植物区系

摘　要　根据5年来的采集、鉴定以及相关文献考证统计，罗霄山脉地区苔藓植物共有97科282属883种（含种下分类单位），其中苔类35科67属232种，角苔类4科4属5种，藓类58科211属646种。区系分析表明，该地区主要优势科有：蔓藓科、细鳞苔科、白发藓科、毛锦藓科、平藓科、青藓科、丛藓科、提灯藓科、真藓科、凤尾藓科等。优势科、优势属均表现出明显的热带亚热带至温带过渡的性质；种的地理成分可划分为14个分布区类型，其中热带分布种占非世界属种总数的29.38%，温带分布种[1]占35.90%，东亚分布种占29.14%，中国特有分布种占5.59%。总体上，该地区有东亚特有属16属，东亚分布种250种，中国特有分布种48种，珍稀濒危种10种，充分地展现了罗霄山脉苔藓植物区系是东亚大陆核心区的特点。

5.1　罗霄山脉苔藓植物区系组成

5.1.1　科属种组成

关于罗霄山脉的苔藓植物，此前有过一些报道，如常红秀（1989a）报道井冈山苔藓植物172种3亚种和1变种，季梦成和吴鹏程（1996）、李登科和吴鹏程（1988）分别报道过井冈山叶附生苔类共计22种。另外，《中国苔藓志》中也记录了一些井冈山的苔藓植物。常红秀（1989b）报道了庐山的苔藓植物。

中山大学自2010年10月开始在井冈山采集苔藓植物，前后共采集标本2000多号（存放在中山大学植物标本馆和深圳市中国科学院仙湖植物园植物标本馆）。此后，中山大学和仙湖植物园又陆续在罗霄山脉地区（南至崇义齐云山，北至庐山）开展了广泛采集，共获得标本近20 000份。通过对这些标本的鉴定以及对上述文献资料的整理，根据贾渝和何思（2013）编著的《中国生物物种名录　第一卷　植物　苔藓植物》中有关苔藓植物的系统统计，该地区共有苔藓植物97科282属883种（含种下分类单位），其中苔类35科67属232种，角苔类4科4属5种，藓类58科211属646种。

5.1.2　优势科属

1. 优势科

将苔藓植物种数≥20种的科定义为优势科，罗霄山脉苔藓植物优势科有13科，含108属417种，分别占罗霄山脉苔藓植物科总数的13.4%、属总数的38.3%和种总数的47.2%。13个优势科按优势度依次为青藓科 Brachytheciaceae、丛藓科 Pottiaceae、灰藓科 Hypnaceae、提灯藓科 Mniaceae、蔓藓科 Meteoriaceae、细鳞苔科 Lejeuneaceae、白发藓科 Leucobryaceae、真藓科 Bryaceae、毛锦藓科 Pylaisiadelphaceae、羽苔科 Plagiochilaceae、金发藓科 Polytrichaceae、凤尾藓科 Fissidentaceae、平藓科 Neckeraceae（表5-1）。

这些优势科中，世界广布的有3科，即灰藓科、羽苔科、金发藓科；热带亚热带分布的有5科，

---

① 苔藓植物按前人的习惯，科、属的分布区类型基本上按照吴征镒（1991；2003）体系划分，而种的分布区类型常将东亚分布从温带分布区类型中区分出来，相应地温带分布不含东亚分布。

表 5-1　罗霄山脉苔藓植物优势科及其属种组成

序号	科名	属数	占属总数（%）	种数	占种总数（%）	科的分布区类型或主产区
1	青藓科 Brachytheciaceae	13	4.6	54	6.1	温带分布
2	丛藓科 Pottiaceae	18	6.4	52	5.9	温带分布为主
3	灰藓科 Hypnaceae	8	2.8	37	4.2	世界广布
4	提灯藓科 Mniaceae	6	2.1	36	4.1	温带分布为主
5	蔓藓科 Meteoriaceae	17	6.0	35	4.0	热带亚热带分布
6	细鳞苔科 Lejeuneaceae	13	4.6	32	3.6	热带分布
7	白发藓科 Leucobryaceae	4	1.4	29	3.3	热带亚热带分布
8	真藓科 Bryaceae	5	1.8	28	3.2	温带至热带分布
9	毛锦藓科 Pylaisiadelphaceae	8	2.8	25	2.8	热带亚热带分布
10	羽苔科 Plagiochilaceae	2	0.7	24	2.7	世界广布
11	金发藓科 Polytrichaceae	5	1.8	24	2.7	世界广布
12	凤尾藓科 Fissidentaceae	1	0.4	21	2.4	温带至热带分布
13	平藓科 Neckeraceae	8	2.8	20	2.3	热带亚热带分布

即蔓藓科、细鳞苔科、白发藓科、毛锦藓科、平藓科；温带分布的有 3 科，其中青藓科为典型温带科，丛藓科、提灯藓科以温带分布为主；而真藓科、凤尾藓科自温带分布至热带分布。整体上，反映出本地区优势成分是由热带向温带过渡的特点。

2. 优势属

以属内所含苔藓植物种数≥10 种的属作为优势属，罗霄山脉苔藓植物的优势属有 19 属，其中青藓属 *Brachythecium*、羽苔属 *Plagiochila*、凤尾藓属 *Fissidens* 和真藓属 *Bryum* 的种类达到 20 种及以上（表 5-2）。

表 5-2　罗霄山脉苔藓植物优势属及其分布区类型

序号	属名	种数	占种总数（%）	属的分布区类型或主产区
1	青藓属 *Brachythecium*	25	2.8	温带分布
2	羽苔属 *Plagiochila*	23	2.6	世界广布
3	凤尾藓属 *Fissidens*	21	2.4	热带亚热带分布
4	真藓属 *Bryum*	20	2.3	温带分布为主
5	绢藓属 *Entodon*	16	1.8	温带分布为主
6	耳叶苔属 *Frullania*	15	1.7	热带亚热带分布
7	小金发藓属 *Pogonatum*	14	1.6	世界广布
8	曲尾藓属 *Dicranum*	14	1.6	温带分布为主
9	灰藓属 *Hypnum*	14	1.6	温带分布
10	曲柄藓属 *Campylopus*	13	1.5	热带分布为主
11	匍灯藓属 *Plagiomnium*	13	1.5	温带至亚热带分布
12	鞭苔属 *Bazzania*	12	1.4	世界广布
13	光萼苔属 *Porella*	12	1.4	世界广布
14	扁萼苔属 *Radula*	11	1.2	世界广布
15	疣鳞苔属 *Cololejeunea*	11	1.2	热带亚热带分布
16	对齿藓属 *Didymodon*	11	1.2	温带及暖热地区
17	合叶苔属 *Scapania*	10	1.1	温带及热带高山分布
18	泽藓属 *Philonotis*	10	1.1	热带亚热带分布
19	丝瓜藓属 *Pohlia*	10	1.1	温带分布为主

这些优势属中，世界广布属有 5 属：羽苔属、小金发藓属、鞭苔属、光萼苔属、扁萼苔属；热带亚热带分布属有 5 属：耳叶苔属、曲柄藓属、凤尾藓属、疣鳞苔属、泽藓属，其中疣鳞苔属中有很多种类是叶附生型苔类。温带分布属有 6 属：青藓属、真藓属、绢藓属、曲尾藓属、灰藓属、丝瓜藓

属。与优势科的组成相似，优势属亦体现出从热带到温带的过渡特点。

5.2　罗霄山脉苔藓植物的区系特征

5.2.1　东亚特有属

东亚特有属是指主要分布于中国、日本和朝鲜，包括喜马拉雅东部，但很少分布到南亚及西伯利亚的属，这些属多为单种属或少种属，喜温暖湿润环境，其体现了东亚大陆的区系性质。罗霄山脉苔藓植物东亚特有属有 16 属，其中苔类 2 属、藓类 14 属（表 5-3）。

表 5-3　罗霄山脉苔藓植物东亚特有属

序号	属名	分布区类型或亚型
1	多瓣苔属 Macvicaria	中国—日本分布
2	对羽苔属 Plagiochilion	东亚分布
3	拟船叶藓属 Dolichomitriopsis	东亚分布
4	拟金毛藓属 Eumyurium	中国—日本分布
5	粗疣藓属 Fauriella	中国—日本分布
6	小蔓藓属 Meteoriella	东亚分布
7	新悬藓属 Neobarbella	东亚分布
8	新船叶藓属 Neodolichomitra	东亚分布
9	褶藓属 Okamuraea	中国—日本分布
10	栅孔藓属 Palisadula	中国—日本分布
11	毛枝藓属 Pilotrichopsis	东亚分布
12	拟木毛藓属 Pseudospiridentopsis	东亚分布
13	疣齿藓属 Scabridens	中国特有分布
14	球蒴藓属 Sphaerotheciella	中国—喜马拉雅分布
15	螺叶藓属 Sakuraia	中国—日本分布
16	耳蔓藓属 Neonoguchia	中国特有分布

在这些东亚特有属中，对羽苔属、小蔓藓属、新悬藓属等 7 属为东亚分布；多瓣苔属、拟金毛藓属、褶藓属等 6 属为中国—日本分布；球蒴藓属为中国—喜马拉雅分布，而疣齿藓属和耳蔓藓属为中国特有分布。罗霄山脉地区的东亚特有属中，中国—日本分布的属数远高于中国—喜马拉雅分布的属数，原因在于横断山脉以东至整个大陆东部，是东亚植物区系的主体，日本是这一区系的东部延伸，而喜马拉雅、横断山脉是喜马拉雅造山运动后才升起来的，时间上晚于日本陆岛的分离。罗霄山脉地区的中国特有属疣齿藓属和耳蔓藓属均为热带亚热带性质的属，分布于我国华南及西南地区，与本地区总体处于较温暖地区的地理特征一致。

5.2.2　种的地理成分特点

根据苔藓植物种的地理分布式样，参照吴征镒等（1991；2003）和王荷生（1979）关于中国种子植物科属的分类界定的观点，将罗霄山脉苔藓植物区系种的分布区类型划分为以下 14 个分布区类型。

T1 世界广布

罗霄山脉苔藓植物有该分布区类型世界广布种 25 种，隶属于 16 科 21 属。藓类主要有金发藓 *Polytrichum commune*、葫芦藓 *Funaria hygrometrica*、长蒴藓 *Trematodon longicollis*、卷叶凤尾藓 *Fissidens dubius*、卷叶湿地藓 *Hyophila involuta*、狭网真藓 *Bryum algovicum*、银藓 *Anomobryum filiforme*、泽藓 *Philonotis fontana*、虎尾藓 *Hedwigia ciliata* 等；苔类有地钱 *Marchantia polymorpha*、石地钱 *Reboulia hemis phaerica*、毛地钱 *Dumortiera hirsuta* 等。这些苔藓植物分布广泛，很难反映出罗霄山脉苔藓植物区系的区域性质、地位，因此在区系成分统计中该分布区类型未算入总百分比。

T2 泛热带分布

罗霄山脉有泛热带分布区类型 27 种。藓类包括节茎曲柄藓 *Campylopus umbellatus*、羊角藓 *Herpetineuron toccoae*、拟悬藓 *Barbellopsis trichophora*、鳞叶藓 *Taxiphyllum taxirameum*、蕊形真藓 *Bryum coronatum*、刺叶桧藓 *Pyrrhobryum spiniforme*、尖叶油藓 *Hookeria acutifolia*、树平藓 *Homaliodendron flabellatum* 等；苔类有长角剪叶苔 *Herbertus dicranus*、小鞭鳞苔 *Mastigolejeunea auriculata*、黄色细鳞苔 *Lejeunea flava*，角苔类有褐角苔 *Folioceros fuciformis*。

T3 热带亚洲和热带美洲间断分布

罗霄山脉有该分布区类型 23 种。藓类主要有卷叶小金发藓 *Pogonatum perichaetiale*、包氏白发藓 *Leucobryum bowringii*、网藓 *Syrrhopodon gardneri*、网孔凤尾藓 *Fissidens polypodioides*、薄齿藓 *Leptodontium viticulosoides*、短月藓 *Brachymenium nepalense*、白藓 *Leucomium strumosum*、柔叶同叶藓 *Isopterygium tenerum* 等；苔类主要有原瓣耳叶苔 *Frullania riparia*、尖叶薄鳞苔 *Leptolejeunea elliptica*。

T4 旧世界热带分布

罗霄山脉有该分布区类型 13 种。藓类有扭柄藓 *Campylopodium medium*、爪哇白发藓 *Leucobryum javense*、齿边花叶藓 *Calymperes serratum*、密毛鹤嘴藓 *Pelekium gratum*、明叶藓 *Vesicularia montagnei*、刀叶树平藓 *Homaliodendron scalpellifolium*、拟多枝藓 *Haplohymenium pseudotriste* 等；苔类有齿边褶萼苔 *Plicanthus hirtellus*、尖叶耳叶苔 *Frullania apiculata*、皱萼苔 *Ptychanthus striatus* 等。

T5 热带亚洲至热带大洋洲分布

罗霄山脉有该分布区类型 30 种，隶属于 18 科 27 属。藓类有硬叶小金发藓 *Pogonatum neesii*、尾尖曲柄藓 *Campylopus comosus*、柔叶泽藓 *Philonotis mollis*、大麻羽藓 *Claopodium assurgens*、小扭叶藓 *Trachypus humilis*、反叶粗蔓藓 *Meteoriopsis reclinata*、鞭枝藓 *Isocladiella surcularis*、麻齿梳藓 *Ctenidium malacobolum*、红毛藓 *Oedicladium rufescens* 等；苔类有截叶管口苔 *Solenostoma truncatum*、双齿异萼苔 *Heteroscyphus coalitus*、四齿异萼苔 *H. argutus*、粗茎唇鳞苔 *Cheilolejeunea trapezia*、变异多褶苔 *Spruceanthus polymorphus* 等。

T6 热带亚洲至热带非洲分布

罗霄山脉有该分布区类型 14 种。藓类有秃叶泥炭藓 *Sphagnum obtusiusculum*、疣小金发藓 *Pogonatum urnigerum*、南亚火藓 *Schlotheimia grevilleana*、红毛鹤嘴藓 *Pelekium versicolor*、疣柄拟刺疣藓 *Papillidiopsis complanata*、橙色锦藓 *Sematophyllum phoeniceum*、穗枝赤齿藓 *Erythrodontium julaceum* 等；苔类有全缘褶萼苔 *Plicanthus birmensis*、毛耳苔 *Jubula hutchinsiae*、粗齿疣鳞苔 *Cololejeunea planissima*；角苔类有东亚大角苔 *Megaceros flagellaris*。

T7 热带亚洲分布

罗霄山脉该分布区类型较丰富，有 145 种，隶属于 45 科 82 属。其中藓类主要有钩叶青毛藓 *Dicranodontium uncinatum*、白发藓 *Leucobryum glaucum*、大凤尾藓 *Fissidens nobilis*、日本网藓 *Syrrhopodon japonicus*、大丛藓 *Pottia intermedia*、大桧藓 *Pyrrhobryum dozyanum*、矮锦藓 *Sematophyllum subhumile* 等；苔类主要有小蛇苔 *Conocephalum japonicum*、塔叶苔 *Schiffneria hyalina*、日本鞭苔 *Bazzania japonica*、多枝剪叶苔 *Herbertus ramosus*、南亚羽苔 *Plagiochila arbuscula*、大蠕形羽苔 *Plagiochila peculiaris*、阿氏耳叶苔 *Frullania alstonii*、多胞疣鳞苔 *Cololejeunea ocelloides*、狭叶角鳞苔 *Drepanolejeunea angustifolia*、多褶苔 *Spruceanthus semirepandus* 等。

T8 北温带分布

罗霄山脉有该分布区类型 232 种，为第二大分布区类型。其中藓类主要有尖叶泥炭藓 *Sphagnum capillifolium*、台湾拟金发藓 *Polytrichastrum formosum*、桧叶金发藓 *Polytrichum juniperinum*、日本立碗藓 *Physcomitrium japonicum*、卷叶紫萼藓 *Grimmia incurva*、长枝长齿藓 *Niphotrichum ericoides*、毛口藓 *Trichostomum brachydontium*、曲尾藓 *Dicranum scoparium*、垂蒴真藓 *Bryum uliginosum*、卵蒴丝瓜藓 *Pohlia proligera*、塔藓 *Hylocomium splendens*、赤茎藓 *Pleurozium schreberi*、鼠尾藓 *Myuroclada maximowiczii*；苔类主要有绒苔 *Trichocolea tomentella*、指叶苔 *Lepidozia reptans*、三齿鞭苔 *Bazzania tricrenata*、护蒴苔 *Calypogeia fissa*、拳叶苔 *Nowellia curvifolia*、方叶无褶苔 *Leiocolea bantriensis* 等；角苔类有角苔 *Anthoceros punctatus* 和黄角苔 *Phaeoceros laevis*。

T9 东亚—北美间断分布

罗霄山脉有该分布区类型 38 种。藓类为异叶泥炭藓 *Sphagnum portoricense*、多枝缩叶藓 *Ptychomitrium gardneri*、绿色曲尾藓 *Dicranum viride*、瘤柄匍灯藓 *Plagiomnium venustum*、柱蒴绢藓 *Entodon challengeri*、残齿藓 *Forsstroemia trichomitria* 等；苔类则为带叶苔 *Pallavicinia lyellii*、双齿护蒴苔 *Calypogeia tosana*、薄壁大萼苔 *Cephalozia otaruensis*、尖瓣折叶苔 *Diplophyllum apiculatum* 和牧野细指苔 *Kurzia makinoana* 等。

T10 旧世界温带分布

罗霄山脉有该分布区类型 19 种。藓类主要有黑色紫萼藓 *Grimmia atrata*、高山真藓 *Bryum alpinum*、柳叶藓 *Amblystegium serpens*、扁平棉藓 *Plagiothecium neckeroideum*、长肋青藓 *Brachythecium populeum*、白齿藓 *Leucodon sciuroides* 等；苔类有心叶叶苔 *Jungermannia exsertifolia* ssp. *cordifolia*、偏叶管口苔 *Solenostoma comatum*、钱袋苔 *Marsupella emarginata*。

T11 温带亚洲分布

罗霄山脉有该分布区类型 18 种。其中藓类有卷叶曲背藓 *Oncophorus crispifolius*、平叶毛口藓 *Trichostomum planifolium*、尖叶匍灯藓 *Plagiomnium acutum*、大灰藓 *Hypnum plumaeforme*、深绿绢藓 *Entodon luridus* 等；苔类有南溪苔 *Makinoa crispate*、扁萼苔 *Radula complanata*、列胞耳叶苔 *Frullania moniliata* 等。

T12 地中海区、西亚至中亚分布

罗霄山脉该分布区类型数量最少，仅有 1 种，为盔瓣耳叶苔 *Frullania muscicola*。

T13 中亚分布

罗霄山脉未出现该分布区类型。

T14 东亚分布

该分布区类型是罗霄山脉数量最多的区系成分，共 250 种，为第一大分布区类型，是罗霄山脉区系的主体。其中分布至东、西部几乎全境的有 54 种。隶属于 29 科 37 属。藓类主要有苞叶小金发藓 *Pogonatum spinulosum*、齿边缩叶藓 *Ptychomitrium dentatum*、裸萼凤尾藓 *Fissidens gymnogynus*、福氏蓑藓 *Macromitrium ferriei*、粗枝蔓藓 *Meteorium subpolytrichum*、纯叶绢藓 *Entodon obtusatus*、尖叶牛舌藓 *Anomodon giraldii* 等；苔类有圆叶裸蒴苔 *Haplomitrium mnioides*、刺边合叶苔 *Scapania ciliata*、中华光萼苔 *Porella chinensis*、陕西耳叶苔 *Frullania schensiana*、列胞疣鳞苔 *Cololejeunea ocellata* 等。

东亚分布区类型有如下两个亚型。

T14-1 中国—喜马拉雅分布

罗霄山脉有该分布区亚型 57 种，隶属于 30 科 38 属。其中藓类有卵叶泥炭藓 *Sphagnum ovatum*、丛叶青毛藓 *Dicranodontium caespitosum*、小反纽藓 *Timmiella diminuta*、刺叶悬藓 *Barbella spiculata*、赤茎小锦藓 *Brotherella erythrocaulis*、横生绢藓 *Entodon prorepens*、疣叶树平藓 *Homaliodendron papillosum* 等；苔类有复瘤合叶苔 *Scapania harae*、越南鞭苔 *Bazzania vietnamica*、密叶剪叶苔 *Herbertus kurzii*、中华羽苔 *Plagiochila chinensis*、中华耳叶苔 *Frullania sinensis* 等。

T14-2 中国—日本分布

罗霄山脉有该分布区亚型 139 种，隶属于 47 科 83 属。其中藓类有小仙鹤藓 *Atrichum crispulum*、东亚小金发藓 *Pogonatum inflexum*、日本曲尾藓 *Dicranum japonicum*、褶叶小墙藓 *Weisiopsis anomala*、狭叶麻羽藓 *Claopodium aciculum*、短枝羽藓 *Thuidium submicropteris*、毛尖青藓 *Brachythecium piligerum*、粗疣藓 *Fauriella tenuis*、东亚灰藓 *Hypnum fauriei*、东亚小锦藓 *Brotherella fauriei*、小叶栅孔藓 *Palisadula katoi* 等；苔类有东亚被蒴苔 *Nardia japonica*、柱萼苔 *Cylindrocolea recurvifolia*、拟瓢叶被蒴苔 *Nardia subclavata*、平叶异萼苔 *Heteroscyphus planus*、日本扁萼苔 *Radula japonica*、日本毛耳苔 *Jubula japonica*、距齿疣鳞苔 *Cololejeunea macounii* 等。

T15 中国特有分布

罗霄山脉有该分布区类型 48 种，隶属于 26 科 37 属。其中藓类有双珠小金发藓 *Pogonatum pergranulatum*、剑叶对齿藓 *Didymodon rufidulus*、小火藓 *Schlotheimia pungens*、中华细枝藓 *Lindbergia sinensis*、中华长喙藓 *Rhynchostegium sinense*、耳蔓藓 *Neonoguchia auriculata*、中华粗枝藓 *Gollania sinensis*、云南绢藓 *Entodon yunnanensis* 等；苔类有中华细指苔 *Kurzia sinensis*、狭叶拟大萼苔刺苞变种 *Cephaloziella elachpista* var. *spinophylla*、高氏合叶苔 *Scapania gaochii* 等。

从表 5-4 所示数据来看，罗霄山脉苔藓植物热带分布种占非世界属内种总数的 29.38%，温带分布种（不含东亚分布种）占 35.90%，东亚分布种占 29.14%，中国特有分布种占 5.59%。显然，热带亚热带、温带、东亚成分三者所占比例相差不大，显示着罗霄山脉处于热带亚热带向北渗透、温带向南扩展的过渡地带。在东亚分布区类型中，中国—日本分布区亚型所占比例最大，显示罗霄山脉苔藓植物与日本有很大的相关性，这是因为日本在喜马拉雅造山运动以前一直是与中国相连。罗霄山脉位于中国大陆东南部，其区系来源与种子植物很类似，即中国东部很多地区的植物区系与日本植物区系具有共同的起源中心（郝日明等，1996）。

表 5-4 罗霄山脉苔藓植物种的分布区类型组成

分布区类型	种数	占非世界属百分比（%）
T1 世界广布	25	扣除*
T2 泛热带分布	27	3.15
T3 热带亚洲和热带美洲间断分布	23	2.68
T4 旧世界热带分布	13	1.52
T5 热带亚洲至热带大洋洲分布	30	3.50
T6 热带亚洲至热带非洲分布	14	1.63
T7 热带亚洲分布	145	16.90
T8 北温带分布	232	27.04
T9 东亚—北美间断分布	38	4.43
T10 旧世界温带分布	19	2.21
T11 温带亚洲分布	18	2.10
T12 地中海区、西亚至中亚分布	1	0.12
T13 中亚分布	0	0
T14 东亚分布	250	29.14

续表

分布区类型	种数	占非世界属百分比（%）
T14 东亚分布	54	6.29
T14-1 中国—喜马拉雅分布	57	6.64
T14-2 中国—日本分布	139	16.20
T15 中国特有分布	48	5.59
总计	883	100.00

注：数据因四舍五入，存在比例合计不等于100%的情况，本书后同；*扣除，未算入总百分比，本书后同。

5.3　罗霄山脉苔藓植物珍稀濒危种

根据覃海宁等（2017）确定的"中国高等植物受威胁物种名录"，罗霄山脉苔藓植物有 10 种被列入名录中，其中苔类 4 种、藓类 6 种（表 5-5）。

表 5-5　罗霄山脉受威胁苔藓植物物种及其受威胁等级

种名	受威胁等级
越南鞭苔 *Bazzania vietnamica*	易危
原瓣耳叶苔 *Frullania riparia*	易危
大扁萼苔 *Radula sumatrana*	濒危
复瘤合叶苔 *Scapania harae*	濒危
外弯小锦藓 *Brotherella recurvans*	易危
折叶黄藓 *Distichophyllum carinatum*	易危
多枝蓑藓 *Macromitrium fasciculare*	易危
树形藓 *Pterobryon arbuscula*	易危
疣卷柏藓 *Racopilum convolutaceum*	易危
扭尖瓢叶藓 *Symphysodontella tortifolium*	濒危

另外，文献记录在庐山有分布的庐山耳叶苔 *Frullania lushanensis* 亦为濒危（EN）种；本次我们未采到标本，暂未将其列入名录中。

罗霄山脉地区还有一些古老珍稀的种类，如圆叶裸蒴苔 *Haplomitrium mnoides*，以及其他 5 种角苔类植物：角苔、褐角苔 *Folioceros fuciformis*、高领黄角苔 *Phaeoceros carolinianus*、黄角苔和东亚大角苔 *Megaceros flagellaris*。

参 考 文 献

常红秀. 1989a. 江西井冈山苔藓植物的初步调查. 江西大学学报(自然科学报), 13(1): 62-70.

常红秀. 1989b. 庐山的苔藓植物. 江西大学学报(自然科学版), 13(4): 80-89.

郝日明, 刘昉勋, 杨志斌, 等. 1996. 华东植物区系成分与日本植物间的联系. 云南植物研究, 18(3): 269-276.

季梦成, 吴鹏程. 1996. 中国叶附生苔类植物的研究(七)——井冈山叶附生苔补遗. 南昌大学学报(理科版), 20(4): 327-328.

贾渝, 何思. 2013. 中国生物物种名录　第一卷　植物　苔藓植物. 北京: 科学出版社.

李登科, 吴鹏程. 1988. 中国叶附生苔类植物的研究(四)——江西井冈山的叶附生苔类. 考察与研究, (8): 38-42.

覃海宁, 杨永, 董仕勇, 等. 2017. 中国高等植物受威胁物种名录. 生物多样性, 25(7): 696-744.

王荷生. 1979. 中国植物区系的基本特征. 地理学报, 34(3): 224-237.

吴鹏程, 贾渝, 汪楣芝. 2001. 中国与北美苔藓植物区系关系的探讨. 植物分类学报, 39(6): 526-539.

吴征镒. 2003. 《世界种子植物科的分布类型系统》的修订. 云南植物研究, 25(5): 535-538.

吴征镒, 周浙昆, 李德铢, 等. 2003. 世界种子植物科的分布类型系统. 云南植物研究, 25(3): 245-257.

第6章 罗霄山脉蕨类植物区系

摘 要 针对罗霄山脉蕨类植物区系组成和地理成分进行了研究，比较了5条中型山脉蕨类植物的地理分异，与邻近12个蕨类植物区系进行了相似性比较。结果表明：①罗霄山脉共有蕨类植物49科122属523种，优势科为鳞毛蕨科、水龙骨科、蹄盖蕨科、金星蕨科等10科，优势属为鳞毛蕨属、凤尾蕨属、铁角蕨属、耳蕨属等23属。②罗霄山脉蕨类植物区系地理成分复杂，科、属的分布区类型以泛热带分布为主；种的地理成分以亚热带山地成分为主（包括东亚分布、中国特有分布）。③与邻近12个蕨类植物区系相比较，罗霄山脉与武夷山的属相似度较高，与武夷山、梵净山、南岭的种相似度较高；5条中型山脉蕨类植物区系的地带性、过渡性表现出"鳞毛蕨-耳蕨区系"和"铁角蕨-凤尾蕨区系"交汇的特征。

6.1 罗霄山脉蕨类植物区系组成

根据全面的调查、鉴定、统计，按照秦仁昌系统（秦仁昌和吴兆洪，1991），罗霄山脉地区共有蕨类植物49科122属523种。为了便于统计分析，现根据蕨类植物科内所含种数的多少，将罗霄山脉地区蕨类植物的49个科划分为5个等级：超过30种的为大科，含20～30种的为较大科，含10～19种的为中等科，含2～9种的为少种科，只含1种的为单种科。各等级蕨类植物科构成情况见表6-1。

表 6-1 罗霄山脉蕨类植物区系科的组成结构

科的数量等级	科数	占科总数的比例（%）	属数	占属总数的比例（%）	种数	占种总数的比例（%）
含1种的科	11	22.4	11	9.0	11	2.1
含2～9种的科	28	57.1	44	36.1	107	20.5
含10～19种的科	3	6.1	13	10.7	35	6.7
含20～30种的科	2	4.1	3	2.5	46	8.8
超过30种的科	5	10.2	51	41.8	324	62.0
合计	49	100.0	122	100.0	523	100.0

6.1.1 科的组成特点

1. 科的大小组成

如表6-1所示，罗霄山脉地区蕨类植物的大科（超过30种的科）与较大科（20～30种的科）共7科，含54属370种，分别占该区科、属和种总数的14.3%、44.3%、70.8%，是该区蕨类植物区系的主体，即鳞毛蕨科 Dryopteridaceae（8属/112种，下同）、水龙骨科 Polypodiaceae（14/63）、蹄盖蕨科 Athyriaceae（14/60）、金星蕨科 Thelypteridaceae（12/58）、铁角蕨科 Aspleniaceae（3/31）、凤尾蕨科 Pteridaceae（2/26）、卷柏科 Selaginellaceae（1/20）。其中鳞毛蕨科、蹄盖蕨科是中国蕨类植物区系的特征性科（吴世福，1998），以亚热带和温带性较多。水龙骨科、凤尾蕨科、铁角蕨科为世界广布科，金星蕨科是热带性质的科。中等科（10～19种的科）有3科，含13属35种，分别占该区科、属、种总数的 6.1%、10.7% 和 6.7%，它们是姬蕨科 Dennstaedtiaceae（3/13）、膜蕨科 Hymenophyllaceae（5/11）、中国蕨科 Sinopteridaceae（5/11）。少种科（含 2～9 种的科）主要有禾叶蕨科 Grammitidaceae、瘤足蕨科 Plagiogyriaceae、剑蕨科 Loxogrammaceae、箭蕨科 Ophioglossaceae、鳞始蕨科 Lindsaeaceae、舌蕨科 Elaphoglossaceae、书带蕨科 Vittariaceae、水蕨科 Parkeriaceae、桫椤蕨科 Cyatheaceae、岩蕨科 Woodsiaceae 等 28 科，含 44 属 107 种，分别占该区科、属、种总数的 57.1%、36.1% 和 20.5%。本区系中单种科共 11 科，即蚌壳蕨科 Dicksoniaceae、车前蕨科 Antrophyaceae、槐叶苹科 Salviniaceae、莲座蕨科 Angiopteridaceae、球盖蕨科 Peranemaceae、球子蕨科 Onocleaceae、肾蕨科 Nephrolepidaceae、实蕨科 Bolbitidaceae、松叶蕨科 Psilotaceae、条蕨科 Oleandraceae、雨蕨科 Gymnogrammitidaceae，分别占科、属、种总数的 22.4%、9.0% 和 2.1%。

2. 优势科与表征科

参考《中国蕨类植物多样性与地理分布》（严岳鸿等，2013）有关数据，按蕨类植物科所含种数从多到少进行排序（表 6-2），将种数超过罗霄山脉地区各科平均种数的科定义为优势科。在这里科的平均种数为 11 种，由高到低的前 10 科即为本地区蕨类植物的优势科，占罗霄山脉地区属总数的 54.9%，罗霄山脉地区种总数的 77.4%。其中鳞毛蕨科、水龙骨科、蹄盖蕨科、金星蕨科占罗霄山脉地区属总数的 39.3%、罗霄山脉地区种总数的 56.0%。这 4 个科的分化程度较高，反映了罗霄山脉地区生境的多样性及其与其他区系联系的紧密性，它们与铁角蕨科、凤尾蕨科、卷柏科、姬蕨科、膜蕨科、中国蕨科共同组成罗霄山脉地区的优势科群。

表 6-2　罗霄山脉蕨类植物区系的优势科

科名	罗霄山脉地区		全国		占全国比例（%）		分布区类型
	属数	种数	属数	种数	属	种	
鳞毛蕨科	8	112	13	466	61.5	24.0	T1 世界广布
水龙骨科	14	63	25	242	56.0	26.0	T1 世界广布
蹄盖蕨科	14	60	18	322	77.8	18.6	T1 世界广布
金星蕨科	12	58	18	247	66.7	23.5	T2 泛热带分布
铁角蕨科	3	31	8	146	37.5	21.2	T1 世界广布
凤尾蕨科	2	26	2	103	100.0	25.2	T1 世界广布
卷柏科	1	20	1	78	100.0	25.6	T1 世界广布
膜蕨科	5	11	15	69	33.3	15.9	T2 泛热带分布
姬蕨科	3	13	3	76	100.0	18.4	T2 泛热带分布
中国蕨科	5	11	9	68	55.6	16.2	T2 泛热带分布

表征科是能体现蕨类植物在区系中的数量特征、林层林貌特征和地理区位特征的科（表 6-3）。在本区系中，一些优势科所含的蕨类植物属种数较多，常形成林下的优势层或在各群落中出现的频度较高，说明这些科是本地区重要的组成部分。例如，对武功山地区实地调查发现，在低海拔林下江南桤木、马尾松、落羽杉等人工林下鳞毛蕨科、金星蕨科植物常作为草本植物的优势片层，在低海拔的香樟-菜蕨群丛、枫杨-菜蕨群丛，中海拔的鹅掌楸-薄盖短肠蕨群丛，高海拔的黄山松-马银花+蝴蝶荚蒾戏珠-渐尖毛蕨群丛、蹄盖蕨科、金星蕨科某些种类成为群丛下的重要结构组成部分。另外有一些单种科或少种科虽然在数量上不占据优势，但其分布能够体现罗霄山脉地区的地理区位特征，如北温带分布的阴地蕨科、球子蕨科、岩蕨科本区可以视为其分布南界。而泛热带分布的禾叶蕨科、桫椤蕨科、舌蕨科、条蕨科、肾蕨科 莲座蕨科、蚌壳蕨科等是热带至南亚热带常见的科，在本区出现可视为个别属种向北延伸的北界。

表6-3　罗霄山脉蕨类植物区系的表征科

科名	罗霄山脉地区		全国		占全国比例（%）		分布区类型
	属数	种数	属数	种数	属	种	
鳞毛蕨科	8	112	13	466	61.5	24.0	T1 世界广布
水龙骨科	14	63	25	242	56.0	26.0	T1 世界广布
蹄盖蕨科	14	60	18	322	77.8	18.6	T1 世界广布
金星蕨科	12	58	18	247	66.7	23.5	T2 泛热带分布
桫椤科	1	2	2	14	50.0	14.3	T2 泛热带分布
舌蕨科	1	2	1	9	100.0	22.2	T2 泛热带分布
条蕨科	1	1	1	7	100.0	14.3	T2 泛热带分布
水蕨科	1	1	1	2	100.0	50.0	T2 泛热带分布
实蕨科	1	1	1	24	100.0	4.2	T2 泛热带分布
肾蕨科	1	1	2	7	50.0	14.3	T2 泛热带分布
莲座蕨科	1	1	2	43	50.0	2.3	T4 旧世界热带分布
车前蕨科	1	1	1	9	100.0	11.1	T2 泛热带分布
蚌壳蕨科	1	1	1	2	100.0	50.0	T2 泛热带分布
阴地蕨科	1	3	1	12	100.0	25.0	T8 北温带分布
岩蕨科	2	2	3	24	66.7	8.3	T8 北温带分布
球子蕨科	1	1	2	4	50.0	25.0	T8 北温带分布

6.1.2　属的组成特点

1. 属的大小组成

按上述同样方法，也可将罗霄山脉地区蕨类的属划分为 5 个数量级统计（表 6-4）。大属（超过 30 种）与较大属（含 20～30 种的属）共 6 属 168 种，分别为鳞毛蕨属 *Dryopteris*（49 种，下同）、凤尾蕨属 *Pteris*（28）、耳蕨属 *Polystichum*（25）、铁角蕨属 *Asplenium*（23）、复叶耳蕨属 *Arachniodes*（23）、卷柏属 *Selaginella*（20）；中等属（含 10～19 种的属）共 6 属 79 种，分别为蹄盖蕨属 *Athyrium*（16）、短肠蕨属 *Allantodia*（15）、瓦韦属 *Lepisorus*（14）、毛蕨属 *Cyclosorus*（13）、金星蕨属 *Parathelypteris*（11）、凤丫蕨属 *Coniogramme*（10）；少种属（含 2～9 种的属）共 64 属 230 种，如石杉属 *Huperzia*（5）、星蕨属 *Microsorum*（5）、粉背蕨属 *Aleuritopteris*（4）、狗脊蕨属 *Woodwardia*（4）、骨牌蕨属 *Lepidogrammitis*（4）、剑蕨属 *Loxogramme*（4）、木贼属 *Equisetum*（4）、双盖蕨属 *Diplazium*（4）、水龙骨属 *Polypodiodes*（4）、碗蕨属 *Dennstaedtia*（4）、新月蕨属 *Pronephrium*（4）、针毛蕨属 *Macrothelypteris*（4）等；单种属 46 属，如鞭叶蕨属 *Cyrtomidictyum*、肠蕨属 *Diplaziopsis*、车前蕨属 *Antrophyum*、崇澍蕨属 *Chieniopteris*、顶育蕨属 *Photinopteris*、伏石蕨属 *Lemmaphyllum*、观音座莲属 *Angiopteris*、桂皮紫萁属 *Osmundastrum*、蒿蕨属 *Ctenopteris*、荚果蕨属 *Pentarhizidium*、瘤蕨属 *Phymatosorus*、黔蕨属 *Phanerophlebiopsis*、丝带蕨属 *Drymotaenium*、香鳞始蕨属 *Osmolindsaea*、星毛蕨属 *Ampelopteris*、岩蕨属 *Woodsia*、岩穴蕨属 *Ptilopteris*、隐囊蕨属 *Cheilanthes*、鱼鳞蕨属 *Acrophorus*、雨蕨属 *Gymnogrammitis* 等。

表6-4　罗霄山脉蕨类植物区系属的组成

属的数量等级	属数	占属总数比例（%）	种数	占种总数比例（%）
含 1 种的属	46	37.7	46	8.8
含 2～9 种的属	64	52.5	230	44.0
含 10～19 种的属	6	4.9	79	15.1
含 20～30 种的属	5	4.1	119	22.8
超过 30 种的属	1	0.8	49	9.4
合计	122	100	523	100

鳞毛蕨属是罗霄山脉地区第一大属,以我国及喜马拉雅山周围诸国、朝鲜、日本为分布中心,其优势度在整个中国—日本森林植物亚区的各蕨类植物区系中常居首位,但向南被主产于热带的凤尾蕨属、铁角蕨属取代,向北或西南高山则分别被主产于暖温带的耳蕨属、蹄盖蕨属等取代。当然,鳞毛蕨属多生于酸性土壤上,所以在石灰岩地区其优势地位会被能适应钙性土壤的耳蕨属、卷柏属、凤尾蕨属替代,而这些属在本地区都是优势属,亦是本地区生境多样的一个佐证。凤尾蕨属与铁角蕨属是罗霄山脉地区的第二、三大属,在我国主产于热带和亚热带地区,在广西大明山、十万大山(周厚高,2000;周厚高和黎桦,1992)、海南尖峰岭(罗文等,2010)等古热带地区其优势度显著增加,形成了"铁角蕨-凤尾蕨区系"。

2. 优势属与表征属

参照优势科的确定方法,将罗霄山脉地区蕨类植物 5 种及以上的属称为优势属,以此考察该区优势属的构成(表 6-5)。这些优势属共 23 属,含 324 种,分别占罗霄山脉地区蕨类植物属总数的 18.9%,占种总数的 62.0%,其中鳞毛蕨属 *Dryopteris*、凤尾蕨属 *Pteris*、铁角蕨属 *Asplenium*、耳蕨属 *Polystichum*、复叶耳蕨属 *Arachniodes* 在本地区分化程度高,与卷柏属 *Selaginella*、蹄盖蕨属 *Athyrium*、短肠蕨属 *Allantodia*、瓦韦属 *Lepisorus*、毛蕨属 *Cyclosorus*、金星蕨属 *Parathelypteris*、石松属 *Lycopodium*、肋毛蕨属 *Ctenitis*、假毛蕨属 *Pseudocyclosorus*、凤丫蕨属 *Coniogramme*、贯众属 *Cyrtomium*、鳞盖蕨属 *Microlepia*、线蕨属 *Colysis*、假蹄盖蕨属 *Athyriopsis*、假瘤蕨属 *Phymatopteris*、瘤足蕨属 *Plagiogyria*、星蕨属 *Microsorum*、圣蕨属 *Dictyocline* 共同组成本区的优势属。

表 6-5　罗霄山脉蕨类植物区系的优势属

属名	罗霄山脉地区种数	全国种数	占本地区蕨类植物种总数比例(%)	占全国该属种总数比例(%)	分布区类型
鳞毛蕨属 *Dryopteris*	49	161	9.4	30.4	T1 世界广布
凤尾蕨属 *Pteris*	28	102	5.4	27.5	T2 泛热带分布
耳蕨属 *Polystichum*	25	183	4.8	13.7	T1 世界广布
铁角蕨属 *Asplenium*	23	116	4.4	19.8	T1 世界广布
复叶耳蕨属 *Arachniodes*	23	59	4.4	39.0	T2 泛热带分布
卷柏属 *Selaginella*	20	78	3.8	25.6	T1 世界广布
蹄盖蕨属 *Athyrium*	16	100	3.1	16.0	T1 世界广布
短肠蕨属 *Allantodia*	15	82	2.9	18.3	T2 泛热带分布
瓦韦属 *Lepisorus*	14	45	2.7	31.1	T6 热带亚洲至热带非洲分布
毛蕨属 *Cyclosorus*	13	115	2.5	11.3	T2 泛热带分布
金星蕨属 *Parathelypteris*	11	17	2.1	64.7	T2 泛热带分布
凤丫蕨属 *Coniogramme*	10	25	1.9	40.0	T2 泛热带分布
石松属 *Lycopodium*	9	39	1.7	23.1	T1 世界广布
肋毛蕨属 *Ctenitis*	8	10	1.5	80.0	T2 泛热带分布
假毛蕨属 *Pseudocyclosorus*	8	15	1.5	53.3	T2 泛热带分布
贯众属 *Cyrtomium*	8	41	1.5	19.5	T6 热带亚洲至热带非洲分布
鳞盖蕨属 *Microlepia*	8	61	1.5	13.1	T2 泛热带分布
线蕨属 *Colysis*	7	16	1.3	43.8	T5 热带亚洲至热带大洋洲分布
假蹄盖蕨属 *Athyriopsis*	7	22	1.3	31.8	T6 热带亚洲至热带非洲分布
假瘤蕨属 *Phymatopteris*	7	48	1.3	14.6	T7 热带亚洲分布
瘤足蕨属 *Plagiogyria*	5	8	1.0	62.5	T2 泛热带分布
星蕨属 *Microsorum*	5	10	1.0	50.0	T6 热带亚洲至热带非洲分布
圣蕨属 *Dictyocline*	5	28	1.0	17.9	T7 热带亚洲分布

参照表征科的确定方式,罗霄山脉地区的表征属有鳞毛蕨属 *Dryopteris*、凤尾蕨属 *Pteris*、耳蕨属

Polystichum、复叶耳蕨属 *Arachniodes*、蹄盖蕨属 *Athyrium*、短肠蕨属 *Allantodia*、凤丫蕨属 *Coniogramme*、贯众属 *Cyrtomium*、鳞盖蕨属 *Microlepia*、碗蕨属 *Dennstaedtia*、里白属 *Diplopterygium*、乌蕨属 *Odontosoria*、卵果蕨属 *Phegopteris*（表 6-6）。

表 6-6 罗霄山脉蕨类植物区系的表征属

属名	罗霄山脉地区种数	全国种数	占本地区蕨类植物种总数比例（%）	占全国该属种总数比例（%）	分布区类型
鳞毛蕨属 *Dryopteris*	49	161	9.4	30.4	T1 世界广布
凤尾蕨属 *Pteris*	28	102	5.4	27.5	T2 泛热带分布
耳蕨属 *Polystichum*	25	183	4.8	13.7	T1 世界广布
复叶耳蕨属 *Arachniodes*	23	59	4.4	39.0	T2 泛热带分布
蹄盖蕨属 *Athyrium*	16	100	3.1	16.0	T1 世界广布
短肠蕨属 *Allantodia*	15	82	2.9	18.3	T2 泛热带分布
凤丫蕨属 *Coniogramme*	10	25	1.9	40.0	T2 泛热带分布
贯众属 *Cyrtomium*	8	41	1.5	19.5	T6 热带亚洲至热带非洲分布
鳞盖蕨属 *Microlepia*	8	61	1.5	13.1	T2 泛热带分布
碗蕨属 *Dennstaedtia*	4	10	0.8	40.0	T2 泛热带分布
里白属 *Diplopterygium*	3	11	0.6	27.3	T2 泛热带分布
乌蕨属 *Odontosoria*	1	2	0.2	50.0	T2 泛热带分布
卵果蕨属 *Phegopteris*	1	3	0.2	33.3	T8 北温带分布

科属组成表明，罗霄山脉地区以优势科集中现象明显，单种属、寡种属众多，这种数量特征与全国蕨类植物的分布组成大致相似，在一定程度上可以认为本地区是中国蕨类植物区系的一个缩影。组成罗霄山脉地区蕨类植物区系的 49 个科中，木贼科、莲座蕨科在石炭纪末就已经出现，膜蕨科、海金沙科、水龙骨科等在二叠纪就已经建立起来，随后紫萁科在中生代的三叠纪出现踪迹，这些古老甚至是濒危或易危的类群与其分化类群经过复杂的地质、气候变化在本地区出现。还有一些科系统发育的各个阶段比较完整地出现在本地区，如组成蹄盖蕨科的既有最原始的冷蕨属，又有假蹄盖蕨属、蹄盖蕨属、介蕨属等比较原始的类群，还有肠蕨属、短肠蕨属等比较进步的类群。

6.2 罗霄山脉蕨类植物区系地理成分

探讨区系地理成分是植物区系研究的核心内容之一，参考吴征镒关于种子植物属分布区类型所界定的大致范围（吴征镒，1991），可将罗霄山脉地区蕨类植物划分为 15 个分布区类型（表 6-7）。

表 6-7 罗霄山脉蕨类植物科属种的分布区类型

分布区类型	科数	占非世界科总数比例（%）	属数	占非世界属总数比例（%）	种数	占非世界种总数比例（%）
T1 世界广布	19	扣除	19	扣除	—	—
T2 泛热带分布	20	66.7	36	35.0	12	2.3
T3 热带亚洲和热带美洲间断分布	1	3.3	1	1.0	1	0.2
T4 旧世界热带分布	3	10.0	11	10.7	4	0.8
T5 热带亚洲至热带大洋洲分布	1	3.3	3	2.9	10	1.9
T6 热带亚洲至热带非洲分布	0	0.0	13	12.6	6	1.1
T7 热带亚洲分布	1	3.3	14	13.6	170	32.5
T8 北温带分布	3	10.0	7	6.8	4	0.8
T9 东亚—北美间断分布	0	0.0	2	1.9	0	0.0
T10 旧世界温带分布	0	0.0	0	0.0	1	0.2
T11 温带亚洲分布	0	0.0	2	1.9	13	2.5

续表

分布区类型	科数	占非世界科总数比例（%）	属数	占非世界属总数比例（%）	种数	占非世界种总数比例（%）
T14 东亚分布	0	0.0	3	2.9	29	5.5
T14-1 中国—喜马拉雅分布	1	3.3	6	5.8	37	7.1
T14-2 中国—日本分布	0	0.0	5	4.9	121	23.1
T15 中国特有分布	0	0.0	0	0.0	115	22.0
合计	49	100	122	100	523	100

6.2.1 科的地理成分

热带分布的科（即 T2～T7 分布区类型）有 26 科包括泛热带分布的肿足蕨科、条蕨科、桫椤蕨科、松叶蕨科、水蕨科、书带蕨科、实蕨科、肾蕨科、膜蕨科、裸子蕨科、鳞始蕨科、剑蕨科、姬蕨科、禾叶蕨科、海金沙科、车前蕨科、叉蕨科、蚌壳蕨科等，热带亚洲和热带美洲间断分布的瘤足蕨科，旧世界热带分布的莲座蕨科、槲蕨科、骨碎补科，热带亚洲至热带大洋洲分布的球盖蕨科，热带亚洲分布的稀子蕨科，占非世界科总数的 86.6%（不计世界广布科），以泛热带分布最多。温带分布的科仅有北温带分布的阴地蕨科、岩蕨科、球子蕨科和中国—喜马拉雅分布的雨蕨科，共 2 型 4 科，占非世界科总数的 13.3%。热带分布区类型占一定优势。

6.2.2 属的地理成分

热带分布的属有 78 属，占非世界属总数的 75.8%，按吴征镒（1993）的分布区类型依次为：泛热带分布共 36 属，占非世界属属总数的 35.0%，如条蕨属 *Oleandra*、碎米蕨属 *Cheilosoria*、松叶蕨属 *Psilotum*、水蕨属 *Ceratopteris*、肾蕨属 *Nephrolepis*、木桫椤属 *Alsophila*、膜叶铁角蕨属 *Hymenasplenium*、马尾杉属 *Phlegmariurus*、禾叶蕨属 *Grammitis* 等；热带亚洲和热带美洲间断分布有双盖蕨属 *Diplazium*；旧世界热带分布有 11 属，占非世界属总数的 10.7%，如星毛蕨属 *Ampelopteris*、团扇蕨属 *Gonocormus*、瘤蕨属 *Phymatosorus*、假脉蕨属 *Crepidomanes*、观音座莲属 *Angiopteris*、车前蕨属 *Antrophyum* 等；热带亚洲至热带大洋洲分布有鱼鳞蕨属 *Acrophorus*、线蕨属 *Colysis*、菜蕨属 *Callipteris* 3 属；热带亚洲至热带非洲分布共 13 属，占非世界属总数的 12.6%，有星蕨属 *Microsorum*、香鳞始蕨属 *Osmolindsaea*、金粉蕨属 *Onychium*、角蕨属 *Cornopteris*、抱树莲属 *Drymoglossum* 等；热带亚洲分布有 14 属，占非世界属总数的 13.6%，有圣蕨属 *Dictyocline*、亮毛蕨属 *Acystopteris*、金毛狗属 *Cibotium*、假瘤蕨属 *Phymatopteris*、蒿蕨属 *Ctenopteris*、顶育蕨属 *Photinopteris*、崇澍蕨属 *Chieniopteris* 等。组成温带成分的属共 25 属，占非世界属总数的 24.2%，从多到少依次为：北温带分布 7 属，有羽节蕨属 *Gymnocarpium*、阴地蕨属 *Botrychium*、岩蕨属 *Woodsia*、荚果蕨属 *Pentarhizidium*、桂皮紫萁属 *Osmundastrum* 等；中国—日本分布有岩穴蕨属 *Ptilopteris*、丝带蕨属 *Drymotaenium*、鞭叶蕨属 *Cyrtomidictyum* 等 5 属；中国—喜马拉雅分布有雨蕨属 *Gymnogrammitis*、黔蕨属 *Phanerophlebiopsis*、节肢蕨属 *Arthromeris*、骨牌蕨属 *Lepidogrammitis*、柳叶蕨属 *Cyrtogonellum*、柄盖蕨属 *Peranema* 6 属；东亚分布有锯蕨属 *Micropolypodium*、钩毛蕨属 *Cyclogramma*、伏石蕨属 *Lemmaphyllum* 3 属；温带亚洲分布有膀胱蕨属 *Potowoodsia*、假冷蕨属 *Pseudocystopteris* 2 属；东亚—北美间断分布有蛾眉蕨属 *Lunathyrium*、过山蕨属 *Camptosorus* 2 属。显然罗霄山脉地区与热带区系联系紧密。

6.2.3 种的地理成分

种的分析能更加深入地揭示本区系蕨类植物现代分布特征及其与其他区系的联系。根据表 6-7，对罗霄山脉种的分布区类型按热带分布、温带分布及其亚型进行统计。

（1）热带分布种

共 213 种，占种总数的 38.8%。

1）泛热带分布 12 种，包括松叶蕨 *Psilotum nudum*、铺地蜈蚣 *Lycopodium cernuum*、垂穗石松 *Palhinhaea cernua*、肾蕨 *Nephrolepis cordifolia*、长柄蔎蕨 *Mecodium polyanthos*、普通针毛蕨 *Macrothelypteris torresiana*、齿牙毛蕨 *Cyclosorus dentatus*、心脏叶瓶尔小草 *Ophioglossum reticulatum*、姬蕨 *Hypolepis punctata*、栗蕨 *Histiopteris incisa* 等。

2）热带亚洲和热带美洲间断分布 1 种，即双盖蕨 *Diplazium donianum*。

3）旧世界热带分布 4 种，包括星毛蕨 *Ampelopteris prolifera*、乌蕨 *Odontosoria chinensis*、舌蕨 *Elaphoglossum conforme*、蜈蚣草 *Pteris vittata*。

4）热带亚洲至热带大洋洲分布 10 种，包括阴石蕨 *Humata repens*、毛轴铁角蕨 *Asplenium crinicaule*、干旱毛蕨 *Cyclosorus aridus*、毛轴假蹄盖蕨 *Athyriopsis petersenii*、毛柄短肠蕨 *Allantodia dilatata*、曲轴海金沙 *Lygodium flexuosum*、剑叶凤尾蕨 *Pteris ensiformis*、倒挂铁角蕨 *Asplenium normale*、食蕨 *Pteridium esculentum*、缘毛卷柏 *Selaginella ciliaris*。

5）热带亚洲至热带非洲分布 6 种，包括星蕨 *Microsorum punctatum*、团扇蕨 *Gonocormus minutus*、变异铁角蕨 *Asplenium varians*、欧洲凤尾蕨 *Pteris cretica*、线羽凤尾蕨 *Pteris linearis* 等。

6）热带亚洲分布最为突出，有 170 种，占种总数的 32.5%，包括安蕨 *Anisocampium cumingianum*、抱树莲 *Drymoglossum piloselloides*、菜蕨 *Callipteris esculenta*、川黔肠蕨 *Diplaziopsis cavaleriana*、长柄车前蕨 *Antrophyum obovatum*、顶育蕨 *Photinopteris acuminata*、边生短肠蕨 *Allantodia contermina*、大叶短肠蕨 *Allantodia maxima*、淡绿短肠蕨 *Allantodia virescens*、江南短肠蕨 *Allantodia metteniana*、阔片短肠蕨 *Allantodia matthewii*、对生耳蕨 *Polystichum deltodon*、灰绿耳蕨 *Polystichum eximium*、长鳞耳蕨 *Polystichum longipaleatum*、半边旗 *Pteris semipinnata*、变异凤尾蕨 *Pteris excelsa*、刺齿半边旗 *Pteris dispar*、粗糙凤尾蕨 *Pteris cretica*、井栏边草 *Pteris multifida*、栗柄凤尾蕨 *Pteris plumbea*、全缘凤尾蕨 *Pteris insignis*、西南凤尾蕨 *Pteris wallichiana*、溪边凤尾蕨 *Pteris excelsa*、斜羽凤尾蕨 *Pteris oshimensis*、伏石蕨 *Lemmaphyllum microphyllum*、背囊复叶耳蕨 *Arachniodes cavalerii*、华南复叶耳蕨 *Arachniodes festina*、华西复叶耳蕨 *Arachniodes simulans*、球子复叶耳蕨 *Arachniodes sphaerosora*、顶芽狗脊蕨 *Woodwardia unigemmata*、东方狗脊蕨 *Woodwardia orientalis*、刺齿贯众 *Cyrtomium caryotideum*、小叶海金沙 *Lygodium microphyllum*、虎尾蒿蕨 *Ctenopteris subfalcata*、短柄禾叶蕨 *Grammitis dorsipila*、两广禾叶蕨 *Grammitis lasiosora*、槲蕨 *Drynaria roosii*、大叶假冷蕨 *Pseudocystopteris atkinsonii*、喙叶假瘤蕨 *Phymatopteris rhynchophylla*、假毛蕨 *Pseudocyclosorus tylodes*、镰片假毛蕨 *Pseudocyclosorus falcilobus*、庐山假毛蕨 *Pseudocyclosorus lushanensis*、溪边假毛蕨 *Pseudocyclosorus ciliatus*、中华剑蕨 *Loxogramme chinensis*、黑叶角蕨 *Cornopteris opaca*、节肢蕨 *Arthromeris lehmannii*、龙头节肢蕨 *Arthromeris lungtauensis*、金粉蕨 *Onychium siliculosum*、粟柄金粉蕨 *Onychium japonicum*、野雉尾金粉蕨 *Onychium japonicum*、金毛狗蕨 *Cibotium barometz*、金星蕨 *Parathelypteris glanduligera*、微毛金星蕨 *Parathelypteris glanduligera*、薄叶卷柏 *Selaginella delicatula*、垫状卷柏 *Selaginella pulvinata*、江南卷柏 *Selaginella moellendorffii*、深绿卷柏 *Selaginella doederieinii*、疏叶卷柏 *Selaginella remotifolia*、兖州卷柏 *Selaginella involvens*、异穗卷柏 *Selaginella heterostachys*、毛轴蕨 *Pteridium revolutum*、亮鳞肋毛蕨 *Ctenitis subglandulosa*、疏羽肋毛 *Ctenitis submariformis*、光里白 *Diplopterygium glaucum*、中华里白 *Diplopterygium chinense*、边缘鳞盖蕨 *Microlepia marginata*、粗毛鳞盖蕨 *Microlepia strigosa*、二回边缘鳞盖蕨 *Microlepia marginata* var. *bipinnata*、虎克鳞盖蕨 *Microlepia hookeriana*、华南鳞盖蕨 *Microlepia hancei*、毛叶边缘鳞盖蕨 *Microlepia marginata* var. *villosa*、暗鳞鳞毛蕨 *Dryopteris atrata*、变异鳞毛蕨 *Dryopteris varia*、黑足鳞毛蕨 *Dryopteris fuscipes*、裸果鳞毛蕨 *Dryopteris gymnosora*、无盖鳞毛蕨 *Dryopteris scottii*、稀羽鳞毛蕨 *Dryopteris sparsa*、团叶

陵齿蕨 *Lindsaea orbiculata*、光亮瘤蕨 *Phymatosorus cuspidatus*、华中瘤足蕨 *Plagiogyria euphlebia*、镰羽瘤足蕨 *Plagiogyria falcata*、瘤足蕨 *Plagiogyria adnata*、密叶瘤足蕨 *Plagiogyria pycnophylla*、蕗蕨 *Mecodium badium*、福氏马尾杉 *Phlegmariurus fordii*、芒萁 *Dicranopteris pedata*、华南毛蕨 *Cyclosorus parasiticus*、宽羽毛蕨 *Cyclosorus latipinnus*、顶果膜蕨 *Hymenophyllum khasyanum*、华东膜蕨 *Hymenophyllum barbatum*、笔管草 *Equisetum ramosissimum*、管苞瓶蕨 *Vandenboschia birmanica*、南海瓶蕨 *Vandenboschia radicans*、瓶蕨 *Vandenboschia auriculata*、南国田字草 *Marsilea crenata*、圣蕨 *Dictyocline griffithii*、羽裂圣蕨 *Dictyocline wilfordii*、石松 *Lycopodium japonicum*、石蕨 *Pyrrosia angustissima*、石韦 *Pyrrosia lingua*、贴生石韦 *Pyrrosia adnascens*、华南实蕨 *Bolbitis subcordata*、书带蕨 *Haplopteris flexuosa*、单叶双盖蕨 *Diplazium subsinuatum*、双盖蕨 *Diplazium donianum*、日本水龙骨 *Polypodiodes niponica*、水龙骨 *Polypodiodes niponica*、毛轴碎米蕨 *Cheilosoria chusana*、碎米蕨 *Cheilosoria mysurensis*、藤石松 *Lycopodiastrum casuarinoides*、日本蹄盖蕨 *Athyrium niponicum*、软刺蹄盖蕨 *Athyrium strigillosum*、宿蹄盖蕨 *Athyrium anisopterum*、华南条蕨 *Oleandra cumingii*、厚叶铁角蕨 *Asplenium griffithianum*、虎尾铁角蕨 *Asplenium incisum*、华南铁角蕨 *Asplenium austrochinense*、剑叶铁角蕨 *Asplenium ensiforme*、江南铁角蕨 *Asplenium holosorum*、胎生铁角蕨 *Asplenium indicum*、棕鳞铁角蕨 *Asplenium yoshinagae*、长叶铁角蕨 *Asplenium prolongatum*、棕鳞铁角蕨 *Asplenium yoshinagae*、扇叶铁线蕨 *Adiantum flabellulatum*、瓦韦 *Lepisorus thunbergianus*、光叶碗蕨 *Dennstaedtia scabra*、碗蕨 *Dennstaedtia scabra*、乌毛蕨 *Blechnum orientale*、稀子蕨 *Monachosorum henryi*、断线蕨 *Colysis hemionitidea*、褐叶线蕨 *Colysis wrightii*、宽羽线蕨 *Colysis elliptica*、曲边线蕨 *Colysis elliptica*、线蕨 *Colysis elliptica*、胄叶线蕨 *Colysis hemitoma*、香鳞始蕨 *Osmolindsaea odorata*、红色新月蕨 *Pronephrium lakhimpurense*、微红新月蕨 *Pronephrium megacuspe*、新月蕨 *Pronephrium gymnopteridifrons*、表面星蕨 *Microsorum superficiale*、江南星蕨 *Microsorum fortunei*、羽裂星蕨 *Microsorum insigne*、薄叶阴地蕨 *Botrychium daucifolium*、圆盖阴石蕨 *Humata tyermanni*、鱼鳞蕨 *Acrophorus paleolatus*、东亚羽节蕨 *Gymnocarpium oyamense*、耳状紫柄 *Pseudophegopteris aurita*、紫柄蕨 *Pseudophegopteris pyrrhorachis*、粗齿紫萁 *Osmunda banksiifolia*、华南紫萁 *Osmunda vachellii* 等。

（2）温带分布种

共 320 种，占种总数的 61.2%。

1）北温带分布有铁角蕨 *Asplenium trichomanes*、节节草 *Equisetum ramosissimum*、木贼 *Equisetum hyemale*、问荆 *Equisetum arvense* 4 种。

2）东亚—北美间断分布未出现。

3）旧世界温带分布有 1 种，即槐叶苹 *Salvinia natans*。

4）温带亚洲分布有狭叶瓶尔小草 *Ophioglossum thermale*、卷柏 *Selaginella tamariscina*、戟叶耳蕨 *Polystichum tripteron*、东方荚果蕨 *Pentarhizidium orientalis*、金鸡脚假瘤蕨 *Phymatopteris hastata*、有柄石韦 *Pyrrosia petiolosa*、鳞柄短肠蕨 *Allantodia squamigera*、华中铁角蕨 *Asplenium sarelii*、膀胱蕨 *Potowoodsia manchuriensis*、耳羽岩蕨 *Woodsia polystichoides*、银粉背蕨 *Aleuritopteris argentea*、桂皮紫萁 *Osmundastrum cinnamomeum*、紫萁 *Osmunda japonica*，共 13 种。

5）东亚分布有 187 种，占种总数的 35.8%，由于地史与现代自然环境的原因，罗霄山脉地区种的区系特征主要体现为明显的亚热带性质，包括东亚分布及两个亚型。

a）东亚分布有 29 种，包括阴地蕨 *Botrychium ternatum*、崇澍蕨 *Chieniopteris harlandii*、三翅铁角蕨 *Asplenium tripteropus*、狭翅铁角蕨 *Asplenium wrightii*、假蹄盖蕨 *Athyriopsis japonica*、光脚短肠蕨 *Allantodia doederleinii*、小叶短肠蕨 *Allantodia metteniana*、中华短肠蕨 *Allantodia chinensis*、黄瓦韦 *Lepisorus asterolepis*、庐山石韦 *Pyrrosia sheareri*、普通凤丫蕨 *Coniogramme intermedia*、远轴鳞毛蕨 *Dryopteris dickinsii*、大叶贯众 *Cyrtomium macrophyllum*、大羽贯众 *Cyrtomium maximum*、贯众 *Cyrtomium* fortunei、多裂复叶耳蕨 *Arachniodes multifida*、美丽复叶耳蕨 *Arachniodes speciosa*、斜方复叶耳蕨 *Arachniodes amabilis*、对马耳蕨 *Polystichum tsus-simense*、革叶耳蕨 *Polystichum neolobatum*、黑鳞耳蕨 *Polystichum makinoi*、伏地卷柏 *Selaginella nipponica*、细叶卷柏 *Selaginella labordei*、延羽卵果蕨 *Phegopteris decursivepinnata*、峨眉茯蕨 *Leptogramma scallanii*、褐柄剑蕨 *Loxogramme duclouxdi*、柳叶剑蕨 *Loxogramme salicifolia*、傅氏凤尾蕨 *Pteris fauriei*、两广凤尾蕨 *Pteris maclurei*。

b）中国—喜马拉雅分布有 37 种，包括锡金锯蕨 *Micropolypodium sikkimense*、西南槲蕨 *Drynaria fortunei*、西南假毛蕨 *Pseudocyclosorus esquirolii*、披针新月蕨 *Pronephrium penangianum*、疏松卷柏 *Selaginella effusa*、尖齿耳蕨 *Polystichum acutidens*、长齿耳蕨 *Polystichum longidens*、细裂复叶耳蕨 *Arachniodes coniifolia*、尖齿鳞毛蕨 *Dryopteris acutodentata*、西域鳞毛蕨 *Dryopteris blanfordii*、细叶鳞毛蕨 *Dryopteris woodsiisora*、翅柄假脉蕨 *Crepidomanes latealatum*、多脉假脉蕨 *Crepidomanes insigne*、长柄假脉蕨 *Crepidomanes racemulosum*、骨牌蕨 *Lepidogrammitis rostrata*、大果假瘤蕨 *Phymatopteris griffithiana*、多羽节肢蕨 *Arthromeris mairei*、毡毛石韦 *Pyrrosia drakeana*、友水龙骨 *Polypodiodes amoena*、丝带蕨 *Drymotaenium miyoshianum*、百华山瓦韦 *Lepisorus paohuashanensis*、大瓦韦 *Lepisorus macrosphaerus*、二色瓦韦 *Lepisorus bicolor*、扭瓦韦 *Lepisorus contortus*、昆明假蹄盖蕨 *Athyriopsis longipes*、湿生蹄盖蕨 *Athyrium devolii*、雨蕨 *Gymnogrammitis dareiformis*、多鳞粉背蕨 *Aleuritopteris anceps*、粉背蕨 *Aleuritopteris anceps*、旱蕨 *Pellaea nitidula* 等。

c）中国—日本分布有 121 种，包括厚叶轴脉蕨 *Ctenitopsis sinii*、阔鳞肋毛蕨 *Ctenitis maximowicziana*、直鳞肋毛蕨 *Ctenitis eatonii*、平羽凤尾蕨 *Pteris kiuschiuensis*、锯蕨 *Micropolypodium okuboi*、亚粗毛鳞盖蕨 *Microlepia substrigosa*、匙叶剑蕨 *Loxogramme grammitoides*、翠绿针毛蕨 *Macrothelypteris viridifrons*、雅致针毛蕨 *Macrothelypteris oligophlebia* var. *elegans*、针毛蕨 *Macrothelypteris oligophlebia*、林下凸轴蕨 *Metathelypteris hattorii*、疏羽凸轴蕨 *Metathelypteris laxa*、渐尖毛蕨 *Cyclosorus acuminatus*、毛蕨 *Cyclosorus interruptus*、钝角金星蕨 *Parathelypteris angulariloba*、光脚金星蕨 *Parathelypteris japonica*、秦氏金星蕨 *Parathelypteris chingii*、狭脚金星蕨 *Parathelypteris borealis*、中华金星蕨 *Parathelypteris chinensis*、中日金星蕨 *Parathelypteris nipponica*、景烈假毛蕨 *Pseudocyclosorus tsoi*、普通假毛蕨 *Pseudocyclosorus subochthodes*、狭基钩毛蕨 *Cyclogramma leveillei*、耳基卷柏 *Selaginella limbata*、福建观音座莲 *Angiopteris fokiensis*、毛枝蕨 *Leptorumohra miqueliana*、齿头鳞毛蕨 *Dryopteris labordei*、东京鳞毛蕨 *Dryopteris tokyoensis*、高鳞毛蕨 *Dryopteris simasakii*、黑鳞远轴鳞毛蕨 *Dryopteris namegatae*、红盖鳞毛蕨 *Dryopteris erythrosora*、华南鳞毛蕨 *Dryopteris tenuicula*、京鹤鳞毛蕨 *Dryopteris kinkiensis*、宽羽鳞毛蕨 *Dryopteris ryoitoana*、阔鳞鳞毛蕨 *Dryopteris championii*、两色鳞毛蕨 *Dryopteris setosa*、迷人鳞毛蕨 *Dryopteris decipiens*、密鳞鳞毛蕨 *Dryopteris pycnopteroides*、平行鳞毛蕨 *Dryopteris indusiata*、奇羽鳞毛蕨 *Dryopteris sieboldii*、桫椤鳞毛蕨 *Dryopteris cycadina*、太平鳞毛蕨 *Dryopteris pacifica*、同形鳞毛蕨 *Dryopteris uniformis*、狭顶鳞毛蕨 *Dryopteris lacera*、中华鳞毛蕨 *Dryopteris chinensis*、阔羽贯众 *Cyrtomium yamamotoi*、披针贯众 *Cyrtomium devexiscapulae*、华东复叶耳蕨 *Arachniodes tripinnata*、假斜方复叶耳蕨 *Arachniodes hekiana*、全缘斜方复叶耳蕨 *Arachniodes rhomboidea*、日本复叶耳蕨 *Arachniodes nipponica*、异羽复叶耳蕨 *Arachniodes simplicior*、巴郎耳蕨 *Polystichum balansae*、倒鳞耳 *Polystichum retrosopaleaceum*、假黑鳞耳蕨 *Polystichum pseudomakinoi*、阔鳞耳蕨 *Polystichum rigens*、小戟叶耳蕨 *Polystichum hancockii*、棕鳞耳蕨 *Polystichum polyblepharum*、鞭叶蕨 *Cyrtomidictyum lepidocaulon*、华东瘤足蕨 *Plagiogyria japonica*、常绿满江红 *Azolla imbricata*、满江红 *Azolla pinnata*、华南舌蕨 *Elaphoglossum yoshinagae*、金发石杉 *Huperzia quasipolytrichoides*、笔直石松 *Lycopodium obscunmi*、平肋书带蕨 *Haplopteris fudzinoi*、水蕨 *Ceratopteris thalictroides*、攀援星蕨 *Microsorum buergerianum*、阔叶瓦韦 *Lepisorus tosaensis*、鳞瓦韦 *Lepisorus oligolepidus*、远轴瓦韦 *Lepisorus distans*、粤瓦韦 *Lepisorus obscurevenulosus*、短柄鳞果星蕨 *Lepidomicrosorum brevipes*、

鳞果星蕨 *Lepidomicrosorum buergerianum*、屋久假瘤蕨 *Phymatopteris yakushimensis*、剑叶盾蕨 *Neolepisorus ensatus*、粗齿桫椤 *Alsophila denticulata*、小黑桫椤 *Alsophila metteniana*、光蹄盖蕨 *Athyrium otophorum*、禾秆蹄盖蕨 *Athyrium yokoscense*、华中蹄盖蕨 *Athyrium wardii*、尖头蹄盖蕨 *Athyrium vidalii*、麦秆蹄盖蕨 *Athyrium fallaciosum*、坡生蹄盖蕨 *Athyrium clivicola*、长江蹄盖蕨 *Athyrium iseanum*、薄叶双盖蕨 *Diplazium pinfaense*、厚叶双盖蕨 *Diplazium crassiusculum*、亮毛蕨 *Acystopteris japonica*、华中介蕨 *Dryoathyrium okuboanum*、绿叶介蕨 *Dryoathyrium viridifrons*、角蕨 *Cornopteris decurrenti-alata*、毛叶角蕨 *Cornopteris decurrentialata*、钝羽假蹄盖蕨 *Athyriopsis conilii*、二型叶假蹄盖蕨 *Athyriopsis dimorphophylla*、斜羽假蹄盖蕨 *Athyriopsis japonica*、薄盖短肠蕨 *Allantodia hachijoensis*、耳羽短肠蕨 *Allantodia wichurae*、假耳羽短肠蕨 *Allantodia okudairai*、华东安蕨 *Anisocampium sheareri*、北京铁角蕨 *Asplenium pekinense*、钝齿铁角蕨 *Asplenium subvarians*、骨碎补铁角蕨 *Asplenium ritoense*、闽浙铁角蕨 *Asplenium wilfordii*、狗脊蕨 *Woodwardia japonica*、珠芽狗脊蕨 *Woodwardia prolifera*、穴子蕨 *Ptilopteris maximowiczii*、尾叶稀子蕨 *Monachosorum flagellare*、华中稀子蕨 *Monachosorum flagellare* var. *nipponicum*、华东阴地蕨 *Botrychium japonicum*、福氏肿足蕨 *Hypodematium fordii* 等。

6）中国特有分布的有 115 种，包括二型肋毛蕨 *Ctenitis dingnanensis*、虹鳞肋毛蕨 *Ctenitis rhodolepis*、泡鳞肋毛蕨 *Ctenitis mariformis*、棕鳞肋毛蕨 *Ctenitis pseudorhodolepis*、波叶凤尾蕨 *Pteris undulatipinna*、华南凤尾蕨 *Pteris austro-sinica*、华中凤尾蕨 *Pteris kiuschiuensis*、鸡冠凤尾蕨 *Pteris vittata*、江西凤尾蕨 *Pteris obtusiloba*、尾头凤尾蕨 *Pteris oshimensis*、狭叶凤尾蕨 *Pteris henryi*、圆头凤尾蕨 *Pteris wallichiana*、溪洞碗蕨 *Dennstaedtia wilfordii*、细毛碗蕨 *Dennstaedtia hirsuta*、假粗毛鳞盖蕨 *Microlepia pseudostrigosa*、微毛凸轴蕨 *Metathelypteris adscendens*、戟叶圣蕨 *Dictyocline sagittifolia*、短尖毛蕨 *Cyclosorus subacutus*、假渐尖毛蕨 *Cyclosorus subacuminatus*、宽顶毛蕨 *Cyclosorus paracuminatus*、锐尖毛蕨 *Cyclosorus acutissimus*、细柄毛蕨 *Cyclosorus kuliangensis*、武宁假毛蕨 *Pseudocyclosorus paraochthodes*、小叶钩毛蕨 *Cyclogramma flexilis*、华中茯蕨 *Leptogramma centrochinensis*、小叶茯蕨 *Leptogramma tottoides*、翠云草 *Selaginella uncinata*、地卷柏 *Selaginella prostrata*、剑叶卷柏 *Selaginella xipholepis*、蔓出卷柏 *Selaginella davidii*、里白 *Diplopterygium Diplopterygium*、粗齿黔蕨 *Phanerophlebiopsis blinii*、德化鳞毛蕨 *Dryopteris dehuaensis*、观光鳞毛蕨 *Dryopteris tsoongii*、黄山鳞毛蕨 *Dryopteris whangshanensis*、假异鳞毛蕨 *Dryopteris immixta*、裸叶鳞毛蕨 *Dryopteris gymnophylla*、轴鳞鳞毛蕨 *Dryopteris lepidorachis*、密羽贯众 *Cyrtomium confertifolium*、斜方贯众 *Cyrtomium trapezoideum*、刺头复叶耳蕨 *Arachniodes aristata*、多羽复叶耳蕨 *Arachniodes amoena*、假长尾复叶耳蕨 *Arachniodes pseudosimplicior*、坚直复叶耳蕨 *Arachniodes valida*、南方复叶耳蕨 *Arachniodes australis*、尾叶复叶耳蕨 *Arachniodes caudata*、湘黔复叶耳蕨 *Arachniodes michelii*、中华复叶耳蕨 *Arachniodes chinensis*、紫云山复叶耳蕨 *Arachniodes ziyunshanensis*、陈氏耳蕨 *Polystichum chunii*、小戟耳蕨 *Polystichum simplicipinnum*、尖顶耳蕨 *Polystichum excellens*、杰出耳蕨 *Polystichum excelsius*、亮叶耳蕨 *Polystichum lanceolatum*、庐山耳蕨 *Polystichum lushanense*、芒齿耳蕨 *Polystichum hecatopteron*、拟流苏耳蕨 *Polystichum subfimbriatum*、峨眉凤丫蕨 *Coniogramme emeiensis*、凤丫蕨 *Coniogramme japonica*、黑轴凤丫蕨 *Coniogramme robusta*、井冈山凤丫蕨 *Coniogramme jinggangshanensis*、南岳凤丫蕨 *Coniogramme centrochinensis*、疏网凤丫蕨 *Coniogramme wilsonii*、昆明石杉 *Huperzia kunmingensis*、四川石杉 *Huperzia sutchueniana*、直叶金发石杉 *Huperzia quasipolytrichoides*、华南马尾杉 *Phlegmariurus austrosinicus*、闽浙马尾杉 *Phlegmariurus minchengensis*、矩圆线蕨 *Colysis henryi*、庐山瓦韦 *Lepisorus lewissii*、乌苏里瓦韦 *Lepisorus ussuriensis*、中华水龙骨 *Polypodiodes chinensis*、光石韦 *Pyrrosia calvata*、相近石韦 *Pyrrosia assimilis*、相似石韦 *Pyrrosia similis*、灰鳞假瘤蕨 *Phymatopteris albopes*、宽底假瘤蕨 *Phymatopteris majoensis*、抱石莲 *Lepidogrammitis drymoglossoides*、披针骨牌蕨 *Lepidogrammitis diversa*、长叶骨牌蕨 *Lepidogrammitis elongata*、盾蕨 *Neolepisorus ovatus*、梵净山盾蕨 *Neolepisorus lancifolius*、松谷蹄盖蕨 *Athyrium vidalii*、胎生蹄盖蕨 *Athyrium viviparum*、溪边蹄盖蕨 *Athyrium deltoid-dofrons*、长叶蹄盖蕨 *Athyrium elongatum*、川东介蕨 *Dryoathyrium stenopteron*、华中蛾眉蕨 *Lunathyrium shennongense*、九龙蛾眉蕨 *Lunathyrium orientale*、毛鳞短肠蕨 *Allantodia hirtisquama*、东南铁角蕨 *Asplenium oldhamii*、过山蕨 *Asplenium ruprechtii*、黑边铁角蕨 *Asplenium speluncae*、江苏铁角蕨 *Asplenium kiangsuense*、培善膜叶铁角蕨 *Hymenasplenium wangpeishanii*、配膜叶铁角蕨 *Hymenasplenium apogamum*、中华膜叶铁角蕨 *Hymenasplenium sinense*、仙霞铁线蕨 *Adiantum juxtapositum*、中华隐囊蕨 *Cheilanthes chinensis*、陕西粉背蕨 *Aleuritopteris shensiensis*、鳞毛肿足蕨 *Hypodematium squamulosopilosum*、修株肿足蕨 *Hypodematium gracile*、肿足蕨 *Hypodematium crenatum* 等。

6.3　罗霄山脉蕨类植物的地理分异

6.3.1　优势科组成的差异

　　总体来看，罗霄山脉地区从南到北 5 条中型山脉蕨类植物属种组成占据优势的主要科都是鳞毛蕨科、金星蕨科、蹄盖蕨科、水龙骨科、凤尾蕨科等（表 6-8）。这些共同优势科的存在，尤其是四大科的优势地位始终占据绝对优势充分说明了罗霄山脉地区蕨类植物作为一个独立区系单元的自然性，并且该区系单元在一定程度上体现了我国南方蕨类植物区系的基本特征。但从各山体具体情况来看，其优势科的排序呈现一定的南北差异性，即从最南部的诸广山脉地区的鳞毛蕨科（43 种，本节下同）、金星蕨科（29）、蹄盖蕨科（26）、水龙骨科（21）、凤尾蕨科（16）、卷柏科（14）、姬蕨科（11）、铁角蕨科（10）、膜蕨科（9）、裸子蕨科（8）；到万洋山脉地区的鳞毛蕨科（76）、水龙骨科（50）、蹄盖蕨科（29）、金星蕨科（26）、铁角蕨科（20）、凤尾蕨科（16）、卷柏科（12）、姬蕨科（9）、膜蕨科（9）、裸子蕨科（8）；到武功山脉地区的鳞毛蕨科（46）、水龙骨科（28）、蹄盖蕨科（28）、金星蕨科（26）、凤尾蕨科（17）、铁角蕨科（15）、卷柏科（11）、姬蕨科（10）、膜蕨科（6）、裸子蕨科（5）；到九岭山脉地区的鳞毛蕨科（46）、水龙骨科（32）、金星蕨科（27）、蹄盖蕨科（24）、凤尾蕨科（16）、铁角蕨科（12）、卷柏科（11）、姬蕨科（8）、膜蕨科（6）、裸子蕨科（6）；到最北的幕阜山脉的鳞毛蕨科（41）、金星蕨科（29）、水龙骨科（27）、蹄盖蕨科（24）、卷柏科（13）、凤尾蕨科（8）、铁角蕨科（8）、裸子蕨科（7）、姬蕨科（6）、膜蕨科（1）。这种排序的差异可能源于南北气候差异，典型的如在诸广山脉、万洋山脉、武功山脉、九岭山脉占据优势的对水热条件要求较高的膜蕨科在幕阜山脉已经不占据优势。

表 6-8　罗霄山脉 5 条中型山脉优势科内种组成

科	诸广山脉	万洋山脉	武功山脉	九岭山脉	幕阜山脉
鳞毛蕨科 Dryopteridaceae	43	76	46	46	41
金星蕨科 Thelypteridaceae	29	26	26	27	29
蹄盖蕨科 Athyriaceae	26	29	28	24	24
水龙骨科 Polypodiaceae	21	50	28	32	27
凤尾蕨科 Pteridaceae	16	16	17	16	8
卷柏科 Selaginellaceae	14	12	11	11	13
姬蕨科 Dennstaedtiaceae	11	9	10	8	6
铁角蕨科 Aspleniaceae	10	20	15	12	8
膜蕨科 Hymenophyllaceae	9	9	6	6	1
裸子蕨科 Hemionitidaceae	8	8	5	6	7

6.3.2　优势属组成的差异

　　总体来看，罗霄山脉地区从南到北 5 条中型山脉蕨类植物种类组成占据优势的主要属都是鳞毛蕨属、凤尾蕨属、铁角蕨属、耳蕨属、复叶耳蕨属、卷柏属等（表 6-9）。这些共同优势属的存在充分说明了罗霄山脉地区蕨类植物作为一个独立区系单元的自然性，并且该区系单元在一定程度上体现了我国南方蕨类植物区系的基本特征。但从各山体具体情况来看，其优势属的排序呈现一定的南北差异性，即从最南部的诸广山脉地区的鳞毛蕨属（26）、凤尾蕨属（16）、卷柏属（14）、铁角蕨属（10）、鳞盖蕨属（8）、复叶耳蕨属（8）、凤丫蕨属（8）、短肠蕨属（8）等；到万洋山脉地区的鳞毛蕨属（28）、耳蕨属（19）、铁角蕨属（19）、复叶耳蕨属（17）、凤尾蕨属（15）、卷柏属（12）、短肠蕨属（11）、瓦韦属（10）、贯众属（10）等；到武功山脉地区的鳞毛蕨属（26）、凤尾蕨属（17）、铁角蕨属（15）、卷柏属（11）、复叶耳蕨属（8）、耳蕨属（7）、蹄盖蕨属（7）等；到九岭山脉地区的鳞毛蕨属（26）、凤尾蕨属（16）、铁角蕨属（12）、卷柏属（11）、耳蕨属（8）、复叶耳蕨属（7）、瓦韦属（7）、蹄盖蕨属（6）等；到最北的幕阜山脉地区的鳞毛蕨属（19）、卷柏属（13）、复叶耳蕨属（12）、蹄盖蕨属（9）、凤尾蕨属（8）、铁角蕨属（7）、凤丫蕨属（7）、毛蕨属（7）等。显然，万洋山脉地区既有"鳞毛蕨-耳蕨区系"的属种组成特征，与诸广山脉地区、武功山脉地区、九岭山脉地区相似，也体现出"鳞毛蕨-耳蕨区系"与"铁角蕨-凤尾蕨区系"交汇的特点。此外，蕨类植物的组成中出现了边界分布现象，一些热带性质的属，如车前蕨属、金毛狗属、实蕨属、桫椤属、鱼鳞蕨属、崇澍蕨属仅在诸广山脉地区或万洋山脉地区有分布，而岩蕨属、羽节蕨属、过山蕨属等温带性质的属，却并不到达这两地。

表 6-9　罗霄山脉 5 条中型山脉优势属内种组成

属名	诸广山脉	万洋山脉	武功山脉	九岭山脉	幕阜山脉
鳞毛蕨属 Dryopteris	26	28	26	26	19
铁角蕨属 Asplenium	10	19	15	12	7
耳蕨属 Polystichum	3	19	7	8	4
复叶耳蕨属 Arachniodes	8	17	8	7	12
凤尾蕨属 Pteris	16	15	17	16	8
卷柏属 Selaginella	14	12	11	11	13
短肠蕨属 Allantodia	8	11	4	6	3
瓦韦属 Lepisorus	4	10	4	7	6
贯众属 Cyrtomium	3	10	4	3	5
凤丫蕨属 Coniogramme	8	8	5	6	7
石韦属 Pyrrosia	1	7	4	4	3
毛蕨属 Cyclosorus	7	6	3	5	7
蹄盖蕨属 Athyrium	6	6	7	6	9
假瘤蕨属 Phymatopteris	4	5	4	1	2
线蕨属 Colysis	3	5	4	5	2
肋毛蕨属 Ctenitis	3	5	1		2
水龙骨属 Polypodiodes	1	5	3	4	2
鳞盖蕨属 Microlepia	8	4	5	3	2
金星蕨属 Parathelypteris	4	4	4	5	6
瘤足蕨属 Plagiogyria	4	4	4	4	2
狗脊蕨属 Woodwardia	3	4	4	3	1
骨牌蕨属 Lepidogrammitis	3	4	2	2	3
碗蕨属 Dennstaedtia	2	4	4	4	3
盾蕨属 Neolepisorus	2	4	2	2	2

6.3.3　地理成分谱的差异

科的地理成分谱（图 6-1）表明，除了世界广布难以体现区系性质，5 条中型山脉均以热带成分占据优势，且均以泛热带成分最为突出。从各山脉具体情况来看，泛热带成分的比例相差不大（为 30%～40%），万洋山脉略高而武功山脉略低。

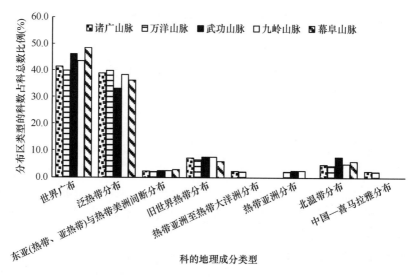

图6-1　5条中型山脉蕨类植物科的地理成分

属的地理成分谱（图6-2）表明，5条中型山脉中能体现区系性质的成分也以泛热带成分占据优势，其他热带成分如旧世界热带分布、热带亚洲至热带非洲分布、热带亚洲分布也有一定比例。从各山脉具体情况来看，泛热带成分的比例更为接近（在30%～35%）。相对而言，万洋山脉略高而武功山脉略低。

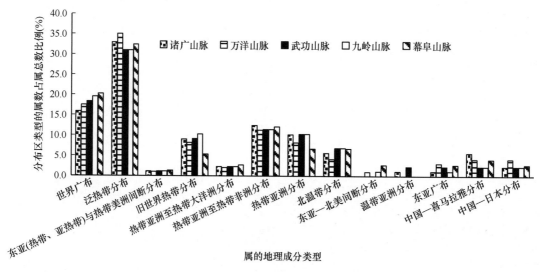

图6-2　5条中型山脉蕨类植物属的地理成分

种的地理成分谱（图6-3）表明，五大山脉均以热带亚洲成分、东亚成分及两个亚型、中国特有成分占优势。热带亚洲成分仅次于东亚成分及两个亚型。5条中型山脉蕨类植物种的地理成分谱系结构与整个罗霄山脉地区蕨类植物种的地理成分组成结构基本相同，说明了两者之间紧密的关联性，从侧面说明了罗霄山脉地区蕨类植物作为一个独立区系单元的自然性。从各山脉具体情况来看，热带亚洲成分占比最高的地区为诸广山脉，由南向北该成分依次递降，但在九岭山脉地区却出现了一定回升；中国—日本成分占比最高的地区为武功山脉地区，向南北渐次减少；中国—喜马拉雅成分和中国特有成分在万洋山脉地区的占比最高，其他减少。这说明5条中型山脉蕨类植物在各自的区系地理成分组成上服从罗霄山脉地区蕨类植物区系的总体特征，但由于地理气候因素的影响，又呈现出一定的差异性。其中，万洋山脉地区、武功山脉地区处于交界区，在气候、海拔方面也是生态交错区，显示出一定的特殊性。

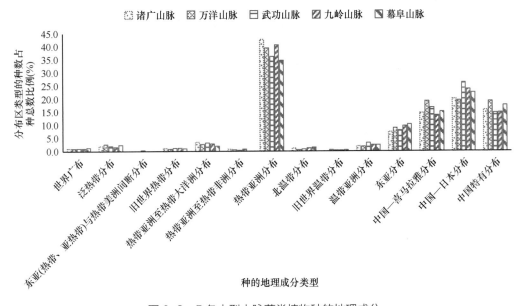

诸广山脉　万洋山脉　武功山脉　九岭山脉　幕阜山脉

图 6-3　5 条中型山脉蕨类植物种的地理成分

6.4　罗霄山脉与其他地区蕨类植物区系的联系

任何一个区系都不是孤立存在的，区系间的相互联系是植物区系的特征之一。通过与相邻区系间的比较，一方面可进一步认识该区系的内在特征，另一方面可以揭示不同区系之间的相互联系，阐明区系地理规律。

为更好地分析罗霄山脉地区蕨类植物区系的特征，现将罗霄山脉地区蕨类植物区系与全国其他12 个地区蕨类植物区系的相似性进行比较（表 6-10）。

表 6-10　罗霄山脉地区与其邻近地区蕨类植物区系的比较

地区	属数	共有属数	属相似性系数（%）	种数	共有种数	种相似性系数（%）
罗霄山脉	122	—	—	523	—	—
海南岛	137	88	50.0	449	148	18.8
哀牢山	111	90	60.0	421	171	23.2
大瑶山	96	84	64.1	276	196	34.5
峨眉山	100	84	62.2	453	232	32.7
梵净山	101	92	65.6	354	251	42.5
壶瓶山	94	87	66.7	361	234	38.0
金佛山	108	94	63.2	472	280	41.2
庐山	91	87	68.3	288	254	48.7
南岭	108	94	63.2	309	241	43.3
秦岭	87	76	64.6	317	153	23.5
神农架	87	78	65.6	340	193	30.4
武夷山	90	85	67.7	236	219	43.4

罗霄山脉与其他 12 个地区蕨类植物区系的组成及相似性系数比较显示：在属层面，罗霄山脉地区与庐山、武夷山联系最紧密，属的相似性系数为 67.7%～68.3%；与秦岭、神农架、梵净山、壶瓶山、大瑶山关系较密切，相似性系数为 64.1%～66.7%；与哀牢山、金佛山、峨眉山、南岭、海南岛关系不密切，相似性系数为 50.0%～63.2%。在种层面，罗霄山脉地区与庐山、武夷山、南岭、梵净山关系最密切，相似性系数为 42.5%～48.7%；与金佛山关系较密切，相似性系数为 41.2%；与海南

岛、秦岭、神农架、哀牢山、大瑶山、峨眉山的关系不太密切，相似性系数为 18.8%～34.5%。

罗霄山脉地区蕨类植物区系与附近的武夷山、庐山及梵净山属种相似度都较高，属于"耳蕨-鳞毛蕨区系"的范围。南岭虽然在地理位置上与本地区相近，但主要通过种层面进行联系，属层面上的联系并不紧密，南岭的一些典型的热带性质的属在罗霄山脉地区不见分布，如双扇蕨属 *Dipteris*、薄唇蕨属 *Leptochilus*、巢蕨属 *Neottopteris*、黄腺羽蕨属 *Pleocnemia*、毛轴线盖蕨属 *Monomelangium*、苏铁蕨属 *Brainea*、崖姜蕨属 *Pseudodrynaria*、革舌蕨属 *Scleroglossum*、拟小石松属 *Pseudolycopodiella*、网蕨属 *Dictyodroma* 等。

6.5 小　结

1）罗霄山脉地区蕨类植物区系丰富，共有 49 科 122 属 523 种，优势科为鳞毛蕨科、水龙骨科、蹄盖蕨科、金星蕨科等 10 科，优势属为鳞毛蕨属、凤尾蕨属、铁角蕨属、耳蕨属等 23 属（共 324 种，占本地区蕨类植物种总数的 62.0%）。罗霄山脉地区蕨类植物区系表现出"鳞毛蕨-耳蕨区系"和"铁角蕨-凤尾蕨区系"交汇的特征。

2）罗霄山脉地区蕨类植物区系地理成分复杂，涵盖了我国蕨类植物分布区类型中的绝大多数，表明本地区与世界蕨类植物区系存在广泛的联系。众多的热带类型是罗霄山脉地区与热带区系关系的明证，而洲际间断分布的属，如凸轴蕨属、菜蕨属、线蕨属、双盖蕨属等能够表明罗霄山脉地区与新旧大陆之间的广泛联系；岩蕨属、卵果蕨属等体现了与温带的联系；而亚热带性质的属包括泛东亚分布的钩毛蕨属，中国—喜马拉雅分布的骨牌蕨属与节肢蕨属，中国—日本分布的毛枝蕨属、锯蕨属等，不仅表明本地区的东亚区系特征，在一定程度上也反映了中国与日本蕨类植物区系的紧密联系。罗霄山脉地区现代蕨类植物种的分布决定了本地区的东亚植物区系属性，也体现出东亚植物区系成分和华南古热带成分的相互渗透、交汇。

3）罗霄山脉地区蕨类植物区系与罗霄山脉地区蕨类植物区系的总体特征相符合，一方面体现在属种组成上表现出"鳞毛蕨-耳蕨区系"和"铁角蕨-凤尾蕨区系"交汇的特征，另一方面体现在各山脉区系中东亚地理成分中突出的中国—日本成分特征。但由于各山脉所处地理位置和生态环境差异，蕨类植物区系也呈现出一定的差异性，主要体现在属种组成的排序、属种边界分布现象，以及热带亚洲成分、中国—日本成分、中国—喜马拉雅成分及中国特有成分的占比情况。相对而言，在 5 条中型山脉中，万洋山脉地区、武功山脉地区更显丰富和关键。

4）罗霄山脉地区蕨类植物区系与邻近的武夷山、庐山蕨类植物区系关系较之与南部的南岭、西部的梵净山等区系联系更为密切，在一定程度上反映了它们与华东蕨类植物区系同属于一个整体，而与华南蕨类植物区系和华中蕨类植物区系有本质差别，这将为进一步揭示罗霄山脉地区在中国植物区系乃至整个东亚植物区系中的作用与地位提供依据。

参 考 文 献

重庆南川区环境保护局, 重庆市药物种植研究所. 2010. 重庆金佛山生物资源名录. 重庆: 西南师范大学出版社: 50-60.
广西大瑶山自然资源综合考察队. 1988. 广西大瑶山自然资源考察. 上海: 学林出版社: 381-386.
李振宇, 石雷. 2007. 峨眉山植物. 北京: 北京科学技术出版社: 161-209.
刘信中, 方福生. 2001. 江西武夷山自然保护区科学考察集. 北京: 中国林业出版社.
罗文, 宋希强, 许涵, 等. 2010. 海南尖峰岭自然保护区蕨类植物区系分析. 武汉植物学研究, 28(3): 294-302.
秦仁昌, 吴兆洪. 1991. 中国蕨类植物科属志. 北京: 科学出版社.
吴世福. 1998. 武陵山区蕨类植物研究. 植物研究, 18(3): 35-47.
吴征镒. 1991. 中国种子植物属的分布区类型专辑. 云南植物研究, 增刊 IV: 1-6.
吴征镒. 1993. 中国种子植物属的分布区类型的增订和勘误. 云南植物研究, 15(增刊 IV): 141-178.

邢福武. 2011. 南岭植物物种多样性编目. 武汉: 华中科技大学出版社: 20-24.

徐成东. 2007. 哀牢山蕨类植物. 成都: 西南交通大学出版社.

严岳鸿, 张宪春, 马克平. 2013. 中国蕨类植物多样性与地理分布. 北京: 科学出版社.

詹选怀, 彭焱松, 桂忠明. 2008. 庐山蕨类植物区系研究. 广西植物, 28(5): 615-619.

中国科学院武汉植物研究所. 1980. 神农架植物. 武汉: 湖北人民出版社.

周厚高. 2000. 广西十万大山蕨类植物区系特征及垂直分布的数量研究. 西北植物学报, 20(1): 114-122.

周厚高, 黎桦. 1992. 广西大明山蕨类植物区系研究. 广西农学院学报, (2): 13-19.

第7章　罗霄山脉裸子植物区系

摘　要　罗霄山脉地区共有裸子植物6科21属32种，占中国裸子植物区系的比例分别为75.0%、53.8%、13.8%；又以温带成分占绝对优势，共17属，占本地区裸子植物属总数的81.0%，其中温带成分中含中国特有属5属，占本地区裸子植物属总数的23.8%；热带成分4属，占本地区裸子植物属总数的19.0%。并且在裸子植物区系中，包含大量子遗属、种，以及珍稀濒危种，如银杉、资源冷杉、铁杉、福建柏、南方红豆杉、白豆杉、穗花杉、杉木等，它们在中高海拔地区形成了占优势的针叶林、针阔叶混交林群落。从区系组成、生态地理等方面来看，罗霄山脉无疑是中国大陆东部裸子植物的主要分布中心。

7.1　罗霄山脉裸子植物区系组成

根据本次对罗霄山脉的野外考察和标本采集鉴定，统计共有裸子植物6科21属32种，分别占中国裸子植物（8科39属232种）（李德铢等，2018）的75.0%、53.8%、13.8%；占世界裸子植物（12科83属990种）（Christenhusz et al.，2011）的50.0%、25.3%、3.2%。科、属、种的组成详见表7-1。

表 7-1　罗霄山脉裸子植物区系的组成

科、属	分布区类型*	种数（罗霄山脉/中国/世界）	罗霄山脉地区种数占中国种数的比例（%）	罗霄山脉地区种数占世界种数的比例（%）
1. 银杏科 Ginkgoaceae				
银杏属 *Ginkgo*	T15 中国特有分布	1/1/1	100.00	100.00
2. 买麻藤科 Gnetaceae				
买麻藤属 *Gnetum*	T2 泛热带分布	1/9/35	11.11	2.86
3. 松科 Pinaceae				
金钱松属 *Pseudolarix*	T15 中国特有分布	1/1/1	100.00	100.00
冷杉属 *Abies*	T8 北温带分布	1/20/47	5.00	2.13
松属 *Pinus*	T8 北温带分布	3/39/113	7.69	2.65
铁杉属 *Tsuga*	T9 东亚—北美间断分布	2/4/9	50.00	20.22
银杉属 *Cathaya*	T15 中国特有分布	1/1/1	100.00	100.00
油杉属 *Keteleeria*	T14 东亚分布	2/3/3	66.70	66.70
4. 罗汉松科 Podocarpaceae				
罗汉松属 *Podocarpus*	T2 泛热带分布	4/7/97	57.14	4.12
竹柏属 *Nageia*	T7 热带亚洲（即热带东南亚至印度—马来，太平洋诸岛）分布	1/3/5	33.3	20.00
5. 柏科 Cupressaceae				
柏木属 *Cupressus*	T10 旧世界温带分布	1/5/8	20.00	12.50

续表

科、属	分布区类型*	种数 （罗霄山脉/中国/世界）	罗霄山脉地区种数占 中国种数的比例（%）	罗霄山脉地区种数占 世界种数的比例（%）
刺柏属 *Juniperus*	T8 北温带分布	2/23/67	8.70	2.99
福建柏属 *Fokienia*	T7 热带亚洲（即热带东南亚至 印度—马来，太平洋诸岛）分布	1/1/1	100.00	100.00
柳杉属 *Cryptomeria*	T14 东亚分布	1/1/1	100.00	100.00
杉木属 *Cunninghamia*	T15 中国特有分布	1/2/2	50.00	50.00
水松属 *Glyptostrobus*	T14 东亚分布	1/1/1	100.00	100.00
6. 红豆杉科 Taxaceae				
白豆杉属 *Pseudotaxus*	T15 中国特有分布	1/1/1	100.00	100.00
榧树属 *Torreya*	T9 东亚—北美间断分布	1/4/6	25.00	16.67
红豆杉属 *Taxus*	T8 北温带分布	1/3/9	33.33	11.11
三尖杉属 *Cephalotaxus*	T14 东亚分布	4/6/11	66.67	36.36
穗花杉属 *Amentotaxus*	T14 东亚分布	1/3/6	33.33	16.67

*参照吴征镒（1991，1993）、吴征镒等（2003a，2003b）的种子植物属分布区类型划分标准。

7.2　罗霄山脉裸子植物区系特征

7.2.1　裸子植物属的地理成分

根据吴征镒（1991，1993）、吴征镒等（2003a，2003b）的种子植物属分布区类型划分标准，罗霄山脉裸子植物 21 属。其中，热带分布属 4 属仅占本地区裸子植物属总数的 19.0%；温带分布 17 属（含中国特有属 5 属），即裸子植物属的地理成分以温带成分占优势，约占 81.0%（含中国特有成分，占 23.8%）（表 7-1）。未出现世界广布属。

（1）热带分布属

热带分布属共有 4 属，占本地区裸子植物属总数的 19.0%，即福建柏属、罗汉松属、竹柏属、买麻藤属。

福建柏属 *Fokienia*，柏科。单型属，仅一种福建柏 *Fokienia hodginsii*（Fu et al.，1999f），常见于山地常绿阔叶林中，海拔 100~1800m，分布于我国华南、西南、华东及越南北部，其在诸广山脉和万洋山脉的中山地带成为亚热带针阔叶混交林的优势种。

罗汉松属 *Podocarpus*，罗汉松科。世界约有 97 种，广泛分布于热带、亚热带地区，也至南半球温带地区；中国有 7 种，其中 3 种为中国特有种（Fu et al.，1999e）。罗霄山脉有 4 种（含 1 变种），即短叶罗汉松 *Podocarpus chinensis* 见于山谷、疏林；罗汉松 *Podocarpus macrophyllus*，常见于常绿阔叶林中，以及灌丛、路旁，海拔 300~1000m，产长江以南地区，其变种狭叶罗汉松 *Podocarpus macrophyllus* var. *angustifolius* 则偶见于九岭山脉和武功山脉的常绿阔叶林林缘；百日青 *Podocarpus neriifolius*，偶见于常绿阔叶林中，海拔 100~1000m，产我国华南、西南、华东地区等，至喜马拉雅、中南半岛、东南亚以及太平洋群岛。

竹柏属 *Nageia*，罗汉松科。世界约 5 种，分布于东亚、东南亚；中国有 3 种（Fu et al.，1999e）。罗霄山脉仅 1 种，竹柏 *Nageia nagi*，偶见于常绿阔叶林中，或干燥山坡、灌丛或溪旁，海拔 200~1600m；亦分布于华南、西南至华东等地。

买麻藤属 *Gnetum*，买麻藤科。世界约 35 种，主产于亚洲热带、亚热带，特别是中国南部、中南半岛，以及马来群岛，少数产西非、南美洲西北部；中国有 9 种，6 种为中国特有种（Fu et al.，1999g）。罗霄山脉仅 1 种，即小叶买麻藤 *Gnetum parvifolium*，常见于低海拔的常绿阔叶林中，海拔 100～1000m，罗霄山脉南部的万洋山脉是小叶买麻藤分布的最北界，亦产我国华南、西南、华东，以及老挝、越南等。

（2）温带分布属

温带分布属共有 17 属，占本地区裸子植物属总数的 81.0%，即油杉属、穗花杉属、冷杉属、松属、柳杉属、铁杉属、柏木属、刺柏属、水松属、三尖杉属、红豆杉属、榧树属，以及中国特有属 5 属。

油杉属 *Keteleeria*，松科。世界有 3 种，分布于老挝、越南、中国；中国有 3 种（Fu et al.，1999c）。罗霄山脉有 2 种，均为中国特有种，其中江南油杉 *Keteleeria fortunei* var. *cyclolepis*，分布于山地针阔叶混交林中，海拔 300～1400m，产云南、贵州、广西、广东、湖南、江西、浙江；铁坚油杉 *Keteleeria davidiana*，分布于湖南八面山（易任远，2015）。

穗花杉属 *Amentotaxus*，红豆杉科。世界有 6 种，主产于中国、越南；中国有 3 种，1 种为中国特有种（Fu et al.，1999d）。罗霄山脉有 1 种，即穗花杉 *Amentotaxus argotaenia*，见于常绿阔叶林、低河谷、湿地溪边或石灰岩山地，海拔 300～1100m，常沿山腰或沟谷分布形成优势群落，如万洋山脉中九曲水、七溪岭的溪谷就分布有成熟的穗花杉群落，还分布于我国华南、西南、华东、西北及越南北部。

冷杉属 *Abies*，松科。世界约 47 种，主产于北半球，构成 3 个多度中心，即亚洲、欧洲、北美洲，海拔 2000～4000m；中国有 20 种，14 种为中国特有种（Fu et al.，1999c）。冷杉属植物分布较为广泛，但种的分布却比较局限，多呈孤立、孑遗状态，如资源冷杉 *Abies beshanzuensis* var. *ziyuanensis*，为中国特有种，星散分布于广西东北部的资源县银竹老山、相邻地段湖南省新宁县舜皇山，罗霄山脉的湖南桃源洞大院地区有较大种群分布，江西井冈山的南风面、坪水山均为零星分布，分布海拔在 1200～2000m，分布范围狭窄，处于濒危状态，在常绿阔叶林中有时形成局部优势种或特征种。

松属 *Pinus*，松科。世界约 113 种，分布于北非、亚洲、欧洲、北美洲；中国有 39 种，7 种为中国特有种（Fu et al.，1999c）。罗霄山脉有 3 种：马尾松 *Pinus massoniana*，产丘陵、山地、平原，海拔 300～2000m，也分布于华南、西南、华东、华中、西北；台湾松 *Pinus taiwanensis*，产亚热带、暖温带的山地混交林中，在丘陵地、山脊地的沙壤、酸性壤中常见，并与壳斗科植物一起在海拔 600～2100m（～3400m）成为混交林共优种，分布于华东、西南、华中等。大别山五针松 *Pinus fenzeliana* var. *dabeshanensis* 产幕阜山脉，山地、路旁。

铁杉属 *Tsuga*，松科。世界有 9 种，主产于东亚、北美洲；中国有 4 种，3 种为中国特有种（Fu et al.，1999c）。罗霄山脉有 2 种：长苞铁杉 *Tsuga longibracteata*，常形成小片纯林，或出现于常绿阔叶硬叶林（包括锥属、石柯属、栎属等），以及混交林（长柄水青冈、广东松等），或出现于阳坡、贫瘠山地、酸性土、温带湿润季雨林中，产华南、西南、华东；铁杉 *Tsuga chinensis*，见于山地、河谷、混交林中，常在近山顶处形成优势群落，海拔 800～2000m（～2300m），分布于华东、华南、西南、华中、西北。

柏木属 *Cupressus*，柏科。世界约 8 种，产亚洲、非洲北部、欧洲南部、美洲西北部；中国有 5 种，4 种为中国特有种（Fu et al.，1999f）。罗霄山脉有 1 种，柏木 *Cupressus funebris*，多见于九岭山脉的山坡矮林，分布海拔在 2000m 以下，也分布于华东、华南、西北、华中、西南。

刺柏属 *Juniperus*（包括圆柏属 *Sabina*），柏科。世界约 67 种，产北半球；中国有 23 种，10 种为中国特有种（Fu et al.，1999f），分布海拔在 200～3400m。罗霄山脉有 2 种：刺柏 *Juniperus formosana*，也分布于华东、西北、华中、西南；圆柏 *Juniperus chinensis*，在中国广泛分布或栽培。

三尖杉属 *Cephalotaxus*，红豆杉科。世界有 11 种，产东亚、中南半岛地区；中国有 6 种，3 种为中国特有种（Fu et al., 1999a）。罗霄山脉有 4 种：篦子三尖杉 *Cephalotaxus oliveri*，见于针阔叶混交林中，海拔 300～1800m，中国特有种，也是渐危种，产华南、华东、华中、西南；粗榧 *Cephalotaxus sinensis*，见于山地针阔叶混交林、河谷、岩石上等，海拔 600～2100m（～3200m），分布于华东、华南、西北、华中、西南；宽叶粗榧 *Cephalotaxus latifolia*，多散生于高海拔的山顶灌丛，如万洋山脉的酃峰和南风面；三尖杉 *Cephalotaxus fortunei*，见于针阔叶混交林或灌丛中，海拔 200～2100m（～3700m），分布于我国华东、西北、华南、华中、西南至缅甸北部。

红豆杉属 *Taxus*，红豆杉科。世界有 9 种，主产于北半球；中国有 3 种（Fu et al., 1999d）。罗霄山脉有 1 种，即南方红豆杉 *Taxus wallichiana* var. *mairei*，常零散见于针叶林、针阔叶混交林、灌丛中，岩壁上等，分布海拔梯度很大，100～1900m（～3500m），也分布于华东、华南、华中、西南、西北至中南半岛。

榧树属 *Torreya*，红豆杉科。世界有 6 种，分布于中国、日本、美国东南部和西部；中国有 4 种（Fu et al., 1999d）。罗霄山脉有 1 种，即榧树 *Torreya grandis*，见于万洋山脉和九岭山脉的山地、开阔河谷或溪边，海拔 200～1400m。

中国特有属共 5 属，占本地区裸子植物属总数的 23.8%，常与其他温带分布属一起统计，包括在温带成分中，即：银杏属、银杉属、金钱松属、杉木属、白豆杉属。

银杏属 *Ginkgo*，银杏科。单型属，银杏 *Ginkgo biloba*，零星分布于阔叶林或干燥的酸性土山谷中。银杏科起源于古生代中后期，在中生代达到全盛期，广泛分布于世界各地（Fu et al., 1999b）。目前银杏是该类仅存于中国亚热带地区的孑遗种，珍稀植物，早期认为仅在浙江天目山有野生种，目前发现在中国中部、东部地区均有零星野生分布，在罗霄山脉亦有零星分布，树龄达数百年。

银杉属 *Cathaya*，松科。单型属（Fu et al., 1999c），银杉 *Cathaya argyrophylla*，中国特有种，分布于广西、贵州、四川及湖南。罗霄山脉有 1 种，分布于万洋山脉及诸广山脉的西部，生于常绿针阔叶混交林中，形成一个成熟群落，海拔 900～1500m。

金钱松属 *Pseudolarix*，松科。单型属，金钱松 *Pseudolarix amabilis* 中国特有种，分布于长江中下游温暖山地，零星见于幕阜山脉地区的山地落叶阔叶林中。

杉木属 *Cunninghamia*，柏科。世界有 2 种，罗霄山脉有 1 种，即杉木 *Cunninghamia lanceolata*，该种散布于中国亚热带、中南半岛地区（Fu et al., 1999h），常广泛栽培构成混交林、纯林，或生长于岩壁上。

白豆杉属 *Pseudotaxus*，红豆杉科。单型属，白豆杉 *Pseudotaxus chienii*（Fu et al., 1999d），是第三纪孑遗种，零星分布于华东、华南。罗霄山脉有 1 种，生于诸广山脉和万洋山脉的高海拔地区，尤其在井冈山笔架山上，沿山腰一线呈环带状分布，形成优势群落，是中国现存白豆杉群落的主要分布区之一。

7.2.2　裸子植物区系的古老性

罗霄山脉裸子植物有 6 科 21 属 32 种，包含有古老裸子植物的多个代表属种，如银杏属、银杉属、冷杉属、铁杉属、罗汉松属、刺柏属、福建柏属、三尖杉属、红豆杉属、白豆杉属、穗花杉属、榧树属等。

（1）银杏目 Ginkgoales

银杏科和苏铁科是种子植物中最古老的类群，处于裸子植物系统树（Chen and Stevenson, 1999）的基干位置，均起源于古生代中后期，在中生代侏罗纪达到全盛时期。银杏类，目前仅存银杏 1 种，为第三纪、第四纪冰期孑遗种、活化石，被称为"植物界的大熊猫"。苏铁类以西南山地为分布中心，而银杏类以华中、华东地区为分布中心。早期在浙江天目山分布的银杏被认为是野生植株，目前认为在华东若干地区如井冈山、三清山、武夷山等地亦有野生银杏零星分布。

（2）松柏目 Pinales

根据新的分类系统，红豆杉目与松柏目在系统学上很相近，常常将二者放在一起讨论，即广义松柏类包括松科、杉科、柏科、南洋杉科、罗汉松科、竹柏科、红豆杉科（含三尖杉科）等。

松科主产于北半球，有 10 属 225 种；中国是松科植物的现代分布中心，有 10 属 102 种，约占全球松科植物种总数的 1/2。在井冈山松科也很丰富，有金钱松属、冷杉属、油杉属、铁杉属、松属、银杉属 6 属。金钱松属为中国特有属，见于中国东部，仅 1 种。冷杉属是松科最为原始的类群之一，全球有 47 种，种系稍为发达，但分布范围较大，形成亚洲、欧洲、北美洲三大分布中心，大多数种系处于孤立、孑遗状态。冷杉属是北半球暗针叶林的优势种和建群种，常出现在高纬度地区至低纬度的亚高山至高山地带。在冰期，全球温度大幅下降，植物向南迁移，特别是第四纪更新世冰期，北方大陆大部分形成冰盖，冷杉属再向南扩散，大部分因难以找到"避难所"而灭绝。显然，资源冷杉是冰后期的孑遗种（Florin, 1963；向巧萍，2001），它保存于井冈山避难所，也是冷杉属分布的东界，是海拔最低的冷杉属植物。冰期后，高海拔地区的雪松属 *Cedrus*、落叶松属 *Larix*、云杉属 *Picea* 退居高山，低海拔地区的油杉属、铁杉属、松属、银杉属均出现在罗霄山脉，黄杉属 *Pseudotsuga* 出现于邻近稍北部的三清山。

柏科（含杉科）分布于南、北半球，共 29 属 137 种，中国有 13 属约 67 种，罗霄山脉有 6 属，即杉木属、水松属、柳杉属、福建柏属、柏木属、刺柏属；杉木属、福建柏属在罗霄山脉南北分布较广，柳杉属分布于北部幕阜山脉（至武夷山地区），水松属分布南部诸广山脉（见于齐云山，以及福建、广东、广西亦有记载，几近处于野外灭绝状态），柏木属、刺柏属主要分布于中部万洋山脉等。中国柏科的其他属，台湾杉属间断分布中国台湾、福建及云贵高原；水杉属 *Metasequoia* 分布于中国西南地区，如湖北利川水杉坝；扁柏属 *Chamaecyparis*、翠柏属 *Calocedrus* 分布于台湾及西南地区的高山、亚高山，生长在海拔 2500m 以上；崖柏属 *Thuja* 出现于西南及华中地区。

罗汉松科，世界有 19 属 180 种，主产南半球，中国 4 属，即鸡毛松属 *Dacrycarpus*、罗汉松属 *Podocarpus*、陆均松属 *Dacrydium*、竹柏属。鸡毛松属、陆均松属产于海南岛；罗汉松属自海南岛分布至大陆南部，罗霄山脉发现有罗汉松属 3 种及 1 变种，在局部地区可形成优势群落。

红豆杉科，世界有 6 属约 28 种。南紫杉属 *Austrotaxus* 1 种，产于南半球新喀里多尼亚，其余 5 属分布于北半球，以中国为现代分布中心，有 21 种，广泛分布于亚热带地区。在罗霄山脉有 5 属，三尖杉属有 4 种，即三尖杉、粗榧、宽叶粗榧和篦子三尖杉；其余 4 属各有 1 种，即穗花杉、南方红豆杉、香榧、白豆杉，其中穗花杉和白豆杉在罗霄山脉形成优势群落。

（3）买麻藤目 Gnetales

买麻藤目包括麻黄科 Ephedraceae、百岁兰科 Welwitschiaceae、买麻藤科 Gnetaceae，各科仅 1 属。在罗霄山脉仅有 1 种，即买麻藤科买麻藤属小叶买麻藤 *Gnetum parvifolium*，产万洋山脉以南低海拔地区，该科全球共 35 种，主产于亚洲热带地区，特别是中国、中南半岛至马来群岛地区，少数分布于非洲西部和南美洲，中国有 9 种。麻黄科有 40 种，分布于北半球及南美洲。百岁兰科为单型属，1 种，产于非洲西南部。

7.2.3 裸子植物优势种群的群落学特征

罗霄山脉的裸子植物属种较为丰富，种群庞大，有非常典型的优势天然林群落，以福建柏、南方红豆杉、白豆杉、铁杉、穗花杉、杉木、资源冷杉和银杉等为优势种，组成 10 余类针阔叶混交林，在中亚热带同纬度地区极为突出，并且在全球范围内占有优势地位。其中福建柏、南方红豆杉、白豆杉、铁杉、穗花杉、资源冷杉、银杉均为珍稀濒危保护植物，其所构成的优势群落具有重要的保护与研究价值。

（1）福建柏群落

福建柏属为单型属，孑遗种，仅分布于中国南部和越南。福建柏 *Fokienia hodginsii* 常与多种阔叶树形成天然混交林，在中国福建柏天然混交林面积约 7000hm^2（《中国森林》编辑委员会，1999），在万洋山脉的井冈山地区，福建柏天然混交林多片，面积约 219hm^2，约占中国福建柏天然混交林总面积的3.1%，是全球保存最好、面积最大的福建柏天然混交林。在 1600m^2 样地中有成树 32 株，植株最高 24～26m，胸径 75cm，群落里以福建柏和甜槠 *Castanopsis eyrei* 为建群种，伴生有小叶青冈 *Cyclobalanopsis myrsinifolia*、台湾冬青 *Ilex formosana*、腺萼马银花 *Rhododendron bachii*、猴头杜鹃 *Rhododendron simiarum*、日本杜英 *Elaeocarpus japonicus*、鹿角杜鹃 *Rhododendron latoucheae*、窄基红褐柃 *Eurya rubiginosa* var. *attenuata* 等。

（2）南方红豆杉群落

南方红豆杉 *Taxus wallichiana* var. *mairei* 是中国特有种，属于暖温性针叶树种，其生长缓慢，10年直径增粗不足 1～2cm，在罗霄山脉的南北各山地均可见零散的南方红豆杉成熟大树。其中井冈山地区有树龄为 500～1000 年的南方红豆杉古树 10 多株，同时在井冈山的中、低海拔山地和沟谷地区都有广泛分布，海拔为 300～1500m，其中以南方红豆杉为主要建群种形成的优势天然林约有500hm^2。在井冈山大井风水林近 1800m^2 样地中有南方红豆杉 40 株，其中最高 3 株高 25～30m，胸径 75～91cm。群落以银木荷 *Schima argentea*、甜槠、南方红豆杉为主要建群种，伴生有缺萼枫香树 *Liquidambar acalycina*、油茶 *Camellia oleifera*、红楠 *Machilus thunbergii*、鹿角杜鹃、台湾松 *Pinus taiwanensis* 等。

（3）白豆杉群落

白豆杉 *Pseudotaxus chienii* 为中国特有种，常零星分布于中国东部至南部的浙江、江西、福建、广东、广西、贵州等，其中白豆杉在罗霄山脉南部山地的分布面积最大、数量最多，尤以井冈山笔架山的白豆杉林最为集中和丰富，在海拔 900～1100m 的锥状山地上环腰分布形成带状群落，伴生树种有福建柏 *Fokienia hodginsii*、南方红豆杉、铁杉 *Tsuga chinensis*、台湾松、金叶含笑 *Michelia foveolata*、桂南木莲 *Manglietia conifera*、深山含笑 *Michelia maudiae*、假地枫皮 *Illicium jiadifengpi*、山胡椒 *Lindera glauca*、三桠乌药 *Lindera obtusiloba*、多脉青冈 *Cyclobalanopsis multinervis*、猴头杜鹃、云锦杜鹃 *Rhododendron fortunei* 等。

（4）穗花杉群落

穗花杉 *Amentotaxus argotaenia* 与南方红豆杉、白豆杉均为红豆杉科植物，为第三纪、第四纪冰期孑遗种，在万洋山脉具有丰富的天然混交林群落，面积达 311hm^2。在井冈山锡坪山腰 1600m^2 样地中有 53 株，其中高于 6m 的有 9 株，最高 1 株为 9m，胸径达 57.5cm。群落里以穗花杉和深山含笑为建群种，伴生种有细枝柃 *Eurya loquaiana*、赤杨叶 *Alniphyllum fortunei*、栓叶安息香 *Styrax suberifolius*、肥皂荚 *Gymnocladus chinensis*、日本杜英，及云山青冈 *Cyclobalanopsis sessilifolia* 等。该穗花杉群落为发展成熟的气候顶极群落，该群落保护完好，未受到人为干扰，具有重要的生态价值。

（5）杉木群落

杉木 *Cunninghamia lanceolata* 隶属于柏科，为中国特有种。杉木曾广泛栽培于中国亚热带地区，但其野生种以中国中部至东部地区为主，多零星分布。根据目前掌握的资料，罗霄山脉的井冈山地区是亚洲大陆东部原生杉木林保存面积最大的区域，总面积达 128hm^2，胸径在 30cm 以上的杉木大树有400 多株，约占中国杉木原生林大树的 20%。在五指峰有保存较为完好的杉木原生林（《中国森林》编辑委员会，1999），混交有阔叶树种，伴生有深山含笑、尖叶四照花 *Dendrobenthamia angustata*、罗浮栲 *Castanopsis fabri*、细枝柃 *Eurya loquaiana*、台湾冬青、日本杜英、赤杨叶等。

（6）铁杉群落

铁杉属世界有 9 种，分布于亚洲东部及北美洲，我国有 4 种，分布于秦岭以南及长江以南各省区，罗霄山脉分布有长苞铁杉 *Tsuga longibracteata* 和铁杉 *Tsuga chinensis* 两种，均为中国特有种。铁杉在万洋山脉主峰南风面海拔 1700～1900m 的地带，在长 8～12km 的范围，形成优势群落。在 1600m² 的样方中，胸径 45～95.5cm、高度 22～32m 的铁杉有 70 株，常与资源冷杉、多脉青冈、假地枫皮、长尾连蕊茶 *Camellia percuspidata*、厚叶红淡比 *Cleyera pachyphylla* 等组成典型的针阔叶混交林群落。

（7）资源冷杉群落

资源冷杉 *Abies beshanzuensis* var. *ziyuanensis* 属于松科冷杉属，该属世界约有 47 种，中国约 20 种。资源冷杉被《中国红色物种名录》列为极危种、国家 I 级重点保护野生植物，也是世界级的濒危种。早期仅在广西资源县、湖南越城岭舜皇山、湖南城步县山区发现，后来在罗霄山脉中段万洋山脉的桃源洞大院地区发现有大种群的集中分布，成熟个体约有 300 株，是保存数量最多的种群，但其生境受到较大的人为干扰，群落受毛竹入侵严重。2008 年，在万洋山脉东部的井冈山地区也有发现，其主要分布于坪水山、南风面地区。坪水山仅有 2 株（海拔 1779m），南风面有 20 多株（海拔 1800m），高 22～25m，胸径 30～45cm，局部形成优势片层，伴生种有铁杉、多脉青冈、假地枫皮、厚叶红淡比、新木姜子 *Neolitsea aurata* 等。资源冷杉无疑是稀有的窄域分布种（《中国森林》编辑委员会，1999），在罗霄山脉也呈带状的狭域分布。

（8）银杉群落

银杉 *Cathaya argyrophylla* 隶属于松科银杉属，为中国特有孑遗植物，也是国家 I 级重点保护野生植物，堪称"植物界大熊猫"。从化石证据来看，银杉曾广泛分布于中新世至上新世的欧洲中部、北美洲及亚洲，第四纪冰川来临前其分布区大幅度缩减，现仅残存于中国南部山区，因此，银杉也是"活化石"。罗霄山脉有银杉的天然群落分布，在诸广山脉的湖南八面山国家级自然保护区东北侧的溪谷两侧山坡，形成典型的针阔叶混交林，邻近局部地区也有零星分布，垂直分布于海拔 1000～1400m 的地区。在 1600m² 的样方中，银杉有 37 株，其中最高可达 23m，胸径约 55cm，银杉在河谷内多与猴头杜鹃和金叶含笑混生，而在山坡、悬岩等区域则与甜槠和鹿角杜鹃混生。

罗霄山脉丰富的裸子植物及其具有代表性的珍稀濒危植物群落，是其他亚热带地区山脉所无法比拟的。同时，罗霄山脉是红豆杉科包括穗花杉属、红豆杉属、白豆杉属、榧树属的现代分布中心；福建柏的集中分布区；杉木天然林的保存地；罗汉松科竹柏群落分布的最北界；特别是福建柏、穗花杉、竹柏、罗汉松 *Podocarpus macrophyllus*、小叶买麻藤 *Gnetum parvifolium* 等具有热带性质，因此，罗霄山脉裸子植物的群落学特点具有极其重要的生态地理学意义。

7.2.4 罗霄山脉裸子植物区系与周围地区的联系及其特色

在中国东部包括罗霄山脉在内有 4 列主要山系，即武夷山脉、南岭山脉、武陵山脉、罗霄山脉，北部越过长江有大别山脉。五大山系裸子植物均非常丰富，并具有明显差异，共同组成了中国东部裸子植物区系的核心。

（1）罗霄山脉

罗霄山脉有裸子植物 21 属 32 种。其中，银杏 *Ginkgo biloba*、资源冷杉 *Abies beshanzuensis* var. *ziyuanensis*、银杉 *Cathaya argyrophylla*、柳杉 *Cryptomeria japonica* var. *sinensis*、金钱松 *Pseudolarix amabilis* 极具华中、华东区系特色，而罗霄山脉以丰富的罗汉松属 *Podocarpus*、竹柏属 *Nageia*、三尖杉属 *Cephalotaxus*、穗花杉属 *Amentotaxus*、白豆杉属 *Pseudotaxus*、红豆杉属 *Taxus*、榧树属 *Torreya* 等松柏类为特征；南部还有近乎野外灭绝的水松 *Glyptostrobus pensilis*，北部庐山分布有长江北岸的大别山五针松 *Pinus fenzeliana* var. *dabeshanensis*。

（2）武夷山脉

武夷山脉包括福建境、江西境，南部向南延伸到达广东的东北部。武夷山脉有裸子植物共 19 属 26 种。属种与罗霄山脉基本相似，北部有银杏 *Ginkgo biloba*，南部水松 *Glyptostrobus pensilis*；其特色是北部的金钱松 *Pseudolarix amabilis*、柳杉 *Cryptomeria japonica* var. *sinensis* 形成优势群落；全区无冷杉属、银杉属植物，但具有东亚—北美间断分布属黄杉属的华东黄杉 *Pseudotsuga gaussenii*。

（3）南岭山脉

南岭山脉包括五岭并延伸至广东东北部，有裸子植物 17 属 26 种，包括苏铁属 *Cycas*、银杏属、油杉属 *Keteleeria*、松属、铁杉属、杉木属、柏木属、福建柏属、刺柏属、罗汉松属、竹柏属、三尖杉属、穗花杉属、红豆杉属、白豆杉属、榧树属、买麻藤属。与罗霄山脉、武夷山脉相较，少了几个温带性属，而热带性属种类稍为丰富，如三尖杉属有 3 种，买麻藤属有 2 种，即罗浮买麻藤 *Gnetum lofuense*、小叶买麻藤 *Gnetum parvifolium*。本地区还有华南五针松 *Pinus kwangtungensis*，以及四川苏铁 *Cycas szechuanensis* 等。

（4）武陵山脉

武陵山脉有裸子植物 17 属 45 种，有银杏属、油杉属、松属、黄杉属、铁杉属、杉木属、柏木属、福建柏属、刺柏属、罗汉松属、竹柏属、三尖杉属、穗花杉属、红豆杉属、白豆杉属、榧树属、黄杉属。与罗霄山脉、武夷山脉相比，缺乏冷杉属、柳杉属、金钱松属、银杉属等特有或温带性属，而与南岭区系相似。但本地区松属种类明显增加，如巴山松 *Pinus henryi*、白皮松 *Pinus bungeana*、华南五针松 *Pinus kwangtungensis*、华山松 *Pinus armandii*、台湾松 *Pinus taiwanensis*、武陵松 *Pinus massoniana* var. *wulingensis* 6 种，缺买麻藤属、苏铁属。

（5）秦岭山脉

秦岭山脉有裸子植物 13 属 26 种，有冷杉属、油杉属（铁坚油杉 *Keteleeria davidiana*）、落叶松属 *Larix*、云杉属 *Picea*、松属、铁杉属、柏木属、刺柏属、侧柏属、三尖杉属、红豆杉属、榧树属（巴山榧树 *Torreya fargesii*）、麻黄属 *Ephedra*。温性成分明显增加，如冷杉属有 3 种，即巴山冷杉 *Abies fargesii*、岷江冷杉 *Abies faxoniana*、秦岭冷杉 *Abies chensiensis*；云杉属有 5 种，即白扦 *Picea meyeri*、大果青扦 *Picea neoveitchii*、麦吊云杉 *Picea brachytyla*、青扦 *Picea wilsonii*、云杉 *Picea asperata*；落叶松属有 1 种，即太白红杉 *Larix chinensis*；松属有 4 种，即白皮松 *Pinus bungeana*、华山松 *Pinus armandii*、乔松 *Pinus wallichiana*、油松 *Pinus tabuliformis*；此外，出现荒漠地区的麻黄属 2 种，即草麻黄 *Ephedra sinica*、中麻黄 *Ephedra intermedia*；冷杉属、云杉属、麻黄属，明显不同于东部地区。

（6）峨眉山

峨眉山有裸子植物 13 属 17 种，有冷杉属、云杉属、铁杉属、松属、柏木属、刺柏属、侧柏属、杉木属、穗花杉属（穗花杉 *Amentotaxus argotaenia*）、三尖杉属、红豆杉属、榧树属（巴山榧树 *Torreya fargesii*）、罗汉松属。以西部的冷杉 *Abies fabri*、麦吊云杉 *Picea brachytyla*、云南铁杉 *Tsuga dumosa*、云南穗花杉 *Amentotaxus yunnanensis* 为特征种。

（7）神农架

神农架有裸子植物 15 属 25 种，有银杏、冷杉、云杉、油松属、铁杉属、松属、柏木属、刺柏属（含圆柏属 *Sabina*）、侧柏属、杉木属、穗花杉属（穗花杉 *Amentotaxus argotaenia*）、三尖杉属、红豆杉属、榧树属（巴山榧树 *Torreya fargesii*）、罗汉松属。主要以巴山冷杉 *Abies fargesii*、秦岭冷杉 *Abies chensiensis*、大果青扦 *Picea neoveitchii*、麦吊云杉 *Picea brachytyla*、青扦 *Picea wilsonii*、巴山松 *Pinus henryi*、白皮松 *Pinus bungeana*、华山松 *Pinus armandii*、油松 *Pinus tabuliformis* 等为特征种。

（8）台湾山脉

台湾山脉有裸子植物 17 属 28 种，有苏铁属、冷杉、云杉、油杉属、黄杉属、松属、台湾杉属 *Taiwania*、翠柏属 *Calocedrus*、扁柏属 *Chamaecyparis*、杉木属、刺柏属、罗汉松属、竹柏属、三尖杉属、穗花杉属、红豆杉属等。台湾岛自 500 万年前与大陆分离后，裸子植物就得到了明显的分化，特征种主要有：台东苏铁 *Cycas taitungensis*、台湾冷杉 *Abies kawakamii*、台湾云杉 *Picea morrisonicola*、台湾杉 *Taiwania cryptomerioides*、台湾翠柏 *Calocedrus macrolepis* var. *formosana*、台湾穗花杉

Amentotaxus formosana、台湾五针松 *Pinus morrisonicola*、红桧 *Chamaecyparis formosensis*、台湾扁柏 *Chamaecyparis obtusa* var. *formosana* 等。台湾的罗汉松属植物较丰富，有海南罗汉松 *Podocarpus annamiensis*、兰屿罗汉松 *Podocarpus costalis*、长叶竹柏 *Podocarpus fleuryi*、罗汉松 *Podocarpus macrophyllus*、短叶罗汉松 *Podocarpus macrophyllus* var. *maki*、台湾罗汉松 *Podocarpus nakaii* 等。

（9）大别山脉

大别山脉有裸子植物 8 属 13 种，有金钱松属 *Pseudolarix*、松属、柳杉属、杉木属、刺柏属、三尖杉属、红豆杉属、榧树属。主要以金钱松 *Pseudolarix amabilis*、大别山五针松 *Pinus fenzeliana* var. *dabeshanensis*、柳杉等为特征种，主产于大陆东部；其他如刺柏 *Juniperus formosana*、红豆杉 *Taxus wallichiana* var. *chinensis*、巴山榧树 *Torreya fargesii* 等，在暖温带地区广泛分布。

上述主要山地裸子植物的属种分析表明，以罗霄山脉及东部周围山地裸子植物区系最为丰富，而西部或高海拔地区有更丰富的冷杉属、云杉属、松属植物，东部则有更丰富的松杉类，尤以红豆杉类最丰富。在横断山脉以东的大部分地区，所分布的松杉类属种大概相似，如铁杉属、杉木属、刺柏属、侧柏属、罗汉松属、三尖杉属、穗花杉属、红豆杉属等。

7.2.5 罗霄山脉裸子植物的区系性质

1）物种多样性与古老性。罗霄山脉裸子植物有 6 科 21 属 32 种，其属数、种数分别占中国裸子植物属总数和种总数的 53.8%和 13.8%，是中国裸子植物的主要现代分布中心。同时，罗霄山脉保存有丰富的裸子植物古老孑遗种，如银杏 *Ginkgo biloba*、资源冷杉 *Abies beshanzuensis* var. *ziyuanensis*、银杉 *Cathaya argyrophylla*、福建柏 *Fokienia hodginsii*、穗花杉 *Amentotaxus argotaenia*、白豆杉 *Pseudotaxus chienii* 等。

2）珍稀濒危优势植物群落集中分布。以福建柏、杉木、白豆杉、南方红豆杉、穗花杉、资源冷杉、银杉、铁杉等珍稀濒危植物为建群种或优势种，在罗霄山脉有集中的大面积分布，是本地区丰富多样的针叶林、针阔叶混交林群落的重要组成部分，并在中国东部形成了极具特色的典型常绿针阔叶混交林。

参 考 文 献

陈涛, 张宏达. 1994. 南岭植物区系地理学研究 I. 植物区系的组成和特点. 热带亚热带植物学报, 2(1): 10-23.

陈涛, 张宏达. 1995. 南岭植物区系地理学研究 III. 植物区系地理亲缘与区划. 广西植物, 15(2): 131-138.

傅立国, 吕庸浚, 莫新礼. 1980. 冷杉属植物在广西与湖南首次发现. 植物分类学报, 18(2): 205-210.

国家环境保护局, 中国科学院植物研究所. 1987. 中国珍稀濒危保护植物名录, 第 1 册. 北京: 科学出版社.

何建源. 1994. 武夷山研究(自然资源卷). 厦门: 厦门大学出版社: 222-262.

江西植物志编辑委员会. 1993. 江西植物志 第 1 卷. 南昌: 江西科学技术出版社: 15-337, 358-504.

李德铢, 陈之端, 王红, 等. 2018. 中国维管植物科属词典. 北京: 科学出版社.

李锡文. 1996. 中国种子植物区系统计分析. 云南植物研究, 18(4): 368-384.

李振宇, 石雷. 2007. 峨眉山植物. 北京: 北京科学技术出版社: 129-160, 225-483.

刘仁林, 张志翔, 廖为明. 2010. 江西种子植物名录. 北京: 中国林业出版社.

刘信中, 王琅, 等. 2010. 江西省庐山自然保护区生物多样性考察与研究. 北京: 科学出版社.

刘信中, 吴和平. 2005. 江西官山自然保护区科学考察与研究. 北京: 中国林业出版社.

刘羽霞, 廖文波, 王蕾, 等. 2016. 桃源洞国家级保护区资源冷杉种群动态. 首都师范大学学报(自然科学版), 37(3): 51-56.

庞雄飞, 等. 2003. 广东南岭国家级自然保护区生物多样性研究. 广州: 广东科技出版社: 221-285.

苏乐怡, 赵万义, 张记军, 等. 2016. 湖南八面山银杉群落特征及其残遗性和保守性分析. 植物资源与环境学报, 25(4): 76-86.

王蕾, 景慧娟, 凡强, 等. 2013. 江西南风面濒危植物资源冷杉生存状况及所在群落特征. 广西植物, 33(5): 651-656.

吴征镒. 1991. 中国种子植物属的分布区类型. 云南植物研究, 13(增刊 IV): 1-139.

吴征镒. 1993. 中国种子植物属的分布区类型的增订和勘误. 云南植物研究, 15(增刊 IV): 141-178.

吴征镒. 2003. 《世界种子植物科的分布类型系统》的修订. 云南植物研究, 25(5): 535-538.

吴征镒, 路安民, 汤彦承, 等. 2003a. 中国被子植物科属综论. 北京: 科学出版社.

吴征镒, 周浙昆, 李德铢, 等. 2003b. 世界种子植物科的分布区类型系统. 云南植物研究, 25(3): 245-257.

向巧萍. 2001. 中国的几种珍稀濒危冷杉属植物及其地理分布成因的探讨. 广西植物, 21(2): 113-117.

向小果, 曹明, 周浙昆. 2006. 松科冷杉属植物的化石历史和现代分布. 云南植物研究, 28(5): 439-452.

易任远. 2015. 湖南八面山种子植物区系研究. 湖南师范大学硕士学位论文.

应俊生. 1994. 秦岭植物区系的性质、特点和起源. 植物分类学报, 32(5): 389-410.

应俊生, 李良千. 1981. 中国及其邻近地区松杉类特有属的现代生态地理分布及其意义. 植物分类学报, 19(4): 408-415.

应俊生, 张玉龙. 1994. 中国种子植物特有属. 北京: 科学出版社.

应俊生, 张志松. 1984. 中国植物区系中的特有现象——特有属的研究. 植物分类学报, 22(4): 259-268.

张宏达. 1980. 华夏植物区系的起源与发展. 中山大学学报(自然科学版), (1): 1-15.

张美珍, 赖明洲, 等. 1993. 华东五省一市植物名录. 上海: 上海科学普及出版社: 120-480.

中国植物志编委会. 1978. 中国植物志　第七卷　裸子植物门. 北京: 科学出版社.

《中国森林》编辑委员会, 1999. 中国森林　第二卷　针叶林. 北京: 中国林业出版社.

周志炎. 2003. 中生代银杏类植物系统发育、分类和演化趋向. 云南植物研究, 25(4): 377-396.

朱兆泉, 宋朝枢. 1999. 神农架自然保护区科学考察集. 北京: 中国林业出版社.

Chen J R, Stevenson D M. 1999. Cycadaceae//Wu C Y, Raven P H, Hong D Y. Flora of China. Vol. 4. Beijing: Science Press and Missouri: Missouri Botanical Garden Press: 1-7.

Christenhusz M J M, Reveal J L, Farjon A, et al. 2011. A new classification and linear sequence of extant gymnosperms. Phytotaxa, 19: 55-70.

Florin R. 1963. The distribution of conifer and taxad genera in time and space. Acta Horti Berg, 20: 122-311.

Fu L G, Li N, Mill R R. 1999a. Cephalotaxaceae//Wu C Y, Raven P H, Hong D Y. Flora of China. Vol. 4. Beijing: Science Press and Missouri: Missouri Botanical Garden Press: 85-88.

Fu L G, Li N, Mill R R. 1999b. Ginkgoaceae//Wu C Y, Raven P H, Hong D Y. Flora of China. Vol. 4. Beijing: Science Press and Missouri: Missouri Botanical Garden Press: 8.

Fu L G, Li N, Mill R R. 1999c. Pinaceae//Wu C Y, Raven P H, Hong D Y. Flora of China. Vol. 4. Beijing: Science Press and Missouri: Missouri Botanical Garden Press: 11-52.

Fu L G, Li N, Mill R R. 1999d. Taxaceae//Wu C Y, Raven P H, Hong D Y. Flora of China. Vol. 4. Beijing: Science Press and Missouri: Missouri Botanical Garden Press: 89-96.

Fu L G, Li Y, Mill R R. 1999e. Podocarpaceae//Wu C Y, Raven P H, Hong D Y. Flora of China. Vol. 4. Beijing: Science Press and Missouri: Missouri Botanical Garden Press: 78-84.

Fu L G, Yu Y F, Farjon A. 1999f. Cupressaceae//Wu C Y, Raven P H, Hong D Y. Flora of China. Vol. 4. Beijing: Science Press and Missouri: Missouri Botanical Garden Press: 62-77.

Fu L G, Yu Y F, Gilbert M G. 1999g. Gnetaceae//Wu C Y, Raven P H, Hong D Y. Flora of China. Vol. 4. Beijing: Science Press and Missouri: Missouri Botanical Garden Press: 102-105.

Fu L G, Yu Y F, Mill R R. 1999h. Taxodiaceae//Wu C Y, Raven P H, Hong D Y. Flora of China. Vol. 4. Beijing: Science Press and Missouri: Missouri Botanical Garden Press: 54-61.

Huang, J H, Chen J H, Ying J S, et al. 2011. Features and distribution patterns of endemic seed plants in China. Journal of Systematics and Evolution, 49(2): 81-94.

Ma J S, Clemants S. 2006. A history and overview of the Flora Reipublicae Popularis Sinicae (FRPS, Flora of China, Chinese edition, 1959-2004). Taxon, 55(2): 451-460.

第 8 章 罗霄山脉被子植物区系

摘　要　罗霄山脉地区被子植物共有 173 科 1086 属 4282 种。为方便与各主要山地的种子植物区系相比较，本章在区系成分整体统计上仍包括裸子植物在内，而涉及表征科属区系特征或性质分析时以被子植物为主。主要结果为：①全境种子植物 179 科 1107 属 4314 种；②种子植物区系以热带性科占明显优势，共 83 科，占非世界科总数的 67.48%，温带性科 40 科，占非世界科总数的 32.52%；热带性属 485 属，占非世界属总数的 47.64%；温带性属 534 属，占非世界属总数的 52.46%，温带成分略占优势。其表征科、表征属主要以中国大陆东部亚热带山地为现代分布中心。总体上，罗霄山脉区系为华中、华东、华南区系汇集的关键地区，南段热带性成分较丰富，北段温带成分占优，体现出罗霄山脉植物区系与古热带植物区系及泛北极植物区系的紧密联系。

8.1　罗霄山脉植物区系研究概况

8.1.1　早期、近期采集研究

罗霄山脉植物区系研究历史可追溯至 19 世纪中后期，早年曾记载有数十次植物标本采集研究。1873 年，英国传教士 G. Shearer、法国传教士 A. David 就曾在罗霄山脉北部的九江、庐山采集植物标本；1878~1880 年，英国园艺学家在庐山附近的修水河、清江、九江等地采集标本，后送至邱园（The Royal Botanic Gardens，Kew）保存（田旗等，2014）。之后在罗霄山脉地区考察的主要是中国植物学家，中国近代植物学研究的奠基人之一胡先骕先生，在 1920 年前往江西吉安、赣州、武功山一带采集了大量标本。1934 年中国蕨类植物研究的先驱，也是胡先生的学生——秦仁昌也在罗霄山脉地区进行了深入采集，其中，中国特有属永瓣藤属 *Monimopetalum* Rehd.植物就是当时采集到的。1940 年，江西人熊耀国在武宁县、修水县、武功山等地采集了大量标本，在此基础上于 1948 年撰写了《赣边森林资源调查报告》（田旗等，2014）。新中国成立之后，中国科学院植物研究所和庐山植物园的研究人员，当时的湖南林学院祁承经、江西农业大学林英等均曾前往罗霄山脉进行过植物调查。

随着我国经典植物学研究的快速兴起，20 世纪区系植物地理学研究得到了极大的发展。研究人员在罗霄山脉进行了广泛的考察，获得了大量成果，如林英（1983）、万文豪等（1986）、谢国文（1991，1993）、刘克旺和侯碧清（1991）、刘仁林和唐赣成（1995）、陶正明（1998）、李家湘等（2006）、范志刚等（2011）、Wang 等（2013）等。总体上，研究人员从不同的角度、不同的局部区域，对罗霄山脉的各类古老、孑遗植物科属和中国特有成分等进行了研究，并指出该区以华东区系成分占优势，同时受华中及华南区系成分的影响，在北段的幕阜山及九岭山地区其温带性属比例高于热带性属，而在南段的井冈山、齐云山等地区，尽管地处南岭以北但仍以热带性属占优势。在起源历史上，罗霄山脉地区山地植物区系初步形成于第三纪植物时期，而后在本地自然环境条件下发展为典型的亚热带性质区系，另外，罗霄山脉地理位置处于华南、华中、华东地区的核心交汇区，其代表性山地区系成分呈现出明显的过渡性和交汇性。

目前，已对罗霄山脉范围内许多主要山地如井冈山（林英，1990）、桃源洞（侯碧清，1993）、官山（刘信中和吴和平，2005）、九岭山（李振基等，2009）、七溪岭（贺利中和刘仁林，2010）、齐云山（刘小明等，2010）等开展了本底植物与植被考察研究，研究人员出版或编写了相关报告。

2010～2015 年，在井冈山管理局的资助下，中山大学等开始在井冈山、南风面、七溪岭地区开展全面考察、标本采集。2012～2016 年，在湖南桃源洞国家级自然保护区管理局的资助下，中山大学、首都师范大学将该考察进一步扩展至罗霄山脉西坡桃源洞地区，其间采集植物标本超过 5000 号。2013～2018 年，在科技部基础科技专项的资助下，来自中国科学院华南植物园、深圳市中国科学院仙湖植物园、首都师范大学、湖南师范大学、吉首大学、中国科学院庐山植物园等的科研人员针对整体罗霄山脉进行了全面考察、研究，其间采集植物标本超过 6 万号，在植物多样性、植被样地调查方面，获得了罗霄山脉大量的第一手资料。本次区系报告，一方面整理了前期标本记录，以及近期上述科研机构的标本数据，共 65 560 号标本记录，形成了罗霄山脉高等植物名录，其中种子植物共 179 科 1107 属 4314 种，包括其间发表的植物新种 9 种：绿花白丝草 *Chamaelirium viridiflorum*、武功山异黄精 *Heteropolygonatum wugongshanensis*、张氏野海棠 *Bredia changii*、罗霄虎耳草 *Saxifraga luoxiaoensis*、神农虎耳草 *Saxifraga shennongii*、纤秀冬青 *Ilex venusta*、桂东锦香草 *Phyllagathis guidongensis*、衡山报春苣苔 *Primulina hengshanensis*、杨氏丹霞兰 *Danxiaorchis yangii*；江西省新记录科：无叶莲科 Petrosaviaceae；新记录属：无叶莲属 *Petrosavia*、萼脊兰属 *Sedirea*、叠鞘兰属 *Chamaegastrodia*、花佩菊属 *Faberia* 等；江西、湖南省级新记录种上百种。

8.1.2 种子植物数据库建立与分析方法

1）数据库建立：以所采集的标本数据为基础。查阅《江西植物志》（第二卷、第三卷、第四卷）、《湖南植物志》（第二卷、第三卷），收集罗霄山脉地区各自然保护区近年科考报告 17 部，硕士论文 4 篇（李家湘，2005；迟盛南，2013；易任远，2015；刘忠成，2016）、博士论文 2 篇（赵万义，2017；田径，2018）；近年发表新种、新记录种论文 19 篇（季春峰等，2009；罗开文，2009；Li et al.，2009；钱萍等，2012；Liu and Yang，2012；季春峰，2012，2015；凡强等，2014；张贵志，2012；Zhou et al.，2016）。全面汇总后编制获得罗霄山脉地区种子植物区系 Access 数据库，字段包括物种在各独立山体的分布等，科、属分类系统参照 APG III（2009）、APG IV（2016）及《中国维管植物科属词典》（李德铢等，2018）。

2）地理成分分析：针对种子植物的科、属、种进行统计，确定优势科属、表征科属（施苏华，1987；陈涛和张宏达，1994；薛跃规，1995；李锡文，1996）。科属的地理成分以吴征镒观点为依据（吴征镒，1991，1993；吴征镒等，2006），并参照《中国维管植物科属词典》（李德铢等，2018）重新定义部分科、属的分布区类型。

3）特有现象、孑遗种分析：特有科、特有属参照应俊生和张玉龙（1994）、吴征镒等（2006）等的概念；中国特有种参照黄继红等（2014）、*Flora of China* 以及 CVH（http://www.cvh.ac.cn）数据。孑遗属包括分类学孑遗属、地理学孑遗属，参考吴鲁夫（1960）、廖文波等（2014）、APG III（2009）、APG IV（2016）等。

4）区系相似性比较：科、属、种的相似性指标或系数比较，采用经典方法（Jaccard，1901；王荷生等，1992；张镱理，1998）。区系的热带或温带性质采用 R/T 值差异、区系谱（FS）主成分（马克平等，1995），以及植被或区系特征种等予以探讨。

8.2 罗霄山脉被子植物区系组成①

罗霄山脉地区共有种子植物 179 科 1107 属 4314 种（若仅有种下等级则其按 1 种计）（表 8-1），

① 为方便与种子植物数据的比较，本节部分统计以种子植物为主，叙述部分以被子植物为主；而裸子植物 6 科 21 属 32 种，如有涉及将适当说明。

分别占中国种子植物科、属、种总数的 69.11%、38.13%、14.89%。其中，裸子植物 6 科 21 属 32 种；被子植物 173 科 1086 属 4282 种。

表 8-1　罗霄山脉种子植物区系的组成*

分类群	科数			属数			种数**		
	罗霄山脉	中国	占中国比例（%）	罗霄山脉	中国	占中国比例（%）	罗霄山脉	中国	占中国比例（%）
裸子植物	6	8	75.00	21	39	53.85	32	232	13.79
被子植物	173	251	68.92	1 086	2 864	37.92	4 282	28 741	14.90
合计	179	259	69.11	1 107	2 903	38.13	4 314	28 973	14.89

* 中国种子植物科、属、种参考李锡文（1996）及李德铢等（2018）；** 统计数字包含种下等级。

8.3　罗霄山脉被子植物科的区系特征

8.3.1　科内属的数量结构

在科内属级分析上来看（表 8-2），罗霄山脉地区分布 50 属以上的科仅有禾本科 Poaceae（109 属，下同）、菊科 Asteraceae（76）、兰科 Orchidaceae（54）、豆科 Fabaceae（53），这 4 个科为世界广布科，包含了 797 种，占本区种子植物种总数的 18.47%；出现 16～50 属的有 6 科，占科总数的 3.35%，包含 160 属，占本区种子植物属总数的 14.45%，占种总数的 17.18%，分别为唇形科 Lamiaceae（46）、茜草科 Rubiaceae（28）、伞形科 Apiaceae（26）、蔷薇科 Rosaceae（25）、莎草科 Cyperaceae（19）、石竹科 Caryophyllaceae（16）；出现 6～15 属的有 47 科，共计 416 属，占属总数的 37.58%，占种总数的 39.75%；出现 2～5 属的寡属科有 60 科，共计 177 属，占属总数的 15.99%，占种总数的 16.16%；仅出现 1 属的有 62 科，占属总数的 34.64%，占种总数的 8.44%。

表 8-2　罗霄山脉种子植物科的分级统计（所含属数）

级别	科数	占科总数百分比（%）	属数	占属总数百分比（%）	种数	占种总数百分比（%）
>50 属的科	4	2.23	292	26.38	797	18.47
16～50 属的科	6	3.35	160	14.45	741	17.18
6～15 属的科	47	26.26	416	37.58	1715	39.75
2～5 属的科	60	33.52	177	15.99	697	16.16
1 属的科	62	34.64	62	5.60	364	8.44

罗霄山脉地区仅出现 1 属的科非常丰富，其中包括一些系统地位孤立的类群，如扯根菜科 Penthoraceae、莼菜科 Cabombaceae、叠珠树科 Akaniaceae、连香树科 Cercidiphyllaceae、领春木科 Eupteleaceae、杜仲科 Eucommiaceae、无叶莲科 Petrosaviaceae 等；也包括一些东亚亚热带山地森林优势种或建群种所在的科，如冬青科 Aquifoliaceae、山矾科 Symplocaceae、桤叶树科 Clethraceae、虎皮楠科 Daphniphyllaceae 等。

8.3.2　科内种的数量结构

通过分析罗霄山脉种子植物区系各科所含的属、种数量，对科的大小进行分级，结果如下。罗霄山脉种子植物较大科、大科共有 18 科，占本区科总数的 10.06%，所包含的种数占罗霄山脉种子植物种总数的 50.51%；含 11～50 种的中等科 75 科，占本区科总数的 41.90%；含 2～10 种的寡种科 61 科，占本区科总数的 34.08%；单种科有 25 科，占本区科总数的比例为 13.97%，即中等科、寡种科、单种科共 161 科，占本区科总数的 89.94%，与较大科、大科所含种总数的比例大致齐平（表 8-3）。

表 8-3　罗霄山脉种子植物科的分级统计

级别	科数	占科总数百分比（%）	种数	占种总数百分比（%）
大科（>100 种）	8	4.47	1452	33.66
较大科（51~100 种）	10	5.59	727	16.85
中等科（11~50 种）	75	41.90	1833	42.49
寡种科（2~10 种）	61	34.08	277	6.42
单种科/单型科（1 种）	25	13.97	25	0.58

1）大科：由表 8-3 可以看出，罗霄山脉地区包含 100 种以上的科有禾本科 Poaceae（276 种/109 属，下同）、菊科 Asteraceae（231/76）、唇形科 Lamiaceae（206/46）、蔷薇科 Rosaceae（187/25）、豆科 Fabaceae（153/53）、莎草科 Cyperaceae（151/19）、兰科 Orchidaceae（137/54）、樟科 Lauraceae（111/11）；这 8 科均为世界广布科或泛热带分布科，占罗霄山脉种子植物区系科总数的 4.47%；共计 393 属，占属总数的 35.50%；共计 1452 种，占种总数的 33.66%。这些科是罗霄山脉植物区系的重要数量优势科。

2）较大科：包含 51~100 种的科有茜草科 Rubiaceae（100/28）、毛茛科 Ranunculaceae（89/12）、报春花科 Primulaceae（79/9）、壳斗科 Fagaceae（73/6）、杜鹃花科 Ericaceae（72/9）、蓼科 Polygonaceae（68/7）、荨麻科 Urticaceae（67/15）、葡萄科 Vitaceae（62/7）、伞形科 Apiaceae（61/26）、冬青科 Aquifoliaceae（56/1）。共计 10 科，占罗霄山脉地区科总数的 5.59%；共计 120 属，占属总数的 10.84%；共计 727 种，占种总数的 16.85%。其中壳斗科、杜鹃花科、冬青科是罗霄山脉地区森林群落重要建群种。

3）中等科：包含 11~50 种的中等科有卫矛科 Celastraceae（48/6）、夹竹桃科 Apocynaceae（47/15）、大戟科 Euphorbiaceae（43/11）、锦葵科 Malvaceae（43/14）、桑科 Moraceae（42/6）、忍冬科 Caprifoliaceae（41/9）、五加科 Araliaceae（41/13）、五列木科 Pentaphylacaceae（41/6）、天门冬科 Asparagaceae（39/14）、绣球花科 Hydrangeaceae（39/9）、无患子科 Sapindaceae（38/7）、车前科 Plantaginaceae（37/12）、木犀科 Oleaceae（37/8）、山矾科 Symplocaceae（37/1）、五福花科 Adoxaceae（37/2）、山茶科 Theaceae（36/4）、石竹科 Caryophyllaceae（36/16）、鼠李科 Rhamnaceae（36/7）、堇菜科 Violaceae（35/1）、十字花科 Brassicaceae（35/15）、苦苣苔科 Gesneriaceae（34/9）、菝葜科 Smilacaceae（33/1）、猕猴桃科 Actinidiaceae（31/2）、野牡丹科 Melastomataceae（31/9）、芸香科 Rutaceae（31/10）、小檗科 Berberidaceae（28/7）、清风藤科 Sabiaceae（27/2）、葫芦科 Cucurbitaceae（26/10）、薯蓣科 Dioscoreaceae（26/2）、景天科 Crassulaceae（25/4）、安息香科 Styracaceae（24/8）、桔梗科 Campanulaceae（24/8）、马兜铃科 Aristolochiaceae（23/3）、爵床科 Acanthaceae（22/9）、龙胆科 Gentianaceae（22/5）、木兰科 Magnoliaceae（22/7）、茄科 Solanaceae（22/6）、天南星科 Araceae（21/8）、防己科 Menispermaceae（20/8）、凤仙花科 Balsaminaceae（20/1）、列当科 Orobanchaceae（20/13）、柳叶菜科 Onagraceae（20/4）、木通科 Lardizabalaceae（20/6）、母草科 Linderniaceae（19/2）、苋科 Amaranthaceae（19/5）、旋花科 Convolvulaceae（19/9）、虎耳草科 Saxifragaceae（18/5）、山茱萸科 Cornaceae（18/2）、紫草科 Boraginaceae（18/9）、鸭跖草科 Commelinaceae（17/7）、叶下珠科 Phyllanthaceae（17/6）、罂粟科 Papaveraceae（17/5）、胡颓子科 Elaeagnaceae（16/1）、金缕梅科 Hamamelidaceae（16/9）、远志科 Polygalaceae（16/2）、金丝桃科 Hypericaceae（15/2）、藜芦科 Melanthiaceae（15/4）、五味子科 Schisandraceae（15/3）、杨柳科 Salicaceae（15/6）、百合科 Liliaceae（14/5）、灯心草科 Juncaceae（14/2）、黄杨科 Buxaceae（14/3）、姜科 Zingiberaceae（14/5）、瑞香科 Thymelaeaceae（14/3）、桦木科 Betulaceae（13/4）、千屈菜科 Lythraceae（13/5）、榆科 Ulmaceae（13/3）、泽泻科 Alismataceae（13/4）、大麻科 Cannabaceae（12/5）、柿科 Ebenaceae（12/1）、水鳖科 Hydrocharitaceae（12/6）、眼子菜科 Potamogetonaceae（12/2）、胡桃科 Juglandaceae（11/6）、漆树科 Anacardiaceae（11/4）、桑寄生科 Loranthaceae（11/5）。共计 75 科，占科总数的 41.90%；458 属，占属总数的 41.37%；1833 种，占种总数的 42.49%。其中包括广布科 29 科，热带科 31 科，温带科 15 科。

4）寡种科：包含 2～10 种的寡种科有海桐科 Pittosporaceae（10/1）、松科 Pinaceae（10/6）、金粟兰科 Chloranthaceae（9/2）、桤叶树科 Clethraceae（9/1）、秋海棠科 Begoniaceae（9/1）、红豆杉科 Taxaceae（8/5）、省沽油科 Staphyleaceae（8/3）、石蒜科 Amaryllidaceae（8/2）、檀香科 Santalaceae（8/5）、柏科 Cupressaceae（7/6）、杜英科 Elaeocarpaceae（7/2）、谷精草科 Eriocaulaceae（7/1）、狸藻科 Lentibulariaceae（7/1）、秋水仙科 Colchicaceae（7/1）、丝缨花科 Garryaceae（7/1）、通泉草科 Mazaceae（7/1）、胡椒科 Piperaceae（6/1）、牻牛儿苗科 Geraniaceae（6/2）、玄参科 Scrophulariaceae（6/3）、茶藨子科 Grossulariaceae（5/1）、罗汉松科 Podocarpaceae（5/2）、茅膏菜科 Droseraceae（5/1）、蛇菰科 Balanophoraceae（5/1）、桃金娘科 Myrtaceae（5/3）、香蒲科 Typhaceae（5/2）、蕈树科 Altingiaceae（5/3）、鸢尾科 Iridaceae（5/2）、独尾草科 Asphodelaceae（4/2）、楝科 Meliaceae（4/2）、泡桐科 Paulowniaceae（4/1）、鼠刺科 Iteaceae（4/1）、睡莲科 Nymphaeaceae（4/3）、透骨草科 Phrymaceae（4/2）、小二仙草科 Haloragaceae（4/2）、菖蒲科 Acoraceae（3/1）、番荔枝科 Annonaceae（3/2）、虎皮楠科 Daphniphyllaceae（3/1）、蜡梅科 Calycanthaceae（3/1）、马钱科 Loganiaceae（3/2）、山龙眼科 Proteaceae（3/1）、水玉簪科 Burmanniaceae（3/1）、睡菜科 Menyanthaceae（3/1）、仙茅科 Hypoxidaceae（3/2）、白花菜科 Cleomaceae（2/2）、百部科 Stemonaceae（2/1）、茶茱萸科 Icacinaceae（2/2）、金鱼藻科 Ceratophyllaceae（2/1）、旌节花科 Stachyuraceae（2/1）、苦木科 Simaroubaceae（2/2）、蓝果树科 Nyssaceae（2/2）、马鞭草科 Verbenaceae（2/2）、青荚叶科 Helwingiaceae（2/1）、青皮木科 Schoepfiaceae（2/1）、三白草科 Saururaceae（2/2）、商陆科 Phytolaccaceae（2/1）、藤黄科 Clusiaceae（2/1）、雨久花科 Pontederiaceae（2/1）、沼金花科 Nartheciaceae（2/1）、紫葳科 Bignoniaceae（2/2）、棕榈科 Arecaceae（2/2）、酢浆草科 Oxalidaceae（2/1）。共计 61 科，占科总数的 34.08%；111 属，占属总数的 10.03%；277 种，占种总数的 6.42%。其中包括广布科 13 科，热带科 31 科，温带科 17 科。

5）单种科/单型科：共有 25 科，为芭蕉科 Musaceae、扯根菜科 Penthoraceae、莼菜科 Cabombaceae、叠珠树科 Akaniaceae、杜仲科 Eucommiaceae、沟繁缕科 Elatinaceae、钩吻科 Gelsemiaceae、古柯科 Erythroxylaceae、黄眼草科 Xyridaceae、蒺藜科 Zygophyllaceae、连香树科 Cercidiphyllaceae、领春木科 Eupteleaceae、马齿苋科 Portulacaceae、买麻藤科 Gnetaceae、山柑科 Capparaceae、芍药科 Paeoniaceae、使君子科 Combretaceae、水蕹科 Aponogetonaceae、粟米草科 Molluginaceae、无叶莲科 Petrosaviaceae、西番莲科 Passifloraceae、杨梅科 Myricaceae、银杏科 Ginkgoaceae、瘿椒树科 Tapisciaceae、紫茉莉科 Nyctaginaceae。占罗霄山脉种子植物科总数的 13.97%，属总数的 2.26%，种总数的 0.58%。包括广布科 3 科，热带科 16 科，温带科 6 科。罗霄山脉仅分布 1 种的科中很多为世界广布科；也有部分为古老的单型科或寡种科，如银杏科、杜仲科、无叶莲科等，它们在系统发生上呈现出孤立、孑遗的性质。

8.3.3　优势科及表征科

植物区系优势科是描述一个地区区系特征的重要指标，指在植物区系中所包含属、种数相对较多的科，它们有助于从整体上把握植物区系组成和特征，其确定需依靠一定的数量标准。一般来说，优势科的确定依据科在植物区系中所含种的相对数量较高，且这些优势科所包含的属、种总数应占区系的 50% 以上。表征科则指那些能代表植物区系特征的科，一般在植被组成中占有重要地位，所含属、种相对于世界植物区系占有较大比例（张宏达，1962；陈涛和张宏达，1994；朱华等，1996）。

基于以上原则，罗霄山脉主要优势科有 22 科，占罗霄山脉地区种子植物科总数的 12.29%，包含 559 属 2360 种，分别占罗霄山脉地区种子植物属总数及种总数的 50.50% 和 54.71%。这些优势科为禾本科 Poaceae、菊科 Asteraceae、唇形科 Lamiaceae、蔷薇科 Rosaceae、豆科 Fabaceae、莎草科 Cyperaceae、兰科 Orchidaceae、樟科 Lauraceae、茜草科 Rubiaceae、毛茛科 Ranunculaceae、报春花科 Primulacea、壳斗科 Fagaceae、杜鹃花科 Ericaceae、蓼科 Polygonaceae、荨麻科 Urticaceae、葡萄科 Vitaceae、伞形科 Apiaceae、冬青科 Aquifoliaceae、卫矛科 Celastraceae、夹竹桃科 Apocynaceae、锦葵科 Malvaceae、

大戟科 Euphorbiaceae。这些优势科揭示出罗霄山脉地区植物区系的优势成分，其为山地森林群落中的重要组成部分，如壳斗科柯属 *Lithocarpus*、青冈属 *Cyclobalanopsis*；樟科润楠属 *Machilus*、新木姜子属 *Neolitsea*；杜鹃花科杜鹃属 *Rhododendron*、越橘属 *Vaccinium*；冬青科冬青属 *Ilex* 均为罗霄山脉区域内重要的建群种。此外，优势科中包括世界广布科 12 科，泛热带分布科 7 科，另有北温带分布科 2 科，而热带性的樟科、葡萄科、冬青科、荨麻科以及温带性的杜鹃花科最能体现罗霄山脉地区是中国植物区系的核心地区之一。

表征科综合考虑科内属总数、种总数，占世界属总数、种总数的比例（表 8-4），以及在植被组成和群落演替中的重要地位，较优势科更体现植物区系的特征。确定罗霄山脉地区表征科 24 科，含 145 属 995 种，分别占罗霄山脉地区种子植物科总数、属总数、种总数的 13.40%、13.10%、23.06%。罗霄山脉表征科为：蔷薇科 Rosaceae、樟科 Lauraceae、壳斗科 Fagaceae、杜鹃花科 Ericaceae、葡萄科 Vitaceae、冬青科 Aquifoliaceae、五列木科 Pentaphylacaceae、绣球花科 Hydrangeaceae、山矾科 Symplocaceae、山茶科 Theaceae、菝葜科 Smilacaceae、猕猴桃科 Actinidiaceae、小檗科 Berberidaceae、清风藤科 Sabiaceae、安息香科 Styracaceae、木兰科 Magnoliaceae、木通科 Lardizabalaceae、山茱萸科 Cornaceae、金缕梅科 Hamamelidaceae、五味子科 Schisandraceae、榆科 Ulmaceae、桦木科 Betulaceae、胡桃科 Juglandaceae、松科 Pinaceae。

表 8-4　罗霄山脉种子植物科内种总数及其占该科中国、世界种子植物种总数的比例

序号	科名	种数*	占中国比例（%）	占世界比例（%）	科的分布区类型**	表征科
1	禾本科 Poaceae	276	15.36	2.51	T1	
2	菊科 Asteraceae	231	9.83	0.77	T1	
3	唇形科 Lamiaceae	206	21.24	2.87	T1	
4	蔷薇科 Rosaceae	187	19.85	7.42	T1	表征科
5	豆科 Fabaceae	153	9.15	0.78	T1	
6	莎草科 Cyperaceae	151	17.46	2.80	T1	
7	兰科 Orchidaceae	137	10.15	0.48	T1	
8	樟科 Lauraceae	111	24.94	4.44	T2	表征科
9	茜草科 Rubiaceae	100	13.46	0.76	T1	
10	毛茛科 Ranunculaceae	89	9.64	3.52	T1	
11	报春花科 Primulaceae	79	12.12	3.05	T1	
12	壳斗科 Fagaceae	73	24.75	8.11	T8	表征科
13	杜鹃花科 Ericaceae	72	8.60	1.76	T8	表征科
14	蓼科 Polygonaceae	68	28.81	5.91	T1	
15	荨麻科 Urticaceae	67	15.58	2.55	T2	
16	葡萄科 Vitaceae	62	39.74	7.75	T2	表征科
17	伞形科 Apiaceae	61	9.90	1.63	T1	
18	冬青科 Aquifoliaceae	56	27.45	13.33	T3	表征科
19	卫矛科 Celastraceae	48	18.68	3.43	T2	
20	夹竹桃科 Apocynaceae	47	11.11	0.92	T2	
21	锦葵科 Malvaceae	43	17.48	1.00	T2	
22	大戟科 Euphorbiaceae	43	17.00	0.64	T2	
23	桑科 Moraceae	42	29.17	3.73	T1	
24	五列木科 Pentaphylacaceae	41	31.54	11.71	T2	表征科
25	忍冬科 Caprifoliaceae	41	28.47	5.06	T8	
26	五加科 Araliaceae	41	21.35	2.83	T3	
27	绣球花科 Hydrangeaceae	39	31.20	20.53	T8	表征科
28	天门冬科 Asparagaceae	39	15.12	1.56	T1	
29	无患子科 Sapindaceae	38	24.05	2.00	T2	

续表

序号	科名	种数*	占中国比例（%）	占世界比例（%）	科的分布区类型**	表征科
30	山矾科 Symplocaceae	37	88.10	18.50	T2	表征科
31	车前科 Plantaginaceae	37	22.42	1.95	T1	
32	木犀科 Oleaceae	37	23.13	6.02	T1	
33	五福花科 Adoxaceae	37	45.68	16.82	T1	
34	山茶科 Theaceae	36	24.83	14.40	T3	表征科
35	石竹科 Caryophyllaceae	36	9.09	1.64	T1	
36	鼠李科 Rhamnaceae	36	26.28	3.60	T1	
37	十字花科 Brassicaceae	35	8.75	0.96	T1	
38	堇菜科 Violaceae	35	34.65	3.18	T1	
39	苦苣苔科 Gesneriaceae	34	8.08	1.70	T3	
40	菝葜科 Smilacaceae	33	35.87	15.71	T2	表征科
41	猕猴桃科 Actinidiaceae	31	46.97	8.68	T3	表征科
42	芸香科 Rutaceae	31	24.41	1.94	T2	
43	野牡丹科 Melastomataceae	31	27.19	0.61	T2	
44	小檗科 Berberidaceae	28	9.24	4.31	T8	表征科
45	清风藤科 Sabiaceae	27	58.70	27.00	T3	表征科
46	葫芦科 Cucurbitaceae	26	17.69	2.71	T2	
47	薯蓣科 Dioscoreaceae	26	44.83	2.99	T2	
48	景天科 Crassulaceae	25	10.78	1.67	T1	
49	安息香科 Styracaceae	24	43.64	15.00	T3	表征科
50	桔梗科 Campanulaceae	24	15.09	1.01	T1	
51	马兜铃科 Aristolochiaceae	23	26.74	3.83	T2	
52	木兰科 Magnoliaceae	22	19.64	7.33	T9	表征科
53	爵床科 Acanthaceae	22	7.10	0.55	T2	
54	茄科 Solanaceae	22	21.57	0.89	T1	
55	龙胆科 Gentianaceae	22	5.24	3.14	T1	
56	天南星科 Araceae	21	11.05	0.51	T1	
57	木通科 Lardizabalaceae	20	58.82	50.00	T3	表征科
58	列当科 Orobanchaceae	20	4.25	0.97	T1	
59	防己科 Menispermaceae	20	25.97	4.52	T2	
60	柳叶菜科 Onagraceae	20	31.25	3.08	T1	
61	凤仙花科 Balsaminaceae	20	7.38	2.00	T2	
62	旋花科 Convolvulaceae	19	14.84	1.15	T1	
63	苋科 Amaranthaceae	19	8.12	0.83	T1	
64	母草科 Linderniaceae	19	100.00	7.51	T2	
65	山茱萸科 Cornaceae	18	50.00	21.18	T8	表征科
66	紫草科 Boraginaceae	18	6.00	0.65	T1	
67	虎耳草科 Saxifragaceae	18	6.72	2.90	T8	
68	鸭跖草科 Commelinaceae	17	28.81	2.62	T2	
69	叶下珠科 Phyllanthaceae	17	13.28	1.00	T2	
70	罂粟科 Papaveraceae	17	3.84	2.43	T8	
71	金缕梅科 Hamamelidaceae	16	26.23	15.09	T8	表征科
72	胡颓子科 Elaeagnaceae	16	21.62	17.78	T8	
73	远志科 Polygalaceae	16	30.19	1.66	T1	
74	五味子科 Schisandraceae	15	27.78	21.43	T9	表征科
75	杨柳科 Salicaceae	15	3.90	0.83	T1	

续表

序号	科名	种数*	占中国比例（%）	占世界比例（%）	科的分布区类型**	表征科
76	藜芦科 Melanthiaceae	15	30.61	7.46	T8	
77	金丝桃科 Hypericaceae	15	21.74	2.78	T1	
78	黄杨科 Buxaceae	14	50.00	14.00	T2	
79	百合科 Liliaceae	14	9.46	2.20	T1	
80	姜科 Zingiberaceae	14	6.48	1.08	T2	
81	瑞香科 Thymelaeaceae	14	12.17	1.57	T1	
82	灯心草科 Juncaceae	14	15.22	3.11	T8	
83	榆科 Ulmaceae	13	52.00	37.14	T8	表征科
84	桦木科 Betulaceae	13	14.61	6.50	T8	表征科
85	千屈菜科 Lythraceae	13	28.89	2.16	T1	
86	泽泻科 Alismataceae	13	72.22	13.00	T1	
87	水鳖科 Hydrocharitaceae	12	35.29	8.57	T1	
88	大麻科 Cannabaceae	12	48.00	6.67	T1	
89	眼子菜科 Potamogetonaceae	12	48.00	11.76	T1	
90	柿科 Ebenaceae	12	20.00	2.19	T2	
91	胡桃科 Juglandaceae	11	40.74	15.49	T8	表征科
92	桑寄生科 Loranthaceae	11	21.57	1.57	T2	
93	漆树科 Anacardiaceae	11	20.00	1.38	T2	
94	松科 Pinaceae	10	9.80	4.44	T8	表征科
95	海桐科 Pittosporaceae	10	22.73	5.00	T4	
	合计	4032				

注：仅列出含 10 种及以上的科。

* 表中种数包括种下等级；** 分布区类型的名称见表 8-5。

表征科主要为泛热带科、热带亚洲和热带美洲间断分布科及北温带科，即泛热带科 5 科，为樟科 Lauraceae、葡萄科 Vitaceae、五列木科 Pentaphylacaceae、山矾科 Symplocaceae、菝葜科 Smilacaceae；热带亚洲和热带美洲间断分布科 6 科，为冬青科 Aquifoliaceae、山茶科 Theaceae、猕猴桃科 Actinidiaceae、清风藤科 Sabiaceae、安息香科 Styracaceae、木通科 Lardizabalaceae；北温带科 10 科，为壳斗科 Fagaceae、杜鹃花科 Ericaceae、绣球花科 Hydrangeaceae、小檗科 Berberidaceae、山茱萸科 Cornaceae、金缕梅科 Hamamelidaceae、榆科 Ulmaceae、桦木科 Betulaceae、胡桃科 Juglandaceae、松科 Pinaceae。此外，世界广布科有 1 科，即蔷薇科 Rosaceae；东亚—北美间断分布科 2 科，即木兰科 Magnoliaceae、五味子科 Schisandraceae。从优势科组成来看，罗霄山脉地区热带性优势科与温带性优势科基本持平，呈现出热带向温带过渡的交界区特点及其亚热带植物区系性质。

8.3.4　科的地理成分特点

参照李锡文（1996）、吴征镒等（2003，2006）对科分布区类型的划分标准，罗霄山脉种子植物 179 科可划分为 10 个正型及 9 个亚型，结果如表 8-5 所示。

表 8-5　罗霄山脉种子植物科的分布区类型

分布区类型	科数	占本地区非世界科的比例（%）
T1 世界广布	56	扣除
T2 泛热带分布	53	43.09
T2-1 热带亚洲—大洋洲和热带美洲（南美洲或/和墨西哥）分布	1	0.81
T2-2 热带亚洲—热带非洲—热带美洲（南美洲）分布	2	1.63
T2S 以南半球为主的泛热带分布	6	4.88

分布区类型	科数	占本区非世界科的比例（%）
T3 热带亚洲和热带美洲间断分布	14	11.38
T4 旧世界热带分布	2	1.63
T4-1 热带亚洲、非洲和大洋洲间断或星散分布	1	0.81
T5 热带亚洲至热带大洋洲分布	2	1.63
T6 热带亚洲至热带非洲分布	—	—
T7 热带亚洲（即热带东南亚至印度—马来，太平洋诸岛）分布	2	1.63
热带性科统计	83	67.48
T8 北温带分布	7	5.69
T8-2 北极—高山分布	2	1.63
T8-4 北温带和南温带间断分布	13	10.57
T8-5 欧亚和南美洲温带间断分布	1	0.81
T8-6 地中海、东亚、新西兰和墨西哥—智利间断分布	1	0.81
T9 东亚—北美间断分布	9	7.32
T10 旧世界温带分布	—	—
T11 温带亚洲分布	—	—
T12 地中海区、西亚至中亚分布	—	—
T13 中亚分布	—	—
T14 东亚分布	4	3.25
T14-2 中国—日本分布	1	0.81
T15 中国特有分布	2	1.63
温带性科统计	40	32.52

其中科数最多的为泛热带科，达 62 科（含亚型），占罗霄山脉地区非世界科总数的比例达 50.41%。其次为北温带科达 24 科（含亚型），占本地区非世界科的 19.51%。罗霄山脉种子植物热带性科共有 83 科，占本地区非世界科的 67.48%；温带性科共有 40 科，占本地区非世界科的 32.52%。因此罗霄山脉植物区系在科级水平上以热带性科更占优势，表现出与热带植物区系的密切关联性，而 24 个北温带分布科、5 个东亚分布科以及 2 个中国特有科的出现则体现出罗霄山脉种子植物区系为东亚植物区系的重要组成部分。

科是植物分类学中较大的自然分类单位，同一科内的物种具有相似的形态结构，以及明确的系统发生关系（王荷生，1997）。科的分布区类型分析可在一定程度上解释洲际植物区系分布的形成，这一形成过程往往与地史变迁事件有着密切关系，如泛热带分布科的分布格局与劳亚古陆和冈瓦纳古陆解体有着直接关联（吴征镒等，2006；Mao et al.，2010），东亚—北美间断分布科则与古地中海退却、北太平洋扩张及白令陆桥闭合事件有关（Wen，1999；Xiang et al.，2000）。罗霄山脉地区种子植物共179 科，可分为 10 个正型及 9 个亚型，复杂多样的地理分布区类型表明罗霄山脉地区的种子植物区系形成历史悠久，区系来源复杂。

旧世界温带分布科（T10），温带亚洲分布科（T11），地中海区、西亚至中亚分布科（T12）及中亚分布科（T13）在罗霄山脉地区没有分布，上述分布区类型的科是古地中海植物区系的残余类群（孙航和李志敏，2003），以可适应寒冷及干旱气候的植物类群为主，而罗霄山脉地区植物区系演化历史受古地中海闭合影响较小，且地处中国大陆东部亚热带地区，因而缺失典型温带区系及荒漠区系成分。

T1 世界广布

世界广布科（Widespread）具有相对的含义，泛指那些在世界各大洲均有分布的科，本类型的科在一定程度上可体现世界各大洲区系发生的关联性，但由于世界广布科的形成常伴随着人类活动而发生，难以确定世界广布科的形成及分化中心，因此在实际的区系研究中一般将其扣除，不计入统计分析。

罗霄山脉种子植物中世界广布科有 56 科，占本地区种子植物科总数的 31.28%。其中含 100 种及以上的科有禾本科 Poaceae 276 种、菊科 Asteraceae 231 种、唇形科 Lamiaceae 206 种、蔷薇科 Rosaceae 187 种、豆科 Fabaceae 153 种、莎草科 Cyperaceae 151 种、兰科 Orchidaceae 137 种、茜草科 Rubiaceae 100 种，这几个科也是世界性的大科。

含种数较多的科还有毛茛科 Ranunculaceae 89 种、报春花科 Primulaceae 79 种、蓼科 Polygonaceae 68 种、伞形科 Apiaceae 61 种、桑科 Moraceae 42 种、天门冬科 Asparagaceae 39 种、五福花科 Adoxaceae 37 种、车前科 Plantaginaceae 37 种、木犀科 Oleaceae 37 种、石竹科 Caryophyllaceae 36 种、鼠李科 Rhamnaceae 36 种、十字花科 Brassicaceae 35 种、堇菜科 Violaceae 35 种、景天科 Crassulaceae 25 种、桔梗科 Campanulaceae 24 种。世界广布科的物种常扩散能力强，分布格局常伴随着人类活动而形成，较典型的如车前科 Plantaginaceae、苋科 Amaranthaceae。

世界广布科中包含不少的水生类群，如泽泻科 Alismataceae、水鳖科 Hydrocharitaceae、眼子菜科 Potamogetonaceae、狸藻科 Lentibulariaceae、香蒲科 Typhaceae、睡莲科 Nymphaeaceae、睡菜科 Menyanthaceae、金鱼藻科 Ceratophyllaceae、莼菜科 Cabombaceae。一般情况下，水体环境比较稳定，其他连续的河流、湖泊等生境也利于水生植物的扩散，且不少水生性科的系统演化地位相当古老、子遗（吴征镒等，2006），如睡莲科、莼菜科、金鱼藻科。各类丰富的水生性科在一定程度上表明罗霄山脉植物区系有相当长的形成历史。

T2 泛热带分布

泛热带分布科为热带地区广泛分布，且分布中心处于世界热带地区的科，有些种可零星分布至亚热带或温带。本类型科所占罗霄山脉非世界科的比例最大，为罗霄山脉植物区系的重要组成部分，包括 62 科（含亚型），占本区非世界科总数的 50.41%，其中包括 3 个亚型：热带亚洲—大洋洲和热带美洲（南美洲或/和墨西哥）（T2-1）1 科；热带亚洲—热带非洲—热带美洲（南美洲）（T2-2）2 科；以南半球为主的泛热带（T2S）6 科。

泛热带分布科包括罗霄山脉表征科 5 科，为樟科 Lauraceae、葡萄科 Vitaceae、五列木科 Pentaphylacaceae、山矾科 Symplocaceae、菝葜科 Smilacaceae。这些科是罗霄山脉地区森林群落的重要组成部分，为低海拔地区沟谷常绿阔叶林、中海拔落叶阔叶混交林的主要建群种。

许多是种数丰富的优势科，如樟科 Lauraceae 111 种、荨麻科 Urticaceae 67 种、葡萄科 Vitaceae 62 种、卫矛科 Celastraceae 48 种、夹竹桃科 Apocynaceae 47 种、锦葵科 Malvaceae 43 种、大戟科 Euphorbiaceae 43 种、五列木科 Pentaphylacaceae 41 种、无患子科 Sapindaceae 38 种、山矾科 Symplocaceae 37 种、菝葜科 Smilacaceae 33 种、野牡丹科 Melastomataceae 31 种、芸香科 Rutaceae 31 种、葫芦科 Cucurbitaceae 26 种、薯蓣科 Dioscoreaceae 26 种、马兜铃科 Aristolochiaceae 23 种、爵床科 Acanthaceae 22 种、防己科 Menispermaceae 20 种、凤仙花科 Balsaminaceae 20 种、母草科 Linderniaceae 19 种。

泛热带分布科以木本植物为主，为罗霄山脉森林中的主要建群种，森林中藤本性质的科也相当丰富，本地区有葡萄科 Vitaceae、菝葜科 Smilacaceae、薯蓣科 Dioscoreaceae、马兜铃科 Aristolochiaceae、防己科 Menispermaceae、胡椒科 Piperaceae、番荔枝科 Annonaceae、茶茱萸科 Icacinaceae、西番莲科 Passifloraceae、葫芦科 Cucurbitaceae、山柑科 Capparaceae 等，其中葡萄科及菝葜科为罗霄山脉森林群落中的重要伴生种。茶茱萸科分布中心在东南亚及南半球热带，分布区扩散至我国罗霄山脉地区，本地区有 2 属 2 种；同样罗霄山脉也是西番莲科的分布区北缘，在本地区仅有 1 种。

以草本为主的泛热带分布科主要有荨麻科 Urticaceae、薯蓣科 Dioscoreaceae、马兜铃科 Aristolochiaceae、爵床科 Acanthaceae、凤仙花科 Balsaminaceae、母草科 Linderniaceae、鸭跖草科 Commelinaceae、

姜科 Zingiberaceae、金粟兰科 Chloranthaceae、秋海棠科 Begoniaceae、谷精草科 Eriocaulaceae、蛇菰科 Balanophoraceae、水玉簪科 Burmanniaceae、雨久花科 Pontederiaceae、黄眼草科 Xyridaceae、沟繁缕科 Elatinaceae 等。其中谷精草科、雨久花科、黄眼草科、沟繁缕科具有明显的水生性特点；而蒺藜科 1 种 蒺藜 *Tribulus terrestris*，它们的扩散能力较强，因而其分布区扩散至罗霄山脉。

泛热带分布科起源时期均较早，应该在古北大陆与古南大陆尚未解体之前，其中不少科的起源地 可能在亚洲热带及南亚热带地区，与古热带植物区系有着密切关联（吴征镒，1965；吴征镒等，2006）。 罗霄山脉地区共出现 53 个泛热带分布科，表明本地区与古热带植物区系之间的关联性，此外应注意 到泛热带分布科在罗霄山脉地区分布的种系不丰富，较少有特别原始的种。根据现今中国植物区系区 划的观点，古热带植物区范围包括两广南部、云南南部、台湾南部地区（Wu and Wu，1996；吴征镒 等，2010），而罗霄山脉已超出其北缘，区域内保存了众多的第三纪北热带植物区系成分。因此罗霄 山脉植物区系可能是地史时期北热带植物区系的直接后裔，现在分布于罗霄山脉区域内的泛热带科为 自古近纪之后气候波动，第四纪以来冰期影响下残余于罗霄山脉内的结果。

T2-1 热带亚洲—大洋洲和热带美洲（南美洲或/和墨西哥）分布

本亚型主要分布于东南亚及大洋洲，分布区北界可达我国华南、华东地区。本类型在罗霄山脉地 区仅有 1 科，即山矾科，为山地森林重要建群种，并呈现出海拔梯度上的变化，低海拔河谷常见黄牛 奶树 *Symplocos cochinchinensis* var. *laurina*、密花山矾 *Symplocos congesta*；山坡常见山矾 *Symplocos sumuntia*、光亮山矾 *Symplocos lucida*、铁山矾 *Symplocos pseudobarberina* 等；而山地灌丛中则形成以 白檀 *Symplocos tanakana* 为建群种的优势群落。

T2-2 热带亚洲—热带非洲—热带美洲（南美洲）分布

本亚型即泛热带分布不出现于大洋洲的类群，有 2 科，包括买麻藤科 Gnetaceae 和钩吻科 Gelsemiaceae。

买麻藤科为裸子植物演化进程中孤立的分枝，分化中心在东南亚地区（吴征镒等，2006），在 罗霄山脉中南部分布有 1 种——小叶买麻藤 *Gnetum parvifolium*，可能为第三纪古热带森林孑遗成分。

钩吻科是一个种系不丰富的藤本科，全世界共 2 属 11 种，在罗霄山脉南部山区分布有 1 种—— 钩吻 *Gelsemium elegans*。

T2S 以南半球为主的泛热带分布

本亚型的主要分布区为南半球热带，在罗霄山脉有 6 科，为桑寄生科 Loranthaceae、罗汉松科 Podocarpaceae、桃金娘科 Myrtaceae、山龙眼科 Proteaceae、商陆科 Phytolaccaceae、粟米草科 Molluginaceae，是南半球植物区系向罗霄山脉地区扩张的重要证据。

山龙眼科间断分布于亚洲-大洋洲、非洲及南美洲大陆，并以南非及澳大利亚为其分布中心，是 著名的起源于冈瓦纳古陆的科（吴征镒等，2006；应俊生和陈梦玲，2011），山龙眼科在罗霄山脉仅 分布有 3 种。

桃金娘科全世界约 5000 种，但在罗霄山脉仅有 5 种，即在我国广泛分布的岗松 *Baeckea frutescens*、 桃金娘 *Rhodomyrtus tomentosa*、赤楠 *Syzygium buxifolium* 等。

罗汉松科为裸子植物科，全世界 19 属 180 种，在罗霄山脉地区 2 属 4 种 1 变种。

T3 热带亚洲和热带美洲间断分布

本分布区类型罗霄山脉有 14 科，即五加科 Araliaceae、山茶科 Theaceae、冬青科苦苣苔科 Gesneriaceae、猕猴桃科 Actinidiaceae、清风藤科 Sabiaceae、安息香科 Styracaceae、木通科 Lardizabalaceae、桤叶树科 Clethraceae、省沽油科 Staphyleaceae、杜英科 Elaeocarpaceae、青皮木科 Schoepfiaceae、紫茉莉科 Nyctaginaceae、瘿椒树科 Tapisciaceae。这几个科表现出洲际间断分布特点， 分布于东亚热带（部分延伸至亚热带）及南美洲热带，在区系起源上，此类型与东亚—北美间断（T9）

分布有着相似的发生历史。

山茶科为罗霄山脉内的重要科，本地区分布有 4 属，即山茶属 Camellia、木荷属 Schima、紫茎属 Stewartia 及核果茶属 Pyrenaria。

清风藤科在罗霄山脉分布有 2 属，即泡花树属 Meliosma 及清风藤属 Sabia。例如，樟叶泡花树 Meliosma squamulata 为大型乔木，常出现于沟谷常绿阔叶林；红柴枝 Meliosma oldhamii、异色泡花树 Meliosma myriantha var. discolor 常出现于中山常绿落叶阔叶林；垂枝泡花树 Meliosma flexuosa 为小乔木或灌木，主要生于中山针叶落叶混交林下；而清风藤属则是林间重要的藤本植物。

桤叶树科在罗霄山脉分布有 9 种 1 变种，为中山落叶阔叶林及灌木林中重要组成部分。

T4 旧世界热带分布

旧世界热带分布科为分布于热带亚洲、非洲、大洋洲的科，罗霄山脉有 2 科——海桐科 Pittosporaceae 及芭蕉科 Musaceae。另外，热带亚洲、非洲和大洋洲间断或星散分布变型（T4-1）1 科。

海桐科植物是罗霄山脉地区常见的林下层灌木，在本地区共有 10 种。

T4-1 热带亚洲、非洲和大洋洲间断或星散分布

本亚型包括 1 科，为水蕹科 Aponogetonaceae，在罗霄山脉南部分布有 1 种——水蕹 Aponogeton lakhonensis。

T5 热带亚洲至热带大洋洲分布

罗霄山脉本分布区类型仅 2 科：百部科 Stemonaceae 1 属 2 种，叠珠树科 Akaniaceae 1 属 1 种。其中叠珠树科的伯乐树 Bretschneidera sinensis 是重要的孑遗种，在本地区可形成局域优势的群落。

T6 热带亚洲至热带非洲分布

罗霄山脉无本分布区类型。

T7 热带亚洲（即热带东南亚至印度—马来，太平洋诸岛）分布

本分布区类型科在罗霄山脉仅 2 科，为虎皮楠科 Daphniphyllaceae 及无叶莲科 Petrosaviaceae。这两个科在罗霄山脉分布的属、种数量较少，但其在罗霄山脉的种数所占世界种总数的比例较高，因而是罗霄山脉植物区系的重要组成部分。

虎皮楠科为单属科，全世界约 30 种，罗霄山脉分布有 3 种，虎皮楠 Daphniphyllum oldhamii、牛耳枫 Daphniphyllum calycinum 为中低海拔林缘常见种，而交让木 Daphniphyllum macropodum 则为中高海拔常绿落叶阔叶林重要建群种。

无叶莲科为腐生草本，缺乏叶绿素，生长在中山针阔叶混交林或常绿阔叶林中，具有明显的孑遗性，与无叶莲属 Petrosavia 相近的化石曾被发现于美国新泽西晚白垩世地层，是已知的最早单子叶植物化石（Gandolfo et al.，1998）。无叶莲科全世界仅 1 属 3 种，罗霄山脉中南段分布有 1 种——疏花无叶莲 Petrosavia sakuraii。

T8 北温带分布

北温带分布科广泛分布于欧亚大陆及北美洲温带地区，是罗霄山脉植物区系的重要组成部分，包括 24 科（含亚型），占本地区非世界科的 19.51%；其中有 4 亚型（T8-2、T8-4、T8-5、T8-6），包括 17 科。

北温带分布（T8）仅 7 科，分布有杜鹃花科 Ericaceae 72 种、忍冬科 Caprifoliaceae 41 种、虎耳草科 Saxifragaceae 18 种、榆科 Ulmaceae 13 种、松科 Pinaceae 10 种、沼金花科 Nartheciaceae 2 种、芍药科 Paeoniaceae 1 种。

北温带分布科在罗霄山脉植被及区系组成中均占据重要地位，如杜鹃花科在罗霄山脉有 9 属 72

种，在罗霄山脉中南部山地种类尤其丰富。罗霄山脉南北山地均分布有大片的杜鹃花类群落，南风面、井冈山、武功山地区的杜鹃苔藓矮林可与我国西南地区的杜鹃群落相媲美，可看作是我国杜鹃花科的第二分布中心。罗霄山脉地区杜鹃花属映山红亚属物种尤其丰富。另外，隶属于杜鹃花科的假沙晶兰属 Monotropastrum 及水晶兰属 Monotropa 各有 1 种分布。水晶兰属常生长在壳斗科青冈属 Cyclobalanopsis、柯属 Lithocarpus 构成的森林群落下，表明水晶兰属、假沙晶兰属与壳斗科植物有着共同的发生历史，可能在第三纪时期就已存在于罗霄山脉。

松科在罗霄山脉分布有 6 属 10 种，属的数目占世界松科属总数的 54.54%，包括著名活化石属银杉属 Cathaya，以及铁杉 Tsuga chinensis、长苞铁杉 Tsuga longibracteata、资源冷杉 Abies beshanzuensis var. ziyuanensis、油杉 Keteleeria fortunei 等孑遗种。

虎耳草科广布于北半球，以北美洲西部、亚洲东部及喜马拉雅地区为分布中心，现生的属多分化自中新世中早期（Deng et al.，2015），罗霄山脉地区虎耳草科共有 5 属 18 种。其中鬼灯檠属 Rodgersia 为东亚特有属，虎耳草属石荷叶组有 6 种，包括本次科考新发现的 2 个罗霄山脉特有种——神农虎耳草 Saxifraga shennongii 和罗霄虎耳草 Saxifraga luoxiaoensis。

T8-2 北极—高山分布

本分布区亚型包括 2 科，即藜芦科 Melanthiaceae 和茶藨子科 Grossulariaceae。这两个科在罗霄山脉所分布种数不多，常出现在较高海拔地区。

T8-4 北温带和南温带间断分布

本分布区亚型包含 13 科，分别为壳斗科 Fagaceae 73 种、绣球花科 Hydrangeaceae 39 种、山茱萸科 Cornaceae 18 种、罂粟科 Papaveraceae 17 种、胡颓子科 Elaeagnaceae 16 种、金缕梅科 Hamamelidaceae 16 种、灯心草科 Juncaceae 14 种、桦木科 Betulaceae 13 种、胡桃科 Juglandaceae 11 种、红豆杉科 Taxaceae 8 种、秋水仙科 Colchicaceae 7 种、牻牛儿苗科 Geraniaceae 6 种、茅膏菜科 Droseraceae 5 种。本亚型在区系来源上与古近纪植物群有着密切关系，罗霄山脉地区该类型的科较丰富，一定程度上反映出罗霄山脉区系的古老性。

例如，壳斗科在我国滇黔桂地区及东南亚分布有丰富的种系及原始类型（罗艳和周浙昆，2001），分子系统学研究也支持壳斗科的起源地在东亚及东南亚（Manos and Stanford，2001）。罗霄山脉中南部分布的壳斗科植物森林可能是第三纪古热带森林的孑遗群落。井冈山地区有水玉簪科 1 属 2 种，即三品一枝花 Burmannia coelestis 和宽翅水玉簪 B. nepalensis；齐云山有 2 种，即宽翅水玉簪及头花水玉簪 B. championii；本科为腐生植物，生于壳斗科、樟科森林群落下，可作为佐证。

金缕梅科在白垩纪时期就已经演化成为一个自然的科（张宏达，1994），现存的属在白垩世至中新世地层中均可发现化石（张志耘和路安民，1995；Zhou et al.，2001；Radtke et al.，2015），金缕梅科现代分布中心集中在中国南部（张宏达，1994），罗霄山脉地区共分布有 9 属 16 种，占世界本科属总数的 33.33%、种总数的 15.09%，可见金缕梅科是罗霄山脉植物区系的重要表征科。

山茱萸科植物形态比较多样化，曾被分为多个小属，分子系统学研究表明各属之间存在着密切的系统演化关系，因此，将它们处理为 2 个属——山茱萸属 Cornus 和八角枫属 Alangium（Xiang et al.，1993，2005；Xiang and Bufford，2005）。山茱萸科在罗霄山脉分布有 2 属 18 种，是罗霄山脉地区常绿落叶阔叶林的重要组成成分。

绣球花科在罗霄山脉有 9 属 39 种。其中包括 3 个东亚特有属——蛛网萼属 Platycrater、冠盖藤属 Pileostegia、草绣球属 Cardiandra，另有细枝绣球 Hydrangea gracilis 为本地区特有种。

红豆杉科本地区 5 属 8 种，包括中国特有属白豆杉属 Pseudotaxus，分布于井冈山及齐云山地区的中海拔针叶常绿阔叶混交林中。

T8-5 欧亚和南美洲温带间断分布

本分布区亚型的仅有 1 科，即小檗科 Berberidaceae 共分布有 7 属 28 种，是罗霄山脉地区林下常见的伴生种，其中包括鬼臼属 Dysosma、桃儿七属 Sinopodophyllum 两个东亚特有属。

T8-6 地中海、东亚、新西兰和墨西哥—智利间断分布

本分布区亚型仅有 1 科，即通泉草科 Mazaceae，该科为草本类群，在本区分布有 1 属 7 种。

综上，北温带科为罗霄山脉植物区系的重要组成成分，也是罗霄山脉地区群落中的优势建群种，如杜鹃花科杜鹃属 Rhododendron、无患子科槭属 Acer 植物，以及松科铁杉 Tsuga chinensis 和台湾松 Pinus taiwanensis、鹅耳枥科雷公鹅耳枥 Carpinus viminea。一些草本植物，如紫堇科黄堇 Corydalis pallida、虎耳草科虎耳草 Saxifraga stolonifera 和黄水枝 Tiarella polyphylla，也是罗霄山脉群落林下重要伴生种。

北温带科的多样化表现出罗霄山脉区系来源的复杂性。首先，其保存有许多古老的本地发生成分，以菖蒲科为代表，罗霄山脉地区是地质时期华南古陆的一部分，长期以来出露于海平面以上，这为菖蒲科从侏罗纪延续至今提供了条件。其次，北极-第三纪成分也是北温带成分的重要来源之一（孙航，2002；周浙昆和 Momohara，2005），北极-第三纪的概念由 Engler 提出，指东亚和北美的优势乔灌木，且它们的化石植物群最早发现于古近纪至白垩纪的高纬度地区（Engler，1882；孙航，2002）。罗霄山脉地区出现的无患子科、杨柳科、杜鹃花科、桦木科、山茱萸科、虎耳草科、忍冬科等均为北极-第三纪成分。最后，罗霄山脉地区分布的北温带科中有一些是北热带植物区系的延续。北热带植物区系由 Wolfe 提出，即古近纪时期分布于北半球的热带植物界（Wolfe，1975；Kvaček，1994），是我国植物区系主要源头之一（汤彦承和李良千，1994；周浙昆和 Momohara，2005）。罗霄山脉地区北热带成分的科包括金缕梅科、胡桃科等，根据化石记录它们在始新世至上新世期间广泛分布于北半球欧洲、北美洲（Manchester，1999），始新世中后期气候转冷过程中，分布区逐步南迁成为东亚植物区系中的重要组成成分（Raven and Axelrod，1974；Manchester，1999）。

T9 东亚—北美间断分布

东亚—北美间断分布是植物区系及植物地理学研究的热点，早在 1846 年美国植物学家 A. Gary 就提出这一洲际间断分布现象，生物地理学及系统发生学研究表明东亚—北美间断分布格局的形成过程非常复杂（聂泽龙，2008；Wen，1999），罗霄山脉地区东亚—北美间断分布科有 9 个，体现出罗霄山脉区系形成历史的古老性。

东亚—北美间断分布科包括木兰科 Magnoliaceae 22 种、五味子科 Schisandraceae 15 种、丝缨花科 Garryaceae 7 种、鼠刺科 Iteaceae 4 种、蜡梅科 Calycanthaceae 3 种、菖蒲科 Acoraceae 3 种、三白草科 Saururaceae 2 种、蓝果树科 Nyssaceae 2 种、扯根菜科 Penthoraceae 1 种。

木兰科在罗霄山脉共分布有 7 属 22 种，其中 4 属为东亚—北美间断分布属，即玉兰属 Yulania、木兰属 Magnolia、厚朴属 Houpoea、鹅掌楸属 Liriodendron。

五味子科，全世界仅 3 属，罗霄山脉分布有 3 属 15 种，八角属 Illicium 有 6 种，为低海拔沟谷常绿阔叶林中重要建群种，五味子属 Schisandra 则是林中常见的伴生藤本。

三白草科，全世界共 4 属 6 种，在大洋洲的早白垩世地层曾发现与三白草科和胡椒科形态相近的化石，其雌蕊由复合的苞片及苞叶包被（Taylor and Hickey，1990），结合现代分布推测三白草科可能起源于晚侏罗世古北大陆东南部，且三白草属是古老的类群，自古近纪以来就分布在东亚东南部（梁汉兴，1995）。三白草科在罗霄山脉分布有 2 属 2 种，其中蕺菜 Houttuynia cordata 常见于山坡湿润的林下，而三白草 Saururus chinensis 则仅见于低地水塘中。

蓝果树科在罗霄山脉分布有 2 属 2 种，蓝果树 Nyssa sinensis 和喜树 Camptotheca acuminata 均为孑遗种。

菖蒲科为菖蒲目 Acorales 仅有的科，喜生于沟谷、溪边，生存环境相对稳定。分子系统学研究表明，菖蒲科极为古老，是单子叶植物类群的祖先类群（APG，1998；APG III，2009；APG IV，2016），

基于 *rblc* 基因序列及分子钟模型估算菖蒲属 *Acorus* 的起源时间约在 135.17 Ma 前（田红丽，2008）。菖蒲科在罗霄山脉南北均有分布，仅菖蒲属有 3 种，占世界菖蒲属种总数的 75%，无疑是本地区的古老发生成分。

T10 旧世界温带分布

罗霄山脉无此分布区类型。

T11 温带亚洲分布

罗霄山脉无此分布区类型。

T12 地中海区、西亚至中亚分布

罗霄山脉无此分布区类型。

T13 中亚分布

罗霄山脉无此分布区类型。

T14 东亚分布

东亚分布科是确立东亚植物区系的重要依据（Wu and Wu，1996），此类型科表现出明显的古老性及孑遗性，罗霄山脉地区共分布有 4 科，包括泡桐科 Paulowniaceae 4 种、青荚叶科 Helwingiaceae 2 种、旌节花科 Stachyuraceae 2 种、领春木科 Eupteleaceae 1 种；另有亚型中国—日本分布（T14-2）1 科——连香树科 Cercidiphyllaceae。

领春木科化石最早见于始新世（Wolfe，1975；应俊生和陈梦玲，2011），北美早渐新世俄勒冈也有化石记录（路安民等，1993），为北极-第三纪植物成分的孑遗成分（周浙昆和 Momohara，2005）。

T14-2 中国—日本分布

本分布区亚型仅有连香树科 Cercidiphyllaceae，连香树科在白垩纪北美地层、古新世北美地层都曾发现化石（陶君容，2000；Manchester et al.，2009），罗霄山脉北部分布有 1 种，即连香树 *Cercidiphyllum japonicum*。

T15 中国特有分布

中国特有科指分布区主体在我国境内，部分种可扩展至周边地区的科。罗霄山脉地区有 2 科，为银杏科 Ginkgoaceae、杜仲科 Eucommiaceae，具体讨论见第 9 章。

8.3.5　科的区系性质

1）罗霄山脉地区共分布有种子植物 179 科，包括 56 个世界广布科，83 个热带性科（T2～T7），40 个温带性科（T8～T15）。可划分为 10 个分布区类型及 9 个亚型，区系成分来源复杂多样。

2）罗霄山脉种子植物科的分布区类型以热带性科为主，区系组成受亚洲热带成分影响较明显，区内保存有一定比例的第三纪古热带植物区系成分。罗霄山脉地区分布的这些热带性科在非洲、大洋洲、热带美洲均有分布，呈现出罗霄山脉植物区系发生来源的复杂性，但罗霄山脉内缺少典型的热带性科属，那些种系丰富的热带性科属主要分布中心在我国南部及东南亚地区，相当部分延伸至亚热带山地。往往热带性较强科在罗霄山脉地区仅分布一些世界广布种，可见罗霄山脉植物区系虽受热带成分影响，但表现出亚热带区系性质。

3）北温带分布及其亚型达 24 科，是罗霄山脉植物区系的重要组成部分，是罗霄山脉地区常绿阔叶林、落叶阔叶林及林下重要常见植物。本分布区类型的科主要来源于北极-第三纪古植物区系，一些科自中新世以来种系得到很大程度的分化，尤其是在喜马拉雅山脉抬升造成中国境内形成了季风气候之后（An et al.，2001；Sun and Wang，2005；Guo et al.，2008），中国西南山地北温带科、属快速分化。虎耳草科在北美洲也快速分化出大量的属，但这些北温带科在罗霄山脉的分化均不明显，原因可能是自始新世以来我国华东地区就是稳定的季风气候区，没有多样的特异性小气候及生境促使植物类群分化。但这也恰恰表明了罗霄山脉地区植物区系自第三纪以来的延续性。

4）罗霄山脉分布有 5 个东亚特有科，以及 2 个中国特有科，这些科起源时间多在白垩纪时期，当时这些科曾广布于北半球欧亚、北美洲地区，中新世以来全球气候波动，尤其是受第四纪冰川活动的影响，这些科在欧洲及北美洲的种群灭绝。东亚特有科及中国特有科表明罗霄山脉种子植物区系具有明显的第三纪孑遗性，说明区系发生上的具老性。

5）罗霄山脉植物区系成分主要有 2 个重要来源，从本地区包含丰富的热带性科来看，区系成分受第三纪古热带成分影响明显，同时北极-第三纪温带区系成分对现代罗霄山脉地区的植物区系也有着深远影响。此外，罗霄山脉地区包括一定比例的迁移成分，并受到了人类活动的影响。罗霄山脉植物区系具有孑遗性特点，自第三纪至今种系得到了较好的保存。

8.4　罗霄山脉被子植物属的区系特征[①]

8.4.1　属的数量结构组成

罗霄山脉种子植物共有 1107 属 4314 种，其中，含 30 种以上的属有 12 属，仅占本地区种子植物属总数的 1.08%，共包含 523 种，占本区种子植物种总数的 12.12%（表 8-6），其中冬青属 *Ilex*、杜鹃属 *Rhododendron*、山矾属 *Symplocos*、荚蒾属 *Viburnum* 及槭属 *Acer* 均为重要的群落建群种；含种数在 16～30 种的属有 31 属，占本地区种子植物属总数的 2.80%，共包含 645 种，占本地区种子植物种总数的 14.95%，其中卫矛属 *Euonymus*、柃属 *Eurya*、木姜子属 *Litsea*、李属 *Prunus*、山茶属 *Camellia*、柯属 *Lithocarpus*、山胡椒属 *Lindera*、润楠属 *Machilus*、青冈属 *Cyclobalanopsis*、泡花树属 *Meliosma* 等是常绿阔叶林及常绿落叶阔叶林的主要建群种；含 6～15 种的属有 167 属，占本地区种子植物属总数的 15.09%，共包含 1451 种，占本地区种子植物种总数的 33.64%（表 8-6），其中安息香属 *Styrax*、锥属 *Castanopsis*、樟属 *Cinnamomum*、野桐属 *Mallotus*、越橘属 *Vaccinium*、栎属 *Quercus*、花楸属 *Sorbus*、女贞属 *Ligustrum* 是比较重要的乔木树种，常星散出现于山地森林中，或在局部地区成为优势群落。

表 8-6　罗霄山脉种子植物属的分级统计

级别	裸子植物属数	被子植物属数	属数合计	占本地区种子植物属总数百分比（%）	所包含种数	占本地区种子植物种总数的比例（%）
大属（>30 种）	—	12	12	1.08	523	12.12
较大属（16～30 种）	—	31	31	2.80	645	14.95
中等属（6～15 种）	—	167	167	15.09	1451	33.64
寡种属（2～5 种）	6	425	431	38.93	1212	28.10
单种属/单型属（1 种）	15	451	466	42.10	451	10.45

罗霄山脉地区含 2～5 种的寡种属和仅含 1 种的属较为丰富。寡种属有 431 属，占本地区种子植物属总数的 38.93%，包含有 1212 种，占本地区种子植物种总数的 28.10%，较为重要的建群种有木莲属 *Manglietia*、三尖杉属 *Cephalotaxus*、蚊母树属 *Distylium*、木荷属 *Schima*、核果茶属 *Pyrenaria*、胡桃属 *Juglans*；单种属达 466 属，占本地区种子植物属总数的 42.10%（表 8-6），具有丰富的孑遗类群，如蓝果树属 *Nyssa*、金缕梅属 *Hamamelis*、檫木属 *Sassafras*、鹅掌楸属 *Liriodendron*、刺楸属 *Kalopanax* 等。

---

① 本节统计数据仍按种子植物进行比例计算。

8.4.2 优势属及表征属

属是较为客观的分类等级，属种比值大小在一定程度上反映出以属为单位的种系发展历史的长度，另外区域面积的大小在一定程度上影响着属种比值（张宏达等，1988）。

优势属是在区系中所含种数较多，且在区域内植被建成中常常占据优势地位的属，在一定意义上等同于生态学上的优势种群概念。罗霄山脉种子植物含 6 种及以上的属见表 8-7，共计 208 属，其包含的种数为 2598 种，占罗霄山脉地区种子植物种总数的 60.22%。

表 8-7 罗霄山脉种子植物含 6 种以上的属及其种占世界区系的比例

序号	属名	种数（罗霄山脉/中国/世界）	罗霄山脉种占中国比例（%）	罗霄山脉种占世界比例（%）	属分布区类型*	表征属**
1	悬钩子属 *Rubus*	66/208/700	31.73	9.43	T1	
2	薹草属 *Carex*	64/527/2000	12.14	3.20	T1	
3	冬青属 *Ilex*	56/204/420	27.45	13.33	T3	表征属
4	蓼属 *Polygonum*	50/113/230	44.25	21.74	T8	
5	杜鹃属 *Rhododendron*	42/590/1000	7.12	4.20	T8	表征属
6	珍珠菜属 *Lysimachia*	38/139/163	27.34	23.31	T1	
7	山矾属 *Symplocos*	37/42/200	88.10	18.50	T2	表征属
8	铁线莲属 *Clematis*	36/147/300	24.49	12.00	T1	
9	荚蒾属 *Viburnum*	35/73/200	47.95	17.50	T8	表征属
10	堇菜属 *Viola*	35/96/550	36.46	6.36	T1	
11	菝葜属 *Smilax*	33/92/210	35.87	15.71	T2	表征属
12	槭属 *Acer*	31/96/129	32.29	24.03	T8	表征属
13	猕猴桃属 *Actinidia*	30/52/55	57.69	54.55	T14	表征属
14	柃属 *Eurya*	26/83/130	31.33	20.00	T3	表征属
15	卫矛属 *Euonymus*	26/90/1300	28.89	2.00	T1	
16	榕属 *Ficus*	26/99/1000	26.26	2.60	T2	
17	木姜子属 *Litsea*	25/74/200	33.78	12.50	T3	表征属
18	李属 *Prunus*	25/111/400	22.52	6.25	T8	表征属
19	薯蓣属 *Dioscorea*	25/52/800	48.08	3.13	T2	
20	紫珠属 *Callicarpa*	25/48/140	52.08	17.86	T2	
21	蒿属 *Artemisia*	24/186/380	12.90	6.32	T1	
22	山茶属 *Camellia*	23/97/120	23.71	19.17	T7	表征属
23	忍冬属 *Lonicera*	22/57/180	38.60	12.22	T8	表征属
24	葡萄属 *Vitis*	22/37/60	59.46	36.67	T8	表征属
25	柯属 *Lithocarpus*	22/123/300	17.89	7.33	T9	表征属
26	黄芩属 *Scutellaria*	22/102/360	21.57	6.11	T1	
27	凤仙花属 *Impatiens*	20/270/1000	7.41	2.00	T2	
28	山胡椒属 *Lindera*	19/38/100	50.00	19.00	T3	表征属
29	润楠属 *Machilus*	19/82/100	23.17	19.00	T7	表征属
30	鼠尾草属 *Salvia*	19/86/1000	22.09	1.90	T1	
31	景天属 *Sedum*	19/121/470	15.70	4.04	T8	
32	冷水花属 *Pilea*	19/80/400	23.75	4.75	T2	
33	青冈属 *Cyclobalanopsis*	18/69/150	26.09	12.00	T7	表征属
34	新木姜子属 *Neolitsea*	18/45/100	40.00	18.00	T7	表征属
35	紫金牛属 *Ardisia*	18/68/815	26.47	2.21	T2	
36	泡花树属 *Meliosma*	17/29/70	58.62	24.29	T3	表征属
37	莎草属 *Cyperus*	17/62/600	27.42	2.83	T1	
38	飘拂草属 *Fimbristylis*	17/53/200	32.08	8.50	T8	
39	蛇葡萄属 *Ampelopsis*	17/17/30	100.00	56.67	T9	

续表

序号	属名	种数（罗霄山脉/中国/世界）	罗霄山脉种占中国比例（%）	罗霄山脉种占世界比例（%）	属分布区类型*	表征属**
40	紫菀属 Aster	17/123/152	13.82	11.18	T8	
41	胡颓子属 Elaeagnus	16/67/90	23.88	17.78	T8	表征属
42	花椒属 Zanthoxylum	16/41/250	39.02	6.40	T2	
43	胡枝子属 Lespedeza	16/24/40	66.67	40.00	T9	
44	南蛇藤属 Celastrus	15/25/31	60.00	48.39	T2	表征属
45	细辛属 Asarum	15/39/90	38.46	16.67	T8	表征属
46	锥属 Castanopsis	15/58/120	25.86	12.50	T9	表征属
47	画眉草属 Eragrostis	15/32/350	46.88	4.29	T2	
48	绣球属 Hydrangea	14/33/73	42.42	19.18	T9	表征属
49	远志属 Polygala	14/41/500	34.15	2.80	T1	
50	鼠李属 Rhamnus	14/57/150	24.56	9.33	T1	
51	金丝桃属 Hypericum	14/64/460	21.88	3.04	T1	
52	木蓝属 Indigofera	14/79/750	17.72	1.87	T2	
53	樟属 Cinnamomum	14/49/350	28.57	4.00	T3	
54	刚竹属 Phyllostachys	14/51/51	27.45	27.45	T14	
55	唐松草属 Thalictrum	14/76/200	18.42	7.00	T8	
56	椴属 Tilia	13/19/40	68.42	32.50	T8	表征属
57	鹅绒藤属 Cynanchum	13/60/200	21.67	6.50	T1	
58	拉拉藤属 Galium	13/64/600	20.31	2.17	T1	
59	苎麻属 Boehmeria	13/25/65	52.00	20.00	T2	
60	大戟属 Euphorbia	13/78/2000	16.67	0.65	T2	
61	野桐属 Mallotus	13/28/150	46.43	8.67	T4	
62	绣线菊属 Spiraea	13/70/100	18.57	13.00	T8	
63	紫堇属 Corydalis	13/357/465	3.64	2.80	T8	
64	安息香属 Styrax	15/31/130	48.39	11.54	T2	表征属
65	山茱萸属 Cornus	12/25/55	48.00	21.82	T8	表征属
66	楤木属 Aralia	12/44/71	27.27	16.90	T9	表征属
67	柿属 Diospyros	12/60/485	20.00	2.47	T2	
68	大青属 Clerodendrum	12/34/400	35.29	3.00	T2	
69	虾脊兰属 Calanthe	12/51/150	23.53	8.00	T2	
70	耳草属 Hedyotis	12/65/100	18.46	12.00	T5	
71	越橘属 Vaccinium	12/92/500	13.04	2.40	T8	
72	栎属 Quercus	12/35/300	34.29	4.00	T8	
73	女贞属 Ligustrum	11/27/45	40.74	24.44	T10	表征属
74	眼子菜属 Potamogeton	11/20/75	55.00	14.67	T1	
75	毛茛属 Ranunculus	11/133/570	8.27	1.93	T1	
76	羊耳蒜属 Liparis	11/60/250	18.33	4.40	T1	
77	灯心草属 Juncus	11/76/240	14.47	4.58	T1	
78	楼梯草属 Elatostema	11/234/500	4.70	2.20	T4	
79	香茶菜属 Isodon	11/80/100	13.75	11.00	T7	
80	假糙苏属 Paraphlomis	11/23/24	47.83	45.83	T7	
81	蔷薇属 Rosa	11/95/200	11.58	5.50	T8	
82	花楸属 Sorbus	11/36/80	30.56	13.75	T8	
83	木犀属 Osmanthus	11/23/30	47.83	36.67	T9	
84	清风藤属 Sabia	10/17/30	58.82	33.33	T7	表征属
85	石楠属 Photinia	10/27/30	37.04	33.33	T9	表征属
86	荸荠属 Eleocharis	10/35/250	28.57	4.00	T1	
87	碎米荠属 Cardamine	10/48/200	20.83	5.00	T1	

序号	属名	种数（罗霄山脉/中国/世界）	罗霄山脉种占中国比例（%）	罗霄山脉种占世界比例（%）	属分布区类型*	表征属**
88	酸模属 *Rumex*	10/26/150	38.46	6.67	T1	
89	龙胆属 *Gentiana*	10/239/392	4.18	2.55	T1	
90	陌上菜属 *Lindernia*	10/29/70	34.48	14.29	T2	
91	海桐属 *Pittosporum*	10/44/300	22.73	3.33	T4	
92	委陵菜属 *Potentilla*	10/88/430	11.36	2.33	T8	
93	乌头属 *Aconitum*	10/210/400	4.76	2.50	T8	
94	马铃苣苔属 *Oreocharis*	10/26/27	38.46	37.04	T7	
95	鸡血藤属 *Callerya*	9/18/30	50.00	30.00	T5	表征属
96	野木瓜属 *Stauntonia*	9/26/29	34.62	31.03	T14	表征属
97	茄属 *Solanum*	9/41/1400	21.95	0.64	T1	
98	蝴蝶草属 *Torenia*	9/12/51	75.00	17.65	T2	
99	马唐属 *Digitaria*	9/22/250	40.91	3.60	T2	
100	马蓝属 *Strobilanthes*	9/130/400	6.92	2.25	T7	
101	榆属 *Ulmus*	9/21/40	42.86	22.50	T8	
102	天南星属 *Arisaema*	9/78/180	11.54	5.00	T8	
103	腹水草属 *Veronicastrum*	9/13/20	69.23	45.00	T9	
104	沙参属 *Adenophora*	9/38/62	23.68	14.52	T10	
105	秋海棠属 *Begonia*	9/180/1000	5.00	0.90	T2	
106	鸡屎藤属 *Paederia*	9/11/30	81.82	30.00	T7	
107	斑叶兰属 *Goodyera*	9/29/40	31.03	22.50	T8	
108	小檗属 *Berberis*	9/215/500	4.19	1.80	T8	
109	玉凤花属 *Habenaria*	8/54/800	14.81	1.00	T1	
110	香科科属 *Teucrium*	8/18/260	44.44	3.08	T1	
111	繁缕属 *Stellaria*	8/64/190	12.50	4.21	T1	
112	金粟兰属 *Chloranthus*	8/13/17	61.54	47.06	T2	
113	野古草属 *Arundinella*	8/20/60	40.00	13.33	T2	
114	粗叶木属 *Lasianthus*	8/34/184	23.53	4.35	T2	
115	稗属 *Echinochloa*	8/8/35	100.00	22.86	T2	
116	狗尾草属 *Setaria*	8/14/168	57.14	4.76	T2	
117	乌蔹莓属 *Cayratia*	8/17/60	47.06	13.33	T4	
118	艾纳香属 *Blumea*	8/31/53	25.81	15.09	T4	
119	酸藤子属 *Embelia*	8/14/133	57.14	6.02	T4	
120	荛花属 *Wikstroemia*	8/49/98	16.33	8.16	T5	
121	石斛属 *Dendrobium*	8/85/1000	9.41	0.80	T5	
122	含笑属 *Michelia*	8/39/70	20.51	11.43	T7	
123	楠属 *Phoebe*	8/35/100	22.86	8.00	T7	
124	蓟属 *Cirsium*	8/46/300	17.39	2.67	T8	
125	野青茅属 *Deyeuxia*	8/34/200	23.53	4.00	T8	
126	橐吾属 *Ligularia*	8/123/140	6.50	5.71	T10	
127	溲疏属 *Deutzia*	8/50/60	16.00	13.33	T14	
128	兔儿风属 *Ainsliaea*	8/40/50	20.00	16.00	T14	
129	阴山荠属 *Yinshania*	8/13/13	61.54	61.54	T15	
130	淫羊藿属 *Epimedium*	8/41/50	19.51	16.00	T10	
131	半蒴苣苔属 *Hemiboea*	8/21/21	38.10	38.10	T14	
132	沿阶草属 *Ophiopogon*	8/47/65	17.02	12.31	T7	
133	水芹属 *Oenanthe*	8/9/30	88.89	26.67	T8	
134	婆婆纳属 *Veronica*	8/63/450	12.70	1.78	T8	
135	鹅耳枥属 *Carpinus*	7/33/50	21.21	14.00	T8	表征属

序号	属名	种数（罗霄山脉/中国/世界）	罗霄山脉种占中国比例（%）	罗霄山脉种占世界比例（%）	属分布区类型*	表征属**
136	桤叶树属 Clethra	7/7/65	100.00	10.77	T3	表征属
137	万寿竹属 Disporum	7/15/21	46.67	33.33	T14	表征属
138	桃叶珊瑚属 Aucuba	7/10/10	70.00	70.00	T14	表征属
139	黄杨属 Buxus	7/17/70	41.18	10.00	T8	表征属
140	珍珠茅属 Scleria	7/24/200	29.17	3.50	T1	
141	扁莎属 Pycreus	7/11/70	63.64	10.00	T1	
142	水苏属 Stachys	7/18/300	38.89	2.33	T1	
143	狸藻属 Utricularia	7/25/220	28.00	3.18	T1	
144	银莲花属 Anemone	7/64/183	10.94	3.83	T1	
145	马兜铃属 Aristolochia	7/45/400	15.56	1.75	T2	
146	山蚂蝗属 Desmodium	7/32/280	21.88	2.50	T2	
147	猪屎豆属 Crotalaria	7/42/700	16.67	1.00	T2	
148	谷精草属 Eriocaulon	7/35/400	20.00	1.75	T2	
149	丁香蓼属 Ludwigia	7/9/82	77.78	8.54	T2	
150	柳叶箬属 Isachne	7/18/90	38.89	7.78	T2	
151	石豆兰属 Bulbophyllum	7/124/2400	5.65	0.29	T2	
152	雀梅藤属 Sageretia	7/19/35	36.84	20.00	T3	
153	千金藤属 Stephania	7/37/60	18.92	11.67	T4	
154	水竹叶属 Murdannia	7/20/50	35.00	14.00	T4	
155	栝楼属 Trichosanthes	7/33/100	21.21	7.00	T5	
156	山姜属 Alpinia	7/51/230	13.73	3.04	T5	
157	通泉草属 Mazus	7/25/35	28.00	20.00	T5	
158	柳属 Salix	7/276/521	2.54	1.34	T8	
159	重楼属 Paris	7/21/27	33.33	25.93	T8	
160	藨草属 Scirpus	7/12/35	58.33	20.00	T8	
161	舌唇兰属 Platanthera	7/51/200	13.73	3.50	T8	
162	石荠苎属 Mosla	7/12/22	58.33	31.82	T14	
163	野海棠属 Bredia	7/11/15	63.64	46.67	T14	
164	五加属 Eleutherococcus	7/18/40	38.89	17.50	T14	
165	囊瓣芹属 Pternopetalum	7/23/25	30.43	28.00	T14	
166	赤瓟属 Thladiantha	7/23/23	30.43	30.43	T7	
167	野豌豆属 Vicia	7/40/160	17.50	4.38	T8	
168	金腰属 Chrysosplenium	7/35/65	20.00	10.77	T8	
169	络石属 Trachelospermum	6/6/15	100.00	40.00	T9	
170	苦荬菜属 Ixeris	6/6/8	100.00	75.00	T7	
171	慈姑属 Sagittaria	6/7/30	85.71	20.00	T8	
172	八角枫属 Alangium	6/11/24	54.55	25.00	T4	表征属
173	地锦属 Parthenocissus	6/9/13	66.67	46.15	T9	表征属
174	五味子属 Schisandra	6/19/22	31.58	27.27	T9	表征属
175	玉兰属 Yulania	6/18/25	33.33	24.00	T9	表征属
176	早熟禾属 Poa	6/81/500	7.41	1.20	T1	
177	半边莲属 Lobelia	6/23/414	26.09	1.45	T1	
178	苋属 Amaranthus	6/14/40	42.86	15.00	T1	
179	鬼针草属 Bidens	6/10/250	60.00	2.40	T1	
180	车前属 Plantago	6/22/190	27.27	3.16	T1	
181	酸浆属 Physalis	6/6/750	100.00	8.00	T1	
182	胡椒属 Piper	6/60/2000	10.00	0.30	T2	
183	朴属 Celtis	6/11/109	54.55	5.50	T2	

续表

序号	属名	种数（罗霄山脉/中国/世界）	罗霄山脉种占中国比例（%）	罗霄山脉种占世界比例（%）	属分布区类型*	表征属**
184	黄檀属 *Dalbergia*	6/29/250	20.69	2.40	T2	
185	叶下珠属 *Phyllanthus*	6/32/800	18.75	0.75	T2	
186	牡荆属 *Vitex*	6/14/250	42.86	2.40	T2	
187	巴戟天属 *Morinda*	6/27/100	22.22	6.00	T2	
188	鸭嘴草属 *Ischaemum*	6/12/70	50.00	8.57	T2	
189	兰属 *Cymbidium*	6/30/50	20.00	20.00	T5	
190	杜英属 *Elaeocarpus*	6/38/200	15.79	3.00	T5	
191	杨桐属 *Adinandra*	6/22/85	27.27	7.06	T6	
192	梣属 *Fraxinus*	6/22/60	27.27	10.00	T8	
193	山梅花属 *Philadelphus*	6/22/70	27.27	8.57	T8	
194	露珠草属 *Circaea*	6/7/8	85.71	75.00	T8	
195	桑属 *Morus*	6/11/16	54.55	37.50	T8	
196	虎耳草属 *Saxifraga*	6/203/400	2.96	1.50	T8	
197	长柄山蚂蝗属 *Hylodesmum*	6/10/14	60.00	42.86	T9	
198	漆树属 *Toxicodendron*	6/16/22	37.50	27.27	T9	
199	勾儿茶属 *Berchemia*	6/19/32	31.58	·18.75	T9	
200	百合属 *Lilium*	6/55/110	10.91	5.45	T9	
201	十大功劳属 *Mahonia*	6/31/60	19.35	10.00	T9	
202	八角属 *Illicium*	6/27/40	22.22	15.00	T9	
203	黄鹌菜属 *Youngia*	6/28/30	21.43	20.00	T11	
204	莴苣属 *Lactuca*	6/12/60	50.00	10.00	T13	
205	柏拉木属 *Blastus*	6/9/12	66.67	50.00	T7	
206	钝果寄生属 *Taxillus*	6/18/35	33.33	17.14	T7	
207	赤车属 *Pellionia*	6/20/60	30.00	10.00	T7	
208	柳叶菜属 *Epilobium*	6/33/165	18.18	3.64	T8	

* 属分布区类型参考吴征镒（1991，1993）、吴征镒等（2006）；** 在表征属中，裸子植物还有数个属，如松属 *Pinus*、铁杉属 *Tsuga*、穗花杉属 *Amentotaxus*、福建柏属 *Fokienia* 等，尽管它们在罗霄山脉不足 6 种，但其所占世界区系的比例较高，在区域植被构成中也形成优势群落，因此也是表征属。

　　罗霄山脉地区包含 14 种及以上的属有 55 属，共包含 1340 种（包括种下等级），占罗霄山脉地区种子植物种总数的 31.06%，它们为罗霄山脉地区种子植物区系优势属，在罗霄山脉地区常见。包括悬钩子属 *Rubus* 66 种、薹草属 *Carex* 64 种、冬青属 *Ilex* 56 种、蓼属 *Polygonum* 50 种、杜鹃属 *Rhododendron* 42 种、珍珠菜属 *Lysimachia* 38 种、山矾属 *Symplocos* 37 种、铁线莲属 *Clematis* 36 种、堇菜属 *Viola* 35 种、荚蒾属 *Viburnum* 35 种、菝葜属 *Smilax* 33 种、槭属 *Acer* 31 种、猕猴桃属 *Actinidia* 30 种、卫矛属 *Euonymus* 26 种、榕属 *Ficus* 26 种、柃属 *Eurya* 26 种、薯蓣属 *Dioscorea* 25 种、紫珠属 *Callicarpa* 25 种、木姜子属 *Litsea* 25 种、李属 *Prunus* 25 种、蒿属 *Artemisia* 24 种、山茶属 *Camellia* 23 种、黄芩属 *Scutellaria* 22 种、忍冬属 *Lonicera* 22 种、葡萄属 *Vitis* 22 种、柯属 *Lithocarpus* 22 种、凤仙花属 *Impatiens* 20 种、鼠尾草属 *Salvia* 19 种、山胡椒属 *Lindera* 19 种、润楠属 *Machilus* 19 种、景天属 *Sedum* 19 种、冷水花属 *Pilea* 19 种、紫金牛属 *Ardisia* 18 种、青冈属 *Cyclobalanopsis* 18 种、新木姜子属 *Neolitsea* 18 种、莎草属 *Cyperus* 17 种、泡花树属 *Meliosma* 17 种、飘拂草属 *Fimbristylis* 17 种、蛇葡萄属 *Ampelopsis* 17 种、紫菀属 *Aster* 17 种、花椒属 *Zanthoxylum* 16 种、胡枝子属 *Lespedeza* 16 种、胡颓子属 *Elaeagnus* 16 种、画眉草属 *Eragrostis* 15 种、南蛇藤属 *Celastrus* 15 种、细辛属 *Asarum* 15 种、锥属 *Castanopsis* 15 种、远志属 *Polygala* 14 种、鼠李属 *Rhamnus* 14 种、金丝桃属 *Hypericum* 14 种、木蓝属 *Indigofera* 14 种、樟属 *Cinnamomum* 14 种、绣球属 *Hydrangea* 14 种、刚竹属 *Phyllostachys* 14 种、唐松草属 *Thalictrum* 14 种。

　　表征属较表征科更能反映一个地区植物区系的区域特点。表征属的确定主要依据 3 个方面：一是该属在该地区的种数占该属世界种数的比例较高；二是该属在区域植被组成中占有一定的优势地位；三是在植被演替过程、植物区系演化过程中，具有一定的指示意义。罗霄山脉地区的主要表征属约有52 属，其中包括被子植物 42 属：冬青属 *Ilex*、杜鹃属 *Rhododendron*、山矾属 *Symplocos*、荚蒾属 *Viburnum*、菝葜属 *Smilax*、槭属 *Acer*、猕猴桃属 *Actinidia*、柃属 *Eurya*、木姜子属 *Litsea*、李属 *Prunus*、山茶属 *Camellia*、忍冬属 *Lonicera*、葡萄属 *Vitis*、柯属 *Lithocarpus*、山胡椒属 *Lindera*、润楠属 *Machilus*、青冈属 *Cyclobalanopsis*、新木姜子属 *Neolitsea*、泡花树属 *Meliosma*、胡颓子属 *Elaeagnus*、安息香属 *Styrax*、南蛇藤属 *Celastrus*、细辛属 *Asarum*、锥属 *Castanopsis*、绣球属 *Hydrangea*、椴属 *Tilia*、山茱萸属 *Cornus*、楤木属 *Aralia*、女贞属 *Ligustrum*、清风藤属 *Sabia*、石楠属 *Photinia*、桤叶树属 *Clethra*、鸡血藤属 *Callerya*、野木瓜属 *Stauntonia*、鹅耳枥属 *Carpinus*、万寿竹属 *Disporum*、桃叶珊瑚属 *Aucuba*、黄杨属 *Buxus*、八角枫属 *Alangium*、地锦属 *Parthenocissus*、五味子属 *Schisandra*、玉兰属 *Yulania*。此外，裸子植物10 属，尽管这些属所含的种数较少，但它们在植被中也常常在局部地区形成优势群落，如松属 *Pinus*、铁杉属 *Tsuga*、穗花杉属 *Amentotaxus*、福建柏属 *Fokienia*、冷杉属 *Abies*、银杉属 *Cachaya*、杉木属 *Cunninghamia*、红豆杉属 *Taxus*、白豆杉属 *Pseudotaxus*、榧属 *Torreya*，亦是珍稀群落的代表属。这些属不仅是罗霄山脉地区植物群落中常见的属，共有 10 个分布区类型，大致能反映出罗霄山脉区系的基本特征。

8.4.3　属的地理成分特点

　　根据吴征镒对中国种子植物属的分布区类型划分方法（吴征镒，1991，1993；吴征镒等，2006；李德铢等，2018），对罗霄山脉地区种子植物 1107 属进行分布区类型统计，结果可分为 15 个分布区类型和 29 个亚型（表 8-8）。

表 8-8　罗霄山脉种子植物属的分布区类型

分布区类型	属数	占非世界属比例（%）
T1 世界广布	89	扣除
T2 泛热带分布	165	16.21
T2-1 热带亚洲—大洋洲和热带美洲（南美洲或/和墨西哥）分布	9	0.88
T2-2 热带亚洲—热带非洲—热带美洲（南美洲）分布	6	0.59
T3 热带亚洲和热带美洲间断分布	21	2.06
T4 旧世界热带分布	58	5.70
T4-1 热带亚洲、非洲和大洋洲间断或星散分布	6	0.59
T5 热带亚洲至热带大洋洲分布	69	6.78
T6 热带亚洲至热带非洲分布	22	2.16
T6-2 热带亚洲和东非或马达斯加间断分布	1	0.10
T7 热带亚洲（即热带东南亚至印度—马来，太平洋诸岛）分布	58	5.70
T7-1 爪哇（或苏门答腊），喜马拉雅间断或星散分布到华南、西南分布	12	1.18
T7-2 热带印度至华南（尤其云南南部）分布	4	0.39
T7-3 缅甸、泰国至华西南分布	3	0.29
T7-4 越南（或中南半岛）至华西或西南分布	8	0.79
T7a 西马来，基本上在新华莱斯线以西分布	13	1.28
T7a/b 西马来，菲律宾间断分布	1	0.10
T7a/c 西马来，东马来间断分布	1	0.10
T7ab 西马来至中马来分布	7	0.69
T7a-c 西马来至东马来分布	5	0.49
T7a-d 西马来至新几内亚分布	1	0.10
T7b 中马来分布	1	0.10
T7d 全分布区东达新几内亚分布	6	0.59
T7e 全分布区东南达西太平洋诸岛弧，包括新喀里多尼亚和斐济分布	7	0.69

续表

分布区类型	属数	占非世界属比例（%）
热带性属统计分布	484	47.54
T8 北温带分布	114	11.20
T8-1 环极（环北极，环两极）分布	1	0.10
T8-2 北极—高山分布	1	0.10
T8-4 北温带和南温带间断分布	40	3.93
T8-5 欧亚和南美洲温带间断分布	3	0.29
T9 东亚—北美间断分布	76	7.47
T9-1 东亚和墨西哥间断分布	2	0.20
T10 旧世界温带分布	62	6.09
T10-1 地中海区，至西亚（或中亚）和东亚间断分布	5	0.49
T10-2 地中海区和喜马拉雅间断分布	3	0.29
T10-3 欧亚和南非（有时也在澳大利亚）分布	2	0.20
T11 温带亚洲分布	14	1.38
T12 地中海区、西亚至中亚分布	6	0.59
T12-2 地中海区至西亚或中亚和墨西哥或古巴间断分布	1	0.10
T12-3 地中海区至温带—热带亚洲，大洋洲和/或北美南部至南美洲间断分布	1	0.10
T13 中亚分布	1	0.10
T14 东亚分布	94	9.23
T14-1 中国—喜马拉雅分布	15	1.47
T14-2 中国—日本分布	40	3.93
T15 中国特有分布	53	5.21
温带性属统计	534	52.46

T1 世界广布

世界广布属的分布区与世界广布科相同，其中有些属可以有一个或数个分布中心，但属下多包含世界广布种（王荷生，1997）。世界广布属一般为扩散能力强的属或包含有多种的大属，且以草本属占绝对优势。罗霄山脉地区共有本类型 89 属，其中种数在 15 种以上的属有 10 个为悬钩子属 *Rubus* 66 种、薹草属 *Carex* 64 种、珍珠菜属 *Lysimachia* 38 种、铁线莲属 *Clematis* 36 种、堇菜属 *Viola* 35 种、卫矛属 *Euonymus* 26 种、蒿属 *Artemisia* 24 种、黄芩属 *Scutellaria* 22 种、鼠尾草属 *Salvia* 19 种、莎草属 *Cyperus* 17 种，这些属除卫矛属外均为草本属，是罗霄山脉地区林下草本层重要伴生种。

罗霄山脉分布的世界广布属中有许多水生性的属，如狸藻属 *Utricularia*、茅膏菜属 *Drosera*、水葱属 *Schoenoplectus*、香蒲属 *Typha*、荇菜属 *Nymphoides*、水马齿属 *Callitriche*、金鱼藻属 *Ceratophyllum*、浮萍属 *Lemna*、莼菜属 *Brasenia*、睡莲属 *Nymphaea*、无根萍属 *Wolffia*、紫萍属 *Spirodela*、角果藻属 *Zannichellia*、水苋草属 *Limosella* 等。在这些属中，不少属起源历史古老，但所包含的种和种下等级均较少，在一定程度上反映它们生境的稳定性。

此外，世界广布属中有不少种群扩散能力强的属，包括拉拉藤属 *Galium*、毛茛属 *Ranunculus*、灯心草属 *Juncus*、繁缕属 *Stellaria*、苋属 *Amaranthus*、鬼针草属 *Bidens*、车前属 *Plantago*、老鹳草属 *Geranium*、藜属 *Chenopodium*、千里光属 *Senecio*、飞蓬属 *Erigeron*、拟鼠曲草属 *Pseudognaphalium*、湿鼠曲草属 *Gnaphalium*、酢浆草属 *Oxalis*、浮萍属 *Lemna*、牛膝菊属 *Galinsoga*、旋花属 *Convolvulus*、独行菜属 *Lepidium* 等。它们的属下均包含一些扩散能力较强的世界广布种，这些世界广布属可能是罗霄山脉植物区系中的迁移成分。

T2 泛热带分布

泛热带分布属在罗霄山脉地区共有 180 属，包括 2 个亚型，即热带亚洲—大洋洲和热带美洲（南美洲或/和墨西哥）（T2-1）及热带亚洲—热带非洲—热带美洲（南美洲）（T2-2）。

　　泛热带分布属（T2）有 165 属，属数在罗霄山脉各类型中所占比例最大，具体为占非世界属的 16.21%，体现出罗霄山脉植物区系与热带性区系成分的密切关系。

　　属内包含 10 种以上的有 16 属，为菝葜属 *Smilax* 33 种、榕属 *Ficus* 26 种、薯蓣属 *Dioscorea* 25 种、紫珠属 *Callicarpa* 25 种、紫金牛属 *Ardisia* 18 种、花椒属 *Zanthoxylum* 16 种、安息香属 *Styrax* 12 种、南蛇藤属 *Celastrus* 15 种、画眉草属 *Eragrostis* 15 种、木蓝属 *Indigofera* 14 种、苎麻属 *Boehmeria* 13 种、大戟属 *Euphorbia* 13 种、柿属 *Diospyros* 12 种、大青属 *Clerodendrum* 12 种、虾脊兰属 *Calanthe* 12 种、陌上菜属 *Lindernia* 10 种。这些属主要分布于亚热带地区森林中。

　　属内包含种数少于 10 种的属有 149 属，其中仅含 1 种的属就有 66 属，2～5 种的属 61 属。可以看出泛热带分布的属，在罗霄山脉地区分布的种系均不太丰富，其中包含有大量的扩散能力强的种，为我国广泛分布的种，如丁葵草 *Zornia gibbosa*、狗牙根 *Cynodon dactylon*、蒺藜 *Tribulus terrestris*、球菊 *Epaltes australis*、田菁 *Sesbania cannabina*、鼠尾粟 *Sporobolus fertilis*、荷莲豆草 *Drymaria cordata*、鳢肠 *Eclipta prostrata* 等。

　　泛热带分布属中，包含有丰富的起源于古近纪的属，如安息香属 *Styrax*，现在有 2 个分布中心，其中一个位于亚洲东部及东南亚地区，另一个在北美洲东南部，另有 1 种间断分布于东亚和地中海地区。安息香属在罗霄山脉地区分布有 12 种。本属化石记录最早见于欧洲早始新世（Kirchheimer, 1957；Mai, 1995），东亚地区渐新世至上新世均有化石记录（Mai, 1995；Miki, 1941），有专家依据分子系统学证据研究，认为安息香属起源于第三纪欧亚大陆的古地中海湿润森林，古地中海闭合过程中向欧洲、东亚扩散（Fritsch, 2001）。这个观点有待于进一步研究，但无疑，罗霄山脉地区的安息香属分布可追溯至古地中海闭合以前。

　　另外，罗霄山脉地区也是一些热带性较强的属分布已达其北缘，如琼楠属 *Beilschmiedia*，属于热带性较强的樟科，在我国主要分布于广东南部及海南，分布区扩散至罗霄山脉南段已是其最北缘，本地区有 1 种——广东琼楠 *Beilschmiedia fordii*。买麻藤属 *Gnetum*，为具有阔叶、网状脉序的裸子植物，该属主要分布于南岭以南地区，在罗霄山脉地区主要分布于低海拔常绿阔叶林中。天料木属 *Homalium*，主要分布于热带地区，全世界 180～200 种，其分布区扩散至罗霄山脉南部，本地区仅 1 种——天料木 *Homalium cochinchinense*。青皮木属 *Schoepfia*，全世界 30 种，主要分布于美洲热带及东南亚地区，本属在罗霄山脉地区的分布表现出残存性质，仅 2 种，可在桃源洞等地区形成优势群落。

　　T2-1 热带亚洲—大洋洲和热带美洲（南美洲或/和墨西哥）分布

　　本分布区亚型有 9 属，包括木本属 4 属、草本属 5 属，分别如下。

　　山矾属 *Symplocos*，在本地区分布有 37 种，是罗霄山脉地区重要的群落伴生种，也是中国植物区系呈现出亚热带性质的重要标志属（张宏达，1962）。

　　罗汉松属 *Podocarpus*，现代分布区主要为大洋洲、东南亚地区，罗霄山脉分布有 4 种，野生种群在本地区已极少见。

　　糙叶树属 *Aphananthe*，世界 5 种，属于榆科大乔木，罗霄山脉 1 种糙叶树 *Aphananthe aspera*，为第三纪古热带植物区系孑遗种。

　　薄柱草属 *Nertera*，属于茜草科，世界 6 种，罗霄山脉 1 种薄柱草 *Nertera sinensis*，生于中南部中低海拔溪谷石缝中，可能为第三纪古热带植物区系的孑遗种。

　　西番莲属 *Passiflora*，属于典型的热带性属，罗霄山脉七溪岭、井冈山、八面山地区有 1 种，即广东西番莲 *Passiflora kwangtungensis*。

　　其他，如小二仙草属 *Gonocarpus*、蓝花参属 *Wahlenbergia*、山芝麻属 *Helicteres*、乳豆属 *Galactia* 则常见于罗霄山脉路边阳处，具有明显的次生性，可能为迁移成分。

　　T2-2 热带亚洲—热带非洲—热带美洲（南美洲）分布

　　本分布区亚型共包括 6 属，有木本属 1 属即簕竹属 *Bambusa*，草本属 5 属。

凤仙花属 *Impatiens* 与冷水花属 *Pilea* 在罗霄山脉地区表现出一定程度的种系分化，分别包含 20 种、19 种，其中包括本地区特有种有 2 种，即多脉凤仙花 *Impatiens polyneura*、封怀凤仙花 *Impatiens fenghwaiana*。

秋海棠属 *Begonia* 为世界性的大属，约有 1400 多种，在罗霄山脉仅有 9 种。

此外，本地区丰花草属 *Spermacoce* 及雾水葛属 *Pouzolzia* 分别有 2 种，常分布于村边、路旁等受干扰的生境中，可能是迁移成分。

T3 热带亚洲和热带美洲间断分布

本分布区类型在罗霄山脉有 21 属，占本地区非世界属的 2.06%。种类较丰富的有冬青属 *Ilex* 56 种、柃属 *Eurya* 26 种、木姜子属 *Litsea* 25 种、山胡椒属 *Lindera* 19 种、泡花树属 *Meliosma* 17 种、樟属 *Cinnamomum* 14 种、桤叶树属 *Clethra* 7 种、雀梅藤属 *Sageretia* 7 种。这些属中，泡花树属、樟属多为高大乔木；柃属、木姜子属、桤叶树属为小乔木或灌木，它们均是罗霄山脉地区植物群 落中的常见成分。

假卫矛属 *Microtropis*，世界 60 余种，亚洲东南部海岛上多有分布，本种可能是劳亚古陆与冈瓦纳古陆解体后的孑遗类群。罗霄山脉地区仅分布有 2 种，即密花假卫矛 *Microtropis gracilipes*、福建假卫矛 *Microtropis fokienensis*，它们在我国南部广泛分布。

无患子属 *Sapindus*，为落叶乔木，世界共 10 种，广布于亚洲东部、澳大利亚及美洲热带。我国 4 种，罗霄山脉地区仅见 1 种——无患子 *Sapindus mukorossi*。

树参属 *Dendropanax*，世界约 80 种，以热带美洲为分布中心，我国有 14 种，罗霄山脉地区分布有 3 种。

猴欢喜属 *Sloanea*，隶属于杜英科，世界约 120 种，我国 13 种，罗霄山脉地区仅 1 种，即猴欢喜 *Sloanea sinensis*。

此外，裸柱菊属 *Soliva*、野甘草属 *Scoparia* 常见于路旁及山坡阳处，而不见于保存较好的森林群落中，可能是伴随人类活动扩散至罗霄山脉。

T4 旧世界热带分布

本分布区类型共有 58 属，占罗霄山脉地区非世界属的 5.70%。以草本属为主，有 41 属，木本属仅有 17 属。草本属中，不少为本地区群落中重要伴生种，如乌蔹莓属 *Cayratia*、菅属 *Themeda*、楼梯草属 *Elatostema*、娃儿藤属 *Tylophora*、天门冬属 *Asparagus*、弓果黍属 *Cyrtococcum*、短冠草属 *Sopubia*、荩草属 *Arthraxon*、千金藤属 *Stephania*。值得一提的是，罗霄山脉分布有鸢尾兰属 *Oberonia* 4 种，见于中海拔湿润的常绿阔叶林中；本属为附生兰，约 300 种，主产热带，罗霄山脉地区是其北界。部分草本属可视为罗霄山脉植物区系的迁移成分或归化种，如水竹叶属 *Murdannia*、牛膝属 *Achyranthes*、类芦属 *Neyraudia*、筒轴茅属 *Rottboellia*、菊三七属 *Gynura*、十万错属 *Asystasia*、帽儿瓜属 *Mukia*、香茅属 *Cymbopogon*、苦瓜属 *Momordica*、一点红属 *Emilia*。另外，有 3 个典型的水生性属，即水筛属 *Blyxa*、泽苔草属 *Caldesia*、雨久花属 *Monochoria*。

木本属中，野桐属 *Mallotus* 13 种、海桐属 *Pittosporum* 10 种、八角枫属 *Alangium* 6 种、槲寄生属 *Viscum* 4 种、蒲桃属 *Syzygium* 3 种、扁担杆属 *Grewia* 3 种、五月茶属 *Antidesma* 2 种、白饭树属 *Flueggea* 2 种、翼核果属 *Ventilago* 1 种、楝属 *Melia* 1 种、血桐属 1 种、鹰爪属 1 种。这些木本属中，除海桐属、八角枫属所占的区系重要值较大之外，其余各属区系重要值均较低，包含种系也不丰富，如血桐属、鹰爪属在罗霄山脉各仅 1 种；而槲寄生属、五月茶属、扁担杆属、蒲桃属等，世界的种类含 50～500 种，但仅有少量的种分布到罗霄山脉，整体上表明旧世界热带分布属与罗霄山脉植物区系关联性较弱。

T4-1 热带亚洲、非洲和大洋洲间断或星散分布

本分布区亚型在罗霄山脉有 6 属。

茜树属 *Aidia*，在本地区有 4 种，是森林中常见的小乔木。

水生性属有 2 属，即水蕹属 *Aponogeton* 及水鳖属 *Hydrocharis*，这两个属无疑有着悠久的发生历史。

带叶兰属 *Taeniophyllum*，分布中心在热带亚洲及大洋洲地区，我国仅分布 3 种，罗霄山脉南部齐云山地区的沟谷常绿阔叶林中分布 1 种，附生于大果马蹄荷上，叶片缺失，根扁平特化为叶状，具有明显的热带植物特点。带叶兰在我国东南部常绿阔叶林地区均有分布，它可能与马蹄荷属等第三纪古热带成分起源于同一时期，历经第四纪冰期之后在罗霄山脉地区成为孑遗种。

其他属，如水蛇麻属 *Fatoua*、百蕊草属 *Thesium* 均为主要分布于亚洲热带及大洋洲热带地区的属，这两个属在罗霄山脉仅有 1～3 种，亦为亚热带广布种。

可见本分布区亚型在罗霄山脉植物区系中所占比例不大。

T5 热带亚洲至热带大洋洲分布

热带亚洲至热带大洋洲分布的属有 69 属，占罗霄山脉非世界属的 6.78%。

种类较丰富的属有耳草属 *Hedyotis* 12 种、鸡血藤属 *Callerya* 9 种、荛花属 *Wikstroemia* 8 种、石斛属 *Dendrobium* 8 种、栝楼属 *Trichosanthes* 7 种、山姜属 *Alpinia* 7 种、通泉草属 *Mazus* 7 种、兰属 *Cymbidium* 6 种、杜英属 *Elaeocarpus* 6 种、链珠藤属 *Alyxia* 5 种、新耳草属 *Neanotis* 5 种、蛇菰属 *Balanophora* 5 种。这些属中，杜英属为罗霄山脉山地森林中重要的组成成分，鸡血藤属为森林层间常见的藤本，而蛇菰属则寄生于乔木林下。

仅含 1 种的有 32 属，并且许多种分布较广，如岗松 *Baeckea frutescens*、糯米团 *Gonostegia hirta*、桃金娘 *Rhodomyrtus tomentosa*、苞舌兰 *Spathoglottis pubescens* 等。

含 2 种的有 19 属，如淡竹叶属 *Lophatherum*、山珊瑚属 *Galeola*、百部属 *Stemona*、鹤顶兰属 *Phaius*、白点兰属 *Thrixspermum*、天麻属 *Gastrodia*、开唇兰属 *Anoectochilus*、齿果草属 *Salomonia*、旋蒴苣苔属 *Boea*、野牡丹属 *Melastoma*、猴耳环属 *Archidendron* 等。

热带亚洲至热带大洋洲分布的属在罗霄山脉地区的种系比较贫乏，但属总数占到 6.78% 具有较高多样性，这是热带性成分向罗霄山脉地区扩张的有力证据。

T6 热带亚洲至热带非洲分布

热带亚洲至热带非洲分布属有 22 属，占非世界属的 2.16%，所含种数较多的为豆腐柴属 *Premna* 5 种、铁仔属 *Myrsine* 5 种、莠竹属 *Microstegium* 5 种、玉叶金花属 *Mussaenda* 4 种。这几个属在罗霄山脉地区均较为常见，莠竹属多分布于旷地或山坡阳处，表现出一定的次生性。

含 1～3 种的属有 18 属，以草本属为主，一些属在罗霄山脉地区分布范围不广，如叉序草 *Isoglossa collina* 仅见于井冈山、桃源洞，长喙毛茛泽泻 *Ranalisma rostrata* 仅见于武功山地区沼泽湿地。使君子属 *Quisqualis* 有 1 种，仅分布于罗霄山脉南部地区，为热带植物区系向本地区的渗入。

而野茼蒿属 *Crassocephalum*、鱼眼草属 *Dichrocephala*、芒属 *Miscanthus* 所含的种多为世界广布种，扩散能力强，因而这几个属可能是迁移成分。

T6-2 热带亚洲和东非或马达加斯加间断分布

本分布区亚型共有 1 属，即杨桐属 *Adinandra* 6 种，本属为罗霄山脉地区的常见灌木或小乔木。

T7 热带亚洲（即热带东南亚至印度—马来，太平洋诸岛）分布

本区分布类型（T7）有 58 属，属内所含数量大于 5 种的有 10 属，为润楠属 *Machilus* 19 种、青冈属 *Cyclobalanopsis* 18 种、新木姜子属 *Neolitsea* 18 种、香茶菜属 *Isodon* 11 种、假糙苏属 *Paraphlomis* 11 种、清风藤属 *Sabia* 10 种、马蓝属 *Strobilanthes* 9 种、含笑属 *Michelia* 8 种、楠属 *Phoebe* 8 种、轮环

藤属 *Cyclea* 5 种。而含 2~4 种的有 19 属，仅含 1 种的有 29 属。热带亚洲分布属在罗霄山脉的种数丰富程度一般，然而包含有丰富的区系特征性成分，如竹柏属 *Nageia*，为裸子植物属，世界有 5 种，罗霄山脉中南部仅 1 种——竹柏 *Nageia nagi*，局部可呈群落状分布，本属为古热带区系的孑遗成分。

青冈属 *Cyclobalanopsis*，世界 150 余种，在我国的分布中心为滇黔桂及华南地区，在罗霄山脉地区有 18 种，古植物资料表明我国西南、华南、华东地区自早中新世以来就分布有大量的化石（罗艳和周浙昆，2001；Jia et al.，2015）。因此可推测罗霄山脉地区分布的青冈属植物是第三纪古热带成分的直接后裔。

虎皮楠属 *Daphniphyllum* 分布在罗霄山脉的类群具有亚热带性质，如交让木可分布至我国长江以北，作为中高海拔地区针阔叶混交林的建群种存在。

清风藤属 *Sabia* 在罗霄山脉地区有 8 种 2 亚种，为罗霄山脉地区林下重要伴生藤本。本属在系统关系上与泡花树科有密切关系，有着久远的形成历史，可能为第三纪北热带植物区系孑遗成分。

小槐花属 *Ohwia*，世界仅 2 种，罗霄山脉有 1 种——小槐花 *Ohwia caudata*，为世界广布种。

无叶莲属 *Petrosavia*，为腐生性草本，缺乏叶绿素，具有胚珠极多数倒生、花药绒毡层具腺体、心皮 3 分裂几达基部、成熟种子结构形成"T"形四分孢子等特点（张宏达等，2004；Tobe and Takahashi，2009），是单子叶植物的古老类群（APG IV，2016），属于第三纪古热带森林中的孑遗成分（吴征镒，1979）。无叶莲属现代分布格局呈现出明显的间断性及孑遗性，目前仅有金佛山、凤阳山、莽山、台湾等山地中高海拔地区有分布（张忠等，2017），这些地区被认为是第四纪冰期植物避难所（陈冬梅等，2011）。罗霄山脉地区有 1 种——疏花无叶莲 *Petrosavia sakuraii*，仅见于井冈山地区福建柏+白豆杉+甜槠混交林中。

假糙苏属 *Paraphlomis*，在罗霄山脉共有 11 种，在罗霄山脉内部有一定的多样性。假糙苏属为草本，形态上与糙苏属 *Phlomoides* 有许多相似之处，然而染色体及分子系统研究均表明这两个属是截然不同的（房丽琴等，2007；杨雪等，2008；Pan et al.，2009），假糙苏属应该属于古热带植物区系的成分（李锡文，1965；吴征镒和李锡文，1982）。

此外，隶属于金粟兰科的草珊瑚属 *Sarcandra* 也是起源较古老的属，常被称为草本，草珊瑚 *Sarcandra glabra* 在东亚地区广泛分布，罗霄山脉地区南北均有分布。

本分布区类型被认为是古热带植物区系的直接后裔（吴征镒，1965），这个类型（T7）包括亚型在罗霄山脉共有 127 属，占本地区非世界属的 12.47%，并有着最为丰富的分布区亚型，达 13 个，体现出罗霄山脉植物区系与热带亚洲区系成分的密切联系，其中不少属有着共同的发生历史。

T7-1 爪哇（或苏门答腊），喜马拉雅间断或星散至华南、西南

本分布区亚型在罗霄山脉共 12 属，包括木本属 8 属，草本属 4 属。

其中，金缕梅科 2 属：蚊母树属 *Distylium* 1 种、马蹄荷属 *Exbucklandia* 1 种，这两个属均起源于始新世之前。它们的现代分布中心均在云贵高原至南岭山脉地区，是罗霄山脉地区沟谷常绿阔叶林的重要建群种。

蕈树属 *Altingia* 2 种，为低海拔沟谷常绿阔叶林中的建群种。

秋枫属 *Bischofia*，在本地区仅 1 种——重阳木 *Bischofia polycarpa*，为落叶小乔木。

梭罗树属 *Reevesia*，主要分布于我国云南、海南、广西等地，罗霄山脉仅分布有 2 种。

野扇花属 *Sarcococca*，属于黄杨科，罗霄山脉分布有 4 种。

山豆根属 *Euchresta*，世界 6 种，罗霄山脉分布有 2 种，常生长于沟谷、溪边常绿阔叶林的阴湿处。

T7-2 热带印度至华南（尤其云南南部）分布

本分布区亚型在罗霄山脉共 4 属，分别为肉穗草属 *Sarcopyramis* 3 种、水丝梨属 *Sycopsis* 2 种、大苞寄生属 *Tolypanthus* 1 种、伯乐树属 *Bretschneidera* 1 种。

肉穗草属的主要分布区在我国西南、华中、华东地区，分布区类型接近中国—喜马拉雅分布区类型（T14-1），这种分布格局体现出以我国为主体的东亚植物区系的整体性。

水丝梨属隶属于金缕梅科，目前也有人认为应将本属置于假蚊母树属 *Distyliopsis*。水丝梨属现代分布中心在我国南部及中南半岛地区，罗霄山脉中南部是水丝梨属分布的北缘。

大苞寄生属为寄生性植物，常寄生于山茶科、杜鹃属、冬青属等主要分布在热带亚热带地区的植物上，表现出一定的专性寄生特点，其发生时间常与寄主植物相一致，可见本属植物在起源上具有古老性。罗霄山脉分布 1 种——大苞寄生 *Tolypanthus maclurei*。

伯乐树属是典型的系统学孑遗属，伯乐树 *Bretschneidera sinensis* 在罗霄山脉地区的中高海拔常绿落叶阔叶林中可形成优势群落。

T7-3 缅甸、泰国至华西南分布

本分布区亚型分布有 3 属，包括裂果薯属 *Schizocapsa* 1 种、香果树属 *Emmenopterys* 1 种、湿唇兰属 *Hygrochilus* 1 种。

裂果薯属世界 2 种，罗霄山脉中南部分布 1 种。

香果树属属于茜草科的孑遗单种属，化石记录可追溯至中新世美国地层（Manchester，1999），现代香果树广泛分布于我国华东、华中、华南、西南地区，罗霄山脉南北均有分布。

T7-4 越南（或中南半岛）至华南或西南分布

本亚型共 8 属，包括 1 个裸子植物属。

本分布区亚型中马铃苣苔属 *Oreocharis* 种类最为丰富，有 10 种，呈现出一定的分化，在罗霄山脉山地岩壁上多有分布。

福建柏属 *Fokienia*，为单型属，本属无疑是第三纪孑遗种，罗霄山脉中南部井冈山、桃源洞、八面山中海拔地区分布有大片群落，可能自第三纪保存至今。

秀柱花属 *Eustigma*，沿着南岭山脉分布，如福建南部、江西南部、广西南部、贵州南部，台湾及海南也有分布。本属仅包含 3 种，罗霄山脉南部分布有 1 种——秀柱花 *Eustigma oblongifolium*。

此外，肥肉草属 *Fordiophyton*、大节竹属 *Indosasa*、竹叶吉祥草属 *Spatholirion* 等，均为寡种属或单种属，这些属的分布体现出罗霄山脉植物区系来源的复杂性。

T7a 西马来，基本上在新华莱斯线以西分布

本分布区亚型包含 13 属，分别为山茶属 *Camellia* 23 种、鸡屎藤属 *Paederia* 9 种、赤瓟属 *Thladiantha* 7 种、柏拉木属 *Blastus* 6 种、锦香草属 *Phyllagathis* 5 种、金钱豹属 *Campanumoea* 3 种、柑橘属 *Citrus* 2 种、五列木属 *Pentaphylax* 1 种、腺萼木属 *Mycetia* 1 种、白蝶兰属 *Pecteilis* 1 种、稗荩属 *Sphaerocaryum* 1 种、全唇兰属 *Myrmechis* 1 种、石椒草属 *Boenninghausenia* 1 种。

山茶属是本分布区亚型中种类较多的属，有 23 种，包括 2 个中国特有种，即厚叶红山茶 *Camellia crassissima*、汝城毛叶茶 *Camellia pubescens*。本属是罗霄山脉地区森林群落的重要组成成分，现代分布中心在我国云贵高原至南岭及岭南地区（张宏达，1962，1994），张宏达认为中国植物区系为亚热带性质，而山茶属就是亚热带山地起源、分化的重要代表。

锦香草属，主要分布于我国南岭西南部及东南亚地区，但本属在南岭地区北部有一定的分化，本地区共 5 种，包括近年来在罗霄山脉南部齐云山低海拔河谷发现的 1 新种——桂东锦香草 *Phyllagathis guidongensis*（Tian et al.，2016）。

五列木属与山茶科植物有着一定的亲缘关系。该属仅 1 种，分布至罗霄山脉，常生于低海拔沟谷常绿阔叶林中。

T7a/b 西马来，菲律宾间断分布

本分布区亚型仅有 1 属，为寄生性的钝果寄生属 *Taxillus*，本属在罗霄山脉中高海拔地区光照充足的林中多有分布，在本区共分布 5 种 1 变种。

T7a/c 西马来，东马来间断分布

本分布区亚型仅 1 属，为南五味子属 *Kadsura*，为五味子科常绿藤本，本地区分布 3 种。

T7ab 西马来至中马来分布

本分布区亚型在罗霄山脉有 7 属，分别为盆距兰属 *Gastrochilus* 3 种、黄杞属 *Engelhardia* 2 种、梨果寄生属 *Scurrula* 2 种、绞股蓝属 *Gynostemma* 2 种、蓬莱葛属 *Gardneria* 2 种、黄棉木属 *Metadina* 1 种、竹叶兰属 *Arundina* 1 种。

本分布区亚型在罗霄山脉地区分布种数均较少，较具代表性的属如下。

黄杞属隶属于胡桃科，为古老的荑黄花序类，历史上云南地区发现有与本属近似的灭绝化石属类黄杞属（Manchester，1983；Meng et al.，2015），本属在罗霄山脉地区分布有 2 种，体现出罗霄山脉地区区系发生的古老性。

盆距兰属主要分布于热带地区，为本地区不多见的附生性植物，罗霄山脉地区中南部分布有 3 种，生于湿润的沟谷常绿阔叶林中。

T7a-c 西马来至东马来分布

本分布区亚型有 5 属，包括罗霄山脉地区常绿阔叶林重要组成部分核果茶属 *Pyrenaria* 4 种，此外有蛇莓属 *Duchesnea* 2 种、楔颖草属 *Apocopis* 1 种、蜂斗草属 *Sonerila* 1 种、茶梨属 *Anneslea* 1 种。

蜂斗草属是野牡丹科热带性较强的属，其分布区可扩散至南岭北部，罗霄山脉南段的齐云山分布有 1 种——三蕊草 *Sonerila tenera*。

茶梨属隶属于五列木科，可能是第三纪北热带区系的孑遗，全世界共 4 种，主要分布于东南亚地区，我国仅产 1 种——茶梨 *Anneslea fragrans*，种下等级包括 4 个变种，沿南岭山脉分布，茶梨在井冈山地区分布有大片成熟群落。

蛇莓属则常见于人类活动较多的地区。

T7a-d 西马来至新几内亚分布

本分布区亚型仅有水蔗草属 *Apluda*，该属包含 1 种，即水蔗草 *Apluda mutica*，为常见的路边杂草，可能为本区迁移成分。

T7b 中马来

本分布区亚型仅 1 属，即流苏子属 *Coptosapelta*。

T7d 全分布区东达新几内亚分布

本分布区亚型有 6 属，分别为苦荬菜属 *Ixeris* 6 种、吻兰属 *Collabium* 2 种、紫麻属 *Oreocnide* 2 种、厚唇兰属 *Epigeneium* 1 种、鞘花属 *Macrosolen* 1 种、幌菊属 *Ellisiophyllum* 1 种。

吻兰属及厚唇兰属在本地区的分布种数不多，但表现出一定的孑遗特点，吻兰属仅分布于常绿阔叶林沟谷地区，而厚唇兰属仅 1 种——单叶厚唇兰 *Epigeneium fargesii*，分布于井冈山中海拔地区陡峭的石壁上。

T7e 全分布区东南达西太平洋诸岛弧，包括新喀里多尼亚和斐济分布

本分布区亚型有 7 属，分别为沿阶草属 *Ophiopogon* 8 种、赤车属 *Pellionia* 6 种、蛇根草属 *Ophiorrhiza* 5 种、小苦荬属 *Ixeridium* 5 种、水丝麻属 *Maoutia* 1 种、槽裂木属 *Pertusadina* 1 种、薏苡属 *Coix* 2 种。本亚型在罗霄山脉分布的种系均不发达，常作为山谷溪边阴湿处偶见种出现。

T8 北温带

北温带分布属（T8）有 114 属，另有 4 个亚型共 45 属，合计 159 属，占本地区非世界属的 15.62%，它们是罗霄山脉较为重要的温带组成成分。其中前者包含 10 种以上的属有荚蒾属 *Viburnum* 35 种、槭属 *Acer* 31 种、李属 *Prunus* 25 种、忍冬属 *Lonicera* 22 种、葡萄属 *Vitis* 22 种、景天属 *Sedum* 19 种、飘拂草属 *Fimbristylis* 17 种、细辛属 *Asarum* 15 种、椴属 *Tilia* 13 种、绣线菊属 *Spiraea* 13 种、紫堇属

Corydalis 13 种、山茱萸属 *Cornus* 12 种、越橘属 *Vaccinium* 12 种、蔷薇属 *Rosa* 11 种、花楸属 *Sorbus* 11 种、委陵菜属 *Potentilla* 10 种、乌头属 *Aconitum* 10 种。这些属均为罗霄山脉常见的类群，荚蒾属、槭属、李属、忍冬属、葡萄属等同时也是区系表征属。

此外，榆属 *Ulmus* 9 种、鹅耳枥属 *Carpinus* 7 种、梣属 *Fraxinus* 6 种、苹果属 *Malus* 4 种、桦木属 *Betula* 3 种、松属 *Pinus* 3 种、盐麸木属 *Rhus* 3 种、栗属 *Castanea* 3 种、水青冈属 *Fagus* 3 种、刺柏属 *Juniperus* 2 种、萍蓬草属 *Nuphar* 2 种、七叶树属 *Aesculus* 2 种、冷杉属 *Abies* 1 种、红豆杉属 *Taxus* 1 种，这些也是罗霄山脉地区常绿落叶阔叶林、针叶落叶阔叶混交林中的重要组成部分。

北温带分布的木本属都有着古老的历史，在中新世之前就已有广泛的化石记录，如紫荆属 *Cercis* 化石曾被发现于大洋洲中新世、东亚上新世地层中（Jiménez-Moreno et al.，2008）；山茱萸属 *Cornus* 化石广泛分布于北美洲及欧洲（Manchester et al.，2009，2010）；水青冈属 *Fagus* 化石在我国辽宁始新世（《中国新生代植物》编写组，1978）、江西南丰上新世（李浩敏和郭双兴，1982）、浙江中新世地层中就有发现（李相传，2010），北温带分布属的化石记录及它们的现代分布区显示出与第三纪古热带成分及北极-第三纪成分的密切关系。同时古气候研究表明，我国东南部地区气候自中新世以来就较为稳定，因此这些适应亚热带山地气候的北温带属应该在中新世时期就已经分布在了罗霄山脉地区。

冷杉属可靠的化石记录最早见于西伯利亚晚白垩世地层（Kremp，1967），由冷杉属化石记录可知，本属起源于白垩纪中期的北半球高纬度地区（向小果等，2006），始新世之后全球气候变冷，分布于北半球中高纬度的北极-第三纪松科植物逐步南迁（Lepage and Basinger，1995；Sun and Wang，2005）。第四纪冰期之后我国东部地区的冷杉属分布区极度缩减，罗霄山脉的资源冷杉、浙江地区的百山祖冷杉群落就是典型的第四纪孑遗群落。

部分北温带的草本属，如乌头属 *Aconitum*、马先蒿属 *Pedicularis*、蓟属 *Cirsium*、黄精属 *Polygonatum*、杓兰属 *Cypripedium*、梅花草属 *Parnassia* 在我国西南、华中地区种系非常丰富，但在罗霄山脉地区种类均较为贫乏，如乌头属 10 种、马先蒿属仅 2 种、梅花草属仅 2 种。

报春花属 *Primula*，在罗霄山脉地区仅分布有 4 种，包括鄂报春 *Primula obconica* 及 3 个羽叶报春系物种，它们分别以华中、华东为分布中心，体现出罗霄山脉植物区系与华中、华东地区的关联性。

岩荠属 *Cochlearia* 与阴山荠属 *Yinshania*（T15）有着密切的关系（王荷生，1989；赵一之，1992），这些属可能在第三纪晚期之前起源于古地中海北岸的共同祖先（王健林等，2006），之后在第三纪中晚期各自分化，阴山荠属就是典型的新特有属（张渝华，1993；王荷生，1989）。罗霄山脉地区分布有岩荠属 2 种，应属于第三纪古地中海区系成分向中国东部山地扩张的孑遗代表。

虎耳草属 *Saxifraga*，属于种类极为丰富的温带属，虎耳草属内的石荷叶组 sect. *Irregulares* 在罗霄山脉地区呈现出一定分化，本次考察发现 2 个新特有种，即罗霄虎耳草和神农虎耳草。

山罗花属 *Melampyrum*，世界约 20 种，主要分布于北半球，中国仅产 3 种 3 变种，罗霄山脉地区分布有 2 种，考察发现圆苞山罗花 *Melampyrum laxum* 在罗霄山脉地区的分布很有特点，仅见于武功山、井冈山、南风面、八面山中高海拔地区，华东地区的山地中也有分布（凡强等，2014）。频繁出现的间断分布，暗示着本属在华东地区曾有着较广阔的连续分布区，经历气候波动后才在这些地区偶尔出现残存。

萍蓬草属 *Nuphar*，为水生性的属，广布于欧亚大陆、美洲、北非等地，在早始新世的日本及我国山东发现有本属植物的化石（Ozaki，1978；Chen et al.，2004），由山东所发现的种子化石可知，萍蓬草属在历史上就生长在静水环境中，与其现代生长环境一致（Chen et al.，2004）。罗霄山脉地区分布有萍蓬草属 2 种，在井冈山、南风面地区水体中仍分布有半野生种群。

黄连属 *Coptis*，属于毛茛科的基部类群（Ro et al.，1997；Wang et al.，2005），它的导管结构表现出原始的性状（陈永喆和李正理，1991），心皮半开放、花瓣微弱延迟发育均表明黄连属的原始性

（辜天琪和任毅，2007）。本属在罗霄山脉分布 1 种 1 变种，黄连是我国重要的中药植物资源，长期以来被挖掘利用，罗霄山脉地区桃源洞、井冈山、八面山等植被保存较好的山谷中仍分布有野生群落。

T8-1 环北极（环北极，环两极）分布

本分布区亚型仅 1 属，即鹿蹄草属 *Pyrola*，罗霄山脉地区有 3 种。

T8-2 北极—高山分布

本分布区亚型在罗霄山脉北部湖南大围山记录有 1 属，即山萮菜属 *Eutrema*，猜测可能是通过栽培后逸生的。

T8-4 北温带和南温带间断分布

本分布区亚型呈现出南北半球洲际间断分布格局，可能本类型的属在劳亚古陆与冈瓦纳古陆仍联合在一起的时候有着连续的分布区，古陆破碎之后，热带将南北半球隔开而逐步形成目前的分布格局（吴征镒等，2006）。

罗霄山脉地区分布有 40 属，种类较丰富的有萹蓄属 *Polygonum* 50 种、杜鹃属 *Rhododendron* 42 种、紫菀属 *Aster* 17 种、胡颓子属 *Elaeagnus* 16 种、唐松草属 *Thalictrum* 14 种、栎属 *Quercus* 12 种、斑叶兰属 *Goodyera* 9 种。其中木本属有杜鹃属、栎属，它们是罗霄山脉地区森林群落重要建群种。

杜鹃属为世界性的大属，分布中心在北美、中国西南、东南亚及欧洲（闵天禄和方瑞征，1979），本属的起源地大约在喜马拉雅至缅甸和中国云南、四川（Hutchinson，1947；吴鲁夫，1960），而进化水平较低的云锦杜鹃亚属属于较古老孑遗的类群，近年来的形态学分析及分子系统研究均支持云锦杜鹃亚属处于杜鹃属的基部（Kron and Judd，1990；Kron，1997）。孙航（2002）认为云锦杜鹃亚属间断分布于东亚、北美，是北极-第三纪成分的直接后裔。在罗霄山脉地区，尤其是在井冈山、桃源洞、南风面地区保存有大片的云锦杜鹃群落，蔚为壮观。本地区分布的杜鹃属共 41 种 1 变种，包括 4 个罗霄山脉特有种——小果马银花 *Rhododendron microcarpum*、井冈山杜鹃 *R. jingangshanicum*、小溪洞杜鹃 *R. xiaoxidongense* 及上犹杜鹃 *R. seniavinii* var. *shangyoumicum*。罗霄山脉地区杜鹃属可能是北极-第三纪植物区系的直接孑遗，且在第三纪之后得到一定程度的分化。

另外，罗霄山脉地区有金腰属 *Chrysosplenium* 7 种、獐牙菜属 *Swertia* 5 种、翠雀属 *Delphinium* 2 种。这几个属广布于北半球，而在我国西南地区的种系较华东地区丰富得多，因此，推测它们可能也属于北极-第三纪森林中重要的林下伴生种，而第三纪中后期分布区南迁至我国东南及西南地区，并在西南地区横断山区多样化的生境下再度分化。例如，金腰属就起源于日本邻近地区，并随着北极-第三纪高纬度森林带的迁移而南迁（Soltis et al.，2001；孙航，2002）。

其他在罗霄山脉地区森林中常见的属有草本类的斑叶兰属 *Goodyera* 9 种、婆婆纳属 *Veronica* 8 种、水芹属 *Oenanthe* 8 种、柳叶菜属 *Epilobium* 6 种、茜草属 *Rubia* 5 种、蝇子草属 *Silene* 5 种等。

枸杞属 *Lycium*、播娘蒿属 *Descurainia*，常见于村边、向阳处，可能为栽培逸生种。

T8-5 欧亚和南美洲温带间断分布

本分布区亚型有 3 属，即小檗属 *Berberis* 9 种、胡桃属 *Juglans* 4 种、葶苈属 *Draba* 1 种。

胡桃属属于传统的柔荑花序类，有一定的原始性，罗霄山脉北部及中海拔地区有群落。

T9 东亚—北美间断分布

东亚—北美间断分布格局是著名的洲际间断分布，两个区域的真菌、昆虫、脊椎、动物、植物区系中都有着大量的共通种或替代种（Wen，1999；Nordlander et al.，1996；Boufford and Spongberg，1983；Hong，1993），北美东南部保存着大片的森林群落，与我国东南部地区科属的区系成分有很高的相似性，张宏达（1980）认为北美植物区系是华夏（东亚）植物区系的后裔。本分布区类型在罗霄山脉地区共 78 属（含 1 个亚型共 2 属），占本区非世界属的 7.67%。

东亚—北美间断分布属（T9）共 76 属，包含 10 种以上的属有柯属 *Lithocarpus* 22 种、蛇葡萄属 *Ampelopsis* 17 种、胡枝子属 *Lespedeza* 16 种、锥属 *Castanopsis* 15 种、绣球属 *Hydrangea* 14 种、楤木属 *Aralia* 12 种、木犀属 *Osmanthus* 11 种，这些属是罗霄山脉山地群落中的重要组成成分。此外，络石属 *Trachelospermum*、腹水草属 *Veronicastrum*、地锦属 *Parthenocissus*、五味子属 *Schisandra*、红淡比属 *Cleyera*、珍珠花属 *Lyonia*、鼠刺属 *Itea*、落新妇属 *Astilbe*、金线草属 *Antenoron* 等则是林下灌木层或草本层的常见类群。

东亚—北美间断分布的种系分化时间在始新世早期至上新世时期，因此东亚—北美间断分布属均具有久远的分化历史。例如，木兰科的鹅掌楸属 *Liriodendron*，有 2 个间断分布于东亚、北美的姐妹种，是著名的孑遗属，罗霄山脉地区有 1 种，主要见于北部九岭山脉、幕阜山脉地区。

枫香树属 *Liquidambar*，世界 5 种，本属的化石记录可追溯至白垩纪时期中国、北美地层，渐新世时期广布于北半球（张志耘和路安民，1995），罗霄山脉地区分布的枫香树及缺萼枫香树是中海拔地区常绿落叶阔叶林重要建群种。

铁杉属 *Tsuga*，白垩纪时就广布于北半球欧亚地区，世界 10 种，罗霄山脉地区中南部分布有铁杉属 2 种——铁杉 *Tsuga chinensi* 及长苞铁杉 *Tsuga longibracteata*。

绣球属 *Hydrangea*，为罗霄山脉中高海拔地区灌丛的优势种或建群种，在本地区有 14 种，其中一个特有种——细枝绣球 *Hydrangea gracilis*，为本地区特有种。

玉兰属 *Yulania*，隶属于木兰科，为落叶性乔木，具有先花后叶的物候特征，在罗霄山脉中高海拔地区落叶性灌丛中零星分布。

落新妇属 *Astilbe*，在罗霄山脉地区的分布很有意思，这个属在本地区分布的海拔均在 1000m 以上，尤其是桃源洞、江西坳地区分布有大片的群落，本属的分布范围无疑受第四纪冰期的强烈影响。落新妇属是虎耳草科中原始的类群，可能起源于北方的日本、朝鲜及中国东北地区（潘锦堂，1995），因此本属也被认为是北极-第三纪孑遗成分（孙航，2002）。

白丝草属 *Chamaelirium*，百合科小草本，本属蒴果室背开裂，在百合科是属于较为原始的类群，罗霄山脉分布 2 种，其中绿花白丝草 *Chamaelirium viridiflorum* 为地区特有种。

漆树属 *Toxicodendron*，主产于东亚、北美的温带地区，属下可分为 4 个组，其中漆树组 sect. *Venenata* 和毒漆藤组 sect. *Toxicodendron* 为东亚—北美间断分布，裂果漆组 sect. *Griffithii* 和单叶漆组 sect. *Simplifolia* 为东亚特有（闵天禄，1980）。聂泽龙等对漆树属的系统发育研究表明，亚洲热带地区的裂果漆组与北美新热带地区的单叶漆组分化时间在中新世早期约 20.84Ma 前，它们可用北大西洋路桥假说解释（Nie et al.，2009）。毒漆藤 *Toxicodendron radicans* 分布于北美，刺果毒漆藤 *Toxicodendron radicans* subsp. *hispidum* 分布于中国，它们的分异时间约在 13.46Ma 前。罗霄山脉地区的南风面、大围山在高海拔地区均有刺果毒漆藤的分布，其为中新世气候变冷之后所孑遗的成分。

此外，这些北温带属种还有一些较为原始的类群，如菖蒲属 *Acorus* 隶属于单子叶植物的原始类群菖蒲科，分子数据显示菖蒲属是其他所有单子叶植物的祖先类群（APG IV，2016）。本属在罗霄山脉地区分布有 3 种，体现出罗霄山脉区系发生的古老性。

蔓虎刺属 *Mitchella*，是茜草科中唯一的东亚—北美间断分布草本属，世界仅 2 种，表现为洲际替代现象。近年来，对罗霄山脉地区的考察发现蔓虎刺属在井冈山、武夷山中高海拔地区均有分布，蔓虎刺属生物地理学研究表明，其祖先为东亚地区的木本茜草科植物，约 7.73Ma 前形成东亚—北美间断分布格局（Huang et al.，2013），显然本属为北热带植物区系的孑遗类群，分布至罗霄山脉地区的时间不迟于中新世的中期。蔓虎刺 *Mitchella undulata* 间断分布于日本，以及中国台湾山脉、武夷山脉、罗霄山脉内的武功山和井冈山高海拔地区。蔓虎刺的花期在 9～11 月，果实于冬天成熟，而且果实常连合在一起，表现出发育不完全的特点，这种繁殖现象和物候特点是一种特殊的适应性，据推测在中新世时期的气候较现代更加温暖，蔓虎刺的分布区经历第四纪冰期后缩减。

檫木属 *Sassafras*，世界 3 种，间断分布于东亚及北美东南部地区。Poole 等（2000）曾报道过本属的化石出现于南极洲地区晚白垩世地层，因此推测本属可能起源于早期的冈瓦纳古陆，而现存的檫木属是早期一些广布种的孑遗。檫木属的分子系统学研究也表明现存的东亚、北美地区的种类分化于早中新世时期（Nie et al.，2007），综上可推测檫木属可能在始新世时期就已经在我国亚热带地区广布。

其他典型的具有古老、孑遗性质的属还有黄水枝属 *Tiarella*、金缕梅属 *Hamamelis*、木兰属 *Magnolia*、厚朴属 *Houpoea* 等。

可见罗霄山脉地区分布的东亚—北美间断分布属均呈现出明显的古老孑遗性，并在第四纪冰期经历不同程度的分布区紧缩。

T9-1 东亚和墨西哥间断分布

本分布区亚型主要有石楠属 *Photinia* 分布于山地矮林或疏林灌丛中；而细叶旱芹属 *Cyclospermum* 为逸生种，见于长沟边、湿地。

T10 旧世界温带分布

旧世界温带分布属及其 3 个亚型在本区共 72 属，占本地区非世界属的 7.07%。

其中，旧世界温带分布属（T10）62 属，以草本属占据绝对优势，含种类较多的有 11 种、沙参属 *Adenophora* 9 种、橐吾属 *Ligularia* 8 种、天名精属 *Carpesium* 5 种、旋覆花属 *Inula* 5 种、前胡属 *Peucedanum* 5 种、香薷属 *Elsholtzia* 5 种、瑞香属 *Daphne* 5 种。仅 1～2 种的属有 43 个，如毛连菜属 *Picris* 2 种、川续断属 *Dipsacus* 2 种、石竹属 *Dianthus* 2 种、益母草属 *Leonurus* 2 种、角盘兰属 *Herminium* 2 种、菱属 *Trapa* 2 种、飞廉属 *Carduus* 2 种、荞麦属 *Fagopyrum* 2 种、阴行草属 *Siphonostegia* 2 种、齿鳞草属 *Lathraea* 1 种、鹅肠菜属 *Myosoton* 1 种、桑寄生属 *Loranthus* 1 种、大黄属 *Rheum* 1 种、鸟巢兰属 *Neottia* 1 种等。

本分布区类型各属中木本属有女贞属 *Ligustrum* 11 种，在罗霄山脉有不少种为常绿植物，如女贞 *Ligustrum lucidum*，在北部地区分布有野生的片层群落。

总体看，旧世界温带分布属主要分布于北半球纬度较高的地区或者海拔较高的地区，它们在罗霄山脉地区分布的种系不发达，且以广布种为主。本分布区类型有 3 个亚型，如下。

T10-1 地中海区，西亚（或中亚）和东亚间断分布

本分布区亚型共 5 属，所含种系均不甚丰富，有马甲子属 *Paliurus* 3 种、榉属 *Zelkova* 3 种、火棘属 *Pyracantha* 2 种、窃衣属 *Torilis* 2 种、假繁缕属 *Theligonum* 1 种。

本分布区亚型分布格局的形成与古地中海的退却有一定关系，如火棘属为矮生常绿灌木，主要分布于云贵高原及四川周围地区，欧洲东南部也分布 1 种，因此推测本属在第三纪时期就分布于古地中海地区暖热性森林中。火棘属的野生种在罗霄山脉范围内仅见于武功山脉西部。

窃衣属 *Torilis* 有 2 种——窃衣 *Torilis scabra* 及小窃衣 *Torilis japonica*，其生态适应性较强，果实具软刺，扩散能力强，可能是古地中海退却之后形成的广布种。

T10-2 地中海区和喜马拉雅间断分布

本分布区亚型仅在罗霄山脉分布 3 属，为淫羊藿属 *Epimedium* 8 种、柏木属 *Cupressus* 1 种、角茴香属 *Hypecoum* 1 种。

T10-3 欧亚和南非（有时也在澳大利亚）分布

本分布区亚型罗霄山脉有 2 属，包括绵枣儿属 *Barnardia* 1 种、苜蓿属 *Medicago* 1 种，其中苜蓿属为分布扩散能力较强的草本属，而绵枣儿属为多年宿根草本，生长于较干旱的山坡或丹霞地貌山顶。

T11 温带亚洲分布

本分布区类型主要分布于亚洲的温带地区，在我国主要在华北、东北及西南地区。罗霄山脉有 14 属，包括木本属 4 属。其中枫杨属 *Pterocarya* 2 种、白鹃梅属 *Exochorda* 1 种、菽子梢属 *Campylotropis* 1

种、锦鸡儿属 *Caragana* 1 种。木本属在罗霄山脉分布的种系贫乏，如荛子梢属及锦鸡儿属在我国西南地区森林中为优势灌木，而本区均仅分布 1 种。

其他草本属则为黄鹌菜属 *Youngia* 3 种、马兰属 *Kalimeris* 1 种、鸡眼草属 *Kummerowia* 2 种、孩儿参属 *Pseudostellaria* 1 种、大油芒属 *Spodiopogon* 2 种、虎杖属 *Reynoutria* 1 种、女菀属 *Turczaninovia* 1 种、山牛蒡属 *Synurus* 1 种、防风属 *Saposhnikovia* 1 种、诸葛菜属 *Orychophragmus* 1 种。

T12 地中海区、西亚至中亚分布

本分布区类型包括 2 个亚型在内，在罗霄山脉地区共 8 属，仅占本地区非世界属的 0.79%。

正型（T12）6 属，分别为糙苏属 *Phlomis* 3 种、常春藤属 *Hedera* 1 种、黄连木属 *Pistacia* 1 种、菊苣属 *Cichorium* 1 种、郁金香属 *Tulipa* 1 种、獐毛属 *Aeluropus* 1 种。

黄连木属在罗霄山脉仅分布有黄连木 *Pistacia chinensis*，黄连木属在美洲板块与欧亚和非洲板块分离前曾有连续的分布区，目前的间断分布为新近纪古地中海退却之后形成的（闵天禄，1980）。

T12-2 地中海区至西亚或中亚和墨西哥或古巴间断分布

本分布区亚型在罗霄山脉仅有石头花属 *Gypsophila* 2 种。

T12-3 地中海区至温带—热带亚洲，大洋洲和/或北美南部至南美洲间断分布

本分布区亚型在罗霄山脉仅 1 属——牻牛儿苗属 *Erodium*，在罗霄山脉地区有 1 种——牻牛儿苗 *Erodium stephanianum*，为路旁阳处常见杂草。

T13 中亚分布

罗霄山脉分布有 1 属，莴苣属 *Lactuca* 6 种，常作为路旁杂草出现。

T14 东亚分布

东亚分布属指自喜马拉雅地区分布至日本。罗霄山脉本分布区类型有 148 属，占本地区非世界属总数的 14.54%，包括中国—日本及中国—喜马拉雅 2 个亚型。东亚地区是白垩纪至古近纪以来木本植物区系发展比较稳定和繁荣的区域，数量众多的孑遗属、种在温带或亚热带常绿阔叶林、落叶阔叶林中被保存下来（吴征镒等，2010）。

东亚分布属是罗霄山脉植物区系的重要组成部分，本分布区类型各属孑遗性质明显，单种属、单型属、寡种属等众多，罗霄山脉地区种类大于 10 种的仅有 2 个属，为猕猴桃属 *Actinidia* 30 种和刚竹属 *Phyllostachys* 14 种。其中，猕猴桃属也是罗霄山脉表征属。

东亚分布属中较原始的代表属有三尖杉属 *Cephalotaxus*、檵木属 *Loropetalum*、棕榈属 *Trachycarpus*、芡实属 *Euryale*、蕺菜属 *Houttuynia*、领春木属 *Euptelea*、桃叶珊瑚属 *Aucuba*、枳椇属 *Hovenia*、蜡瓣花属 *Corylopsis*、青荚叶属 *Helwingia*、鬼灯檠属 *Rodgersia*、旌节花属 *Stachyurus*、南酸枣属 *Choerospondias*、木瓜红属 *Rehderodendron*、刺楸属 *Kalopanax*、白辛树属 *Pterostyrax*、油杉属 *Keteleeria*、棕榈属 *Trachycarpus*、南天竹属 *Nandina* 等。这些属在历史时期均有着丰富的化石记录，在第三纪时期已有相当的种系存在（陶君容，2000；Manchester，2009），为北方-第三纪、北极-第三纪温带森林植物区系的主要组成部分（Takhtajan，1969），这些属的分布和迁移反映出北热带区系成分是罗霄山脉植物区系的重要来源之一。

东亚分布的属有许多隶属于热带分布科，而这些属又表现出适应亚热带气候的特点，在我国亚热带常绿阔叶林广泛存在。例如，虎刺属 *Damnacanthus*、水团花属 *Adina*、五加属 *Eleutherococcus*、吊钟花属 *Enkianthus*、绣线梅属 *Neillia*、油桐属 *Vernicia*、茵芋属 *Skimmia* 为罗霄山脉地区常见的林下灌木。此外，东亚分布属也是罗霄山脉地区林下草本层的主要组成部分，如野海棠属 *Bredia*、兔儿风属 *Ainsliaea*、万寿竹属 *Disporum*、双蝴蝶属 *Tripterospermum*、斑种草属 *Bothriospermum*、蕺菜属 *Houttuynia*、吊石苣苔属 *Lysionotus*、筒冠花属 *Siphocranion* 等均常见于本地区。

T14-1 中国—喜马拉雅分布

中国—喜马拉雅分布区亚型有相当部分是古热带植物区系的孑遗，而大部分则为喜马拉雅山脉抬升过程中种系快速分化而形成的新特有属，因此吴征镒等（2010）在《中国种子植物区系地理》一书中提出中国—喜马拉雅亚型的区系成分较中国—日本亚型年轻。本分布区亚型在罗霄山脉地区有 15 属，这里面所包含的典型喜马拉雅地区优势属极少，它们的分布区主体范围在横断山区以东，部分属种在喜马拉雅地区得到了一定程度的分化，总体来看属于中国—喜马拉雅分布区亚型的属体现出东亚植物区系的统一性，也反映出各地植物区系在喜马拉雅山脉抬升影响下的分异。

本分布区亚型在罗霄山脉分布有半蒴苣苔属 *Hemiboea* 8 种、八月瓜属 *Holboellia* 4 种、俞藤属 *Yua* 3 种、雪胆属 *Hemsleya* 3 种、玉山竹属 *Yushania* 3 种、开口箭属 *Campylandra* 2 种、箭竹属 *Fargesia* 2 种、鬼臼属 *Dysosma* 2 种、穗花杉属 *Amentotaxus* 1 种、竹叶子属 *Streptolirion* 1 种、钩萼草属 *Notochaete* 1 种、桃儿七属 *Sinopodophyllum* 1 种、合耳菊属 *Synotis* 1 种、羊耳菊属 *Duhaldea* 1 种、蔓龙胆属 *Crawfurdia* 1 种。

含有 1 个裸子植物属——穗花杉属 *Amentotaxus*，本属的分布中心在我国热带亚热带地区及越南北部，在我国云南和台湾分别分化出 2 个叶片宽大的地区特有种。穗花杉属化石在北美、欧洲的白垩纪地层中有分布（Kvaček，2000）。在罗霄山脉的中部七溪岭、桃源洞，穗花杉属常形成优势群落，应属于第三纪古热带成分的孑遗。

此外，较原始的或具孑遗性质的属还有竹叶子属 *Streptolirion*、开口箭属 *Campylandra*、俞藤属 *Yua*、八角莲属 *Dysosma*、桃儿七属 *Sinopodophyllum*、八月瓜属 *Holboellia*、钩萼草属 *Notochaete*。这些属为寡种属或单型属，在系统演化上表现出一定的孤立性。

其他属，如蔓龙胆属 *Crawfurdia*、箭竹属 *Fargesia*、玉山竹属 *Yushania*、雪胆属 *Hemsleya*、合耳菊属 *Synotis*，在喜马拉雅—横断山脉地区其种系表现出一定程度的分化，至我国东部地区其种系较贫乏。

T14-2 中国—日本分布

中国—日本分布区亚型在罗霄山脉地区较为丰富，共计 40 属。

本分布区亚型中不少属起源古老，曾有着更广泛的分布区，但是现在所包含的种系均不太丰富，吴征镒等（2010）认为它们是一个古区系的孑遗，而在区系起源上本分布区类型与北极-第三纪成分有着明显的关联性，谱系地理学研究表明，中国—日本分布属的现代格局大多是在第三纪末期，尤其是第四纪冰期影响下分布区向南迁移或缩小而形成的（Qiu et al.，2011），如泡桐属 *Paulownia*、黄檗属 *Phellodendron*、野鸦椿属 *Euscaphis*、连香树属 *Cercidiphyllum*、化香树属 *Platycarya*、双花木属 *Disanthus* 等古老的单型属及寡型属均是在中新世以来的全球降温事件下分布区缩减的。

部分草本属也表现出一定的古老性，如假婆婆纳属 *Stimpsonia* 仅 1 种，为单型属，直立草本，它的茎叶退化成苞片状，花单生叶腋，是报春花科中比较特殊的类群。

蒲儿根属 *Sinosenecio*，可分为 2 组 4 系，其中全缨系 er. *Omnipapposi* 主要分布于我国华东及华南的中高海拔山地。在罗霄山脉地区分化出一个特有种——江西蒲儿根 *Sinosenecio jiangxiensis*，分布于南部上犹五指峰、齐云山近山顶处（Liu and Yang，2012），全缨系植株矮小，花数量较少，表现出适应寒冷气候的特征，可能是第四纪冰期以后快速分化的类群。

本分布区亚型各属在罗霄山脉地区分布的种不多，每属常仅见 1~2 种，且为零星地散见于各类森林群落中。此外，木本属约占一小半，多分布于区内中高海拔地区，如雷公藤属的雷公藤 *Tripterygium wilfordii*、六月雪属的六月雪 *Serissa japonica* 等。草本属的垂直分布梯度现象不明显，部分属常见于山坡阳处，如田麻属 *Corchoropsis*、博落回属 *Macleaya*。

T15 中国特有分布

中国特有分布属共有 53 属，占本地区非世界属的 5.21%，以单型属、单种属及寡种属居多，如

银杉属 *Cathaya*、杉木属 *Cunninghamia*、白豆杉属 *Pseudotaxus*、拟单性木兰属 *Parakmeria*、瘿椒树属 *Tapiscia*、马蹄香属 *Saruma*、血水草属 *Eomecon*、藤山柳属 *Clematoclethra*、棱果花属 *Barthea*、半枫荷属 *Semiliquidambar*、青檀属 *Pteroceltis*、永瓣藤属 *Monimopetalum*、青钱柳属 *Cyclocarya*、匙叶草属 *Latouchea*、四棱草属 *Schnabelia*、白穗花属 *Speirantha* 等，多为古特有属，呈现出明显的孑遗性及古老性。

8.4.4 罗霄山脉种子植物属的区系性质

1）罗霄山脉地区共分布有种子植物属 1107 属，包括世界广布属 89 属，热带性属 484 属，温带性属 534 属（含中国特有属 53 属），以单型属、单种属及寡种属数量较丰富。属的地理成分可划分为 15 个分布区类型及 29 个亚型。温带性属与热带性属的比值约 0.90，典型的热带性属主要出现于罗霄山脉南部，而北段的温带性属数量明显高于热带性属，体现出罗霄山脉地区区系成分过渡性较为明显，整体上温带性质略强。

2）罗霄山脉区系的表征属以木本属为主，且表征属的分布区类型以泛热带分布及北温带分布最多，与科的地理成分分析结果一致，但罗霄山脉地区的表征属主要分布于亚热带地区，体现出罗霄山脉区系的亚热带性质。此外，热带性属种主要分布至罗霄山脉中南段，而且典型的适应热带性气候的种较少，因此，这些热带性属可能是第三纪以来古热带区系及北热带区系成分向罗霄山脉地区扩散的结果。

3）北温带分布属、东亚—北美间断分布属有不少属的化石均可在始新世以来的地层中找到，古气候资料、分子系统学研究均表明，中新世时期全球气候降温事件促使北极-第三纪成分的分布区向南迁移，罗霄山脉地区现在分布的温带性属中不少均为北极-第三纪成分的直接后裔。除此之外，北热带区系成分也是罗霄山脉地区温带性属的一个来源，它们的分布区可能受气候波动影响较小，自始新世以来延续至今。

4）罗霄山脉区系中的地中海区、西亚至中亚分布属也仅 8 属，表明罗霄山脉植物区系与古地中海植物区系关联性较弱。温带亚洲分布属在罗霄山脉内也仅分布有 14 属，表明本地区的区系组成受典型温带成分影响较弱，可能是因为罗霄山脉地处亚热带季风区，且范围内山体均不甚高峻相关。

5）东亚分布属是东亚植物区的重要组成部分，罗霄山脉地区所分布的本分布区类型包含有丰富的单型属、单种属或寡种属，在一定程度上呈现出系统发育上的孤立性、起源上的古老性，它们多为北方-第三纪成分在地质变迁过程中留下的孑遗类群。

6）中国—喜马拉雅分布区亚型、中国—日本分布区亚型的形成与罗霄山脉植物区系的历史演替表现出一致性，其现代分布格局是受中新世以来气候波动的影响而形成的。此外，大部分中国—喜马拉雅分布区亚型在我国西南地区种系分化现象明显，这与喜马拉雅山脉的抬升有关，而罗霄山脉属于中国东部季风区，气候条件自早中新世以来就相对稳定，因此这一地区的区系成分主要表现出对第三纪区系的继承，属种具明显的古老性，而新分化现象不明显。因而，连同武夷山脉、南岭山脉一起，被称为亚洲大陆东部古老物种的博物馆。

参 考 文 献

陈冬梅, 康宏樟, 刘春江. 2011. 中国大陆第四纪冰期潜在植物避难所研究进展. 植物研究, 31(5): 623-632.

陈涛, 张宏达. 1994. 南岭植物区系地理学研究: I 植物区系的组成和特点. 热带亚热带植物学报, 2(1): 10-23.

陈永喆, 李正理. 1991. 中国毛茛科植物导管分子的比较研究. Journal of Integrative Plant Biology, (6): 53-58.

迟盛南. 2013. 湖南桃源洞自然保护区植物多样性研究及其功能区划评价. 中山大学硕士学位论文.

凡强, 赵万义, 施诗, 等. 2014. 江西省种子植物区系新资料. 亚热带植物科学, 43(1): 29-32.

范志刚, 孔令杰, 彭德镇, 等. 2011. 齐云山自然保护区兰科植物资源分布及其区系特点. 热带亚热带植物学报, 19(2): 159-165.

房丽琴, 潘跃芝, 龚洵. 2007. 唇形科独一味属和五种假糙苏属植物的核形态研究. 植物分类学报, 45(2): 627-632.

辜天琪, 任毅. 2007. 黄连属(毛茛科)花的形态发生. 植物学通报, 24(1): 80-86.

贺利中, 刘仁林. 2010. 江西七溪岭自然保护区科学考察及生物多样性研究. 南昌: 江西科学技术出版社.

侯碧清. 1993. 湖南酃县桃源洞自然资源综合科学考察报告. 长沙: 国防科技大学出版社.

黄继红, 马克平, 陈彬. 2014. 中国特有种子植物的多样性及其地理分布. 北京: 科学出版社.

季春峰. 2012. 江西蔷薇科植物新记录. 江西农业大学学报, 34(2): 419-420.

季春峰. 2015. 江西忍冬科植物新纪录. 南方林业科学, 43(3): 28-29.

季春峰, 裘利洪, 杨清培, 等. 2009. 江西悬钩子属植物新记录. 江西科学, 27(4): 623-624.

李德铢, 陈之端, 王红. 2018. 中国维管植物科属词典. 北京: 科学出版社.

李浩敏, 郭双兴. 1982. 被子植物//地质矿产部南京地质矿产研究所. 华东地区古生物图册(三)中新生代分册. 北京: 科学出版社: 294-316.

李家湘. 2005. 湖南平江幕阜山种子植物区系研究. 中南林学院硕士学位论文.

李家湘, 林亲众, 赵丽娟. 2006. 平江幕阜山种子植物区系. 中南林学院学报, 26(5): 93-97.

李锡文. 1965. 中国唇形科假糙苏属的订正. 植物分类学报, 10(1): 57-76.

李锡文. 1996. 中国种子植物区系统计分析. 云南植物研究, 18(4): 368-384.

李相传. 2010. 浙江东部晚新生代植物群及其古气候研究. 兰州大学博士学位论文.

李振基, 吴小平, 陈小麟, 等. 2009. 江西九岭山自然保护区综合科学考察报告. 北京: 科学出版社.

梁汉兴. 1995. 论三白草科的系统演化和地理分布. 云南植物研究, 17(3): 255-267.

廖文波, 王英永, 李贞, 等. 2014. 中国井冈山地区生物多样性综合科学考察. 北京: 科学出版社.

林英. 1983. 江西森林的地理分布. 南昌大学学报(理科版), 7(4): 1-18.

林英. 1990. 井冈山自然保护区考察研究. 北京: 新华出版社.

刘克旺, 侯碧清. 1991. 湖南桃源洞自然保护区植物区系初步研究. 武汉植物学研究, 9(1): 53-61.

刘仁林, 唐赣成. 1995. 井冈山种子植物区系研究. 武汉植物学研究, 13(3): 210-218.

刘小明, 郭英荣, 刘仁林. 2010. 江西齐云山自然保护区综合科学考察集. 北京: 中国林业出版社.

刘信中, 吴和平. 2005. 江西官山自然保护区科学考察与研究. 北京: 中国林业出版社.

刘忠成. 2016. 湖南桃源洞国家级自然保护区植被与植物区系研究. 首都师范大学硕士学位论文.

路安民, 李建强, 陈之瑞. 1993. "低等"金缕梅类植物的起源和散布. 植物分类学报, 31(6): 489-504.

罗开文. 2009. 湖南丹霞地貌植物研究. 中南林业科技大学硕士学位论文.

罗艳, 周浙昆. 2001. 青冈亚属植物的地理分布. 云南植物研究, 23(1): 1-16.

马克平, 高贤明, 于顺利. 1995. 东灵山地区植物区系的基本特征与若干山地植物区系的关系. 植物研究, 15(4): 501-515.

毛康珊. 2010. 广义柏科的生物地理学研究: 从板块漂移理论到冰期避难所. 兰州大学博士学位论文.

闵天禄. 1980. 中国漆树科植物的地理分布及其区系特征. 云南植物研究, 2(4): 390-401.

闵天禄, 方瑞征. 1979. 杜鹃属(*Rhododendron* L.)的地理分布及其起源问题的探讨. 云南植物研究, 1(2): 17-28.

聂泽龙. 2008. 东亚-北美间断代表类群的分子生物地理学与进化研究. 中国科学院昆明植物研究所博士学位论文.

潘锦堂. 1995. 虎耳草科落新妇族的研究. 植物分类学报, 33(4): 390-402.

钱萍, 黄萌, 高丽琴, 等. 2012. 江西木本植物新记载. 江西科学, 30(2): 138-139.

邵剑文, 张小平. 2005. 珍珠菜属植物的花粉形态及其系统进化学意义. 微体古生物学报, 22(1): 78-86.

施苏华. 1987. 广东省封开县黑石顶植物区系的研究. 生态科学, 1(2): 44-65.

孙航. 2002. 北极-第三纪成分在喜马拉雅-横断山的发展及演化. 云南植物研究, 24(6): 671-688.

孙航, 李志敏. 2003. 古地中海植物区系在青藏高原隆起后的演变和发展. 地球科学进展, 18(6): 852-862.

汤彦承, 李良千. 1994. 忍冬科(狭义)植物地理及其对认识东亚植物区系的意义. 植物分类学报, 32(3): 197-218.

陶君容. 2000. 中国晚白垩世至新生代植物区系发展演变. 北京: 科学出版社.

陶正明. 1998. 江西省铜鼓县木本植物区系的初步研究. 浙江师大学报(自然科学版), 21(2): 62-70.

田红丽. 2008. 东亚—北美间断分布类群的分子生物地理学研究——以莲科和菖蒲科为例. 系统与进化植物学研究中心博士学位论文.

田径. 2018. 诸广山脉地区种子植物区系研究. 湖南师范大学博士学位论文.

田旗, 葛斌杰, 王正伟. 2014. 华东植物区系维管束植物多样性编目. 北京: 科学出版社.

万文豪, 常红秀, 吴强. 1986. 江西五梅山北坡的植被和植物资源. 江西大学学报(自然科学版), 10(3): 9-16.

王荷生. 1989. 中国种子植物特有属起源的探讨. 云南植物研究, 11(1): 1-16.

王荷生. 1992. 植物区系地理. 北京: 科学出版社.

王荷生. 1997. 华北植物区系地理. 北京: 科学出版社.

王健林, 栾运芳, 大次卓嘎, 等. 2006. 中国十字花科(Cruciferae)的地理分布. 植物资源与环境学报, 15(3): 7-11.

吴鲁夫 E B. 1960. 历史植物地理学引论. 钟崇信, 张梦庄译. 北京: 科学出版社.

吴征镒. 1965. 中国植物区系的热带亲缘. 科学通报, (1): 25-33.

吴征镒. 1979. 论中国植物区系的分区问题. 云南植物研究, 1(1): 1-22.

吴征镒. 1991. 中国种子植物属的分布区类型. 云南植物研究, 增刊(IV): 1-139.

吴征镒. 1993. 中国种子植物属的分布区类型的订正和勘误. 云南植物研究, 增刊(IV): 141-178.

吴征镒, 李锡文. 1982. 论唇形科的进化与分布. 云南植物研究, 4(2): 97-118.

吴征镒, 路安民, 孙航, 等. 2003. 中国被子植物科属综论. 北京: 科学出版社.

吴征镒, 孙航, 周浙昆, 等. 2010. 中国种子植物区系地理. 北京: 科学出版社.

吴征镒, 周浙昆, 孙航, 等. 2006. 中国种子植物分布区类型及其起源和分化. 昆明: 云南科技出版社.

向小果, 曹明, 周浙昆. 2006. 松科冷杉属植物的化石历史和现代分布. 云南植物研究, 28(5): 439-453.

谢国文. 1991. 江西木本植物区系成分及其特征的研究. 植物研究, 11(1): 91-99.

谢国文. 1993. 江西热带性植物的区系地理研究. 武汉植物学研究, 11(2): 130-136.

薛跃规. 1995. 广西热带种子植物区系研究. 中山大学博士学位论文.

杨雪, 房丽琴, 潘跃芝, 等. 2008. 假糙苏属两种植物的染色体数目研究. 武汉植物学研究, 26(5): 540-541.

易任远. 2015. 湖南八面山种子植物区系研究. 湖南师范大学硕士学位论文.

应俊生, 陈梦玲. 2011. 中国植物地理. 北京: 科学出版社: 145-167.

应俊生, 张玉龙. 1994. 中国种子植物特有属. 北京: 科学出版社.

张贵志. 2012. 湘赣典型丹霞地貌植物研究. 中南林业科技大学硕士学位论文.

张宏达. 1962. 广东植物区系的特点. 中山大学学报(自然科学版), (1): 1-34.

张宏达. 1980. 华夏植物区系的起源与发展. 中山大学学报(自然科学版), 19(1): 1-12.

张宏达. 1994. 再论华夏植物区系. 中山大学学报(自然科学版), 33(2): 1-9.

张宏达, 黄云晖, 缪汝槐, 等. 2004. 种子植物系统学. 北京: 科学出版社.

张宏达, 江润祥, 毕培曦. 1988. 尼泊尔植物区系的起源及其亲缘关系. 中山大学学报, 2: 5-16.

张镱锂. 1998. 植物区系地理研究中的重要参数——相似性系数. 地理研究, 17(4): 429-433.

张渝华. 1993. 阴山荠属一新种兼论该属的演化和地理起源问题. 云南植物研究, 15(4): 364-368.

张志耘, 路安民. 1995. 金缕梅科: 地理分布、化石历史和起源. 植物分类学报, 33(4): 313-319.

张忠, 赵万义, 凡强, 等. 2017. 江西省种子植物一新纪录科(无叶莲科)及其生物地理学意义. 亚热带植物科学, 46(2): 181-184.

赵万义. 2017. 罗霄山脉种子植物区系地理学研究. 中山大学博士学位论文.

赵万义, 刘忠成, 张忠, 等. 2016. 罗霄山脉东坡—江西种子植物新记录. 亚热带植物科学, 45(4): 365-368.

赵一之. 1992. 关于中国岩芥属、阴山荠属、泡果芥属和棒毛芥属的分类修订. 内蒙古大学学报, (4): 561-571.

周浙昆, Momohara A. 2005. 一些东亚特有种子植物的化石历史及其植物地理学意义. 云南植物研究, 27(5): 449-470.

朱华, 王洪, 李保贵, 等. 1996. 西双版纳石灰岩森林的植物区系地理研究. 广西植物, 16(4): 317-330.

《中国新生代植物》编写组. 1978. 中国植物化石　第三册　中国新生代植物. 北京: 科学出版社.

An Z, Kutzbach J E, Prell W L, et al. 2001. Evolution of Asian monsoon and phased uplift of the Himalaya-Tibetan plateau since late Miocene time. Nature, 411: 62-66.

APG. 1998. An ordinal classification for the families of flowering plants. Annals of the Missouri Botanical Garden, 85: 531-553.

APG III. 2009. An update of the Angiosperm Phylogeny Group classification for the orders and families of flowering plants. APG III. Botanical Journal of the Linnean Society, 161: 105-121.

APG IV. 2016. An update of the Angiosperm Phylogeny Group classification for the orders and families of flowering plants: APG IV. Botanical Journal of the Linnean Society, 181(1): 1-20.

Boufford D E, Spongberg S A. 1983. Eastern Asian-Eastern North American phytogeographical relationships–a history from the time of Linnaeus to the twentieth century. Annals of the Missouri Botanical Garden, 70(3): 423-439.

Chen I, Manchester S R, Chen Z, et al. 2004. Anatomically preserved seeds of *Nuphar* (Nymphaeaceae) from the Early Eocene of Wutu, Shandong Province, China. American Journal of Botany, 91(8): 1265-1272.

Deng J B, Drew B T, Mavrodiev E V, et al. 2015. Phylogeny, divergence times, and historical biogeography of the angiosperm family Saxifragaceae. Molecular Phylogenetics and Evolution, 83: 86-98.

Engler A. 1882. Versuch einer Entwicklungsgeschichte der Pflanzenwelt, insbesondere der Florengebiete seit der Tertiär-periode. Volume 2. Leipzig: Verlag von W. Engelmann.

Fritsch P W. 2001. Phylogeny and biogeography of the flowering plant genus *Styrax* (Styracaceae) based on chloroplast DNA restriction sites and DNA sequences of the internal transcribed spacer region. Molecular Phylogenetics and Evolution, 19(3): 387-408.

Fritsh P W. 1999. Phylogeny of *Styrax* based on morphological characters, with implications for biogeography and infrageneric classification. Systematic Botany, 24(3): 356-378.

Gandolfo M A, Cuneo R N. 2005. Fossil Nelumbonaceae from the La Colonia Formation (Campanian-Maastrichtian, Upper Cretaceous), Chubut, Patagonia, Argentina. Review of Palaeobotany and Palynology, 133(3): 169-178.

Gandolfo M A, Nixon K C, Crepet W L. 1998. Oldest known fossils of monocotyledons. Nature, 394(6693): 532-533.

Good R. 1930. The geography of the genus *Coriaria*. New Phytologist, 29(3): 170-198.

Guo Z T, Sun B, Zhang Z S, et al. 2008. A major reorganization of Asian climate by the early Miocene. Climate of the Past, 4(3): 153-174.

He X Y, Shen R J, Jin J H. 2010. A new species of *Nelumbo* from south China and its palaeoecological implications. Review of Palaeobotany and Palynology, 162(2): 159-167.

Hong D Y. 1993. Eastern Asia-North American disjunctions and their biological significance. Cathaya, 5: 1-39.

Huang L L, Jin J H, Oskolski A A. 2019. Mummified fossil of Keteleeria from the Late Pleistocene of Maoming Basin, South China, and its phytogeographical and palaeoecological implications. Journal of Systematics and Evolution, doi: 10.1111/jse.12540.

Huang W, Sun H, Deng T, et al. 2013. Molecular phylogenetics and biogeography of the Eastern Asian-Eastern North American disjunct *Mitchella* and its close relative *Damnacanthus* (Rubiaceae, Mitchelleae). Botanical Journal of the Linnean Society, 171(2): 395-412.

Huang Y F, Jiang R H, Nong S X, et al. 2011. *Chionographis shiwandashanensis* sp. nov. (Melanthiaceae) from southern Gaungxi, China. Nordic Journal of Botany, 29(5): 605-607.

Hutchinson J. 1947. The distribution of Rhododendrons. The *Rhododendron* Year Book, 2: 87-98.

Jaccard P. 1901. Distribution de la Flore Alpine dans le Bassin des Dranses et dans quelques régions voisines. Bulletin De La Societe Vaudoise Des Sciences Naturelles, 37(140): 241-272.

Jia H, Jin P, Wu J, et al. 2015. *Quercus* (subg. *Cyclobalanopsis*) leaf and cupule species in the late Miocene of eastern China and their paleoclimatic significance. Review of Palaeobotany and Palynology, 219: 132-146.

Jiménez-Moreno G, Fauquette S, Suc J P. 2008. Vegetation, climate and palaeoaltitude reconstructions of the Eastern Alps during the Miocene based on pollen records from Austria, Central Europe. Journal of Biogeography, 35(9): 1638-1649.

Kirchheimer F. 1957. Die Laubgewachse der Braunkohlenzeit. Veb Wilhelm Knapp Verlag, Halle (Salle).

Kotyk M E A, Basinger J F, McIver E E. 2003. Early Tertiary Chamaecyparis Spach from Axel Heiberg Island, Canadian High Arctic. Canadian Journal of Botany, 81(2): 113-130.

Kovar-Eder J, Haas M, Hofmann C, et al. 2001. An early Miocene plant assemblage severely influenced by a volcanic eruption, Styria, Austria. Palaeontology, 44(4): 575-600.

Kremp G O W. 1967. Catalog of Fossil Spores and Pollen vol. 26. Penn: The Pennsylvania State University: 115.

Kron K A. 1997. Phylogenetic relationships of Rhododendroideae (Euricaceae). American Journal of Botany, 84: 973-980.

Kron K A, Judd W S. 1990. Phylogenetic relationship within the Rhodoreae (Ericaeae) with specific comments on the placement of Ledum. Systematic Botany, 15(1): 57-68.

Kvaček Z. 1994. Connecting links between the Arctic Palaeogene and European Tertiary floras//Boulter M C, Fisher H C. Cenozoic Plants and Climates of the Arctic. NATO ASI Series, Vol 21 Berlin, Heidelberg: Springer, 1: 251-263.

Kvaček, Z. 2000. Shared Miocene conifers of the Clarkia flora and Europe. Acta Universitis Carolinae Geologica, 44(1): 75-85.

Kvaček Z. 2002. A new Juniper from the Palaeogene of Central Europe. Feddes Repertorium, 113: 492-502.

Lepage B A, Basinger J F. 1995. Evolutionary history of the genus *Pseudolarix* Gordon (Pinaceae). International Journal of Plant Science, 156(6): 910-950.

Li G Y, Chen Z H, Xia G H. 2009. *Globba chekiangensis* sp. nov. (Zingiberaceae) from the Zhejiang and Jiangxi province, China. Nordic Journal of Botany, 27: 210-212.

Liu Y, Yang Q R. 2012. *Sinosenecio jiangxiensis* (Asteraceae), a new species from Jiangxi, China. Botanical Studies, 53: 401-414.

Mai D H. 1995. Tertiäre Vegetationsgeschichte Europas. Jena: Gustav Fischer.

Manchester S R. 1983. Fossil Wood of the Engelhardieae (Juglandaceae) from the Eocene of North America: *Engelhardioxylon* gen. nov. International Journal of Plant Sciences, 144(1): 157-163.

Manchester S R. 1999. Biogeographical relationships of North American Tertiary Floras. Annals of the Missouri Botanical Garden, 86(2): 472-522.

Manchester S R, Chen Z D, Lu A M, et al. 2009. Eastern Asian endemic seed plant genera and their paleogeographic history throughout the Northern Hemisphere. Journal of Systematics and Evolution , 47(1): 1-42.

Manchester S R, Xiang Q Y, Kodrul T M, et al. 2009. Leaves of *Cornus* (Cornaceae) from the Paleocene of North America and Asia Confirmed by Trichome Characters. International Journal of Plant Sciences, 170(1): 132-142.

Manchester S R, Xiang X P, Xiang Q Y. 2010. Fruits of Cornelian Cherries (Cornaceae: *Cornus* subg. *Cornus*) in the Paleocene and Eocene of the Northern Hemisphere. International Journal of Plant Sciences, 171(8): 882-891.

Manos P S, Stanford A M. 2001. The historical biogeography of Fagaceae: tracking the tertiary history of temperate and subtropical forests of the northern hemisphere. International Journal of Plant Sciences, 162(S6): 18-27.

Mao K S, Hao G, Liu J Q, et al. 2010. Diversification and biogeography of *Juniperus* (Cupressaceae): variable diversification rates and multiple intercontinental dispersals. New Phytologist, 188(1): 252-272.

Mao K S, Milne R I, Zhang L, et al. 2012. Distribution of living Cupressaceae reflects the breakup of Pangea. Proceedings of the National Academy of Sciences of the United States of America, 109(20): 7793-7798.

Meng H H, Su T, Huang Y J, et al. 2015. Late Miocene *Palaeocarya* (Engelhardieae: Juglandaceae) from Southwest China and its biogeographic implications. Journal of Systematics & Evolution, 53(6): 499-511.

Miki S. 1941. On the change of flora in eastern Asia since the Tertiary period (1). The clay or lignite beds flora in Japan with special reference to the *Pinus trifolia* beds in Central Hondo. Japanese Journal of Botany, 11: 237-303.

Muller J. 1981. Fossil pollen records of extant angiosperms. The Botanical Review, 47: 1-142.

Nie Z L, Sun H, Beardsley P M, et al. 2006. Evolution of biogeographic disjunction between eastern Asia and Eastern North American in *Phryma* (Phrymaceae). American Journal of Botany, 93(9): 1343-1356.

Nie Z L, Sun H, Meng Y, et al. 2009. Phylogenetic analysis of *Toxicodendron* (Anacardiaceae) and its biogeographic implications on the evolution of north temperate and tropical intercontinental disjunctions. Journal of Systematics and Evolution, 47(5): 416-430.

Nie Z L, Wen J, Sun H, et al. 2007. Phylogeny and biogeography of *Sassafras* (Lauraceae) disjunct between eastern Asia and eastern North America. Plant Systematics and Evolution, 267(1): 191-203.

Nordlander G, Liu Z W, Ronquist F. 1996. Phylogeny and historical biogeography of the cynipoid wasp family Ibaliidae (Hymenoptera). Systematic Entomology, 21(2): 151-166.

Ozaki K. 1978. On a new genus *Nymphar* and a fossil Leaf of *Nuphar* from the early Miocene Nakamura formation of Gifu Prefecture, Japan. Science Reports of the Yokohama National University, 25: 11-19.

Pan Y Z, Fang L Q, Hao G, et al. 2009. Systematic positions of *Lamiophlomis*, and *Paraphlomis*, (Lamiaceae) based on nuclear and chloroplast sequences. Journal of Systematics and Evolution, 47(6): 535-542.

Poole I, Richter H G, Francis J E. 2000. Evidence for Gondwanan origins for *Sassafras* (Lauraceae)? Late Cretaceous fossil wood of Antarctica. IAWA Journal, 21(4): 463-475.

Qiu Y X, Fu C X, Comes H P. 2011. Plant molecular phylogeography in China and adjacent regions: Tracing the genetic imprints of Quaternary climate and environmental change in the world's most diverse temperate flora. Molecular Phylogenetics and Evolution, 59: 225-244.

Radtke M, Pigg K B, Wehr W C, et al. 2015. Fossil *Corylopsis* and *Fothergilla* leaves (Hamamelidaceae) from the lower Eocene Flora of Republic, Washington, U.S.A., and their evolutionary and biogeographic significance. International Journal of Plant Sciences, 166(2): 347-356.

Raven P H, Axelrod D I. 1974. Angiosperm biogeography and past continental movements. Annals of the Missouri Botanical Garden, 61(3): 539-673.

Ro K E, Keener C S, McPheron B A. 1997. Molecular phylogenetic study of the Ranunculaceae: utility of the nuclear 26S ribosomal DNA in inferring intrafamilial relationships. Molecular Phylogenetics and Evolution, 8: 117-127.

Soltis D E, Tago-Nakazawa M, Xiang Q Y, et al. 2001. Phylogenetic relationship and evolution in *Chrysosplenium* (Saxifragaceae) based on matK sequence data. American Journal of Botany, 88(5): 883-893.

Sun X J, Wang P X. 2005. How old is the Asian monsoon system?–Palaeobotanical records from China. Palaeogeography, Palaeoclimatology, Palaeoecology, 222(3-4): 181-222.

Takhtajan A. 1969. Flowering plants origin and dispersal. Edinburgh: Oliver & Boyd.

Taylor D W, Hickey L J. 1990. An aptian plant with attached leaves and flowers: implications for angiosperm origin. Science, 247: 702-704.

Tian J, Peng L, Zhou J C, et al. 2016. *Phyllagathis guidongensis* (Melastomataceae), a new species from Hunan, China. Phytotaxa, 263 (1): 58-62.

Tobe H, Takahashi H. 2009. Embryology of *Petrosavia* (Petrosaviaceae, Petrosaviales): evidence for the distinctness of the family from other monocots. Journal of Plant Research, 122(6): 597-610.

Wang L, Liao W B, Chen C Q, et al. 2013. The seed plant flora of the Mount Jinggangshan region, Southeastern China. PLoS One, 8(9): e75834.

Wang W, Li R Q, Chen Z D. 2005. Systematic position of *Asteropyrum* (Ranunculaceae) inferred from chloroplast and nuclear sequences. Plant Systematics and Evolution, 225: 41-44.

Wen J. 1999. Evolution of eastern Asian and Easter North American disjunct distribution in flowering plants. Annual Review of Ecology and Systematics, 30: 421-455.

Wolfe J A. 1975. Some aspects of plant geography of the Northern Hemisphere during the late Cretaceous and Tertiary. Annals of the Missouri Botanical Garden, 62(2): 264-279.

Wu L, Tong Y, Yan R Y, et al. 2016. *Chionographis nanlingensis* (Melanthiaceae) a new species from China. Pakistan Journal of Botany, 48(2): 601-606.

Wu Z Y, Wu S G. 1996. A proposal for a new floristic kingdom (realm)–the E. Asiatic kingdom, its delineation and characteristics//Floristic Characteristics and Diversity of East Asian Plants. Beijing: China Higher Education Press and Berling Heidelberg: Springer-Verlag: 3-42.

Xiang Q Y, Boufford D E. 2005. Cornaceae//Wu C Y, Raven P H, Hong D Y. Flora of China. Vol. 14. Beijing: Science Press and St. Louis. Missouri: Missouri Botanical Gardens: 206-221.

Xiang Q Y, Crawford D J, Wolfe A D, et al. 1998. Origin and biogeography of *Aesculus* L. (Hippocastanaceae): a molecular phylogenetic perspective. Evolution, 52(4): 988-997.

Xiang Q Y, Manchester S R, Thomas D T, et al. 2005. Phylogeny, biogeography, and molecular dating of cornelian cherries (*Cornus*, Cornaceae): tracking tertiary plant migration. Evolution, 59(8): 1685-1700.

Xiang Q Y, Soltis D E, Soltis P S, et al. 2000. Timing the Eastern Asian–Eastern North American floristic disjunction: molecular clock corroborates paleontological estimates. Molecular Phylogenetics and Evolution, 15: 462-472.

Xiang QY, Soltis D E, Morgan D R, et al. 1993. Phylogenetic relationships of *Cornus* L. sensu lato and putative relatives inferred from *rbcL* sequence data. Annals of the Missouri Botanical Garden, 80(3): 723-734.

Yokoyama J, Suzki K, Iwstsuki K, et al. 2000. Molecular phylogeny of Coriaria, with special emphasis on the disjunct distribution. Molecular Phylogenetics and Evolution, 14(1): 11-19.

Zhou D S, Zhou J J, Li M, et al. 2016. *Primulina suichuanensis* sp. nov. (Gesneriaceae) from Danxia landform in Jiangxi, China. Nordic Journal of Botany, 34: 148-151.

Zhou Z, Crepet W L, Nixon K C, et al. 2001. The earliest fossil evidence of the Hamamelidaceae: late Cretaceous (Turonian) inflorescences and fruits of Altingioideae. American Journal of Botany, 88(5): 753-766.

第9章 罗霄山脉种子植物区系的特有现象

摘 要 罗霄山脉地区共有中国特有科 3 科、中国特有属 53 属、中国特有种 1674 种（含种下等级）、本地区特有种 43 种 7 变种。特有属以古特有属为主，包括银杉属 *Cathaya*、金钱松属 *Pseudolarix*、白豆杉属 *Pseudotaxus*、杉木属 *Cunninghamia*、青钱柳属 *Cyclocarya*、伯乐树属 *Bretschneidera*、牛鼻栓属 *Fortunearia*、杜仲属 *Eucommia* 等，体现出罗霄山脉区系发生的古老性。特有现象形成原因主要为中新世以来的气候波动，罗霄山脉区域内生境的多样性也是特有种丰富的重要原因之一。

9.1 特有现象的概念

某些物种局限分布于一定限定区域的现象称为特有现象，特有最早由法国植物学家 A. P. De Candolle（1855）提出。特有现象是相对于世界广泛分布现象而言的，一切不属于世界性分布的分类等级（科、属、种）都可以称为其分布区内的特有类群（应俊生和张玉龙，1994），如猕猴桃科仅分布于东亚地区，我们称之为东亚特有科；而藤山柳属 *Clematoclethra* 仅见于中国，就可称之为中国特有属。

特有现象在形成的历史上，有来源较为古老的特有类群，它们可能起源于完全不同的地区；还有较为进化的特有类群，它们是本地新发生的、土生土长的种型（Engler，1882），植物区系研究历史上不同的植物学家曾经过它们不同的名字，而吴鲁夫则建议采用由圭诺（Guénot）于 1925 年提出的名称，即将特有现象分为古特有及新特有（吴鲁夫，1960）。应俊生和张玉龙（1994）对中国特有属进行了系统研究，并提出古特有属的 4 个确定方法：可靠的化石证据，系统发生上的相对古老性，属内间断分布现象的存在，木本生活型。

特有现象的研究和精确解释，对于解释一个地区植物区系和植被的发展过程有重要意义（应俊生和陈梦玲，2011；Blanquet，1923；Anderson，1994），在追溯一个地区区系发生历史时，古特有种可作为重要的指路标（Wulff and Brissenden，1943；应俊生和张玉龙，1994）。

9.2 罗霄山脉中国特有科

罗霄山脉地区共分布有 3 个中国特有科，分别为银杏科 Ginkgoaceae、杜仲科 Eucommiaceae、伯乐树科 Bretschneideraceae。

银杏科是单种科，为著名的活化石。银杏科植物在二叠纪时期就已经出现（Willis and McElwain，2002），在地质时期有着广泛的分布区（周浙昆和 Momohara，2005）。银杏科在中国范围内有着连续的演化序列，侏罗纪时期就发现的银杏属化石种——义马银杏 *Ginkgo yimaensis*（Zhou，1994），其形态经历了多胚珠向单胚珠的演化，现代银杏就是义马银杏的后裔（Zhou and Zheng，2003）。

目前认为银杏的起源地就在东亚地区，在中国形成特有科的时间为第四纪（周浙昆和 Momohara，2005），现代银杏科仅银杏 *Ginkgo biloba* 1 种残存于我国，并认为我国华中地区、浙江天目山有野生群落分布（向应海等，2000；Tredici 和史继孔，1993），但分子系统学研究表明华东地区银杏古树的群体仅包含一个 cpDNA 单倍型，华中地区的银杏群体则包含丰富的单倍型并包含原始的单倍型。因此认为银杏的冰期避难所在华中地区，而天目山地区的银杏群落可能为历史时期引种而扩散的植株（Shen et al.，2005）。罗霄山脉地区没有代表性的银杏野生群落，所分布的若干银杏古树大都生长在村边或寺庙旁，是否属于人类活动早期引种，有待深入研究。

伯乐树科为单种科，落叶大乔木，现代分布区主要在中国亚热带山地（广西南部热带性较强的十万大山则不见本种分布），分布区可扩散到越南、泰国北部。伯乐树科为双子叶植物中系统地位孤立的科，有着久远的起源历史，分布区在中新世时可达大洋洲，上新世时扩散到东亚（Jiménez-Moreno et al.，2008）。可见伯乐树科应该起源于泛古大陆解体之前，随后受热带雨林气候的影响，澳大利亚地区的类群灭绝，从而形成中国特有科。伯乐树在罗霄山脉中南部山地林中均有零星分布，局部区域形成建群种。伯乐树科在 APG IV 系统中归并入叠珠树科（APG IV，2016），但科内两个属的形态特征及演化历史均差异巨大（王伟等，2017），因此仅包含伯乐树 Bretschneidera sinensis 1 种的原伯乐树科仍旧是罗霄山脉种子植物区系的重要表征科，在此仍承认伯乐树科是中国特有科。

杜仲科为单种科，植物体内含有杜仲胶，果实形态也极为特殊。杜仲科最早的孢粉记录在中国东部的古新世地层（Guo，2000），而明确的大化石记录中始新世时期较为丰富，如东亚、日本列岛、北美洲中部均有分布，且与杜仲化石伴生的多为亚热带常绿阔叶林成分（郭双兴，1979），与日本杜仲化石伴生的还包括银杏、水杉 Metasequoia glyptostroboides、水松 Glyptostrobus pensilis 等（Huzioka，1961）。中新世杜仲科的分布区遍布北半球，但自上新世以后分布区逐步缩减，第四纪冰川过后形成中国特有（周浙昆和 Momohara，2005）。杜仲科的变迁历史与银杏、水杉、银杉相似（吴征镒等，2003）。目前杜仲野生种群多见于华中地区，但在罗霄山脉多于村边栽培，野生个体极少见。

综上，中国特有科均有着古老的发生历史，在罗霄山脉地区仅伯乐树科仍有明确的野生群落存在，而银杏科及杜仲科的类群经历第四纪气候波动后在罗霄山脉地区退却（或消失）。此外，参考中国特有科的化石种分布及现代分布格局可知，罗霄山脉地区中国特有科（杜仲科、伯乐树科）主要是本地起源（周浙昆和 Momohara，2005）。

9.3 罗霄山脉中国特有属

中国特有属的概念存在一定争议，一些学者将特有属分为严格特有属、半特有属及准特有属等。但区系发生应该在自然地理区域的范围内进行讨论而不应局限于严格的行政区域，因此特有属统计时参照应俊生和张玉龙（1994）及吴征镒等（2006）的原则，即包括分布区主体在我国但可延伸至国境线外的一些属。统计得出罗霄山脉地区共有中国特有属 53 属（表 9-1）。

表 9-1　罗霄山脉种子植物中国特有属

序号	科	中国特有属	种数（罗霄山脉/中国）	属的类型	地理分布
1	银杏科 Ginkgoaceae	银杏属 Ginkgo	1/1	单型属	华中、华东
2	松科 Pinaceae	金钱松属 Pseudolarix	1/1	单型属	华东、华中
3	松科 Pinaceae	银杉属 Cathaya	1/1	单型属	华东、华中、华南
4	柏科 Cupressaceae	杉木属 Cunninghamia	1/2	寡种属	华东、华中、华南、西南
5	红豆杉科 Taxaceae	白豆杉属 Pseudotaxus	1/1	单型属	华东、华中
6	马兜铃科 Aristolochiaceae	马蹄香属 Saruma	1/1	单型属	华东、华中
7	木兰科 Magnoliaceae	拟单性木兰属 Parakmeria	1/5	寡种属	华东、华中、华南、西南
8	蜡梅科 Calycanthaceae	蜡梅属 Chimonanthus	3/6	多种属	华东、华中、华南、西南
9	兰科 Orchidaceae	独花兰属 Changnienia	1/2	寡种属	华东、华中

续表

序号	科	中国特有属	种数（罗霄山脉/中国）	属的类型	地理分布
10	兰科 Orchidaceae	丹霞兰属 *Danxiaorchis*	2/2	寡种属	华南、华东
11	天门冬科 Asparagaceae	异黄精属 *Heteropolygonatum*	1/7	多种属	华东、华中、华南、西南
12	天门冬科 Asparagaceae	白穗花属 *Speirantha*	1/1	单型属	华东
13	禾本科 Gramineae	短枝竹属 *Gelidocalamus*	1/9	多种属	华东、华中
14	禾本科 Gramineae	少穗竹属 *Oligostachyum*	2/15	多种属	华东、华南
15	罂粟科 Papaveraceae	血水草属 *Eomecon*	1/1	单型属	华东、华中、西南
16	木通科 Lardiza balaceae	串果藤属 *Sinofranchetia*	1/1	单型属	华中、华南
17	蕈树科 Altingiaceae	半枫荷属 *Semiliquidambar*	1/3	寡种属	华东、华南
18	金缕梅科 Hamamelidaceae	牛鼻栓属 *Fortunearia*	1/1	单型属	华中、华东
19	大麻科 Cannabaceae	青檀属 *Pteroceltis*	1/1	单型属	华东、华中
20	胡桃科 Juglandaceae	青钱柳属 *Cyclocarya*	1/1	单型属	华东、华南、华中
21	卫矛科 Celastraceae	永瓣藤属 *Monimopetalum*	1/1	单型属	华东
22	杨柳科 Salicaceae	山拐枣属 *Poliothyrsis*	1/1	单型属	华中、华东、华南、西南
23	大戟科 Euphorbiaceae	地构叶属 *Speranskia*	2/2	寡种属	华北、华东、华中、华南、西南
24	野牡丹科 Melastomataceae	棱果花属 *Barthea*	1/1	单型属	华南
25	瘿椒树科 Tapisciaceae	瘿椒树属 *Tapiscia*	1/2	寡种属	华东、华中、华南、西南
26	无患子科 Sapindaceae	伞花木属 *Eurycorymbus*	1/1	单型属	华东、华南、西南
27	叠珠树科 Akaniaceae	伯乐树属 *Bretschneidera*	1/1	单型属	华东、华南、华中、西南
28	十字花科 Cruciferae	阴山荠属 *Yinshania*	7/13	多种属	西北、华中、华东、西南
29	蓝果树科 Nyssaceae	喜树属 *Camptotheca*	1/2	寡种属	华南、华中、华东
30	安息香科 Styracaceae	陀螺果属 *Melliodendron*	1/1	单型属	华东、华中、华南
31	安息香科 Styracaceae	银钟花属 *Perkinsiodendron*	1/1	单型属	华东、华中、华南
32	安息香科 Styracaceae	秤锤树属 *Sinojackia*	2/5	寡种属	华中、华南、华东
33	猕猴桃科 Actinidiaceae	藤山柳属 *Clematoclethra*	1/1	单型属	华东、华中、西南、西北
34	杜仲科 Eucommiaceae	杜仲属 *Eucommia*	1/1	单型属	华中、华东
35	龙胆科 Gentianaceae	匙叶草属 *Latouchea*	1/1	单型属	华东、华南、西南
36	夹竹桃科 Apocynaceae	秦岭藤属 *Biondia*	2/13	多种属	华东、华中、西南、西北
37	夹竹桃科 Apocynaceae	毛药藤属 *Sindechites*	1/1	单型属	华东、华中、华南
38	紫草科 Boraginaceae	皿果草属 *Omphalotrigonotis*	1/2	寡种属	华东、华中、华南
39	紫草科 Boraginaceae	车前紫草属 *Sinojohnstonia*	1/4	寡种属	华东、华中、华北、西北
40	紫草科 Boraginaceae	盾果草属 *Thyrocarpus*	2/2	寡种属	华中、华东
41	苦苣苔科 Gesneriaceae	小花苣苔属 *Chiritopsis*	2/7	多种属	华东、华南
42	苦苣苔科 Gesneriaceae	报春苣苔属 *Primulina*	1/1	单型属	华南
43	唇形科 Lamiaceae	毛药花属 *Bostrychanthera*	1/2	寡种属	华东、华中、华南
44	唇形科 Lamiaceae	四轮香属 *Hanceola*	2/8	多种属	华东、华南、西南
45	唇形科 Lamiaceae	动蕊花属 *Kinostemon*	2/3	寡种属	华中、华南、西南
46	唇形科 Lamiaceae	四棱草属 *Schnabelia*	2/5	寡种属	华东、华中、华南
47	列当科 Orobanchaceae	地黄属 *Rehmannia*	2/5	寡种属	华东、华中、华北、东北
48	菊科 Compositae	紫菊属 *Notoseris*	2/6	多种属	华东、华中、华南、西南
49	菊科 Compositae	虾须草属 *Sheareria*	1/1	单型属	华东、华中、华南
50	忍冬科 Caprifoliaceae	双盾木属 *Dipelta*	1/3	寡种属	华东、华中、华南、西南、华北
51	忍冬科 Caprifoliaceae	猬实属 *Kolkwitzia*	1/1	单型属	华东、华中、华北
52	五加科 Araliaceae	通脱木属 *Tetrapanax*	1/1	单型属	华东、华中、西南、华南
53	伞形科 Umbelliferae	明党参属 *Changium*	1/1	单型属	华东

罗霄山脉地区分布的中国特有属 53 属中仅包含 73 种。这些特有属中以系统地位孤立的属为主，包括寡种属 17 属，单型属 27 属。大部分特有属有着漫长的起源历史，不少木本属均为典型的古特有属，包括银杉属 Cathaya、白豆杉属 Pseudotaxus、牛鼻栓属 Fortunearia、杜仲属 Eucommia、青檀属 Pteroceltis、伞花木属 Eurycorymbus、伯乐树属 Bretschneidera、青钱柳属 Cyclocarya、杉木属 Cunninghamia、瘿椒树属 Tapiscia、半枫荷属 Semiliquidambar、喜树属 Camptotheca。此外一些草本的特有属可能属于新特有属，如阴山荠属 Yinshania、报春苣苔属 Primulina、独花兰属 Changnienia、小花苣苔属 Chiritopsis、四棱草属 Schnabelia（应俊生和张玉龙，1994）。

以活化石银杉为例，银杉属是松科中原始扁平叶型的残余代表，有着明显的系统及地理孑遗特点。银杉属起源于白垩纪之前，新近纪时期已广布于亚洲、欧洲及北美洲（Liu and Basinger，2000），中新世晚期银杉逐步在北美洲灭绝，而同时期日本地区的银杉属化石记录增多，日本地区的银杉在上新世时期繁盛，第四纪冰期来临前灭绝（Momohara and Saito，2001；Liu and Basinger，2000；Saito et al.，2000，2001；周浙昆和 Momohara，2005）。谱系地理学研究表明，银杉现代种群内均保存有原始单倍型，表明居群间遗传结构差异形成于冰期之前，此外罗霄山脉八面山地区就是银杉在第四纪冰期的一个避难所（Wang and Ge，2006），结合银杉的化石记录及谱系地理学研究可推测，银杉在我国的分布可能始于中新世，而现在分布于我国亚热带山地第四纪冰期避难所中的群体就是第三纪的孑遗，我国现存的银杉群落组成成分也表现出一定的古老性、孑遗性（苏乐怡等，2016）。

白豆杉属 Pseudotaxus 的分子系统学研究表明，它与红豆杉属有着密切关系，可能为现代红豆杉科的基部类群（汪小全和舒艳群，2000；Cheng et al.，2000）。白豆杉属现代分布于华东、华中地区的常绿阔叶林带中，可能是红豆杉的远祖早期分化而形成的孑遗类群（吴征镒等，2010）。虽然白豆杉属没有化石记录，但从穗花杉属、红豆杉属的化石记录及现代地理分布来看，白豆杉属可能是第三纪气候变冷以来分化出的特有属，第四纪冰期使得白豆杉属的分布区缩减而呈现出间断分布的格局。

从地理分布上来看，罗霄山脉地区的特有属与华南、华东、华中地区均有着密切的联系。一些特有属的分布区覆盖了我国秦岭以南的大部分地区，体现出东亚植物区系发生的统一性，并有部分属分化出明显的地理替代现象。此类型的属有青钱柳属 Cyclocarya、瘿椒树属 Tapiscia、杉木属 Cunninghamia、阴山荠属 Yinshania、血水草属 Eomecon、车前紫草属 Sinojohnstonia、栾树属 Koelreuteria、四棱草属 Schnabelia、地构叶属 Speranskia、四轮香属 Hanceola。

血水草属为单型属，广布于我国亚热带山地，它在罂粟科中处于较为原始的地位，北美洲加拿大所分布的 Sanguinaria 与血水草属为对应种（吴征镒等，2005），因此本属的起源可能在北太平洋扩张之前。在第四纪的冰期波动中，武夷山、云贵高原、九岭山脉均为血水草 Eomecon chionantha 的避难所（袁琳，2014）。

青钱柳属 Cyclocarya 在我国亚热带山地广布，属于胡桃科茉萸花序类，是一个第三纪孑遗属（应俊生和张玉龙，1994）。青钱柳的现代分布区形成与中新世亚洲内陆干旱时间紧密相关，谱系地理学研究表明，青钱柳的绝大部分单倍型在中新世已经分化，伴随着东亚季风气候的形成，青钱柳分布区开始扩张（Kou et al.，2016）。罗霄山脉范围内南北山地均有青钱柳群落的分布，在罗霄山脉内分布区形成的时间可能就在中新世时期。

车前紫草属分布于南岭以北地区，共包含 4 种，其中车前紫草 Sinojohnstonia plantaginea 仅分布于四川北部及甘肃南部地区，汝槐车前紫草 Sinojohnstonia ruhuaii 间断分布于华东地区的三清山、清凉峰、桐柏县及绩溪县，浙赣车前紫草 Sinojohnstonia chekiangensis 及短蕊车前紫草 Sinojohnstonia moupinensis 均有广泛的分布区，罗霄山脉地区内分布有浙赣车前紫草 1 种。

罗霄山脉地区与华东区系成分的关联性，可从少穗竹属 Oligostachyum、金钱松属 Pseudolarix、永瓣藤属 Monimopetalum、明党参属 Changium、白穗花属 Speirantha 看出，这几个属是东亚植物区、华东地区的特有属或特征属（Wu and Wu，1996；吴征镒等，2010）。

例如，永瓣藤属在罗霄山脉地区北段九岭山脉、幕阜山脉范围内广泛分布，安徽南部、江西东北部、浙江西北部的山地内也多有分布。白穗花属表现出间断分布的格局，主要分布区在浙江、安徽一带，井冈山地区河西垄可见到白穗花 Speirantha gardenii 零星分布。

分布中心在华中地区的主要属有藤山柳属 Clematoclethra、牛鼻栓属 Fortunearia、秦岭藤属 Biondia、杜仲属 Eucommia 等，这些属为典型的温带性属，除堇叶芥属为新特有属之外，其余属均有较古老的起源历史，应该是第三纪植物区系的直接后裔，经过第四纪以来的气候波动，这些属在罗霄山脉地区的分布表现出更明显的孑遗性，如藤山柳属为单型属，在我国华中地区广泛分布，并分化出3 个亚种，其中刚毛藤山柳 Clematoclethra scandens 在罗霄山脉地区有零星分布，仅见于南风面、江西坳山顶灌丛中。而杜仲属在地史上的分布区曾达广东三水地区（郭双兴，1979），而在中新世气候变化影响下分布区缩减，目前在罗霄山脉地区已极为少见。

罗霄山脉地区的特有属包含很多以南岭为分布中心的特有属，如报春苣苔属 Primulina、毛药花属 Bostrychanthera、半枫荷属 Semiliquidambar、小花苣苔属 Chiritopsis、棱果花属 Barthea、拟单性木兰属 Parakmeria、伞花木属 Eurycorymbus、伯乐树属 Bretschneidera。张宏达（1962，1999）在研究广东植物区系特点时就提出南岭地区分布有大量的原始类群，可能为就地起源的区系，并在此基础上进一步发展出东亚植物区系亚热带起源的华夏植物区系理论。其中棱果花 Barthea barthei、短葶无距花 Stapfiophyton breviscapum、小花苣苔属植物仅分布于罗霄山脉南部齐云山；石笔木属及半枫荷属也仅在本区中南部形成优势群落。这些以南岭为分布中心的特有属是长期以来北热带植物区系成分向罗霄山脉渗入的结果。

拟单性木兰属我国共 5 种，其中乐东拟单性木兰 Parakmeria lotungensis 主要分布于南岭一带，罗霄山脉南部也有分布；其他几种则为台湾、峨眉山、云南地区特有种，因此可推测本属应为第三纪北热带成分。

半枫荷属也以南岭地区为分布中心，若干种分布至南岭地区外围，本属所包含的种均是亚热带常绿阔叶林中的主要建群种，无疑也是第三纪古热带区系成分。

伞花木属广于台湾、长江以南的亚热带森林中，被认为是白垩纪至古近纪的热带亚热带森林中的孑遗成分（吴征镒等，2010），亲缘地理学研究表明，伞花木在我国亚热带山地有多重避难所（Wang et al.，2009），可见它的分布区受第四纪冰期影响较小，第三纪以来可能就已经占据了现代的分布区。

棱果花属为野牡丹科单型属，主要分布于南岭以南，罗霄山脉地区仅南部齐云山发现棱果花 Barthea barthei 有分布。棱果花属在台湾的分布范围广泛，台湾与大陆之间多样化的间断分布现象表明台湾与大陆属于一个统一的植物区系（陈之瑞等，2012；丁明艳，2012），已有区系研究结果表明，台湾植物区系的形成可追溯至第三纪末期（沈中稃，1996，1997；丁明艳，2012），棱果花分布至罗霄山脉地区的时间可能在中新世中期。

9.4　罗霄山脉中国特有种及其亚区域地理分布

罗霄山脉种子植物特有种共计 1674 种（含种下等级），占中国种子植物特有种种总数的 10.76%，隶属于 132 科 519 属。由表 9-2 可知，罗霄山脉地区含中国特有种 20 种及以上的科有 27 个，分别为唇形科 Lamiaceae 92 种、蔷薇科 Rosaceae 88 种、樟科 Lauraceae 64 种、禾本科 Poaceae 58 种、杜鹃花科 Ericaceae 51 种、菊科 Asteraceae 50 种、壳斗科 Fagaceae 43 种、豆科 Fabaceae 41 种、报春花科 Primulaceae 40 种、毛茛科 Ranunculaceae 37 种、冬青科 Aquifoliaceae 36 种、兰科 Orchidaceae 35 种、茜草科 Rubiaceae 34 种、葡萄科 Vitaceae 32 种、苦苣苔科 Gesneriaceae 30 种、无患子科 Sapindaceae 28 种、绣球花科 Hydrangeaceae 28 种、五列木科 Pentaphylacaceae 28 种、山茶科 Theaceae 26 种、小檗科 Berberidaceae 23 种、猕猴桃科 Actinidiaceae 23 种、五福花科 Adoxaceae 23 种、天门冬科 Asparagaceae

22 种、木犀科 Oleaceae 22 种、卫矛科 Celastraceae 21 种、夹竹桃科 Apocynaceae 21 种、野牡丹科 Melastomataceae 20 种。包含 10～19 种中国特有种的科有 25 个，如锦葵科 Malvaceae 19 种、鼠李科 Rhamnaceae 18 种、凤仙花科 Balsaminaceae 18 种、马兜铃科 Aristolochiaceae 17 种、莎草科 Cyperaceae 17 种、清风藤科 Sabiaceae 17 种、伞形科 Apiaceae 17 种、安息香科 Styracaceae 16 种、忍冬科 Caprifoliaceae 16 种、木兰科 Magnoliaceae 15 种、芸香科 Rutaceae 15 种、木通科 Lardizabalaceae 12 种、五味子科 Schisandraceae 11 种、金缕梅科 Hamamelidaceae 11 种、防己科 Menispermaceae 10 种、黄杨科 Buxaceae 10 种、山矾科 Symplocaceae 10 种等。

以上这些包含中国特有种较丰富的科中，大部分也是罗霄山脉植物区系的优势科及表征科，如蔷薇科、杜鹃花科、冬青科、葡萄科等。此外，罗霄山脉地区中国特有种比例（中国特有种占各科在罗霄山脉种数的比值）在 50%及以上的有 66 科（表 9-2），如蜡梅科 Calycanthaceae100.00%、凤仙花科 Balsaminaceae 90.00%、秋海棠科 Begoniaceae 88.89%、苦苣苔科 Gesneriaceae 88.24%、小檗科 82.14%、松科 Pinaceae 80.00%、猕猴桃科 Actinidiaceae 74.19%、马兜铃科 Aristolochiaceae 73.91%、无患子科 Sapindaceae 73.68%、山茶科 Theaceae 72.22%、绣球花科 Hydrangeaceae 71.79%、杜鹃花科 70.83%、五列木科 Pentaphylacaceae 68.29%，这些科所包含的种系较为多样化，特有种所占比例也较高，反映出罗霄山脉地区植物区系有相当程度的分化。

表 9-2　罗霄山脉种子植物中国特有种

序号	科名	种数（罗霄山脉/中国）	占中国特有种比例（%）
1	唇形科 Lamiaceae	92/206	44.66
2	蔷薇科 Rosaceae	88/187	47.06
3	樟科 Lauraceae	64/111	57.66
4	禾本科 Poaceae	58/276	21.01
5	杜鹃花科 Ericaceae	51/72	70.83
6	菊科 Asteraceae	50/231	21.65
7	壳斗科 Fagaceae	43/73	58.90
8	豆科 Fabaceae	41/153	26.80
9	报春花科 Primulaceae	40/79	50.63
10	毛茛科 Ranunculaceae	37/89	41.57
11	冬青科 Aquifoliaceae	36/56	64.29
12	兰科 Orchidaceae	35/137	25.55
13	茜草科 Rubiaceae	34/100	34.00
14	葡萄科 Vitaceae	32/62	51.61
15	苦苣苔科 Gesneriaceae	30/34	88.24
16	无患子科 Sapindaceae	28/38	73.68
17	绣球花科 Hydrangeaceae	28/39	71.79
18	五列木科 Pentaphylacaceae	28/41	68.29
19	山茶科 Theaceae	26/36	72.22
20	小檗科 Berberidaceae	23/28	82.14
21	猕猴桃科 Actinidiaceae	23/31	74.19
22	五福花科 Adoxaceae	23/37	62.16
23	天门冬科 Asparagaceae	22/39	56.41
24	木犀科 Oleaceae	22/37	59.46
25	卫矛科 Celastraceae	21/48	43.75
26	夹竹桃科 Apocynaceae	21/47	44.68
27	野牡丹科 Melastomataceae	20/31	64.52

序号	科名	种数（罗霄山脉/中国）	占中国特有种比例（%）
28	锦葵科 Malvaceae	19/43	44.19
29	鼠李科 Rhamnaceae	18/36	50.00
30	凤仙花科 Balsaminaceae	18/20	90.00
31	马兜铃科 Aristolochiaceae	17/23	73.91
32	莎草科 Cyperaceae	17/151	11.26
33	清风藤科 Sabiaceae	17/27	62.96
34	伞形科 Apiaceae	17/61	27.87
35	安息香科 Styracaceae	16/24	66.67
36	忍冬科 Caprifoliaceae	16/41	39.02
37	木兰科 Magnoliaceae	15/22	68.18
38	芸香科 Rutaceae	15/31	48.39
39	大戟科 Euphorbiaceae	14/43	32.56
40	五加科 Araliaceae	14/41	34.15
41	菝葜科 Smilacaceae	13/33	39.39
42	堇菜科 Violaceae	13/35	37.14
43	木通科 Lardizabalaceae	12/20	60.00
44	荨麻科 Urticaceae	12/67	17.91
45	葫芦科 Cucurbitaceae	12/26	46.15
46	五味子科 Schisandraceae	11/15	73.33
47	金缕梅科 Hamamelidaceae	11/16	68.75
48	龙胆科 Gentianaceae	11/22	50.00
49	防己科 Menispermaceae	10/20	50.00
50	黄杨科 Buxaceae	10/14	71.43
51	胡颓子科 Elaeagnaceae	10/16	62.50
52	山矾科 Symplocaceae	10/37	27.03
53	薯蓣科 Dioscoreaceae	9/26	34.62
54	景天科 Crassulaceae	9/25	36.00
55	桦木科 Betulaceae	9/13	69.23
56	十字花科 Brassicaceae	9/35	25.71
57	蓼科 Polygonaceae	9/68	13.24
58	松科 Pinaceae	8/10	80.00
59	天南星科 Araceae	8/21	38.10
60	秋海棠科 Begoniaceae	8/9	88.89
61	瑞香科 Thymelaeaceae	8/14	57.14
62	山茱萸科 Cornaceae	8/18	44.44
63	爵床科 Acanthaceae	8/22	36.36
64	桔梗科 Campanulaceae	8/24	33.33
65	百合科 Liliaceae	7/14	50.00
66	姜科 Zingiberaceae	7/14	50.00
67	榆科 Ulmaceae	7/13	53.85
68	杨柳科 Salicaceae	7/15	46.67
69	车前科 Plantaginaceae	7/37	18.92
70	列当科 Orobanchaceae	7/20	35.00
71	藜芦科 Melanthiaceae	6/15	40.00

序号	科名	种数（罗霄山脉/中国）	占中国特有种比例（%）
72	石竹科 Caryophyllaceae	6/36	16.67
73	柿科 Ebenaceae	6/12	50.00
74	紫草科 Boraginaceae	6/18	33.33
75	红豆杉科 Taxaceae	5/8	62.50
76	金粟兰科 Chloranthaceae	5/9	55.56
77	虎耳草科 Saxifragaceae	5/18	27.78
78	远志科 Polygalaceae	5/16	31.25
79	桑科 Moraceae	5/42	11.90
80	金丝桃科 Hypericaceae	5/15	33.33
81	省沽油科 Staphyleaceae	5/8	62.50
82	桑寄生科 Loranthaceae	5/11	45.45
83	柏科 Cupressaceae	4/7	57.14
84	秋水仙科 Colchicaceae	4/7	57.14
85	大麻科 Cannabaceae	4/12	33.33
86	胡桃科 Juglandaceae	4/11	36.36
87	叶下珠科 Phyllanthaceae	4/17	23.53
88	漆树科 Anacardiaceae	4/11	36.36
89	母草科 Linderniaceae	4/19	21.05
90	通泉草科 Mazaceae	4/7	57.14
91	海桐科 Pittosporaceae	4/10	40.00
92	胡椒科 Piperaceae	3/6	50.00
93	蜡梅科 Calycanthaceae	3/3	100.00
94	罂粟科 Papaveraceae	3/17	17.65
95	蕈树科 Altingiaceae	3/5	60.00
96	鼠刺科 Iteaceae	3/4	75.00
97	桤叶树科 Clethraceae	3/9	33.33
98	泡桐科 Paulowniaceae	3/4	75.00
99	番荔枝科 Annonaceae	2/3	66.67
100	泽泻科 Alismataceae	2/13	15.38
101	鸢尾科 Iridaceae	2/5	40.00
102	石蒜科 Amaryllidaceae	2/8	25.00
103	山龙眼科 Proteaceae	2/3	66.67
104	茶藨子科 Grossulariaceae	2/5	40.00
105	杜英科 Elaeocarpaceae	2/7	28.57
106	千屈菜科 Lythraceae	2/13	15.38
107	桃金娘科 Myrtaceae	2/5	40.00
108	茶茱萸科 Icacinaceae	2/2	100.00
109	茄科 Solanaceae	2/22	9.09
110	玄参科 Scrophulariaceae	2/6	33.33
111	银杏科 Ginkgoaceae	1/1	100.00
112	百部科 Stemonaceae	1/2	50.00
113	鸭跖草科 Commelinaceae	1/17	5.88
114	谷精草科 Eriocaulaceae	1/7	14.29
115	灯心草科 Juncaceae	1/14	7.14

续表

序号	科名	种数（罗霄山脉/中国）	占中国特有种比例（%）
116	藤黄科 Clusiaceae	1/2	50.00
117	西番莲科 Passifloraceae	1/1	100.00
118	使君子科 Combretaceae	1/1	100.00
119	旌节花科 Stachyuraceae	1/2	50.00
120	瘿椒树科 Tapisciaceae	1/1	100.00
121	苦木科 Simaroubaceae	1/2	50.00
122	楝科 Meliaceae	1/4	25.00
123	叠珠树科 Akaniaceae	1/1	100.00
124	蛇菰科 Balanophoraceae	1/5	20.00
125	檀香科 Santalaceae	1/8	12.50
126	青皮木科 Schoepfiaceae	1/2	50.00
127	蓝果树科 Nyssaceae	1/2	50.00
128	杜仲科 Eucommiaceae	1/1	100.00
129	丝缨花科 Garryaceae	1/7	14.29
130	马钱科 Loganiaceae	1/3	33.33
131	紫葳科 Bignoniaceae	1/2	50.00
132	透骨草科 Phrymaceae	1/1	100.00

9.5　罗霄山脉地区特有种

罗霄山脉共分布有本地特有种 43 种 7 变种，为江西小檗 *Berberis jiangxiensis*、庐山景天 *Sedum lushanense*、细枝绣球 *Hydrangea gracilis*、多脉凤仙花 *Impatiens polyneura*、封怀凤仙花 *Impatiens fenghwaiana*、井冈栝楼 *Trichosanthes jinggangshanica*、厚叶红山茶 *Camellia crassissima*、井冈山厚皮香 *Ternstroemia aubrotundafolia*、汝城毛叶茶 *Camellia pubescens*、尖叶猕猴桃 *Actinidia callosa* var. *acuminata*、井冈山猕猴桃 *A. chinensis* var. *jinggangshanensis*、井冈山绣线梅 *Neillia jinggangshanensis*、膜叶椴 *Tilia membranacea*、腺果悬钩子 *Rubus glandulosocarpus*、庐山山黑豆 *Dumasia ovatifolia*、武功山冬青 *Ilex wugongshanensis*、江西羊奶子 *Elaeagnus jiangxiensis*、井冈葡萄 *Vitis jinggangensis*、小果吴茱萸 *Euodia rutaecarpa* var. *microcarpa*、九江三角槭 *Acer buergerianum* var. *jiujiangse*、粗柱杜鹃 *Rhododendron crassistylum*、井冈山杜鹃 *R. jinggangshanicum*、上犹杜鹃 *R. seniavinii* var. *shangyoumicum*、伏毛杜鹃 *R. strigosum*、庐山紫金牛 *Ardisia ushanensis*、江西蒲儿根 *Sinosenecio jiangxiensis*、庐山疏节过路黄 *Lysimachia remota* var. *lushanensis*、江西半蒴苣苔 *Hemiboea subacaulis* var. *jiangxiensis*、永兴小花苣苔 *Chiritopsis yongxingensis*、花箨唐竹 *Sinobambusa striata*、井冈寒竹 *Gelidocalamus stellatus*、井冈唐竹 *Sinobambusa anaurita*、庐山玉山竹 *Yushania varians*、九宫山细辛 *Asarum campaniflorum*、井冈山堇菜 *Viola jinggangshanensis*，以及 2013~2018 年来新发表的桂东锦香草 *Phyllagathis guidongensis*、井冈山木莲 *Manglietia jinggangshanensis*、遂川报春苣苔 *Primulina suichuanensis*、衡山报春苣苔 *Primulina hengshanensis*、张氏野海棠 *Bredia changii*、罗霄虎耳草 *Saxifraga luoxiaoensis*、神农虎耳草 *S. shennongii*、纤秀冬青 *Ilex venusta*、小果马银花 *Rhododendron microcarpum*、湖北羽叶毛茛 *Primula hubeiensis*、九宫山羽叶毛茛 *P. jiugongshanensis*、绿花白丝草 *Chamaelirium viridiflorum*、杨氏丹霞兰 *Danxiaorchis yangii*、武功山春蓼 *Persicaria wugongshanensis*、武功山异黄精 *Heteropolygonatum wugongshanensis*。罗霄山脉地区分布有多样化的地区特有种体现出保护该地区自然环境的重要性，而近年来不断在本地区发现新分类群，也反映出全面深入考察的必要性。

有意思的是，这些特有种大部分分布于中高海拔地区，如江西小檗、武功山冬青分布于武功山高海拔地区；江西羊奶子仅分布于南风面中高海拔地区；江西蒲儿根仅分布于齐云山、鹰盘山高海拔地区；绿花白丝草产齐云山海拔 1200m 以上。此外，一些特有种则见于本区内较特殊的生境中，如永兴小花苣苔（张贵志，2012）、遂川报春苣苔（Zhou et al.，2016）、衡山报春苣苔（Tian et al.，2018）为近年来新发现的苦苣苔科植物，分布于罗霄山脉地区的丹霞地貌中。

9.6 罗霄山脉特有现象的区域意义

通过对罗霄山脉地区种子植物特有属的分析可以得出如下结论。

1）罗霄山脉地区共分布有中国特有科 3 个，即银杏科、杜仲科、伯乐树科，53 个特有属，以古特有属占据优势，不少古特有属自中新世以来就已分布到罗霄山脉地区，并延续至今；而新特有属现象在罗霄山脉地区不明显。

罗霄山脉地区分布的特有属主要分为 4 类：①我国亚热带分布较广的特有属；②以华东地区为分布中心的特有属；③以华中地区为分布中心的特有属；④以华南、西南地区为分布中心的特有属。这4 类特有属是中新世以来植物对气候波动响应的结果，体现出罗霄山脉地区区系来源的复杂性，也表明罗霄山脉与我国其他地区山地的植物区系在区系发生上具有统一性。罗霄山脉地区与华中地区共特有属表现出明显的间断性，属于第四纪冰期影响而造成的分布区间断。

2）罗霄山脉地区的特有现象是中新世以来的气候波动造成的，尤其是第四纪冰期对罗霄山脉地区特有属、种的形成影响最大。历史上曾经分布在北美洲、欧洲高纬度地区的北极-第三纪成分，中纬度的北热带成分（北亚热带的位置纬度大约与现代中国南亚热带相当，南岭可视为其北界）自中新世以来逐渐灭绝。而中新世时期喜马拉雅不断抬升，东亚季风气候逐步形成（An et al.，2001；Sun and Wang，2005），中国中部的干旱带范围西移（陶君容，2000），使得中国亚热带地区成为北极-第三纪成分和北热带成分的分布、保存中心。

而第四纪冰期的降温事件造成中国东南部植被带的变迁（Harrison et al.，2001），同时部分中国、日本共有的物种在日本灭绝，因此东亚地区保存有一些孑遗，古老成分不见于日本。我国的古特有属多在这一时期形成中国特有，同样罗霄山脉范围内不少的古特有种就是在第四纪冰期影响的背景下形成的，典型的代表包括银杉、资源冷杉、刚毛藤山柳、铁坚油杉、蔓虎刺、白花过路黄等。

3）罗霄山脉地区共有中国特有种 1674 种，本地特有种 43 种 7 变种，苦苣苔科、报春花科、杜鹃花科等科的特有化程度高，呈现出明显的区域物种分化。生境的多样性是本地区特有种丰富的一个重要原因。罗霄山脉南北连绵，区域内山体结构复杂多样，局域的小生境中保存有不少的特有种。高海拔地区的气温较低海拔地区低很多，因此高海拔地区常常会分布一些超越纬度地带性分布的物种，罗霄山脉地区的近山顶处有江西小檗 *Berberis jiangxiensis*、猫儿刺 *Ilex pernyi*、江西蒲儿根 *Sinosenecio jiangxiensis*、云锦杜鹃 *Rhododendron fortunei*、三桠乌药 *Lindera obtusiloba*、井冈寒竹 *Gelidocalamus stellatus*、圆苞山罗花 *Melampyrum laxum*、湖北黄精 *Polygonatum zanlanscianense*、刺果毒漆藤 *Toxicodendron radicans* subsp. *hispidum*、宽叶粗榧 *Cephalotaxus latifolia*、天目玉兰 *Yulania amoena*、赤胫散 *Polygonum runcinatum* var. *sinense*、中国繁缕 *Stellaria chinensis*、金花猕猴桃 *Actinidia chrysantha*、蒲桃叶冬青 *Ilex syzygiophylla*。

喜生于岩壁上的有武功山异黄精 *Heteropolygonatum wugongshanensis*、张氏野海棠 *Bredia changii*、江西杜鹃 *Rhododendron kiangsiense*、单叶厚唇兰 *Epigeneium fargesii*、独蒜兰 *Pleione bulbocodioides*、广东石豆兰 *Bulbophyllum kwangtungense*、过路惊 *Bredia quadrangularis* 等。

喜生于沟谷的有杨梅叶蚊母树 *Distylium myricoides*、乐东拟单性木兰 *Parakmeria lotungensis*、薄柱草 *Nertera sinensis*、桂东锦香草 *Phyllagathis guidongensis*、石菖蒲 *Acorus gramineus*、紫萼 *Hosta ventricosa*、萱草 *Hemerocallis fulva*、中国白丝草 *Chionographis chinensis*、井冈山凤仙花 *Impatiens jinggangensis*、尖连蕊茶 *Camellia cuspidata*、蜡莲绣球 *Hydrangea strigosa*、广西紫荆 *Cercis chuniana*、开口箭 *Campylandra chinensis* 等。

　　喜生于丹霞地貌的有遂川报春苣苔 *Primulina suichuanensis*、衡山报春苣苔 *Primulina hengshanensis*、牛耳朵 *Chirita eburnea*、蒙自虎耳草 *Saxifraga mengtzeana*、永兴小花苣苔 *Chiritopsis yongxingensis*、小沼兰 *Oberonioides microtatantha* 等。

参 考 文 献

陈之瑞, 应俊生, 路安民. 2012. 中国西南地区与台湾种子植物间断分布现象. 植物学报, 47(6): 551-570.

丁明艳. 2012. 台湾和喜马拉雅及亚洲大陆种子植物的间断分布及意义. 中山大学博士学位论文.

郭双兴. 1979. 两广南部晚白垩世和早第三纪植物群及地层意义//中国科学院古脊椎动物与古人类研究所, 中国科学院南京地质古生物所. 华南中新生代红层. 北京: 科学出版社.

黄继红, 马克平, 陈彬. 2014. 中国特有种子植物的多样性及其地理分布. 北京: 高等教育出版社.

沈中稃. 1996. 台湾的生物地理: 1 背景. 台湾省立博物馆年刊, 39: 387-427.

沈中稃. 1997. 台湾的生物地理: 1 一些初步思考和研究. 台湾省立博物馆年刊, 40: 361-450.

苏乐怡, 赵万义, 张记军, 等. 2016. 湖南八面山银杉群落特征及其残遗性和保守性分析. 植物资源与环境学报, 25(4): 76-86.

陶君容. 2000. 中国晚白垩世至新生代植物区系发展演变. 北京: 科学出版社.

汪小全, 舒艳群. 2000. 红豆杉科及三尖杉科的分子系统发育——兼论竹柏属的系统位置. 植物分类学报, 38(3): 201-210.

王伟, 张晓霞, 陈之端, 等. 2017. 被子植物 APG 分类系统评述. 生物多样性, 25: 418-426.

吴鲁夫 E B. 1960. 历史植物地理学引论. 钟崇信, 张梦庄译. 北京: 科学出版社.

吴征镒, 路安民, 孙航, 等. 2003. 中国被子植物科属综论. 北京: 科学出版社.

吴征镒, 孙航, 周浙昆, 等. 2005. 中国植物区系中的特有性及其起源和分化. 云南植物研究, 27(6): 577-604.

吴征镒, 孙航, 周浙昆, 等. 2010. 中国种子植物区系地理. 北京: 科学出版社.

吴征镒, 周浙昆, 孙航, 等. 2006. 中国种子植物分布区类型及其起源和分化. 昆明: 云南科技出版社.

向应海, 向碧霞, 赵明水, 等. 2000. 浙江西天目山天然林及银杏种群考察报告. 贵州科学, 18(1-2): 77-92.

应俊生, 陈梦玲. 2011. 中国植物地理. 北京: 科学出版社: 145-167.

应俊生, 张玉龙. 1994. 中国种子植物特有属. 北京: 科学出版社.

袁琳. 2014. 中国亚热带特有单种属植物血水草谱系地理学与遗传资源研究. 江西农业大学硕士学位论文.

张贵志. 2012. 湘赣典型丹霞地貌植物研究. 中南林业科技大学硕士学位论文.

张宏达. 1962. 广东植物区系的特点. 中山大学学报(自然科学版), (1): 1-34.

张宏达. 1999. 华夏植物区系理论的形成与发展. 生态学报, 18(1): 44-50.

周浙昆, Momohara A. 2005. 一些东亚特有种子植物的化石历史及其植物地理学意义. 云南植物研究, 27(5): 449-470.

Tredici P T, 史继孔. 1993. 天目山的银杏. 浙江林业科技, (4): 59-63.

An Z, Kutzbach J E, Prell W L, et al. 2001. Evolution of Asian monsoon and phased uplift of the Himalaya-Tibetan Plateau since late Miocene time. Nature, 411: 62-66.

Anderson S. 1994. Area and endemism. Quarterly Review of Biology, 69: 451-471.

APG IV. 2016. An update of the Angiosperm Phylogeny Group classification for the orders and families of flowering plants: APG IV. Botanical Journal of the Linnean Society, 181: 1-20.

Blanquet B J. 1923. L'origine et le Développement des Flores dans le Massif Central de France. Paris, Zurich.

Cheng Y C, Nicolson R G, Tripp K, et al. 2000. Phylogeny of Taxaceae and Cephalotaxaceae Genera Inferred from chloroplast matK gene and nuclear rDNA ITS region. Molecular Phylogenetics and Evolution, 14(3): 353-365.

Decandolle A P. 1855. Geographie Botanique, Raisonnee Vols.I & II, Geneva.

Engler A. 1882. Versuch einer Entwicklungsgeschichte der Pflanzenwelt, insbesondere der Florengebiete seit der Tertiärperiode. Volume 2. Leipzig: Verlag von W. Engelmann.

Guo S X. 2000. Evolution, palaeobiogeography and paleoecology of Eucommiaceae. Palaeobotanist, 49(2): 65-83.

Harrison S P, Yu G, Takahara H, et al. 2001. Palaeovegetation (Communications arising): diversity of temperate plants in east Asia. Nature, 413(6852): 129-130.

Huzioka K. 1961. A new Paleogene species of the genus *Encommia* from Hokkaido, Japan. Trans and Proc Palaeontol Soc Jap,

41: 9-12.

Jiménez-Moreno G, Fauquette S, Suc J P. 2008. Vegetation, climate and palaeoaltitude reconstructions of the Eastern Alps during the Miocene based on pollen records from Austria, Central Europe. Journal of Biogeography, 35(9): 1638-1649.

Kou Y X, Cheng S M, Tian S, et al. 2016. The antiquity of *Cyclocarya paliurus* (Juglandaceae) provides new insights into the evolution of relict plants in subtropical China since the late Early Miocene. Journal of Biogeography, 43: 351-360.

Lepage B A, Basinger J F. 1995. Evolutionary history of the genu *Pseudolarix* Gordon (Pinaceae) . International Journal of Plant Science, 156(6): 910-950.

Liu Y S, Basinger J. 2000. Fossil *Cathaya* (Pinaceae) Pollen from the Canadian high Arctic. International Journal of Plant Sciences, 161(5): 829-847.

Saito T, Momohara A, Yamakawa C. 2001. Discovery of *Cathaya* (Pinaceae) Pollen from the Pilocene Koka Formation, Kobiwako Group, Shiga Prefecture, Japan. Journal of the Geological Society of Japan, 107(10): 667-670.

Saito T, Wang W M, Nakagawa T. 2000. *Cathaya* (Pinaceae) Pollen from Mio-Pliocene sediments in the Himi area, central Japan. Grana, 39: 288-293.

Shen L, Chen X Y, Zhang X, et al. 2005. Genetic variation of *Ginkgo biloba* L. (Ginkgoaceae) based on cpDNA PCR-RFLPs: inference of glacial refugia. Heredity, 94: 396-401.

Sun X J, Wang P X. 2005. How old is the Asian monsoon system?-Palaeobotanical records from China. Palaeogeography, Palaeoclimatology, Palaeoecology, 222(3-4): 181-222.

Tian J, Liu L, Xiao S Y, et al. 2018. *Primulina hengshanensis* (Gesneriaceae), a new species from Danxia landform in Hunan, China. Phytotaxa, 333(2): 293-297.

Tian J, Peng L, Zhou J C, et al. 2016. *Phyllagathis guidongensis* (Melastomataceae), a new species from Hunan, China. Phytotaxa, 263 (1): 58-62.

Wang H W, Ge S. 2006. Phylogeography of the endangered *Cathaya argyrophylla* (Pinaceae) inferred from sequence variation of mitochondrial and nuclear DNA. Molecular Ecology, 15: 4109-4122.

Wang J, Gao P X, Kang M, et al. 2009. Refugia within refugia: the case study of a canopy tree (*Eurycorymbus cavaleriei*) in subtropical China. Journal of Biogeography, 336: 2156-2164.

Willis K J, McElwain J C. 2002. The Evolution of Plants. New York: Oxford University Press.

Wu Z Y, Wu S G. 1996. A proposal for a new floristic kingdom (realm)—the E. Asiatic kingdom, its delineation and characteristics//Floristic Characteristics and Diversity of East Asian Plants. Beijing: China Higher Education Press and Berlin Heidelberg: Springer-Verlag: 3-42.

Wulff E V, Brissenden E. 1943. An Introduction to Historical Plant Geography. Waltham: Chronica Botanica.

Zhou D S, Zhou J J, Li M, et al. 2016. *Primulina suichuanensis* sp. nov. (Gesneriaceae) from Danxia landform in Jiangxi, China. Nordic Journal of Botany, 34: 148-151.

Zhou Z Y. 1994. Heterochronic origin of *Ginkgo biloba*-type ovule Organs. Acta Palaeontol Sin, 33(2): 131-139.

Zhou Z Y, Zheng S Y. 2003. The missing link in *Ginkgo* evolution. Nature, 423: 821-822.

第 10 章 罗霄山脉植物区系的孑遗现象和生物避难所性质

摘 要 孑遗属种丰富，体现出罗霄山脉种子植物区系的孑遗性。罗霄山脉地区共有孑遗种 286 种，隶属于 165 属。孑遗种起源历史古老，多在晚白垩纪至渐新世期间，之后在中新世气候波动影响下形成孑遗。罗霄山脉地区的孑遗种主要来源于北极-第三纪成分及第三纪北热带成分。罗霄山脉中南段地区是典型的孑遗植物群的避难所，分布有银杉 *Cathaya argyrophylla*、资源冷杉 *Abies ziyuanensis*、福建柏 *Fokienia hodginsii*、铁杉 *Tsuga chinensis*、长苞铁杉 *Tsuga longibracteata*、铁坚油杉 *Keteleeria davidiana*、大果马蹄荷 *Exbucklandia tonkinensis*、瘿椒树 *Tapiscia sinensis*、银钟花 *Halesia macgregorii* 等孑遗植物群落。

10.1 孑遗种的概念

孑遗种又称为残遗种（relict species），是指在地质时期的生物群或类群，经历地质历史变迁之后几乎灭绝，仅残存下来的个别类群（Lomolino et al.，2006）。孑遗种体现出了区系发生与古地理、古环境的密切关系，因而在区系研究中有着重要意义，孑遗类群的演化特点可在一定程度上揭示一个地区区系整体的发生历史。

孑遗种的分布区通常是隔离的，而且常呈收缩而不连续状，成为以前广阔的分布区的残留物。孑遗种或多或少是古老植物区系的孑遗物，它形成孑遗的时间不是其起源的时间，当它进入某一个现代植物区系时占据了一个特殊孑遗分布区，孑遗种的年龄就从它进入这一现代植物区系的时候算起（Wulff and Brissenden，1943）。按照孑遗种形成性质的不同，孑遗种可被划分为两个类型，即分类学孑遗种和生物地理学孑遗种（王荷生，1992；廖文波等，2014；Wulff and Brissenden，1943）。分类学孑遗种指的是那些系统发生古老、现代种系极为孤立的类群（廖文波等，2014），其中最具有代表性的类群当为银杏，历史上已知银杏目包括 10 属（孙克勤等，2016），现仅残留银杏 1 种。生物地理学孑遗种通常指那些在历史时期有着广泛分布区，而现在分布区仅局限于狭窄的范围内的生物群或类群的后裔（Habel and Assmann，2010；王荷生，1992）。

10.2 罗霄山脉孑遗属种的组成

孑遗属的确定，在参考廖文波等（2014）所列举的 345 个孑遗属的基础上，综合 Tang 等（2018）及近年来的相关研究成果进行调整，大致标准为：①历史时期广泛分布，在新近系及更早的地层中已出现化石记录；②化石记录缺失，但属内种系不丰富，分类地位孤立，甚至或者表现出明显的洲际间断现象。参照孑遗属的概念及系统发育研究等证据，罗霄山脉地区共有孑遗属 165 属，包含 286 种（表 10-1），其中裸子植物 19 属 25 种，被子植物 146 属 261 种，并以单种属、寡种属为主，在系统发生上呈现出相对的孤立性，反映出罗霄山脉地区植物区系的孑遗性。

表 10-1　罗霄山脉种子植物区系的孑遗属及种数组成

科名	属名	种数（罗霄山脉/中国/世界）	孑遗类型	属分布区类型
银杏科 Ginkgoaceae	银杏属 *Ginkgo*	1/1/1	活化石	T15
松科 Pinaceae	冷杉属 *Abies*	1/1/20	地理孑遗	T8
松科 Pinaceae	银杉属 *Cathaya*	1/1/1	活化石	T15
松科 Pinaceae	油杉属 *Keteleeria*	2/2/3	地理孑遗	T14
松科 Pinaceae	长苞铁杉属 *Nothotsuga*	1/1/1	分类孑遗	T14
松科 Pinaceae	金钱松属 *Pseudolarix*	1/1/1	地理孑遗	T15
松科 Pinaceae	铁杉属 *Tsuga*	1/1/4	地理孑遗	T9
罗汉松科 Podocarpaceae	竹柏属 *Nageia*	1/1/3	分类孑遗	T7
罗汉松科 Podocarpaceae	罗汉松属 *Podocarpus*	2/2/7	地理孑遗	T2
柏科 Cupressaceae	柳杉属 *Cryptomeria*	1/1/1	地理孑遗	T14
柏科 Cupressaceae	杉木属 *Cunninghamia*	1/1/2	地理孑遗	T15
柏科 Cupressaceae	福建柏属 *Fokienia*	1/1/1	分类孑遗	T7
柏科 Cupressaceae	水松属 *Glyptostrobus*	1/1/1	活化石	T14
柏科 Cupressaceae	刺柏属 *Juniperus*	2/2/23	分类孑遗	T8
红豆杉科 Taxaceae	穗花杉属 *Amentotaxus*	1/1/3	地理孑遗	T14
红豆杉科 Taxaceae	三尖杉属 *Cephalotaxus*	4/4/6	地理孑遗	T14
红豆杉科 Taxaceae	白豆杉属 *Pseudotaxus*	1/1/1	地理孑遗	T15
红豆杉科 Taxaceae	红豆杉属 *Taxus*	1/1/7	地理孑遗	T8
红豆杉科 Taxaceae	榧树属 *Torreya*	1/1/4	地理孑遗	T9
莼菜科 Cabombaceae	莼菜属 *Brasenia*	1/1/1	地理孑遗	T1
睡莲科 Nymphaeaceae	芡属 *Euryale*	1/1/1	分类孑遗	T14
睡莲科 Nymphaeaceae	睡莲属 *Nymphaea*	1/1/5	分类孑遗	T1
五味子科 Schisandraceae	八角属 *Illicium*	6/6/27	分类孑遗	T9
五味子科 Schisandraceae	五味子属 *Schisandra*	6/6/19	分类孑遗	T9
三白草科 Saururaceae	三白草属 *Saururus*	1/1/1	分类孑遗	T9
马兜铃科 Aristolochiaceae	马蹄香属 *Saruma*	1/1/1	地理孑遗	T15
木兰科 Magnoliaceae	厚朴属 *Houpoëa*	1/1/3	分类孑遗	T9
木兰科 Magnoliaceae	鹅掌楸属 *Liriodendron*	1/1/1	分类孑遗	T9
木兰科 Magnoliaceae	木莲属 *Manglietia*	4/4/29	地理孑遗	T7
木兰科 Magnoliaceae	天女花属 *Oyama*	1/1/4	分类孑遗	T14
木兰科 Magnoliaceae	拟单性木兰属 *Parakmeria*	1/1/5	分类孑遗	T15
木兰科 Magnoliaceae	玉兰属 *Yulania*	6/6/18	地理孑遗	T9
蜡梅科 Calycanthaceae	蜡梅属 *Chimonanthus*	3/3/6	地理孑遗	T15
樟科 Lauraceae	檫木属 *Sassafras*	1/1/2	地理孑遗	T9
金粟兰科 Chloranthaceae	草珊瑚属 *Sarcandra*	1/1/2	分类孑遗	T7
菖蒲科 Acoraceae	菖蒲属 *Acorus*	2/2/2	分类孑遗	T9
泽泻科 Alismataceae	毛茛泽泻属 *Ranalisma*	1/1/1	分类孑遗	T6
无叶莲科 Petrosaviaceae	无叶莲属 *Petrosavia*	1/2	地理孑遗	T7
薯蓣科 Dioscoreaceae	裂果薯属 *Schizocapsa*	1/1/2	分类孑遗	T7
藜芦科 Melanthiaceae	丫蕊花属 *Ypsilandra*	1/1/4	地理孑遗	T14
秋水仙科 Colchicaceae	万寿竹属 *Disporum*	7/7/15	地理孑遗	T14
天门冬科 Asparagaceae	绵枣儿属 *Barnardia*	1/1/1	地理孑遗	T10
棕榈科 Arecaceae	棕榈属 *Trachycarpus*	1/1/3	分类孑遗	T14
鸭跖草科 Commelinaceae	竹叶吉祥草属 *Spatholirion*	1/1/2	地理孑遗	T7
芭蕉科 Musaceae	芭蕉属 *Musa*	1/1/11	地理孑遗	T4

续表

科名	属名	种数（罗霄山脉/中国/世界）	孑遗类型	属分布区类型
领春木科 Eupteleaceae	领春木属 Euptelea	1/1/1	分类孑遗	T14
罂粟科 Papaveraceae	血水草属 Eomecon	1/1/1	地理孑遗	T15
罂粟科 Papaveraceae	荷青花属 Hylomecon	1/1/1	地理孑遗	T14
木通科 Lardizabalaceae	木通属 Akebia	5/5/5	分类孑遗	T14
木通科 Lardizabalaceae	猫儿屎属 Decaisnea	1/1/1	地理孑遗	T14
木通科 Lardizabalaceae	大血藤属 Sargentodoxa	1/1/1	分类孑遗	T7
木通科 Lardizabalaceae	串果藤属 Sinofranchetia	1/1/1	地理孑遗	T15
防己科 Menispermaceae	蝙蝠葛属 Menispermum	1/1/1	分类孑遗	T9
防己科 Menispermaceae	风龙属 Sinomenium	1/1/1	地理孑遗	T14
小檗科 Berberidaceae	鬼臼属 Dysosma	1/1/7	地理孑遗	T14
小檗科 Berberidaceae	南天竹属 Nandina	1/1/1	地理孑遗	T14
小檗科 Berberidaceae	桃儿七属 Sinopodophyllum	1/1/1	地理孑遗	T14
毛茛科 Ranunculaceae	天葵属 Semiaquilegia	1/1/1	分类孑遗	T14
黄杨科 Buxaceae	板凳果属 Pachysandra	2/2/2	地理孑遗	T9
蕈树科 Altingiaceae	蕈树属 Altingia	2/2/8	分类孑遗	T7
蕈树科 Altingiaceae	枫香树属 Liquidambar	2/2/2	分类孑遗	T9
蕈树科 Altingiaceae	半枫荷属 Semiliquidambar	1/1/3	分类孑遗	T15
金缕梅科 Hamamelidaceae	蜡瓣花属 Corylopsis	4/4/20	分类孑遗	T14
金缕梅科 Hamamelidaceae	双花木属 Disanthus	1/1/1	分类孑遗	T14
金缕梅科 Hamamelidaceae	蚊母树属 Distylium	4/4/12	分类孑遗	T7
金缕梅科 Hamamelidaceae	秀柱花属 Eustigma	1/1/3	分类孑遗	T7
金缕梅科 Hamamelidaceae	马蹄荷属 Exbucklandia	1/1/3	分类孑遗	T7
金缕梅科 Hamamelidaceae	牛鼻栓属 Fortunearia	1/1/1	分类孑遗	T15
金缕梅科 Hamamelidaceae	金缕梅属 Hamamelis	1/1/1	分类孑遗	T9
金缕梅科 Hamamelidaceae	檵木属 Loropetalum	1/1/3	分类孑遗	T14
金缕梅科 Hamamelidaceae	水丝梨属 Sycopsis	2/2/2	分类孑遗	T7
连香树科 Cercidiphyllaceae	连香树属 Cercidiphyllum	1/1/1	分类孑遗	T14
扯根菜科 Penthoraceae	扯根菜属 Penthorum	1/1/1	分类孑遗	T9
葡萄科 Vitaceae	地锦属 Parthenocissus	7/7/9	地理孑遗	T9
豆科 Fabaceae	紫荆属 Cercis	3/3/5	地理孑遗	T8
豆科 Fabaceae	香槐属 Cladrastis	2/2/6	地理孑遗	T9
豆科 Fabaceae	皂荚属 Gleditsia	3/3/6	地理孑遗	T9
豆科 Fabaceae	肥皂荚属 Gymnocladus	1/1/1	地理孑遗	T9
豆科 Fabaceae	紫藤属 Wisteria	1/1/4	地理孑遗	T9
鼠李科 Rhamnaceae	枳椇属 Hovenia	3/3/3	地理孑遗	T14
鼠李科 Rhamnaceae	马甲子属 Paliurus	3/3/5	地理孑遗	T10
榆科 Ulmaceae	刺榆属 Hemiptelea	1/1/1	分类孑遗	T14
榆科 Ulmaceae	榆属 Ulmus	9/9/21	分类孑遗	T8
榆科 Ulmaceae	榉属 Zelkova	3/3/3	分类孑遗	T10
大麻科 Cannabaceae	青檀属 Pteroceltis	1/1/1	分类孑遗	T15
壳斗科 Fagaceae	栗属 Castanea	3/3/4	地理孑遗	T8
壳斗科 Fagaceae	水青冈属 Fagus	3/3/4	分类孑遗	T8
胡桃科 Juglandaceae	山核桃属 Carya	1/1/4	分类孑遗	T9
胡桃科 Juglandaceae	青钱柳属 Cyclocarya	1/1/1	分类孑遗	T15
胡桃科 Juglandaceae	黄杞属 Engelhardia	2/2/6	地理孑遗	T7

科名	属名	种数（罗霄山脉/中国/世界）	孑遗类型	属分布区类型
胡桃科 Juglandaceae	胡桃属 Juglans	4/4/5	地理孑遗	T8
胡桃科 Juglandaceae	化香树属 Platycarya	1/1/2	分类孑遗	T14
胡桃科 Juglandaceae	枫杨属 Pterocarya	2/2/7	地理孑遗	T11
桦木科 Betulaceae	榛属 Corylus	2/2/7	地理孑遗	T8
马桑科 Coriariaceae	马桑属 Coriaria	1/1/3	地理孑遗	T8
卫矛科 Celastraceae	永瓣藤属 Monimopetalum	1/1/1	分类孑遗	T15
卫矛科 Celastraceae	雷公藤属 Tripterygium	2/2/3	分类孑遗	T14
古柯科 Erythroxylaceae	古柯属 Erythroxylum	1/1/2	分类孑遗	T2
金丝桃科 Hypericaceae	三腺金丝桃属 Triadenum	1/1/2	地理孑遗	T9
杨柳科 Salicaceae	山桂花属 Bennettiodendron	1/1/4	分类孑遗	T7
杨柳科 Salicaceae	山桐子属 Idesia	1/1/1	分类孑遗	T14
杨柳科 Salicaceae	山拐枣属 Poliothyrsis	1/1/1	分类孑遗	T15
叶下珠科 Phyllanthaceae	秋枫属 Bischofia	1/1/2	分类孑遗	T7
野牡丹科 Melastomataceae	棱果花属 Barthea	1/1/1	地理孑遗	T15
省沽油科 Staphyleaceae	野鸦椿属 Euscaphis	2/2/1	地理孑遗	T14
省沽油科 Staphyleaceae	省沽油属 Staphylea	2/2/6	地理孑遗	T8
旌节花科 Stachyuraceae	旌节花属 Stachyurus	2/2/7	地理孑遗	T14
瘿椒树科 Tapisciaceae	瘿椒树属 Tapiscia	1/1/2	地理孑遗	T15
漆树科 Anacardiaceae	南酸枣属 Choerospondias	1/1/1	分类孑遗	T14
无患子科 Sapindaceae	七叶树属 Aesculus	1/1/4	分类孑遗	T8
无患子科 Sapindaceae	伞花木属 Eurycorymbus	1/1/1	地理孑遗	T15
无患子科 Sapindaceae	栾属 Koelreuteria	1/1/3	分类孑遗	T14
无患子科 Sapindaceae	无患子属 Sapindus	1/1/4	地理孑遗	T3
芸香科 Rutaceae	臭常山属 Orixa	1/1/1	地理孑遗	T14
芸香科 Rutaceae	黄檗属 Phellodendron	2/2/2	地理孑遗	T14
芸香科 Rutaceae	茵芋属 Skimmia	1/1/5	地理孑遗	T14
芸香科 Rutaceae	飞龙掌血属 Toddalia	1/1/1	地理孑遗	T6
苦木科 Simaroubaceae	苦木属 Picrasma	1/1/2	地理孑遗	T3
锦葵科 Malvaceae	梧桐属 Firmiana	1/1/7	分类孑遗	T14
锦葵科 Malvaceae	梭罗树属 Reevesia	2/2/15	地理孑遗	T7
叠珠树科 Akaniaceae	伯乐树属 Bretschneidera	1/1/1	分类孑遗	T7
檀香科 Santalaceae	檀梨属 Pyrularia	1/1/1	地理孑遗	T9
蓝果树科 Nyssaceae	喜树属 Camptotheca	1/1/2	分类孑遗	T15
蓝果树科 Nyssaceae	蓝果树属 Nyssa	1/1/3	地理孑遗	T9
绣球科 Hydrangeaceae	草绣球属 Cardiandra	1/1/2	地理孑遗	T14
绣球科 Hydrangeaceae	蛛网萼属 Platycrater	1/1/1	分类孑遗	T14
绣球科 Hydrangeaceae	钻地风属 Schizophragma	4/4/6	地理孑遗	T14
山茱萸科 Cornaceae	山茱萸属 Cornus	12/12/25	分类孑遗	T8
五列木科 Pentaphylacaceae	茶梨属 Anneslea	1/1/1	分类孑遗	T7
五列木科 Pentaphylacaceae	五列木属 Pentaphylax	1/1/1	分类孑遗	T7
山茶科 Theaceae	紫茎属 Stewartia	5/5/15	地理孑遗	T9
安息香科 Styracaceae	赤杨叶属 Alniphyllum	1/1/3	地理孑遗	T7
安息香科 Styracaceae	山茉莉属 Huodendron	1/1/3	分类孑遗	T7
安息香科 Styracaceae	陀螺果属 Melliodendron	1/1/1	地理孑遗	T15
安息香科 Styracaceae	银钟花属 Perkinsiodendron	1/1/1	分类孑遗	T15

续表

科名	属名	种数（罗霄山脉/中国/世界）	孑遗类型	属分布区类型
安息香科 Styracaceae	白辛树属 Pterostyrax	2/2/2	地理孑遗	T14
安息香科 Styracaceae	木瓜红属 Rehderodendron	1/1/5	地理孑遗	T14
安息香科 Styracaceae	秤锤树属 Sinojackia	2/2/5	地理孑遗	T15
猕猴桃科 Actinidiaceae	藤山柳属 Clematoclethra	1/1/1	分类孑遗	T15
杜鹃花科 Ericaceae	吊钟花属 Enkianthus	3/3/7	分类孑遗	T14
杜鹃花科 Ericaceae	珍珠花属 Lyonia	1/1/5	分类孑遗	T9
杜鹃花科 Ericaceae	假沙晶兰属 Monotropastrum	1/1/2	分类孑遗	T7
杜仲科 Eucommiaceae	杜仲属 Eucommia	1/1/1	分类孑遗	T15
丝缨花科 Garryaceae	桃叶珊瑚属 Aucuba	4/4/10	地理孑遗	T14
茜草科 Rubiaceae	香果树属 Emmenopterys	1/1/1	地理孑遗	T7
钩吻科 Gelsemiaceae	钩吻属 Gelsemium	1/1/1	地理孑遗	T9
夹竹桃科 Apocynaceae	杠柳属 Periploca	1/1/6	地理孑遗	T1
夹竹桃科 Apocynaceae	毛药藤属 Sindechites	1/1/1	地理孑遗	T15
木犀科 Oleaceae	流苏树属 Chionanthus	2/2/7	地理孑遗	T9
车前科 Plantaginaceae	幌菊属 Ellisiophyllum	1/1/1	地理孑遗	T7
车前科 Plantaginaceae	茶菱属 Trapella	1/1/1	地理孑遗	T14
紫葳科 Bignoniaceae	梓属 Catalpa	1/1/4	分类孑遗	T9
唇形科 Lamiaceae	毛药花属 Bostrychanthera	1/1/2	地理孑遗	T15
透骨草科 Phrymaceae	透骨草属 Phryma	1/1/1	地理孑遗	T9
泡桐科 Paulowniaceae	泡桐属 Paulownia	4/4/6	地理孑遗	T14
青荚叶科 Helwingiaceae	青荚叶属 Helwingia	2/2/4	分类孑遗	T14
桔梗科 Campanulaceae	袋果草属 Peracarpa	1/1/1	分类孑遗	T14
睡菜科 Menyanthaceae	荇菜属 Nymphoides	1/1/6	分类孑遗	T1
五福花科 Adoxaceae	接骨木属 Sambucus	2/2/4	地理孑遗	T8
忍冬科 Caprifoliaceae	双盾木属 Dipelta	1/1/3	地理孑遗	T15
忍冬科 Caprifoliaceae	猬实属 Kolkwitzia	1/1/1	分类孑遗	T15
忍冬科 Caprifoliaceae	锦带花属 Weigela	2/2/2	分类孑遗	T14
五加科 Araliaceae	刺楸属 Kalopanax	1/1/1	分类孑遗	T14
五加科 Araliaceae	人参属 Panax	2/2/8	分类孑遗	T9
五加科 Araliaceae	通脱木属 Tetrapanax	1/1/1	地理孑遗	T15

10.3　罗霄山脉孑遗属种的地理分布格局

10.3.1　孑遗属的分布区类型

　　罗霄山脉孑遗属以热带亚洲（即热带东南亚至印度—马来，太平洋诸岛）分布（T7，25 属）、东亚—北美间断分布（T9，31 属）、东亚分析（T14，50 属）、中国特有（T15，30 属）为主，世界广布仅 4 属，这与整体中国孑遗属的地理分布格局统计结果是相一致的（廖文波等，2014）。

　　东亚—北美间断分布、东亚分布、中国特有、热带亚洲（即热带东南亚至印度—马来，太平洋诸岛）分布的孑遗属丰富，这些分布区类型的属以东亚大陆南部为分布中心，表明罗霄山脉地区的孑遗属主要是东亚植物区系组成成分。罗霄山脉地区孑遗属的形成受中新世以来板块构造运动及气候波动影响巨大，尤其在第四纪冰期期间北半球发生大范围的物种灭绝及生物群南迁事件，这一时期孑遗属的种系和分布区不断缩减，大量的孑遗种退缩、残存至东亚、欧洲东部及北美洲东南部等孑遗植物区系内（Milne and Abbott，2002）。

10.3.2　子遗种的地理分布格局

罗霄山脉分布的长喙毛茛泽泻 *Ranalisma rostratum*、荇菜 *Nymphoides peltata*、莼菜 *Brasenia schreberi* 为洲际间断分布的种，它们也都是湿地水域种，体现出这些类型的发生具有隐域性。罗霄山脉其他的子遗种，现代分布区主要处于东亚地区，体现了"华中、华南、华东区系"是东亚植物区系的核心区域。

在中国东部季风区广布的子遗种有铁杉 *Tsuga chinensis*、杉木 *Cunninghamia lanceolata*、穗花杉 *Amentotaxus argotaenia*、南方红豆杉 *Taxus wallichiana* var. *mairei*、刺柏 *Juniperus formosana*、白豆杉 *Pseudotaxus chienii*、伯乐树 *Bretschneidera sinensis*、大血藤 *Sargentodoxa cuneata*、枫香树 *Liquidambar formosana*、缺萼枫香树 *Liquidambar acalycina*、枫杨 *Pterocarya stenoptera*、化香树 *Platycarya strobilacea*、青钱柳 *Cyclocarya paliurus*、榉树 *Zelkova serrata*、毛药花 *Bostrychanthera deflexa*、珍珠花 *Lyonia ovalifolia*、南天竹 *Nandina domestica*、香果树 *Emmenopterys henryi* 及桃叶珊瑚属 *Aucuba* 植物等。

分布区以华南地区为主的子遗种有长苞铁杉 *Nothotsuga longibracteata*（=*Tsuga longibracteata*）、棱果花 *Barthea barthei*、蕈树 *Altingia chinensis*、细柄蕈树 *Altingia gracilipes*、茶梨 *Anneslea fragrans*；以华东地区为主的子遗种有玉兰 *Yulania denudata*、黄山玉兰 *Yulania cylindrica*、永瓣藤 *Monimopetalum chinense*、蛛网萼 *Platycrater arguta*、草绣球 *Cardiandra moellendorffii*；以华中、华南地区为分布中心的有丫蕊花 *Ypsilandra thibetica*、木莲属 *Manglietia* 植物、银杉 *Cathaya argyrophylla*；以华中、华东为分布中心的有金钱松 *Pseudolarix amabilis*、杜仲 *Eucommia ulmoides*、银杏 *Ginkgo biloba* 等。

10.4　罗霄山脉子遗属种起源的古老性和化石证据

罗霄山脉地区的子遗种在起源时间上存在很大差别，而确定一个子遗种的起源时间主要通过化石记录（吴鲁夫，1960），分子系统学研究也可用于推测物种起源时间。根据化石记录，裸子植物在中生代时期相当丰富，二叠世时期中国就有前裸子植物门、种子蕨植物门、苏铁植物门、银杏植物门、松柏植物门 5 个门类的裸子植物（孙克勤等，2016；王士俊等，2016），中生代末期以松柏植物门种系最为丰富。种子植物的起源也可追溯至侏罗纪时期，且大部分的被子植物科形成于白垩纪至古近纪早期。而现存的被子植物属，多形成于白垩纪至中新世时期，新特有属及新特有种多自中新世以来才分化出来。

根据子遗属的化石记录、分子系统学研究成果及子遗种的地理分布状况，可将罗霄山脉地区的子遗属种起源时间粗略地划分为 3 个时期。

1. 晚白垩世至古新世

在这一时期起源的子遗种，多属于分类学子遗种，较地史上的分布区更为狭窄，在系统地位上均为古老类群，主要为裸子植物及一些被子植物早期代表类群。在地理分布区域上，一些子遗种表现出洲际分布的特点，因此在起源时间上至少在泛古大陆解体之前。这些子遗种所在的属化石记录可追溯至早始新世或更早，且化石记录多发现于亚洲高纬度地区，北美洲、欧洲亦有化石记录。在生态型上以木本植物为主，且以常绿型占优势。

这一时期子遗属包括荇菜属、莼菜属、古柯属、罗汉松属、毛茛泽泻属、银杏属、穗花杉属、金钱松属、木兰属、水青冈属、油杉属、铁杉属、杉木属、槭树属、柳杉属、刺柏属、无叶莲属、无患子属、蚊母树属、竹柏属、五列木属、蕈树属、水丝梨属、福建柏属、马蹄荷属、红豆杉属、刺柏属、连香树属、榆属、枫香树属、香果树属、杜仲属、榉属、七叶树属、冷杉属、马桑属、蓝果树属、山核桃属、肥皂荚属、檫木属、紫茎属、八角属、鹅掌楸属、蜡梅属、双花木属、山拐枣属、罂椒树属、蜡瓣花属、侧柏属、领春木属、三尖杉属、枫杨属、化香树属。

荇菜属、莼菜属这两个属均为世界范围内广布的水生植物，其中莼菜属为单型属，它们均为种子植物的基部类群（APG III，2009；APG IV，2016），无疑有着古老的发生历史。

毛茛泽泻属于泽泻目 Alismatales，为单子叶植物的基部类群（APG IV，2016），在生态习性上为水生植物。本属共 2 种，地理分布也呈现出洲际间断现象，长喙毛茛泽泻 *Ranalisma rostratum* 分布至越南、印度、马来西亚及非洲，广阔的分布区反映出本种起源历史的古老性。长喙毛茛泽泻在罗霄山脉内见于武功山脉西部的茶陵湖里湿地，稳定的湿地生态系统使得本种自白垩纪保存至今成为可能。

罗汉松属全世界约 97 种，广泛分布于热带地区，包括中国南部—东南亚—澳大利亚、非洲—马达加斯加、中南美洲—墨西哥三个分布中心，化石记录可追溯至早侏罗世（应俊生和陈梦玲，2011）。毫无疑问本属起源于劳亚古陆与冈瓦纳古陆尚在联合时期的"泛古大陆"（吴征镒等，2006；毛康珊，2010），中国仅分布有 7 种，为典型的生物地理学孑遗种，中国分布的罗汉松属可能为第三纪北热带成分的孑遗类群。

福建柏属为单种属，本属的最早化石见于加拿大及美国的古新世地层（McIver，1992），但这些化石的鉴定存在争议（Manchester et al.，2009），我国化石记录主要见于浙江地区中新世地层（应俊生和陈梦玲，2011；He et al.，2012）。福建柏属目前的分布地主要在我国东南部各省，分布区可扩散至我国西南、越南及老挝，因此推测本属为第三纪北热带成分。

油杉属世界共 3 种，中国均有分布，本属化石在白垩纪地层中就已广泛出现（Huang et al.，2021），渐新世时期化石记录见于欧洲、北美洲，中新世分布区达到最大，之后欧洲、北美洲及日本的油杉属植物相继灭绝（Meyer and Manchester，1997；Wang and Ge，2006；《中国中新生代植物》编写组，1978；应俊生和陈梦玲，2011），其中山东山旺的中新世地层中的 *Keteleeria shanwangensis* 形态特征介于我国现存的油杉、铁坚油杉之间（Wang and Ge，2006；王宇飞等，2009），这就说明目前油杉属植物分布区可能在中新世之前就已分布至现代的分布区，起源时间可能更早。晚第三纪及第四纪以来冰期影响下铁坚油杉的分布区有很大程度的缩减，罗霄山脉中南部的铁坚油杉均不见典型群落，呈现出零星分布的特点。

铁杉属最早的化石见于西伯利亚东部始新世地层，北美洲西部渐新世至中新世和欧洲大陆西部、中部、南部及日本的渐新世至上新世地层中均有大量化石记录（Florin，1963；Ferguson，1967；应俊生和陈梦玲，2011）。在中国境内浙江、希夏邦马峰上新世地层中也有化石记录（徐仁等，1973；刘裕生和郑亚惠，1995）。铁杉属是间断分布于亚洲及北美洲的重要针叶树，而且本属在北美洲也可明显地分为东部及西部两个主要分布区。

铁杉属的系统学研究表明，北美洲西部的两种铁杉 *Tsuga heterophylla*、*T. mertensiana* 与其他几种铁杉分化时间早，约在始新世早期；日本分布的铁杉与北美洲东南部的 *T. caroliniana* 聚为一支，它们和分布在中国的铁杉分布于渐新世晚期；而中国境内的几种铁杉分化时间约在中新世中期及早期（Havill et al.，2008），Cun 和 Wang（2010，2015）的研究结果也支持中国分布的几种铁杉分化时间较晚。同时 Havill 等的研究结果表明，长苞铁杉 *Nothotsuga longibracteata*（目前被认为属于铁杉属 *Tsuga longibracteata*）与铁杉属的分化时间可追溯至白垩纪中晚期，其类似种化石在日本上新世地层中有发现，湖北省中部地区新近纪硅化木化石也被定为属于长苞铁杉（杨家驹等，1987），因此长苞铁杉的分类地位有待进一步研究。

综合考虑铁杉属的化石记录及其及生物地理学研究结论可知，长苞铁杉可能起源于白垩纪；而铁杉属可能在古新世起源于东亚东部地区，在始新世时期经由古白令陆桥扩散至北美洲西部，再经由北大西洋陆桥扩散至北美洲东部，现生的铁杉、长苞铁杉分布至我国罗霄山脉地区的时间至少在始新世。

穗花杉在罗霄山脉中南段低海拔河谷可形成优势群落。穗花杉属最早化石可见于北美洲西部的晚白垩世地层，中新世时期北美洲、欧洲西部也有化石记录（应俊生和陈梦玲，2011）。穗花杉属现存

的种中穗花杉 *Amentotaxus argotaenia* 的分布区最广泛，云南穗花杉 *Amentotaxus yunnanensis* 和台湾穗花杉 *Amentotaxus formosana* 的叶片及气孔带更宽，可能是由穗花杉分化出来的生态型种。

由化石记录及现代分布可推测，穗花杉属可能在白垩纪起源于亚洲东部中高纬度地区，历史上曾通过北大西洋陆桥由北美洲扩散至欧洲，且在中新世早期就已在东亚地区广布，穗花杉属无疑是重要的早第三纪北热带成分，在喜马拉雅山脉抬升之后形成现代分布格局。

马蹄荷属隶属于金缕梅科，为亚热带地区常绿阔叶林的重要建群种。本属的化石记录最早见于新疆古新世地层（郭双兴等，1984），中新世时期中国云南、美国西部也有化石分布（陶君容，2000），近年来云南腾冲上新世地层也发现本属化石（Wu et al.，2009）。化石记录揭示出本属的历史古老性，而现代马蹄荷属最原始的类群为长瓣马蹄荷，分布于云贵高原地区（张宏达，1994a；应俊生和陈梦玲，2011），结合化石记录可推测本属起源于中国南亚热带地区，属于历史上第三纪北热带成分，曾沿着古地中海北岸及我国东部沿海的常绿阔叶林带扩散，并经由古白令陆桥扩散至北美洲。而马蹄荷属的现代分布区可能形成于第三纪早期。

水青冈属最早的花粉化石可追溯至白垩纪，而最早的叶化石发现于中国抚顺始新世地层，中新世及上新世时期水青冈属的化石就已广布北半球中高纬度地区（应俊生和陈梦玲，2011；Wolfe，1977；Meyer and Manchester，1997），因而本属无疑是适应温带气候的北极-第三纪成分，为第三纪时期常绿落叶阔叶林中的重要组成部分，在中新世以来气候变冷的影响下分布区缩减。浙江中新世地层中天台—宁海地区发现有水青冈属果实化石，同时发现的还有冬青属、黄檀属、枫香树属、鹅耳枥属、槭属、榆属、马甲子属、油杉属等化石，反映了生活环境的气候与我国现代亚热带山地气候一致（李相传，2007）。毫无疑问，水青冈属在中新世时期已广布我国，且其分布区自中新世以来在我国境内的变化不大。

桦属世界共 5 种，分布于东亚地区、西亚高加索地区及东地中海的克里特岛（应俊生和陈梦玲，2011），化石记录最早可追溯至美国蒙大拿州、阿拉斯加州和加拿大艾伯塔古新世地层（Brown，1962；Burnham，1986），始新世至渐新世时期化石记录遍布北半球，而中新世及上新世时期化石记录主要出现于我国及日本，而不见于北美洲地区（斯行健和李洪谟，1954；Burnham，1986；陶君容，2000）。

领春木属为寡种属，间断分布于中国及日本。本属最早化石见于阿拉斯加地区始新世及渐新世地层，我国内蒙古中新世地层及日本上新世地层也有化石发现（Wolfe，1977；陶君容，2000；应俊生和陈梦玲，2011）。领春木的历史分布区变化过程与连香树相似，可能是起源于东亚地区的属。

香果树属仅包括 2 种，香果树在我国长江以南广布，而另一种分布于缅甸及泰国（应俊生和陈梦玲，2011）。本属的化石见于北美俄勒冈州及德国始新世地层（Manchester，1999；Manchester et al.，2009），而依据分子系统学证据推测现存的香果树起源时间在早中新世（Manns et al.，2012），同样 Zhang 等（2016）的研究也表明香果树的群体遗传结构可分为两大支，分化时间在中新世末期（约 5.06Ma 前）。可见现生的香果树是一个分化较晚的类群，按照汤彦承和李良千（1996）关于特有属的意见可将其归为新特有属，其起源地无疑在中国本土。

鹅掌楸属为寡种属，根据目前对木兰科的系统发育研究，木兰科分为木兰亚科及鹅掌楸亚科，而鹅掌楸属是鹅掌楸亚科的唯一代表（Law，1984；Nie et al.，2008），鹅掌楸属在东亚及北美洲各有一种为典型的洲际替代现象，本属在第三纪时期北温带地区约有 10 种。晚白垩世俄罗斯远东、北美洲就已发现鹅掌楸属化石（刘玉壶等，1995），最近对鹅掌楸属的分子系统学研究也表明鹅掌楸与北美鹅掌楸在中新世分化为两支（Parks and Wendel，1990；Azuma et al.，2001）。结合化石资料可知，鹅掌楸属与木兰亚科分化于早白垩世，而在东亚地区分布的鹅掌楸形成孑遗的时间在早中新世（Nie et al.，2008），本属可能起源于北半球高纬度地区，较为适应北亚热带气候，因此鹅掌楸仅见于罗霄山脉北段的九岭山脉，而不见于中南段的井冈山、齐云山地区。

2. 始新世至渐新世

始新世至渐新世时期是现代东亚植物区系形成的关键时期，始新世时期我国南北地区的气候条件较为接近，喜马拉雅山脉抬升初期，北方植物群与南方植物群的交流不存在障碍。根据化石记录，东亚地区广泛分布的科、属在这一时期就已经达到它们现有的分布区（李星学，1995；陶君容，2000）。

始新世中后期至渐新世全球气候逐渐寒冷，渐新世时期的 Oi-L 骤冷事件发生于大约 33.5Ma 前，气温下降致使全球冰量增加、海平面下降、南极冰盖开始形成（江湉，2012），气候开始转凉之后，渐新世的植物区系组成成分中常绿阔叶植物中的孑遗植物锐减，代替它们的是大量的针叶树及温带落叶区系成分（陶君容，2000；孙航和李志敏，2003），而且全球植被经历了热带亚热带雨林向温带落叶林的转变。罗霄山脉地区的大部分落叶性乔木孑遗种就是在这一阶段形成的。

始新世至渐新世起源的孑遗属在系统地位上不如上一类型古老。化石记录时间可追溯至渐新世或始新世中晚期，或者没有化石记录。这些孑遗属属于系统地位较为孤立的木本植物，或者为草本植物，种系有一定程度分化，且有着相对较广的分布区。

这些孑遗属包括秋枫属 *Bischofia*、草珊瑚属 *Sarcandra*、木瓜红属 *Rehderodendron*、南天竹属 *Nandina*、山桂花属 *Bennettiodendron*、檀梨属 *Pyrularia*、三腺金丝桃属 *Triadenum*、紫藤属 *Wisteria*、血水草属 *Eomecon*、赤杨叶属 *Alniphyllum*、山茉莉属 *Huodendron*、珍珠花属 *Lyonia*、钩吻属 *Gelsemium*、银钟花属 *Halesia*、人参属 *Panax*、香槐属 *Cladrastis*、紫荆属 *Cercis*、三白草属 *Saururus*、扯根菜属 *Penthorum*、板凳果属 *Pachysandra*、丫蕊花属 *Ypsilandra*、桃叶珊瑚属 *Aucuba*、青檀属 *Pteroceltis*、金缕梅属 *Hamamelis*、牛鼻栓属 *Fortunearia*、梓属 *Catalpa*、串果藤属 *Sinofranchetia*、毛药花属 *Bostrychanthera*、马蹄香属 *Saruma*、藤山柳属 *Clematoclethra*、秤锤树属 *Sinojackia*、伯乐树属 *Bretschneidera*、山桐子属 *Idesia*、陀螺果属 *Melliodendron*、吊钟花属 *Enkianthus*、刺楸属 *Kalopanax*、刺榆属 *Hemiptele*、通脱木属 *Tetrapanax*、喜树属 *Camptotheca*、白豆杉属 *Pseudotaxus*、茵芋属 *Skimmia*、野鸦椿属 *Euscaphis*、木通属 *Akebia*、青荚叶属 *Helwingia*、木瓜属 *Chaenomeles*、梧桐属 *Firmiana*、棕榈属 *Trachycarpus*、枳椇属 *Hovenia*、八角莲属 *Dysosma*、蛛网萼属 *Platycrater*、白辛树属 *Pterostyrax*、假水晶兰属 *Monotropastrum*、檵木属 *Loropetalum*、旌节花属 *Stachyurus*、黄檗属 *Phellodendron*、茶菱属 *Trapella*、锦带花属 *Weigela*、猫儿屎属 *Decaisnea*、棱果花属 *Barthea*。

金缕梅属约 6 种，间断分布于东亚东部（中国、日本）及北美洲东南部（Wen and Shi，1999）。金缕梅属最早的化石记录见于日本始新世地层，分子系统学研究同样支持金缕梅属的祖先类群分化于始新世时期（51.2Ma 前），但现生种分化时间在中新世时期，金缕梅 *Hamamelis mollis* 与北美洲的金缕梅属种分歧时间在中新世（约 7.1Ma 前）（Xie et al.，2010）。金缕梅在罗霄山脉南北均有分布，形成孑遗的时间应该在中新世中期。

刺楸属为单型属，本属的化石广泛见于中新世地层，包括美国阿拉斯加，日本，中国浙江宁海及山东临朐（Wolfe，1969；陶君容，2000；Hu and Chaney，1940；应俊生和陈梦玲，2011），刺楸具有落叶性，分布区北界可达俄罗斯远东地区，应该是北极-第三纪森林中常见的落叶乔木，刺楸分布至罗霄山脉的时间可能在早中新世。

野鸦椿属仅 1 种，本属的化石记录最早见于欧洲中新世，另外，日本上新世、更新世也有记录（汤彦承和李良千，1996），本属无疑是古地中海闭合之后在第四纪冰期影响下而形成的东亚特有分布格局，被认为是第三纪古地中海植物群的孑遗成分（汤彦承和李良千，1996）。

伞花木属仅 1 种，谱系地理学研究表明其云贵高原、南岭山地、大巴山脉的群体中保存有丰富的古老基因单倍型（Wang et al.，2009），因此伞花木属可能起源于历史上的康滇古陆及华夏古陆南部，而我国南亚热带地区山地是它们在冰期的保存地。根据伞花木属的现代分布中心可推测其属于北热带植物区系的孑遗成分，此外，以华南地区为分布中心的孑遗属秤锤树属、棱果花属、伯乐树属、毛药花属等也应该属于第三纪北热带区系成分，而棱果花属、毛药花属可能属于中新世时期形成的新特有属。

3. 中新世

中新世起源的孑遗种较少，为中新世以来气候波动过程中分化出来的新特有类群，在遭受第四纪冰期之后形成孑遗。罗霄山脉本类型的孑遗种多为草本植物或小型藤本植物，它们的分布区较为狭窄，在系统地位上远不如前两类孑遗种古老。

这些孑遗属包括毛药藤属 *Sindechites*、透骨草属 *Phryma*、异药花属 *Fordiophyton*、竹叶吉祥草属 *Spatholirion*、裂果薯属 *Schizocapsa*、蝙蝠葛属 *Menispermum*、七子花属 *Heptacodium*、桃儿七属 *Sinopodophyllum*、荷青花属 *Hylomecon*、天葵属 *Semiaquilegia*、风龙属 *Sinomenium*、永瓣藤属 *Monimopetalum*、草绣球属 *Cardiandra*。

永瓣藤属仅 1 种，永瓣藤 *Monimopetalum chinense* 间断分布于九岭山脉、幕阜山脉及东部的怀玉山脉，本属可能在中新世时期起源于扬子古陆的九岭—怀玉联合地体，在第四纪冰期的影响下形成目前的间断分布格局（谢国文和孙叶根，1999）。

异药花属 *Fordiophyton* 和裂果薯 *Schizocapsa plantaginea*，现代主要分布于我国南部及东南亚北部地区，它们可能是在中新世时期于气候波动中新分化出来的种，分布区北缘扩散至罗霄山脉地区。

透骨草属 *Phryma* 为东亚—北美间断分布属，东亚、北美各分布有一个地理替代种，分子系统学证明它们的分化时间在中新世中早期（Nie et al.，2006），且属于种系不丰富、分布区狭窄的草本植物。

荷青花 *Hylomecon japonica*、天葵 *Semiaquilegia adoxoides*、桃儿七 *Sinopodophyllum hexandrum*、七子花 *Heptacodium miconioides*、草绣球 *Cardiandra moellendorffii* 主要分布于温带地区或亚热带中高海拔山地，可能是在中新世气候波动中分化出来的较为适宜寒冷气候的种。

袋果草 *Peracarpa carnosa* 隶属于袋果草族 Peracarpeae 袋果草属 *Peracarpa*，袋果草属为单型属。袋果草族的分子系统学及生物地理学研究表明，同钟花属 *Homocodon* 与袋果草属、*Heterocodon* 分化于早中新世（Miocene）（16.84Ma 前），而袋果草属和北美的 *Heterocodon* 则起源于欧亚大陆的共同祖先，分化时间在早中新世（16.17Ma 前）（Zhou et al.，2012）。现代袋果草广泛分布于中国南部、印度北部、东南亚北部、菲律宾群岛及日本，且形态变异多样。

10.5 罗霄山脉植物区系的生物避难所特征

10.5.1 生物避难所的概念及确定

生物避难所是指动植物群在冰期逃避劫难的场所（Heusser，1955；Provan and Bennett，2008；廖文波等，2014）。生物避难所不仅是生物在冰期时的保存地，也是冰期结束，气候回暖时物种重新扩散的源头（Willis and Whittaker，2000；沈浪等，2002）。

生物避难所的确定在早期主要依靠孢粉数据、化石资料、古地理学信息及植物区系中是否有大量的古老性孑遗植物或古特有种（Heusser，1955；Avise，2000；廖文波等，2014）。20 世纪中后期，分子生物学技术快速发展，分子标记技术限制性片段长度多态性（RFLP）、简单序列重复（SSR）、扩增片段长度多态性（AFLP）、cpDNA、mt DNA 被广泛应用于生物避难所的研究（Bowles et al.，1991；Hewitt，2000，2004），形成了生物地理学的一个分支学科，即谱系地理学（Avise et al.，1987）。一般认为一个地区某一物种具有很高的遗传多样性，并具有古老的单倍型基因，即可以推断这一地区为冰期生物避难所。

10.5.2 中国主要的生物避难所

东亚植物区系保存有丰富的第三纪孑遗成分，因此东亚地区被认为是第三纪孑遗植物群分布中心之一。银杉、银杏、水杉等无疑都是起源于白垩世或更早时期的物种，它们在中新世至上新世时期在日本尚有分布，第四纪冰期过后仅存于中国境内亚热带山地，毫无疑问这说明了中国亚热带地区是重要的生物避难所。

以中国为主的东亚地区，尤其是东南部亚热带季风区，自中新世时期形成东亚季风气候之后，气候条件相对稳定，中国范围内多列东西走向的山脉，也有效地阻隔了来自北极地区的寒流，第四纪冰期时受冰川影响远小于欧洲及北美洲。所以中国境内武夷山脉、南岭山脉、云贵高原、大巴山脉、横断山区等地均是重要的生物避难所（周浙昆和 Momohara，2005；陈冬梅等，2011；廖文波等，2014）。

对伞花木（Wang et al.，2009）、青钱柳（Kou et al.，2016）、三叶青（Wang et al.，2015）、香果树（Zhang et al.，2016）、映山红（Li et al.，2012）、栓皮栎（Chen et al.，2012）等物种的亲缘地理学研究表明，中国亚热带山地的生物避难所呈现出多重避难所的性质，这就说明现代东亚地区的种子植物分布格局在第四纪冰期之前早已形成，如青钱柳在东亚的现代分布格局可追溯至早中新世时期（Kou et al.，2016）。

10.5.3　罗霄山脉的生物避难所性质和特征

从孑遗植物的角度出发，廖文波等（2014）对井冈山地区与峨眉山、太白山、武夷山、台湾山地的孑遗种进行了比较，认为孑遗植物是植物区系的重要组成部分，可以很好地反映一个地区植物区系的区划地位，孑遗种的丰富程度也是判断一个地区是否为生物避难所的重要标志，从而认为罗霄山脉中段地区是一个重要的生物避难所。

罗霄山脉地区共分布有孑遗种子植物 165 属 286 种，包括裸子植物 19 属 25 种，以及其他系统地位孤立、古老的被子植物类群。罗霄山脉中南段的井冈山、桃源洞、齐云山、八面山等地还分布有大面积的孑遗植物群落，如穗花杉、大果马蹄荷、福建柏-大果马蹄荷、蕈树、杨梅叶蚊母树、木莲等典型的第三纪古热带成分构成的优势群落。区内中高海拔地区有典型北极-第三纪成分组成的落叶性森林，如蓝果树、檫木、紫茎群落。此外，桃源洞、南风面地区残存有资源冷杉群落；湖南八面山地区有大片银杉-福建柏-铁杉群落；井冈山笔架山地区有大片福建柏-白豆杉-金叶含笑群落。毫无疑问，罗霄山脉，尤其是其中南段是一个具有生物避难所性质的第三纪孑遗植物群分布中心，它既继承了第三纪北热带成分的主体，又自中新世以来在气候波动过程中收纳了不少北极-第三纪成分（这些成分目前主要分布于中高海拔地区常绿落叶阔叶林及针叶落叶阔叶混交林中）。

（1）罗霄山脉地区孑遗种的孑遗特征

罗霄山脉地区共有 165 个孑遗属，可分为 12 个分布区类型，并以热带亚洲（即热带东南亚至印度—马来，太平洋诸岛）分布、东亚—北美间断分布、东亚分布和中国特有分布最为丰富。种水平上，罗霄山脉地区孑遗种以我国亚热带广布种为主，并分别有一些以华南、华中、华东为分布中心的种。罗霄山脉孑遗种的分布特点反映出本地区植物区系发生与东亚植物区系变迁历史的一致性。

（2）罗霄山脉地区孑遗种的历史发生

罗霄山脉地区孑遗种的历史发生主要来源于第三纪古热带成分及北极-第三纪成分，第三纪古地中海成分所占比例不大。

典型的第三纪古热带成分主要为以南岭、云贵高原地区为现代分布中心的常绿植物，包括秀柱花属、蕈树属、水丝梨属、茶梨属、五列木属、福建柏属、马蹄荷属、木莲属、水青冈属、伞花木属、伯乐树属、毛药花属、棱果花属、无叶莲属等、油杉属、三尖杉属。

北极-第三纪成分包括七叶树属、山茱萸属、冷杉属、鹅掌楸属、榧树属、紫茎属、银钟花属、扯根菜属、金钱松属、蓝果树属、檫木属、山桐子属、枳椇属、刺楸属、锦带花属等。

第三纪古地中海成分包括椴属、绵枣儿属及野鸦椿属。

（3）罗霄山脉地区孑遗种的形成时间

罗霄山脉地区孑遗种的形成时间具有阶段性，主要在中新世之前，如上所列的北极-第三纪成分、第三纪古热带成分、第三纪古地中海成分形成时间均大约在这一时期。中新世以来的气候波动造成第三纪古植物群分布区的缩减，北美洲、欧洲等地的类群广泛灭绝，而我国亚热带山地中新世以来气候条件相对稳定，因而保存了大量的孑遗类群。

其他孑遗种如荇菜、莼菜、东方古柯、罗汉松、马桑被认为可能更为古老或更早，它们分布到罗霄山脉地区的时间无疑在"泛古大陆"尚未分裂之前，因此它们在罗霄山脉地区形成孑遗的时间可能在白垩纪晚期。

中新世时期形成了不少新的孑遗类群，如香果树、永瓣藤、七子花、透骨草，它们是中新世中期新分化出来的类群，自中新世以来出现在罗霄山脉地区。

（4）罗霄山脉中南段保存有一个典型的第三纪孑遗植物群

不仅单个种或种群可以是孑遗的，全部植物区系也可以是孑遗的（Wulff and Brissenden，1943）。罗霄山脉中南段分布有丰富的由第三纪孑遗植物构成的优势群落，代表性的有银杉群落、长苞铁杉群落、穗花杉群落、蕈树群落、资源冷杉群落等，它们在第四纪冰期时保存于井冈山、八面山、桃源洞、南风面等山地内的适宜生境，并一直延续至今。

参 考 文 献

陈冬梅, 康宏樟, 刘春江. 2011. 中国大陆第四纪冰期潜在植物避难所研究进展. 植物研究, 31(5): 623-632.

郭双兴, 孙喆华, 李浩敏, 等. 1984. 新疆阿勒泰古新世植物群. 中国科学院南京地质古生物研究所丛刊, (8): 119-146.

江湉, 贾建忠, 邓丽君, 等. 2012. 古近纪重大气候事件及其生物响应. 地质科技情报, 31(3): 31-38.

李相传. 2007. 浙江东部晚新生代植物群及其古气候研究. 兰州大学博士学位论文.

李星学. 1995. 中国地质时期植物群. 广州: 广东科技出版社.

廖文波, 王英永, 李贞, 等. 2014. 中国井冈山地区生物多样性综合科学考察. 北京: 科学出版社.

刘玉壶, 夏念和, 杨慧秋. 1995. 木兰科(Magnoliaceae)的起源、进化和地理分布. 热带亚热带植物科学, 3(4): 1-12.

刘裕生, 郑亚惠. 1995. 晚第三纪植物群//李星学, 周志炎, 蔡重阳, 等. 中国地质时期植物群. 广州: 广东科技出版社: 383-416.

刘忠成, 朱晓枭, 凡强, 等. 2017. 自海南岛至罗霄山脉中段大果马蹄荷群落纬度地带性研究. 生态学报, 37(10): 1-14.

毛康珊. 2010. 广义柏科的生物地理学研究: 从板块漂移理论到冰期避难所. 兰州大学博士学位论文.

沈浪, 陈小勇, 李媛媛. 2002. 生物冰期避难所与冰期后的重新扩散. 生态学报, 22(11): 1983-1990.

斯行健, 李洪谟. 1954. 湖南第三纪晚期植物群. 古生物学报, 2(2): 189-206.

孙航, 李志敏. 2003. 古地中海植物区系在青藏高原隆起后的演变和发展. 地球科学进展, 18(6): 852-862.

孙克勤, 崔金钟, 王士俊. 2016. 中国化石裸子植物(上). 北京: 高等教育出版社.

汤彦承, 李良千. 1994. 忍冬科(狭义)植物地理及其对认识东亚植物区系的意义. 植物分类学报, 32(3): 197-218.

汤彦承, 李良千. 1996. 试论东亚被子植物区系的历史成分和第三纪源头——基于省沽油科、刺参科和忍冬科植物地理的研究. 植物分类学报, 34(5): 453-478.

陶君容. 2000. 中国晚白垩世至新生代植物区系发展演变. 北京: 科学出版社.

王荷生. 1992. 植物区系地理. 北京: 科学出版社.

王士俊, 崔金钟, 杨永, 等. 2016. 中国化石裸子植物(下). 北京: 高等教育出版社.

王宇飞, 杨健, 徐景先, 等. 2009. 中国新生代植物演化及古气候、古环境重建研究进展. 古生物学报, 48(3): 569-576.

吴鲁夫 E B. 1960. 历史植物地理学引论. 钟崇信, 张梦庄译. 北京: 科学出版社.

吴征镒, 周浙昆, 孙航, 等. 2006. 中国种子植物分布区类型及其起源和分化. 昆明: 云南科技出版社.

谢国文, 孙叶根. 1999. 中国特有的永瓣藤属植物区系地理性质与特征. 地理研究, 18(2): 130-135.

徐仁, 陶君容, 孙湘君. 1973. 希夏邦马峰高山栎化石层的发现及其在植物学和地质学上的意义. 植物学报, 15(1): 103-119.

杨家驹, 齐国凡, 徐瑞瑚, 等. 1987. 鄂中一些被子植物硅化木研究. 植物学报, 29(3): 309-313.

应俊生, 陈梦玲. 2011. 中国植物地理. 北京: 科学出版社: 145-167.

应俊生, 张玉龙. 1994. 中国种子植物特有属. 北京: 科学出版社.

张宏达. 1994a. 再论华夏植物区系. 中山大学学报(自然科学版), 33(2): 1-9.

张宏达. 1994b. 地球植物区系分区提纲. 中山大学学报(自然科学版), 33(3): 1-9.

周浙昆, Momohara A. 2005. 一些东亚特有种子植物的化石历史及其植物地理学意义. 云南植物研究, 27(5): 449-470.

《中国中新生代植物》编写组. 1978. 中国植物化石　第三册: 中国新生代植物. 北京: 科学出版社.

APG III. 2009. An update of the Angiosperm Phylogeny Group classification for the orders and families of flowering plants. APG III. Botanical Journal of the Linnean Society, 161: 105-121.

APG IV. 2016. An update of the Angiosperm Phylogeny Group classification for the orders and families of flowering plants: APG IV. Botanical Journal of the Linnean Society, 181(1): 1-20.

Avise J C. 2000. Phylogeography: the History and Formation of Species. Boston: Harvard University Press.

Avise J C, Arnold J, Ball R M, et al. 1987. Intraspecific phylogeography: the mitochondrial DNA bridge between population genetics and systematics. Annual Review of Ecology and Systematics, 18: 489-522.

Azuma H, Garcia-Franco J G, Rico-Gray V, et al. 2001. Molecular phylogeny of Magnoliaceae, the biogeography of tropical and temperate disjunctions. American Journal of Botany, 88(12): 2275-2285.

Bowles E C, Rieman B E, Mauser G R, et al. 1991. Effects of introductions of Mysis relicta on fisheries in northern Idaho. American Fisheries Society Symposium, 9: 65-74.

Brown R W. 1962. Paleocene flora of the Rocky Mountains and Great Plains. U. Professional Paper, 375: 1-119.

Burnham R J. 1986. Folia morphological analysis of the Ulmoideae (Ulmaceae) from the Early Tertiary of Western North American. Palaeontographica, B201: 135-167.

Chen D M, Zhang X X, Kang H Z, et al. 2012. Phylogeography of Quercus variabilis based on chloroplast DNA sequence in East Asia: multiple glacial refugia and mainland-migrated island populations. PLoS One, 7(10): e47268.

Cun Y Z, Wang X Q. 2010. Plant recolonization in the Himalaya from the southeastern Qinghai-Tibetan Plateau: geographical isolation contributed to high population differentiation. Molecular Phylogenetics and Evolution, 56: 972-982.

Cun Y Z, Wang X Q. 2015. Phylogeography and evolution of three closely related species of Tsuga (hemlock) from subtropical eastern Asia: further insights into speciation of conifers. Journal of Biogeography, 42: 315-327.

Ferguson D K. 1967. On the phytogeography of Coniferales in the European Cenozoic. Palaeogeography, Palaeoclimatology, Palaeoecology, 3: 73-110.

Florin R. 1963. The distribution of conifer and taxad genera in time and space. Acta Horti Bergiani, 20(4): 121-312.

Habel J C, Assmann T. 2010. Relict Species: Phylogeography and Conservation Biology. New York: Springer-Verlag.

Havill N P, Campbell C S, Vining T F, et al. 2008. Phylogeny and biogeography of Tsuga (Pinaceae) inferred from nuclear ribosomal ITS and chloroplast DNA sequence data. Systematic Botany, 33: 478-489.

He W L, Sun B N, Liu Y S. 2012. Fokienia shengxianensis sp. nov. (Cupressaceae) from the late Miocene of Eastern China and its paleoecological implications. Review of Palaeobotany and Palynology, 176-177: 24-34.

Heusser C J. 1955. Pollen profiles from the Queen Charlotte Islands, British Columbia. Canadian Journal of Botany, 33(5): 429-449.

Hewitt G M. 2000. The genetic legacy of the quaternary ice ages. Nature, 405(6789): 907-913.

Hewitt G M. 2004. Genetic consequences of climatic oscillations in the Quaternary. Philosophical Transactions of the Royal Society B, 359(1442): 183-195.

Hu H H, Chaney R W. 1940. A. Miocene flora from Shantung Province, China. Washington: Carnegie Institution of Washington Publication, Vol. 507: 1-147.

Huang L L, Jin J H, Oskolski A A. 2021. Mummified fossil of Keteleeria from the Late Pleistocene of Maoming Basin, South China, and its phytogeographical and paleoecological implications. Journal of Systematics and Evolution, doi: 10.1111/jse.12540.

Huang W, Sun H, Deng T, et al. 2013. Molecular phylogenetics and biogeography of the Eastern Asian-Eastern North American disjunct Mitchella and its close relative Damnacanthus (Rubiaceae, Mitchelleae). Botanical Journal of the Linnean Society, 171(2): 395-412.

Kou Y X, Cheng S M, Tian S, et al. 2016. The antiquity of Cyclocarya paliurus (Juglandaceae) provides new insights into the evolution of relict plants in subtropical China since the late Early Miocene. Journal of Biogeography, 43: 351-360.

Law Y W. 1984. A preliminary study on the taxonomy of the family Magnoliaceae. Acta Phytotaxon Sin, 22: 80-109.

Li Y, Yan H F, Ge X J. 2012. Phylogeographic analysis and environmental niche modeling of widespread shrub Rhododendron simsii in China reveals multiple glacial refugia during the last glacial maximum. Journal of Systematics and Evolution, 50(4): 362-373.

Lomolino M V, Riddle B R, Brown J H. 2006. Biogeography. Sunderland: Sinauer Associates.

Manchester S R. 1999. Biogeographical relationships of North American Tertiary Floras. Annals of the Missouri Botanical Garden, 86(2): 472-522.

Manchester S R, Xiang Q Y, Kodrul T M, et al. 2009. Leaves of Cornus (Cornaceae) from the Paleocene of North America and Asia Confirmed by Trichome Characters. International Journal of Plant Sciences, 170(1): 132-142.

Manns U, Wikström N, Taylor C M, et al. 2012. History Biogeography of the predominantly neotropical subfamily

Cinchonoideae (Rubiaceae): into or out of American? International Journal of Plant Sciences, 173(3): 261-286.

McIver E E. 1992. Fossil *Fokienia* (Cupressaceae) from the Paleocene of Alberta, Canada. Canadian Journal of Botany, 70: 742-749.

McIver E E, Basinger J F. 1990. Fossil seed cones of *Fokienia* (Cupressaceae) from the Paleocene Ravenscrag Formation of Saskatchewan, Canada. Canadian Journal of Botany, 68(7): 1609-1618.

Meyer H W, Manchester S R. 1997. The Oligocene Bridge Creek Flora of the John Day Formation Oregon. Univ Calif Publ Geol Sci, 141: 1-195.

Milne R L, Abbott R J. 2002. The origin and evolution of Tertiary relict flora. Advances in Botanical Research, 38(4): 281-314.

Nie Z L, Sun H, Beardsley P M, et al. 2006. Evolution of biogeographic disjunction between eastern Asia and Eastern North American in *Phryma* (Phrymaceae). American Journal of Botany, 93(9): 1343-1356.

Nie Z L, Wen J, Hiroshi A, et al. 2008. Phylogenetic and biogeographic complexity of Magnoliaceae in the Northern Hemisphere inferred from three nuclear data sets. Molecular Phylogenetics and Evolution, 48(3): 1027-1040.

Parks C R, Wendel J F. 1990. Molecular divergence between Asian and North American species of *Liriodendron* (Magnoliaceae) with implications for interpretation of fossil floras. American Journal of Botany, 77: 1243-1256.

Provan J, Bennett K D. 2008. Phylogeographic insights into cryptic glacial refugia. Trends in Ecology & Evolution, 23(10): 564-571.

Wang H W, Ge S. 2006. Phylogeography of the endangered *Cathaya argyrophylla* (Pinaceae) inferred from sequence variation of mitochondrial and nuclear DNA. Molecular Ecology, 15: 4109-4122.

Wang J, Gao P X, Kang M, et al. 2009. Refugia within refugia: the case study of a canopy tree (*Eurycorymbus cavaleriei*) in subtropical China. Journal of Biogeography, 336: 2156-2164.

Wang Y H, Jaing W M, Comes H P, et al. 2015. Molecular phylogeography and ecological niche modelling of a widespread herbaceous climber, *Tetrastigma hemsleyanum* (Vitaceae): insights into Plio-Pleistocene range dynamics of evergreen forest in subtropical China. New Phytologist, 206: 852-867.

Wen J. 1999. Evolution of eastern Asian and Easter North American disjunct distribution in flowering plants. Annual Review of Ecology and Systematics, 30: 421-455.

Wen J, Shi S H. 1999. A phylogenetic and biogeographic study of *Hamamelis* (Hamamelidaceae), an eastern Asian and eastern North American disjunct genus. Biochemical Systematics & Ecology, 27: 55-66.

Willis K J, Whittaker R J. 2000. The refugial debate. Science, 287(5457): 1406-1407.

Wolfe J A. 1969. Neogene floristic and vegetational history of the Pacific Northwest. Madrono, 20: 83-110.

Wolfe J A. 1977. Paleogene floras from the Gulf of Alaska Region. Profess Pap US Geol Surv, 997: 1-107.

Wu J Y, Sun B N, Liu Y S, et al. 2009. A new species of *Exbucklandia* (Hamamelidaceae) from the Pliocene of China and its paleoclimatic significance. Review of Palaeobotany and Palynology, 155: 32-41.

Wulff E V, Brissenden E. 1943. An Introduction to Historical Plant Geography. Waltham: Chronica Botanica.

Xie L, Yi T S, Li R, et al. 2010. Evolution and biogeographic diversification of the witch-hazel genus (*Hamamelis* L., Hamamelidaceae) in the Northern Hemisphere. Molecular Phylogenetics and Evolution, 56(2): 675-689.

Zhang Y H, Wang L J, Comes H P, et al. 2016, Contributions of historical and contemporary geographic and environmental factors to phylogeographic structure in a Tertiary relict species, *Emmenopterys henryi* (Rubiaceae). Scientific Reports, 6: 24041.

Zhou Z, Wen J, Li G D, et al. 2012. Phylogenetic assessment and biogeographic analyses of tribe Peracaepeae (Campanulaceae). Plant Systematics and Evolution, 298(2): 323-336.

第11章　罗霄山脉植物区系的替代分化、地理亲缘和区系区划

摘　要　罗霄山脉区域内主体山地均属于亚热带性质植物区系的代表，且南北段山地存在明显差异。对罗霄山脉区域内 5 条中型山脉 17 个主体山地与其他邻近地区 40 个区系 R/T 值进行比较，分析区系谱及属相似性聚类，结果表明，57 个区系可分为四大地区：①华北地区，包括太行山区、冀西北山地等；②西藏—横断山脉地区，包括西藏山地、高黎贡山、横断山脉；③西南—华南地区，包括西双版纳、海南山地、南岭、大瑶山、九连山等；④华中—华东地区，包括罗霄山脉内主要山地及峨眉山、秦岭山地、武夷山、三清山、天目山、大别山等。罗霄山脉区系区划上属于华中省与华南省交界地带。因此，在区系区划上应取消"华东地区"，并将其北部划入华中省，南部划入华南省。罗霄山脉的区系区划北段属于华中省长江下游山地亚省幕阜—九岭县，南段属于华南省武夷山—罗霄山亚省罗霄山县。

11.1　罗霄山脉区域内植物区系的差异和地理亲缘

11.1.1　罗霄山脉区域内 17 个山地植物区系组成和相似性

　　属是较为自然的分类单位，在植物区系研究中较科、种的分析更具有优点（王荷生，1992）。因此，本节重点以属为基本单位来分析罗霄山脉地区植物区系的过渡性。为研究罗霄山脉内部植物区系的替代现象，选取了 17 个坐落于罗霄山脉区域内的山地，通过文献资料收集及近年采集的标本数据，修订完善这些山地的植物区系名录，对科、属分布区类型以及种的组成进行分析，结果如下（表 11-1）。

表 11-1　罗霄山脉区域内 17 个山地植物区系的差异

山地	科数	属数	种数[①]	广布科	热带性科	温带性科[②]	中国特有科[②]	广布属	热带性属	温带性属[②]	中国特有属[②]
罗霄山脉（整体）	179	1107	4314	56	83	38	2	89	484	481	53
江西井冈山	168	825	2022	57	74	35	2	72	366	360	27
江西九岭山	163	745	1660	56	71	35	1	73	332	323	17
湖南桃源洞	159	774	2024	57	66	34	2	71	328	353	22
江西官山	159	761	1756	56	67	34	2	72	314	350	25
江西武功山	159	789	2001	56	67	35	1	69	351	347	22
湖南八面山	158	696	1572	52	71	34	1	65	310	301	20
湖北九宫山	157	658	1440	56	62	37	2	70	229	335	24
湖南幕阜山	156	672	1361	57	62	35	2	73	265	321	13
江西庐山	156	730	1725	57	61	36	2	75	277	359	19
江西七溪岭	155	642	1433	54	67	33	1	61	283	280	18
江西齐云山	155	756	2097	52	71	32	0	67	373	294	22
湖南大围山	152	662	1370	55	61	34	2	64	274	309	15
江西南风面	150	679	1518	53	62	33	2	64	266	330	19
江西大岗山	145	657	1354	53	61	31	0	64	293	286	14

山地	科数	属数	种数①	广布科	热带性科	温带性科②	中国特有科②	广布属	热带性属	温带性属②	中国特有属②
江西伊山	145	637	1289	51	63	30	1	59	261	299	18
江西高天岩	144	569	1165	49	62	32	1	59	242	262	6
江西瑞昌③	132	490	910	51	51	28	2	59	186	235	10

①种数包括种下等级；②此处，为方便比较，温带性科、温带性属未包括中国特有科、中国特有属；③江西瑞昌省级自然保护区。

　　罗霄山脉 17 个山地中，所包含科、属、种较多的山地有齐云山（科/属/种，下同）155/756/2097、桃源洞 159/774/2024、井冈山 168/825/2022、武功山 159/789/2001、官山 159/761/1756、九岭山 163/745/1660。南部、中部主体山地具有更高的物种多样性，又以齐云山、桃源洞种数最丰富的，且齐云山的区系特征表现出较强的热带性，包括 373 个热带性属，为这些山地中热带性属最多的地区。而科总数较多的则为井冈山、九岭山、官山、武功山，这几个山地均处于罗霄山脉中段，它们的区系特征表现出明显的过渡性、交汇性，分布有较多的温带性科、温带性属，如黑三棱属、永瓣藤属、雪胆属、鹅掌楸属、刺柏属等，因而在科、属的丰富度上略高于齐云山。罗霄山脉北段的主体山地含物种数较少，为 1200~1756 种，江西瑞昌是为了南方红豆杉群落而建立的，江西高天岩处于武功山、井冈山地区的过渡带，两地面积均较少，植被、区系受到一定程度的干扰，物种数因而较少。

11.1.2　罗霄山脉区域内 17 个山地植物区系科属种的地理亲缘

　　具有相近发生历史的植物区系一般包含许多共通的属种，因而区系间地理成分组成的相似性可在一定程度上反映出它们的亲缘关系。为分析罗霄山脉地区内山地间植物区系过渡性的差异，特别选取罗霄山脉 5 条中型山脉的 17 个山地，针对科、属、种的地理成分相似性进行比较。评估、分析两个地区间植物区系的区系关系或亲缘程度时，常用相似性系数进行计算。这个方法最早是 Jaccard（1901）提出来的，即：

$$S_J = C/(A + B - C) \times 100\%$$

式中，S_J 为两地间的物种相似性系数，即 Jaccard 系数；A 为甲地全部物种数；B 为乙地全部物种数；C 为 A、B 两地共有物种数。

　　之后 Sørensen（1948）通过数学论证，修正了 Jaccard 所提出的相似性系数公式，该公式在我国植物区系研究中广泛应用，张镱理（1998）对该公式进行了评估。在此亦适用，即：

$$S = 2c/(a + b)$$

式中，S 为甲、乙两地的相似性系数；c 为甲、乙两地共有的分类单位数量；a 为甲地分类单位数量；b 为乙地分类单位数量。通过计算，17 个山地间的科、属、种相似性系数见表 11-2~表 11-4。

表 11-2　罗霄山脉区域内 17 个山地科的相似性系数

山地	湖北九宫山	湖南幕阜山	湖南八面山	湖南大围山	湖南桃源洞	江西大岗山	江西高天岩	江西官山	江西井冈山	江西九岭山	江西庐山	江西南风面	江西七溪岭	江西齐云山	江西瑞昌	江西武功山	江西伊山
湖北九宫山	1.00																
湖南幕阜山	0.94	1.00															
湖南八面山	0.92	0.92	1.00														
湖南大围山	0.94	0.95	0.95	1.00													
湖南桃源洞	0.94	0.95	0.96	0.96	1.00												
江西大岗山	0.91	0.92	0.92	0.93	0.93	1.00											
江西高天岩	0.92	0.92	0.93	0.93	0.93	0.92	1.00										
江西官山	0.94	0.94	0.95	0.96	0.97	0.93	0.93	1.00									
江西井冈山	0.92	0.93	0.95	0.94	0.97	0.92	0.92	0.96	1.00								

续表

山地	湖北九宫山	湖南幕阜山	湖南八面山	湖南大围山	湖南桃源洞	江西大岗山	江西高天岩	江西官山	江西井冈山	江西九岭山	江西庐山	江西南风面	江西七溪岭	江西齐云山	江西瑞昌	江西武功山	江西伊山
江西九岭山	0.94	0.95	0.94	0.95	0.96	0.93	0.92	0.96	0.95	1.00							
江西庐山	0.96	0.96	0.92	0.94	0.95	0.94	0.94	0.95	0.94	0.95	1.00						
江西南风面	0.93	0.93	0.94	0.95	0.94	0.93	0.93	0.96	0.94	0.95	0.93	1.00					
江西七溪岭	0.92	0.92	0.96	0.96	0.96	0.93	0.93	0.96	0.95	0.94	0.93	0.93	1.00				
江西齐云山	0.91	0.91	0.96	0.94	0.94	0.91	0.93	0.94	0.95	0.93	0.91	0.92	0.95	1.00			
江西瑞昌	0.89	0.90	0.89	0.92	0.89	0.90	0.91	0.89	0.88	0.88	0.91	0.90	0.90	0.89	1.00		
江西武功山	0.94	0.95	0.96	0.95	0.98	0.93	0.94	0.97	0.97	0.94	0.96	0.94	0.95	0.94	0.89	1.00	
江西伊山	0.92	0.92	0.94	0.95	0.95	0.92	0.96	0.94	0.92	0.94	0.94	0.94	0.93	0.91	0.93	0.93	1.00

表 11-3　罗霄山脉区域内 17 个山地属的相似性系数

山地	湖北九宫山	湖南幕阜山	湖南八面山	湖南大围山	湖南桃源洞	江西大岗山	江西高天岩	江西官山	江西井冈山	江西九岭山	江西庐山	江西南风面	江西七溪岭	江西齐云山	江西瑞昌	江西武功山	江西伊山
湖北九宫山	1.00																
湖南幕阜山	0.79	1.00															
湖南八面山	0.75	0.83	1.00														
湖南大围山	0.78	0.86	0.85	1.00													
湖南桃源洞	0.79	0.86	0.87	0.85	1.00												
江西大岗山	0.79	0.83	0.81	0.82	0.82	1.00											
江西高天岩	0.75	0.82	0.82	0.82	0.82	0.82	1.00										
江西官山	0.80	0.85	0.84	0.84	0.87	0.86	0.82	1.00									
江西井冈山	0.77	0.83	0.85	0.82	0.88	0.82	0.79	0.87	1.00								
江西九岭山	0.78	0.85	0.83	0.84	0.86	0.85	0.81	0.88	0.86	1.00							
江西庐山	0.79	0.83	0.78	0.82	0.83	0.82	0.79	0.86	0.83	0.84	1.00						
江西南风面	0.75	0.82	0.79	0.80	0.82	0.79	0.79	0.82	0.82	0.82	0.82	1.00					
江西七溪岭	0.74	0.80	0.82	0.81	0.83	0.81	0.82	0.83	0.85	0.81	0.78	0.79	1.00				
江西齐云山	0.73	0.80	0.84	0.80	0.82	0.80	0.77	0.80	0.84	0.81	0.76	0.77	0.82	1.00			
江西瑞昌	0.74	0.75	0.71	0.74	0.72	0.76	0.77	0.74	0.71	0.73	0.76	0.72	0.72	0.68	1.00		
江西武功山	0.78	0.83	0.84	0.83	0.87	0.86	0.80	0.88	0.87	0.85	0.83	0.80	0.82	0.81	0.71	1.00	
江西伊山	0.79	0.83	0.81	0.82	0.82	0.81	0.83	0.84	0.81	0.82	0.81	0.80	0.80	0.77	0.76	0.81	1.00

表 11-4　罗霄山脉区域内 17 个山地种的相似性系数

山地	湖北九宫山	湖南幕阜山	湖南八面山	湖南大围山	湖南桃源洞	江西大岗山	江西高天岩	江西官山	江西井冈山	江西九岭山	江西庐山	江西南风面	江西七溪岭	江西齐云山	江西瑞昌	江西武功山	江西伊山
湖北九宫山	1.00																
湖南幕阜山	0.59	1.00															
湖南八面山	0.52	0.64	1.00														
湖南大围山	0.58	0.70	0.67	1.00													
湖南桃源洞	0.56	0.66	0.71	0.67	1.00												
江西大岗山	0.58	0.62	0.60	0.63	0.60	1.00											
江西高天岩	0.54	0.57	0.58	0.63	0.61	0.62	1.00										
江西官山	0.59	0.62	0.63	0.66	0.67	0.71	0.63	1.00									
江西井冈山	0.57	0.61	0.64	0.63	0.70	0.64	0.59	0.74	1.00								

山地	湖北九宫山	湖南幕阜山	湖南八面山	湖南大围山	湖南桃源洞	江西大岗山	江西高天岩	江西官山	江西井冈山	江西九岭山	江西庐山	江西南风面	江西七溪岭	江西齐云山	江西瑞昌	江西武功山	江西伊山
江西九岭山	0.59	0.63	0.61	0.64	0.64	0.66	0.62	0.68	0.66	1.00							
江西庐山	0.60	0.61	0.56	0.64	0.62	0.62	0.62	0.66	0.65	0.67	1.00						
江西南风面	0.54	0.59	0.58	0.61	0.62	0.59	0.61	0.62	0.66	0.64	0.65	1.00					
江西七溪岭	0.52	0.59	0.61	0.61	0.63	0.63	0.63	0.66	0.74	0.62	0.60	0.62	1.00				
江西齐云山	0.47	0.54	0.63	0.56	0.65	0.57	0.55	0.61	0.66	0.59	0.55	0.58	0.62	1.00			
江西瑞昌	0.55	0.55	0.48	0.54	0.49	0.58	0.61	0.54	0.50	0.55	0.60	0.53	0.51	0.43	1.00		
江西武功山	0.55	0.60	0.64	0.64	0.68	0.65	0.59	0.68	0.68	0.64	0.63	0.61	0.63	0.62	0.49	1.00	
江西伊山	0.59	0.62	0.57	0.63	0.59	0.62	0.64	0.65	0.61	0.64	0.64	0.60	0.60	0.53	0.61	0.58	1.00

（1）17个山地间科的相似性

罗霄山脉区域内各组成山地在植物区系组成上比较相似（表11-2），17个山地间科的相似性系数均大于等于0.88，这体现了罗霄山脉地区内区系发生的统一性。此外，在地理位置上较近的山地间科的相似性也较高，如高天岩、八面山、七溪岭与南风面之间的科相似性系数均大于0.93；又如井冈山与桃源洞之间为东西坡关系，相似性系数为0.97，官山与九岭山处于同一个山脉，相似性系数为0.96等。但在罗霄山脉范围内随着山地间地理距离的增加，植物区系间科的相似性系数递减规律不甚明显；表现科这一等级在区系间的扩散其范围是更为广泛的。

（2）17个山地间属的相似性

相对于科，属、种在不同山地间的分化更为明显，因而更能体现不同山地间区系组成的差异性及过渡性。从属的相似性系数可以看出，罗霄山脉地区各山地间属相似性系数都大于0.7，即区系亲缘较近，并且与山地间的地理距离相关性明显，即随着距离的增加而减小。以齐云山为例，与之相似性系数最高的为西南部的八面山及北部的井冈山，均为0.84，与桃源洞、七溪岭的相似性系数也都在0.81以上，而与武功山、九岭山、幕阜山的相似性系数次之，为0.80~0.81（表11-3）。

山地海拔的差异性也可以影响不同山地间属的相似性系数，如位于万洋山脉的南风面，海拔较高，与邻近的诸广山脉但海拔较低的齐云山的属的相似性系数仅有0.77，再如与齐云山海拔相当的武功山、幕阜山、官山的属的相似性系数为0.80~0.81，这种差异是因为高海拔地区有更多适应温带气候的属出现，所以前者与南风面差异较大，而后者与罗霄山脉北段有更多温带性的共通属。

此外，区系相似性系数的大小受山地内所包含分类单元的丰富度影响，属种丰富的山地间属的相似性系数一般较高，而种系较少的区系与其他地区的属相似性系数较低，如武功山地区分布有789属2001种，其与罗霄山脉范围南北各处山地的属相似性系数多在0.78~0.88。江西瑞昌所包含属、种数最少，因此与其他山地间属的相似性系数均在0.7左右，是一个受干扰较大的区系。

（3）17个山地间种的相似性

一个物种分布区的形成总是受到各种条件的制约，如历史成因、气候变化、人类活动等，种的分布区扩散也具有偶然性及制约性。种的分布区一般较其所在科、属的分布区明显要小，因而种覆盖不同山地，形成共通性的程度会明显地较科、属为低。种区系比较的结果非常明显，罗霄山脉地区17个山地间种的相似性系数大多在0.50~0.74（表11-4），说明区系亲缘较近，但相似性明显较属为低。有几个特殊的变化，江西瑞昌区系受干扰较大而与其他山地间相似性系数低，小至0.43；此外，齐云山与九宫山种的相似性系数为0.47，接近0.5，前者在最南，后者在最北，差异较大也可以理解，九宫山开发旅游较早，它的区系组成其实也是受到干扰的。

在5条中型山脉之间，处于同一山脉的山地间种的相似性系数一般较高。例如，万洋山脉的七溪岭、井冈山、南风面、桃源洞，种的相似性系数为0.62~0.74，是较高的，山体相连为物种迁徙提供了生物走廊。而武功山脉三个山地（如武功山、高天岩、大岗山）间的种相似性系数为 0.59~0.65；九岭山脉山地（如九岭山、官山、大围山）间的种相似性系数为 0.64~0.68；幕阜山脉几个山地大多受过干扰，山地（如九宫山、幕阜山、庐山、伊山等）间种相似性系数普遍较低，为 0.55~0.64。山脉内山体的连通性可为植物区系的迁徙提供廊道，王文采（1992）在研究东亚植物区系的分布式样时曾提出我国种子植物迁徙的 3 条路线，而这种沿着山体迁移的植物分布现象无疑也存在于罗霄山脉地区。

　　罗霄山脉内 5 条中型山脉之间也存在着地理隔离，因此 5 条山脉之间也存在明显的区系过渡及替代现象。齐云山植物区系的热带性最强，包含较多的南亚热带种，齐云山与万洋山脉、诸广山脉、武功山脉地区主要山地的种相似性系数在 0.58~0.66，而与九岭山脉、幕阜山脉内山地种的相似性系数较低，为 0.47~0.61，且与幕阜山、九宫山、伊山、江西瑞昌种的相似性系数均在 0.43~0.54，这可能暗示着幕阜山脉与其他几条山脉在区系性质上存在明显差异（表 11-4）。

11.2　罗霄山脉区域内各山地地理成分的差异和 *R/T* 值

　　由图 11-1 可知，罗霄山脉区域内各组成山地植物区系的热带性属占非世界属的比例，大致是随纬度的升高而减小，其中以齐云山所占比例最高，达 53.14%，含 373 个热带性属；热带性属占非世界属比例最低的几个山地除南风面外，均处于罗霄山脉北段的幕阜山脉。温带性属所占的比值则随纬度的升高而增大，即与维度成正相关关系，温带性属比值最大的是九宫山，为 61.05%，含温带性属 359 属（包括中国特有属 24 属）。罗霄山脉中段的七溪岭、井冈山、武功山、大岗山、八面山及北段南部的九岭山热带性属与温带性属基本持平。

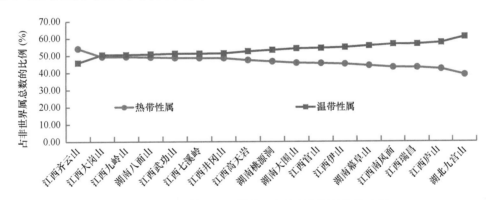

图 11-1　热带性属及温带性属占非世界属总数的比例
自南向北热带性属比例降低，温带性属比例增高

　　罗霄山脉区域内各山地间的区系性质表现出一定的同质性，属的分布区类型均缺少地中海分布区类型，且均以 T2（泛热带）、T7[热带亚洲（即热带东南亚至印度—马来，太平洋诸岛）]、T8（北温带）、T14（东亚）分布型占优势（表 11-5）。

表 11-5　罗霄山脉区域内 17 个山地区系谱

山地	R/T 值	T1	T2	T3	T4	T5	T6	T7	T8	T9	T10	T11	T12	T13	T14	T15
江西九岭山	0.98	9.79	20.27	2.53	7.15	6.41	2.24	10.88	17.44	7.60	6.41	1.34	0.30	0.30	14.61	2.53
湖南八面山	0.97	9.33	19.68	2.70	6.35	6.19	2.70	11.59	16.98	8.73	5.40	1.11	0.32	0.32	14.76	3.17
江西大岗山	0.98	9.73	20.77	2.68	7.71	5.53	1.68	10.72	17.09	6.87	6.37	1.34	0.50	0.34	15.24	2.35
江西武功山	0.95	8.75	19.89	2.50	7.37	5.42	2.23	11.40	17.52	7.79	5.70	1.25	0.56	0.28	15.02	3.06
江西七溪岭	0.95	9.50	19.83	2.41	6.90	5.34	2.41	11.90	18.28	8.45	5.34	1.21	0.17	0.34	14.31	3.10
江西井冈山	0.95	8.73	19.28	2.26	6.65	5.85	1.99	12.63	16.62	7.98	6.38	1.33	0.66	0.13	14.63	3.59
江西齐云山	1.18	8.86	23.06	3.29	8.24	7.91	2.64	16.31	17.30	8.24	5.77	1.32	0.33	0.33	14.99	3.62

续表

山地	R/T值	T1	T2	T3	T4	T5	T6	T7	T8	T9	T10	T11	T12	T13	T14	T15
江西高天岩	0.90	10.37	19.80	2.75	7.25	5.10	1.96	10.59	19.22	8.82	5.29	1.37	0.39	0.39	15.88	1.18
湖南桃源洞	0.88	9.17	18.23	2.42	6.55	6.13	1.71	11.68	18.66	8.12	5.98	1.57	0.43	0.28	15.10	3.13
湖南大围山	0.85	9.67	19.01	2.91	6.68	5.31	2.05	10.96	19.35	8.56	6.68	1.37	0.51	0.34	15.92	2.57
江西官山	0.84	9.44	18.90	2.33	6.40	5.09	1.74	11.19	18.60	7.85	7.27	1.31	0.58	0.15	14.97	3.63
江西伊山	0.83	9.25	19.24	2.25	6.41	5.55	2.08	9.71	17.85	8.15	6.93	1.91	0.35	0.35	16.12	3.12
湖南幕阜山	0.80	10.85	19.23	2.34	6.19	4.85	2.01	9.70	19.57	8.86	6.86	1.34	0.33	0.33	16.22	2.17
江西瑞昌	0.76	12.02	20.93	2.09	6.51	3.49	1.63	8.60	21.40	7.67	7.44	2.09	0.70	0.47	14.65	2.33
江西南风面	0.76	9.43	18.37	2.11	5.85	4.72	1.79	10.41	19.67	9.27	7.80	1.46	0.33	0.33	14.80	3.09
江西庐山	0.73	10.27	18.96	2.14	5.50	5.50	1.07	9.17	20.34	9.17	6.88	1.68	0.61	0.31	15.75	2.91
湖北九宫山	0.64	10.62	17.55	1.87	5.79	3.75	1.53	8.52	19.76	8.69	8.86	1.53	1.19	0.34	16.52	4.09
罗霄山脉（整体）	0.91	8.04	17.68	2.06	6.29	6.78	2.26	12.48	15.62	7.66	7.07	1.38	0.79	0.20	14.54	5.21

注：R/T 值为热带性属与温带性属的比值，此处温带性属含中国特有属；各山地区系的地理成分中，世界广布属 T1 的比值为其占属总数的比值（单位为%），其他分布区类型（T2~T15）的比值为该分布区类型属数与该山地非世界属总数的比值。

　　热带性属与温带性属的比值（R/T 值）是研究植物区系性质和过渡性的重要指标，其动态变化反映出植物区系在自然历史条件下，尤其是在以气温为主导因素的气候条件下的历史变迁（彭华，1996；冯建孟和徐成东，2009），根据罗霄山脉各山地 R/T 值大小，可以看出罗霄山脉范围内仅齐云山区系表现出明显的热带性，北部地区的山地则 R/T 值较低，以温带性属占据多数。R/T 值反映出罗霄山脉各山地之间的区系过渡性特征，基本随纬度的增加温带性属逐渐增多，热带性属则减少，但不可忽视的是，海拔因素在很大程度上影响着 R/T 值（冯建孟和徐成东，2009），海拔的升高可以迅速造成温度降低从而影响 R/T 值，南风面虽然所处的纬度低于武功山，但区内海拔较高，常出现大量的温带性属，因而其 R/T 值反而偏低。

　　当 R/T 值等于 1 时被称为区系平衡点，它是一个动态的平衡点，可能会随着自然历史条件的变化而发生相应的变化（彭华，1996；冯建孟和徐成东，2009），由表 11-5 及图 11-2 可知，九岭山、八面山、大岗山、武功山、七溪岭、井冈山 6 个山地的热带性属与温带性属的比例基本持平，而这几个山地均在武功山脉附近，因此罗霄山脉地区的南北区系平衡点在罗霄山脉中段地区，即在武功山脉、万洋山脉地区，呈连续的带状，刘仁林和唐赣成（1995）在研究井冈山植物区系与江西省其他山地区系关系时也曾提出武功山可能是区系过渡的平衡点。区系平衡点反映出植物区系与气候带的关联性，罗霄山脉地区区系平衡呈连续的带状，与现代气候带不一致，侧面反映出武功山脉、万洋山脉、九岭山脉区系曾有一个较为一致的发展历程。

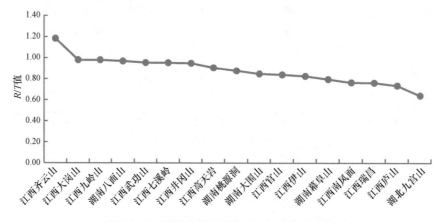

图 11-2　罗霄山脉区域内 17 个山地 R/T 值

11.3　5 条中型山脉间植物区系组成的差异性和共通成分

11.3.1　5 条中型山脉植物区系的差异

罗霄山脉范围内包括 5 条东北—西南走向的中型山脉，为便于讨论罗霄山脉植物区系在这些山脉内的替代现象，根据各个山地区系的 R/T 值及它们的地理位置关系，分别从 5 条中型山脉间和 5 条中型山脉内分析地理成分的替代性。

1）幕阜山脉，包括：幕阜山、九宫山、伊山、瑞昌、庐山等，这些山地处于罗霄山脉最北端，它们的 R/T 值在 0.64～0.83，区系性质表现出较强的温带性。R/T 值最高的山地为伊山，地处幕阜山脉南坡，幕阜山脉有效阻挡了来自北方的寒流，因而本区的热带性属所占比例略高于其他 4 个山地。

2）九岭山脉，包括：大围山、官山、九岭山 3 个山地，其中官山、大围山也以温带性属占优势，R/T 值为 0.84～0.85，而九岭山的 R/T 值为 0.98，热带性属较温带性属略高。九岭山范围较广，且中低海拔山地面积较大，同时受东南暖湿气流影响较为明显，因此区内保存有较大面积的常绿阔叶林。

3）武功山脉，包括：武功山、高天岩、大岗山等。武功山及大岗山的温带性属与热带性属比例接近，而高天岩的温带性属比例稍大，R/T 值为 0.90，可能与高天岩山体较为孤立，低海拔山地面积相较于其他两地更为狭小有关。

4）万洋山脉，包括：井冈山、桃源洞、南风面、七溪岭等山地，万洋山脉的区系成分以温带性属稍占优势。但桃源洞东南部与南风面西北部相邻，区域海拔多为 1500～2120m，罗霄山脉的主峰就在此处，这两个地区高海拔地区分布有较多的适应寒冷气候的属种，因此它们的 R/T 值明显低于 1。

5）诸广山脉，是罗霄山脉最南端的一条山脉，江西齐云山是区内最高峰，西侧的湖南八面山也属于诸广山脉的延伸。诸广山脉的区系成分表现出明显的热带性，其中齐云山 R/T 值为 1.18，并且许多热带性属是它们在罗霄山脉内的代表。

由表 11-6 可知，罗霄山脉地区内的 5 条中型山脉中，保存种子植物最丰富的地区为万洋山脉，在科、属、种的数量上均高于其他 4 条山脉，这可能是因为万洋山脉地区内包含 4 个山体相连的保护区，且区内山体高峻，沟壑纵横，海拔落差较高，有着多样化的生境，因此孕育着丰富的植被类型和植物区系，其中典型的植被类型包括以大果马蹄荷群落为代表的沟谷常绿季雨林，以云锦杜鹃群落、耳叶杜鹃群落为代表的中山灌木苔藓矮林，以福建柏、银杉群落为代表的针阔叶混交林，以及以圆锥绣球群落为代表的中山灌丛等，多样化的生境内孕育着多种类型的森林群落，同时也为物种提供了不同的生态位。

表 11-6　罗霄山脉 5 条中型山脉的区系组成

区域	种子植物科/属/种数	裸子植物科/属/种数	被子植物科/属/种数
幕阜山脉	165/907/2782	4/13/19	161/894/2763
九岭山脉	169/892/2752	5/12/18	164/880/2734
武功山脉	163/838/2508	4/13/17	159/825/2491
万洋山脉	171/961/3161	6/18/25	165/943/3136
诸广山脉	169/911/2835	5/16/21	164/895/2814

注：表中种数据包括种下等级。

诸广山脉地区共有种子植物 2835 种，在区系性质上与其他 4 条小型山脉差异明显，如本地区内齐云山及上犹五指峰分布有大片的长苞铁杉群落，该群落类型不见于罗霄山脉其他地区，此外，诸广山脉内分布有棱果花属 *Barthea*、叠鞘兰属 *Chamaegastrodia*、带叶兰属 *Taeniophyllum* 等与南岭山脉共通而不见于罗霄山脉北部山地的热带性成分。

罗霄山脉植物区系在整体上其形成历史具有同质性，因此区内 5 条中型山脉间有很多的共通属、种。然而，罗霄山脉南北纵越 4 个纬度，长约 516 km，植物区系组成及植被群落结构在漫长的历史演化过程中不断地演变，尤其是第三纪以来的气候波动对本地区植物区系形成的影响巨大，因而罗霄山脉 5 条中型山脉的植物区系组成也表现出明显的差异。

11.3.2　5 条中型山脉的共通成分

罗霄山脉地区的 5 条中型山脉间，共通种有 1570 种，隶属于 151 科 684 属（表 11-7）。所有的共通科中包括广布科 56 科，热带性科共 63 科，温带性科共 32 科，共通种所属的科以热带性科占据绝对优势，表明罗霄山脉整体区系发生与热带区系的关联性，泛热带分布科，以及亚洲热带为分布中心的科向罗霄山脉地区扩散现象明显。尤其是热带性科的广布种，其分布区的北界大多直达罗霄山脉地区各地。从前文分析看，罗霄山脉植物区系的优势科主要有泛热带分布科（T2）、北温带分布科（T8），它们在五条中型山脉间的共通成分分别为 46 科、21 科。

表 11-7　共通科、属的地理成分差异

	广布科（T1）	热带性科（T2~T7）	温带性科（T8~T15）	总计
科数	56	63	32	151
属数	69	295	320	684

5 条中型山脉间含共通种最多的科，也是罗霄山脉植物区系组成中的优势科，如含共通种 15 种以上的科有 25 科，即禾本科 Gramineae、菊科 Compositae、蔷薇科 Rosaceae、唇形科 Lamiaceae、豆科 Fabaceae、莎草科 Cyperaceae、樟科 Lauraceae、茜草科 Rubiaceae、兰科 Orchidaceae、蓼科 Polygonaceae、壳斗科 Fagaceae、卫矛科 Celastraceae、葡萄科 Vitaceae、毛茛科 Ranunculaceae、杜鹃花科 Ericaceae、冬青科 Aquifoliaceae、大戟科 Euphorbiaceae、伞形科 Umbelliferae、荨麻科 Urticaceae、报春花科 Primulaceae、天门冬科 Asparagaceae、桑科 Moraceae、鼠李科 Rhamnaceae、五加科 Araliaceae、锦葵科 Malvaceae。其中，世界广布科 15 科、泛热带分布科 8 科、北温带分布科 2 科。

5 条中型山脉间共通属有 684 属。由表 11-7 可看出，这些共通属中有热带性属 295 属、温带性属 307 属，温带性属所占比例略高。此外，5 条山脉间共通属表现出明显的亚热带性质，不少属主要分布于我国亚热带地区，如冬青属 *Ilex*、猕猴桃属 *Actinidia*、卫矛属 *Euonymus*、珍珠菜属 *Lysimachia*、山矾属 *Symplocos*、柃属 *Eurya*、荚蒾属 *Viburnum*、铁线莲属 *Clematis*、菝葜属 *Smilax*、南蛇藤属 *Celastrus*、青冈属 *Cyclobalanopsis*、葡萄属 *Vitis*、山胡椒属 *Lindera*、蛇葡萄属 *Ampelopsis*、紫珠属 *Callicarpa*、薯蓣属 *Dioscorea*、苎麻属 *Boehmeria*、泡花树属 *Meliosma*、安息香属 *Styrax*、杜英属 *Elaeocarpus*、胡颓子属 *Elaeagnus*、槭属 *Acer*、紫堇属 *Corydalis*、锥属 *Castanopsis* 等。

罗霄山脉地区 5 条山脉间的共通种能很好地反映出罗霄山脉植物区系的整体性质，即科水平表现出热带性，属水平则以温带性略占优势。而泛热带（T2）、北温带（T8）分布型的科属是本地区最重要的组成成分，它们主产于亚热带山地，因而罗霄山脉植物区系也体现出明显的亚热带性质。

11.3.3　5 条中型山脉的特异性成分

罗霄山脉 5 条中型山脉除具有丰富的共通成分外，也各具有不同的特异性成分，简要论述如下。

1. 幕阜山脉植物区系的特异性属种

5 条山脉相比，仅见于幕阜山脉的种子植物有 254 种，隶属于 80 科 177 属，其中包括 1 个仅分布于幕阜山脉地区的科——领春木科，这是华中区系向东扩散的证据。区域内仅分布于幕阜山脉地区不见于罗霄山脉内其他地区的属有 34 属，包括 1 个世界广布属，即水茫草属 *Limosella*；5 个热带性属，即倒地铃属 *Cardiospermum*、月见草属 *Oenothera*、伪针茅属 *Pseudoraphis*、水麻属 *Debregeasia*、全唇兰属 *Myrmechis*。幕阜山脉有 3 个中国特有属——金钱松属 *Pseudolarix*、串果藤属 *Sinofranchetia*、蝟实属 *Kolkwitzia*。

温带性属主要有柳穿鱼属 *Linaria*、种阜草属 *Moehringia*、莎禾属 *Coleanthus*、水毛茛属 *Batrachium*、白头翁属 *Pulsatilla*、罗布麻属 *Apocynum*、山核桃属 *Carya*、红毛七属 *Caulophyllum*、毛核木属 *Symphoricarpos*、赤壁藤属 *Decumaria*、角茴香属 *Hypecoum*、大黄属 *Rheum*、丁香属 *Syringa*、鸭茅属 *Dactylis*、贝母属 *Fritillaria*、糙苏属 *Phlomis*、防风属 *Saposhnikovia*、石头花属 *Gypsophila*、领春木属 *Euptelea*、风兰属 *Neofinetia*、地黄属 *Rehmannia*、地海椒属 *Archiphysalis*、合耳菊属 *Synotis*、双盾木属 *Dipelta*、山兰属 *Oreorchis*、鬼灯檠属 *Rodgersia*，其中不少以华中地区为分布中心，如铃子香属、赤壁木属及领春木属。

2. 九岭山脉植物区系的特异性属种

罗霄山脉内仅见于九岭山脉的种子植物有 124 种，隶属于 49 科 106 属。有 14 属仅见于九岭山脉，即桃儿七属 *Sinopodophyllum*、山萮菜属 *Eutrema*、假繁缕属 *Theligonum*、狸尾豆属 *Uraria*、木豆属 *Cajanus*、寄生藤属 *Dendrotrophe*、琉璃繁缕属 *Anagallis*、蜜蜂花属 *Melissa*、黄眼草属 *Xyris*、沟稃草属 *Aniselytron*、沼原草属 *Molinia*、白蝶兰属 *Pecteilis*、裂颖茅属 *Diplacrum*、鳞籽莎属 *Lepidosperma*。

3. 武功山脉植物区系的特异性属种

罗霄山脉内仅见于武功山脉的种子植物有 113 种，隶属于 54 科 90 属。其中 1 个科仅见于武功山脉，而不见其他地区——马桑科 Coriariaceae。有 11 属仅见于武功山脉地区，即帽儿瓜属 *Mukia*、乳豆属 *Galactia*、水丝麻属 *Maoutia*、联毛紫菀属 *Symphyotrichum*、绣球防风属 *Leucas*、毛茛泽泻属 *Ranalisma*、异黄精属 *Heteropolygonatum*、稻属 *Oryza*、獐毛属 *Aeluropus*、披碱草属 *Elymus*、锋芒草属 *Tragus*。

4. 万洋山脉植物区系的特异性属种

罗霄山脉内仅见于万洋山脉的种子植物有 237 种，隶属于 80 科 177 属。包括 1 个不见于其他地区的科，为无叶莲科 Petrosaviaceae。21 属仅见于万洋山脉内，为蛛网萼属 *Platycrater*、茅瓜属 *Solena*、藤山柳属 *Clematoclethra*、唐棣属 *Amelanchier*、白鲜属 *Dictamnus*、山芹属 *Conioselinum*、假水晶兰属 *Monotropastrum*、雪柳属 *Fontanesia*、菊苣属 *Cichorium*、毛麝香属 *Adenosma*、齿鳞草属 *Lathraea*、无叶莲属 *Petrosavia*、棕竹属 *Rhapis*、井冈寒竹属 *Gelidocalamus*、倭竹属 *Shibataea*、硬草属 *Sclerochloa*、鸟巢兰属 *Neottia*、毛兰属 *Eria*、宽距兰属 *Yoania*、湿唇兰属 *Hygrochilus*、芙兰草属 *Fuirena*，这些属在罗霄山脉范围内不见于万洋山脉的北部或南部，而出现在罗霄山脉之外，属表现出明显的间断分布特征，其中，相当部分是孑遗属，如蛛网萼属、唐棣属、无叶莲属、井冈寒竹属等。

5. 诸广山脉植物区系的特异性属种

罗霄山脉内仅见于诸广山脉的种子植物有 287 种，隶属于 86 科 200 属。仅见于本区的科为使君子科 Combretaceae。有 38 属仅见于诸广山脉地区，为旋花属 *Convolvulus*、琼楠属 *Beilschmiedia*、风车子属 *Combretum*、密花树属 *Rapanea*、金腰箭属 *Synedrella*、破布木属 *Cordia*、美冠兰属 *Eulophia*、砖子苗属 *Mariscus*、鹰爪花属 *Artabotrys*、血桐属 *Macaranga*、翼核果属 *Ventilago*、岗松属 *Baeckea*、桃金娘属 *Rhodomyrtus*、醉魂藤属 *Heterostemma*、耳稃草属 *Garnotia*、二尾兰属 *Vrydagzynea*、隔距兰属 *Cleisostoma*、拟兰属 *Apostasia*、山桂花属 *Bennettiodendron*、秀柱花属 *Eustigma*、鞘花属 *Macrosolen*、

木瓜红属 *Rehderodendron*、山茉莉属 *Huodendron*、黑鳗藤属 *Jasminanthes*、腺萼木属 *Mycetia*、野靛棵属 *Mananthes*、山一笼鸡属 *Gutzlaffia*、大苞姜属 *Caulokaempferia*、大节竹属 *Indosasa*、火烧兰属 *Epipactis*、蔓龙胆属 *Crawfurdia*、钩萼草属 *Notochaete*、赤竹属 *Sasa*、叠鞘兰属 *Odontochilus*、水松属 *Glyptostrobus*、棱果花属 *Barthea*、绿竹属 *Dendrocalamopsis*、象鼻兰属 *Nothodoritis*。

　　罗霄山脉地区仅分布于诸广山脉的属表现出明显的热带性，38 属中有热带性属 28 属，这些属广泛分布于南岭山脉、武夷山脉南段至华南地区，如鹰爪属、厚壳桂属、密花树属、破布木属、叠鞘兰属，它们在广东均有分布；而棱果花属、蔓龙胆属、山黄菊属、秀柱花属则为诸广山脉与武夷山脉、南岭山脉的共通属。

11.4　罗霄山脉若干表征科的地带性分化现象

　　表征科是代表某一区域植物区系成分组成，并在植被群落中占有优势地位的代表性成分。罗霄山脉南北 5 条山脉的区系特征自南向北热带性成分逐步减少，温带性成分不断增加，在属种的组成上也不断变化，从而构成了区域内植被群丛及群系的差异。本节选取了部分具有代表性的科来讨论它们在罗霄山脉南北的过渡性和替代性特点。

11.4.1　松科

　　松科植物在本区共有 6 属 10 种，其中马尾松及台湾松在 5 条中型山脉间均有分布，其他种则表现出明显的过渡性，如金钱松、大别山五针松仅分布于幕阜山脉，它们向北分布，越过长江流域至大别山，并出现巴山松；资源冷杉银杉、油杉、江南油杉、长苞铁杉则仅分布于万洋山脉和诸广山脉；诸广山脉再往南部的南岭山脉则有大面积的长苞铁杉群落分布，铁杉则从诸广山脉向北分布至万洋山脉、武功山脉，以及向东北至武夷山脉（表 11-8）。松科在罗霄山脉地区内的过渡性特点，可以在一定程度上揭示罗霄山脉地区的区系发生历史，铁杉、长苞铁杉、江南油杉、银杉、资源冷杉这几种均为遭受第四纪冰川后分布区极度退缩的种，根据化石记录这几个种可能在古近纪就已经分布至它们的现生分布地。

表 11-8　松科 Pinaceae 在罗霄山脉 5 条中型山脉的分布

种名	幕阜山脉	九岭山脉	武功山脉	万洋山脉	诸广山脉
马尾松 *Pinus massoniana*	+	+	+	+	+
台湾松 *Pinus taiwanensis*	+	+	+	+	+
大别山五针松 *Pinus dabeshanensis*	+				
金钱松 *Pseudolarix amabilis*	+				
铁杉 *Tsuga chinensis*			+	+	+
长苞铁杉 *Tsuga longibracteata*				+	+
资源冷杉 *Abies beshanzuensis* var. *ziyuanensis*				+	+
银杉 *Cathaya argyrophylla*				+	+
江南油杉 *Keteleeria fortunei* var. *cyclolepis*				+	+
油杉 *Keteleeria fortunei*				+	+

11.4.2　木兰科

　　木兰科的分布区具有较为明显的过渡性特征。罗霄山脉北、中段的幕阜山脉、九岭山脉、武功山脉以落叶性的玉兰属为主，其他属有厚朴、天女木兰、落叶木莲等落叶性代表种。常绿性的木兰科植物有多个广适种，生态耐受性较强，如野含笑、深山含笑、紫花含笑、木莲等。天女木兰、落叶木莲为本地区与华中地区共有，九岭山脉地区也分布有较大面积的落叶性的鹅掌楸群落（表 11-9）。

表 11-9　木兰科 Magnoliaceae 在罗霄山脉 5 条中型山脉的分布

种名	幕阜山脉	九岭山脉	武功山脉	万洋山脉	诸广山脉	习性
厚朴 *Houpoea officinalis*	+	+	+	+	+	落叶
木莲 *Manglietia fordiana*	+	+	+	+	+	常绿
紫花含笑 *Michelia crassipes*	+	+	+	+	+	常绿
深山含笑 *Michelia maudiae*	+	+	+	+	+	常绿
野含笑 *Michelia skinneriana*	+	+	+	+	+	常绿
玉兰 *Yulania denudata*	+	+	+	+	+	落叶
黄山玉兰 *Yulania cylindrica*	+	+	+	+		落叶
鹅掌楸 *Liriodendron chinense*	+	+	+			落叶
天目玉兰 *Yulania amoena*	+	+		+		落叶
紫玉兰 *Yulania liliiflora*	+	+		+		落叶
天女木兰 *Magnolia sieboldii*	+		+		+	落叶
阔瓣含笑 *Michelia cavaleriei* var. *platypetala*	+		+	+		常绿
望春玉兰 *Yulania biondii*	+		+			落叶
武当玉兰 *Yulania sprengeri*	+			+		落叶
毛桃木莲 *Manglietia kwangtungensis*					+	常绿
乐昌含笑 *Michelia chapensis*		+	+	+	+	常绿
金叶含笑 *Michelia foveolata*		+	+	+	+	常绿
落叶木莲 *Manglietia decidua*		+	+			落叶
观光木 *Michelia odora*		+		+	+	常绿
桂南木莲 *Manglietia conifera*				+	+	常绿
乐东拟单性木兰 *Parakmeria lotungensis*				+	+	常绿
灰毛含笑 *Michelia foveolata* var. *cinerascens*				+		常绿

罗霄山脉中、南段的万洋山脉、诸广山脉分布有较多的常绿种，如乐东拟单性木兰、桂南木莲、灰毛含笑、毛桃木莲。中高海拔地区也分布有一些落叶性的玉兰属植物，如天目玉兰、武当玉兰、玉兰。

11.4.3　壳斗科

壳斗科的种系丰富，在 5 条山脉均有丰富的代表，其中柯属、锥属、青冈属均广泛分布于罗霄山脉中、南段，而罗霄山脉北段的幕阜山脉、九岭山脉则以落叶性栎属较为丰富。

柯属的菴耳柯、鼠刺叶柯、泥柯、烟斗柯的分布区北界止于在万洋山脉地区。能分布到幕阜山脉的柯属，也广泛分布于罗霄山脉各地，为广布种，如短尾柯、柯、烟斗柯、金毛柯、木姜叶柯等（表 11-10）。

表 11-10　柯属 *Lithocarpus* 在罗霄山脉 5 条中型山脉的分布

种名	幕阜山脉	九岭山脉	武功山脉	万洋山脉	诸广山脉
包果柯 *Lithocarpus cleistocarpus*	+	+	+	+	+
烟斗柯 *Lithocarpus corneus*	+	+	+	+	+
泥柯 *Lithocarpus fenestratus*	+	+	+	+	+
厚斗柯 *Lithocarpus elizabethae*	+	+	+	+	+
金毛柯 *Lithocarpus chrysocomus*	+	+	+	+	+
短尾柯 *Lithocarpus brevicaudatus*	+	+	+	+	+
美叶柯 *Lithocarpus calophyllus*	+	+	+	+	+
木姜叶柯 *Lithocarpus litseifolius*	+	+	+	+	+
柯 *Lithocarpus glaber*	+		+	+	+

续表

种名	幕阜山脉	九岭山脉	武功山脉	万洋山脉	诸广山脉
硬壳柯 *Lithocarpus hancei*		+		+	+
港柯 *Lithocarpus harlandii*		+			
滑皮柯 *Lithocarpus skanianus*		+			
圆锥柯 *Lithocarpus paniculatus*			+	+	+
多穗柯 *Lithocarpus polystachyus*			+	+	
灰柯 *Lithocarpus henryi*			+		+
大叶苦柯 *Lithocarpus paihengii*				+	+
菱果柯 *Lithocarpus taitoensis*				+	+
栎叶柯 *Lithocarpus quercifolius*				+	+
榄叶柯 *Lithocarpus oleifolius*				+	
杏叶柯 *Lithocarpus amygdalifolius*				+	
菴耳柯 *Lithocarpus haipinii*					+
鼠刺叶柯 *Lithocarpus iteaphyllus*					

青冈属主产于我国滇黔桂、华南至滇缅泰地区，包括许多原始类群，并且青冈属的化石分布与现代分布区也相吻合（罗艳和周浙昆，2001）。青冈属植物在罗霄山脉南北均有较多分布，而仅见于中、南段的种有福建青冈、碟斗青冈、饭甑青冈、上思青冈、木姜叶青冈、倒卵叶青冈等（表 11-11）。其中倒卵叶青冈和上思青冈叶片接近全缘，这是青冈属适应热带性气候的一个性状（罗艳和周浙昆，2001）。同样，青冈属分布达幕阜山脉地区的种多为广布种，如青冈、细叶青冈、多脉青冈等，其中多脉青冈具有落叶性，明显是青冈属演化过程中适应寒冷气候而分化形成的。

表 11-11 青冈属 *Cyclobalanopsis* 在罗霄山脉 5 条中型山脉的分布

种名	幕阜山脉	九岭山脉	武功山脉	万洋山脉	诸广山脉
宁冈青冈 *Cyclobalanopsis ningangensis*	+	+	+	+	
褐叶青冈 *Cyclobalanopsis stewardiana*	+	+	+	+	+
小叶青冈 *Cyclobalanopsis myrsinifolia*	+	+	+	+	+
云山青冈 *Cyclobalanopsis sessilifolia*	+	+	+	+	+
多脉青冈 *Cyclobalanopsis multinervis*	+	+	+	+	+
大叶青冈 *Cyclobalanopsis jenseniana*	+	+	+	+	+
细叶青冈 *Cyclobalanopsis gracilis*	+	+	+	+	+
青冈 *Cyclobalanopsis glauca*	+	+	+	+	+
曼青冈 *Cyclobalanopsis oxyodon*		+	+	+	+
竹叶青冈 *Cyclobalanopsis bambusaefolia*		+		+	
赤皮青冈 *Cyclobalanopsis gilva*		+		+	+
饭甑青冈 *Cyclobalanopsis fleuryi*			+	+	+
毛果青冈 *Cyclobalanopsis pachyloma*				+	
福建青冈 *Cyclobalanopsis chungii*				+	+
碟斗青冈 *Cyclobalanopsis disciformis*				+	+
倒卵叶青冈 *Cyclobalanopsis obovatifolia*					+
木姜叶青冈 *Cyclobalanopsis litseoides*					+
上思青冈 *Cyclobalanopsis delicatula*					+

锥属 *Castanopsis* 植物的现代分布中心在亚洲东南部，原始类群也多集中于这一地区（刘孟奇和周浙昆，2006），分子系统学研究也支持壳斗科的起源地在东亚及东南亚（Manos and Stanford，2001）。罗霄山脉锥属有 18 种，如华南锥、�−蓊栲、吊皮锥、鹿角锥、黑叶锥等产罗霄山脉中、南段，向东分布至华东地区。罗霄山脉北段分布的锥属植物为能耐受寒冷的种，如苦槠 *Castanopsis sclerophylla* 在幕阜山脉中低海拔地区为建群种，而极少见于罗霄山脉南段。

栎属是壳斗科中最进化的属，本属多为适应温带气候的落叶性灌木或小乔木，常绿类群常为高大乔木，表现出一定的原始性。在罗霄山脉地区落叶性的有短柄枹栎 *Quercus serrata* var. *brevipetiolata*、白栎 *Quercus fabri*、槲栎 *Quercus aliena*、小叶栎 *Quercus chenii*、锐齿槲栎 *Quercus aliena* var. *acutiserrata*，主要见于罗霄山脉北段及武功山脉、万洋山脉高海拔地区。而常绿种类有乌冈栎 *Quercus phillyraeoides*、刺叶高山栎 *Quercus spinosa*，分布于罗霄山脉中、南段，不至幕阜山脉。

11.4.4　山茶科

山茶科也是罗霄山脉地区的表征科、特征科，折柄茶属 *Hartia* 与紫茎属 *Stewartia* 表现出比较典型的过渡性特征，同时这两个属有着较近的亲缘关系，按照替代性的概念（吴鲁夫，1960；吴征镒等，2006），这两个属是典型的植物区系替代属。在罗霄山脉地区这两个属不仅表现出南北水平维度的替代性，还表现出垂直替代性，折柄茶属的折柄茶及圆萼折柄茶为常绿乔木，仅见于万洋山脉及诸广山脉，且多分布于中低海拔山地沟谷地区，而紫茎属的紫茎、天目紫茎等主要分布于更北部的武功山脉、九岭山脉及幕阜山脉。此外，紫茎、天目紫茎构成的群落在万洋山脉桃源洞、南风面、井冈山的高海拔地区有残余分布，无疑，紫茎属是折柄茶属适应寒冷气候而分化出来的替代属。

山茶科的分布中心在华南至南岭山脉，因此，在属下种级水平上的优势度表现出自南向北逐步减弱的特点，如柃属仅分布于罗霄山脉中、南段的有单耳柃、尖叶毛柃、岩柃、丛化柃、凹脉柃、岗柃等，随着纬度北移，幕阜山脉内仅分布一些生态幅较广的种，如短柱柃、微毛柃、细枝柃、格药柃、窄基红褐柃等（表 11-12）。

表 11-12　柃属 *Eurya* 在罗霄山脉 5 条中型山脉的分布

种名	幕阜山脉	九岭山脉	武功山脉	万洋山脉	诸广山脉
四角柃 *Eurya tetragonoclada*	+	+	+	+	+
短柱柃 *Eurya brevistyla*	+	+	+	+	+
翅柃 *Eurya alata*	+	+	+	+	
格药柃 *Eurya muricata*	+	+	+	+	
细齿叶柃 *Eurya nitida*	+	+	+	+	
红褐柃 *Eurya rubiginosa*	+	+			+
微毛柃 *Eurya hebeclados*	+		+	+	
柃木 *Eurya japonica*	+				
细枝柃 *Eurya loquaiana*	+	+	+	+	+
黑柃 *Eurya macartneyi*	+	+	+	+	+
窄基红褐柃 *Eurya rubiginosa* var. *attenuata*	+	+	+	+	
米碎花 *Eurya chinensis*		+	+		+
半齿柃 *Eurya semiserrulata*		+	+	+	
光枝米碎花 *Eurya chinensis* var. *glabra*		+			
单耳柃 *Eurya weissiae*			+	+	+
尖萼毛柃 *Eurya acutisepala*			+	+	+
二列叶柃 *Eurya distichophylla*			+		+
金叶细枝柃 *Eurya loquaiana* var. *aureopunctata*			+	+	
尖叶毛柃 *Eurya acuminatissima*				+	

续表

种名	幕阜山脉	九岭山脉	武功山脉	万洋山脉	诸广山脉
丛化柃 *Eurya metcalfiana*				+	+
岗柃 *Eurya groffii*				+	+
岩柃 *Eurya saxicola*				+	+
凹脉柃 *Eurya impressinervis*				+	
尾尖叶柃 *Eurya acuminata*					+
耳叶柃 *Eurya auriformis*					+

山茶属，罗霄山脉南、北部均有广泛分布的有：尖连蕊茶、油茶、心叶毛蕊茶、茶、毛柄连蕊茶、柃叶连蕊茶、短柱茶等。而仅见于南段的有毛蕊柃叶连蕊茶、柳叶连蕊茶、汝城毛叶茶、落瓣短柱茶；中段主要有全缘红山茶、毛蕊柃叶连蕊茶；向北至幕阜山脉，仅有红山茶、浙江尖连蕊茶不见于中、南段（表11-13）。

表11-13 山茶属 *Camellia* 在罗霄山脉5条中型山脉的分布

种名	幕阜山脉	九岭山脉	武功山脉	万洋山脉	诸广山脉
尖连蕊茶 *Camellia cuspidata*	+	+	+	+	+
油茶 *Camellia oleifera*	+	+	+	+	+
贵州连蕊茶 *Camellia costei*	+		+	+	+
心叶毛蕊茶 *Camellia cordifolia*	+	+	+		+
细叶短柱茶 *Camellia microphylla*	+			+	+
茶 *Camellia sinensis*	+	+	+	+	+
川萼连蕊茶 *Camellia rosthorniana*	+			+	
红山茶 *Camellia japonica*	+	+			
毛柄连蕊茶 *Camellia fraterna*	+	+	+	+	+
柃叶连蕊茶 *Camellia euryoides*	+	+	+	+	+
长瓣短柱茶 *Camellia grijsii*	+		+		+
大花尖连蕊茶 *Camellia cuspidata* var. *grandiflora*	+	+	+		+
浙江红山茶 *Camellia chekiangoleosa*	+	+	+	+	
短柱茶 *Camellia brevistyla*	+	+	+	+	+
浙江尖连蕊茶 *Camellia cuspidata* var. *cketiangensis*		+			
长尾毛蕊茶 *Camellia caudata*		+		+	+
全缘红山茶 *Camellia subintegra*			+		
毛萼连蕊茶 *Camellia transarisanensis*			+	+	
毛蕊柃叶连蕊茶 *Camellia euryoides* var. *nokoensis*				+	
汝城毛叶茶 *Camellia pubescens*					+
落瓣短柱茶 *Camellia kissi*					+
柳叶毛蕊茶 *Camellia salicifolia*					+

11.4.5　樟科

樟科是典型的热带亚热带科，在罗霄山脉地区也表现出明显的过渡性，如琼楠属厚叶琼楠 *Beilschmiedia percoriacea*、广东琼楠 *Beilschmiedia fordii*，无根藤属无根藤 *Cassytha filiformis*，厚壳桂属黄果厚壳桂 *Cryptocarya concinna*、硬壳桂 *Cryptocarya chingii*、厚壳桂 *Cryptocarya chinensis*，仅见于罗霄山脉南段。

　　润楠属及新木姜子属也主要分布于罗霄山脉中南段。幕阜山脉及九岭山脉仅有广布的宜昌润楠、薄叶润楠、刨花润楠、红楠、绒毛润楠、新木姜子、云和新木姜子等（表 11-14）。

表 11-14　润楠属 *Machilus* 及新木姜子属 *Neolitsea* 在罗霄山脉 5 条中型山脉的分布

种名	幕阜山脉	九岭山脉	武功山脉	万洋山脉	诸广山脉
宜昌润楠 *Machilus ichangensis*	+	+	+	+	+
薄叶润楠 *Machilus leptophylla*	+	+	+	+	+
刨花润楠 *Machilus pauhoi*	+	+	+	+	+
红楠 *Machilus thunbergii*	+	+	+	+	+
绒毛润楠 *Machilus velutina*	+	+	+	+	+
大叶润楠 *Machilus japonica* var. *kusanoi*	+		+		
黄绒润楠 *Machilus grijsii*		+	+	+	+
木姜润楠 *Machilus litseifolia*		+	+	+	+
建润楠 *Machilus oreophila*		+	+	+	+
凤凰润楠 *Machilus phoenicis*		+	+	+	+
华润楠 *Machilus chinensis*		+		+	+
润楠 *Machilus nanmu*			+	+	+
短序润楠 *Machilus breviflora*				+	+
黄枝润楠 *Machilus versicolora*				+	+
基脉润楠 *Machilus decursinervis*				+	
浙江润楠 *Machilus chekiangensis*					+
广东润楠 *Machilus kwangtungensis*					+
闽桂润楠 *Machilus minkweiensis*					+
纳槁润楠 *Machilus nakao*					+
新木姜子 *Neolitsea aurata*	+	+	+	+	+
浙江新木姜子 *Neolitsea aurata* var. *chekiangensis*	+	+	+	+	+
云和新木姜子 *Neolitsea aurata* var. *paraciculata*	+	+	+	+	+
美丽新木姜子 *Neolitsea pulchella*	+	+		+	+
鸭公树 *Neolitsea chuii*	+		+	+	+
显脉新木姜子 *Neolitsea phanerophlebia*	+		+	+	+
锈叶新木姜子 *Neolitsea cambodiana*			+	+	+
簇叶新木姜子 *Neolitsea confertifolia*			+		
大叶新木姜子 *Neolitsea levinei*			+	+	+
羽脉新木姜子 *Neolitsea pinninervis*			+		
紫云山新木姜子 *Neolitsea wushanica* var. *pubens*			+		
南亚新木姜子 *Neolitsea zeylanica*			+		+
卵叶新木姜子 *Neolitsea ovatifolia*				+	+
新宁新木姜子 *Neolitsea shingningensis*				+	+
粉叶新木姜子 *Neolitsea aurata* var. *glauca*					+
浙闽新木姜子 *Neolitsea aurata* var. *undulatula*					+
香果新木姜子 *Neolitsea ellipsoidea*					+
广西新木姜子 *Neolitsea kwangsiensis*					+

　　山胡椒属及木姜子属在罗霄山脉范围内分布较为均一，但也表现出一定的替代性，如常绿性的香叶子、绒毛山胡椒、潺槁木姜子、华南木姜子均分布于罗霄山脉南段；落叶性的大果山胡椒、天目木

姜子、宜昌木姜子均仅见于幕阜山脉，或出现于罗霄山脉中南部的高海拔地区，如三桠乌药在南风面近山顶处的灌木林中有群落分布。

11.4.6 金缕梅科

金缕梅科起源历史古老，是被子植物进化过程中的关键科。我国金缕梅科（含阿丁枫科）植物的分布中心在南岭及岭南地区，也是其现代分化中心（张宏达，1962），并向北延伸至罗霄山脉地区，共 12 属 20 科 1 变种。

蜡瓣花 *Corylopsis sinensis* 主要见于中海拔地区灌木林中；杨梅叶蚊母树 *Distylium myricoides* 常见于中低海拔地区沟谷常绿阔叶林；枫香树 *Liquidambar formosana* 及缺萼枫香树 *Liquidambar acalycina* 分布于中海拔地区阔叶林中；而檵木 *Loropetalum chinense* 则喜生于向阳处，在罗霄山脉地区广泛分布（表 11-15）。

表 11-15　金缕梅科 Hamamelidaceae 在罗霄山脉 5 条中型山脉的分布

种名	幕阜山脉	九岭山脉	武功山脉	万洋山脉	诸广山脉
杨梅叶蚊母树 *Distylium myricoides*	+	+	+	+	+
蚊母树 *Distylium racemosum*	+				+
蜡瓣花 *Corylopsis sinensis*	+	+	+	+	+
瑞木 *Corylopsis multiflora*	+	+	+	+	+
枫香树 *Liquidambar formosana*	+	+	+	+	+
缺萼枫香树 *Liquidambar acalycina*	+	+	+	+	+
秃蜡瓣花 *Corylopsis sinensis* var. *calvescens*	+		+	+	
牛鼻栓 *Fortunearia sinensis*	+	+		+	
金缕梅 *Hamamelis mollis*	+	+	+	+	+
檵木 *Loropetalum chinense*	+	+	+	+	+
水丝梨 *Sycopsis sinensis*	+		+	+	+
半枫荷 *Semiliquidambar cathayensis*	+		+	+	+
大果马蹄荷 *Exbucklandia tonkinensis*		+		+	+
长柄双花木 *Disanthus cercidifolius* subsp. *longipes*		+		+	+
尖叶水丝梨 *Sycopsis dunnii*		+	+		+
细柄蕈树 *Altingia gracilipes*			+	+	
腺蜡瓣花 *Corylopsis glandulifera*			+	+	
蕈树 *Altingia chinensis*				+	+
小叶蚊母树 *Distylium buxifolium*				+	+
秀柱花 *Eustigma oblongifolium*					+
大叶蚊母树 *Distylium macrophyllum*					+

蕈树、细柄蕈树、大果马蹄荷、小叶蚊母树、尖叶水丝梨等分布于罗霄山脉中、南段沟谷常绿阔叶林中。秀柱花间断分布于贵州、海南、香港、台湾、福建及江西南部，在罗霄山脉南段的诸广山脉有分布。以上几个种也在南岭山地范围内广泛分布，它们可能是从华南区系扩散而来的。

牛鼻栓 *Fortunearia sinensis* 的分布中心在华中地区，罗霄山脉北段幕阜山脉有分布，同时在井冈山中海拔地区也有发现，无疑是在冰期影响下形成的间断分布现象。

11.4.7 冬青科

冬青科是典型以亚热带地区为分布中心的科，其在罗霄山脉范围内共有 56 种（包括种下等级），其中广布种 20 种，如毛冬青 *Ilex pubescens*、具柄冬青 *Ilex pedunculosa*、三花冬青 *Ilex triflora*、铁冬青 *Ilex rotunda*、四川冬青 *Ilex szechwanensis*、香冬青 *Ilex suaveolens*、硬叶冬青 *Ilex ficifolia*、台湾冬青 *Ilex formosana*、小果冬青 *Ilex micrococca*、矮冬青 *Ilex lohfauensis*、大果冬青 *Ilex macrocarpa* 等（表 11-16）。

表 11-16　冬青科 Aquifoliaceae 在罗霄山脉 5 条中型山脉的分布

种名	幕阜山脉	九岭山脉	武功山脉	万洋山脉	诸广山脉
毛冬青 *Ilex pubescens*	+	+	+	+	+
猫儿刺 *Ilex pernyi*	+	+	+	+	+
具柄冬青 *Ilex pedunculosa*	+	+	+	+	+
武功山冬青 *Ilex wugongshanensis*	+		+		
尾叶冬青 *Ilex wilsonii*	+	+	+	+	+
三花冬青 *Ilex triflora*	+	+	+	+	+
绿冬青 *Ilex viridis*	+	+	+	+	+
铁冬青 *Ilex rotunda*	+	+	+	+	+
落霜红 *Ilex serrata*	+	+	+	+	
四川冬青 *Ilex szechwanensis*	+	+	+	+	+
香冬青 *Ilex suaveolens*	+	+	+	+	+
拟榕叶冬青 *Ilex subficoidea*	+	+	+	+	+
厚叶冬青 *Ilex elmerrilliana*	+	+	+	+	+
硬叶冬青 *Ilex ficifolia*	+	+	+	+	+
榕叶冬青 *Ilex ficoidea*	+	+	+	+	+
短梗冬青 *Ilex buergeri*	+	+	+	+	
台湾冬青 *Ilex formosana*	+	+	+		+
华中枸骨 *Ilex centrochinensis*	+	+	+		
冬青 *Ilex chinensis*	+	+	+		+
密花冬青 *Ilex confertiflora*	+	+			+
枸骨 *Ilex cornuta*	+	+	+	+	+
齿叶冬青 *Ilex crenata*	+	+	+	+	+
大果冬青 *Ilex macrocarpa*	+	+		+	+
大柄冬青 *Ilex macropoda*	+	+	+	+	+
小果冬青 *Ilex micrococca*	+	+	+	+	+
中型冬青 *Ilex intermedia*	+				
大叶冬青 *Ilex latifolia*	+	+	+	+	+
木姜冬青 *Ilex litseifolia*	+		+	+	+
矮冬青 *Ilex lohfauensis*	+		+	+	+
硬毛冬青 *Ilex hirsuta*	+	+		+	
光叶细刺枸骨 *Ilex hylonoma* var. *glabra*	+				
长梗冬青 *Ilex macrocarpa* var. *longipedunculata*	+		+	+	+
刺叶冬青 *Ilex bioritsensis*	+	+			
满树星 *Ilex aculeolata*	+	+	+	+	+
秤星树 *Ilex asprella*	+	+	+	+	+
紫果冬青 *Ilex tsoii*		+	+	+	+
罗浮冬青 *Ilex tutcheri*		+			
凹叶冬青 *Ilex championii*		+	+	+	+
皱柄冬青 *Ilex kengii*		+		+	
细刺枸骨 *Ilex hylonoma*		+		+	
黔桂冬青 *Ilex stewardii*			+		
显脉冬青 *Ilex editicostata*			+		
亮叶冬青 *Ilex nitidissima*			+		
黑叶冬青 *Ilex melanophylla*			+	+	
广东冬青 *Ilex kwangtungensis*			+	+	+

续表

种名	幕阜山脉	九岭山脉	武功山脉	万洋山脉	诸广山脉
钝头冬青 *Ilex triflora* var. *kanehirae*			+	+	
蒲桃叶冬青 *Ilex syzygiophylla*				+	
浙江冬青 *Ilex zhejiangensis*				+	
华南冬青 *Ilex sterrophylla*				+	
青茶香 *Ilex hanceana*				+	+
珊瑚冬青 *Ilex corallina*				+	
黄毛冬青 *Ilex dasyphylla*				+	+
纤秀冬青 *Ilex venusta*					+
疏齿冬青 *Ilex oligodonta*					+
谷木叶冬青 *Ilex memecylifolia*			+		+
温州冬青 *Ilex wenchowensis*			+		

罗霄山脉北、中段以刺齿冬青组 sect. *Aquifolium* 的种类较丰富，如光叶细刺枸骨 *Ilex hylonoma* var. *glabra*、刺叶冬青 *Ilex bioritsensis*、硬毛冬青 *Ilex hirsuta*、中型冬青 *Ilex intermedia*、细刺枸骨 *Ilex hylonoma* 等，南部武功山脉还分布有刺齿冬青组的武功山冬青、温州冬青。

罗霄山脉南段则以单序冬青组 sect. *Lioprinus* 的种类占优，如黑叶冬青 *Ilex melanophylla*、华南冬青 *Ilex sterrophylla*、黄毛冬青 *Ilex dasyphylla*、显脉冬青 *Ilex editicostata*、硬叶冬青 *Ilex ficifolia*、香冬青 *Ilex suaveolens* 等（表 11-16）。

诸广山脉地区分布有矮冬青组 sect. *Paltoria* 一个特有种——纤秀冬青 *Ilex venusta*，其为近年来所发现的新种。

11.4.8　槭树科[①]

槭树科是典型的温带性科，在罗霄山脉地区共分布有 1 属 31 种（包括种下等级）。槭属是罗霄山脉落叶阔叶林的重要建群种，5 条中型山脉内均有分布。罗霄山脉北段分布有很多与华东、华北地区共通的种，不见于罗霄山脉南段，如元宝槭 *Acer truncatum*、锐角槭 *Acer acutum*、天目槭 *Acer sinopurpurascens*、建始槭 *Acer henryi* 等。

罗霄山脉中、南段常绿槭属在森林群落中所占重要值较大，可形成优势群落的有樟叶槭 *Acer coriaceifolium*、飞蛾槭 *Acer oblongum*、亮叶槭 *Acer lucidum*、罗浮槭 *Acer fabri*，且罗霄山脉中南段井冈山、桃源洞、南风面、齐云山高海拔地区气温远较低海拔地区低，分布有不少的槭属落叶性树种，如阔叶槭 *Acer amplum*、三角槭 *Acer buergerianum*、青榨槭 *Acer davidii*、紫果槭 *Acer cordatum*、五裂槭 *Acer oliverianum*、中华槭 *Acer sinense*、秀丽槭 *Acer elegantulum*、毛果槭 *Acer nikoense*（表 11-17）。

表 11-17　槭树科 Aceraceae 在罗霄山脉 5 条中型山脉的分布

种名	幕阜山脉	九岭山脉	武功山脉	万洋山脉	诸广山脉
九江三角槭 *Acer buergerianum* var. *jiujiangse*	+				
岭南槭 *Acer tutcheri*	+	+	+	+	+
三峡槭 *Acer wilsonii*	+	+	+	+	+
元宝槭 *Acer truncatum*	+				
锐角槭 *Acer acutum*	+			+	+
苦条槭 *Acer tataricum* subsp. *theiferum*	+			+	
罗浮槭 *Acer fabri*	+	+	+	+	+

---

① 在 APG Ⅳ（2016）系统中，槭树科已并入无患子科，此处暂保留。

续表

种名	幕阜山脉	九岭山脉	武功山脉	万洋山脉	诸广山脉
建始槭 *Acer henryi*	+	+	+	+	+
青榨槭 *Acer davidii*	+	+	+	+	
秀丽槭 *Acer elegantulum*	+	+	+	+	
紫果槭 *Acer cordatum*	+	+	+	+	
茶条槭 *Acer tataricum* subsp. *ginnala*	+				
阔叶槭 *Acer amplum*	+	+	+	+	+
三角槭 *Acer buergerianum*	+	+	+	+	+
五裂槭 *Acer oliverianum*	+	+	+	+	+
毛果槭 *Acer nikoense*	+	+		+	
色木槭 *Acer mono*	+	+	+		
天目槭 *Acer sinopurpurascens*	+				
中华槭 *Acer sinense*	+	+	+	+	+
天台阔叶槭 *Acer amplum* var. *tientaiense*	+	+		+	
建水阔叶枫 *Acer amplum* subsp. *bodinieri*		+		+	
葛罗槭 *Acer davidii* subsp. *grosseri*		+	+		
樟叶槭 *Acer coriaceifolium*		+	+	+	+
南岭槭 *Acer metcalfii*		+			
毛脉槭 *Acer pubinerve*		+	+	+	+
扇叶槭 *Acer flabellatum*			+		+
两型叶紫果枫 *Acer cordatum* var. *dimorphifolium*				+	
飞蛾槭 *Acer oblongum*				+	
临安槭 *Acer linganense*				+	
长柄槭 *Acer longipes*				+	
亮叶槭 *Acer lucidum*				+	

11.4.9　杜鹃花科

杜鹃花科在罗霄山脉范围内共有 5 属 72 种，以杜鹃属种系最丰富，且在罗霄山脉内过渡现象极为明显。杜鹃属在罗霄山脉共 41 种，其中广布种 8 种，以马银花亚属腺萼马银花 *Rhododendron bachii*、鹿角杜鹃 *Rhododendron latoucheae*、马银花 *Rhododendron ovatum*，以及映山红亚属 subgen. *Tsutsusi* 杜鹃 *Rhododendron simsii*、满山红 *Rhododendron mariesii* 等最为常见，为罗霄山脉北段山地灌木群落的重要组成部分。云锦杜鹃 *Rhododendron fortunei* 也是一个广布种，属于杜鹃属原始常绿杜鹃亚属 subgen. *Hymenanthes*，在罗霄山脉内分布中心为万洋山脉地区，北段的九岭山脉及幕阜山脉有零星分布。

罗霄山脉中、南段是一个杜鹃属的多样性中心，所分布的种类远较北段山地丰富，映山红亚属 subgen. *Tsutsusi* 及常绿杜鹃亚属 subgen. *Hymenanthes* 在南段呈现出明显的分化，有 6 个本地特有种，为小溪洞杜鹃 *Rhododendron xiaoxidongense*、井冈山杜鹃 *Rhododendron jinggangshanicum*、小果马银花 *Rhododendron microcarpum*、伏毛杜鹃 *Rhododendron strigosum*、湘赣杜鹃 *Rhododendron xiangganense*、上犹杜鹃 *Rhododendron seniavinii* var. *shangyoumicum*。此外，罗霄山脉南段与南岭山脉有很多共通种，包括岭南杜鹃 *Rhododendron mariae*、广东杜鹃 *Rhododendron kwangtungense*、背绒杜鹃 *Rhododendron hypoblematosum*、南昆杜鹃 *Rhododendron naamkwanense*、刺毛杜鹃 *Rhododendron championae* 等（表 11-18）。

表 11-18　杜鹃属 *Rhododendron* 在罗霄山脉 5 条中型山脉的分布

种名	幕阜山脉	九岭山脉	武功山脉	万洋山脉	诸广山脉	所属的亚属
羊踯躅 *Rhododendron molle*	+	+	+	+	+	Pen.
岭南杜鹃 *Rhododendron mariae*	+			+	+	Hym.
满山红 *Rhododendron mariesii*	+	+	+	+	+	Tsu.
马银花 *Rhododendron ovatum*	+	+	+	+	+	Aza.
鹿角杜鹃 *Rhododendron latoucheae*	+	+	+	+	+	Cho.
长蕊杜鹃 *Rhododendron stamineum*	+		+	+	+	Cho.
猴头杜鹃 *Rhododendron simiarum*	+	+		+	+	Hym.
杜鹃 *Rhododendron simsii*	+	+	+	+	+	Tsu.
腺萼马银花 *Rhododendron bachii*	+	+	+	+	+	Aza.
云锦杜鹃 *Rhododendron fortunei*	+	+	+	+	+	Hym.
黄山杜鹃 *Rhododendron maculiferum* subsp. *anhweiense*		+	+	+		Hym.
江西杜鹃 *Rhododendron kiangsiense*		+	+	+		Rho.
多花杜鹃 *Rhododendron cavaleriei*		+		+	+	Cho.
刺毛杜鹃 *Rhododendron championae*		+		+	+	Cho.
丁香杜鹃 *Rhododendron farrerae*		+		+	+	Tsu.
毛棉杜鹃花 *Rhododendron moulmainense*			+	+	+	Cho.
南岭杜鹃 *Rhododendron levinei*			+			Tsu.
耳叶杜鹃 *Rhododendron auriculatum*			+	+		Hym.
伏毛杜鹃 *Rhododendron strigosum*				+		Tsu.
井冈山杜鹃 *Rhododendron jinggangshanicum*				+	+	Hym.
弯蒴杜鹃 *Rhododendron henryi*				+	+	Cho.
背绒杜鹃 *Rhododendron hypoblematosum*				+	+	Tsu.
湖南杜鹃 *Rhododendron hunanense*				+	+	Tsu.
涧上杜鹃 *Rhododendron subflumineum*				+	+	Tsu.
小溪洞杜鹃 *Rhododendron xiaoxidongense*				+		Hym.
乳源杜鹃 *Rhododendron rhuyuenense*				+	+	Tsu.
毛果杜鹃 *Rhododendron seniavinii*				+		Tsu.
光枝杜鹃 *Rhododendron haofui*				+	+	Hym.
粗柱杜鹃 *Rhododendron crassistylum*				+	+	Tsu.
棒柱杜鹃 *Rhododendron crassimedium*				+		Tsu.
喇叭杜鹃 *Rhododendron discolor*				+		Cho.
千针叶杜鹃 *Rhododendron polyraphidoideum*				+		Tsu.
溪畔杜鹃 *Rhododendron rivulare*				+		Tsu.
湘赣杜鹃 *Rhododendron xiangganense*					+	Tsu.
小果马银花 *Rhododendron microcarpum*					+	Aza.
上犹杜鹃 *Rhododendron seniavinii* var. *shangyoumicum*					+	Tsu.
南昆杜鹃 *Rhododendron naamkwanense*					+	Tsu.
白马银花 *Rhododendron hongkongense*					+	Aza.
广西杜鹃 *Rhododendron kwangsiense*					+	Tsu.
广东杜鹃 *Rhododendron kwangtungense*					+	Tsu.
阳明山杜鹃 *Rhododendron yangmingshanense*					+	Tsu.

注：Hym. 为常绿杜鹃亚属 subgen. *Hymenanthes*；Pen. 为羊踯躅亚属 subgen. *Pentanthera*；Aza. 为马银花亚属 subgen. *Azaleastrum*；Cho. 为长蕊杜鹃亚属 subgen. *Choniastrum*；Tsu. 为映山红亚属 subgen. *Tsutsusi*；Rho. 为杜鹃亚属 subgen. *Rhododendron*。

　　杜鹃属世界有 9 亚属 10 组，我国有 7 亚属 8 组（耿玉英，2014），横断山区及青藏高原是杜鹃属重要的分布中心，其种数占全国杜鹃属种总数的 80% 以上，但以常绿杜鹃亚属和杜鹃亚属为主，而映山红亚属、马银花亚属、长蕊杜鹃亚属合计仅 6 种。华南地区有 6 亚属（不见叶状苞杜鹃亚属）（耿玉英，2014）。相较于西南地区，华南地区亚属也有丰富的多样性，在种级水平上华南有映山红亚属 28 种、长蕊杜鹃亚属 14 种、马银花亚属 5 种（耿玉英，2014）。

　　罗霄山脉地区也有 6 亚属，较为古老的常绿杜鹃亚属有 8 种，以云锦杜鹃亚组最为原始，在本区含 5 种，且在万洋山脉地区分布有大面积的优势群落。罗霄山脉中、南段有映山红亚属 20 种、长蕊杜鹃亚属 7 种，可见罗霄山脉中、南段不仅是杜鹃属古老类群的保存中心，也是映山红亚属及长蕊杜鹃亚属的现代分布中心。

11.4.10　报春花科

　　报春花科在罗霄山脉共有 5 属 79 种，种系呈现出明显的分化。珍珠菜属 Lysimachia 为报春花科中最原始且分布最广的属（郝刚和胡启明，2001），在罗霄山脉范围内较为丰富且替代性明显，共 38 种，属于 3 个亚属（陈封怀和胡启明 1989），以黄连花亚属最多，有 22 种（含种下等级），珍珠菜亚属次之，有 11 种，香草亚属的种类最少，有 5 种（表 11-19）。

表 11-19　珍珠菜属 *Lysimachia* 在罗霄山脉地区 5 条中型山脉的分布

种名	幕阜山脉	九岭山脉	武功山脉	万洋山脉	诸广山脉	所属的亚属
光叶巴东过路黄 *Lysimachia patungensis* f. *glabrifolia*	+				+	Lys.
五岭管茎过路黄 *Lysimachia fistulosa* var. *wulingensis*	+	+		+	+	Lys.
庐山疏节过路黄 *Lysimachia remota* var. *lushanensis*	+					Lys.
缘瓣珍珠菜 *Lysimachia glanduliflora*	+					Pal.
长梗过路黄 *Lysimachia longipes*	+	+	+			Lys.
轮叶过路黄 *Lysimachia klattiana*	+	+	+	+	+	Lys.
山萝过路黄 *Lysimachia melampyroides*	+	+		+		Lys.
黑腺珍珠菜 *Lysimachia heterogenea*	+	+		+	+	Pal.
点腺过路黄 *Lysimachia hemsleyana*	+	+		+	+	Lys.
金爪儿 *Lysimachia grammica*	+					Lys.
小茄 *Lysimachia japonica*	+		+			Lys.
叶头过路黄 *Lysimachia phyllocephala*	+	+				Lys.
贯叶过路黄 *Lysimachia perfoliata*	+			+		Lys.
巴东过路黄 *Lysimachia patungensis*	+	+	+	+	+	Lys.
福建过路黄 *Lysimachia fukienensis*	+	+				Lys.
小叶珍珠菜 *Lysimachia parvifolia*	+	+	+	+	+	Pal.
矮桃 *Lysimachia clethroides*	+	+	+	+	+	Pal.
过路黄 *Lysimachia christiniae*	+	+				Lys.
细梗香草 *Lysimachia capillipes*	+	+	+	+	+	Ido.
广西过路黄 *Lysimachia alfredii*	+	+			+	Lys.
泽珍珠菜 *Lysimachia candida*	+	+	+	+	+	Pal.
星宿菜 *Lysimachia fortunei*	+	+	+	+	+	Pal.
临时救 *Lysimachia congestiflora*	+	+	+	+	+	Lys.
延叶珍珠菜 *Lysimachia decurrens*	+	+		+	+	Pal.
腺药珍珠菜 *Lysimachia stenosepala*	+					Pal.
紫脉过路黄 *Lysimachia rubinervis*	+					Ido.
疏节过路黄 *Lysimachia remota*	+	+		+		Lys.

续表

种名	幕阜山脉	九岭山脉	武功山脉	万洋山脉	诸广山脉	所属的亚属
疏头过路黄 *Lysimachia pseudohenryi*		+	+	+	+	Lys.
落地梅 *Lysimachia paridiformis*		+		+	+	Lys.
虎尾草 *Lysimachia barystachys*		+				Pal.
管茎过路黄 *Lysimachia fistulosa*		+				Ido.
灵香草 *Lysimachia foenum-graecum*			+			Ido.
白花过路黄 *Lysimachia huitsunae*				+		Lys.
大叶珍珠菜 *Lysimachia stigmatosa*				+	+	Pal.
多枝香草 *Lysimachia laxa*					+	Ido.
露珠珍珠菜 *Lysimachia circaeoides*					+	Pal.
大叶过路黄 *Lysimachia fordiana*					+	Lys.
琴叶过路黄 *Lysimachia ophelioides*				+		Lys.

注：Ido. 为香草亚属 subgen. *Idiophyton*；Lys. 为黄连花亚属 subgen. *Lysimachia*；Pal. 为珍珠菜亚属 subgen. *Palladia*。

珍珠菜属有部分种类分布较广，生态环境适应性强，如巴东过路黄 *Lysimachia patungensis*、小叶珍珠菜 *Lysimachia parvifolia*、过路黄 *Lysimachia christiniae*、细梗香草 *Lysimachia capillipes*、临时救 *Lysimachia congestiflora* 等均为林下常见种，矮桃 *Lysimachia clethroides*、星宿菜 *Lysimachia fortunei* 为路边向阳处常见种。

珍珠菜属有少数种表现出局部地带性，如罗霄山脉北段主要有缢瓣珍珠菜 *Lysimachia glanduliflora*、金爪儿 *Lysimachia grammica*、长梗过路黄 *Lysimachia longipes*，而疏节过路黄为庐山特有种。罗霄山脉南段主要有白花过路黄 *Lysimachia huitsunae*、假排草 *Lysimachia sikokiana*、大叶珍珠菜 *Lysimachia stigmatosa*、多枝香草 *Lysimachia laxa*、露珠珍珠菜 *Lysimachia circaeoides*、大叶过路黄 *Lysimachia fordiana* 等（表 11-19）。

报春花属在罗霄山脉地区仅有 4 种，其中鄂报春 *Primula obconica* 为广布种，另外 3 种属于羽叶报春系，即毛茛叶报春 *Primula cicutariifolia*、湖北羽叶报春 *Primula hubeiensis*、九宫山羽叶报春 *Primula jiugongshanensis*，这个系是报春花属中较为特殊的一类，以华东、华中为分布中心，该系分布至罗霄山脉地区，反映出罗霄山脉地区与华东、华中地区植物区系的整体性。

11.4.11 罗霄山脉植物区系与植被组成的分化性质

1）罗霄山脉区域内 17 个山地区系地理组成成分表现出明显的纬度过渡性，即热带成分随纬度增高而逐渐减少，温带成分随纬度的增高而逐渐增加；同时，海拔因素也影响着温带成分的丰富度，海拔越高的山地所保存的温带成分比例越高。罗霄山脉地区植物区系平衡点呈连续的带状，在八面山—七溪岭—武功山—九岭山一带，反映出罗霄山脉 5 条中型山脉植物区系在发生上有相似性，而 5 条中型山脉间植被组成差异明显，显然受到了近现代以来气候地带性的极大影响。

2）罗霄山脉地区的表征科——樟科、壳斗科、山茶科、杜鹃花科、报春花科等，是森林群落的主要组成部分，它们在本区表现出明显的过渡性。

在生态习性上，罗霄山脉中、南段有较多的常绿类群，而落叶类群在中南部主要分布在中高海拔地区；罗霄山脉北段分布的种为生态适应幅度大的广布种或落叶种，在植被建成上以落叶阔叶林为主。

在种组成的相似性上，北段幕阜山脉、九岭山脉分布着很多与华东、华中地区共有的落叶植物，南段万洋山脉及诸广山脉则分布着很多与华南地区共有的常绿类群，武功山脉内的种则表现出罗霄山脉内南段与北段的交汇性。

表征科的过渡现象体现出气候带的影响，也反映出罗霄山脉内区系发生的历史，即罗霄山脉南段是华南地区区系向北的延伸；而罗霄山脉北段在区系发生上受中新世以来的影响较大，继承了很多华中、华东区系向南迁移的成分。

3）罗霄山脉地区的替代现象明显，根据属的分布区结构及罗霄山脉范围内各山地植被组成，可将罗霄山脉地区的山地分为两个亚地区，即中、南段（包括万洋山脉、诸广山脉及武功山脉）和北段（包括幕阜山脉及九岭山脉）。

从属的地理分布区类型来看，北段山地以温带性属居多（如幕阜山脉的热带性属/温带性属=345 属/443 属、九岭山脉=383 属/403 属），植被以落叶阔叶林及针阔叶混交林为主。中、南段山地的热带性属占优势（诸广山脉=421 属/374 属）或温带性属与热带性属比例基本一致（万洋山脉=425 属/419 属，武功山脉=366 属/375 属），植被以常绿阔叶林为主。

11.5　罗霄山脉植物区系在东部季风区的区域地位

11.5.1　罗霄山脉区域内 17 个山地与区域外 40 个山地植物区系 R/T 值比较

1. 植物区系相似性比较评价

东亚地区各植物区系间有着较相似的形成历史，相邻近的山地间植物区系有明显的亲缘关系，这在一定程度上表现为相邻两个区系间存在大量的共通科、共通属及共通种。植物区系间相似性比较一直是区系植物地理学家感兴趣的问题，比较两个植物区系科、属、种的相似性系数是判断两个地区植物区系相似性的经典方法（王荷生，1992；张镱理，1998；Jaccard，1901）。但相似性系数较容易受到区系面积及物种丰富度等因素的强烈影响，不能很好地反映植物区系间的联系（马克平等，1995）。

因此，不断有新的统计学方法被提出用于探讨植物区系间的相似性，傅德志和左家哺（1995）、左家哺和傅德志（1996）在定量化研究植物区系间相似性方面做出了大量有益的尝试，提出区系指数概念，并应用模糊数学进行了植物区系划分等。马克平等（1995）研究了北京东灵山植物区系与其他山地植物区系的关系，提出用主成分分析（principal component analysis，PCA）对植物区系谱（floristic spectrum，FS）进行定量分析，从而探讨植物区系间的亲缘关系。植物区系谱（FS）是指某一特定植物区系成分百分比（FER）的集合，反映各类区系成分在该区系中占有比例或对区系总体的贡献。该方法提出后得到了广泛应用（刘仁林和唐赣成，1995；曾宪峰等，2011；沈泽昊和张新时，2000）。聚类分析也是探讨植物区系间相互关系的一种常用方法，高峻和杨斌生（1995）通过不同植物区系间的相似性系数对闽北万木林与其他 15 个山地间的关系进行了 Fuzzy 聚类分析；闫双喜等（2004）则通过对植物区系谱（FS）进行聚类分析，来探讨中国一些地区种子植物区系的亲缘关系；沈泽昊和张新时（2010）通过对 76 个山地区系的聚类分析，探讨了中国亚热带地区植物区系的空间格局。

一个地区种子植物区系中热带性属（分布区类型 T2~T7）与温带性属（分布区类型 T8~T14）的比值称为 R/T 值（彭华，1996），R/T 值能反映一个地区的植物区系性质，尤其能反映植物区系发生与气候条件的关系。将罗霄山脉内 17 个主体山地与其他 40 个地区植物区系进行对比。

2. 57 个区系间的 R/T 值表现出一定的连续性，可区分为 3 类

其一，R/T 值在 1.18 以上，区系组成均表现出明显的热带性。这一类山地地理位置集中于我国华南、西南地区，包括海南山地，云南西双版纳，台湾山地，江西九连山、齐云山，广东鼎湖山、丹霞山、粤东山地、南岭山地（仅指广东南岭国家级自然保护区，由原 5 个省级自然保护区构成），广西大瑶山、九万山，福建梁野山等（表 11-20）。

表 11-20　罗霄山脉区域内 17 个山地及区域外 40 个山地植物区系属的地理成分组成谱

序号	山地	科/属/种数	T2	T3	T4	T5	T6	T7	T8	T9	T10	T11	T12	T13	T14	T15	R/T值
1	海南山地	206/1175/3495	0.24	0.03	0.13	0.14	0.06	0.24	0.05	0.03	0.02	0.00	0.00	0.00	0.05	0.01	5.25
2	云南西双版纳	201/1172/3873	0.21	0.02	0.11	0.12	0.06	0.28	0.07	0.03	0.02	0.00	0.00	0.00	0.06	0.01	4.01
3	广东鼎湖山	166/784/1728	0.28	0.04	0.11	0.12	0.05	0.17	0.08	0.04	0.02	0.01	0.00	0.00	0.06	0.01	3.52
4	粤东山地	179/862/2243	0.26	0.03	0.10	0.11	0.04	0.16	0.10	0.05	0.03	0.01	0.00	0.00	0.09	0.02	2.36
5	广东丹霞山	161/672/1443	0.25	0.03	0.11	0.10	0.03	0.16	0.11	0.05	0.03	0.01	0.00	0.00	0.10	0.01	2.18
6	广西大瑶山	163/711/1780	0.22	0.03	0.11	0.09	0.04	0.18	0.11	0.06	0.03	0.01	0.00	0.00	0.10	0.03	2.06
7	台湾山地	194/1146/3061	0.23	0.04	0.10	0.10	0.04	0.13	0.14	0.05	0.04	0.01	0.00	0.00	0.09	0.01	1.85
8	广西九万山	168/845/2336	0.19	0.03	0.09	0.08	0.04	0.18	0.12	0.06	0.04	0.01	0.00	0.00	0.12	0.04	1.54
9	福建梁野山	156/646/1437	0.25	0.03	0.07	0.07	0.03	0.15	0.13	0.06	0.05	0.01	0.00	0.01	0.12	0.02	1.49
10	广东南岭	173/953/2754	0.20	0.02	0.09	0.08	0.04	0.16	0.13	0.06	0.05	0.01	0.00	0.00	0.12	0.04	1.46
11	江西九连山	170/805/2042	0.21	0.03	0.08	0.08	0.02	0.15	0.14	0.06	0.05	0.01	0.00	0.00	0.13	0.02	1.31
12	江西齐云山*	155/756/2097	0.20	0.03	0.07	0.07	0.02	0.14	0.15	0.07	0.05	0.01	0.00	0.00	0.13	0.03	1.18
13	福建闽江源	126/801/1984	0.21	0.03	0.07	0.07	0.02	0.13	0.15	0.06	0.06	0.01	0.00	0.00	0.14	0.03	1.13
14	福建龙栖山	140/538/1132	0.22	0.03	0.07	0.06	0.03	0.12	0.17	0.06	0.05	0.01	0.00	0.00	0.14	0.02	1.13
15	高黎贡山	174/987/4006	0.16	0.02	0.07	0.07	0.05	0.16	0.11	0.06	0.05	0.01	0.01	0.01	0.14	0.02	1.11
16	湖南都庞岭	169/782/1650	0.19	0.03	0.07	0.07	0.02	0.15	0.15	0.08	0.05	0.01	0.00	0.00	0.15	0.03	1.09
17	湖南打鼓坪林场	150/588/1210	0.21	0.03	0.07	0.06	0.02	0.12	0.16	0.06	0.05	0.01	0.00	0.00	0.15	0.03	1.02
18	福建武夷山	161/750/1799	0.20	0.03	0.07	0.06	0.02	0.12	0.16	0.06	0.05	0.01	0.00	0.00	0.16	0.03	1.01
19	江西九岭山*	163/745/1660	0.20	0.03	0.07	0.06	0.02	0.11	0.17	0.08	0.06	0.01	0.00	0.00	0.15	0.03	0.98
20	江西大岗山*	145/657/1354	0.21	0.03	0.08	0.06	0.02	0.11	0.17	0.07	0.06	0.01	0.01	0.00	0.15	0.02	0.98
21	湖南八面山*	158/696/1572	0.20	0.03	0.06	0.06	0.03	0.12	0.17	0.09	0.05	0.01	0.00	0.00	0.15	0.03	0.97
22	江西井冈山*	168/825/2022	0.19	0.02	0.07	0.06	0.02	0.13	0.17	0.08	0.06	0.01	0.01	0.00	0.15	0.04	0.95
23	江西武功山*	159/789/2001	0.20	0.02	0.07	0.06	0.02	0.11	0.18	0.06	0.06	0.01	0.01	0.00	0.15	0.04	0.95
24	江西七溪岭*	155/642/1433	0.20	0.02	0.07	0.05	0.02	0.12	0.18	0.06	0.06	0.01	0.00	0.00	0.14	0.03	0.95
25	江西马头山	158/739/1875	0.19	0.02	0.07	0.06	0.02	0.13	0.17	0.06	0.07	0.01	0.00	0.00	0.15	0.03	0.95
26	湖南蓝山国家森林公园	155/590/1180	0.20	0.03	0.05	0.05	0.02	0.13	0.18	0.08	0.06	0.01	0.00	0.00	0.15	0.02	0.95
27	江西阳际峰	149/627/1418	0.20	0.03	0.06	0.06	0.02	0.12	0.18	0.08	0.05	0.01	0.00	0.00	0.16	0.02	0.91
28	江西高天岩*	144/569/1165	0.20	0.03	0.07	0.05	0.02	0.11	0.19	0.09	0.05	0.01	0.00	0.00	0.16	0.01	0.90
29	湖南桃源洞*	159/774/2024	0.18	0.02	0.07	0.06	0.02	0.12	0.19	0.08	0.06	0.02	0.00	0.00	0.15	0.03	0.88
30	江西武夷山	164/789/1974	0.19	0.03	0.07	0.06	0.02	0.11	0.17	0.06	0.06	0.01	0.01	0.00	0.16	0.03	0.88
31	浙江洞宫山北段	164/863/2319	0.18	0.02	0.06	0.06	0.02	0.12	0.18	0.06	0.07	0.01	0.00	0.00	0.15	0.03	0.88
32	湖南大围山*	152/662/1370	0.19	0.03	0.07	0.05	0.02	0.11	0.19	0.06	0.06	0.01	0.00	0.00	0.16	0.03	0.85
33	江西官山*	159/761/1756	0.19	0.02	0.06	0.06	0.02	0.11	0.19	0.08	0.07	0.01	0.01	0.00	0.15	0.04	0.84
34	江西伊山*	145/637/1289	0.19	0.02	0.06	0.06	0.02	0.10	0.19	0.07	0.07	0.01	0.00	0.00	0.16	0.02	0.83
35	湖南金童山	160/729/1737	0.17	0.02	0.06	0.06	0.02	0.12	0.18	0.08	0.06	0.01	0.00	0.00	0.17	0.04	0.82
36	四川峨眉山	162/837/2539	0.17	0.02	0.06	0.06	0.03	0.12	0.20	0.06	0.06	0.01	0.01	0.00	0.15	0.05	0.82
37	湖南幕阜山*	156/672/1361	0.19	0.02	0.06	0.06	0.02	0.10	0.20	0.09	0.07	0.01	0.00	0.00	0.16	0.02	0.80
38	武陵山地	170/931/3181	0.16	0.02	0.06	0.06	0.02	0.12	0.18	0.06	0.06	0.01	0.00	0.00	0.16	0.04	0.80
39	横断山脉	182/1271/8974	0.14	0.02	0.07	0.05	0.04	0.12	0.19	0.06	0.08	0.02	0.01	0.02	0.14	0.05	0.78
40	江西三清山	148/699/1616	0.19	0.02	0.06	0.05	0.02	0.10	0.19	0.10	0.07	0.02	0.00	0.00	0.15	0.03	0.78

续表

序号	山地	科/属/种	T2	T3	T4	T5	T6	T7	T8	T9	T10	T11	T12	T13	T14	T15	R/T值
41	江西南风面*	150/679/1518	0.18	0.02	0.06	0.05	0.02	0.10	0.20	0.09	0.08	0.01	0.00	0.00	0.15	0.03	0.76
42	江西瑞昌*	132/490/910	0.21	0.02	0.07	0.03	0.02	0.09	0.21	0.08	0.07	0.02	0.01		0.15	0.02	0.76
43	江西庐山*	156/730/1725	0.19	0.02	0.06	0.06	0.01	0.09	0.20	0.09	0.07	0.02	0.01		0.16	0.03	0.73
44	西藏山地	176/1065/5343	0.13	0.02	0.05	0.06	0.04	0.11	0.20	0.06	0.09	0.02	0.03	0.03	0.14	0.02	0.71
45	湖北荆山余脉	135/554/1163	0.20	0.02	0.05	0.04	0.02	0.05	0.23	0.08	0.10	0.02			0.13	0.03	0.65
46	湖北九宫山*	157/658/1440	0.18	0.02	0.02	0.04	0.02	0.09	0.20	0.09	0.09	0.02			0.17	0.04	0.64
47	浙江天目山	149/687/1543	0.17	0.02	0.05	0.04	0.02		0.24	0.10	0.08	0.02			0.18	0.03	0.54
48	安徽黄山	141/623/1394	0.14	0.03	0.04	0.04	0.02	0.08	0.24	0.11	0.07	0.02			0.18	0.03	0.52
49	安徽大别山	138/664/1656	0.17	0.02	0.05	0.04			0.24	0.10	0.09	0.02			0.16	0.03	0.52
50	河南桐柏高乐山	152/688/1638	0.17	0.02	0.05	0.04	0.02	0.05	0.25	0.09	0.10	0.03			0.14	0.03	0.50
51	湖北神农架	153/752/2285	0.12	0.02	0.03	0.04		0.08	0.25	0.09	0.10	0.02			0.16	0.06	0.43
52	秦岭山地	156/855/2851	0.13	0.02	0.04	0.03		0.05	0.25	0.09	0.12	0.03	0.02	0.01	0.14	0.04	0.40
53	冀北山地	119/515/1272	0.14		0.00	0.02		0.02	0.40	0.09	0.14				0.07	0.01	0.27
54	太行山区	115/466/1004	0.13	0.01	0.02	0.02		0.02	0.38	0.07	0.15	0.05		0.02	0.09	0.04	0.25
55	陕西太白山	131/615/1781	0.09	0.01	0.03			0.02	0.32	0.10	0.14	0.04		0.01	0.14	0.05	0.24
56	坝上地区	85/263/467	0.14		0.00	0.02			0.44	0.05	0.18	0.06			0.06	0.01	0.23
57	冀西北山地	102/452/1067	0.11		0.02		0.02	0.01	0.44	0.06	0.17	0.05		0.03	0.07	0.02	0.19
58	南岭山脉**	204/1272/4792	0.19	0.02	0.09	0.09	0.04	0.17	0.12	0.05	0.05	0.01		0.01	0.12	0.04	1.46
59	武夷山脉**	181/1087/3964	0.18	0.02	0.07	0.07	0.02	0.15	0.07	0.06	0.01	0.01			0.15	0.04	1.00
60	浙皖山地**	152/756/1951	0.16	0.02	0.05	0.04	0.01	0.07	0.23	0.10	0.08	0.02	0.01	0.00	0.18	0.03	

注：R/T 值为热带性属与温带性属的比值，其中温带性属包含中国特有属。

* 为罗霄山脉范围内的主要山地；** 南岭山脉、武夷山脉、浙皖山地在本章 11.6 节亦用于与罗霄山脉区系比较，在此将 3 个山地地理成分谱列于此，所包含的若干相对独立山地已用于与罗霄山脉范围内的各个相对独立的山地进行比较。

其二，R/T 值在 0.80 以下，山地在区系组成上表现出较强的温带性。在地理位置上处于我国华北、华东北部及东北部、华中、西藏地区，包括：幕阜山、庐山、江西瑞昌、湖北九宫山、天目山、黄山、大别山、桐柏高乐山、荆山余脉、西藏山地、神农架、秦岭山地、陕西太白山，冀北山地、太行山区、坝上地区、冀西北山地（表 11-20）。

其三，R/T 值在 0.82～1.13，有 24 个山地，表现出热带成分与温带成分相互交汇的特点。地理位置上主要处于我国中亚热带季风区内，包括福建武夷山、福建闽江源、福建龙栖山、湖南都庞岭、湖南八面山、湖南打鼓坪林场、湖南蓝山国家森林公园、湖南桃源洞、湖南大围山、湖南幕阜山、湖南金童山、江西九岭山、江西井冈山、江西武功山、江西七溪岭、江西大岗山、江西齐云山、江西马头山、江西高天岩、江西阳际峰、江西官山、江西武夷山、江西伊山、江西南风面、浙江洞宫山北段、四川峨眉山、高黎贡山（表 11-20）。

高黎贡山、横断山脉地处我国西南地区，这两个地区地形复杂、沟壑纵横，多样化的生境使得区内热带性属和温带性属均得到很好的保存、分化，因而区系组成特点也表现出明显的交汇性。

11.5.2　区系谱主成分分析

利用统计分析软件 R 对 57 个地区植物区系谱进行主成分分析，得到了与 R/T 值对比相近的结果，可将 57 个区系分为 4 大区（图 11-3）。

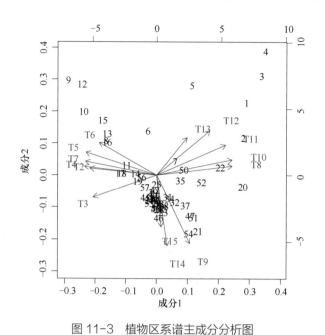

图 11-3　植物区系谱主成分分析图

T2~T15 表示属分布区类型；数字 1、2、3 等代表山地区系编号（见表 11-20）

1. 华北地区

华北地区包括 4 个山地，即坝上地区、冀北山地、太行山区、冀西北山地。这 4 个地区均位于河北省境内，在区系区划上隶属于华北地区（吴征镒等，2010），且河北省的西北部与泛北极植物区接壤，它们的区系组成以落叶性温带成分为主。这几个地区 T8、T10 分布区类型比例较高，区系组成表现出明显的温带性，主要属种有油松 *Pinus tabuliformis*、华北落叶松 *Larix gmelinii* var. *principis-rupprechtii*、青扦 *Picea wilsonii*、兴安圆柏 *Juniperus sabina* var. *davurica*、中麻黄 *Ephedra intermedia*、大果榉 *Zelkova sinica*、宽苞水柏枝 *Myricaria bracteata*、东北木蓼 *Atraphaxis manshurica*、西北栒子 *Cotoneaster zabelii*、鹅绒藤属 *Cynanchum*、元宝槭 *Acer truncatum*、毛黄栌 *Cotinus coggygria* var. *pubescens* 等。

此外，T11、T12、T13 分布区类型的属在这些地区也有一定数量的物种，如树锦鸡儿 *Caragana arborescens*、北京锦鸡儿 *Caragana pekinensis*、太行米口袋 *Gueldenstaedtia taihangensis*、红柄白鹃梅 *Exochorda giraldii*、灰毛庭荠 *Alyssum canescens*、太行阿魏 *Ferula licentiana*、沙蓬 *Agriophyllum squarrosum*、角蒿 *Incarvillea sinensis*、草原石头花 *Gypsophila davurica* 等。

2. 西藏—横断山脉地区

西藏—横断山脉地区包括 3 个代表区系，即西藏山地、高黎贡山、横断山脉，其均处于中国大陆第一阶梯上，喜马拉雅山脉的抬升对这几个地区发展过程产生了重大影响。这地区内几个山地内分布有丰富的北温带属种，如（丽江铁杉 *Tsuga chinensis* var. *forrestii*、云南铁杉 *Tsuga yunnanensis*）、麻黄属 *Ephedra*、云杉属 *Picea*、冷杉属 *Abies*、西藏柏木 *Cupressus torulosa*、滇藏方枝柏 *Juniperus indica*、棘豆属 *Oxytropis*、花楸属 *Sorbus*、岩黄耆属 *Hedysarum*、柳属 *Salix*、委陵菜属 *Potentilla*、毛背云雾杜鹃 *Rhododendron chamaethomsonii* var. *chamaedoron*、大树杜鹃 *Rhododendron protistum* var. *giganteum*、金黄杜鹃 *Rhododendron rupicola* var. *chryseum*、墨脱杜鹃 *Rhododendron montroseanum*、滇藏杜鹃 *Rhododendron temenium*、怵江槭 *Acer kiukiangense*、独龙槭 *Acer pectinatum* subsp. *taronense*、察隅槭 *Acer tibetense*、长尾槭 *Acer caudatum*、怒江槭 *Acer chienii*、点地梅属 *Androsace*、报春花属 *Primula*、马先蒿属 *Pedicularis* 等。

这一地区内的 3 个山地地处东亚植物区"中国—喜马拉雅森林亚区"核心地带，分布有中国—喜马拉雅分布区亚型（T14-1）112 属，代表性类群有垂头菊属 *Cremanthodium*、合耳菊属 *Synotis*、川木香属 *Dolomiaea*、鬼吹箫属 *Leycesteria*、象牙参属 *Roscoea*、蓝钟花属 *Cyananthus*、微孔草属 *Microula*、蔓龙胆属 *Crawfurdia*、掌叶石蚕 *Rubiteucris palmata*、菫叶苣苔 *Platystemma violoides*、珊瑚苣苔属 *Corallodiscus*、高山丫蕊花 *Ypsilandra alpina* 等。

此外，古地中海植物区系孑遗成分在本区有一定代表，如旱生性灌木毛叶水栒子 *Cotoneaster submultiflorus*、平枝栒子 *Cotoneaster horizontalis*、黄杨叶栒子 *Cotoneaster buxifolius*、厚叶栒子 *Cotoneaster coriaceus*、水栒子 *Cotoneaster multiflorus*、沧江锦鸡儿 *Caragana kozlowii*、甘蒙锦鸡儿 *Caragana opulens*、云南锦鸡儿 *Caragana franchetiana*、毛刺锦鸡儿 *Caragana tibetica*、元江杭子梢 *Campylotropis henryi*、草山杭子梢 *Campylotropis capillipes* subsp. *prainii* 等。

3. 西南—华南地区

西南—华南地区地处热带、南亚热带，包括云南西双版纳、海南山地、台湾山地、广东南岭、广西九万山、广西大瑶山、江西九连山、江西齐云山、粤东山地、广东鼎湖山、广东丹霞山，这一地区的几个山地均处于中国大陆的南部，约以南岭山脉为北界。区系组成成分上以 T2、T4、T5、T6、T7 类型的属为主，代表性属种有长叶竹柏 *Nageia fleuryi*、兰屿罗汉松 *Podocarpus costalis*、台湾油杉 *Keteleeria davidiana* var. *formosana*、水玉簪属 *Burmannia*、香荚兰属 *Vanilla*、龙血树属 *Dracaena*、山柑属 *Capparis*、秋海棠属 *Begonia*、少花琼楠 *Beilschmiedia pauciflora*、厚叶琼楠 *Beilschmiedia percoriacea*、网脉琼楠 *Beilschmiedia tsangii*、勐仑琼楠 *Beilschmiedia brachythyrsa*、红柿 *Diospyros oldhamii*、黑皮柿 *Diospyros nigricortex*、云南柿 *Diospyros yunnanensis*、小果柿 *Diospyros vaccinioides*、水东哥属 *Saurauia*、毛兰属 *Eria*、茎花崖爬藤 *Tetrastigma cauliflorum*、西双版纳崖爬藤 *Tetrastigma xishuangbannaense*、西畴崖爬藤 *Tetrastigma sichouense*、樫木属 *Dysoxylum*、省藤属 *Calamus*、芒毛苣苔属 *Aeschynanthus*、单室茱萸属 *Mastixia*、台湾蚊母树 *Distylium gracile*、壳菜果 *Mytilaria laosensis* 等。

云南西双版纳、海南山地、台湾山地，在区系区划上可归属于古热带植物区。其他广西大瑶山、广西九万山、江西九连山、江西齐云山、粤东山地、广东鼎湖山、广东丹霞山均处于南岭山脉附近，气候带及植被带呈现出南亚热带向热带过渡的特点，属于历史上北热带区系的孑遗代表。

而湖南打鼓坪林场、蓝山国家森林公园、金童山、都庞岭，福建梁野山这几个区系位于南岭北段，受华南地区成分影响较大，在区系性质上以热带性属占优势，无疑也是北热带区系的延伸。南岭山地的屏障作用阻隔了南部的暖湿气流，因此这些山地内北温带属（T8）所占的比例较南岭、广西九万山、广西大瑶山、江西齐云山等地高。

4. 华中—华东地区

这一地区的区系处于中国—日本森林亚区的核心地带，以泛热带分布属（T2）、热带亚洲（即热带东南亚至印度—马来，太平洋诸岛）分布属（T7）、北温带分布属（T8）、东亚分布属（T14）、中国特有属（T15）等分区类型为主要组成部分。随着自然地理位置的不同，各分布区类型的属所占比例表现出一定差异。按照自然地理区域可分为以下 3 类。

（1）华中—西北亚地区

中亚热带西部，四川峨眉山、武陵山地、秦岭山地、湖北神农架、陕西太白山为华中区系的典型代表。区系性质以温带性成分占优势，并包含丰富的以华中地区为分布中心的属种，如水杉 *Metasequoia glyptostroboides*、巴山松 *Pinus tabuliformis* var. *henryi*、太白红杉 *Larix chinensis*、巴山冷杉 *Abies fargesii*、秦岭冷杉 *Abies chensiensis*、巫山新木姜子 *Neolitsea wushanica*、星叶草 *Circaeaster agrestis*、牛鼻栓 *Fortunearia sinensis*、杜仲 *Eucommia ulmoides*、银莲花属 *Anemone*、小檗属 *Berberis*、紫堇属 *Corydalis*、藤山柳属 *Clematoclethra*、鹅耳枥属 *Carpinus*、槭属 *Acer*、忍冬属 *Lonicera*、百合属 *Lilium* 等。

（2）华东—华东南亚地区

中亚热带东部，区系组成上热带性属与温带性属比例接近，保存有丰富的古特有属、子遗属，在山地植被组成上以常绿阔叶林占据优势，包括江西井冈山、湖南桃源洞、湖南八面山、江西南风面、江西官山、江西七溪岭、江西马头山、江西武功山、江西九岭山、福建闽江源、福建龙栖山、浙江洞宫山北段、江西武夷山、福建武夷山、江西阳际峰、江西高天岩。这一亚地区的代表性属种有铁杉 *Tsuga chinensis*、杉木 *Cunninghamia lanceolata*、檫木 *Sassafras tzumu*、猴欢喜 *Sloanea sinensis*、乐东拟单性木兰 *Parakmeria lotungensis*、大果马蹄荷 *Exbucklandia tonkinensis*、秀柱花 *Eustigma oblongifolium*、蕈树 *Altingia chinensis*、鹿角锥 *Castanopsis lamontii*、乌冈栎 *Quercus phillyraeoides*、云山青冈 *Cyclobalanopsis sessilifolia*、倒卵叶青冈 *Cyclobalanopsis obovatifolia* 等。

（3）华东—大别山—浙皖亚地区

中亚热带北缘，这一亚地区包括江西伊山、湖南大围山、湖南幕阜山、湖北九宫山、江西瑞昌、湖北荆山余脉、江西三清山、江西庐山、安徽黄山、浙江天目山、安徽大别山、河南桐柏高乐山。区系组成上温带性成分明显比热带性成分丰富，其中东亚特有成分中草本属比例较大，新特有属较丰富，山地内植被以常绿落叶阔叶混交林及针阔叶混交林为主，典型的常绿阔叶林仅见于低海拔地区，代表性属种包括金钱松 *Pseudolarix amabilis*、银杏 *Ginkgo biloba*、榧树 *Torreya grandis*、天目玉兰 *Yulania amoena*、赣皖乌头 *Aconitum finetianum*、浙江山梅花 *Philadelphus zhejiangensis*、黄山梅 *Kirengeshoma palmata*、银缕梅 *Parrotia subaequalis*、金缕梅 *Hamamelis mollis*、黄山花楸 *Sorbus amabilis*、天目槭 *Acer sinopurpurascens*、苦槠 *Castanopsis sclerophylla*、栓皮栎 *Quercus variabilis*、白栎 *Quercus fabri*、永瓣藤 *Monimopetalum chinense*、浙赣车前紫草 *Sinojohnstonia chekiangensis*、南山堇菜 *Viola chaerophylloides* 等。

11.6 罗霄山脉植物区系与邻近地区植物区系的比较

11.6.1 与台湾山地植物区系的比较

台湾是大陆性岛屿，中生代晚期才和大陆分离（路安民，2001），在中新世以来的喜马拉雅造山运动中，台湾山脉不断抬升，促进了台湾山地内植物区系分化。第四纪以来，冰期与间冰期交替，促进了中国台湾与大陆多次相接，形成了多样化的台湾及亚洲大陆间断分布（丁明艳，2012）。台湾山地的 *R/T* 值为1.86，包括热带性属686属、温带性属369属。区系性质上台湾山地表现出明显的热带性，在区系区划上属于古热带植物区（吴征镒等，2010），或被分为东亚植物区，台湾省（张宏达，1994b）。

台湾山地与罗霄山脉共有科、共有属、共有种分为162科、776属、1226种，两者间科、属、种的相似性系数①分别为：0.87、0.69、0.33。在科属层面表现出明显的相似性，台湾山地有32科不见于罗霄山脉，主要是一些热带性较强的科，包括川蔓藻科 Ruppiaceae、大叶藻科 Zosteraceae、莲叶桐科 Hernandiaceae、肉豆蔻科 Myristicaceae、金虎尾科 Malpighiaceae、山柚子科 Opiliaceae、牛栓藤科 Connaraceae、针叶藻科 Cymodoceaceae、闭鞘姜科 Costaceae、竹芋科 Marantaceae、水东哥科 Saurauiaceae、帽蕊草科 Mitrastemonaceae、玉蕊科 Barringtoniaceae、火筒树科 Leeaceae、龙血树科 Dracaenaceae、露兜树科 Pandanaceae、苏铁科 Cycadaceae、草海桐科 Goodeniaceae、田葱科 Philydraceae、六苞藤科 Symphoremataceae 等；昆栏树科 Trochodendraceae、囊苞花科 Triplostegiaceae 为中国特有科。

台湾山地不见于罗霄山脉的属有370属，包括热带性属（T2～T7）295属、温带性属（T8～T15）64属，其他为广布属，11属。

台湾地处于我国东南部，受太平洋暖湿气流影响孕育着多样的热带性属，台湾中低海拔地区、南部地区、兰屿地区等的热带性属更为明显，典型的有砂引草属 *Argusia*、闭鞘姜属 *Costus*、龙血树属 *Dracaena*、桐棉属 *Thespesia*、核子木属 *Perrottetia*、红树属 *Rhizophora*、刺桐属 *Erythrina*、文殊兰属

① 相似性系数不排除广布科、属、种，依据表11-20计算，即甲、乙两地共有科、属、种的2倍/甲、乙地科、属、种的总，下同。

Crinum、草海桐属 *Scaevola*、香荚兰属 *Vanilla*、蛇藤属 *Colubrina*、红厚壳属 *Calophyllum*、二药藻属 *Halodule*、李榄属 *Linociera*、海榄雌属 *Avicennia*、尖瓣花属 *Sphenoclea*、核果木属 *Drypetes*、美登木属 *Maytenus*、翻唇兰属 *Hetaeria*、蓟罂粟属 *Argemone*、泰来藻属 *Thalassia*、钳唇兰属 *Erythrodes*、水东哥属 *Saurauia*、帽蕊草属 *Mitrastemon*、岩芋属 *Remusatia*、虎舌兰属 *Epipogium*、双唇兰属 *Didymoplexis*、三星果属 *Tristellateia*、过腰蛇属 *Xenostegia*、双袋兰属 *Disperis*、露兜树属 *Pandanus*、线柱兰属 *Zeuxine*、芋兰属 *Nervilia*、蒴莲属 *Adenia*、地宝兰属 *Geodorum*、翼核果属 *Ventilago*、箣柊属 *Scolopia*、苏铁属 *Cycas*、酸脚杆属 *Medinilla*、火筒树属 *Leea*、暗罗属 *Polyalthia*、鞘蕊花属 *Coleus*、黑鳗藤属 *Jasminanthes*、馥兰属 *Phreatia*、艾堇属 *Synostemon*、肖蒲桃属 *Acmena*、眼树莲属 *Dischidia*、火麻树属 *Dendrocnide*、浆果苣苔属 *Cyrtandra*、肉托果属 *Semecarpus*、半插花属 *Hemigraphis*、隐柱兰属 *Cryptostylis*、土楠属 *Endiandra*、樫木属 *Dysoxylum*、刺葵属 *Phoenix*、青藤属 *Illigera*、肉药兰属 *Stereosandra*、翠柏属 *Calocedrus*、墨鳞属 *Melanolepis*、蜘蛛兰属 *Arachnis*、球兰属 *Hoya*、囊唇兰属 *Saccolabium*、厚距花属 *Pachycentria*、六翅木属 *Berrya*、山槟榔属 *Pinanga*、崖摩属 *Amoora*、风筝果属 *Hiptage*、假紫万年青属 *Belosynapsis*、竹叶蕉属 *Donax*、胶木属 *Palaquium*、花皮胶藤属 *Ecdysanthera*、琼榄属 *Gonocaryum*、褐鳞木属 *Astronia*、鸟舌兰属 *Ascocentrum*。

台湾山地的高海拔地区则有一些温带性成分不见于罗霄山脉，包括圆柏属 *Sabina*、红门兰属 *Orchis*、云杉属 *Picea*、风铃草属 *Campanula*、草苁蓉属 *Boschniakia*、蚊子草属 *Filipendula*、发草属 *Deschampsia*、草莓属 *Fragaria*、喜冬草属 *Chimaphila*、异燕麦属 *Helictotrichon*、大蒜芥属 *Sisymbrium*、黄杉属 *Pseudotsuga*、扁柏属 *Chamaecyparis*、延龄草属 *Trillium*、唢呐草属 *Mitella*、筒距兰属 *Tipularia*、山梅草属 *Sibbaldia*、翼萼蔓属 *Pterygocalyx*、狗娃花属 *Heteropappus*、狼毒属 *Stellera*、兜蕊兰属 *Androcorys*、八角金盘属 *Fatsia*、掌叶石蚕属 *Rubiteucris*、台闽苣苔属 *Titanotrichum*、扁核木属 *Prinsepia*、台钱草属 *Suzukia*、昆栏树属 *Trochodendron* 等。

罗霄山脉不见于台湾山地的属有 332 属，包括热带性属（T2～T7）93 属，温带性属（T8～T15）229 属，另有广布属 10 属。罗霄山脉不见于台湾山地的成分包括大量的孑遗古老成分，如老虎刺属 *Pterolobium*、飞龙掌血属 *Toddalia*、木瓜红属 *Rehderodendron*、山茉莉属 *Huodendron*、香果树属 *Emmenopterys*、蕈树属 *Altingia*、马蹄荷属 *Exbucklandia*、福建柏属 *Fokienia*、五列木属 *Pentaphylax*、山罗花属 *Melampyrum*、桦木属 *Betula*、柏木属 *Cupressus*、七叶树属 *Aesculus*、紫荆属 *Cercis*、金缕梅属 *Hamamelis*、榧树属 *Torreya*、银钟花属 *Perkinsiodendron*、厚朴属 *Houpoea*、鹅掌楸属 *Liriodendron*、山核桃属 *Carya*、蓝果树属 *Nyssa*、透骨草属 *Phryma*、紫茎属 *Stewartia*、蔓虎刺属 *Mitchella*、肥皂荚属 *Gymnocladus*、扯根菜属 *Penthorum*、玉兰属 *Yulania*、红毛七属 *Caulophyllum*、峨参属 *Anthricscus*、天葵属 *Semiaquilegia*、南天竹属 *Nandina*、丫蕊花属 *Ypsilandra*、鬼灯檠属 *Rodgersia*、铃子香属 *Chelonopsis*、茶菱属 *Trapella*、枫杨属 *Pterocarya*、俞藤属 *Yua*、侧柏属 *Platycladus*、青荚叶属 *Helwingia*、柳杉属 *Cryptomeria*、刺楸属 *Kalopanax*、连香树属 *Cercidiphyllum*、假奓包叶属 *Discocleidion*、领春木属 *Euptelea*、双花木属 *Disanthus*、瘿椒树属 *Tapiscia*、短穗竹属 *Brachystachyum*、金钱松属 *Pseudolarix*、银杉属 *Cathaya*、大血藤属 *Sargentodoxa*、白豆杉属 *Pseudotaxus*、金钱槭属 *Dipteronia*、杜仲属 *Eucommia*、青檀属 *Pteroceltis*、永瓣藤属 *Monimopetalum*、半枫荷属 *Semiliquidambar*、银杏属 *Ginkgo*、青钱柳属 *Cyclocarya*、喜树属 *Camptotheca*、藤山柳属 *Clematoclethra*、血水草属 *Eomecon*、牛鼻栓属 *Fortunearia*、匙叶草属 *Latouchea*。

可见台湾山地与罗霄山脉区系差异性主要体现在，台湾山地热带性成分更丰富，而罗霄山脉的温带性属及中国特有属更丰富，而从区系性质上来看，罗霄山脉地区继承了更多的东亚植物区自第三纪以来的孑遗成分。

11.6.2 与海南山地植物区系的比较

海南山地 *R/T* 值为 5.25，是各山地中热带性最强的，包括热带性属 919 属，温带性属 175 属。海南岛属于热带性岛屿，在地质历史上，与大陆断开的最后时间为 40Ma 前左右，因此在植物区系组成上与大陆有密切联系。罗霄山脉整体与海南山地共有 159 科、634 属、1092 种，两者间科、属、种的相似性系数分别为：0.83、0.56、0.28。共通的代表性属有厚壳树属 *Ehretia*、水玉簪属 *Burmannia*、朴属 *Celtis*、厚皮香属 *Ternstroemia*、厚壳桂属 *Cryptocarya*、桂樱属 *Laurocerasus*、买麻藤属 *Gnetum*、羊蹄甲属 *Bauhinia*、柿属 *Diospyros*、南蛇藤属 *Celastrus*、冬青属 *Ilex*、秋海棠属 *Begonia*、山矾属 *Symplocos*、榕属 *Ficus*、泡花树属 *Meliosma*、柃属 *Eurya*、假卫矛属 *Microtropis*、安息香属 *Styrax*、木姜子属 *Litsea*、赤杨叶属 *Alniphyllum*、油杉属 *Keteleeria*、竹柏属 *Nageia*、五列木属 *Pentaphylax*、山桂花属 *Bennettiodendron*、马蹄荷属 *Exbucklandia*、梭罗树属 *Reevesia*、润楠属 *Machilus*、黄杞属 *Engelhardia*、含笑属 *Michelia*、蕈树属 *Altingia*、清风藤属 *Sabia*、蚊母树属 *Distylium*、山茶属 *Camellia*、木莲属 *Manglietia*、青冈属 *Cyclobalanopsis*、锦香草属 *Phyllagathis*、榆属 *Ulmus*、枫香树属 *Liquidambar*、三白草属 *Saururus*、柯属 *Lithocarpus*、八角属 *Illicium*、木兰属 *Magnolia*、蓝果树属 *Nyssa*、白丝草属 *Chionographis*、虎刺属 *Damnacanthus*、猕猴桃属 *Actinidia*、茵芋属 *Skimmia*、石笔木属 *Tutcheria*、拟单性木兰属 *Parakmeria*、半枫荷属 *Semiliquidambar* 等。

海南山地有 47 科、541 属、2402 种不见于罗霄山脉，以热带性成分为主，代表性的属有棒柄花属 *Cleidion*、脚骨脆属 *Casearia*、红叶藤属 *Rourea*、盒果藤属 *Operculina*、莲叶桐属 *Hernandia*、水东哥属 *Saurauia*、露兜树属 *Pandanus*、蜜茱萸属 *Melicope*、腰骨藤属 *Ichnocarpus*、滨木患属 *Arytera*、油楠属 *Sindora*、古山龙属 *Arcangelisia*、尖花藤属 *Richella*、卷花丹属 *Scorpiothyrsus*、红花荷属 *Rhodoleia*、三宝木属 *Trigonostemon*、红厚壳属 *Calophyllum*、单室茱萸属 *Mastixia*、扁蒴苣苔属 *Cathayanthe*、多核果属 *Pyrenocarpa*、保亭花属 *Wenchengia*、山铜材属 *Chunia*、四药门花属 *Tetrathyrium*、刺毛头黍属 *Setiacis*、盾叶苣苔属 *Metapetrocosmea* 等。

11.6.3 与西双版纳植物区系的比较

西双版纳地处云南省南部热带地区，区系区划上属于古热带植物区滇缅泰地区（吴征镒等，2010），属的地理分布区以热带性质的为主，有热带性属 874 属、温带性属 218 属，R/T 值为 4.01。与罗霄山脉共通的成分有 165 科、641 属、972 种，两者间科、属、种的相似性系数分别为：0.87、0.56、0.24。

两地间的主要差异在于西双版纳的热带性成分远较罗霄山脉丰富，西双版纳有 36 科、529 属、2900 种不见于罗霄山脉，其中热带性较强的属有补骨脂属 *Psoralea*、毒鼠子属 *Dichapetalum*、翅苹婆属 *Pterygota*、李榄属 *Linociera*、榄仁属 *Terminalia*、刺桐属 *Erythrina*、龙血树属 *Dracaena*、度量草属 *Mitreola*、锡叶藤属 *Tetracera*、红厚壳属 *Calophyllum*、闭鞘姜属 *Costus*、刺果藤属 *Byttneria*、三棱栎属 *Trigonobalanus*、槟榔青属 *Spondias*、千年健属 *Homalomena*、露兜树属 *Pandanus*、蒲葵属 *Livistona*、大沙叶属 *Pavetta*、苏铁属 *Cycas*、见血封喉属 *Antiaris*、火筒树属 *Leea*、鹊肾树属 *Streblus*、土楠属 *Endiandra*、单叶藤橘属 *Paramignya*、小芸木属 *Micromelum*、假山萝属 *Harpullia*、多香木属 *Polyosma*、柄果木属 *Mischocarpus*、肉豆蔻属 *Myristica*、桄榔属 *Arenga*、守宫木属 *Sauropus*、黄叶树属 *Xanthophyllum*、五桠果属 *Dillenia*、红芽大戟属 *Knoxia*、刺葵属 *Phoenix*、嘉兰属 *Gloriosa*、藤麻属 *Procris*、尖叶木属 *Urophyllum*、微花藤属 *Iodes*、合果木属 *Paramichelia*、隐翼属 *Crypteronia*、假紫万年青属 *Belosynapsis*、沟瓣属 *Glyptopetalum*、油丹属 *Alseodaphne*、蕊木属 *Kopsia*、赤苍藤属 *Erythropalum*、老鸦烟筒花属 *Millingtonia*、球兰属 *Hoya*、澄广花属 *Orophea*、藤属 *Absolmsia*、心翼果属 *Peripterygium*、粘木属 *Ixonanthes*、凤蝶兰属 *Papilionanthe*、新樟属 *Neocinnamomum*、火绳树属 *Eriolaena*、柳安属 *Parashorea*、青梅属 *Vatica*、肉实树属 *Sarcosperma*、油渣果属 *Hodgsonia* 等。

罗霄山脉有 14 科、466 属、3342 种不见于西双版纳，以温带性属为主，包括北温带分布 91 属，代表属有山梅花属 *Philadelphus*、椴属 *Tilia*、假升麻属 *Aruncus*、紫荆属 *Cercis*、冷杉属 *Abies*、柏木属 *Cupressus*、刺柏属 *Juniperus*、黄连属 *Coptis*、水青冈属 *Fagus*、虎耳草属 *Saxifraga*、金腰属

Chrysosplenium、萍蓬草属 *Nuphar*、列当属 *Orobanche*、山罗花属 *Melampyrum*、七叶树属 *Aesculus*。东亚—北美间断分布属 45 属，代表属有绣球属 *Hydrangea*、铁杉属 *Tsuga*、金缕梅属 *Hamamelis*、枫香树属 *Liquidambar*、紫茎属 *Stewartia*、落新妇属 *Astilbe*、红毛七属 *Caulophyllum*、檫木属 *Sassafras*、厚朴属 *Houpoea*、鹅掌楸属 *Liriodendron*、山核桃属 *Carya*、蔓虎刺属 *Mitchella*、银钟花属 *Perkinsiodendron*、马醉木属 *Pieris*、透骨草属 *Phryma*。东亚特有属 101 属，代表性属有蜡瓣花属 *Corylopsis*、双花木属 *Disanthus*、俞藤属 *Yua*、化香树属 *Platycarya*、刺楸属 *Kalopanax*、囊瓣芹属 *Pternopetalum*、穗花杉属 *Amentotaxus*、领春木属 *Euptelea*、连香树属 *Cercidiphyllum*、人字果属 *Dichocarpum*、南天竹属 *Nandina*、桃儿七属 *Sinopodophyllum*、白木乌桕属 *Neoshirakia*、草绣球属 *Cardiandra*、冠盖藤属 *Pileostegia*、山桐子属 Idesia、玉簪属 *Hosta*、铃子香属 *Chelonopsis*、白丝草属 *Chionographis*、大百合属 *Cardiocrinum*、丫蕊花属 *Ypsilandra*、假婆婆纳属 *Stimpsonia* 等。中国特有属 45 属，包括金钱槭属 *Dipteronia*、永瓣藤属 *Monimopetalum*、青檀属 *Pteroceltis*、牛鼻栓属 *Fortunearia*、半枫荷属 *Semiliquidambar*、蜡梅属 *Chimonanthus*、银杏属 *Ginkgo*、藤山柳属 *Clematoclethra*、明党参属 *Changium*、血水草属 *Eomecon*、马蹄香属 *Saruma*、大血藤属 *Sargentodoxa*、白豆杉属 *Pseudotaxus*、银杉属 *Cathaya*、金钱松属 *Pseudolarix*、棱果花属 *Barthea*、少穗竹属 *Oligostachyum*、井冈寒竹属 *Gelidocalamus*、短穗竹属 *Brachystachyum*、白穗花属 *Speirantha*、青钱柳属 *Cyclocarya*、皿果草属 *Omphalotrigonotis*、车前紫草属 *Sinojohnstonia*、匙叶草属 *Latouchea*、陀螺果属 *Melliodendron*、秤锤树属 *Sinojackia*、毛药花属 *Bostrychanthera* 等。

罗霄山脉与西双版纳地区相比，保存有更多的东亚特有属、中国特有属及孑遗性类群，充分说明了罗霄山脉隶属于东亚植物区，而西双版纳则不属于东亚植物区。

11.6.4　与横断山脉植物区系的比较

横断山脉地处东亚植物区的两个亚区：中国—日本和中国—喜马拉雅森林亚区的交界地带，是我国生物多样性最丰富的地区之一（吴征镒等，2010）。横断山脉的区系 R/T 值为 0.78，有热带性属 519 属、温带性属 665 属。与罗霄山脉共通的成分有 159 科、797 属、1252 种，科、属、种的相似性系数为 0.90、0.67、0.19。

罗霄山脉与横断山脉的区系相似性主要体现在两者共有很多北温带属及东亚特有属。例如，共有的北温带属有 75 属，如七叶树属 *Aesculus*、桤木属 *Alnus*、榛属 *Corylus*、狗筋蔓属 *Cucubalus*、香科科属 *Teucrium*、山楂属 *Crataegus*、山梅花属 *Philadelphus*、荨麻属 *Urtica*、黄杨属 *Buxus*、菖蒲属 *Acorus*、山罗花属 *Melampyrum*、刺柏属 *Juniperus*、红豆杉属 *Taxus*、紫荆属 *Cercis*、榆属 *Ulmus*、黑三棱属 *Sparganium*、水青冈属 *Fagus*、接骨木属 *Sambucus*、栗属 *Castanea*、黄连属 *Coptis*、柏木属 *Cupressus*、婆婆纳属 *Veronica*、獐牙菜属 *Swertia*、荚蒾属 *Viburnum*、玉凤花属 *Habenaria*、点地梅属 *Androsace*、花楸属 *Sorbus*、报春花属 *Primula*、马先蒿属 *Pedicularis*、虎耳草属 *Saxifraga*、柳属 *Salix*、小檗属 *Berberis*、紫堇属 *Corydalis*、乌头属 *Aconitum*、栎属 *Quercus*、翠雀属 *Delphinium*、委陵菜属 *Potentilla*、槭属 *Acer*、鹅耳枥属 *Carpinus*、松属 *Pinus*、冷杉属 *Abies*、斑叶兰属 *Goodyera*、杜鹃属 *Rhododendron*、金腰子属 *Chrysosplenium*、百合属 *Lilium*、杨属 *Populus*、黄精属 *Polygonatum* 等。这些北温带属中冷杉属、松属、杜鹃属是横断山脉地区森林中的建群种，草本属如点地梅属 *Androsace*、报春花属 *Primula*、马先蒿属 *Pedicularis*、虎耳草属 *Saxifraga*、紫堇属 *Corydalis*、乌头属 *Aconitum*、翠雀属 *Delphinium*、委陵菜属 *Potentilla* 则是这一区域内中高海拔地区林下优势类群，种系极为丰富多样。

东亚分布属是东亚植物区的重要表征成分，两地共有的包括侧柏属 *Platycladus*、连香树属 *Cercidiphyllum*、山桐子属 Idesia、桔梗属 *Platycodon*、领春木属 *Euptelea*、野鸦椿属 *Euscaphis*、猫儿屎属 *Decaisnea*、箭竹属 *Fargesia*、化香树属 *Platycarya*、黄叶五加属 *Gamblea*、袋果草属 *Peracarpa*、筒冠花属 *Siphocranion*、竹叶子属 *Streptolirion*、大百合属 *Cardiocrinum*、檵木属 *Loropetalum*、雷公藤

属 *Tripterygium*、丫蕊花属 *Ypsilandra*、红果树属 *Stranvaesia*、青荚叶属 *Helwingia*、桃叶珊瑚属 *Aucuba*、鬼灯檠属 *Rodgersia*、钻地风属 *Schizophragma*、八角莲属 *Dysosma*、虎刺属 *Damnacanthus*、枫杨属 *Pterocarya*、旌节花属 *Stachyurus*、蜘蛛抱蛋属 *Aspidistra*、八月瓜属 *Holboellia*、铃子香属 *Chelonopsis*、蔓龙胆属 *Crawfurdia*、双蝴蝶属 *Tripterospermum*、粗筒苣苔属 *Briggsia*、蜡瓣花属 *Corylopsis*、猕猴桃属 *Actinidia* 等。

上面所列的类群表明罗霄山脉与横断山脉区系组成的优势属是很相似的，它们在区系起源上具有相关性，并且横断山脉地区的区系成分在喜马拉雅山脉抬升过程中得到了很大程度的分化。

横断山脉有 23 科、474 属、约 7722 种不见于罗霄山脉。

在东亚分布区类型——中国—喜马拉雅分布区亚型中，在横断山脉区系中所含的属数远大于罗霄山脉地区，代表性的属有独一味属 *Lamiophlomis*、掌叶石蚕属 *Rubiteucris*、绵参属 *Eriophyton*、蜂腰兰属 *Bulleyia*、合柱兰属 *Diplomeris*、水青树属 *Tetracentron*、垫紫草属 *Chionocharis*、无隔荠属 *Staintoniella*、紫茎兰属 *Risleya*、长蕊木兰属 *Alcimandra*、尖药兰属 *Diphylax*、独花报春属 *Omphalogramma*、珊瑚苣苔属 *Corallodiscus*、鬼吹箫属 *Leycesteria*、山莨菪属 *Anisodus*、秃疮花属 *Dicranostigma*、距药姜属 *Cautleya*、九子母属 *Dobinea*、垂头菊属 *Cremanthodium*、细钟花属 *Leptocodon*、单花荠属 *Pegaeophyton*、象牙参属 *Roscoea*、双参属 *Triplostegia*、马蓝属 *Pteracanthus*、肉果草属 *Lancea* 等。

横断山脉不见于罗霄山脉的中国特有属有 50 属，包括滇藏细叶芹属 *Chaerophyllopsis*、环根芹属 *Cyclorhiza*、舟瓣芹属 *Sinolimprichtia*、宽框荠属 *Platycraspedum*、罂粟莲花属 *Anemoclema*、直瓣苣苔属 *Ancylostemon*、华檫木属 *Sinosassafras*、独叶草属 *Kingdonia*、毛茛莲花属 *Metanemone*、金盏苣苔属 *Isometrum*、蛇头荠属 *Dipoma*、辐花属 *Lomatogoniopsis*、重羽菊属 *Diplazoptilon*、假贝母属 *Bolbostemma*、反唇兰属 *Smithorchis*、半脊荠属 *Hemilophia*、鹭鸶草属 *Diuranthera*、黄缨菊属 *Xanthopappus*、细裂芹属 *Harrysmithia*、细穗玄参属 *Scrofella*、丁茜属 *Trailliaedoxa*、复芒菊属 *Formania*、枦菊木属 *Nouelia*、同钟花属 *Homocodon*、岩匙属 *Berneuxia*、巴山木竹属 *Bashania*、弓翅芹属 *Arcuatopterus* 等。这些中国特有属中包括不少中新世以来分化出的新特有属。

11.6.5 与高黎贡山植物区系的比较

高黎贡山是西藏东南部和云南西部一条南北走向的山脉，该地区南北纵越纬度大，南部腾冲段呈明显的热带性，北段贡山地区温带性成分较多，整体上的 R/T 值为 1.11，包括热带性属 476 属，温带性属 429 属。罗霄山脉与高黎贡山地区共有成分 159 科、681 属、890 种，科、属、种的相似性系数为 0.90、0.65、0.21。高黎贡山有 15 科、306 属、3116 种不见于罗霄山脉。

高黎贡山属于横断山脉南段，在区系组成上两者极为相似。然而高黎贡山地处于田中线以西（李锡文和李捷，1992），与横断山脉相比，区系发生的次生性更强，在区系区划上属于中国—喜马拉雅亚区西缘，高黎贡山南段可归属于古热带植物区（吴征镒等，2010），因此东亚植物区的许多表征性、子遗性成分均不见于高黎贡山地区。

罗霄山脉有 20 科、426 属、3424 种不见于高黎贡山，包括香果树属 *Emmenopterys*、翅子树属 *Pterospermum*、异药花属 *Fordiophyton*、锦香草属 *Phyllagathis*、山桂花属 *Bennettiodendron*、金粟兰属 *Chloranthus*、竹柏属 *Nageia*、福建柏属 *Fokienia*、油杉属 *Keteleeria*、五列木属 *Pentaphylax*、毛药藤属 *Sindechites*、赤杨叶属 *Alniphyllum*、乌桕属 *Triadica*、大苞寄生属 *Tolypanthus*、秀柱花属 *Eustigma*、蚊母树属 *Distylium*、水丝梨属 *Sycopsis*、大苞姜属 *Caulokaempferia*、无叶莲属 *Petrosavia*、裂果薯属 *Schizocapsa*、水青冈属 *Fagus*、细辛属 *Asarum*、栗属 *Castanea*、七叶树属 *Aesculus*、山柳菊属 *Hieracium*、刺柏属 *Juniperus*、铃兰属 *Convallaria*、异檐花属 *Triodanis*、萍蓬草属 *Nuphar*、金缕梅属 *Hamamelis*、蔓虎刺属 *Mitchella*、鹅掌楸属 *Liriodendron*、檫木属 *Sassafras*、莲属 *Nelumbo*、红淡比属 *Cleyera*、紫茎属 *Stewartia*、三白草属 *Saururus*、银钟花属 *Perkinsiodendron*、假繁缕属 *Theligonum*、绵枣儿属

Barnardia、榉属 *Zelkova*、沼原草属 *Molinia*、马甲子属 *Paliurus*、白鹃梅属 *Exochorda*、虎杖属 *Reynoutria*、矢竹属 *Pseudosasa*、柳杉属 *Cryptomeria*、野海棠属 *Bredia*、穗花杉属 *Amentotaxus*、连香树属 *Cercidiphyllum*、南天竹属 *Nandina*、荷青花属 *Hylomecon*、苦竹属 *Pleioblastus*、草绣球属 *Cardiandra*、俞藤属 *Yua*、南酸枣属 *Choerospondias*、白木乌桕属 *Neoshirakia*、鹿茸草属 *Monochasma*、半蒴苣苔属 *Hemiboea*、玉簪属 *Hosta*、白丝草属 *Chionographis*、檵木属 *Loropetalum*、假婆婆纳属 *Stimpsonia*、双花木属 *Disanthus*、银杏属 *Ginkgo*、银杉属 *Cathaya*、金钱松属 *Pseudolarix*、杉木属 *Cunninghamia*、大血藤属 *Sargentodoxa*、串果藤属 *Sinofranchetia*、瘿椒树属 *Tapiscia*、象鼻兰属 *Nothodoritis*、皿果草属 *Omphalotrigonotis*、盾果草属 *Thyrocarpus*、车前紫草属 *Sinojohnstonia*、白豆杉属 *Pseudotaxus*、七子花属 *Heptacodium*、蝟实属 *Kolkwitzia*、独花兰属 *Changnienia*、匙叶草属 *Latouchea*、藤山柳属 *Clematoclethra*、井冈寒竹属 *Gelidocalamus*、牛鼻栓属 *Fortunearia*、青檀属 *Pteroceltis*、石笔木属 *Tutcheria*、短穗竹属 *Brachystachyum*、棱果花属 *Barthea*、地构叶属 *Speranskia*、半枫荷属 *Semiliquidambar*、青钱柳属 *Cyclocarya*、陀螺果属 *Melliodendron*、血水草属 *Eomecon*、明党参属 *Changium*、白穗花属 *Speirantha*、四棱草属 *Schnabelia*、喜树属 *Camptotheca*、报春苣苔属 *Primulina*、金钱槭属 *Dipteronia*、伯乐树属 *Bretschneidera*、栾树属 *Koelreuteria*、永瓣藤属 *Monimopetalum*、通脱木属 *Tetrapanax* 等。

11.6.6　与峨眉山植物区系的比较

　　峨眉山地处四川盆地西缘，在中国—日本森林亚区及中国—喜马拉雅森林亚区的过渡带上，区系区划属于华中地区四川盆地亚地区（吴征镒等，2010），峨眉山的特有种相当丰富，以峨眉山为模式标本产地的植物达 400 余种。峨眉山的植物区系以温带成分占优势，R/T 值为 0.82，包括热带性属 344 属，温带性属 420 属。峨眉山与罗霄山脉共通成分有 155 科、698 属、1273 种，科、属、种的相似性系数为：0.91、0.72、0.37。

　　峨眉山不见于罗霄山脉的成分有 7 科、140 属、1277 种，其中代表性科包括白花丹科 Plumbaginaceae、岩梅科 Diapensiaceae、马桑科 Coriariaceae、十齿花科 Dipentodontaceae、亚麻科 Linaceae、岩菖蒲科 Tofieldiaceae、独叶草科 Kingdoniaceae。峨眉山不见于罗霄山脉的属以温带性属为主，有云杉属 *Picea*、岩菖蒲属 *Tofieldia*、红景天属 *Rhodiola*、獐耳细辛属 *Hepatica*、花锚属 *Halenia*、捕虫堇属 *Pinguicula*、对叶兰属 *Listera*、类叶升麻属 *Actaea*、草苁蓉属 *Boschniakia*、风铃草属 *Campanula*、凹舌兰属 *Coeloglossum*、扁蕾属 *Gentianopsis*、驴蹄草属 *Caltha*、圆柏属 *Sabina*、耧斗菜属 *Aquilegia*、红门兰属 *Orchis*、荷包牡丹属 *Dicentra*、猬草属 *Hystrix*、七筋姑属 *Clintonia*、延龄草属 *Trillium*、莛子藨属 *Triosteum*、手参属 *Gymnadenia*、绿绒蒿属 *Meconopsis*、岩白菜属 *Bergenia*、峨屏草属 *Tanakaea*、蕈寄生属 *Gleadovia*、紫茎兰属 *Risleya*、开口箭属 *Tupistra*、鬼吹箫属 *Leycesteria*、槽舌兰属 *Holcoglossum*、微孔草属 *Microula*、星果草属 *Asteropyrum*、鸡爪草属 *Calathodes*、双参属 *Triplostegia* 等。此外，15 个出现在峨眉山的中国特有属不见于罗霄山脉，为直瓣苣苔属 *Ancylostemon*、独叶草属 *Kingdonia*、珙桐属 *Davidia*、岩匙属 *Berneuxia*、四福花属 *Tetradoxa*、钩子木属 *Rostrinucula*、花佩菊属 *Faberia*、筒花苣苔属 *Briggsiopsis*、异黄精属 *Heteropolygonatum*、华蟹甲属 *Sinacalia*、瘦房兰属 *Ischnogyne*、裸蒴属 *Gymnotheca*、异叶苣苔属 *Whytockia*、羌活属 *Notopterygium*、巴山木竹属 *Bashania*，这些特有属均以华中、西南地区为分布中心。

　　罗霄山脉不见于峨眉山的成分有 54 科、515 属、3107 种，以热带科为主，代表性的有重阳木科 Bischofiaceae、无叶莲科 Petrosaviaceae、竹柏科 Nageiaceae、五列木科 Pentaphylacaceae、水蕹科 Aponogetonaceae、桤叶树科 Clethraceae、买麻藤科 Gnetaceae、沟繁缕科 Elatinaceae、古柯科 Erythroxylaceae、水玉簪科 Burmanniaceae、蒟蒻薯科 Taccaceae、花柱草科 Stylidiaceae、破布子科 Cordiaceae、天料木科 Samydaceae，中国特有科银杏科 Ginkgoaceae、伯乐树科 Bretschneideraceae 也不见于峨眉山。

罗霄山脉不见于峨眉山的属中包括热带性属 246 属，温带性属 176 属，中国特有属 32 属。这些属主要是中国华东、华南、西南地区亚热带山地区系的重要代表成分，如古柯属 *Erythroxylum*、树参属 *Dendropanax*、假卫矛属 *Microtropis*、桤叶树属 *Clethra*、乌口树属 *Tarenna*、瓜馥木属 *Fissistigma*、杨桐属 *Adinandra*、藤黄属 *Garcinia*、盆距兰属 *Gastrochilus*、吻兰属 *Collabium*、山茉莉属 *Huodendron*、油杉属 *Keteleeria*、折柄茶属 *Hartia*、五列木属 *Pentaphylax*、福建柏属 *Fokienia*、蕈树属 *Altingia*、马蹄荷属 *Exbucklandia*、唐竹属 *Sinobambusa*、秀柱花属 *Eustigma*、无叶莲属 *Petrosavia*、蚊母树属 *Distylium*、茶梨属 *Anneslea*、李属 *Prunus*、水晶兰属 *Monotropa*、列当属 *Orobanche*、檀梨属 *Pyrularia*、银钟花属 *Perkinsiodendron*、赤壁藤属 *Decumaria*、流苏树属 *Chionanthus*、蔓虎刺属 *Mitchella*、紫茎属 *Stewartia*、金缕梅属 *Hamamelis*、鹅掌楸属 *Liriodendron*、山核桃属 *Carya*、檫木属 *Sassafras*、马醉木属 *Pieris*、假繁缕属 *Theligonum*、榉属 *Zelkova*、白鹃梅属 *Exochorda*、柳杉属 *Cryptomeria*、桃儿七属 *Sinopodophyllum*、锦带花属 *Weigela*、草绣球属 *Cardiandra*、桔梗属 *Platycodon*、箭竹属 *Fargesia*、矢竹属 *Pseudosasa*、白丝草属 *Chionographis*、蔓龙胆属 *Crawfurdia*、小米空木属 *Stephanandra*、白木乌桕属 *Neoshirakia*、双花木属 *Disanthus*、马鞍树属 *Maackia*、少穗竹属 *Oligostachyum*、蜡梅属 *Chimonanthus*、石笔木属 *Tutcheria*、半枫荷属 *Semiliquidambar*、短穗竹属 *Brachystachyum*、白豆杉属 *Pseudotaxus*、银杉属 *Cathaya*、金钱松属 *Pseudolarix*、井冈寒竹属 *Gelidocalamus*、秤锤树属 *Sinojackia*、棱果花属 *Barthea*、青钱柳属 *Cyclocarya*、牛鼻栓属 *Fortunearia*、伯乐树属 *Bretschneidera*、伞花木属 *Eurycorymbus*、永瓣藤属 *Monimopetalum*、青檀属 *Pteroceltis*、匙叶草属 *Latouchea* 等。

11.6.7 与武陵山地植物区系的比较

武陵山地处于长江以南、南岭以北，在区系区划上属于华中地区，川、湘、鄂亚地区（吴征镒等，2010）。武陵山地范围内温带性华中成分丰富，R/T 值为 0.80，包括热带性属 378 属，温带性属 474 属。罗霄山脉与武陵山地仅以洞庭湖相隔，南部有零星山地相连，因而它们的区系组成比较相似，共通成分有 164 科、817 属、2096 种，科、属、种的相似性系数为：0.94、0.80、0.56，均大于 0.5，说明两者间亲缘关系很近。

两地共有的东亚分布属（T14）为 120 属，中国特有属（T15）为 30 属，充分体现出两地间的区系关系，其中代表性的属有冠盖藤属 *Pileostegia*、穗花杉属 *Amentotaxus*、雷公藤属 *Tripterygium*、刺楸属 *Kalopanax*、俞藤属 *Yua*、猕猴桃属 *Actinidia*、领春木属 *Euptelea*、野鸦椿属 *Euscaphis*、化香树属 *Platycarya*、杜鹃兰属 *Cremastra*、荷青花属 *Hylomecon*、猫儿屎属 *Decaisnea*、萸叶五加属 *Gamblea*、柳杉属 *Cryptomeria*、党参属 *Codonopsis*、蜘蛛抱蛋属 *Aspidistra*、囊瓣芹属 *Pternopetalum*、鬼灯檠属 *Rodgersia*、油点草属 *Tricyrtis*、旌节花属 *Stachyurus*、连香树属 *Cercidiphyllum*、三尖杉属 *Cephalotaxus*、伞花木属 *Eurycorymbus*、伯乐树属 *Bretschneidera*、喜树属 *Camptotheca*、串果藤属 *Sinofranchetia*、大血藤属 *Sargentodoxa*、藤山柳属 *Clematoclethra*、白豆杉属 *Pseudotaxus*、血水草属 *Eomecon*、金钱松属 *Pseudolarix*、车前紫草属 *Sinojohnstonia*、拟单性木兰属 *Parakmeria*、秤锤树属 *Sinojackia*、金钱槭属 *Dipteronia*、瘿椒树属 *Tapiscia*、毛药花属 *Bostrychanthera*、虾须草属 *Sheareria*、银杏属 *Ginkgo*。

罗霄山脉不见于武陵山地的成分有 15 科、290 属、2218 种。其中以热带性属较为重要，有杜若属 *Pollia*、古柯属 *Erythroxylum*、巴豆属 *Croton*、西番莲属 *Passiflora*、琼楠属 *Beilschmiedia*、厚壳桂属 *Cryptocarya*、买麻藤属 *Gnetum*、水蕹属 *Aponogeton*、桃金娘属 *Rhodomyrtus*、杨桐属 *Adinandra*、毛茛泽泻属 *Ranalisma*、山黄菊属 *Anisopappus*、叉序草属 *Isoglossa*、藤黄属 *Garcinia*、秀柱花属 *Eustigma*、竹柏属 *Nageia*、马蹄荷属 *Exbucklandia*、蕈树属 *Altingia*、柏拉木属 *Blastus*、无叶莲属 *Petrosavia*、茶梨属 *Anneslea*、五列木属 *Pentaphylax*、折柄茶属 *Hartia*、梭罗树属 *Reevesia* 等。不见于武陵山地的中

国特有属有 23 属，如银杉属 *Cathaya*、陀螺果属 *Melliodendron*、明党参属 *Changium*、短穗竹属 *Brachystachyum*、青钱柳属 *Cyclocarya*、秦岭藤属 *Biondia*、七子花属 *Heptacodium*、蝟实属 *Kolkwitzia*、山拐枣属 *Poliothyrsis*、白穗花属 *Speirantha*、永瓣藤属 *Monimopetalum*、棱果花属 *Barthea*、少穗竹属 *Oligostachyum*、井冈寒竹属 *Gelidocalamus*、马蹄香属 *Saruma*、牛鼻栓属 *Fortunearia*、半枫荷属 *Semiliquidambar*、四棱草属 *Schnabelia*、皿果草属 *Omphalotrigonotis*、丹霞兰属 *Danxiaorchis* 等。

武陵山地不见于罗霄山脉的成分有 6 科 114 属 1085 种，包括两个东亚特有科——水青树科 Tetracentraceae、鞘柄木科 Toricelliaceae，以及 2 个中国特有科——囊苞花科 Triplostegiaceae、珙桐科 Davidiaceae。不见于罗霄山脉的属中有 12 个中国特有属——尾囊草属 *Urophysa*、独根草属 *Oresitrophe*、假贝母属 *Bolbostemma*、金钱槭属 *Dipteronia*、珙桐属 *Davidia*、马蹄芹属 *Dickinsia*、华蟹甲属 *Sinacalia*、金盏苣苔属 *Isometrum*、石山苣苔属 *Petrocodon*、异叶苣苔属 *Whytockia*、钩子木属 *Rostrinucula*、异野芝麻属 *Heterolamum*；14 个东亚特有属（T14）——水青树属 *Tetracentron*、铁破锣属 *Beesia*、星果草属 *Asteropyrum*、石莲属 *Sinocrassula*、裂瓜属 *Schizopepon*、木瓜属 *Chaenomeles*、人参木属 *Chengiopanax*、野丁香属 *Leptodermis*、双参属 *Triplostegia*、黄筒花属 *Phacellanthus*、粗筒苣苔属 *Briggsia*、珊瑚苣苔属 *Corallodiscus*、马蓝属 *Pteracanthus*、尖药兰属 *Diphylax*；6 个东亚—北美间断分布属（T9）——七筋姑属 *Clintonia*、水甘草属 *Amsonia*、猬草属 *Hystrix*、荷包牡丹属 *Dicentra*、珍珠梅属 *Sorbaria*、黄杉属 *Pseudotsuga*；20 个北温带分布属（T8），包括喜冬草属 *Chimaphila*、类叶升麻属 *Actaea*、捕虫堇属 *Pinguicula*、亚麻属 *Linum*、花锚属 *Halenia*、獐耳细辛属 *Hepatica*、短柄草属 *Brachypodium*、铁木属 *Ostrya*、岩菖蒲属 *Tofieldia*、黄栌属 *Cotinus*、耧斗菜属 *Aquilegia*、扭柄花属 *Streptopus*、红景天属 *Rhodiola*、山芎属 *Conioselinum*、落芒草属 *Oryzopsis* 等；此外，还包括 18 个热带亚洲（即热带东南亚及印度—马来，太平洋诸岛）分布属（T7），如山羊角树属 *Carrierea*、青篱柴属 *Tirpitzia*、冠唇花属 *Microtoena*、蛛毛苣苔属 *Paraboea*、密脉木属 *Myrioneuron*、球兰属 *Hoya*、铁榄属 *Sinosideroxylon*、牡竹属 *Dendrocalamus*、藤漆属 *Pegia*、罗伞属 *Brassaiopsis*、壳菜果属 *Mytilaria*、沟瓣属 *Glyptopetalum*、兜兰属 *Paphiopedilum*、地黄连属 *Munronia*、酸竹属 *Acidosasa*、岭罗麦属 *Tarennoidea*、臀形木属 *Pygeum* 等。

11.6.8　与秦岭山地植物区系的比较

秦岭山地为东西走向的大型山脉，是我国温带、亚热带的分界线（张学忠和张志英，1979；康慕谊和朱源，2007）。秦岭山地区系性质表现为明显的温带性，区系区划属于华中地区，秦岭巴山亚地区（吴征镒等，2010），R/T 值为 0.40，包括热带性属 222 属，温带性属 553 属。罗霄山脉与秦岭山地区系组成存在较大差异，共通成分有 144 科、666 属、1255 种，科、属、种的相似性系数为：0.86、0.68、0.35。

罗霄山脉有 35 科、441 属、3059 种不见于秦岭山地，其中热带性属 277 属，温带性属 141 属（含中国特有属 34 属）。罗霄山脉不同于秦岭山地的成分主要体现在热带性成分上，泛热带分布属（T2）82 属，如巴豆属 *Croton*、桂樱属 *Laurocerasus*、巴戟天属 *Morinda*、小金梅草属 *Hypoxis*、糙叶树属 *Aphananthe*、崖豆藤属 *Millettia*、粗叶木属 *Lasianthus*、薄柱草属 *Nertera*、厚壳桂属 *Cryptocarya*、水玉簪属 *Burmannia*、西番莲属 *Passiflora* 等；旧世界热带分布属（T4）34 属，石龙尾属 *Limnophila*、五月茶属 *Antidesma*、杜茎山属 *Maesa*、蒲桃属 *Syzygium*、簕竹属 *Bambusa*、金锦香属 *Osbeckia*、艾纳香属 *Blumea*、茜树属 *Aidia*、鸢尾兰属 *Oberonia* 等；热带亚洲至热带大洋洲分布属（T5）50 属，如石仙桃属 *Pholidota*、鳞籽莎属 *Lepidosperma*、毛兰属 *Eria*、开唇兰属 *Anoectochilus*、鹤顶兰属 *Phaius*、瓜馥木属 *Fissistigma*、蛇菰属 *Balanophora*、鸡血藤属 *Callerya*、百部属 *Stemona*、山姜属 *Alpinia*、舞花姜属 *Globba*、杜英属 *Elaeocarpus*、山龙眼属 *Helicia*、杜根藤属 *Calophanoides*；热带亚洲（即热带东南亚及印度—马来，太平洋诸岛）分布属（T7）87 属，如五列木属 *Pentaphylax*、

锦香草属 *Phyllagathis*、折柄茶属 *Hartia*、虎皮楠属 *Daphniphyllum*、黄杞属 *Engelhardia*、柏拉木属 *Blastus*、蕈树属 *Altingia*、草珊瑚属 *Sarcandra*、马蹄荷属 *Exbucklandia*、大苞寄生属 *Tolypanthus*、木莲属 *Manglietia*、含笑属 *Michelia*、竹柏属 *Nageia*、福建柏属 *Fokieniahodginsii*、狗骨柴属 *Diplospora*、野菰属 *Aeginetia*、木瓜红属 *Rehderodendron*、裂果薯属 *Schizocapsa*、竹叶吉祥草属 *Spatholirion*、山茉莉属 *Huodendron*、无叶莲属 *Petrosavia*、盆距兰属 *Gastrochilus* 等。

除热带性属外，罗霄山脉不见于秦岭山地的温带性属及中国特有属的种系均不甚丰富，表现出明显的古老性及孑遗性。秦岭山地植物区系在第四纪冰期时曾受到严重影响，而罗霄山脉地处我国东部大陆季风区，自中新世以来这一地区就有相对稳定的亚热带性气候，因此保存着更多古老、孑遗种系，其中代表性属有岩荠属 *Cochlearia*、萍蓬草属 *Nuphar*、黄连属 *Coptis*、杨梅属 *Myrica*、蔓虎刺属 *Mitchella*、银钟花属 *Perkinsiodendron*、莲属 *Nelumbo*、鹅掌楸属 *Liriodendron*、蓝果树属 *Nyssa*、檫木属 *Sassafras*、肥皂荚属 *Gymnocladus*、金缕梅属 *Hamamelis*、绵枣儿属 *Barnardia*、假繁缕属 *Theligonum*、草绣球属 *Cardiandra*、柳杉属 *Cryptomeria*、穗花杉属 *Amentotaxus*、八角莲属 *Dysosma*、钻地风属 *Schizophragma*、冠盖藤属 *Pileostegia*、苦苣苔属 *Conandron*、鹿茸草属 *Monochasma*、假婆婆纳属 *Stimpsonia*、檵木属 *Loropetalum*、双花木属 *Disanthus*、刺榆属 *Hemiptelea*、筒冠花属 *Siphocranion*、大百合属 *Cardiocrinum*、白丝草属 *Chionographis*、萸叶五加属 *Gamblea*、吉祥草属 *Reineckea*、香简草属 *Keiskea*、假水晶兰属 *Monotropastrum*、丫蕊花属 *Ypsilandra*、秤锤树属 *Sinojackia*、金钱松属 *Pseudolarix*、银杉属 *Cathaya*、杉木属 *Cunninghamia*、银杏属 *Ginkgo*、伞花木属 *Eurycorymbus*、拟单性木兰属 *Parakmeria*、伯乐树属 *Bretschneidera*、白豆杉属 *Pseudotaxus*、毛药花属 *Bostrychanthera*。

11.6.9　与南岭山脉植物区系的比较

南岭山脉[①]是我国重要的自然地理界线，为广西北部、湖南东南部、广东北部、江西西南部一系列山脉，包括越城岭、都庞岭、大瑶山、萌渚岭、骑田岭、连山山脉、阳山山脉及三百山地区。

本研究所采用的南岭山地名录整合了大瑶山、金童山、湖南打鼓坪林场、湖南蓝山森林公园、丹霞山、广东南岭、九连山 7 个山地的名录，用于探讨本区与罗霄山脉地区植物区系的关系。

南岭山脉约有种子植物 204 科 1272 属 4792 种，包括世界广布属 92 属，热带性属 701 属，温带性属 480 属（含中国特有属 48 属），属的地理成分明显以热带性成分占优势，R/T 值为 1.46。

罗霄山脉南段与南岭山脉相接，区系形成历史有着密切关系，两地共通成分有 175 科、984 属、3125 种。科、属、种的相似性系数分别为 0.91、0.83、0.69。罗霄山脉与南岭山脉特征性的共通种主要体现在罗霄山脉的中、南段，代表性的共通属有罗汉松属 *Podocarpus*、叶底珠属 *Securinega*、桂樱属 *Laurocerasus*、琼楠属 *Beilschmiedia*、厚壳树属 *Ehretia*、水玉簪属 *Burmannia*、猴欢喜属 *Sloanea*、山香圆属 *Turpinia*、无患子属 *Sapindus*、柃属 *Eurya*、泡花树属 *Meliosma*、安息香属 *Styrax*、苦木属 *Picrasma*、鸢尾兰属 *Oberonia*、芭蕉属 *Musa*、寄生藤属 *Dendrotrophe*、链珠藤属 *Alyxia*、粗丝木属 *Gomphandra*、隔距兰属 *Cleisostoma*、飞龙掌血属 *Toddalia*、使君子属 *Quisqualis*、长蒴苣苔属 *Didymocarpus*、水丝梨属 *Sycopsis*、五列木属 *Pentaphylax*、福建柏属 *Fokienia*、山茉莉属 *Huodendron*、茶梨属 *Anneslea*、油杉属 *Keteleeria*、折柄茶属 *Hartia*、蜂斗草属 *Sonerila*、盆距兰属 *Gastrochilus*、黄肉楠属 *Actinodaphne*、青冈属 *Cyclobalanopsis*、木莲属 *Manglietia*、木瓜红属 *Rehderodendron*、黄杞属 *Engelhardia*、棱果花属 *Barthea*、叠鞘兰属 *Chamaegastrodia*、来江藤属 *Brandisia*、蕈树属 *Altingia*、杜鹃属 *Rhododendron*。

南岭山脉有 27 科、288 属、1667 种不见于罗霄山脉，以热带性成分为主。相异的科中有 22 个为热带性科，如苏铁科 Cycadaceae、山榄科 Sapotaceae、金莲木科 Ochnaceae、花柱草科 Stylidiaceae、红

---

① 此处的南岭山脉，范围较广，与表 11-20 中的广东南岭不同，后者仅指广东南岭国家级自然保护区，与罗霄山脉范围内的各自然保护区等相当；这里与罗霄山脉整体比较，故用南岭山脉。

厚壳科 Calophyllaceae、红树科 Rhizophoraceae、核果木科 Putranjivaceae、橄榄科 Burseraceae、竹芋科 Marantaceae、霉草科 Triuridaceae、金虎尾科 Malpighiaceae、牛栓藤科 Connaraceae、莲叶桐科 Hernandiaceae、水螅花科 Metteniusaceae、粗丝木科 Stemonuraceae、田基麻科 Hydroleaceae、五桠果科 Dilleniaceae、帚灯草科 Restionaceae、黏木科 Ixonanthaceae、露兜树科 Pandanaceae、楔瓣花科 Sphenocleaceae、田葱科 Philydraceae 等。不见于罗霄山脉的属中有 237 个为热带性属，如刺芹属 Eryngium、马钱属 Strychnos、紫丹属 Tournefortia、爱地草属 Geophila、尖瓣花属 Sphenoclea、红叶藤属 Rourea、蝉翼藤属 Securidaca、钩毛草属 Pseudechinolaena、叉柱花属 Staurogyne、锡叶藤属 Tetracera、美登木属 Maytenus、棒柄花属 Cleidion、核果木属 Drypetes、白花丹属 Plumbago、刺果藤属 Byttneria、任豆属 Zenia、紫玉盘 Uvaria、肉实树属 Sarcosperma、苏铁属 Cycas、红厚壳属 Calophyllum、大头茶属 Gordonia、槟榔青属 Spondias、露兜树属 Pandanus、格木属 Erythrophleum、莿柊属 Scolopia、藻百年属 Exacum、叉柱兰属 Cheirostylis、酸脚杆属 Medinilla、暗罗属 Polyalthia、鞘蕊属 Coleus、山油柑属 Acronychia、紫荆木属 Madhuca、夜花藤属 Hypserpa、子楝树属 Decaspermum 等。

罗霄山脉不见于南岭山脉的有 4 科 123 属 1189 种。不见于南岭山脉的科中有 2 个东亚特有科，即连香树科 Cercidiphyllaceae、领春木科 Eupteleaceae。不见于南岭山脉的温带性属达 96 属，可见地理位置更北的罗霄山脉区系较南岭山脉温带性质强，代表性的属有马鞍树属 Maackia、鬼灯檠属 Rodgersia、地黄属 Rehmannia、双盾木属 Dipelta、桃儿七属 Sinopodophyllum、荷青花属 Hylomecon、倭竹属 Shibataea、大吴风草属 Farfugium、东峨芹属 Tongoloa、风兰属 Neofinetia、连香树属 Cercidiphyllum、领春木属 Euptelea、苍术属 Atractylodes、白鹃梅属 Exochorda、峨参属 Anthriscus、沼原草属 Molinia、款冬属 Tussilago、贝母属 Fritillaria、雪柳属 Fontanesia、赤壁木属 Decumaria、红毛七属 Caulophyllum、山核桃属 Carya、蜻蜓兰属 Tulotis、榧树属 Torreya、蔓虎刺属 Mitchella、白头翁属 Pulsatilla、列当属 Orobanche、种阜草属 Moehringia、唐棣属 Amelanchier。

11.6.10　与武夷山脉植物区系的比较

武夷山脉[①]是我国大陆东南部重要的山脉，跨广东、福建、江西、浙江四省。武夷山脉地区尚没有完善的植物名录，因此本研究选取福建梁野山、福建龙栖山、福建闽江源、福建武夷山、江西武夷山、江西马头山、江西阳际峰、浙江洞宫山北段 8 个地区的植物区系，编制汇总成武夷山脉种子植物名录，用于分析罗霄山脉与本区的植物区系关系。

武夷山脉在区系区划上属于华东地区浙南山地亚地区（吴征镒等，2010），种子植物约有 181 科 1087 属 3964 种。武夷山脉的热带性成分较罗霄山脉地区稍强，R/T 值为 1.00，包括世界广布属 85 属，热带性属 501 属，温带性属 501 属（含中国特有属 41）。罗霄山脉与武夷山脉共有成分有 177 科、974 属、3011 种。两地间科、属、种相似性系数分别为 0.98、0.89、0.73，这表明两地之间的区系组成成分非常接近。吴征镒等（2010）对中国种子植物进行区系区划时，将罗霄山脉中北部和武夷山脉的主体山地归入"东亚植物区华东地区"是比较合适的。

罗霄山脉不见于武夷山脉的成分有 2 科、133 属、1303 种。不见于武夷山脉的属以温带性成分为主，包括北温带分布属（T8）17 属，如藨薹草属 Trichophorum、火烧兰属 Epipactis、梯牧草属 Phleum、山薤菜属 Eutrema、芍药属 Paeonia、水毛茛属 Batrachium、白头翁属 Pulsatilla、鼠茅属 Vulpia、莎禾属 Coleanthus、披碱草属 Elymus、水八角属 Gratiola、南芥属 Arabis、岩荠属 Cochlearia 等。东亚—北美间断分布属（T9）6 属，为红毛七属 Caulophyllum、赤壁木属 Decumaria、罗布麻属 Apocynum、毛核木属 Symphoricarpos、耳菊属 Nabalus 和芨芨草属 Achnatherum。旧世界温带分布属（T10）14 属，包括福王草属 Prenanthes、夏至草属 Lagopsis、蜜蜂花属 Melissa、大黄属 Rheum、假繁缕属 Theligonum、棱子芹属 Pleurospermum、雪柳属 Fontanesia 等。温带亚洲分布属（T11）2 属，为女菀属 Turczaninovia、

---

① 在表 11-20 中列有武夷山脉范围几个保护区，此处与罗霄山脉整体比较，故亦采用武夷山脉整体。

防风属 *Saposhnikovia*。东亚分布属（T14）17属,包括石桃儿七属 *Sinopodophyllum*、荷青花属 *Hylomecon*、鬼灯檠属 *Rodgersia*、竹叶子属 *Streptolirion*、钩萼草属 *Notochaete*、粘冠草属 *Myriactis*、丫蕊花属 *Ypsilandra*、扁穗草属 *Brylkinia*、双花木属 *Disanthus*、绣线梅属 *Neillia*、假奓包叶属 *Discocleidion*、风兰属 *Neofinetia*、铃子香属 *Chelonopsis* 等。中国特有属（T15）18属,为动蕊花属 *Kinostemon*、串果藤属 *Sinofranchetia*、井冈寒竹属 *Gelidocalamus*、象鼻兰属 *Nothodoritis*、小花苣苔属 *Chiritopsis*、虾须草属 *Sheareria*、地构叶属 *Speranskia*、银杉属 *Cathaya*、蝟实属 *Kolkwitzia*、七子花属 *Heptacodium*、秤锤树属 *Sinojackia*、金钱槭属 *Dipteronia*、永瓣藤属 *Monimopetalum*、藤山柳属 *Clematoclethra*、棱果花属 *Barthea*、紫菊属 *Notoseris* 等。

罗霄山脉地区不见于武夷山脉的成分中,荷青花属、铃子香属、串果藤属、马蹄香属、藤山柳属、蝟实属等以华中地区为分布中心,棱果花属、无距花属、假奓包叶属等以华南地区为分布中心。

武夷山脉不见于罗霄山脉的有3科、111属、951种。不见于罗霄山脉的科为苏铁科 Cycadaceae、川苔草科 Podostemaceae、莲科 Nelumboceae。

武夷山脉不见于罗霄山脉的热带性属大部分为与广东植物区系共通的属,包括泛热带分布属（T2）17属,即毛颖草属 *Alloteropsis*、蛇婆子属 *Waltheria*、脚骨脆属 *Casearia*、沟繁缕属 *Elatine*、毛茶属 *Antirhea*、刀豆属 *Canavalia*、文殊兰属 *Crinum*、翻唇兰属 *Hetaeria*、山黄皮属 *Randia* 等。旧世界热带分布属（T4）10属,如格木属 *Erythrophleum*、密子豆属 *Pycnospora*、苏铁属 *Cycas*、镰扁豆属 *Dolichos*、箣柊属 *Scolopia*、石梓属 *Gmelina*、大沙叶属 *Pavetta*、鞘蕊花属 *Coleus*。热带亚洲至热带大洋洲分布属（T5）10属,即黑面神属 *Breynia*、穿心莲属 *Andrographis*、假木豆属 *Dendrolobium*、腰骨藤属 *Ichnocarpus*、排钱树属 *Phyllodium*。热带亚洲至热带非洲分布属（T6）6属,即羊角拗属 *Strophanthus*、藤槐属 *Bowringia*、穿鞘花属 *Amischotolype*、使君子属 *Quisqualis*、镰扁豆属 *Dolichos*、牡竹属 *Dendrocalamus*。热带亚洲（即热带东南亚及印度—马来,太平洋诸岛）分布属（T7）20属,包括白香楠属 *Alleizettella*、土田七属 *Stahlianthus*、阳桃属 *Averrhoa*、假蓝属 *Pteroptychia*、麻楝属 *Chukrasia*、臀形木属 *Pygeum*、钗子股属 *Luisia*、黑鳗藤属 *Jasminanthes*、盂兰属 *Lecanorchis*、线柱苣苔属 *Rhynchotechum*、省藤属 *Calamus*、球柄兰属 *Mischobulbum*、花皮胶藤属 *Ecdysanthera*、球兰属 *Hoya*、牡竹属 *Dendrocalamus*、肉果兰属 *Cyrtosia* 等。

武夷山脉不见于罗霄山脉的温带性属以亚热带山地成分为主,包括北温带分布属（T8）11属,即地肤属 *Kochia*、铁木属 *Ostrya*、裂稃茅属 *Schizachne*、嵩草属 *Kobresia*、短柄草属 *Brachypodium*、山芫荽属 *Cotula*、百金花属 *Centaurium*、杨属 *Populus*、樱属 *Cerasus*、栒子属 *Cotoneaster*、兜被兰属 *Neottianthe*。东亚—北美间断分布属（T9）5属,即延龄草属 *Trillium*、黄精叶钩吻属 *Croomia*、黄杉属 *Pseudotsuga*、猬草属 *Hystrix*、莲属 *Nelumbo*。东亚分布属（T14）12属,即鞭打绣球属 *Hemiphragma*、粗筒苣苔属 *Briggsia*、涧边草属 *Peltoboykinia*、槽舌兰属 *Holcoglossum*、小勾儿茶属 *Berchemiella*、裸菀属 *Miyamayomena*、鬼吹箫属 *Leycesteria*、假盖果草属 *Pseudopyxis*、台闽苣苔属 *Titanotrichum*、鞭打绣球属 *Hemiphragma*、萼脊兰属 *Sedirea*、侧柏属 *Platycladus*。中国特有属（T15）6属,为双片苣苔属 *Didymostigma*、水松属 *Glyptostrobus*、全唇苣苔属 *Deinocheilos*、四数苣苔属 *Bournea*、川藻属 *Terniopsis*、斜萼草属 *Loxocalyx*。

11.6.11 与浙皖山地植物区系的比较

浙皖山地是一个相对自然的地理区域,指安徽东南部及浙江西北部的大片山地,本研究通过汇总安徽黄山、大别山、浙江天目山等植物名录来代表本区的区系性质。

浙皖山地在区系区划上归属于华东地区浙南山地亚地区（吴征镒等,2010）,约有种子植物152科756属1951种。浙皖山地区系性质表现出明显的温带性,*R/T* 值为0.56,包括世界广布属69属,热带性属246属,温带性属441属。浙皖山地的东亚分布属达121属,中国—日本分布区亚型的属有36属,体现出本区与日本植物区系的密切联系。

罗霄山脉与浙皖山地共通成分有 151 科、717 属、1681 种，其中共有热带性属 241 属、温带性属 409 属（含中国特有属 22 属）。两地间科、属、种的相似性系数分别为：0.91、0.77、0.54。罗霄山脉北段与浙皖山地有密切的区系成分交流，因此两地间的共有成分也主要体现在温带性成分上，浙皖山地的东亚分布属和中国特有属在罗霄山脉地区均有分布。两地的代表性共有属包括化香树属 *Platycarya*、白苞芹属 *Nothosmyrnium*、竹叶子属 *Streptolirion*、白木乌桕属 *Neoshirakia*、草绣球属 *Cardiandra*、阴行草属 *Siphonostegia*、柳杉属 *Cryptomeria*、假还阳参属 *Crepidiastrum*、松蒿属 *Phtheirospermum*、俞藤属 *Yua*、鹿茸草属 *Monochasma*、大百合属 *Cardiocrinum*、连香树属 *Cercidiphyllum*、天葵属 *Semiaquilegia*、苦苣苔属 *Conandron*、领春木属 *Euptelea*、山兰属 *Oreorchis*、无柱兰属 *Amitostigma*、香简草属 *Keiskea*、猕猴桃属 *Actinidia*、锦带花属 *Weigela*、地黄属 *Rehmannia*、玉簪属 *Hosta*、马鞍树属 *Maackia*、鬼臼属 *Dysosma*、三尖杉属 *Cephalotaxus*、银杏属 *Ginkgo*、金钱松属 *Pseudolarix*、山拐枣属 *Poliothyrsis*、牛鼻栓属 *Fortunearia*、明党参属 *Changium*、白穗花属 *Speirantha*、短穗竹属 *Brachystachyum*、独花兰属 *Changnienia*、象鼻兰属 *Nothodoritis*、杉木属 *Cunninghamia*、车前紫草属 *Sinojohnstonia*、蜡梅属 *Chimonanthus*、秤锤树属 *Sinojackia* 等。

罗霄山脉不见于浙皖山地的成分有 28 科、390 属、2633 种。罗霄山脉植物区系热带成分明显比浙皖山地丰富，包括泛热带分布属（T2）73 属，如钩藤属 *Uncaria*、风箱树属 *Cephalanthus*、鱼藤属 *Derris*、密花树属 *Rapanea*、白粉藤属 *Cissus*、薄柱草属 *Nertera*、聚花草属 *Floscopa*、地胆草属 *Elephantopus*、破布木属 *Cordia*、崖豆藤属 *Millettia*、胡椒属 *Piper*、柞木属 *Xylosma*、栗寄生属 *Korthalsella*、草胡椒属 *Peperomia*、无根藤属 *Cassytha*、琼楠属 *Beilschmiedia*、厚壳桂属 *Cryptocarya*、买麻藤属 *Gnetum*、罗汉松属 *Podocarpus*、天料木属 *Homalium*、西番莲属 *Passiflora*、古柯属 *Erythroxylum*、小金梅草属 *Hypoxis*、水玉簪属 *Burmannia*、美冠兰属 *Eulophia* 等。热带亚洲和热带美洲间断分布属（T3）7 属，如野甘草属 *Scoparia*、猴欢喜属 *Sloanea*、白珠树属 *Gaultheria*、桤叶树属 *Clethra*、过江藤属 *Phyla* 等。旧世界热带分布属（T4）30 属，如鸦胆子属 *Brucea*、黄皮属 *Clausena*、铁青树属 *Olax*、艾纳香属 *Blumea*、乌口树属 *Tarenna*、茜树属 *Aidia*、五月茶属 *Antidesma*、青牛胆属 *Tinospora*、水鳖属 *Hydrocharis*、鸢尾兰属 *Oberonia*、短冠草属 *Sopubia*、水蕹属 *Aponogeton* 等。热带亚洲至热带大洋洲分布属（T5）41 属，如梁王茶属 *Nothopanax*、链珠藤属 *Alyxia*、蛇菰属 *Balanophora*、舞花姜属 *Globba*、芭蕉属 *Musa*、山龙眼属 *Helicia*、山珊瑚属 *Galeola*、鹤顶兰属 *Phaius*、猴耳环属 *Archidendron*、黑莎草属 *Gahnia*、杜根藤属 *Calophanoides*、白点兰属 *Thrixspermum* 等。热带亚洲至热带非洲分布属（T6）14 属，包括使君子属 *Quisqualis*、藤黄属 *Garcinia*、杨桐属 *Adinandra*、老虎刺属 *Pterolobium*、水麻属 *Debregeasia*、毛茛泽泻属 *Ranalisma*、叉序草属 *Isoglossa*、玉叶金花属 *Mussaenda*、飞龙掌血属 *Toddalia* 等。热带亚洲（即热带东南亚至印度—马来，太平洋诸岛）分布属（T7）79 属，包括金钱豹属 *Campanumoea*、马铃苣苔属 *Oreocharis*、山桂花属 *Bennettiodendron*、吻兰属 *Collabium*、茶梨属 *Anneslea*、折柄茶属 *Hartia*、五列木属 *Pentaphylax*、福建柏属 *Fokienia*、竹柏属 *Nageia*、含笑属 *Michelia*、竹叶吉祥草属 *Spatholirion*、无叶莲属 *Petrosavia*、草珊瑚属 *Sarcandra*、山茉莉属 *Huodendron*、黄杞属 *Engelhardia*、马蹄荷属 *Exbucklandia*、水丝梨属 *Sycopsis*、秀柱花属 *Eustigma*、蕈树属 *Altingia*、异药花属 *Fordiophyton*、翅子树属 *Pterospermum*、油杉属 *Keteleeria*、锦香草属 *Phyllagathis*、梭罗树属 *Reevesia* 等。

罗霄山脉不见于浙皖山地的温带性属、中国特有属有丰富的第三纪孑遗成分，如资源冷杉 *Abies beshanzuensis* var. *ziyuanensis*、天师栗 *Aesculus chinensis* var. *wilsonii*、赤壁木 *Decumaria sinensis*、肥皂荚 *Gymnocladus chinensis*、银钟花 *Perkinsiodendron macgregorii*、鬼灯檠 *Rodgersia podophylla*、长柄双花木 *Disanthus cercidifolius* subsp. *longipes*、穗花杉 *Amentotaxus argotaenia*、中国白丝草 *Chionographis chinensis*、福建蔓龙胆 *Crawfurdia pricei*、乐东拟单性木兰 *Parakmeria lotungensis*、白豆杉 *Pseudotaxus chienii*、银杉 *Cathaya argyrophylla*、伯乐树 *Bretschneidera sinensis*、刚毛藤山柳 *Clematoclethra scandens*、伞花木 *Eurycorymbus cavaleriei* 等。

浙皖山地仅有 1 科 37 属 270 种不见于罗霄山脉，其中，黄精叶钩吻科 Croomiaceae 是东亚—北美间断分布的草本科。不见于罗霄山脉的属以温带性属为主，包括北温带分布属（T8）15 属，如獐耳细辛属 *Hepatica*、旗杆芥属 *Turritis*、百金花属 *Centaurium*、圆柏属 *Sabina*、异燕麦属 *Helictotrichon*、羊胡子草属 *Eriophorum*、驴蹄草属 *Caltha*、铁木属 *Ostrya*、茅香属 *Hierochloe*、短柄草属 *Brachypodium*、岩菖蒲属 *Tofieldia* 等。东亚—北美间断分布属（T9）5 属，即黄杉属 *Pseudotsuga*、延龄草属 *Trillium*、米面蓊属 *Buckleya*、猬草属 *Hystrix*、黄精叶钩吻属 *Croomia*。旧世界温带分布属（T10）4 属，即滨菊属 *Leucanthemum*、葱芥属 *Alliaria*、山靛属 *Mercurialis*、波斯铁木属 *Parrotia*。东亚分布属（T14）7 属，即黄山梅属 *Kirengeshoma*、黄筒花属 *Phacellanthus*、鸡麻属 *Rhodotypos*、旗唇兰属 *Kuhlhasselt*、木瓜海棠属 *Chaenomeles*、粗筒苣苔属 *Briggsia*、臭樱属 *Maddenia*。

11.7　罗霄山脉植物区系区划

11.7.1　植物区系区划的概念和原则

1. 植物区系区划的概念

植物区系的形成是植物物种在一定的自然历史环境中发展演化和时空分布的综合反映（吴征镒等，2010），主要由植物系统发育所制约，同时受到温度和降雨等环境因素影响，它们属于自然单元，不受行政区域的影响（张宏达，1994b），因此在进行植物区系区划时应重点考虑自然地理区域与区系整体的发生历史。植物区系分区的基本单位包括植物区（kingdom）、植物地区（region）、植物省（province）及植物县（district），各级分区单元下可包含"亚级"（王荷生，1997；Takhtajan，1978）。

一个植物区内应包含突出的特有科、亚科、族及大量的特有种；植物地区内应有大量的特有种及特有属，或包含一定的特有科、目；植物省的特有属现象不突出，通常以单种属及寡种属为主，但有较多的特有种；植物区系分区单位最小的是植物县，主要特点为有一定的特有亚种，特有种现象不明显（Takhtajan，1978）。

2. 植物区系区划原则和方法

1823 年丹麦植物学家 Schouw 在《普通植物地理学概要》（*Grundzuge Einer Allgemeinen Pflanzengeographie*）一书中提出"在划分某一地区为单独的植物区系时，必须有一半的种和1/4 的属是特有的"，他的观点就是应以植物分类单元的分布为植物区系区划的主要依据，即首先指明一个地区所包含的特有类群（科、属、种）的丰富程度；其次植物区系的变迁在很大程度上取决于地质时期的板块运动、海陆变迁、冰期与间冰期更替等因素，因此从发生学的观点来对不同区系之间的性质进行比较，才能得出符合实际的区系区划结果（Takhtajan，1978；王荷生，1997；吴征镒等，2010）。恩格勒于 1936 年所提出的区系发生学原则，对近代植物区系区划产生了深远影响，著名植物地理学家 R. Good（1974）、A. L. Takhtajan（1978）、吴征镒、张宏达（1995）等所提出的世界植物区系区划方案均参考了此原则。具体方法包括 3 个方面。

其一，植物区系区划的分区常用的方法为植物区系线，即将不同等级分类单元分布区重叠，分布区边界密集的地方即植物区系线（王荷生，1997），区系单元之间的变化是逐渐过渡的，且不同物种之间的分布区范围存在差异，因此植物区系线方法所得出的区系边界常呈现出带状，区系分界线表现在地图上的线是现实的植物区系自然分界的简化（Takhtajan，1978；王荷生，1997）。

其二，植物区系组成成分的统计分析也是区系区划的重要参考指标，即通过对比不同地理单元的植物科、属、种相似性系数，依据不同相似性水平进行分区（王荷生，1997）。数量统计方法在区系区划时有一定指导意义，但相似性系数很难反映区系发生的实质，划定植物区系的界限时，分类单位成分中质量差异比数量统计法更为重要（Schmithusen，1961；Takhtajan，1978）。

其三，植被与植物区系的发生是统一的，山地间植被带的变换体现出植物区系的过渡性，而植物群落中重要群系、优势种、建群种对区系区划有很好的指示意义（吴征镒等，2010）。因此在开展植物区系区划时，植被区划方案也有一定的参考价值。

3. 世界和中国植物区系区划概况

恩格勒是开展世界植物区系区划的先驱，他提出将世界植物区系分为 5 个植物区的区划方案，即泛北极区，古热带区，中、南美洲区（或新热带区），澳大利亚区（或南方区），海洋区。1936 年，他又按照区系发生的原则在 5 个区中列出 14 个地区 102 个省。1929 年，迪尔斯（G. Diels）进一步完善了恩格勒的方案，提出将植物界划分为 6 大区的区系区划方案。之后的区系地理学家在恩格勒及迪尔斯的基础之上不断完善世界植物区系划分方案，其中影响较大的有古德（Good，1974）将全球植物区系划分为 6 界 37 区 127 省，塔赫他间在《世界植物区系区划》一书中将全球植物区系分为 6 界 33 区 147 省（Takhtajan，1978）。至此，将世界植物区系划分为 6 个区或界（kingdom）已经成为共识，为泛北极区、古热带区、新热带区、开普区、澳大利亚区、南极区。张宏达（1980，1986）则依据区系发生历史、板块运动的思想，提出华夏植物区系理论，在此基础上发表了新的地球植物区系分区提纲，将世界植物区系划分为劳亚植物界、华夏植物界、澳大利亚植物界、非洲植物界、南美植物界、南极界和热带红树林界 7 个界，包含 25 个区 142 个省（张宏达，1994b）。

1990 年之前，中国植物区系被认为是泛北极区和古热带区的集合体（Good，1974；Takhtajan，1978；吴征镒，1979），1990 年之后随着"中国种子植物区系研究"项目的展开，中国植物学家对全国范围内的植物区系认识不断深入，1994 年张宏达在地球植物区系分区提纲中将中国植物区系归属于劳亚植物界（Laurasian kingdom）及华夏植物界（Cathaysia kingdom），将东亚植物区置于华夏植物界之下；吴征镒和武素功也提出将东亚植物区提升为一级区，并将中国植物区系区划归属为泛北极植物区、东亚植物区、古地中海植物区和古热带植物区 4 个区（kingdom）（Wu and Wu，1996；吴征镒等，2010）。

11.7.2　罗霄山脉与武夷山脉植物区系分区中存在的争议

1. 华东地区隶属于华中省的观点

1901 年，迪尔斯将中国东部及中部统称为华中植物省（C. China province）。之后古德也接受了这一区划方案（Good，1974）。

塔赫他间（Takhtajan，1978）在其区划方案中，曾参考费多罗夫的意见将中国福建地区独立为省，但他在之后的《世界植物区划》一书中特别提到，"目前没有足够的资料将这个区系单元与华中省分开"，因而仍将中国华东地区划入华中省。

张宏达（1994b）按照植物区系发生的原则，从华夏植物区系理论及板块运动的角度，提出新的地球植物区系分区提纲，他也认为应将华东地区归入华中省。

2. 华东地区独立为华东省的观点

吴征镒（1979）在对中国植物区系进行区划的时候，则将华东地区列入泛北极植物区、中国—日本森林亚区华东地区（IE12），认为本区与日本植物区系有着密切关系，属第三纪以来"银杏区系"的直接后裔。之后吴征镒和武素功（Wu and Wu，1996）提出了新的中国种子植物区系区划方案，将以中国为主体的东亚地区提升为东亚植物区（kingdom），而华东在区系区划上仍归属于华东地区（E. China region），包含 4 个亚地区，吴征镒先生关于华东地区的区系区划方案没有更新（吴征镒等，2010；陈灵芝等，2014）。在植物区系区划上，华东地区即相当于一个植物省。

3. 华东地区植物区系的区域特点

刘昉勋等（1995）对华东地区种子植物区系研究时，曾提出华东地区在区划上是一个自然的植物区系，并列出华东地区特有种 425 种，包括 8 个分布区类型，其中大部分种分布于华东地区的北面，即苏南、皖南、浙西北、闽北—赣东、赣北、鄂东，而仅有 7 种为华东地区共特有种。这似乎暗示着华东地区并不是一个自然的植物区系，华东地区的南部和北部在植物区系组成上存在着明显差异。

吴征镒先生在划分华东地区时，曾列出 21 个代表性特有属，为银杏属 *Ginkgo*、青钱柳属 *Cyclocarya*、独花兰属 *Changnienia*、棱果花属 *Brachystachyum*、明党参属 *Changium*、棒毛莎属 *Cochleariella*、杉木属 *Cunninghamia*、青钱柳属 *Cyclocarya*、牛鼻栓属 *Fortunearia*、七子花属 *Heptacodium*、泡果莎属 *Hilliella*、永瓣藤属 *Monimopetalum*、假卷耳属 *Pseudocerastium*、象鼻兰属 *Nothodoritis*、白豆杉属 *Pseudotaxus*、银缕梅属 *Shaniodendro*、虾须草属 *Sheareria*、夏蜡梅属 *Calycanthus*、秤锤树属 *Sinojackia*、白穗花属 *Speirantha*、髯药花属 *Sinopogonatnera*，并认为有 9 个为严格的地区特有属（Wu and Wu，1996；吴征镒等，2010）。

随着近年来植物区系资料的不断丰富，可知银杏属、青钱柳属、杉木属、明党参属、白豆杉属、秤锤树属等在华东、华南地区均有分布。棱果花属的分布中心在南岭以南，无疑应属于华南省的特有属。而银缕梅属 *Shaniodendron* 已被归并入西亚金缕梅属（也称银缕梅属）*Parrotia*，并且在西亚地区分布有另一种 *Parrotia persica*，两者的分化时间在中新世（Li and Tredici，2008），无疑银缕梅属也不属于华东特有属。而泡果莎属、棒毛莎属被认为应归并至阴山莎属。

因此，华东地区的本身特有属仅有白穗花属、象鼻兰属及永瓣藤属 3 属，且它们的主要分布区在长江中下游山地，仅白穗花属在井冈山、桃源洞的低海拔河谷可见，无疑属于一个冰期孑遗种。华东地区的南部大部分地区没有华东特有属的分布，所以目前吴征镒先生对华东地区的区系区划是不太合适的。

华东地区仅有 3 个华东特有属约 425 种华东特有种（刘昉勋等，1995）。华中地区包含有 28 个华中特有属（Wu and Wu，1996）1548 种华中特有种（祁承经等，1995）。华南地区有 15 个华南特有属 1000 种以上华南特有种（廖文波，1992）。可见华东地区的区划地位与华中地区、华南地区也是不相称的。目前将长江中下游山地作为华中省的一个亚省比较合理。

华东地区地处我国东部季风区，年降雨量在 1200～2000mm，年均温 14～20℃（丁一汇，2013）。在气候区划上南部属中亚热带—江南山地区（VATg），北部属于北亚热带—大别山与苏北平原区（IVATf）和长江中下游平原与浙北区（IVATg）（郑度等，2015）。在植被区划上北部属于东部中亚热带常绿阔叶林北部亚地带（IVAiia），南部属于东部中亚热带常绿阔叶林南部亚地带（IVAiib）（侯学煜，2001；陈灵芝等，2014）。在动物区划上，华东地区也是古北界与东洋界的过渡地带（张荣祖，1999；陈领，2004）。

综合以上资料，本研究认为在种子植物区系区划上，应取消华东地区，将其北部长江中下游山地归入华中省，南部罗霄山脉南段及武夷山脉大部分地区归入华南省是比较合理的。

11.7.3 罗霄山脉一界一区二省二县的区系区划方案

1. 罗霄山脉主体山地与邻近区系的相似性——分支聚类值

由罗霄山脉内各山地与其他山地区系比较结果可知，罗霄山脉内所包含的山地均属于典型的亚热带山地区系，主成分分析结果表明区系组成重要属为泛热带分布属、亚洲热带分布属、北温带分布属、东亚特有属。

由罗霄山脉内各山地区系聚类结果可知，罗霄山脉南部与北部山地的区系性质表现出差异性，主要原因为罗霄山脉南部热带性成分比例较北段更高，从而与武夷山脉中南部区系聚在一起；而九岭山脉、幕阜山脉内温带性成分更明显，与天目山、大别山、黄山等区系聚为一支。

罗霄山脉南段表现出与华南省的密切关系。诸广山脉、万洋山脉、武功山脉表现出与华南区系的密切关联性，许多南岭山脉的属种分布区均可到达罗霄山脉，二者在植被组成上也表现出明显的相似性，低海拔地区分布有广阔的常绿阔叶林群落，且群落中的重要建群种以常绿属种为主。罗霄山脉南段属于华南区系向北的延伸。罗霄山脉南段在地质构造上属于华夏古陆，气候带属于中亚热带，植被带属于南岭山地栲类、覃树林区。罗霄山脉南段应属于地史上北热带植物区系的孑遗，第四纪冰期对本区域区系组成的影响较小，冰期时区域内的植物可通过海拔垂直梯度上的迁移保存至今。

罗霄山脉北段植物区系组成与华中省很相近。九岭山脉、幕阜山脉植物区系性质表现出较强的温带性。罗霄山脉南段所分布的典型热带成分均不见于本地区，在植被组成上，罗霄山脉北段的常绿阔叶林以柯、苦槠、栲、青冈、小叶青冈、红楠、薄叶润楠、湘楠等亚热带广布种为主，温带性落叶树种在森林群落中的优势度明显大于常绿性树种。在地质板块上，本地区属于江南古陆，气候带跨越中亚热带及北亚热带，植被带属于湘赣丘陵山地青冈栎林、栲类林、马尾松林区。本区在区系形成历史上可能与罗霄山脉南部相一致，但是罗霄山脉北段受第三纪以来的气候波动影响较大，区域内典型的第三纪孑遗成分较少，如分布于罗霄山脉南段的南方铁杉、银杉、福建柏、木莲、乐东拟单性木兰、大果马蹄荷、半枫荷等均不见于本区。因此罗霄山脉北段植物区系尽管与南段植物区系在发生过程上大致相似，属于历史上北热带植物区系的延伸，但是第三纪以来受北极-第三纪温带性成分的影响较大，罗霄山脉北段保存的第三纪区系成分表现出明显的次生性，即以生态适应幅较宽的广布种为主，其中不少可能是第四纪时期自华中、浙皖山地迁移至本地区。

2. 一区二省二县的区系区划方案

张宏达（1995）认为植物系统发生与植物区系发展是统一的，不同地区森林植被的起源也是相互关联的。按照他的观点，热带森林及亚热带森林与植物区系一样是统一发生的（Chang, 1993）。同样南亚热带森林植被及北亚热带森林植被的差异，也应是地史以来在气候条件及区系变迁等综合作用下形成的。

张宏达（1994b）研究了塔赫他间等的区划方案，根据华夏植物区系理论，提出了新区系区划方案，尤其是将中国的植物区系区划列为华夏植物界是比较合理的。因此，本研究对罗霄山脉地区的植物区系区划也是在这一框架下进行。

根据植物区系划分的原则和方法，以及罗霄山脉区域地质构造、气候带、植被区划、古环境等因素，同时参考对广东植物区系分区研究（廖文波等，1995）、华南与华东区系分区研究（王景祥，1986；裴宝林，1995）等结论，提出了华东地区及罗霄山脉地区的植物区系区划方案。

华夏植物界
　东亚植物区
　　华中省
　　　武陵山—神农架亚省
　　　秦岭—大巴山亚省
　　　长江下游丘陵亚省
　　　　大别山县
　　　　浙皖山地县
　　　　幕阜—九岭县
　　华南省
　　　粤北—闽西北亚省
　　　粤西南—桂东南亚省
　　　粤东—闽东南亚省
　　　武夷山—罗霄山亚省
　　　　武夷山县
　　　　罗霄山县

R1. 华中省，长江下游丘陵亚省，幕阜—九岭县

长江下游丘陵亚省：范围包括坐落在长江下游地区的大别山脉、浙皖山地、幕阜山脉及九岭山脉。本亚省的表征属有银缕梅属 *Parrotia*、永瓣藤属 *Monimopetalum*、明党参属 *Changium*、象鼻兰属 *Nothodoritis*、白穗花属 *Speirantha*、报春花属 *Primula* 等。本区在地质构造上属于江南古陆，森林群落主要由落叶性乔木、灌木组成，低海拔地区可见常绿落叶阔叶林建群种主要为亚热带广布种，如柯 *Lithocarpus glaber*、苦槠 *Castanopsis sclerophylla*、栲 *Castanopsis fargesii*、钩栲 *Castanopsis tibetana*、光亮山矾 *Symplocos lucida*、格药柃 *Eurya muricata*、细枝柃 *Eurya loquaiana* 等。在区系形成历史上，受第四纪冰期影响较大，区内保存有一定比例与日本共通的属种，如黄山梅 *Kirengeshoma palmata*、黄精叶钩吻 *Croomia japonica*、蛛网萼 *Platycrater arguta*、浙皖荚蒾 *Viburnum wrightii*，以及一些落叶性的孑遗木本植物，如香果树、连香树、青钱柳等，特有种以草本类群为主。长江中下游丘陵亚省的常绿、古老孑遗性类群明显较武夷山—罗霄山亚省贫乏。

幕阜—九岭县：范围包括江西西北部、湖南东南部及湖北东南部。地理位置在江南古陆与华夏古陆的接合带上，西部的长平盆地出露有丹霞地貌。本地区的区系特征成分表现出华东、华中交汇的特点，没有县级特有属，仅有一些亚省级特有属，如永瓣藤属 *Monimopetalum*、明党参属 *Changium*、白穗花属 *Speirantha*，其他有金钱松 *Pseudolarix amabilis*、巴山榧树 *Torreya fargesii*、榧树 *Torreya grandis*、鹅掌楸 *Liriodendron chinense*、苦槠 *Castanopsis sclerophylla*、金钱槭 *Dipteronia sinensis*、落叶木莲 *Manglietia decidua*、长喙紫茎 *Stewartia rostrata*、赤壁木 *Decumaria sinensis*、浙江山梅花 *Philadelphus zhejiangensis*、狗枣猕猴桃 *Actinidia kolomikta*、牯岭悬钩子 *Rubus kulinganus*、细花泡花树 *Meliosma parviflora*、毛木半夏 *Elaeagnus courtoisi*、庐山葡萄 *Vitis hui*、庐山荚蒾 *Viburnum dilatatum* var. *fulvotomentosum*、庐山断续 *Dipsacus lushanensis*、浙江金线兰 *Anoectochilus zhejiangensis*、九江三角槭 *Acer buergerianum* var. *jiujiangse*、庐山疏节过路黄 *Lysimachia remota* var. *lushanensis*、南山堇菜 *Viola chaerophylloides*、封怀凤仙花 *Impatiens fenghwaiana*、独花兰 *Changnienia amoena*、吴兴铁线莲 *Clematis huchouensis*、武功山异黄精 *Heteropolygonatum wugongshanensis*、湖北羽叶报春 *Primula hubeiensis*、九宫山羽叶报春 *Primula jiugongshanensis*、九宫山细辛 *Asarum campaniflorum*。

R2. 华南省，武夷山—罗霄山亚省，罗霄山县

武夷山—罗霄山亚省：范围包括罗霄山脉南段的武功山脉、万洋山脉、诸广山脉及武夷山脉中西部大部分地区，北至富春江。该亚省属于第三纪植物区系的典型孑遗代表，不少孑遗类群均可见于罗霄山脉、武夷山脉主体山地，如乐东拟单性木兰 *Parakmeria lotungensis*、铁杉 *Tsuga chinensis*、长苞铁杉 *Tsuga longibracteata*、铁坚油杉 *Keteleeria davidiana*、大果马蹄荷 *Exbucklandia tonkinensis*、长柄双花木 *Disanthus cercidifolius* subsp. *longipes*、带叶兰 *Taeniophyllum glandulosum* 等；桃源洞分布的资源冷杉 *Abies beshanzuensis* var. *ziyuanensis* 在武夷山脉的洞宫山地区分布有替代种百山祖冷杉 *Abies beshanzuensis*；此外，仍有不少的种类间断分布于武夷山脉、罗霄山脉，如倒卵叶青冈 *Cyclobalanopsis obovatifolia*、蔓虎刺 *Mitchella undulata*、白花过路黄 *Lysimachia huitsunae*、东亚囊瓣芹 *Pternopetalum tanakae*、圆苞山罗花 *Melampyrum laxum*、闽赣葡萄 *Vitis chungii*、短柄粉条儿菜 *Aletris scopulorum*、匙叶草 *Latouchea fokienensi* 等。

罗霄山县：范围包括诸广山脉、万洋山脉、武功山脉，南段以东江水库、陡水湖与南岭山脉相隔，主体山地有齐云山、八面山、南风面、井冈山、武功山等。本区内特有属不明显，井冈寒竹属为准特有属，分布区可达广东北部，其他有 20 多种本区特有种。主要特征种有资源冷杉 *Abies beshanzuensis* var. *ziyuanensis*、长苞铁杉 *Tsuga longibracteata*、铁杉 *Tsuga chinensis*、银杉 *Cathaya argyrophylla*、白豆杉 *Pseudotaxus chienii*、半枫荷 *Semiliquidambar cathayensis*、大萼杨桐 *Adinandra glischroloma* var. *macrosepala*、疏花无叶莲 *Petrosavia sakurai*、金花猕猴桃 *Actinidia chrysantha*、井冈寒竹 *Gelidocalamus stellatus*、江西马先蒿 *Pedicularis kiangsiensis*、江西羊奶子 *Elaeagnus jiangxiensis*、细枝绣球 *Hydrangea* *gracilis*、桂东锦香草 *Phyllagathis guidongensis*、张氏野海棠 *Bredia changii*、纤秀冬青 *Ilex venusta*、神农虎耳草 *Saxifraga shennongii*、罗霄虎耳草 *Saxifraga luoxiaoensis*、井冈山杜鹃 *Rhododendron jingangshanicum*、小果马银花 *Rhododendron microcarpum*、汝城毛叶茶 *Camellia pubescens*、武功山冬青 *Ilex wugonshanensis*、井冈葡萄 *Vitis jinggangensis*、江西蒲儿根 *Sinosenecio jiangxiensi*、井冈山猕猴桃 *Actinidia chinensis* f. *jinggangshanensis*、井冈山绣线梅 *Neillia jinggangshanensis*、腺果悬钩子 *Rubus glandulosocarpus*、江西半蒴苣苔 *Hemiboea subacaulis* var. *jiangxiensis*、遂川报春苣苔 *Primulina suichuanensis* 等。

参 考 文 献

陈封怀, 胡启明. 1989. 中国植物志　第五十九卷　第一分册. 北京: 科学出版社.
陈领. 2004. 古北和东洋界在我国东部的精确划界——据两栖动物. 动物学研究, 25(5): 369-377.
陈灵芝, 孙航, 郭柯. 2014. 中国植物区系与植被地理. 北京: 科学出版社.
丁明艳. 2012. 台湾和喜马拉雅及亚洲大陆种子植物的间断分布及意义. 中山大学博士学位论文.
丁一汇. 2013. 中国气候. 北京: 科学出版社: 327-418.
冯建孟, 徐成东. 2009. 植物区系过渡性及其生物地理意义. 生态学杂志, 28(1): 108-112.
傅德志, 左家哺. 1995. 中国种子植物区系定量化研究 III. 区系指数(Flora Index). 热带亚热带植物学报, 3(4): 23-29.
高峻, 杨斌生. 1995. 闽北万木林植物区系研究. 武汉植物学研究, 13(4): 301-309.
耿玉英. 2014. 中国杜鹃花属植物. 上海: 上海科学技术出版社.
郝刚, 胡启明. 2001. 珍珠菜属系统发育关系的初步研究. 热带亚热带植物学报, 9(2): 93-100.
侯学煜. 2001. 1∶1000000 中国植被图集. 北京: 科学出版社.
康慕谊, 朱源. 2007. 秦岭山地生态分界线的论证. 生态学报, 27(7): 2774-2784.
李锡文, 李捷. 1992. 从滇产东亚属的分布论述"田中线"的真实性和意义. 云南植物研究. 14(1): 1-12.
廖文波. 1992. 广东亚热带植物区系研究. 中山大学博士学位论文.
廖文波, 张宏达, 钟铭锦. 1995. 广东植物区系的分区. 广西植物, 15(1): 26-35.
刘昉勋, 刘守炉, 杨志斌, 等. 1995. 华东地区种子植物区系研究. 云南植物研究, 增刊 VII: 93-110.
刘孟奇, 周浙昆. 2006. 锥属(壳斗科)植物的现代和地史分布. 云南植物研究, 28(3): 223-235.
刘仁林, 唐赣成. 1995. 井冈山种子植物区系研究. 武汉植物学研究, 13(3): 210-218.
路安民. 2001. 中国台湾海峡两岸原始被子植物的起源、分化和关系. 云南植物研究, 23(3): 269-277.
罗艳, 周浙昆. 2001. 青冈亚属植物的地理分布. 云南植物研究, 23(1): 1-16.
马克平, 高贤明, 于顺利. 1995. 东灵山地区植物区系的基本特征与若干山地植物区系的关系. 植物研究, 15(4): 501-515.
彭华. 1996. 无量山种子植物的区系平衡点. 云南植物研究, 18(4): 384-397.
祁承经, 喻勋林, 肖育檀, 等. 1995. 华中植物区种子植物区系的研究. 云南植物研究, 增刊 VII: 55-92.
裘宝林. 1995. 关于浙江南部森林植物华南、华东两个区的划分问题. 植物资源与环境, 4(l): 23-30.
沈泽昊, 张新时. 2000. 中国亚热带地区植物区系地理成分及其空间格局的数量分析. 植物分类学报, 38(4): 366-380.
王荷生. 1997. 华北植物区系地理. 北京: 科学出版社.
王荷生. 1992. 植物区系地理. 北京: 科学出版社.
王景祥. 1986. 试论浙江省森林植物区系. 植物分类学报, 24(3): 165-176.
王文采. 1992. 东亚植物区系的一些分布式样和迁移路线. 植物分类学报, 30(1): 1-24; (续)30(2): 97-117.
吴鲁夫 E B. 1960. 历史植物地理学引论. 钟崇信, 张梦庄译. 北京: 科学出版社.
吴征镒. 1979. 论中国植物区系的分区问题. 云南植物研究, 1(1): 1-22.
吴征镒, 孙航, 周浙昆, 等. 2010. 中国种子植物区系地理. 北京: 科学出版社.
吴征镒, 周浙昆, 孙航, 等. 2006. 中国种子植物分布区类型及其起源和分化. 昆明: 云南科技出版社.
闫双喜, 杨秋生, 王鹏飞, 等. 2004. 中国部分地区种子植物区系亲缘关系的研究. 武汉植物学研究, 22(3): 226-230.
曾宪峰, 庄雪影, 刘全儒, 等. 2011. 广东东部植物区系与植物群落研究. 北京: 科学出版社.
张宏达. 1962. 广东植物区系的特点. 中山大学学报(自然科学版), (1): 1-34.
张宏达. 1980. 华夏植物区系的起源与发展. 中山大学学报(自然科学版), 19(1): 1-12.
张宏达. 1986. 大陆漂移和有花植物区系的发展. 中山大学学报(自然科学版), 25(3): 1-11.

张宏达. 1994a. 再论华夏植物区系. 中山大学学报(自然科学版), 33(2): 1-9.

张宏达. 1994b. 地球植物区系分区提纲. 中山大学学报(自然科学版), 33(3): 1-9.

张宏达. 1995. 植物区系学//《张宏达文集》编辑组. 张宏达文集. 广州: 中山大学出版社.

张荣祖. 1999. 中国动物地理. 北京: 科学出版社.

张学忠, 张志英. 1979. 从秦岭北坡常绿阔叶木本植物的分布谈划分亚热带的北界线问题. 地理学报, 34(4): 342-352.

张镱理. 1998. 植物区系地理研究中的重要参数——相似性系数. 地理研究, 17(4): 429-433.

郑度, 杨勤业, 吴绍洪. 2015. 中国自然地理总论. 北京: 科学出版社.

朱华. 2011. 云南一条新的生物地理线. 地球科学进展, 26(9): 916-925.

朱华, 闫丽春. 2003. 再论"田中线"和"滇西-滇东南生态地理(生物地理)对角线"的真实性和意义. 地球科学, 18(6): 870-876.

左家哺. 1993. 植物区系基本特征的参数综合表达. 武汉植物学研究, 11(4): 300-305.

左家哺, 傅德志. 1996. 中国种子植物区系定化研究 V. 区系相似性. 热带亚热带植物学报, 4(3): 18-25.

Chang H T. 1993. The integration of the Asia tropic and subtropic flora and vegetation. Acta Sci Nat Univ Sunyatsen, 32(3): 55-66.

Good R. 1974. The Geography of the Flowering Plants. 4 ed. London: Longmans.

Jaccard P. 1901. Distribution de la Flore Alpine dans le Bassin des Dranses et dans quelques régions voisines. Bulletin De La Societe Vaudoise Des Sciences Naturelles, 37(140): 241-272.

Li J H, Tredici P D. 2008. The Chinese Parrotia: a sibling species of the Persian Parrotia. Arnoldia, 66(1): 2-9.

Manos P S, Stanford A M. 2001. The historical biogeography of Fagaceae: tracking the Tertiary history of temperate and subtropical forests of the northern hemisphere. International Journal of Plant Sciences, 162(S6): 18-27.

Schmithusen J. 1961. Allgemein Vegetatations Geographie. Lehrbuch der Alig. Geographie 4, Berlin.

Sørensen T. 1948. A method of establishing groups of equal amplitude in plant sociology based on similarity of species content and its application to analyses of the vegetation on Danish Commons. Biol Skr, 5(4): 1-34.

Takhtajan A. 1969. Flowering Plants Origin and Dispersal. Edinburgh: Oliver & Boyd.

Takhtajan A. 1978. The Floristic Regions of the World. Academy of Sciences of the U.S.S.R.

Wu Z Y, Wu S G. 1996. A proposal for a new floristic kingdom (realm)—the E. Asiatic kingdom, its delineation and characteristics//Floristic Characteristics and Diversity of East Asian Plants. Beijing: China Higher Education Press and Berling Heidelberg: Springer-Verlag: 3-42.

Zhu H. 2013. The flora of southern and tropical southern Yunnan have been shaped by divergent geological histories. PLoS One, 8(5): e64213.

第12章 罗霄山脉大型真菌及其物种多样性

摘 要 为了查明罗霄山脉大型真菌资源状况,采用踏查法对罗霄山脉地区大型真菌资源进行了为期5年的调查研究,共采集标本5100多号。通过形态学和分子生物学手段对标本进行分类鉴定,共鉴定大型真菌672种,隶属于2门7纲20目72科218属,其中幕阜山脉115种、九岭山脉168种、武功山脉77种、万洋山脉220种、诸广山脉193种。本研究发现并发表新属2属,新种6种,中国新记录种1种;新增罗霄山脉新记录属37属、新记录种514种,发现中国特有种46种。对罗霄山脉大型真菌组成成分统计分析显示,多孔菌科 Polyporaceae、蘑菇科 Agaricaceae、粉褶蕈科 Entolomataceae、牛肝菌科 Boletaceae、类脐菇科 Omphalotaceae、红菇科 Russulaceae、小皮伞科 Marasmiaceae、锈革菌科 Hymenochaetaceae 和鹅膏科 Amanitaceae 9科为优势科,这9科物种总数占本地区大型真菌物种总数的54.17%,每科物种数都在30种及以上;含6种以上的优势属有27属,占本区大型真菌物种总数的50.15%,包括粉褶蕈属 Entoloma、鹅膏属 Amanita、小皮伞属 Marasmius、裸脚菇属 Gymnopus、红菇属 Russula 等;对罗霄山脉大型真菌资源的开发利用价值进行评估,结果表明本地区可开发利用的资源较为丰富,其中药用菌136种、食用菌133种、毒菌87种。本研究为本地区大型真菌资源的保护和开发利用提供了重要的科学依据。

12.1 罗霄山脉大型真菌研究现状

罗霄山脉大型真菌已有研究报道较少,仅有少数自然保护区报道了大型真菌的初步调查研究,具体如下:林英等(1990)报道了井冈山大型真菌187种;李晖和杨海军(2001)报道了桃源洞菌类约72种,其中食用菌52种、毒菌20余种;朱鸿等(2004)报道了武功山的食用菌、药用菌、毒菌共61种,隶属于27科41属;何宗智和肖满(2006)报道了江西官山自然保护区大型真菌132种;李振基等(2009)报道了九岭山大型真菌9目28科73属144种;刘小明等(2010)报道了齐云山大型真菌182种。经统计,目前罗霄山脉地区已报道的大型真菌有378种。幕阜山、万洋山、七溪岭、南风面、诸广山等其他区域尚未见报道。

大型真菌的多样性与高等植物多样性密切相关。罗霄山脉地区高等植物非常丰富并有大量的特有类群,因此可以推测本地区应该蕴藏着丰富的大型真菌资源,且有不少的特有种。但从目前已报道的资料分析,本地区仅报道了300多种,显然不能反映本地区大型真菌资源的多样性与特色。为了进一步明确罗霄山脉大型真菌资源多样性状况,挖掘地区新特有资源,对罗霄山脉大型真菌资源开展了较为系统的调查研究。

12.2 研 究 方 法

12.2.1 调查方法

野外调查采用经典的踏查法。调查区域以国家级和省级的森林公园或自然保护区为主,兼顾罗霄山脉生境良好的小地区。本研究具体调查区域涉及了罗霄山脉自北向南五列山脉的 43 个采集地,主要采集地信息见表 12-1。野外采集时拍摄生境和子实体照片,采集的标本带回室内进行整理,记录采集信息,包括标本号、照片号、采集时间、采集地点、子实体宏观形态特征等。新鲜标本在烘箱中于 50℃烘干,并长期保存在广东省微生物研究所真菌标本馆(Fungal Herbarium of Guangdong Institute of Microbiology,国际代码 GDGM)中。

表 12-1 罗霄山脉大型真菌主要采集地信息

类别	名称	位置	纬度(北纬)	经度(东经)
国家级自然保护区	湖北九宫山国家级自然保护区	湖北省咸宁市	29°19′~29°27′	114°23′~114°39′
	湖南八面山国家级自然保护区	湖南省桂东县	25°54′~26°06′	113°37′~113°50′
	湖南莽山国家级自然保护区	湖南省宜章县	24°52′~25°23′	112°43′~113°00′
	湖南桃源洞国家级自然保护区	湖南省炎陵县	26°18′~26°35′	113°56′~114°06′
	江西官山国家级自然保护区	江西省宜春市	28°30′~28°40′	114°29′~114°45′
	江西井冈山国家级自然保护区	江西省井冈山市	26°38′~26°40′	114°04′~114°16′
	江西庐山国家级自然保护区	江西省九江市	29°30′~29°41′	115°51′~116°07′
	江西齐云山国家级自然保护区	江西省赣州市	25°41′~25°54′	113°54′~114°07′
国家森林公园	湖南大围山国家森林公园	湖南省浏阳市	28°20′~28°28′	114°01′~114°12′
	湖南大云山国家森林公园	湖南省岳阳市	29°14′~29°19′	113°27′~113°33′
	湖南九龙江国家森林公园	湖南省汝城县	25°21′~25°29′	113°38′~113°50′
	湖南幕阜山国家森林公园	湖南省平江县	28°53′~29°06′	113°46′~113°54′
	湖南神农谷国家森林公园	湖南省炎陵县	26°18′~26°35′	113°56′~114°06′
	湖南天鹅山国家森林公园	湖南省郴州市	25°24′~26°00′	113°27′~113°41′
	湖南云阳国家森林公园	湖南省茶陵县	26°72′~26°80′	113°45′~113°51′
	江西明月山国家森林公园	江西省宜春市	27°59′~27°62′	114°26′~114°33′
	江西武功山国家森林公园	江西省萍乡市	27°25′~27°35′	114°10′~114°17′
	江西五指峰国家森林公园	江西省上犹县	25°48′~26°02′	114°06′~114°26′
	江西阳岭国家森林公园	江西省崇义县	24°29′~27°09′	113°54′~116°38′

12.2.2 鉴定方法

对采集的大型真菌标本采用形态学方法和分子生物学技术进行分类鉴定(李玉等,2015)。形态学方法包括宏观形态和微观形态的特征观察,分子生物学技术包括 DNA 提取,nrLSU 和 ITS 序列 PCR 扩增(White et al.,1990)、测序以及在 GenBank 数据库中进行 Blast 序列比对。根据标本的宏观形态和显微结构特征,结合分子鉴定结果,查阅相关文献进行分类鉴定。中文名主要参照《孢子植物名词及名称》(郑儒永等,1990),分类系统依据 *Dictionary of the Fungi*(Kirk et al,2008)和真菌学名索引数据库 Index Fungorum(http://www.indexfungorum.org)。

12.2.3 资源评价与多样性保护

大型真菌资源的食用性、药用性及有毒种类的分析统计参照相关文献（戴玉成和杨祝良，2008；戴玉成等，2010；图力古尔等，2014；Wu et al.，2019）；大型真菌资源保护分析参考生态环境部和中国科学院 2018 年发布的《〈中国生物多样性红色名录——大型真菌卷〉评估报告》。

12.3 罗霄山脉大型真菌区系组成与特征

作者于 2013～2018 年在罗霄山脉共采集大型真菌标本 5100 多号，目前鉴定至种级分类单元的有 672 种；隶属于真菌界 2 门 7 纲 20 目 72 科 218 属。这些物种在罗霄山脉从北至南的 5 条中型山脉分布依次为：幕阜山脉 115 种、九岭山脉 168 种、武功山脉 77 种、万洋山脉 220 种、诸广山脉 193 种。本次调查较以往报道新增了 37 属、514 种，丰富了罗霄山脉地区大型真菌已知种类的数据信息。

12.3.1 大型真菌优势科属组成

1. 优势科组成

对罗霄山脉大型真菌进行优势科分析（表 12-2），结果表明，罗霄山脉大型真菌种类最多的优势科为多孔菌科 Polyporaceae，共包含 25 属 68 种，占本地区大型真菌物种总数的 10.12%；第二大科是蘑菇科 Agaricaceae，共包含 14 属 43 种，占本地区大型真菌物种总数的 6.40%；第三大科是粉褶蕈科 Entolomataceae，包含 2 属 42 种，占本地区大型真菌物种总数的 6.25%；其次是牛肝菌科 Boletaceae 39 种、类脐菇科 Omphalotaceae 39 种、红菇科 Russulaceae 36 种、小皮伞科 Marasmiaceae 35 种、锈革菌科 Hymenochaetaceae 32 种等。经统计，含 30 种及以上的优势科有 9 科，包含 84 属 364 种，占目前罗霄山脉大型真菌种类总数的 54.17%。此外，种类超过 10 种的还有蜡伞科 Hygrophoraceae 22 种、泡头菌科 Physalacriaceae 20 种、小脆柄菇科 Psathyrellaceae 18 种、小菇科 Mycenaceae 16 种、虫草科 Cordycipitaceae 14 种、口蘑科 Tricholomataceae 13 种、韧革菌科 Stereaceae 11 种。

表 12-2 罗霄山脉大型真菌优势科

序号	科名	属数	种数	占本地区大型真菌物种总数的比例（%）
1	多孔菌科 Polyporaceae	25	68	10.12
2	蘑菇科 Agaricaceae	14	43	6.40
3	粉褶蕈科 Entolomataceae	2	42	6.25
4	牛肝菌科 Boletaceae	18	39	5.80
5	类脐菇科 Omphalotaceae	5	39	5.80
6	红菇科 Russulaceae	4	36	5.36
7	小皮伞科 Marasmiaceae	5	35	5.21
8	锈革菌科 Hymenochaetaceae	10	32	4.76
9	鹅膏科 Amanitaceae	1	30	4.46
	合计	84	364	54.17

2. 优势属组成

罗霄山脉大型真菌共有 218 属，对其进行优势属分析（表 12-3），结果表明，种类超过 6 种的优势属有 27 属，合计 337 种，占本地区大型真菌物种总数的 50.15%。罗霄山脉大型真菌种类最多的优势属为粉褶蕈属 *Entoloma* 39 种，占本地区大型真菌物种总数的 5.80%；第二大属是鹅膏属 *Amanita*

和小皮伞属 *Marasmius*，各 30 种，均占本地区大型真菌物种总数的 4.46%；其次是裸脚菇属 *Gymnopus* 28 种、红菇属 *Russula* 23 种、湿伞属 *Hygrocybe* 17 种等。除表 12-3 中所列 27 属外，蜡蘑属 *Laccaria*、硬皮马勃属 *Scleroderma*、密孔菌属 *Pycnoporus*、银耳属 *Tremella*、牛肝菌属 *Boletus*、拟锁瑚菌属 *Clavulinopsis*、垂幕菇属 *Hypholoma*、绚孔菌属 *Laetiporus*、线虫草属 *Ophiocordyceps*、靴耳属 *Crepidotus*、拟口蘑属 *Tricholomopsis* 也是种类相对较多的属，其种数均为 5 种。

表 12-3　罗霄山脉大型真菌优势属

序号	属名	种数	占本地区大型真菌物种总数的比例（%）
1	粉褶蕈属 *Entoloma*	39	5.80
2	鹅膏属 *Amanita*	30	4.46
3	小皮伞属 *Marasmius*	30	4.46
4	裸脚菇属 *Gymnopus*	28	4.17
5	红菇属 *Russula*	23	3.42
6	湿伞属 *Hygrocybe*	17	2.53
7	小脆柄菇属 *Psathyrella*	14	2.08
8	乳菇属 *Lactarius*	12	1.79
9	小菇属 *Mycena*	12	1.79
10	栓孔菌属 *Trametes*	12	1.79
11	环柄菇属 *Lepiota*	9	1.34
12	多孔菌属 *Polyporus*	9	1.34
13	集毛孔菌属 *Coltricia*	9	1.34
14	光柄菇属 *Pluteus*	9	1.34
15	蘑菇属 *Agaricus*	7	1.04
16	灵芝属 *Ganoderma*	7	1.04
17	马勃属 *Lycoperdon*	7	1.04
18	微皮伞属 *Marasmiellus*	7	1.04
19	木层孔菌属 *Phellinus*	7	1.04
20	韧革菌属 *Stereum*	7	1.04
21	金牛肝菌属 *Aureoboletus*	6	0.89
22	鸡油菌属 *Cantharellus*	6	0.89
23	虫草属 *Cordyceps*	6	0.89
24	裸伞属 *Gymnopilus*	6	0.89
25	小孔菌属 *Microporus*	6	0.89
26	小奥德蘑属 *Oudemansiella*	6	0.89
27	线虫草属 *Ophiocordyceps*	6	0.89

12.3.2　大型真菌区系成分分析

罗霄山脉植物区系研究表明，在中低海拔地区种子植物区系的优势种以丰富的热带成分为主（谢喃喃，2015）。本研究调查的罗霄山脉大型真菌也同样显示具有不少明显热带成分的属。例如，子囊菌中炭角菌科 Xylariaceae 的炭角菌属、肉杯菌科 Sarcoscyphaceae 的毛杯菌属 *Cookeina* 和歪盘菌属

Phillipsia；异担子菌中木耳科 Auriculariaceae 常见的木耳属 *Auricularia*；孔状或耙齿菌中多孔菌科 Polyporaceae 的小孔菌属和微孔菌属 *Microporellus*，灵芝科 Ganodermataceae 的假芝属 Amauroderma；伞菌中粉褶蕈科的斜盖伞属 *Clitopilus*，小皮伞科的小皮伞属 *Marasmius* 和微皮伞属 *Marasmiellus*，离褶伞科 Lyophyllaceae 的蚁巢伞属 *Termitomyces* 以及小菇科 Mycenaceae 的胶孔菌属 *Favolaschia* 都是热带性较强的属，其中蚁巢伞属的真菌与白蚁共生，是典型的热带亚洲至热带非洲分布成分，从分布区推测，这些种可能起源于古南大陆东部。罗霄山脉大型真菌热带成分的种也较为丰富，如黑柄炭角菌 *Xylaria nigripes*、大孢毛杯菌 *Cookeina insititia*，这些种广布于南亚及东南亚（杨祝良和臧穆，2003），卵孢鹅膏 *Amanita ovalispora* 和东方斜盖伞 *Clitopilus orientalis* 之前仅在热带东南亚至我国华南、西南等地有报道。古热带分布的腐生种类有翘鳞香菇 *Lentinus squarrosulus*，它广泛分布于热带非洲、南亚、东南亚，南至巴布亚新几内亚、所罗门群岛、新喀里多尼亚等太平洋岛屿，以及澳大利亚的昆士兰等地（Pegler，1983）。此外，罗霄山脉也有一些世界广布属，如粉褶蕈属、红菇属、小脆柄菇属、栓孔菌属 *Trametes*、多孔菌属、密孔菌属 *Pycnoporus*，以及北温带分布的乳菇属等。已有研究表明，罗霄山脉是亚洲大陆第三纪古植物的重要避难所，更是冰后期物种重新扩张的发源地，保存了中生代以来相当数量的古老子遗物种、活化石、特有种。本次在罗霄山脉大型真菌调查中发现的小托柄鹅膏 *Amanita farinosa* 和黄粉末牛肝菌 *Pulveroboletus ravenelii*，间断分布于东亚、北美温带及亚热带，其分布式样也是一种子遗分布（Halling，2001）。

12.3.3 大型真菌中国特有类群

罗霄山脉特殊的地理位置、气候和植被，孕育了丰富而具特色的大型真菌资源。本研究在罗霄山脉发现中国特有属 2 属，即红褶牛肝菌属 *Erythrophylloporus* 和华湿伞属 *Sinohygrocybe*。红褶牛肝菌属目前仅分布于中国海南、广东、湖南、浙江等热带和亚热带地区（Zhang and Li，2018），华湿伞属目前仅分布于中国四川和湖南的亚热带地区（Wang et al.，2018）。同时也发现罗霄山脉分布有中国特有种 46 种，包括粉褶蕈属 *Entoloma* 8 种，鹅膏属 *Amanita* 5 种，灵芝属 *Ganoderma* 3 种，集毛孔菌属 *Coltricia*、大环柄菇属 *Macrolepiota* 和层蘑菇属 *Xanthagaricus* 各 2 种，以及牛肝菌属 *Boletus*、辣牛肝菌属 *Chalciporus*、裘氏牛肝菌属 *Chiua*、毛皮伞属 *Crinipellis*、花耳属 *Dacrymyces*、冬菇属 *Flammulina*、湿伞属 *Hygrocybe*、产丝齿菌属 *Hyphodontia*、褐牛肝菌属 *Imleria*、绚孔菌属 *Laetiporus*、环柄菇属 *Lepiota*、小皮伞属 *Marasmius*、大孢孔菌属 *Megasporia*、绿僵虫草属 *Metacordyceps*、歪盘菌属 *Phillipsia*、红菇属 *Russula*、喇叭菌属 *Craterellus*、红褶牛肝菌属 *Erythrophylloporus*、牛舌菌属 *Fistulina*、小奥德蘑属 *Oudemansiella*、褶孔牛肝菌属 *Phylloporus*、桑黄属 *Sanghuangporus*、华湿伞属 *Sinohygrocybe* 和口蘑属 *Tricholoma* 等各 1 种（表 12-4，图 12-1）。

表 12-4 罗霄山脉大型真菌中国特有种

中文名	拉丁名	模式产地	罗霄山脉分布地
褐烟色鹅膏	*Amanita brunneofuliginea*	云南	湖南神农谷
灰褶鹅膏	*Amanita griseofolia*	云南	湖南八面山、湖南九龙江、江西井冈山
灰疣鹅膏	*Amanita griseoverrucosa*	云南	湖南九龙江
裂皮鹅膏	*Amanita rimosa*	湖南	江西阳岭
中华鹅膏	*Amanita sinensis*	四川	湖南幕阜山、江西阳岭
茶褐牛肝菌	*Boletus brunneissimus*	云南	湖南省石柱峰
辐射辣牛肝菌*	*Chalciporus radiatus*	湖南	湖南九龙江
绿盖裘氏牛肝菌	*Chiua virens*	云南	湖南九龙江
厚集毛孔菌	*Coltricia crassa*	云南	湖南九龙江、湖南幕阜山、湖南神农谷、江西井冈山

续表

中文名	拉丁名	模式产地	罗霄山脉分布地
魏氏集毛孔菌	*Coltricia weii*	湖南	湖南八面山、湖南神农谷、江西阳岭
黄喇叭菌	*Craterellus luteus*	广东	湖南九龙江
丛毛毛皮伞*	*Crinipellis floccosa*	江西	江西阳岭
云南花耳	*Dacrymyces yunnanensis*	云南	湖南云阳山
蓝鳞粉褶蕈	*Entoloma azureosquamulosum*	广东	湖南八面山
蓝黄粉褶蕈	*Entoloma caeruleoflavum*	云南	江西阳岭
丛生粉褶蕈	*Entoloma caespitosum*	海南	湖南九龙江、江西阳岭
肉褐粉褶蕈	*Entoloma carneobrunneum*	海南	湖南九龙江
靴耳状粉褶蕈	*Entoloma crepidotoides*	海南	湖南桃源洞
辽宁粉褶蕈	*Entoloma liaoningense*	辽宁	江西官山
极脆粉褶蕈	*Entoloma praegracile*	贵州	湖南大云山、湖南省浏阳市石柱峰
近薄囊粉褶蕈	*Entoloma subtenuicystidiatum*	广西	湖南省浏阳市石柱峰
红褶牛肝菌*	*Erythrophylloporus cinnabarinus*	海南	湖南九龙江
亚牛舌菌	*Fistulina subhepatica*	云南	江西阳岭
云南冬菇	*Flammulina yunnanensis*	云南	湖南幕阜山
海南灵芝	*Ganoderma hainanense*	海南	江西井冈山
灵芝	*Ganoderma lingzhi*	湖北	湖南神农谷
紫芝	*Ganoderma sinense*	海南	湖南八面山
稀褶湿伞	*Hygrocybe sparsifolia*	广东	江西井冈山
热带产丝齿菌	*Hyphodontia tropica*	台湾	湖南幕阜山
亚高山褐牛肝菌	*Imleria subalpina*	云南	湖南大云山
环纹绚孔菌	*Laetiporus zonatus*	云南	湖南八面山、湖南大云山、湖南九龙江、湖南神农谷
拟冠状环柄菇	*Lepiota cristatanea*	云南	湖南大云山
脱皮大环柄菇	*Macrolepiota detersa*	安徽	湖南幕阜山、湖南省石柱峰
近黄褶大环柄菇	*Macrolepiota subcitrophylla*	云南	湖南大云山
拟聚生小皮伞	*Marasmius subabundans*	广东	江西阳岭
大孢孔菌	*Megasporia major*	广东	湖南八面山、江西井冈山
戴氏绿僵虫草	*Metacordyceps taii*	贵州	江西井冈山
毕氏小奥德蘑	*Oudemansiella bii*	广东	湖南九龙江
中华歪盘菌	*Phillipsia chinensis*	四川	湖南大围山、湖南九龙江、江西阳岭
潞西褶孔牛肝菌	*Phylloporus luxiensis*	云南	湖南幕阜山
小红菇小变种	*Russula minutula* var. *minor*	广东	湖南九龙江、江西官山
桑黄	*Sanghuangporus sanghuang*	吉林	江西井冈山
绒柄华湿伞*	*Sinohygrocybe tomentosipes*	四川	湖南桃源洞
苦口蘑	*Tricholoma sinoacerbum*	广东	江西井冈山
蔚蓝层蘑菇*	*Xanthagaricus caeruleus*	江西	江西宜春九龙
黄丛毛层蘑菇*	*Xanthagaricus flavosquamosus*	江西	江西宜春九龙

* 本研究发现和发表的种（Xia et al.，2015；Zhang et al.，2015；Hosen et al.，2017a，2017b；Wang et al.，2018；Zhang and Li，2018）。

图 12-1　罗霄山脉部分中国特有种宏观形态图

a. 裂皮鹅膏；b. 茶褐牛肝菌；c. 黄喇叭菌；d. 丛生粉褶蕈；e. 紫芝；f. 脱皮大环柄菇；g. 戴氏绿僵虫草；h. 中华歪盘菌；i. 苦口蘑

12.4　罗霄山脉大型真菌资源与保护

12.4.1　大型真菌资源评价

1. 食用菌资源

基于本次调查结果，对罗霄山脉的食用菌资源进行统计分析，结果表明，该地区有食用菌 133 种，其中种类较多的有红菇属 *Russula* 10 种、蜡蘑属 *Laccaria* 5 种、小奥德蘑属 *Oudemansiella* 6 种，以及鸡油菌属 *Cantharellus*、喇叭菌属 *Craterellus*、秃马勃属 *Calvatia* 各 4 种。具较高食用价值的种类包括毛木耳 *Auricularia cornea*、茶褐牛肝菌 *Boletus brunneissimus*、淡蜡黄鸡油菌 *Cantharellus cerinoalbus*、小鸡油菌 *Cantharellus minor*、金黄喇叭菌 *Craterellus aureus*、长裙竹荪 *Phallus indusiatus*、花脸香蘑 *Lepista sordida*、脱皮大环柄菇 *Macrolepiota detersa*、长根小奥德蘑 *Oudemansiella radicata*、糙皮侧耳 *Pleurotus ostreatus*、铜绿红菇 *Russula aeruginea*、间型鸡枞 *Termitomyces intermedius*、金耳 *Naematelia aurantialba*、银耳 *Tremella fuciformis* 等，其中毛木耳、长根小奥德蘑、糙皮侧耳、花脸香蘑、金耳、银耳是可在实验室进行人工栽培驯化的食用菌资源。

2. 药用菌资源

本次调查发现罗霄山脉药用菌有 136 种，其中灵芝属 *Ganoderma* 和木层孔菌属 *Phellinus* 的种类最多，各 7 种，其次是虫草属 *Cordyceps*、线虫草属 *Ophiocordyceps* 各 6 种，红菇属、硬皮马勃属 *Scleroderma* 和栓孔菌属 *Trametes* 各 5 种。具较好药用价值的种类包括有消炎、利尿、益胃、抑肿瘤作用的假芝 *Amauroderma rugosum*，具消炎、利尿、益胃、抑肿瘤作用的和紫芝 *Ganoderma sinense*，具增强免疫力、治疗失眠和抑肿瘤作用的蜜环菌 *Armillaria mellea*，具止血化痰、抑肿瘤、抗菌、补肾、治疗支气管炎等功效的蛹虫草 *Cordyceps militaris*，具祛风、除湿、抑肿瘤作用的红缘拟层孔菌 *Fomitopsis pinicola*，有健脑、抑肿瘤、降血压、抗血栓、增强免疫力等作用的灵芝 *Ganoderma lingzhi*，具抗炎、抑制肿瘤作用和抗氧化作用的桑黄 *Sanghuangporus sanghuang*，有清热、消炎、抑肿瘤和治疗肝病的云芝栓孔菌 *Trametes versicolor*，以及具利便、补肾、增强免疫力作用的黑柄炭角菌 *Xylaria nigripes*（戴玉成和杨祝良，2008）。

3. 毒菌资源

本研究调查显示，罗霄山脉毒菌 87 种，其中鹅膏属 *Amanita* 毒菌种类最多，有 17 种，其次是红菇属 5 种。常见的毒菌有灰花纹鹅膏 *A. fuliginea*、裂皮鹅膏 *A. rimosa*、异味鹅膏 *A. kotohiraensis*、欧氏鹅膏 *A. oberwinklerana*、假褐云斑鹅膏 *A. pseudoporphyria*、残托鹅膏有环变型 *A. sychnopyramis* f. *subannulata*、近江粉褶蕈 *Entoloma omiense*、臭粉褶蕈 *Entoloma rhodopolium*、长沟盔孢伞 *Galerina sulciceps*、裂丝盖伞 *Inocybe rimosa*、变蓝灰斑褶伞 *Panaeolus cyanescens*、疸黄粉末牛肝菌 *Pulveroboletus icterinus* 和点柄黄红菇 *Russula senecis*。其中灰花纹鹅膏、裂皮鹅膏和长沟盔孢伞为剧毒菌，含毒性极大的鹅膏毒素，为肝脏损害型毒菌，有很高的致死率（陈作红等，2016）；异味鹅膏、欧氏鹅膏、假褐云斑鹅膏的毒性为急性肾衰竭型毒菌；残托鹅膏有环变型、裂丝盖伞、变蓝灰斑褶伞为神经精神型毒菌；近江粉褶蕈、臭粉褶蕈、疸黄粉末牛肝菌、点柄黄红菇为胃肠炎型毒菌。

12.4.2　大型真菌资源保护与可持续性开发利用

1. 大型真菌资源保护

大型真菌是生态系统中不可或缺的组成部分，在地球生物圈的物质循环和能量流动中发挥着不可替代的作用，具有重要的生态价值；许多食药用菌与人类生产生活密切相关，具有重大的社会经济价值。我国是生物多样性受威胁最严重的国家之一。资源过度利用、环境污染、气候变化、生境丧失与破碎化等因素，不仅导致部分动植物多样性降低，也同样威胁着大型真菌的多样性。罗霄山脉某些生态系统类型，如亚热带红壤丘陵山地森林、热性灌丛及草山草坡植被生态系统等常面临着人为活动强烈、土层变薄、土地严重过垦、土壤质量明显下降、土地生产力逐年降低等问题（张军涛等，2002），这些问题对当地大型真菌的生存产生了严重影响。著名真菌学家戴芳澜先生在井冈山东麓江西泰和发现的中国特有种细小地舌菌 *Geoglossum pusillum*，自 1944 年发表描述以来再无报道，为极危种，本次调查未发现。细小地舌菌分布范围有限，难以适应环境的快速变迁，土地开发利用、城市化等导致的栖息地丧失和退化都可能导致其濒危或灭绝。易危物种竹黄 *Shiraia bambusicola* 是我国著名药用菌，应用历史较长，曾在武功山被报道（朱鸿等，2004），但本次调查同样未发现。竹黄分布的范围相对较广，但作为重要的传统中药材，大量的人为采摘已对其物种生存造成了极大的威胁。朱鸿等（2004）也曾报道武功山有著名食用菌猴头菇 *Hericium erinaceus*，属易危种，本次调查也未发现。虽然猴头菇已经开始规模化人工栽培，但其野生资源有限，种群数量显著衰减，同样面临着严重威胁。本次调查发现的金耳 *Naematelia aurantialba* 也是受威胁的药食两用大型担子菌。

2. 可持续开发利用

对于我国大型真菌的资源保护和可持续开发利用，菌物学家李玉院士提出在菌物多样性调查的基础上，构建"一区一馆五库"体系，这对全面、持续和平衡地保护菌物物种多样性、遗传多样性和生态多样性等具有重要作用，是一项功在当代、利在千秋的重要基础性工作。可从菌种驯化、发酵生产、生物活性物质筛选及功能基因筛选等方面，研究大型真菌资源开发利用的关键技术，推动其可持续发展（宋斌等，2018）。本研究在对罗霄山脉大型真菌物种多样性调查过程中，将采集鉴定的 5100 多号标本进行了数据信息录入，并入库保存在广东省微生物研究所真菌标本馆（国际代码 GDGM），同时也分离了一些具有重要经济价值的菌种进行保藏，可为后续研究和开发利用提供标本材料与种质资源，对于该地区大型真菌的异地保护和可持续开发利用具有重要意义。

参 考 文 献

陈作红, 杨祝良, 图力古尔, 等. 2016. 毒蘑菇识别与中毒防治. 北京: 科学出版社.
戴玉成, 杨祝良. 2008. 中国药用真菌名录及部分名称的修订. 菌物学报, 27(6): 801-824.
戴玉成, 周丽伟, 杨祝良, 等. 2010. 中国食用菌名录. 菌物学报, 29(1): 1-21.
何宗智, 肖满. 2006. 江西省官山自然保护区大型真菌名录. 江西科学, 24(1): 83-88.
李晖, 杨海军. 2001. 湖南炎陵桃源洞自然保护区自然资源综合科学考察报告. 长沙: 湖南省林业调查规划设计院: 87-90.
李玉, 李泰辉, 杨祝良, 等. 2015. 中国大型菌物资源图鉴. 郑州: 中原农民出版社.
李振基, 吴小平, 陈小麟, 等. 2009. 江西九岭山自然保护区综合科学考察报告. 北京: 科学出版社: 282-290.
林英, 陆中光, 杨方西. 1990. 井冈山自然保护区考察研究. 北京: 新华出版社: 210-238.
刘小明, 郭英荣, 刘仁林. 2010. 江西齐云山自然保护区综合科学考察集. 北京: 中国林业出版社.
宋斌, 邓旺秋, 张明, 等. 2018. 南岭大型真菌多样性. 热带地理, 38(30): 312-320.
宋宗平, 张明, 李泰辉. 2017. 淡蜡黄鸡油菌——中国食用菌新记录. 食用菌学报, 24(1): 98-102.
图力古尔, 包海鹰, 李玉. 2014. 中国毒蘑菇名录. 菌物学报, 33(3): 517-548.
王春林. 1998. 罗霄山脉的形成及其丹霞地貌的发育. 湘潭师范学院学报, 19(3): 110-115.
谢喃喃. 2015. 中国罗霄山脉隐翅虫科区系特征和多样性初步研究. 上海师范大学硕士学位论文.
杨祝良, 臧穆. 2003. 中国南部高等真菌的热带亲缘. 云南植物研究, 25(2): 129-144.
臧穆. 1983. 横断山高等真菌的分布规律//中国科学院青藏高原综合考察队. 青藏高原研究·横断山考察专集(一). 昆明: 云南人民出版社: 280-287.
张军涛, 李哲, 郑度. 2002. 温度与降水变化的小波分析及其环境效应解释——以东北农牧交错区为例. 地理研究, 21(1): 54-60.
郑儒永, 魏江春, 胡鸿钧, 等. 1990. 孢子植物名词及名称. 北京: 科学出版社.
朱鸿, 刘平安, 林德培. 2004. 武功山野生大型真菌资源. 食用菌, 26(3): 5-6.
Halling R E. 2001. Ectomycorrhizae: co-evolution, significance, and biogeography. Annals of the Missouri Botanical Garden, 88: 5-13.
Hosen M I, Song Z P, Gates G, et al. 2017a. Two new species of *Xanthagaricus* and some notes on *Heinemannomyces* from Asia. MycoKeys, 28: 1-18.
Hosen M I, Song Z P, Gates G, et al. 2017b. *Xanthagaricus caeruleus*, a new species with ink-blue lamellae from southeast China. Mycoscience, 59(2): 188-192.
Kirk P M, Cannon P F, Minter D W, et al. 2008. Dictionary of the fungi. 10th ed. Wallingford: CAB International.
Pegler D N. 1983. The genus *Lentinus*, a world monograph. Kew Bulletin Additional Series, 10: 1-281.
Tai F L. 1944. Studies in the Geoglossaceae of Yunnan. Lloydia, 7: 146-162.
Wang C Q, Zhang M, Li T H, et al. 2018. Additions to tribe Chromosereae (Basidiomycota, Hygrophoraceae) from China, including *Sinohygrocybe* gen. nov. and a first report of *Gloioxanthomyces nitidus*. MycoKeys, 38: 59-76.
White T J, Bruns T, Lee S, et al. 1990. Amplification and direct sequencing of fungal ribosomal RNA genes for phylogenetics// Innis M A, Gelfand D H, Sninsky J J, et al. PCR Protocols: a Guide to Methods and Applications. San Diego: Academic

Press: 315-322.

Wu F, Zhou L W, Yang Z L, et al. 2019. Resource diversity of Chinese macrofungi: edible, medicinal and poisonous species. Fungal Diversity, 98(1): 1-76.

Xia Y W, Li T H, Deng W Q, et al. 2015. A new *Crinipellis* species with floccose squamules from China. Mycoscience, 56: 476-480.

Zhang M, Li T H. 2018. *Erythrophylloporus* (Boletaceae, Boletales), a new genus inferred from morphological and molecular data from subtropical and tropical China. Mycosystema, 37(9): 1111-1126.

Zhang M, Wang C Q, Li T H, et al. 2015. A new species of *Chalciporus* (Boletaceae, Boletales) with strongly radially arranged pores. Mycoscience, 57(1): 20-25.

第 13 章　罗霄山脉陆生贝类及其物种多样性

摘　要　对罗霄山脉 13 个保护区和采集地的陆生贝类进行了调查，共鉴定陆生贝类 4 目 22 科 45 属 129 种（含亚种）。从种类组成来看，罗霄山脉陆生贝类主要优势科有巴蜗牛科 Bradybaenidae（6 属 29 种）、拟阿勇蛞蝓科 Ariophantidae（4 属 22 种）、环口螺科（8 属 20 种）、烟管螺科（3 属 10 种）等，4 科种总数占罗霄山脉陆生贝类种总数的 62.79%；含 2～8 种的科有 9 科，仅含 1 种的有 9 科；主要优势种有同型巴蜗牛 Bradybaena similaris similaris、灰尖巴蜗牛 Bradybaena ravida ravida、细钻螺 Opeas gracile、扁恰里螺 Kaliella depressa 和光滑巨楯蛞蝓 Macrochlamys superlita superlita 5 种。从区系成分来看，罗霄山脉陆生贝类区系以东洋界为主，占罗霄山脉陆生贝类种总数的 68.99%。从区域多样性来看，江西井冈山陆生贝类组成最丰富，为 19 科 31 属 66 种；湖南八面山次之，为 12 科 20 属 35 种；仙姑岩最少，仅 1 科 1 属 2 种。此外，在江西井冈山发现陆生贝类新种 2 种，即龙潭弯螺 Sinoennea longtanensis 和石钟山弯螺 Sinoennea shizhongshanensis，隶属于肺螺亚纲柄眼目扭轴蜗牛科弯螺属。罗霄山脉陆生贝类资源调查为丰富中国大陆东部贝类区系地理格局提供了重要参考。

罗霄山脉是中国东部中亚热带地区极具完整性和原始性的自然景观地带之一，其为鄱阳湖、洞庭湖上游集水区，有赣江流域、湘江流域上游各支流，水网湿地丰富，因而蕴含着丰富的陆生贝类资源。但此前仅对一些保护区，如官山（刘信中和吴和平，2005）、九岭山（李振基等，2009）、井冈山（欧阳珊等，2012a）等做过少许考察，对整个罗霄山脉地区的陆生贝类缺乏系统性调查和研究。因此，作者调查了罗霄山脉全境陆生贝类多样性与分布格局，期望为进一步丰富中国贝类地理分布格局提供基础数据。

13.1　研究区域与研究方法

2014～2018 年分别在罗霄山脉地区 13 个保护区和采集地（官山、云居山、九岭山、鲁溪洞、清水岩、隐水洞、仙姑岩、武功山、铁丝岭、井冈山、桃源洞、八面山、齐云山）进行调查。根据不同采集地植被分布情况及地形地貌特征，选择不同生境进行采样，包括阔叶林、针叶林、竹林、农田、草丛、灌木丛、苔藓等。在各采样点采用定性、定量相结合的方法进行采集。定性采集为在各采集地不同生境随机采集标本；定量采集为在各采集地选取不同的生境采足 3h。采集的标本用 75% 的乙醇固定和保存，带回实验室进行鉴定。

13.2　罗霄山脉陆生贝类组成

本研究所采标本经整理、鉴定，罗霄山脉地区有陆生贝类 129 种（含亚种）（表 13-1），隶属于 1 纲 2 亚纲 4 目 22 科 45 属。从种类组成来看，优势科有巴蜗牛科，有 6 属 29 种，占本地区陆生贝类种总数的 22.48%；其次为拟阿勇蛞蝓科，有 4 属 22 种，占本地区陆生贝类种总数的 17.05%；环口螺科有 8 属 20 种，占本地区陆生贝类种总数的 15.50%；烟管螺科为 3 属 10 种，占本地区陆生贝类种总数的 7.75%；钻头螺科为 2 属 8 种，占本地区陆生贝类种总数的 6.20%；坚齿螺科为 5 属 7 种，占本地区陆生贝类种总数的 5.43%；扭轴蜗牛科为 1 属 6 种，占本地区陆生贝类种总数的 4.65%；虹蛹螺科为 2 属 5 种，占本地区陆生贝类种总数的 3.88%；近水螺科、琥珀螺科和野蛞蝓科均为 1 属 3 种，各占本地区陆生贝类种总数的 2.33%；耳螺科和嗜黏液蛞蝓科均为 1 属 2 种，各占本地区陆生贝类种总数的 1.55%；拟沼螺科、槲果螺科、瓦娄蜗牛科、艾纳螺科、内齿螺科、瞳孔蜗牛科、蛞蝓科、高山蛞蝓科和足襞蛞蝓科均为 1 属 1 种，各占本地区陆生贝类种总数的 0.78%（图 13-1）。

表 13-1　罗霄山脉地区陆生贝类物种组成

腹足纲 Gastropoda

一、前鳃亚纲 Prosobranchia

（一）原始腹足目 Achacogastropoda

I. 近水螺科 Hydrocenidae

1. 巴氏土鸥螺 *Georissa bachmanni* (Gredle, 1881)

2. 杭州土鸥螺 *Georissa hangzhounensis* Qian, Guo et Chen, 2007

3. 中华土鸥螺 *Georissa sinensis* (Heude, 1882)

（二）中腹足目 Mesogastropoda

II. 环口螺科 Cyclophoridae

4. 六线兔唇螺 *Lagochius sexfilaris* (Heude, 1882)

5. 环带兔唇螺 *Lagochius hungerfordianus* (Moellendorff, 1881)

6. 刺扁脊螺 *Platyrhaphe fodiens* (Heude, 1882)

7. 湖南扁脊螺 *Platyrhaphe hunana* (Gredler, 1881)

8. 小扁褶口螺 *Ptychopoma expoliastum vestitum* (Heude, 1882)

9. 大扁褶口螺 *Ptychopoma expoliastum expoliatum* (Heude, 1885)

10. 矮小褶口螺 *Ptychopoma humile* (Heude, 1882)

11. 圆褶口螺 *Ptychopoma cycloteum* (Gredler, 1885)

12. 褐带环口螺 *Cyclophorus maetensianus martensianus* Moellendorff, 1874

13. 科氏沟螺 *Diorgx kobeltianus* (Moellendorff, 1874)

14. 球状沟螺 *Diorgx globulus* (Moellendorff, 1885)

15. 矮小双边凹螺 *Chamalycacus nanus* (Moellendorff, 1886)

16. 双边凹螺属未定种 *Chamalycaeus* sp.

17. 黄蛹螺 *Pupina flava* Moellendorff, 1884

18. *Diplommatina contracta* (Moellendorff, 1886)

19. 长柱倍唇螺 *Diplommatina paxillus longipalatalis* Schmacker et Boettger, 1890

20. 小柱倍唇螺 *Diplommatina paxillus* (Gredler, 1881)

21. 梨小倍唇螺 *Diplommatina pyra* Heude, 1882

22. 细锥倍唇螺 *Diplommatina apicina* (Gredler, 1885)

23. 缝合倍唇螺 *Diplommatina consularis* Gredler, 1881

III. 拟沼螺科 Assimineidae

24. 拟沼螺未定种 *Paludinella* sp.

二、肺螺亚纲 Pulmonata

（三）基眼目 Basommatophora

IV. 耳螺科 Ellobiidae

25. 小节果瓣螺 *Carychium noduliferum* Reinhardt，1877

26. 天目山果瓣螺 *Carychium tianmushanense* Chen，1992

（四）柄眼目 Stylommatophora

V. 琥珀螺科 Succineidae

27. 赤琥珀螺 *Succinea erythrophana* Ancey，1883

28. 展开琥珀螺 *Succinea evoluta* Martens，1879

29. 琥珀螺未定种 *Succinea* sp.

VI. 椭果螺科 Cochlicopidae

30. 椭果螺属未定种 *Cochlicopa* sp.

VII. 虹蛹螺科 Pupillidae

31. 囊喇叭螺 *Boysidia dorsata* (Ancey, 1881)

32. 湖南喇叭螺 *Boysidia hunana* (Gredler, 1881)

33. 南江贝喇叭螺 *Boysidia nanjiangensis* Zheng et Zhang, 2011

34. 多齿砂螺 *Castrocopta armigerella* (Reinhardt, 1877)

35. 冠状砂螺 *Gastrocopta coreana* Pilsbry, 1916

VIII. 瓦娄蜗牛科 Vallonidae

36. 薄唇瓦娄蜗牛 *Vallonia tenuilabria* (A. Braun, 1847)

IX. 艾纳螺科 Enidae

37. 康氏奇异螺 *Mirus cantoricantori* (Philippi, 1844)

X. 烟管螺科 Clausiliidae

38. 司氏丽管螺 *Formosana semprinii* (Gredler, 1884)

39. 大青丽管螺 *Formosana magnaciana* (Heude, 1882)

40. 江西丽管螺 *Formosana kiangsiensis* (Gredler, 1892)

41. 麦氏尖真管螺 *Euphaedusa aculus moellendorffi* (Martens, 1874)

42. 墙草真管螺 *Euphaedusa parietaria* (Schmacker et Boettger, 1890)

43. 洛氏真管螺 *Euphaedusa loczyi* (Boettger, 1884)

44. 双真管螺 *Euphaedusa gemina* (Gredler, 1881)

45. 平纹真管螺 *Euphaedusa planostriata* (Heude, 1882)

46. 怪异真管螺 *Euphaedusa cetivora* (Heude, 1882)

47. 扭颈绞管螺 *Streptodera trachelostropha* (Moellendorff, 1885)

XI. 钻头螺科 Subulinidae

48. 细钻螺 *Opeas gracile* (Hutton, 1834)

49. 棒形钻螺 *Opeas clavuiinum* (Potiez et Michaud, 1838)

50. 小囊钻螺 *Opeas utriculus* (Heude, 1885)

51. 索形钻螺 *Opeas funiculare* (Heude, 1882)

52. 丝钻头螺 *Opeas filare* (Heude, 1882)

53. 条纹钻螺 *Opeas striatissium* (Gredler, 1882)

54. 竖卷轴螺 *Tortaxis erectus* (Benson, 842)

55. 柑卷轴螺 *Tortaxis mandarinus* (Pfeiffer, 1855)

XII. 内齿螺科 Endodontidae

56. 扁圆盘螺 *Discus potanini* (Moellendorff, 1899)

续表

XIII. 瞳孔蜗牛科 Corillidae

57. 毛缘圈螺 *Plectopylis fimbriosa* (Martens, 1875)

XIV. 拟阿勇蛞蝓科 Ariophantidae

58. 真锥恰里螺 *Kaliella euconus* Moellendorff, 1899

59. 小丘恰里螺 *Kaliella munipurensis* (Godwin-Austen, 1882)

60. 多旋恰里螺 *Kaliella polygyra* Moellendorff, 1885

61. 光囊恰里螺 *Kaliella lamprocystis* Moellendorff, 1899

62. 扁恰里螺 *Kaliella depressa* Moellendorff, 1883

63. 小恰里螺 *Kaliella minuta* (Ping et Yen, 1933)

64. 穴恰里螺 *Kaliella spelaea* (Heude, 1882)

65. 色金恰里螺 *Kaliella sekingeriana* (Heude, 1882)

66. 香港恰里螺 *Kaliella hongkongensis* (Moellendorff, 1883)

67. 金字塔形恰里螺 *Kaliella pyramidata* Yen, 1939

68. 扁形小囊螺 *Microcystis perdita* (Deshayes, 1873)

69. 华巨楯蛞蝓 *Macrochlamys cathaiana* Moellendorff, 1899

70. 猛巨楯蛞蝓 *Macrochlamys srejecta* (Pfeiffer, 1859)

71. 光滑巨楯蛞蝓 *Macrochlamys superlita superlita* (Morelet, 1882)

72. 迟缓巨楯蛞蝓 *Macrochlamys segnis* Pilsbry, 1934

73. 湖南巨楯蛞蝓 *Macrochlamys hunancola* (Moellendorff, 1887)

74. 中华巨楯蛞蝓 *Macrochlamys sinensis* (Heude, 1882)

75. 扁平巨楯蛞蝓 *Macrochlamys planula* (Heude, 1882)

76. 树脂巨楯蛞蝓 *Macrochlamys resinacea* (Heude, 1885)

77. 光亮巨楯蛞蝓 *Macrochlamys nitidissima* Moellendorff, 1883

78. 东湖克真卷螺 *Euplecta eastlakeana* (Moellendorff, 1883)

79. 真卷螺属未定种 *Euplecta* sp.

XV. 坚齿螺科 Camaenidae

80. 微球小丽螺 *Ganesella subtrochus* (Yen, 1939)

81. 狐狸坚螺 *Camaena vulpis* (Gredler, 1887)

82. 利氏坚螺 *Camaena leonhardti* (Moellendorff, 1888)

83. 狭缘盖螺 *Stegodera angusticollis* (Martens, 1875)

84. 三褶裂口螺 *Traumatophora triscalpta triscalpta* (Martens, 1875)

85. 扁平毛蜗牛 *Trichochloritis submissa* (Deshayes, 1873)

86. 双道毛蜗牛 *Trichochloritis diplolepharis* (Moellendorff, 1899)

XVI. 巴蜗牛科 Bradybaenidae

87. 针巴蜗牛 *Bradybaena acustina* (Moellendorff, 1899)

88. 灰尖巴蜗牛 *Bradybaena ravida ravida* (Benson, 1842)

89. 细纹灰尖巴蜗牛 *Bradybaena ravida redfieldi* (Pfeiffer, 1852)

90. 弗氏巴蜗牛 *Bradybaena fortunei* (Pfeiffer, 1850)

91. 平浆巴蜗牛 *Bradybaena uncophila* Heude, 1882

92. 单带巴蜗牛 *Bradybaena haplozona* (Moellendorff, 1899)

93. 同型巴蜗牛 *Bradybaena similarissimilaris* (Ferussac, 1821)

94. 香港同型巴蜗牛 *Bradybaena similarishongkongensis*　(Deshayes, 1873)

95. 短旋巴蜗牛 *Bradybaena brevispira* (H. Adams, 1870)

96. 江西鞭巴蜗牛 *Mastigeulota kiangsiensis* (Martens, 1875)

97. 扁平华蜗牛 *Cathaica placenta* (Ping et Yen, 1933)

98. 螺陀平瓣拟蛇蜗牛 *Platypetasus strophostoma* Moellendorff, 1899

99. 近圆锥形环肋螺 *Plectotropis subconella* (Moellendorff, 1888)

100. 蛛形环肋螺 *Plectotropis araneatela* (Heude, 1882)

101. 微小环肋螺 *Plectotropis minima* Phisbry, 1934

102. 多毛环肋螺 *Plectotropis trichotropistrichotropis* (Pfeiffer, 1850)

103. 格氏环肋螺 *Plectotropis gerlachi* (Martens, 1881)

104. 易坏环肋螺 *Plectotropis demolita* (Heude, 1885)

105. 假穴环肋螺 *Plectotropis pseudopatula* Moellendorff, 1899

106. 短须环肋螺 *Plectotropis calculus* (Heude, 1885)

107. 小石环肋螺 *Plectotropis calculus* (Heude, 1885)

108. 湖北环肋螺 *Plectotropis hupensis* (Gredler, 1885)

109. 石头环肋螺 *Plectotropis lithina* (Heude, 1885)

110. *Plectotropis* cf. *lepidophora* (Gude, 1908)

111. 环肋螺未定种 *Plectotropis* sp.

112. 增大大脐蜗牛 *Aegista accrescens accrescens* (Heude, 1882)

113. 中国大脐蜗牛 *Aegista chinensis* (Philippi, 1845)

114. 蠕虫大脐蜗牛 *Aegista vermes* (Reeve, 1845)

115. 欧氏大脐蜗牛 *Aegista aubryana* (Heude, 1882)

XVII. 扭轴蜗牛科 Streptaxidae

116. 华丽弯螺 *Sinoennea splendens splendens* (Moellendorff, 1882)

117. 绞扭弯螺 *Sinoennea strophiodes* (Gredler, 1881)

118. 龙潭弯螺 *Sinoennea longtanensis* Ouyang, 2012

119. 福州弯螺 *Sinoennea fuzhounensis* (Zhou, Chen et Guo, 2006)

120. 蛹形弯螺 *Sinoennea pupoidea* (Zhou, Zhang et Chen, 2006)

121. 石钟山弯螺 *Sinoennea shizhongshanensis* (Jiang et Ouyang, 2014)

XVIII. 野蛞蝓科 Agriolimacidae

122. 野蛞蝓 *Deroceras* (*Agriolimax*)*agrestis* (Linnaeus, 1758)

123. 阿尔泰颈蛞蝓 *Deroceras altaicum* (Simroth, 1886)

124. 颈蛞蝓属未定种 *Deroceras* sp.

XIX. 蛞蝓科 Limacidae

125. 蛞蝓属未定种 *Limax* sp.

XX. 高山蛞蝓科 Anadenidae

126. 扬子高山蛞蝓 *Anadenus* (*Anadenus*)*yangtzeensis* Wiktor, Chen et Wu, 2000

XXI. 嗜黏液蛞蝓科 Philomycidae

127. 双线嗜黏液蛞蝓 *Meghimatium bilineatus* (Benson, 1842)

128. 叠纹嗜黏液蛞蝓 *Meghimatium rugosum* (Chen et Gao, 1979)

XXII. 足襞蛞蝓科 Vaginulidae

129. 高突足襞蛞蝓 *Vaginulidae alte* Ferussac, 1821

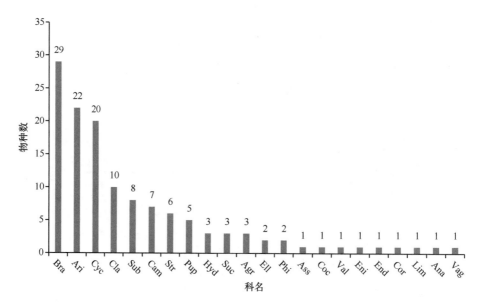

图 13-1　罗霄山脉地区陆生贝类各科物种数

Bra. 巴蜗牛科；Ari. 拟阿勇蛞蝓科；Cyc. 环口螺科；Cla. 烟管螺科；Sub. 钻头螺科；Cam. 坚齿螺科；Str. 扭轴蜗牛科；Pup. 虹蛹螺科；
Hyd. 近水螺科；Suc. 琥珀螺科；Agr. 野蛞蝓科；Ell. 耳螺科；Phi. 嗜黏液蛞蝓科；Ass. 拟沼螺科；Coc. 槲果螺科；Val. 瓦娄蜗牛科；
Eni. 艾纳螺科；End. 内齿螺科；Cor. 瞳孔蜗牛科；Lim. 蛞蝓科；Ana. 高山蛞蝓科；Vag. 足襞蛞蝓科

　　罗霄山脉地区陆生贝类优势种为同型巴蜗牛 *Bradybaena similaris similaris*、细钻螺 *Opeas gracile*、扁恰里螺 *Kaliella depressa*、光滑巨楯蛞蝓 *Macrochlamys superlita superlita* 和灰尖巴蜗牛 *Bradybaena ravida ravida*，这些种类在罗霄山脉地区广泛分布。

13.3　罗霄山脉陆生贝类物种多样性特征

13.3.1　区系分析

　　根据我国动物地理区系划分，罗霄山脉地处东洋界中印亚界华中区东部丘陵平原亚区。从区系成分来看，罗霄山脉地区陆生贝类中，仅分布于东洋界的物种有 89 种，占本地区陆生贝类种总数的 68.99%；仅分布于古北界的物种有 6 种，占本地区陆生贝类种总数的 4.65%；跨东洋界和古北界分布的物种有 20 种，占本地区陆生贝类种总数的 15.50%；广布种 6 种，占本地区陆生贝类种总数的 4.65%；未定种 8 种，占本地区陆生贝类种总数的 6.20%。从区系组成可以看出，罗霄山脉地区陆生贝类区系以东洋界为主，但也有少部分古北界种类渗透（图 13-2），这与罗霄山脉动物地理区划属东洋界华中区，毗邻古北界华北区相关。

13.3.2　分布特点

　　罗霄山脉各保护区和采集地陆生贝类阶元数的统计结果（表 13-2）显示，井冈山国家级自然保护区陆生贝类种类数最多，有 19 科 31 属 66 种；其次是八面山国家级自然保护区，有 12 科 20 属 35 种；隐水洞和仙姑岩种类较少，分别为 3 科 6 属 8 种和 1 科 1 属 2 种。这与各采样点岩石类型和生境的异质性有关。

　　罗霄山脉地区 5 条中型山脉陆生贝类阶元数统计结果（图 13-3）显示，在科、属、种三个阶元上，万洋山脉陆生贝类物种多样性最高，有 19 科 31 属 70 种；其次为诸广山脉，有 14 科 26 属 58 种；九岭山脉有 12 科 27 属 51 种；武功山脉有 12 科 22 属 37 种；幕阜山脉物种多样性最低，仅有 11 科 19 属 24 种。

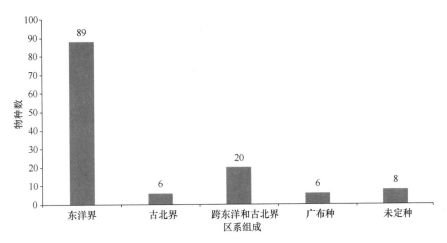

图 13-2 罗霄山脉地区陆生贝类区系组成

表 13-2 罗霄山脉各保护区和采集地陆生贝类各分类阶元数量统计

保护区或采集地	分类阶元及数量		
	科	属	种
江西官山	5	8	10
江西云居山	4	9	13
江西九岭山	8	19	33
江西鲁溪洞	10	16	18
江西清水岩	8	11	12
湖北隐水洞	3	6	8
湖南仙姑岩	1	1	2
江西武功山	12	18	26
江西铁丝岭	4	13	20
江西井冈山	19	31	66
湖南桃源洞	8	14	21
湖南八面山	12	20	35
江西齐云山	10	19	34

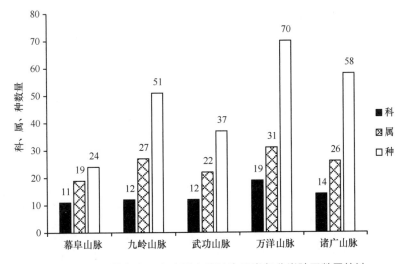

图 13-3 罗霄山脉 5 条中型山脉陆生贝类各分类阶元数量统计

13.3.3 优势种描述

（1）同型巴蜗牛 *Bradybaena similaris similaris* (Ferussac, 1821)，巴蜗牛科

贝壳中等大小，壳质厚，坚实，呈扁球形。有 5～6 个螺层，前几个螺层缓慢增长，略膨胀，螺旋部低矮，呈矮圆锥形。体螺层增长迅速，特膨大。壳顶钝，缝合线深。壳面为黄褐色、红褐色和梨色，有稠密而细致的生长线和螺纹，在体螺层周缘上或缝合线上常有 1 条暗褐色色带，有些个体无此色带。壳面呈马蹄形，口缘锋利，轴缘上部和下部略外折，略遮盖脐孔。脐孔小而深，呈洞穴状。同型巴蜗牛在个体形态大小、颜色等方面有较大的变异。壳高 12mm，壳宽 16mm。本种在我国分布广泛，常生活在潮湿的灌木丛、草丛中，田埂上，乱石堆中，落叶、树石块下，农作物根部土块、缝隙中，牲畜圈附近等阴暗潮湿、多腐殖质的环境，是广适性种类。常取食各种农作物、花卉及果木等幼芽、嫩叶或果实，为农业间歇性害虫。

（2）细钻螺 *Opeas gracile* (Hutton, 1834)，钻头螺科

贝壳小型，壳质薄，易碎，透明，呈细长塔形。有 5.5～8 个螺层。壳顶钝，缝合线深。壳面淡黄褐色。壳口呈椭圆形，薄而锋利，外唇与体螺层成一锐角，轴缘笔直，稍外折。内唇贴覆于体螺层上，形成不明显的胼胝部。无脐孔。壳高 4.8～9mm，壳宽 2.4～4.6mm。分布于我国四川、广东、海南、湖南、广西、香港和澳门等地。

（3）扁恰里螺 *Kaliella depressa* Moellendorff, 1883，拟阿勇蛞蝓科

贝壳小型，壳质薄，易碎，半透明，呈扁圆锥形。有 6 个螺层。体螺层周缘上有一狭窄的龙骨状突起。壳面黄褐色，有光泽，并具有稠密而细致的生长纹。体螺层下部平坦，生长纹呈放射状排列。壳口呈新月形，口缘完整，薄，锋利，易碎。轴缘在脐孔处向外折，略遮盖脐孔。脐孔漏斗状，小而深。壳高 2.4～3mm，壳宽 4～4.3mm。分布于我国广东、海南、广西、湖南以及长江流域一带，也见于香港、澳门。

（4）光滑巨楯蛞蝓 *Macrochlamys superlita superlita* (Morelet, 1882)，拟阿勇蛞蝓科

贝壳中等大小，壳质薄，易碎，半透明，呈扁圆锥形。有 5.5 个螺层。体螺层增长迅速，膨大，上部平坦，下部突出。壳面上部为角黄色，下部为黄白色。壳口呈半月形，口缘完整，简单，薄而易碎。内唇贴覆于体螺层上形成淡白色的胼胝部。轴缘在脐孔处形成三角形的外折。脐孔小，呈孔洞状。壳高 5.8mm，壳宽 10.2mm。分布于我国广东、福建、广西等，也见于香港、澳门等地。

（5）灰尖巴蜗牛 *Bradybaena ravida ravida* (Benson, 1842)，巴蜗牛科

贝壳中等大小，壳质稍厚，坚固，呈圆球形。有 5～6 个螺层。壳面黄褐色或琥珀色，并具有细致而稠密的生长纹和螺层。壳顶尖。缝合线深。壳口呈椭圆形，口缘完整，略外折，锋利，易碎。轴缘在脐孔处外折，略遮盖脐孔。脐孔狭小，呈缝隙状。个体大小、颜色变异较大。壳高与壳宽之比为 0.86。壳高 21.9mm，壳宽 25.4mm。分布于我国黑龙江、吉林、辽宁、北京、河北、河南、山东、山西、安徽、江苏、浙江、福建、广东、广西、湖南、湖北、四川、江西、云南、甘肃、陕西、贵州、新疆等地。国外分布于俄罗斯东部、朝鲜半岛等地区。

13.3.4 新种描述

（1）龙潭弯螺 *Sinoennea longtanensis* Ouyang, 2012，扭轴蜗牛科

贝壳小型，壳质厚，结实，呈圆柱形，壳顶十分钝。壳面为乳白色或淡黄褐色，透明有光泽，缝合线深，呈锯齿状。有 6.5 个螺层，各螺层均匀增长，膨大，螺旋部高，壳顶 1～2 个螺层光滑无肋纹，其下各螺层壳面具有稀疏呈纵行排列的肋纹。体螺层壳表面呈光滑透明状，可见壳内螺轴，体螺层不膨大，靠近壳口处逐渐变窄，缩小；具有 26～27 条肋纹，仅在缝合线处明显。壳口狭小，呈三角形，口缘厚，外翻。壳轴垂直，壳口内唇上有 1 枚较大、弯曲、呈片状的角板，内唇贴覆于体螺层

上形成稍厚的胼胝部；外唇口缘有 2 枚乳头状齿，其中 1 枚较小，位于壳口表面，另 1 枚较粗壮，在壳口底部稍深的位置。轴缘处有 2 枚乳头状轴缘齿，其中 1 枚较小，位于壳口边缘处，另 1 枚非常发达，位于壳口较深处；壳口轴唇上有 1 枚较小的乳头状基齿。脐孔小，呈孔隙状。壳高 3.5mm，壳宽 1.8mm。一般生活在海拔 900～1000m 阴暗潮湿、多腐殖质的山区，常栖息于阔叶林下的石壁上或其缝隙中，附着在落叶或腐败枯枝上。模式标本采自江西省井冈山龙潭风景区。

（2）石钟山弯螺 *Sinoennea shizhongshanensis* Jiang et Ouyang, 2014，扭轴蜗牛科

贝壳小型，壳质厚，结实，有光泽，呈卵圆柱形，壳顶钝。壳面为乳白色或淡黄褐色，缝合线深，呈锯齿状。有 8 个螺层，各螺层均匀增长，膨大，螺旋部高，壳顶 1～2 个螺层光滑，无肋纹，其下各螺层壳面具有稀疏呈纵行排列的肋纹。体螺层不膨大，靠近壳口处逐渐变窄，缩小；具有 33 条肋纹。壳口狭小，呈心形，口缘厚，外翻。壳轴垂直，壳口内唇上有 1 枚较大、向右弯折、呈片状的角板，外唇口缘有 2 枚乳头状齿，这两枚齿由浅及深连接在一起，不易区分。在壳口底部稍深的位置，轴缘处有 1 枚较大的块状轴缘齿，轴缘齿上方有一细长条褶皱。脐孔大而深，呈洞穴状。壳高 5.50mm，壳宽 2.50mm。齿舌排列整齐，每行都呈"V"形，包含 27～29 个齿，齿式为（13-14）-1-（13-14）。一般生活在阴暗潮湿、多腐殖质的石灰岩山地或丘陵山地，常栖息于石灰岩石壁表面或缝隙中，或阔叶林下松散肥沃的土壤里。模式标本采自江西九江市湖口县石钟山风景区。

参 考 文 献

陈德牛, 高家祥. 1987. 中国经济动物志. 陆生软体动物. 北京: 科学出版社.

陈德牛, 张国庆. 1999. 中国动物志 软体动物门 腹足纲 肺螺亚纲 柄眼目 烟管螺科. 北京: 科学出版社.

陈德牛, 张国庆. 2004. 中国动物志 无脊椎动物 第三十七卷 软体动物门 腹足纲 巴蜗牛科. 北京: 科学出版社.

李振基, 吴小平, 陈小麟, 等. 2009. 江西九岭山自然保护区综合科学考察报告. 北京: 科学出版社.

刘信中, 吴和平. 2005. 江西官山自然保护区科学考察与研究. 北京: 中国林业出版社.

欧阳珊, 韩莹莹, 谢广龙, 等. 2012a. 江西井冈山自然保护区陆生贝类多样性. 动物学杂志, 47(3): 59-65.

欧阳珊, 刘息冕, 吴小平. 2012b. 江西弯螺属一新种记述(肺螺亚纲, 柄眼目, 扭轴蜗牛科). 动物分类学报, 37(1): 72-75.

钱周兴, 周卫川. 2013. 中国常见陆生贝类图鉴. 杭州: 浙江人民美术出版社.

吴岷. 2018. 中国动物志 无脊椎动物 第五十八卷 软体动物门 腹足纲 艾纳螺总科. 北京: 科学出版社.

Heude P M. 1882-1885. Notes sur les mollusques terrestres de la vatlee du Fleuve Bleu. Mem. d'Hist. Nat. l'Emp. Chinols.

Yen T C. 1939. Die Chinensischen land and Subwater-Gastropoden des Natur-Museums Senckenberg. Abh Sencken Nature Ges, 444: 1-233.

Yen T C. 1942. A review of Chinese gastropods in the British museum. Proc Malacol Soc, 24: 190-247.

第14章 罗霄山脉昆虫区系及其物种多样性

摘　要　罗霄山脉地处南亚热带、中亚热带交汇的核心区域，是"东西替代"的天然屏障，也是"南北过渡"聚集地和物种迁移通道。2013～2017年，专题组对罗霄山脉进行了较为详细的昆虫科学考察。已鉴定昆虫共22目268科3422种；尚有相当部分标本未完成鉴定，部分外送标本尚未有结果，因此统计尚不完整。第四纪冰川期间，罗霄山脉和南岭以南的地区成为喜温生物的避难所，一些北方的昆虫在冰川的驱赶下向南迁移至罗霄山脉及南岭以南。冰期结束后，部分生物又向北方迁移，而另一部分则留在罗霄山脉以南的地区，与原生于罗霄山脉以南的昆虫一同形成了现代昆虫区系。罗霄山脉昆虫区系与南部其他地区的昆虫具有相似的特性。许多古北区和东洋区的昆虫都在此处分布，形成了古北区和东洋区昆虫种类的过渡带。

14.1　野外考察时间与方法

14.1.1　考察时间

昆虫多样性科学考察从2013年5月开始至2017年12月结束，共进行1518人次野外采集，共获得超过13.4万号标本，拍摄昆虫生态照片8000多张。

14.1.2　考察方法

野外考察以调查罗霄山脉昆虫种类为目的，在考察区域内进行大面积的昆虫采集。主要方法如下。

扫网法：日间用捕虫网采集各种环境下所见到的陆生昆虫，包括膜翅目、鳞翅目的蝶类和部分蛾类、双翅目、陆生鞘翅目、陆生半翅目、直翅目、螳螂目、螳螂目、脉翅目、蜻蜓目、竹节虫目、广翅目、毛翅目等。

捞网法：用水网捞取生活在水中的昆虫，包括水生的半翅目、水生鞘翅目、蜉蝣目（幼虫）、双翅目（蚊类）幼虫等水生昆虫。蚊类等幼虫须将活体带回实验室饲养至成虫。

灯诱法：根据有些类群的昆虫具有趋光的习性，用高功率的汞灯进行诱捕。采集鳞翅目蛾类、部分鞘翅目、双翅目、直翅目、广翅目、脉翅目等。

地表诱捕法：使用干净的瓶子或者一次性塑料杯子，将诱饵饲料、香蕉、饮料等固液体置入杯子中，再把装有物体的杯子放置在能够诱捕到昆虫的采集区内，从而诱导捕食的昆虫捕食，由于杯子的四周较为光滑，取食的昆虫不易爬出直至死亡，数天之后检查诱捕器并将昆虫取走。

水体漂浮法：对粪生和其他腐生性昆虫采取水体漂浮法进行快速采集，即将粪便、腐烂物直接放入盛有水的容器中，昆虫即漂浮在水面，采集快速而方便。

吸虫法：吸虫管由较大圆柱形塑料管制成，用橡胶管连接，对采集体型较小的昆虫效率极佳。

树皮剥离法：对生活在树皮下、木材内的昆虫，通过剥离树皮或剖开被钻蛀的木材进行采集。

翻石木法：石块和倒木下面潮湿而且隐蔽安全，是很多种昆虫喜欢栖息的地方，通过将石块和倒木翻转，捕获藏在下面的昆虫。

震虫布法： 主要是将腐烂的植被及枯枝落叶内的隐翅虫震落，在震虫布的中上部之间安装一个金属漏网，漏网的小孔主要适用于较小昆虫，被震落在虫布上的隐翅虫可用吸虫管捕捉。

枯枝落叶收集法： 枯枝落叶既保持了地表的湿度，为昆虫提供了隐蔽场所，同时也因为腐烂而为昆虫提供了丰富的营养。因此，枯枝落叶下有丰富的昆虫，尤其是体型较小的昆虫。将潮湿处的枯枝落叶装入布袋中，在平整干净的地方展开仔细寻找。

集虫器采集法： 将富含落叶和有机质的潮湿土壤用布袋带回驻地或实验室，放入集虫器（漏斗状的容器，在容器下方的开口处接上装有乙醇溶液的三角瓶或塑料袋）中。在容器的上方放上 40W 的白炽灯通电，土壤逐渐受热后，其中的昆虫逐渐向下移动，最终跌入下方的乙醇溶液中。收集乙醇溶液中的昆虫，制作标本。

敲击震虫法： 在植被下方放置采集伞或捕虫网，并敲击捕虫工具上方的植被，收集坠落的昆虫。

14.2　罗霄山脉昆虫区系组成

罗霄山脉昆虫鉴定全部依据实地采集标本，由同行专家鉴定。考虑到历史资料文献记录的种类可能存在鉴定错误或记录错误等因素，在此报告中不记录。

罗霄山脉已鉴定昆虫共 22 目 268 科 1860 属 3422 种（表 14-1），目前尚有大量标本需要鉴定。因此，进一步的考察和标本鉴定肯定会大大丰富罗霄山脉昆虫种类。

表 14-1　罗霄山脉昆虫物种组成

目	科数	属数	种数
弹尾目	6	8	12
衣鱼目	1	1	1
石蛃目	1	1	1
蜉蝣目	10	36	106
蜻蜓目	9	41	59
蜚蠊目	4	15	31
等翅目	2	3	3
竹节虫目	1	2	2
螳螂目	2	12	17
直翅目	15	109	206
革翅目	4	21	38
襀翅目	5	21	23
啮虫目	2	2	2
半翅目	41	268	441
缨翅目	3	48	90
鞘翅目	63	522	1083
广翅目	2	8	22
脉翅目	3	8	12
毛翅目	14	24	35
鳞翅目	39	559	975
双翅目	25	58	73
膜翅目	16	93	190
合计	268	1860	3422

14.3　罗霄山脉昆虫区系特征

昆虫属种的分布格局构成了其区系性质，这种区系性质既与属种的起源有关，也和属种的扩散过程有关。从动态的分布分析，基本上古北种从北向南分布，东洋种从南向北分布。在动物地理学上，我国跨越古北区和东洋区两大动物地理分布区，西部以喜马拉雅山脉为分界线，将两大区的昆虫很明显地分隔开来。

秦岭作为喜马拉雅山脉向东延续的古北和东洋分界线已被多数学者接受。秦岭南北虽然在气候、动植物的分布方面具有较明显的差异，但尚无法将南方和北方的动物（昆虫）完全阻隔，它们的相互交流还是很明显的。秦岭以东由于缺乏天然障碍，两大分布区的昆虫可以相互渗透，在华中形成了古北、东洋昆虫混杂的广大区域。因此，秦岭以东古北、东洋区划界一直存在着争议。在进行区系分析时，采纳不同划分理论，得出的结论也具有很大的差异。即使是采用同一划分理论，对跨越该分界区的种类向南北深入程度所导致的分布类型以及各地的区系资料的掌握程度也导致分析结果的差异。例如，在我国北方广泛分布的昆虫延伸到云南、海南时就产生了这些昆虫是古北种还是广布种的争议。而且，东南半岛的昆虫区系资料目前也相对缺乏，研究人员认为延伸至云南、广西、海南等地的古北种一旦在东南半岛被发现，则需要解释为广布种。

因此，东洋区近北限分布有古北区的种类，东洋区的种类也同样扩散到古北区的南限区域是容易理解的，但对广布种和区域特有种的确定是很困难的。本章在进行古北种、东洋种以及广布种的统计时，根据现有资料记载，将在欧洲或中亚、西亚广泛分布抵达我国南岭山脉一线的均视为古北种；将在东南亚、南亚以及我国华南及台湾省广泛分布，可深入到江苏、山东、河南、陕西等省份的种类视为东洋种；将我国古北区分布深入到云南和广西与东南半岛国家边境附近以及海南的种类视为广布种。以罗霄山脉为模式产地而无其他地区记录的种作为东洋种。

罗霄山脉基本位于东洋区北界，区系成分既有东洋种和广布种，也有一定比例的古北种。初步统计显示罗霄山脉昆虫以东洋成分为主。

古北种：罗霄山脉代表种类有北京油葫芦 *Teleogryllus mitratus*、松寒蝉 *Meimuna opalifer*、黑尾大叶蝉 *Tettigoniella ferruginea*、红边片头叶蝉 *Petalocephala manchurica*、全蝽 *Holomalogonia obtusa*、浩蝽 *Okeanos quelpartensis*、紫蓝曼蝽 *Menida violacea*、蠋蝽 *Arma custos*、日本细胫步甲 *Agonum japonicum*、中国虎甲 *Cicindela chinensis*、异色瓢虫 *Harmonia axyridis*、斑肩负泥虫 *Lilioceris scapularis*、宽尾凤蝶 *Agehana elwesi*、绿豹蛱蝶 *Argynnis paphia*、蛇眼蝶 *Minois dryas*、松黑天蛾 *Hyloicus caligineus sinicus*、绒星天蛾 *Dolbina tancrei*、桃六点天蛾 *Marumba gaschkewitschi*、舞毒蛾黑瘤姬蜂 *Coccygomimus disparis*、宽腹直缝隐翅虫 *Othius latus*、瘦突眼隐翅虫 *Stenus tenuipes*、阑氏突眼隐翅虫 *Stenus lewisius*。

东洋种：东洋种是罗霄山脉昆虫区系的主体，代表种类有白尾灰蜻 *Orthetrum albistylum*、黄缘拟截尾蠊 *Hemithyrsocera lateralis*、僧帽佛蝗 *Phlaeoba infumata*、山稻蝗 *Oxya agavisa*、印度黄脊蝗 *Patanga succincta*、台湾树蟋 *Oecanthus indica*、芋蝗 *Gesonula punctifrons*、小稻蝗 *Oxya intricata*、黄脊阮蝗 *Rammeacris kiangsu*、斑翅草螽 *Conocephalus maculatus*、稻沫蝉 *Callitettix versicolor*、台湾乳白蚁 *Coptotermes formosanus*、宽缘伊蝽 *Aenaria pinchii*、梭蝽 *Megarrhamphus hastatus*、平尾梭蝽 *Megarrhamphus truncatus*、荔蝽 *Tessaratoma papillosa*、稻黑蝽 *Scotinophara lurida*、小点同缘蝽 *Homoeocerus marginellus*、异稻缘蝽 *Leptocorisa acuta*、九香虫 *Coridius chinensis*、三刻真龙虱 *Cybister tripunctatus*、越南圆突龙虱 *Allopachria vietnamica*、奥点龙虱 *Leiodytes orissaensis*、黑截突水龙虱 *Canthydrus nitidulus*、圆鞘隐盾豉甲 *Dineutus mellyi*、伏羲全毛背豉甲 *Orectochilus fusiformis*、拉步甲 *Carabus lafossei*、日本刺鞘牙甲 *Berosus japonicus*、隆基点纹牙甲 *Dactylosternum hydrophiloides*、密点

丽阳牙甲 *Helochares neglectus*、台湾长节牙甲 *Laccobius formosus*、硕出尾蕈甲 *Scaphidium grande*、梭德氏出尾蕈甲 *Scaphidium sauteri*、*Stenus eurous*、长四拟叩甲 *Tetralanguria elongata*、双斑长跗萤叶甲 *Monolepta hieroglyphica*、爪哇刺蛾寄蝇 *Chaetexorista javana*、致倦库蚊 *Culex pipiens quinquefasciatus*、白纹伊蚊 *Aedes albopictus*、统帅青凤蝶 *Graphium agamemnon*、玉斑凤蝶 *Papilio helenus*、升天剑凤蝶 *Pazala euroa*、金斑喙凤蝶 *Teinopalpus aureus*、蓝点紫斑蝶 *Euploea midamus*、箭环蝶 *Stichophthalma howqua*、暮眼蝶 *Melanitis leda*、蒙链荫眼蝶 *Neope muirheadii*、苎麻珍蝶 *Acraea issoria*、樗蚕 *Philosamia cynthia*、白斑陌夜蛾 *Trachea auriplena*、马尾松毛虫 *Dendrolimus punctatus*、松毛虫黑点瘤姬蜂 *Xanthopimpla pedator*、台湾马蜂 *Polistes formosanus*、齿彩带蜂 *Nomia punctulata*、竹木蜂 *Xylocopa nasalis* 等。

广布种：分布于两个或两个以上动物地理分布区，其中仅分布于古北区和东洋区的为古北-东洋种，分布于东洋区和其他动物地理区而在古北区无分布或分布于两个以上动物分布区的为其他广布种。罗霄山脉代表种有黄蜻 *Pantala flavescens*、美洲大蠊 *Periplaneta americana*、德国小蠊 *Blattella germanica*、疣蝗 *Trilophidia annulata*、碧蛾蜡蝉 *Geisha distinctissima*、黑尾大叶蝉 *Tettigoniella ferruginea*、菜蝽 *Eurydema dominulus*、稻绿蝽 *Nezara viridula*、蓝蝽 *Zicrona caerulea*、齿缘龙虱 *Eretes sticticus*、小雀斑龙虱 *Rhantus suturalis*、路氏刺鞘牙甲 *Berosus lewisius*、尖突牙甲 *Hydrophilus acuminatus*、红脊胸牙甲 *Sternolophus rufipes*、龟纹瓢虫 *Propylea japonica*、华广虻 *Tabanus amaenus*、瘦突眼隐翅虫 *Stenus tenuipes*、长尾管蚜蝇 *Eristalis tenax*、黑带蚜蝇 *Episyrphus balteatus*、家蝇 *Musca domestica*、菜粉蝶 *Pieris rapae*、小红蛱蝶 *Vanessa cardui*、豆天蛾 *Clanis bilineata*、豆荚野螟 *Maruca testulalis*、螟蛉悬茧姬蜂 *Charops bicolor*、白毛长腹土蜂 *Campsomeris annulata*、亚非马蜂 *Polistes hebraeus*。

14.4　罗霄山脉昆虫群落特征

1. 以鳞翅目和鞘翅目为主体的东洋区结构

罗霄山脉已知 3422 种昆虫中，鳞翅目和鞘翅目即占了 2058 种，约占本地区昆虫全部种类的60%，其次是半翅目、直翅目、膜翅目和蜉蝣目。这 6 个目所含科、属、种的总数分别为 184 科、1617 属、3001 种，分别占已鉴定昆虫科、属、种总数的比例分别为 68.66%、86.94%和 87.70%，这种组成结构符合东洋区北部昆虫的特点。鞘翅目是昆虫纲中最大的类群，该类昆虫几乎生活在各种环境中。目前，在鞘翅目的采集、鉴定上困难相对较大，尚有部分标本未鉴定，这造成鞘翅目的种类并没有想象中那么多。但这种组成结构大体上反映出了罗霄山脉昆虫的区系特点。

2. 类群复杂、种类繁多

罗霄山脉靠近东洋区的北限，山体宏伟，环境十分复杂，植被保护良好，气候湿热，有利于各类昆虫的繁衍生息。调查过程虽短，但采集到的标本相当丰富。从调查结果来看，罗霄山脉昆虫种类丰富，而且很多为单种属或寡种属，但每种的密度不大，这也是物种多样性高的一个测度指标，这种现象多出现在原始森林或天然次生林。单种属或寡种属多说明该地物质循环过程中能流分散，各类群之间相互制约，食物链正常运转，不容易暴发大的虫害。虽然罗霄山脉的鳞翅目和鞘翅目昆虫种类很多，但还未有一种昆虫对非农业植被造成危害。

3. 水生及湿地昆虫丰富

水生昆虫是评价一个地区水质状况和污染程度的重要指标，一个地区的水资源被污染，就会导致当地河流等水域的昆虫种类减少甚至消失。水生甲虫在鞘翅目中占有很小的比例。根据多年的采集情况来看，一条河流在没有被污染的情况下，可采集水生甲虫 30～40 种，如果水体被污染，则种类和数量就会减少，减少程度与污染程度成正相关关系。罗霄山脉已知水生甲虫（球甲科 Sphaeriusidae、淘甲科 Torridincollidae、沼梭科 Haliplidae、龙虱科 Dytiscidae、伪龙虱科 Noteridae、溪泥甲科 Elmidae、扁泥甲科 Psephenidae、沼甲科 Scirtidae、泽甲科 Limnichidae、圆牙甲科 Georissidae、牙甲科 Hydrophilidae、长须甲科 Hydraenidae 等）超过 120 种，其中龙虱科 Dytiscidae（46 种）和牙甲科 Hydrophilidae（71 种）最丰富，以阿牙甲 *Agraphydrus* spp.、湖南毛腿牙甲 *Anacaena hunanensis*、显纹丽阳牙甲 *Helochares lentus*、膨茎长节牙甲 *Laccobius inopinus*、台湾长节牙甲 *Laccobius formosus*、哈氏长节牙甲 *Laccobius hammondi*、费氏乌牙甲 *Oocyclus fikaceki*、伏羲全毛背豉甲 *Orectochilus fusiformis*、东方豉甲 *Gyrinus orientalis*、黄截突水龙虱 *Canthydrus flavus*、圆斑端毛龙虱 *Agabus japonicus*、圆眼粒龙虱 *Laccophilus difficilis*、日本短褶龙虱 *Hydroglyphus japonicus*、毛茎斑龙虱 *Hydaticus rhantoides*、小斑短胸龙虱 *Platynectes dissimilis*、小雀斑龙虱 *Rhantus suturalis*、奥点龙虱 *Leiodytes orissaensis*、中华水梭 *Peltodytes sinensis* 为优势种。阿牙甲属 *Agraphydrus* 昆虫生活于河流边缘的缓流河湾、泥沙中、由河流或降雨所形成的积水或有水渗出的崖壁上，对水质的要求很高。乌牙甲属 *Oocyclus* 全部生活在潮湿的崖壁上，常与某些阿牙甲属种类生活在一起。李时珍异节牙甲 *Cymbiodyta lishizheni* 也生活于潮湿的崖壁上，这与其在中北美及加勒比地区和欧洲（欧洲仅一种）的生活环境完全不同。长节牙甲属 *Laccobius* 的种类既生活于浅水中，也生活于静水或流速很缓的流水边，同时可以进入水边的草地活动，但这些环境必须没有受到污染。当这些环境保护良好而且水质未被污染时，水生甲虫才能得以生存，这说明罗霄山脉水质优良。

与武夷山脉水生甲虫相比，罗霄山脉的水生甲虫种类明显要多。罗霄山脉昆虫中国两个新记录科球甲科 Sphaeriusidae 和圆泥甲科 Georissidae 都是水生者，而且在所发现的新种中，水生种类达 16 种。说明罗霄山脉独特的生境造就了该环境下的特殊种类。

14.5 以隐翅虫科为代表的昆虫多样性

隐翅虫科是目前罗霄山脉采集和鉴定最为丰富与详细的类群之一，以该科为代表进行昆虫多样性分析大致可以说明罗霄山脉昆虫的多样性状况。

14.5.1 隐翅虫多样性研究方法

（1）Margalef 物种丰富度指数（d）

本节采用 Margalef 物种丰富度模型，测定物种的丰富度。

$$d = (S - 1)/\ln N$$

式中，S 为物种数；N 为所有物种的个体数之和。

（2）Shannon-Wiener 多样性指数（H'）

$$H' = -\sum P_i \ln P_i, \quad P_i = N_i/N$$

式中，P_i 为第 i 种个体数占总个体数的比例；N_i 为第 i 种的个体数；N 为总个体数。

（3）Simpson 优势度集中性指数（C）

$$C = \sum [N_i(N_i - 1)/N(N - 1)]$$

式中，C 为优势度集中性指数，为了表示多样性，Greenberg 于 1956 年建议用 $D = 1 - C$ 作为多样性指标；N_i 为第 i 种的个体数；N 为总个体数。

（4）Pielou 均匀度指数（J'）

$$J' = H'/H'_{max}, \quad H'_{max} = \ln S$$

式中，H' 为多样性指数；S 为物种数；H'_{max} 为最大多样性指数，即 H'_{max} 是给定物种完全均匀的群落的多样性指数，所以 $H'_{max} = \ln S$。

14.5.2 隐翅虫科优势类群

表 14-2 是依据所采集的罗霄山脉地区隐翅虫 3388 号标本做出的统计，结果表明，罗霄山脉隐翅虫科共有 6 亚科 27 属 76 种。

表 14-2 罗霄山脉隐翅虫科各亚科属种统计表

亚科名称	属		种		标本	
	属数	占比（%）	种数	占比（%）	标本数	占比（%）
蚁甲隐翅虫亚科	9	33.3	12	15.8	12	0.4
尖腹隐翅虫亚科	1	3.7	2	2.6	2	0.1
出尾蕈甲亚科	2	7.4	9	11.8	9	0.3
突眼隐翅虫亚科	2	7.4	15	19.7	3289	97.1
毒隐翅虫亚科	4	14.8	24	31.6	24	0.7
隐翅虫亚科	9	33.3	14	18.4	52	1.5
合计	27	100	76	100	3388	100

由表 14-2 可以看出，罗霄山脉地区蚁甲隐翅虫亚科与隐翅虫亚科为属数最多的两个亚科，均占隐翅虫科属总数的 33.3%；而毒隐翅虫亚科的种数最多，占隐翅虫科种总数的 31.6%，突眼隐翅虫亚科与隐翅虫亚科次之，分别占隐翅虫科种总数的 19.7% 和 18.4%；其他各亚科的属数和种数相对较少。

罗霄山脉地区隐翅虫科共有 27 属（表 14-2），其中含 3 种以上的属为优势属，有 6 属，这些属的种数占罗霄山脉隐翅虫科种总数的 63.2%。优势属包含种数优势依次是：四齿隐翅虫属 *Nazeris*（14 种）、突眼隐翅虫属 *Stenus*（10 种）、出尾蕈甲属 *Scaphidium*（8 种）、隆线隐翅虫属 *Lathrobium*（7 种）、束毛隐翅虫属 *Dianous*（5 种）、肩隐翅虫属 *Quedius*（4 种）。这种结构也反映了罗霄山脉隐翅虫的群落结构是相对稳定的，而且具有十分突出的亚科和优势属。

14.5.3 隐翅虫科的区系特征

罗霄山脉位于湖南与江西交界处，地处我国动物地理区划的华中区，动物区系组成主要是东洋区成分，另有一部分古北区成分的渗入。本次研究在对鉴定的 76 种隐翅虫的分布范围进行深入分析的基础上，对罗霄山脉隐翅虫的区系成分进行了研究，结果如表 14-3 所示。

表 14-3 罗霄山脉隐翅虫科区系分析调查表

亚科名称	种总数	东洋种		古北-东洋共有种		特有种	
		种数	占比（%）	种数	占比（%）	种数	占比（%）
蚁甲隐翅虫亚科	12	11	91.7	1	8.3	9	75.0
尖腹隐翅虫亚科	2	2	100	0	0	0	0
出尾蕈甲亚科	9	4	44.4	5	55.6	0	0
突眼隐翅虫亚科	15	8	53.3	7	46.7	0	0
毒隐翅虫亚科	24	21	87.5	3	12.5	19	79.2
隐翅虫亚科	14	9	64.3	5	35.7	0	0
合计	76	55	72.4	21	27.6	28	36.8

由表 14-3 可知，罗霄山脉的隐翅虫中，东洋种为 55 种，占本地区隐翅虫科种总数的 72.4%，古北-东洋共有种为 21 种，占本地区隐翅虫科种总数的 27.6%，特有种有 28 种，占本地区隐翅虫科种总数的 36.8%。可以看出，该地区以东洋种为主。另外，罗霄山脉的特有种也很丰富，表明该地区的生态环境及地理位置也较特殊。

从亚科水平来看，种总数最多的是毒隐翅虫亚科（24 种），占本地区隐翅虫科种总数的 31.6%，其中东洋种（21 种）占本亚科种数的 87.5%、古北-东洋共有种（3 种）占 12.5%，由于该亚科种类具飞行功能，分布范围比较广泛。其次，种数较多的有突眼隐翅虫亚科（15 种），占本地区隐翅虫科种总数的 19.7%，其中东洋种（8 种）占本亚科种数的 53.3%、古北-东洋共有种（7 种）占本亚科种数的 46.7%；隐翅虫亚科（14 种）占本地区隐翅虫科种总数的 18.4%，东洋种（9 种）占本亚科种数的 64.3%、古北-东洋共有种（5 种）占本亚科种数的 35.7%；蚁甲隐翅虫亚科（12 种）占本地区隐翅虫科种总数的 15.8%，东洋种（11 种）占本亚科种数的 91.7%、古北-东洋共有种（1 种）占本亚科种数的 8.3%；出尾蕈甲亚科（9 种）占本地区隐翅虫科种总数的 11.8%、东洋种（4 种）占本亚科种数的 44.4%、古北-东洋共有种（5 种）占本亚科种数的 55.6%。尖腹隐翅虫亚科种数最少，仅具 2 种。在蚁甲隐翅虫亚科中，特有种（9 种）占本亚科种数的 75.0%，多是单种属，毒隐翅虫亚科中，特有种（19 种）占本亚科种数的 79.2%，多为多种属，种数也是最多的。

此外，通过表 14-3 也可以看出罗霄山脉的优势类群，毒隐翅虫亚科种类最丰富，其次是突眼隐翅虫亚科、隐翅虫亚科、蚁甲隐翅虫亚科，而尖腹隐翅虫亚科种数最少。

14.5.4 隐翅虫科多样性分析

1. 丰富度指数分析

依据前文的丰富度指数计算公式，罗霄山脉隐翅虫科物种丰富度指数的计算结果如表 14-4 所示。

表 14-4 罗霄山脉隐翅虫科物种丰富度指数

亚科名	物种数 S	物种个体数 N	丰富度指数 d
蚁甲隐翅虫亚科	12	12	4.23
尖腹隐翅虫亚科	2	2	1.43
出尾蕈甲亚科	9	9	3.64
突眼隐翅虫亚科	15	3289	1.73
毒隐翅虫亚科	24	24	7.55
隐翅虫亚科	14	52	3.29
合计	76	3388	

通过表 14-4 可知，罗霄山脉隐翅虫丰富度指数变化幅度相对较大，其中，丰富度指数最大的为毒隐翅虫亚科（d=7.55）。蚁甲隐翅虫亚科（d=4.23）和出尾蕈甲亚科（d=3.64）丰富度指数位列第 2、第 3。隐翅虫亚科物种数较少，但物种个体数较多，丰富度指数（d=3.29）位列第 4。而突眼隐翅虫亚科物种数较少，物种个体数最大，所以丰富度指数（d=1.73）并不是很高。尖腹隐翅虫亚科物种数与物种个体数最少，丰富度指数（d=1.43）为所有亚科中最小。丰富度指数的变化即丰富度最高亚科指数减去丰富度最低的亚科指数，为 6.12。

由表 14-4 可以看出，罗霄山脉隐翅虫科各亚科种类丰富度各不相同，毒隐翅虫亚科是隐翅虫科中最大的一个亚科，由于种类繁多，其自身具飞行能力、环境适应性较强，因此丰富度指数最高；而尖腹隐翅虫亚科在本次研究中，种类及数量最少，说明该亚科的隐翅虫种类飞行能力与环境适应性较弱，丰富度指数也最低。

2. 多样性指数（H'）、优势集中性指数（C）、均匀度指数（J'）分析

依据前文多样性指数（H'）、优势集中性指数（C）和均匀度指数（J'）计算公式所得计算结果见表 14-5。

表 14-5　罗霄山脉隐翅虫科各亚科 H'、C、J' 统计表

	蚁甲隐翅虫亚科	尖腹隐翅虫亚科	出尾蕈甲亚科	突眼隐翅虫亚科	毒隐翅虫亚科	隐翅虫亚科
H'	1.824	0.693	2.195	0.087	3.203	1.879
C	1.000	1.000	1.000	0.028	1.000	0.759
J'	0.734	0.999	0.999	0.032	1.008	0.712

由表 14-5 可知，H' 与 C 情况基本一致，H' 最高的是毒隐翅虫亚科（H'=3.203）；H' 为 1～3 的有蚁甲隐翅虫亚科（H'=1.824）、出尾蕈甲亚科（H'=2.195）、隐翅虫亚科（H'=1.879）；蚁甲隐翅虫亚科、尖腹隐翅虫亚科、出尾蕈甲亚科、毒隐翅虫亚科的 C 最高（C=1.000）；H' 与 C 最低的是突眼隐翅虫亚科，此亚科的种类数较少，但种类个数最多，因为，该类群主要为群居性种类，所以多样性最小。毒隐翅虫亚科 J' 最高（J'=1.008），突眼隐翅虫亚科 J' 最低（J'=0.032）。

由此可知，罗霄山脉隐翅虫科各亚科的群落多样性是不同的，其中毒隐翅虫亚科与出尾蕈甲亚科的群落多样性最高，是罗霄山脉各亚科中物种最丰富的两个亚科；H' 和 C 与丰富度指数（d）基本相似；而均匀度指数（J'）是群落中不同物种个体数量的均匀程度，与采集环境和采集方法有关；表 14-4 和表 14-5 反映了罗霄山脉隐翅虫科各亚科的物种丰富度及多样性，说明罗霄山脉隐翅虫种类的组成较丰富。

参 考 文 献

陈春泉. 2008. 井冈山蝶类志. 南昌: 江西科学技术出版社.

崔俊之, 白明, 范仁俊, 等. 2009. 中国昆虫模式标本名录. 第 2 卷. 北京: 中国林业出版社.

崔俊之, 白明, 吴鸿, 等. 2007. 中国昆虫模式标本名录. 第 1 卷. 北京: 中国林业出版社.

戈峰. 2008. 昆虫生态学原理与方法. 北京: 高等教育出版社.

贺利中, 刘仁林. 2010. 江西七星岭自然保护区科学考察及生物多样性研究. 南昌: 江西科学技术出版社.

黄建华, 傅鹏. 1997. 湖南省八面山自然保护区蝗虫调查. 湖南教育学院学报, (5): 171-174.

黄志强, 张国勇, 张振瀛. 2004. 井冈山植物资源特点与保护对策. 林业调查规划, 29(3): 82-84.

江西省林业科学院野生动植物保护研究所, 江西省遂川县林业局. 2008. 江西南风面自然保护区科学考察报告(内部资料).

江西省林业厅, 江西省环境保护局, 江西省科学技术委员会. 1990. 井冈山自然保护区考察研究. 北京: 新华出版社.

居峰, 董丽娜, 陈希, 等. 2011. 不同森林植被类型蛾类群落结构及其多样性研究. 江苏林业科技, 38(1): 1-6.

李莉华, 江作文, 刘翔, 等. 2001a. 江西叶蝉总科昆虫种类记述. 江西植保, 24(1): 12-16.

李莉华, 江作文, 刘翔, 等. 2001b. 江西叶蝉总科昆虫种类记述(续). 江西植保, 24(2): 40-43.

李晓东, 郑维安, 林敏平. 2014. 八面山微翅蚱雄性的首次发现(直翅目: 蚱总科). 华中农业大学学报, (2): 70-71.

梁铭球, 贾凤龙. 2012. 东洋区狭顶蚱属 Systolederus Bolivar(1887) 名录及井冈山一新种描述(直翅目: 蚱总科: 短翅蚱科). 昆虫分类学报, (2): 141-146.

廖文波, 王蕾, 王英永, 等. 2018. 湖南桃源洞国家自然保护区生物多样性科学考察. 北京: 科学出版社.

廖文波, 王英永, 李贞, 等. 2014. 中国井冈山地区生物多样性综合科学考察. 北京: 科学出版社.

林启彬. 1986. 华南中生代早期的昆虫. 北京: 科学出版社.

刘仰青, 陈海婴, 虞以新. 2010. 江西井冈山柱蠓(双翅目: 蠓科)一新种. 四川动物, (5): 572-573.

刘玉双, 石福明, 庞春华. 2005. 中国纹吉丁属种类名录(鞘翅目: 吉丁科)//任国栋, 张润志, 石福明. 昆虫分类与多样性. 北京: 中国农业科学技术出版社: 158-162.

龙江宁. 2012. 大围山森林公园鳞翅目蝶类昆虫多样性初步研究. 湖南林业科技, (2): 42-44.

庞雄飞, 尤民生. 1996. 昆虫群落生态学. 北京: 中国农业出版社.

宋玉赞, 曾本广, 陈春泉, 等. 2007. 江西井冈山发现金斑喙凤蝶. 江西科学, (4): 481-482.

杨星科, 王书永, 姚建. 1997. 长江三峡库区昆虫区系及其起源与演化//杨星科. 长江三峡库区昆虫(上). 重庆: 重庆出版社: 1-33.

尤平, 李后魂, 王淑霞. 2006. 天津北大港湿地自然保护区蛾类的多样性. 生态学报, 26(4): 999-1004.

曾本广, 陈春泉, 左传莘, 等. 2007a. 江西鳞翅目灰蝶科二新记录种. 南昌高专学报, 22(3): 116.

曾本广, 陈春泉, 左传莘, 等. 2007c. 江西鳞翅目灰蝶科新记录种. 江西林业科技, (4): 38.

曾本广, 左传莘, 陈春泉, 等. 2007b. 分布在井冈山的国家保护蝶种概述. 现代园艺, (12): 26-27.

章士美. 1974. 江西蝽科昆虫的分布区系. 昆虫学报, 17(3): 356-358.

章士美. 1994. 江西昆虫名录. 南昌: 江西科学技术出版社.

章士美, 李友恭, 陈顺立, 等. 1986. 福建蝽科昆虫区系分析(半翅目). 江西农业大学学报, 8(农业昆虫地理学专辑): 65-70.

章士美, 林毓鉴. 1986. 江西蝽科昆虫的区系结构. 江西农业大学学报, 8(农业昆虫地理学专辑): 56-64.

章士美, 赵泳祥, 陈一心. 1983. 江西夜蛾科昆虫名录(一). 上海农学院学报, 1(1): 63-78.

章士美, 赵泳祥, 陈一心. 1984a. 江西夜蛾科昆虫名录(二). 上海农学院学报, 2(1): 72, 81-84.

章士美, 赵泳祥, 陈一心. 1984b. 江西夜蛾科昆虫名录(三). 上海农学院学报, 2(2): 185-196.

左传莘, 王井泉, 郭文娟. 2008. 江西井冈山国家级自然保护区蝶类资源研究. 华东昆虫学报, 17(3): 220-225.

Fikacek M, Jia F L, Prokin A. 2012. A review of the Asian species of the genus *Pachysternum* (Coleoptera: Hydrophilidae: Sphaeridiinae). Zootaxa, 3219: 1-53.

Hu J Y, Li L Z. 2015. The *Nazeris* fauna of the Luoxiao Mountain Range, China (Coleoptera, Staphylinidae, Paederinae). PLoS One, 348: 1-21.

Hu J Y, Liu Y X, Li L Z. 2018. Two new species of *Nazeris* fauvel in the Luoxiao Mountain Range, China (Coleoptera, Staphylinidae, Paederinae). ZooKeys, 4370(2): 180-188.

Jäch M A, Ji L. 1995. Water Beetles of China, Vol. 1. Wien: Zoologisch-Botanische Gesellschaft in Österreich and Wiener Coleopterologenverein: 410.

Jäch M A, Ji L. 1998. Water Beetles of China, Vol. 2. Wien: Zoologisch-Botanische Gesellschaft in Österreich and Wiener Coleopterologenverein: 371.

Jäch M A, Ji L. 2003. Water Beetle. of China, Vol. 3. Wien: Zoologisch-Botanische Gesellschaft in Österreich and Wiener Coleopterologenverein: 572.

Jia F, Fikacek M, Ryndevich S K. 2011. Taxonomic notes on Chinese cercyon: description of a new species, new synonyms, and additional faunistic records (Coleoptera: Hydrophilidae: Sphaeridiinae). Zootaxa, 3090: 41-56.

Jia F, von Vondel B. 2011. Annotated catalogue of the Haliplidae of China with the description of a new species and new records from China (Coleoptera, Adephaga). ZooKeys, 133: 1-17.

Jia F, Zhang R. 2017. A review of the genus *Cryptopleurum* from China (Coleoptera: Hydrophilidae). Acta Entomologica Musei Nationalis Pragae, 57(2): 577-592.

Jia F L, Tang Y. 2018. A revision of the Chinese *Helochares* (s. str.) Mulsant, 1844 (Coleoptera, Hydrophilidae). European Journal of Taxonomy, 438: 1-27.

Jiang R X, Yin Z W. 2017. Eight new species of *Batrisodes* Reitter from China (Coleoptera, Staphylinidae, Pselaphinae). ZooKeys, 694: 11-30.

Kitching R L, Orr A G, Thalib L, et al. 2000. Moth assemblages as indicators of environmental quality of Australian rain forest. Journal of Appllied Ecology, 37: 284-297.

Li W R, Li L Z. 2013. Discovery of the male of *Lobrathium rotundiceps* (Koch), and a new species of *Lobrathium* from Jiangxi, East China (Coleoptera, Staphylinidae, Paederinae). ZooKeys, 348: 89-95.

Liang G Q, Jia F L. 2012. A catalogue of the species in the oriental genus *Systolederus* Bolivar, 1887 (Orthoptera: Tetrigoidea: Metrodoridae) with description of a new species from Jinggangshan, China. Entomotaxonomia, 34(2): 141-146.

Shao G Y, Yang X Y, Yu Z C. 2017. Study of Identification and Classification of Aquatic Diptera Insects on the Epidemic Area of Camels'Onchocerciasis in Alasan of Inner Mongolia. Research Institute of Management Science and Industrial Engineering: 4.

Tang L, Li L Z, He W J. 2014 The genus *Scaphidium* Olivier in East China (Coleoptera, Staphylinidae, Scaphidiinae). ZooKeys, 403: 47-96.

Wang D, Wu G L. 2014. Higher species diversity occurs in more fertile habitats without fertilizer disturbance in an Alpine Natural Grassland Community. Journal of Mountain Science, 6(3): 755-761.

Yu T T, Hu J Y, Pan Z H. 2016. Two new species and new records of *Stilicoderus* Sharp from China (Coleoptera, Staphylinidae, Paederinae). Zootaxa, 4138(2): 373-390.

Yu Y M, Tang L, Yu W D. 2014. Three new species of the *Stenus cirrus* group (Coleoptera, Staphylinidae) from Jiangxi, South China. ZooKeys, 442: 73-84.

Zhang S M, Wang Z H, Li Y J, et al. 2018. One new species, two generic synonyms and eight new records of Thripidae from China (Thysanoptera). Zootaxa, 4418(4): 370-378.

Zhao S, Hájek J, Jia F L, et al. 2012. A taxonomic review of the genus *Neptosternus* Sharp of China with the description of a new species (Coleoptera: Dytiscidae: Laccophilinae). Zootaxa, 3478: 205-212.

Zhong P, Zhen L L, Zhao M J. 2016. On the *Lathrobium* fauna of the Luoxiao Mountains, Central China. Zootaxa, 348: 385-402.

第 15 章　罗霄山脉鱼类区系及其物种多样性

摘　要　罗霄山脉是赣江流域与湘江流域的上游集水区和分水岭,是中国生物多样性保护的关键地区之一。作者于 2014~2018 年对罗霄山脉地区 11 条河流的鱼类进行了调查。结果表明,罗霄山脉地区共有鱼类 113 种,隶属于 5 目 17 科 68 属,受威胁鱼类 8 种。在罗霄山脉的东坡有鱼类 108 种,高于西坡鱼类 72 种。从生态类型和区系组成来看,罗霄山脉地区鱼类以肉食性、底层性、定居性和东亚江河平原类群为主要特征。从物种多样性来看,遂川江、袁水、蜀水和修河的鱼类物种多样性较高,锦江和富水的鱼类物种多样性较低。β 多样性指数揭示了遂川江与锦江、禾水、富水间鱼类的生境存在较大差异,物种组成出现一定的分化现象。不同河流间鱼类种的相似性分析显示,遂川江与蜀水、袁水的种相似性较高,与锦江、禾水、富水的种相似性较低。

鱼类是脊椎动物中种类最多、数量最大、分布最广的一个类群,同时,鱼类具有重要的经济与社会价值,也是水生生态系统中的环境指示物种(Nogueira et al., 2010; Yan et al., 2011)。然而,由于过度捕捞、水体污染、水利枢纽的建设和其他人类活动的影响,鱼类生存不断受到威胁,资源量急剧减少,因此鱼类也成为受威胁最严重的类群之一(Fu et al., 2003; Arthington et al., 2016; Liu et al., 2017)。

罗霄山脉北与长江相依,南与南岭相连,是中国大陆东部第三级阶梯最为重要的生态交错区与脆弱区,是赣江流域与湘江流域的上游集水区和分水岭,是中国最大的两个淡水湖泊鄱阳湖、洞庭湖的上游水源地,也是许多特有、濒危鱼类的聚居地(王春林,1998;赵万义,2017)。因此,罗霄山脉鱼类多样性对于维持和补充长江鱼类多样性和资源量具有重要的意义。

罗霄山脉地区的鱼类缺乏系统性的研究(李晴等,2008;黄亮亮和吴志强,2010;苏念等,2012)。其鱼类物种组成、分布以及受威胁因素尚不清楚。为此作者对罗霄山脉地区鱼类进行系统调查,全面了解罗霄山脉地区鱼类多样性与分布格局,并对丰富的鱼类物种多样性形成机制进行探讨,旨在为罗霄山脉地区鱼类资源的保护和利用提供理论依据。

15.1　研究区域与研究方法

15.1.1　研究区域、采样方法

1. 研究区域

罗霄山脉(北纬 25°36′~29°45′,东经 112°57′~116°05′)位于中国大陆东南部,纵跨湖北、湖南和江西三省,是一条历史悠久、成因复杂、总体呈南北走向的大型山脉。其地理位置独特、组成复杂,包括幕阜山脉、九岭山脉、武功山脉、万洋山脉和诸广山脉。海拔为 82~2122m。罗霄山脉地区的河流呈现四周放射状,东南部的修河与赣江支流流向鄱阳湖水系,西北部的汨罗江与湘江支流流向洞庭湖水系,自南向北的富水独自汇入长江。罗霄山脉作为一道天然屏障,在夏季截留来自东南向的海洋暖气流,形成大量降水,在冬季阻挡西北向的南下寒潮,并带来丰厚的雪水。因此,罗霄山脉是一水系湖泊较多的区域,是长江中下游渔业资源不可或缺的重要组成部分(赵万义,2017)。

2. 采样方法

依据鱼类生物学特性和栖息地特征，于 2014～2018 年分别对罗霄山脉地区的锦江（JJ）、袁水（YS）、禾水（HS）、蜀水（SS）、遂川江（SC）、上犹江（SY）、修河（XH）、洣水（MS）、汨罗江（ML）、富水（FS）和浏阳河（LY）的鱼类标本进行了采集。联系当地渔民，渔船靠岸后统计其捕获的鱼种类和数量。同时，沿着河流的乡镇农贸市场调查、收集鱼类，补充没有捕获鱼类物种信息。鱼类样本鉴定参照《中国动物志　硬骨鱼纲　鲤形目》（中卷）（陈宜瑜，1998；乐佩琦，2000）、《中国动物志　硬骨鱼纲　鲇形目》（褚新洛等，1999）、《中国动物志　硬骨鱼纲　鲈形目（五）虾虎鱼亚目》（伍汉霖和钟俊生，2008）。疑难种用 10%甲醛溶液进行固定，带回实验室进一步确认。

15.1.2　分析方法

（1）G-F 物种多样性指数

采用 G-F 物种多样性指数分析鱼类物种多样性（蒋志刚和纪力强，1999），即利用野外调查得到的鱼类名录计算一个地区的 F 指数 D_F（科的多样性）、G 指数 D_G（属的多样性）以及 G-F 指数 D_{G-F}（物种多样性）。

$$D_F = \sum_{k=1}^{m} D_{Fk} = -\sum_{k=1}^{m}\sum_{i=0}^{n} p_i \ln p_i$$

式中，D_{Fk} 为 k 科的多样性，$p_i=S_{ki}/S_k$，S_{ki} 为鱼类 k 科 i 属中的物种数，S_k 为鱼类 k 科中的物种数；n 为鱼类 k 科中的属数；m 为鱼类的科数。

$$D_G = \sum_{i=1}^{p} D_{Gj} = -\sum_{i=1}^{p} q_i \ln q_i$$

式中，D_{Gj} 为 j 属的多样性，$q_i=S_j/S$，S_j 为鱼类 j 属中的物种数，S 为鱼类的物种数；p 为鱼类的属数。

$D_{G-F}=1-D_G/D_F$，非单种科越多，G-F 指数越高。

（2）β 多样性指数

Cody 指数（β_c）表示不同河流间的生境差异和变化（Cody，1975）。

$$\beta_c = (g + l)/2$$

式中，g 为河流 A 有河流 B 没有的鱼类物种数；l 为河流 B 有河流 A 没有的鱼类物种数。

Routledge 指数（β_r）表示不同河流间的鱼类分化和隔离程度（Routledge，1977）。

$$\beta_r = [S^2/(2r + S)] - 1$$

式中，S 为 A 和 B 两条河流总的鱼类物种数；r 表示 A 和 B 两条河流共有的鱼类物种数。

（3）相似性系数

Jaccard 相似性系数（C_j）：

$$C_j = j/(a + b - j)$$

式中，j 为两河流共有的鱼类物种数；a、b 分别为河流 A、B 的鱼类物种数。当 C_j 为 0～0.25 时，为极不相似；C_j 为 0.25～0.50，为中等不相似；C_j 为 0.50～0.75，为中等相似；C_j 为 0.75～1.00 时极相似（陈小华等，2008）。

15.2　罗霄山脉鱼类区系与物种多样性特征

15.2.1　鱼类种类组成与分布特征

罗霄山脉地区有鱼类 113 种，隶属于 5 目 17 科 68 属（表 15-1）。其中鲤形目 77 种（68.1%），鲇形目和鲈形目各有 16 种（14.2%），合鳃鱼目 3 种（2.7%），颌针鱼目仅 1 种（0.9%）。从科级水平来看，鲤科种类最多，有 62 种，占罗霄山脉地区鱼类种总数的 54.9%，其次为鳅科，有 9 种，占罗霄山脉地区鱼类种总数的 8.0%；亚口鱼科、斗鱼科、沙塘鳢科、合鳃鱼科、鲵科、鮠科和胡子鲇科均为 1 种，分别占罗霄山脉地区鱼类种总数的 0.9%。从分布来看，遂川江和袁水种类较多，分别有 69 种和 62 种；锦江和富水种类较少，均为 22 种。

表 15-1 罗霄山脉鱼类种类物种组成、分布、生态类型、濒危状况和区系

种类	东坡							西坡				生态类型			濒危状况		区系
	锦江	袁水	禾水	蜀水	遂川江	上犹江	修河	渌水	泪罗江	富水	浏阳河	食性	栖息水层	生活习性	红色名录	IUCN	
一、鲤形目 Cypriniformes																	
（一）亚口鱼科 Catostomidae																	
1. 胭脂鱼 *Myxocyprinus asiaticus*					+							O	L	M	CR	DD	SA
（二）鲤科 Cyprinidae																	
2. 宽鳍鱲 *Zacco platypus*	+	+	+	+	+	+	+	+	+	+	+	C	U	MS	LC	DD	TP
3. 马口鱼 *Opsariichthys bidens*	+	+	+	+	+	+	+	+	+	+	+	C	U	MS	LC	LC	TP
4. 青鱼 *Mylopharyngodon piceus*		+			+						+	C	DE	M	LC	DD	EA
5. 草鱼 *Ctenopharyngodon idella*	+	+			+	+	+					H	L	M	LC	DD	EA
6. 鳡 *Elopichthys bambusa*											+	C	U	M	LC	DD	EA
7. 赤眼鳟 *Squaliobarbus curriculus*		+			+						+	O	L	M	LC	DD	EA
8. 鳘 *Hemiculter leucisculus*	+	+	+	+	+	+					+	O	U	SE	LC	LC	EA
9. 贝氏鳘 *Hemiculter bleekeri*		+		+	+	+	+					O	U	SE	LC	DD	EA
10. 四川半鳘 *Hemiculterella sauvagei*	+	+	+									O	U	SE	LC	LC	EA
11. 伍氏半鳘 *Hemiculterella wui*				+	+	+				+		O	U	SE	LC	DD	EA
12. 南方拟鳘 *Pseudohemiculter dispar*	+	+	+	+	+	+	+	+	+	+	+	O	U	SE	LC	VU	EA
13. 飘鱼 *Pseudolaubuca sinensis*					+							O	U	SE	LC	LC	EA
14. 大眼华鳊 *Sinibrama macrops*	+	+			+	+	+	+				H	L	SE	LC	LC	EA
15. 红鳍原鲌 *Cultrichthys erythropterus*			+				+			+		C	U	SE	LC	LC	EA
16. 翘嘴鲌 *Culter alburnus*		+		+		+		+		+		C	U	SE	LC	DD	EA
17. 蒙古鲌 *Culter mongolicus*				+							+	C	U	SE	LC	LC	EA
18. 达氏鲌 *Culter dabryi*		+		+						+	+	C	U	SE	LC	LC	EA
19. 拟尖头鲌 *Culter oxycephaloides*								+				C	U	SE	LC	DD	EA
20. 鳊 *Parabramis pekinensis*					+	+						H	L	M	LC	DD	EA
21. 鲂 *Megalobrama terminalis*								+			+	H	L	SE	LC	DD	EA
22. 团头鲂 *Megalobrama amblycephala*				+	+					+		H	L	SE	LC	LC	EA
23. 银鲴 *Xenocypris macrolepis*		+			+	+	+					H	L	SE	LC	LC	EA
24. 黄尾鲴 *Xenocypris davidi*	+	+	+	+							+	H	L	M	LC	DD	EA
25. 细鳞鲴 *Plagiognathops microlepis*		+									+	H	L	M	LC	LC	EA
26. 圆吻鲴 *Distoechodon tumirostris*	+							+		+		H	L	SE	LC	LC	EA
27. 鲢 *Hypophthalmichthys molitrix*		+		+	+						+	H	U	M	LC	NT	EA
28. 鳙 *Aristichthy nobilis*		+		+	+						+	C	U	M	LC	DD	EA
29. 棒花鱼 *Abbottina rivularis*		+	+	+				+	+	+	+	O	DE	SE	LC	DD	EA
30. 麦穗鱼 *Pseudorasbora parva*	+	+								+	+	O	L	MS	LC	LC	EA
31. 似鮈 *Pseudogobio vaillanti*		+										C	DE	SE	LC	LC	EA
32. 桂林似鮈 *Pseudogobio guilinensis*					+							C	DE	SE	LC	DD	EA
33. 唇鲭 *Hemibarbus labeo*		+			+							C	DE	SE	LC	DD	EA

续表

种类	东坡 锦江	袁水	禾水	蜀水	遂川江	上犹江	修河	西坡 渌水	汨罗江	富水	浏阳河	生态类型 食性	栖息水层	生活习性	濒危状况 红色名录	IUCN	区系
34. 花鳍 *Hemibarbus maculatus*		+		+	+				+		+	C	DE	SE	LC	DD	EA
35. 胡鮈 *Huigobio chenhsienensis*		+		+								O	L	SE	LC	LC	EA
36. 华鳈 *Sarcocheilichthys sinensis*	+	+		+		+					+	O	L	SE	LC	LC	EA
37. 江西鳈 *Sarcocheilichthys kiangsiensis*		+				+						O	L	SE	LC	DD	EA
38. 黑鳍鳈 *Sarcocheilichthys nigripinnis*							+	+			+	O	L	SE	LC	DD	EA
39. 银鮈 *Squalidus argentatus*		+	+	+	+	+		+		+	+	O	L	SE	LC	DD	EA
40. 吻鮈 *Rhinogobio typus*	+		+					+	+			C	DE	SE	LC	DD	EA
41. 片唇鮈 *Platysmacheilus exiguus*				+	+							C	DE	SE	LC	LC	EA
42. 蛇鮈 *Saurogobio dabryi*	+	+	+		+	+	+	+				O	DE	SE	LC	DD	EA
43. 湘江蛇鮈 *Saurogobio xiangjiangensis*					+						+	O	DE	SE	LC	DD	EA
44. 乐山小鳔鮈 *Microphysogobio kiatingensis*				+	+							C	DE	SE	DD	LC	EA
45. 福建小鳔鮈 *Microphysogobio fukiensis*				+				+	+			C	DE	SE	DD	LC	EA
46. 宜昌鳅鮀 *Gobiobotia filifer*					+	+						C	DE	SE	LC	DD	EA
47. 长须鳅鮀 *Gobiobotia longibarba*								+				C	DE	SE	DD	DD	EA
48. 大鳍鱊 *Acheilognathus macropterus*				+	+						+	O	L	SE	LC	DD	EA
49. 无须鱊 *Acheilognathus gracilis*		+		+	+	+					+	O	L	SE	LC	DD	EA
50. 兴凯鱊 *Acheilognathus chankaensis*				+		+			+			O	L	SE	LC	DD	EA
51. 越南鱊 *Acheilognathus tonkinensis*								+	+	+	+	O	L	SE	LC	DD	EA
52. 短须鱊 *Acheilognathus barbatulus*		+										O	L	SE	LC	LC	EA
53. 高体鰟鲏 *Rhodeus ocellatus*		+		+	+		+	+	+	+		O	L	SE	LC	DD	EA
54. 彩石鰟鲏 *Rhodeus lighti*								+	+			O	L	SE	LC	LC	EA
55. 光唇鱼 *Acrossocheilus fasciatus*		+	+	+			+	+				O	L	MS	LC	DD	TP
56. 厚唇光唇鱼 *Acrossocheilus paradoxus*				+	+				+			O	L	MS	LC	DD	TP
57. 半刺光唇鱼 *Acrossocheilus hemispinus*			+					+	+			O	L	MS	LC	LC	TP
58. 侧条光唇鱼 *Acrossocheilus parallens*		+	+	+	+	+	+	+	+		+	O	L	MS	LC	LC	TP
59. 光倒刺鲃 *Spinibarbus hollandi*		+	+		+	+						O	L	SE	LC	DD	TP
60. 短须白甲鱼 *Onychostoma brevibarba*		+										H	DE	M	NT	DD	TP
61. 鲫 *Carassius auratus*	+	+	+	+	+	+	+	+	+	+	+	O	DE	SE	LC	LC	TP
62. 鲤 *Cyprinus carpio*	+	+	+	+	+	+	+	+	+	+	+	O	DE	SE	LC	VU	TP
63. 东方墨头鱼 *Garra orientalis*					+		+					H	DE	MS	LC	LC	SA
（三）鳅科 Cobitidae																	
64. 中华花鳅 *Cobitis sinensis*		+		+			+	+	+			O	DE	MS	LC	LC	TP
65. 泥鳅 *Misgurnus anguillicaudatus*	+	+	+	+	+	+	+	+	+	+	+	O	DE	SE	LC	LC	TP
66. 大鳞副泥鳅 *Paramisgurnus dabryanus*		+	+	+								O	DE	SE	LC	DD	TP
67. 横纹南鳅 *Schistura fasciolata*		+										O	DE	MS	DD	DD	TP
68. 无斑南鳅 *Schistura incerta*			+									O	DE	MS	DD	DD	TP
69. 长薄鳅 *Leptobotia elongata*					+							C	DE	MS	VU	VU	TP
70. 武昌副沙鳅 *Parabotia banarescui*					+							C	DE	SE	LC	DD	SA
71. 花斑副沙鳅 *Parabotia fasciata*		+			+							C	DE	SE	LC	LC	SA

续表

种类	东坡							西坡				生态类型			濒危状况		区系
	锦江	袁水	禾水	蜀水	遂川江	上犹江	修河	淶水	汨罗江	富水	浏阳河	食性	栖息水层	生活习性	红色名录	IUCN	
72. 点头副沙鳅 *Parabotia maculosa*	+			+								C	DE	SE	LC	LC	SA
（四）平鳍鳅科 **Balitoridae**																	
73. 中华原吸鳅 *Erromyzon sinensis*				+								O	DE	SE	DD	DD	SA
74. 犁头鳅 *Lepturichthys fimbriata*			+	+				+				H	DE	MS	DD	LC	SA
75. 原缨口鳅 *Vanmanenia stenosoma*			+	+		+						O	DE	MS	DD	DD	SA
76. 平舟原缨口鳅 *Vanmanenia pingchowensis*		+		+								O	DE	MS	LC	LC	SA
77. 长汀拟腹吸鳅 *Pseudogastromyzon changtingensis*			+	+								O	DE	MS	DD	DD	SA
二、鲇形目 **Siluriformes**																	
（五）鲇科 **Siluridae**																	
78. 鲇 *Silurus asotus*	+	+	+	+	+	+	+	+	+	+	+	C	L	SE	LC	LC	TP
79. 南方鲇 *Silurus meridionalis*				+								C	L	SE	LC	LC	TP
80. 越南鲇 *Pterocryptis cochinchinensis*				+								C	L	SE	LC	LC	TP
（六）胡子鲇科 **Clariidae**																	
81. 胡子鲇 *Clarias fuscus*				+								C	L	MS	LC	LC	SA
（七）鲿科 **Bagridae**																	
82. 大鳍鳠 *Hemibagrus macropterus*				+				+	+		+	O	DE	MS	LC	LC	TP
83. 粗唇鮠 *Pseudobagrus crassilabris*				+					+			C	DE	SE	LC	DD	TP
84. 圆尾拟鲿 *Pseudobagrus tenuis*		+	+	+		+	+	+				C	DE	SE	DD	DD	TP
85. 盎堂拟鲿 *Pseudobagrus ondon*		+							+			C	DE	SE	DD	LC	TP
86. 凹尾拟鲿 *Pseudobagrus pratti*				+								C	DE	SE	VU	DD	TP
87. 白边拟鲿 *Pseudobagrus albomarginatus*							+					C	DE	SE	LC	DD	TP
88. 黄颡鱼 *Tachysurus fulvidraco*	+	+	+	+	+	+	+	+	+	+	+	C	DE	SE	LC	LC	TP
89. 光泽黄颡鱼 *Tachysurus nitidus*							+	+				C	DE	SE	LC	DD	TP
（八）钝头鮠科 **Amblycipitidae**																	
90. 鳗尾鮴 *Liobagrus anguillicauda*			+									O	DE	SE	DD	DD	SA
91. 白缘鮴 *Liobagrus marginatus*	+											O	DE	SE	VU	DD	SA
92. 黑尾鮴 *Liobagrus nigricauda*	+	+							+			O	DE	SE	DD	EN	SA
（九）鮡科 **Sisoridae**																	
93. 中华纹胸鮡 *Glyptothorax sinense*		+		+	+				+			C	DE	SE	LC	DD	SA
三、颌针鱼目 **Beloniformes**																	
（十）鱵科 **Hemiramphidae**																	
94. 间下鱵 *Hyporhamphus intermedius*										+		C	U	SE	LC	DD	SA
四、合鳃鱼目 **Synbranchiformes**																	
（十一）合鳃鱼科 **Syngnathidae**																	
95. 黄鳝 *Monopterus albus*	+	+	+	+	+	+	+	+	+	+	+	C	DE	SE	LC	LC	SA
（十二）刺鳅科 **Mastacembelidae**																	
96. 刺鳅 *Macrognathus aculeatus*		+							+			C	DE	SE	LC	DD	SA
97. 中华刺鳅 *Sinobdella sinensis*		+		+		+			+			C	DE	SE	DD	LC	SA

续表

种类	东坡							西坡				生态类型			濒危状况		区系
	锦江	袁水	禾水	蜀水	遂川江	上犹江	修河	渌水	汨罗江	富水	浏阳河	食性	栖息水层	生活习性	红色名录	IUCN	
五、鲈形目 Perciformes																	
（十三）鮨科 Serranide																	
98. 鳜 *Siniperca chuatsi*		+		+		+	+					C	U	SE	LC	DD	TP
99. 大眼鳜 *Siniperca knerii*		+		+								C	U	SE	LC	DD	TP
100. 暗鳜 *Siniperca obscura*				+								C	U	SE	NT	LC	TP
101. 长身鳜 *Siniperca roulei*	+			+								C	U	SE	VU	DD	TP
102. 斑鳜 *Siniperca scherzeri*						+	+		+			C	U	SE	LC	DD	TP
103. 波纹鳜 *Siniperca undulata*						+	+					C	U	SE	NT	NT	TP
（十四）沙塘鳢科 Odontobutidae																	
104. 中华沙塘鳢 *Odontobutis sinensis*		+	+					+				C	DE	SE	LC	DD	TP
（十五）虾虎鱼科 Gobiidae																	
105. 波氏吻虾虎鱼 *Rhinogobius cliffordpopei*	+	+	+	+				+	+			C	DE	MS	LC	DD	TP
106. 溪吻虾虎鱼 *Rhinogobius duospilus*		+										C	DE	MS	DD	DD	TP
107. 子陵吻虾虎鱼 *Rhinogobius giurinus*		+		+	+	+	+	+				C	DE	MS	LC	LC	TP
108. 林氏吻虾虎鱼 *Rhinogobius lindbergi*				+	+							C	DE	MS	DD	DD	TP
109. 李氏吻虾虎鱼 *Rhinogobius leavelli*				+								C	DE	MS	LC	LC	TP
（十六）斗鱼科 Belontiidae																	
110. 叉尾斗鱼 *Macropodus opercularis*		+		+				+				C	L	SE	LC	LC	SA
（十七）鳢科 Channidae																	
111. 乌鳢 *Channa argus*	+	+		+				+	+			C	DE	SE	LC	DD	SA
112. 月鳢 *Channa asiatica*		+	+	+	+			+				C	DE	SE	LC	LC	SA
113. 斑鳢 *Channa maculata*				+	+			+				C	DE	SE	LC	LC	SA

注：食性：C. 肉食性；H. 植食性；O. 杂食性。栖息水层：DE. 底层性；L. 中下层性；U. 中上层性。生活习性：SE. 定居性；M. 洄游性；MS. 山溪性。濒危状况：CR. 极危；EN. 濒危；VU. 易危；NT. 近危；LC. 无危；DD. 数据缺乏。区系：SA. 南亚暖水性类群；TP. 古近纪原始类群；EA. 东亚江河平原类群。红色名录为《中国脊椎动物红色名录》，IUCN 为《世界自然保护联盟濒危物种红色名录》。

　　罗霄山脉东坡河流属鄱阳湖水系，西坡河流属洞庭湖水系。尽管有些河流可能相距很近，但彼此不相交汇，分别汇入不同的流域，水系间整体存在着明显隔离。因此，我们将东西坡河流作为两个相对独立的单元，对各自的鱼类区系构成分别进行统计分析。罗霄山脉东坡鱼类有 108 种，隶属于 4 目 16 科 62 属；西坡鱼类有 72 种，隶属于 5 目 15 科 46 属。

15.2.2　鱼类区系特征

　　根据鱼类区系划分标准，罗霄山脉地区鱼类分为 3 个类群（表 15-1），其中属于东亚江河平原类群的鱼类有 51 种，占罗霄山脉地区鱼类种总数的 45.1%，主要是鲌亚科、鲴亚科、鲢亚科、鳅鮀亚科、鲭亚科以及雅罗鱼亚科和鮈亚科的一些特殊种属等；属于古近纪原始类群的鱼类有 39 种，占罗霄山脉地区鱼类种总数的 34.5%，主要是鲃亚科、鲥亚科、鳋科、沙塘鳢科鱼类等；属于南亚暖水性类群的鱼类有 23 种，占罗霄山脉地区鱼类种总数的 20.4%，主要包括亚口鱼科、平鳍鳅科、鳅科、鳢科、胡子鲇科、鮡科、鳗科、合鳃鱼科和斗鱼科等。从东西坡鱼类区系来看，均以东亚江河平原类群为主，分别占罗霄山脉地区鱼类种总数的 43.52% 和 52.78%，其次为古近纪原始类群，南亚暖水性类群最少。

15.2.3 鱼类濒危状况

根据《中国脊椎动物红色名录》评估罗霄山脉鱼类濒危状况（蒋志刚等，2016；表 15-1）。其中，无危（LC）鱼类有 89 种，占罗霄山脉地区鱼类种总数的 77.8%；数据缺乏（DD）的鱼类有 16 种；极危（CE）鱼类为胭脂鱼（*Myxocyprinus asiaticus*）；易危（VU）鱼类为长薄鳅（*Leptobotia elongata*）、凹尾拟鲿（*Pseudobagrus pratti*）、白缘䰾（*Liobagrus marginatus*）和长身鳜（*Siniperca roulei*）；近危（NT）鱼类为短须白甲鱼（*Onychostoma brevibarba*）、暗鳜 （*Siniperca obscura*）和波纹鳜（*Siniperca undulata*）。根据《世界自然保护联盟濒危物种红色名录》评估罗霄山脉鱼类濒危状况（IUCN，2017；表 15-1）。数据缺乏的鱼类有 61 种，占罗霄山脉地区鱼类种总数的 54.0%；无危鱼类有 46 种，占罗霄山脉地区鱼类种总数的 40.7%；濒危（EN）鱼类为黑尾䰾（*Liobagrus nigricauda*）；易危鱼类为南方拟䲗（*Pseudohemiculter dispar*）、鲤（*Cyprinus carpio*）和长薄鳅（*Leptobotia elongata*）；近危鱼类为鲢（*Hypophthalmichthys molitrix*）和波纹鳜（*Siniperca undulata*）。

15.2.4 鱼类生态类型

根据湖北省水生生物研究所鱼类研究室（1976）、叶富良和张健东（2002）及茹辉军等（2008）的研究划分鱼类生态类型（表 15-1）。从鱼类食性来看，罗霄山脉肉食性鱼类有 56 种，占罗霄山脉地区鱼类种总数的 49.6%；杂食性鱼类有 44 种，占罗霄山脉地区鱼类种总数的 38.9%；植食性鱼类有 13 种，占罗霄山脉地区鱼类种总数的 11.5%。从栖息水层来看，底栖鱼类有 56 种，占罗霄山脉地区鱼类种总数的 49.6%；中下层鱼类有 34 种，占罗霄山脉地区鱼类种总数的 30.1%；中上层鱼类有 23 种，占罗霄山脉地区鱼类种总数的 20.4%。从鱼类生活习性来看，湖泊定居性鱼类有 79 种，占罗霄山脉地区鱼类种总数的 69.9%；山溪性鱼类有 23 种，占罗霄山脉地区鱼类种总数的 20.4%；洄游性鱼类仅有 11 种，占罗霄山脉地区鱼类种总数的 9.7%。

15.2.5 物种多样性分析

罗霄山脉不同河流间鱼类物种多样性呈现出较大差异（表 15-2）。其中遂川江鱼类科数、属数、种数、F 指数、G-F 指数均最高，说明遂川江不仅鱼类种类较多，而且单科、单属的种较少，分布较为均匀。袁水、蜀水和修河鱼类科数、属数、种数、F 指数、G 指数、G-F 指数也较高，说明这些河流鱼类物种多样性也较高；锦江和富水鱼类科数、属数、种数、F 指数、G 指数、G-F 指数均较低，说明这些河流鱼类物种多样性较低。

表 15-2 罗霄山脉河流间鱼类物种多样性比较

河流	科数	属数	种数	F 指数	G 指数	G-F 指数
锦江	8	22	22	2.71	3.08	−0.14
袁水	14	48	62	6.27	3.82	0.39
禾水	8	23	27	3.32	3.07	0.08
蜀水	12	34	45	5.27	3.41	0.35
遂川江	14	52	69	7.58	3.77	0.50
上犹江	8	28	33	2.93	3.22	−0.10
修河	10	33	43	7.08	6.71	0.05
渌水	12	30	40	3.73	3.27	0.12
汨罗江	9	25	28	4.02	3.18	0.21
富水	7	20	22	2.88	3.00	−0.04
浏阳河	5	30	37	3.98	3.37	0.15

15.2.6　β多样性分析

从河流间的 β_c 指数来看，遂川江与锦江、禾水、富水间的 β_c 指数较高，说明这些河流间鱼类的生境存在较大差异。锦江与禾水、富水，汨罗江与富水间的 β_c 指数较低，说明这些河流间鱼类的生境存在较小差异（表 15-3）。从河流间的 β_r 指数来看，遂川江与锦江、禾水、富水间的 β_r 指数较高，说明这些河流间鱼类物种出现一定的分化现象。锦江与禾水、富水，汨罗江与富水间的 β_r 指数较低，说明这些河流间鱼类物种分化不明显（表 15-3）。东坡和西坡间的 β_c 指数和 β_r 指数分别为 27.0 和 45.1，说明东西坡水系间鱼类的生境存在一定的差异，物种也出现一定的分化现象。

表 15-3　罗霄山脉河流间鱼类 β 多样性分析[左下角为 β_c，右上角为 β_r]

	锦江	袁水	禾水	蜀水	遂川江	上犹江	修河	涞水	汨罗江	富水	浏阳河
锦江		39.2	18.4	35.5	54.5	24.9	25.6	29.3	23.9	20.4	25.2
袁水	22.5		42.7	39.5	48.0	38.3	43.6	41.1	41.9	47.1	41.6
禾水	10.5	24.5		31.4	61.3	29.3	31.3	28.8	23.4	23.1	24.8
蜀水	20.5	21.5	18.0		44.2	33.3	40.2	36.1	33.8	32.0	36.7
遂川江	31.0	26.0	34.5	24.5		40.3	48.6	49.2	45.4	56.6	49.9
上犹江	14.5	21.5	17.0	19.0	22.5		31.7	32.2	23.8	24.9	29.7
修河	14.5	24.5	18.0	23.0	27.5	18.0		31.5	29.0	31.9	33.5
涞水	17.0	23.0	16.5	20.5	28.0	18.5	17.5		26.6	29.3	34.0
汨罗江	14.0	24.0	13.5	19.5	26.0	13.5	16.5	15.0		20.7	28.6
富水	12.0	27.0	13.5	18.5	32.0	14.5	18.5	17.0	12.0		25.2
浏阳河	14.5	23.5	14.0	21.0	28.5	17.0	19.0	19.5	16.5	14.5	

15.2.7　相似性分析

罗霄山脉河流间鱼类物种组成相似性见表 15-4。遂川江与蜀水、袁水的鱼类物种组成相似程度较高，与锦江、禾水、富水鱼类物种组成相似性程度较低（分别为 0.18、0.16、0.17）。锦江和禾水、涞水和修河的鱼类物种组成相似性程度较高（分别为 0.40、0.41）。此外，东西坡 Jaccard 相似性系数为 0.54，说明东西坡鱼类物种组成相似性程度稍稍高出中等水平。

表 15-4　罗霄山脉河流间鱼类物种组成相似性

	锦江	袁水	禾水	蜀水	遂川江	上犹江	修河	涞水	汨罗江	富水	浏阳河
锦江	1.00										
袁水	0.30	1.00									
禾水	0.40	0.29	1.00								
蜀水	0.24	0.43	0.33	1.00							
遂川江	0.18	0.43	0.16	0.40	1.00						
上犹江	0.31	0.38	0.28	0.34	0.38	1.00					
修河	0.38	0.36	0.32	0.31	0.34	0.36	1.00				
涞水	0.29	0.38	0.34	0.35	0.32	0.33	0.41	1.00			
汨罗江	0.28	0.30	0.34	0.30	0.30	0.39	0.37	0.39	1.00		
富水	0.29	0.22	0.29	0.29	0.17	0.31	0.27	0.29	0.35	1.00	
浏阳河	0.34	0.36	0.39	0.32	0.30	0.35	0.36	0.33	0.33	0.34	1.00

15.3 讨论：鱼类物种形成机制与保护策略

15.3.1 罗霄山脉鱼类物种组成及形成机制

罗霄山脉水系复杂，生物多样性丰富，是亚洲东部最重要的脊椎动物聚集地和冰期避难所（王春林，1998；赵万义，2017）。本次调查共记录鱼类5目17科68属113种。与十万大山地区、武夷山脉—仙霞岭地区、青藏高原地区鱼类物种组成相比，罗霄山脉地区鱼类资源较丰富（武云飞和谭齐佳，1991；赵亚辉和张春光，2001；宋小晶等，2017）。

栖息地丰富度与多样性是由栖息地环境的复杂程度决定的，复杂的栖息地可为鱼类提供避难所（Babbitt and Tanner，1998；Liu et al.，2017）。罗霄山脉河流的河床多碎石，河道弯曲起伏，水流变化复杂，急缓结合，深潭与浅滩交错，这为不同生态类型的鱼类提供了良好的栖息场所。罗霄山脉鱼类生态类型多样，以肉食性、底层性和定居性鱼类为主。

根据地史和化石资料分析，欧亚大陆现代的淡水鱼类区系起源于第三纪的早期，鲃亚科、鲅亚科的一些原始类群的原始种类是东亚区域主要成分（陈宜瑜等，1986；王春林，1998）。第四纪冰期后，东亚区域古近纪原始类群鱼类减少（陈宜瑜等，1986；唐文乔等，2001）。随着青藏高原的抬升，我国东部发育了较大范围的冲积平原，在东亚季风的影响下，产生了大江、大湖交错相连的特殊生境，适应较冷气候环境的原始雅罗鱼亚科和鲅亚科逐步衍生出鲢亚科、鲌亚科、鲴亚科、鳡亚科、鳅鲅亚科以及雅罗鱼亚科和鲅亚科的一些特殊种属等东亚特有的江河平原鱼类（陈宜瑜等，1986；唐文乔等，2001），偕同在东南亚起源的沙鳅亚科、胡子鲇科、钝头鮠科、斗鱼科、鳢科和刺鳅科等南亚暖水性鱼类，沿着水系向四周扩散（王春林，1998；唐文乔等，2001）。罗霄山脉地区鱼类区系和欧亚大陆现代的淡水鱼类区系组成相似，包括45.1%的东亚江河平原类群鱼类、34.5%的古近纪原始类群鱼类和20.4%的南亚暖水性类群鱼类。

15.3.2 罗霄山脉鱼类物种多样性及相似性分析

罗霄山脉河流间鱼类物种的多样性差异较大。遂川江、袁水、蜀水和修河鱼类物种多样性较高，锦江和富水鱼类物种多样性较低。鱼类物种多样性变化与栖息地生境有关（Babbitt and Tanner，1998），也与流域面积和河流长度等河流特征有关。罗霄山脉水系间的流域面积和河流长度等显然不同，遂川江、袁水、蜀水是赣江的一级支流。修河为入鄱阳湖的五河之一，它的流域面积较大，干流长，流量大。同时，遂川江、袁水、蜀水和修河生境均较为复杂，营养物质更为丰富，这也使它们的鱼类物种更多样化。

β_c和β_r指数反映了不同河流间的生境差异和物种分化程度。遂川江与锦江、禾水、富水间的β_c和β_r指数较高，说明这些河流间鱼类的生境存在较大差异，物种出现一定的分化现象。造成这种分化现象的原因可能是不同河流间的生境多样性及鱼类隔离程度不同，地理范围跨度大，鱼类的栖息生境和分布空间的异质性高。此外，地理纬度、海拔、生境的差异性和生物生产力的差异，均影响鱼类的多样性。相似性指数反映了鱼类区系组成的亲缘关系（陈小华等，2008）。遂川江与蜀水、袁水间的鱼类物种组成相似程度较高，与锦江、禾水、富水鱼类物种组成相似程度较低。

15.3.3 鱼类物种多样性受威胁因素

罗霄山脉地区是湘江流域、赣江流域上游集水区、分水岭，是中国最大的两个淡水湖区鄱阳湖、洞庭湖的上游水源地。河源溪流栖息地结构较为简单、营养物质贫乏、水文动荡更为明显、物种多样性较低，但特有性高（Grossman et al.，1990；Vannote et al.，1980）。因此，河源溪流生态系统更为脆弱，对外界干扰的抵抗力和恢复力都较低，一旦受到人为破坏将更难恢复。鱼类作为河源溪流的高级消费者,对溪流生态系统结构的稳定和功能的维持至关重要。在长期进化过程中,溪流鱼类已经逐步形成了相应的形态特征、物候节律和生活史对策,使其能够耐受甚至受益于河源溪流这种独特的自然环境(Lytle and Poff,2004)。然而受栖息地改变、水体污染、外来物种入侵、森林过度采伐、气候改变、过度捕捞等多种危害的影响,我国多数溪流鱼类资源已受到严重威胁。同时,河源溪流成为地球上受影响最严重的生态系统之一(Allan,2007)。罗霄山脉水系有 8 种受威胁鱼类。现场调查发现,罗霄山脉地区水电站的建设、水体污染和非法捕捞是造成鱼类资源受威胁的主要因素。

15.3.4　罗霄山脉鱼类保护对策

目前,虽然濒危鱼类提高了公众对于鱼类物种多样性的保护意识,但是中国有关鱼类物种多样性的保护对策主要集中在濒危和经济鱼类(Fu et al.,2003)。同时,我国对鱼类研究主要集中于湖泊和大江大河的现状,必然不利于山区河源溪流鱼类资源的恢复和发展(张晓可等,2017)。罗霄山脉地区已经建立了数十处自然保护区,其中国家级自然保护区有 5 处,这些保护区为鱼类提供了良好的栖息地。完整的森林能为水源提供很好的涵养作用,保护区内环境基本保持原始自然状态,使得自然保护区成为当地生物资源的避难所。

罗霄山脉地区丰富的水资源和复杂的生态环境,孕育了丰富的鱼类资源。基于罗霄山脉鱼类资源受威胁因素,提出几点鱼类资源保护对策。一是提高公众保护意识,杜绝炸鱼、毒鱼、电鱼等违法行为;二是加强河流连通性,拆除效率低下的水电站;三是加强溪流鱼类人工繁殖及养殖技术研究,满足当地居民对溪流鱼类的偏爱,从而减少对野生鱼类的捕捞;四是加大保护区或替代生境建设的力度,为鱼类提供栖息地和避难所。

参 考 文 献

陈小华, 李小平, 程曦. 2008. 黄浦江和苏州河上游鱼类多样性组成的时空特征. 生物多样性, 16(2): 191-196.

陈宜瑜. 1998. 中国动物志　硬骨鱼纲　鲤形目(中卷). 北京: 科学出版社.

陈宜瑜, 曹文宣, 郑慈英. 1986. 珠江的鱼类区系及其动物地理区划的讨论. 水生生物学报, 10(3): 228-236.

褚新洛, 郑葆珊, 戴定远. 1999. 中国动物志　硬骨鱼纲　鲇形目. 北京: 科学出版社.

湖北省水生生物研究所鱼类研究室. 1976. 长江鱼类. 北京: 科学出版社.

黄亮亮, 吴志强. 2010. 赣西北溪流鱼类区系组成及其生物地理学特征分析. 水生生物学报, 34(2): 448-504.

蒋志刚, 纪力强. 1999. 鸟兽物种多样性测度的 G-F 指数方法. 生物多样性, 7(3): 220-225.

蒋志刚, 江建平, 王跃招, 等. 2016. 中国脊椎动物红色名录. 生物多样性, 24(5): 500-551.

李晴, 吴志强, 黄亮亮, 等. 2008. 江西齐云山自然保护区鱼类资源. 动物分类学报, (2): 324-329.

茹辉军, 刘学勤, 黄向荣, 等. 2008. 大型通江湖泊洞庭湖的鱼类物种多样性及其时空变化. 湖泊科学, 20(1): 93-99.

宋小晶, 唐文乔, 张亚. 2017. 华东武夷山—仙霞岭地区淡水鱼类区系特征及其动物地理区划. 生物多样性, 25(12): 1331-1338.

苏念, 李莉, 徐哲奇, 等. 2012. 赣江峡江至南昌段鱼类资源现状. 华中农业大学学报, 31(6): 756-764.

唐文乔, 陈宜瑜, 伍汉霖. 2001. 武陵山区鱼类物种多样性及其动物地理学分析. 上海水产大学学报, 10(1): 6-15.

王春林. 1998. 罗霄山脉的形成及其丹霞地貌的发育. 湘潭师范学院学报, 19(3): 110-115.

伍汉霖, 钟俊生. 2008. 中国动物志　硬骨鱼纲　鲈形目(五)　虾虎鱼亚目. 北京: 科学出版社.

武云飞, 谭齐佳. 1991. 青藏高原鱼类区系特征及其形成的地史原因分析. 动物学报, 37(2): 135-152.

杨逸畴, 李炳元, 尹泽生, 等. 1982. 西藏高原地貌的形成和演化. 地理学报, 37(1): 76-87.

叶富良, 张健东. 2002. 鱼类生态学. 广州: 广东高等教育出版社.

乐佩琦. 2000. 中国动物志　硬骨鱼纲　鲤形目(下卷). 北京: 科学出版社.

张晓可, 王慧丽, 万安, 等. 2017. 滍河流域河源溪流鱼类空间分布格局及主要影响因素. 湖泊科学, 29(1): 176-185.

赵万义. 2017. 罗霄山脉种子植物区系地理学研究. 中山大学博士学位论文.

赵亚辉, 张春光. 2001. 广西十万大山地区的鱼类区系及其动物地理学分析. 生物多样性, 9(4): 336-344.

郑慈英. 1989. 珠江鱼类志. 北京: 科学出版社.

Allan J D. 2007. Castillo MM Stream Ecology: Structure and Function of Running Waters. 2nd. Netherlands: Springer.

Arthington A H, Dulvy N K, Gladstone W, et al. 2016. Fish conservation in freshwater and marine realms: status, threats and management. Aquatic Conservation Marine & Freshwater Ecosystems, 26: 838-857.

Babbitt K J, Tanner G W. 1998. Effects of cover and predator size on survival and development of *Ranautricularia tadpoles*. Oecologia, 114(2): 258-262.

Cody M L. 1975. Towards a Theory of Continental Species Diversities: Bird Distributions over Mediterranean Habitat Gradients. Ecology and Evolution of Communities. Cambridge: Harvard University Press.

Fu C, Wu J, Chen J, et al. 2003. Freshwater fish biodiversity in the Yangtze River basin of china: patterns, threats and conservation. Biodiversity & Conservation, 12: 1649-1685.

Grossman G D, Dowd J F, Crawford M. 1990. Assemblage stability in stream fishes: a review. Environmental Management, 14(5): 661-671.

Hu M L, Wu Z Q, Liu Y L. 2009. The fish fauna of mountain streams in the Guanshan National Nature Reserve, Jiangxi, China. Environmental Biology of Fishes, 86: 23-27.

IUCN. 2017. The IUCN Red List of Threatened Species. Version 2016-3. http://www.iucnredlist.org[2017-1-22].

Liu X J, Hu X Y, Ao X F, et al. 2017. Community characteristics of aquatic organisms and management implications after construction of Shihutang Dam in the Gangjiang River, China. Lake and Reservoir Management, (3): 1-16.

Lytle D A, Poff N L. 2004. Adaptation to natural flow regimes. Trends in Ecology and Evolution, 19: 94-100.

Nogueira C, Buckup P A, Menezes N A, et al. 2010. Restricted-range fishes and the conservation of brazilian freshwaters. PLoS One, 5: e11390.

Routledge R D. 1977. On Whittaker's components of diversity. Ecology, 58(5): 1120-1127.

Vannote R L, Minshall G W, Cummins K W, et al. 1980. The river continuum concept. Canadian Journal of Fisheries and Aquatic Sciences, 37(1): 130-137.

Yan Y Z, Xiang X Y, Chu L, et al. 2011. Influences of local habitat and stream spatial position on fish assemblages in a dammed watershed, the qingyi stream, China. Ecology of Freshwater Fish, 20: 199-208.

第 16 章　罗霄山脉两栖类动物区系组成及特征

摘　要　罗霄山脉由诸广山脉（包括八面山）、万洋山脉、武功山脉、九岭山脉和幕阜山脉 5 条中型山脉构成。通过历时 5 年的调查，共记录罗霄山脉两栖类动物 2 目 8 科 52 种，约占中国两栖类已知物种数的 10.4%。罗霄山脉南段诸广山脉记录了两栖类 2 目 8 科 32 种，万洋山脉记录了 2 目 8 科 40 种。中段武功山脉 2 目 8 科 31 种。北段九岭山脉 2 目 8 科 30 种，幕阜山脉 2 目 7 科 21 种。万洋山脉是中国东南部两栖类物种多样性水平最高的区域。本次罗霄山脉调查，发表了珀普短腿蟾、井冈角蟾、陈氏角蟾、林氏角蟾、南岭角蟾、武功山角蟾、幕阜山角蟾、九岭山林蛙、粤琴蛙、湘琴蛙、孟闻琴蛙、中华湍蛙和井冈纤树蛙共 13 个两栖类新种；纤树蛙属是江西省新记录属，徂徕林蛙、宜章臭蛙、崇安湍蛙是江西省新记录种，九龙棘蛙是湖南省新记录种；修正了黑斑肥螈、中国瘰螈、日本林蛙、淡肩角蟾、短肢角蟾、小角蟾、宽头短腿蟾等物种在罗霄山脉的错误记录；确定了小棘蛙、宜章臭蛙、长肢林蛙、镇海林蛙、寒露林蛙等物种在罗霄山脉的分布格局，蛙属、琴蛙属和泛角蟾属等同属物种在 5 条山脉带间有显著的替代分布现象。罗霄山脉中段武功山脉的过渡性质明显，与罗霄山脉南段和北段的物种组成相似性均较高，而南段与北段的相似性较低，这一结果显示武功山脉和万洋山脉、诸广山脉属于同一地理单元，北段属于另一个地理单元，与地理上对狭义罗臂山脉和幕连九山脉的定义相吻合。罗霄山脉是中国大陆第三级阶梯两栖类的高丰度区，有较高的稀有性和特有性，中国特有种 36 种，罗霄山脉特有种 9 种（浏阳疣螈、七溪岭瘰螈、井冈角蟾、陈氏角蟾、林氏角蟾、武功山角蟾、幕阜山角蟾、九岭山林蛙、井冈纤树蛙），其中 6 种为微特有种，罗霄山脉应被列为中国两栖动物生物多样性保护和研究的热点地区。

16.1　罗霄山脉两栖类研究概况

在地理上，广义罗霄山脉（以下称"罗霄山脉"）是欧亚大陆东南部一条南北走向的大型重要山脉，由 5 条中型山脉以及山脉间的盆地共同构成，由南向北依次为：诸广山脉（本章将八面山列入诸广山脉），最高峰齐云山，海拔 2061.3m；万洋山脉，最高峰南风面，海拔 2122m；武功山脉，最高峰武功山金顶，海拔 1918.3m；九岭山脉，最高峰九岭尖，海拔 1794m；幕阜山脉，最高峰老崖尖，海拔 1657m（王春林，1998）。南部由诸广山脉与南岭中段垂直相连，北部由幕阜山脉与长江相接，洞庭湖和鄱阳湖分列两侧，是湘江水系与赣江水系的分水岭。行政区划纵跨江西、湖南、湖北三省，涵盖 14 个地级市 55 个县（市），包含了 80 多处国家级、省级、市级、县级自然保护区以及 40 多处国家森林公园、地质公园、风景名胜区等。在生物地理方面，罗霄山脉处于亚洲大陆东部季风区，是中国大陆第三级阶梯内的重要生态交错区，汇集了北半球湿润区的各种植被类型，如暖性、温性针叶林,沟谷季雨林,常绿阔叶林等,保存有丰富的原始生物类群、中国特有种、第三纪孑遗种;同时也是亚洲东部最重要的脊椎动物聚集地,是东西替代、南北迁徙的生物地理通道(廖文波等,2014;宫辉力等,2016;王英永等,2017)。

罗霄山脉两栖动物研究基础较差。目前正式出版的文献仅限于几个国家级自然保护区两栖动物多样性本底调查和部分物种的分类学研究,大多数调查工作是作为特定区域综合科学考察的一项内容开展的,调查的地理覆盖度较小,手段单一,出现不少存疑和错误物种记录,有大量已知物种和隐存物种未被揭示,未能正确反映罗霄山脉两栖类多样性整体面貌。最近十年,分子系统学的广泛应用,使得两栖动物分类系统变化较大,亦导致两栖动物多样性数据比较混乱,急需梳理更新。

对诸广山脉两栖类的研究主要集中在江西齐云山国家级自然保护区、湖南八面山国家级自然保护区和湖南资兴市东江湖国家级风景名胜区。杨道德等(2008)报道了江西齐云山国家级自然保护区两栖类 2 目 7 科 24 种,包括了黑斑肥螈 *Pachytriton brevipes*、短肢角蟾 *Panophrys brachykolos*、弹琴蛙 *Nidirana adenopleura*、大绿臭蛙 *Odorrana graminea*、斑腿泛树蛙 *Polypedates megacephalus* 等物种记录。同年,沈猷慧等(2008)以采自湖南桂东县齐云山的标本为模式标本描述了弓斑肥螈 *Pachytriton archospotus*,修正了黑斑肥螈的错误记录。

对万洋山脉两栖类的研究文献相对较多。邹多录(1985)首次报道了井冈山自然保护区两栖动物 26 种,并汇编入《井冈山自然保护区考察研究》,文章报道了黑斑肥螈、淡肩角蟾 *Panophrys boettgeri*、小角蟾 *P. minor*、宽头短腿蟾 *Brachytarsophrys carinense*、螳掌突蟾 *Leptobrachella pelodytoides*、昭觉林蛙 *Rana chaochiaoensis*、经甫树蛙 *Zhangixalus chenfui*、斑腿泛树蛙等。随后,黄族豪等(2007)在此基础上,将井冈山保护区两栖类提升至 29 种,首次报道了虎纹蛙 *Hoplobatrachus chinensiss*,同时记录了螳掌突蟾和福建掌突蟾 *Leptobrachella liui*。杨剑焕等(2013)基于采自井冈山自然保护区的标本报道了宜章臭蛙 *Odorrana yizhangensis* 和崇安湍蛙 *Amolops chunganensis* 在江西省的分布新记录。陈春泉等(2006)在井冈山毗邻的永新县七溪岭自然保护区的调查报告中记录了中国瘰螈 *Paramesotriton chinensis*。上述物种记录,有些目前已经发生了分类变动,有些属错误记录,其中,费梁和叶昌媛(1992)对掌突蟾属进行了分类修订,将华东至华南地区的掌突蟾从螳掌突蟾中独立出来,描述为独立新种——福建掌突蟾 *Leptolalax liui*,并认为螳掌突蟾在我国仅分布于云南景洪一带,因此,万洋山脉井冈山地区的掌突蟾应为福建掌突蟾,随后,Chen 等(2018)的分子系统学研究确认井冈山自然保护区的掌突蟾为福建掌突蟾 *Leptobrachella liui*;宽头短腿蟾经历了平顶短腿蟾 *Brachytarsophrys platyparietus*(Rao and Yang,1997)和宽头短腿蟾(费梁等,2009a)的分类变更;七溪岭保护区的中国瘰螈属错误鉴定,Yuan 等(2014)以来自七溪岭的瘰螈标本为模式标本描述了新种七溪岭瘰螈 *P. qixilingensis*。

对武功山脉两栖动物的调查较少,目前只有杨道德等(2006)报道了武功山国家森林公园两栖类 2 目 7 科 25 种,包括黑斑肥螈、淡肩角蟾、无斑雨蛙 *Dryophytes immaculatus*、弹琴蛙、镇海林蛙 *Rana zhenhaiensis* 等物种。

九岭山脉有官山国家级自然保护区和九岭山国家级自然保护区,先后出版了《江西官山自然保护区科学考察与研究》(刘信中和吴和平,2005)和《江西九岭山自然保护区综合科学考察报告》(李振基等,2009),报道了江西九岭山国家级自然保护区两栖类 2 目 8 科 27 种。此外,杨道德等依据采自湖南省浏阳市大围山原鉴定为宽脊疣螈 *Tylototriton broadoridgus* 的标本描述了新种浏阳疣螈 *T. liuyangensis*(费梁等,2012;Yang et al.,2014)。

对幕阜山脉两栖类的研究主要集中在庐山。早在 1880 年,F. Lataste 就依据采自江西九江的标本描述了金线侧褶蛙 *Pelophylax plancyi*。邹多录和王凯(1991)基于调查采集的标本和文献,报道了庐山两栖类 2 目 8 科 21 种,记录了大鲵 *Andrias davidianus*、东方蝾螈 *Cynops orientalis* 和无斑雨蛙。杨道德等（2007）报道了庐山两栖动物 2 目 8 科 24 种，该文献记录的短肢角蟾、淡肩角蟾、福建侧褶蛙 *Pelophylax fukienensis* 和日本林蛙 *Rana japonica* 均属错误记录。

近 7 年野外调查，项目组按不同年份、不同季节在罗霄山脉展开系统调查，涉及的各类保护区、风景名胜区、湿地公园、森林公园等近 100 个。本章通过合并邻近调查点，最终以 39 个调查样区为代表（表 16-1）。此外，项目组自 2010 年起在罗霄山脉的井冈山地区开展了较为系统的两栖动物调查工作，调查范围包括江西省井冈山风景名胜区、井冈山国家级自然保护区、永新县七溪岭省级自然保护区、遂川县南风面省级自然保护区和湖南省炎陵县桃源洞国家级自然保护区。至 2020 年，出版了《中国井冈山地区生物多样性综合科学考察》（廖文波等，2014）、《中国井冈山地区陆生脊椎动物彩色图谱》（王英永等，2017）、《湖南桃源洞国家级自然保护区生物多样性综合科学考察》（廖文波等，2019）三部生物多样性专著，发表了 11 篇两栖类文章、发表两栖动物新种 12 个，即珀普短腿蟾 *Brachytarsophrys popei*（Zhao et al.，2014）、井冈角蟾 *Panophrys jinggangensis*（Wang et al.，2012）、林氏角蟾 *P. lini*（Wang et al.，2014）、陈氏角蟾 *P. cheni*（Wang et al.，2014）、南岭角蟾 *P. nanlingensis*（Wang et al.，2019）、武功山角蟾 *P.wugongensis*（Wang et al.，2019）、幕阜山角蟾 *P. mufumontana*（Wang et al.，2019）、九岭山林蛙 *Rana jiulingensis*（Wan et al.，2020）、孟闻琴蛙 *Nidirana mangveni*（Lyu et al.，2020）、粤琴蛙 *N. guangdongensis*（Lyu et al.，2020）、湘琴蛙 *N. xiangica*（Lyu et al.，2020）和井冈纤树蛙 *Gracixalus jinggangensis*（Zeng et al.，2017）。

表 16-1　两栖动物主要调查样区

山脉	调查样区
诸广山脉	（1）江西省崇义县齐云山国家级自然保护区
	（2）江西省上犹县光菇山省级自然保护区
	（3）湖南省资兴市东江湖国家级风景名胜区
	（4）湖南省桂东县八面山国家级自然保护区
	（5）湖南省炎陵县龙渣瑶族乡
	（6）江西省遂川县巾石乡大禾村
万洋山脉	（7）江西省遂川县营盘圩乡
	（8）江西省遂川县南风面国家级自然保护区
	（9）湖南省炎陵县梨树洲风景区
	（10）湖南省炎陵县桃源洞国家级自然保护区
	（11）江西省井冈山（包括国家级自然保护区、林场和风景名胜区）
	（12）江西省井冈山市湘洲景区
	（13）江西省永新县七溪岭省级自然保护区
	（14）湖南省茶陵县湖里湿地
武功山脉	（15）湖南省茶陵县云阳山森林公园
	（16）江西省安福县陈山
	（17）江西省莲花县高天岩省级自然保护区
	（18）江西省安福县武功山国家森林公园
	（19）江西省羊狮幕风景名胜区（安福县、芦溪县）
	（20）江西省宜春市明月山风景名胜区
	（21）江西省新余市蒙山自然保护区

续表

山脉	调查样区
九岭山脉	（22）湖南省浏阳市大围山国家级自然保护区
	（23）湖南省平江县连云山（包括仙姑岩）
	（24）江西省修水县程坊
	（25）江西省铜鼓县天柱峰风景区
	（26）江西省宜丰县官山国家级自然保护区
	（27）江西省奉新县百丈山风景区
	（28）江西省修水县修水源五梅山
	（29）江西省奉新县泥洋山
	（30）江西省九岭山国家级自然保护区（包括神雾山）
	（31）江西省武宁县九岭山国家级森林公园（桃源谷）
	（32）江西省南昌市梅岭风景区
幕阜山脉	（33）湖南省平江县西山岭
	（34）湖南省平江县幕阜山国家森林公园
	（35）江西省修水县黄龙山
	（36）湖北省通山县九宫山风景区
	（37）江西省武宁县太平山
	（38）江西省武宁县伊山
	（39）江西省九江市庐山

主要调查区域：罗霄山脉，包括诸广山脉、万洋山脉、武功山脉、九岭山脉和幕阜山脉（表16-1）。

在综合上述调查和研究成果、调查本底数据、凭证材料和实验数据的基础上，本章力图较全面揭示罗霄山脉两栖动物物种多样性，并通过与武夷山脉、南岭山脉和雪峰山脉的比较，初步评估罗霄山脉在中国生物多样性空间格局的地位和作用。

16.2　研究方法

16.2.1　调查研究方法

调查方法：样线法。按夜间溯溪和典型生境线路考察，每个山脉每个季节至少调查一次。

采集标本：一般每个地点每种限采 4 个标本，个别物种可采集 10 个标本。

组织样品采集：每个标本提取肌肉或肝脏组织样品，保存在 75% 的乙醇溶液中，作为 DNA 研究材料。

录制鸣声：使用 SONY PCM-D50 录制繁殖期雄性两栖动物鸣叫声，每次录制 5min。

拍摄照片：在野外栖息地拍摄自然状态的生态照片；制作标本前摆拍整体和局部特征照片。

16.2.2　种类鉴定依据和方法

1. 形态学鉴定

（1）两栖类成体量度特征

全长（total length，TL）：有尾目动物为自吻端至尾末端长度，无尾目动物全长等于头体长。

头体长（snout-vent length，SVL）：自吻端至身体末端长度。

尾长（tail length，TaL）：有尾目或蝌蚪为泄殖孔至尾末端长度。

头长（head length，HL）：自吻端至上下颌关节后缘的长度。

头宽（head width，HW）：头部两侧最大宽度。

吻长（snout length，SL）：吻端至眼前角的长度。

鼻间距（internasal distance，IND）：两外鼻孔间宽度。

眶间距（interorbital distance，IOD）：两上眼睑间最小处宽度。

眼径（eye diameter，ED）：眼的最大直径。

鼓膜径（tympanum diameter，TD）：鼓膜的最大直径。

前臂及手长（length of lower arm and hand，LAHL）：自肘关节至第 3 指端长度。

胫长（tibia length，TBL）：胫骨长度。

跗足长（length of foot and tarus，TFL）：自跗骨远端至第 4 趾末端长度。

足长（foot length，FL）：自内跖突近端至第 4 趾末端长度。

胫跗关节（tibio-tarsal articulation）：也称跟部关节，即胫骨和跗骨间关节。在两栖类分类上常用后肢贴体前伸，胫跗关节最远所能达到的部位来表示后肢的相对长度。

跟部相遇、不相遇或重叠（heel meeting, not meeting or overlapping）：当大腿与体纵轴垂直，胫骨紧贴大腿时，左右跟间尚有一定距离，为跟部不相遇；左右跟部刚刚彼此接触，为跟部相遇；左右跟部彼此超越，为跟部重叠。在两栖类分类上常用跟部是否相遇或重叠来表示胫骨的相对长度。

（2）两栖类分类形态特征

犁骨棱（vomerine ridge）和犁骨齿（vomerine teeth）：两内鼻孔间棱嵴，是犁骨的突起，称为犁骨棱；通常犁骨棱上有齿状突起，即犁骨齿。

上颌齿（maxillary teeth）：着生在上颌骨和前颌骨上的细齿，蟾蜍类没有上颌齿。

声囊（vocal sac）：大部分雄蛙在咽部有声囊结构，分为单咽下声囊（single subgular vocal sac）、成对咽下声囊（paired subgular vocal sacs）、成对咽侧声囊（paired lateral vocal sacs）。

指序和趾序（finger length and relative toe length）：各指或趾按长短顺序排序，分别称指序或趾序，用阿拉伯数字或罗马数字表示。

吸盘（disc 或 disk）和指（趾）沟（digital groove）：很多营溪流生活或在植物上攀爬的蛙类指（趾）端膨大，形成吸盘，吸盘底部形成增厚的肉垫，具有吸附能力。

在吸盘和其下肉垫之间通常形成沟痕，即为指（趾）沟，指（趾）沟在吸盘边缘（游离缘），且两侧的沟在吸盘顶端贯通，即边缘沟（circummarginal groove）；而在有些蛙类（臭蛙、水蛙类）中，该沟在吸盘腹面，两侧的沟不贯通，即通常所说的腹侧沟（lateroventral groove）。

蹼（web）和缘膜（fringe）：指（趾）间的皮膜即为蹼。指（趾）无蹼部分两侧的膜状皮肤褶即为缘膜。

关节下瘤（subarticular tubercle）：指（趾）各关节腹面的肉垫状瘤突。关节下瘤在有些种类非常发达明显，有些种类则不明显，有些种类则完全没有。

指基下瘤（supernumerary tubercle below the base of finger）：各指基部的瘤突。指基下瘤只在少部分蛙类存在。

掌突（metacarpal tubercle）：手掌基部的隆起，内侧者为内掌突，外侧者为外掌突。

跖突（metatarsal tubercle）：脚掌基部腹面的隆起，内侧者为内跖突，外侧者为外跖突。通常外跖突缺失。

婚垫（nuptial pad）和婚刺（nuptial spine）：在繁殖季节，成年雄性个体第 1 指背面隆起，即为婚垫，通常婚垫上有锥刺状或绒毛状角质刺，即为婚刺。有些蛙类婚垫和婚刺仅存在于第 1 指，有些蛙类第 1、2 指均有，少数种类第 1、2、3 甚至第 4 指均有婚垫和婚刺。

皮肤衍生物：两栖类的皮肤有复杂多样的衍生物，这些衍生物是识别和分类鉴定的重要依据。常见衍生物有颌腺（maxillary gland）、肱腺（humeral gland）、胸腺（pectoral gland）、肩腺（suprabrachial gland 或 shoulder gland）、腋腺（axillary gland）、掌突蟾的腹侧腺（lateroventral gland）、股腺（femoral gland），以及蟾蜍的耳后腺（parotoid gland）、婚刺等，此外还有瘰粒（wart）、疣粒（tubercle）、痣粒（granular）、角质刺（horny spine）（婚刺也属于角质刺）。瘰粒是皮肤上较大隆起物，有时其上会有疣粒或痣粒；疣粒是比瘰粒小的皮肤突起物，有时其上会有 1 枚角质刺；痣粒是比疣粒更小的皮肤突起物。疣粒和痣粒是一组相对的概念，通常根据具体情况来界定。

2. 分子系统发育学分析

（1）标本采集和处理

由于两栖类物种形态的保守性，必须借助分子分类手段以准确识别谱系。本研究在华中、中南、华南、东南和华东地区进行广泛采样，处死动物后提取肌肉组织样品用于分子生物学研究。

（2）DNA 提取、PCR 扩增和测序

使用 Tiangen Genomic DNA Kit 试剂盒提取样品的基因组 DNA，提取的 DNA 溶液于 –20℃保存备用。选择 16S rRNA 基因和 CO1 基因进行 PCR 扩增，扩增条件为 95℃预变性 4min，随后以 94℃变性 40s、52℃退火 40s、72℃复性 1min 进行 35 个循环，最后 72℃补充延伸 10min。

16S rRNA 基因的引物为：

L3975（5′-CGCCTGTTTACCAAAAACAT-3′）

H4551（5′-CCGGTCTGAACTCAGATCACGT-3′）

L2A（5′-CCAAACGAGCCTAGTGATAGCTGGTT-3′）

H50（5′-TGATTACGCTACCTTTGCACGGT-3′）

CO1 基因的引物为：

dgLCO（5′-GGTCAACAAATCATAAAGAYATYGG-3′）

dgHCO（5′-AAACTTCAGGGTGACCAAARAAYCA-3′）

PCR 产物用 1%琼脂糖凝胶电泳检测，扩增成功的产物进行双向测序。

（3）序列分析及分子系统树的构建

所有序列在 MEGA 6.0 软件（Tamura et al.，2013）中使用 Clustal W 算法（Thompson et al.，1997）进行序列比对，参数为默认参数。比对后长度 1031bp 的 16S rRNA 基因和长度 647bp 的 CO1 基因被串联在一起，并在 jModelTest v2.1.2 软件中计算得到最佳碱基替代模型为 GTR + I + G。使用 MrBayes 3.2.4 软件构建贝叶斯系统发育树。

16.2.3 分类系统和动物区系依据

分类系统和动物区系依据世界两栖类数据库 Amphibian Species of the World 6.0（Frost，2019）。

16.2.4 珍稀濒危动物评定依据

1. 珍稀濒危物种

1）IUCN 红色名录：《世界自然保护联盟濒危物种红色名录》（简称"IUCN 红色名录"）。本章对物种濒危等级评定主要依据最新版 IUCN 红色名录（IUCN，2019），并依据 IUCN 红色名录濒危等级和标准（3.1 版第二版）将易危（vulnerable，VU）、濒危（endangered，EN）和极危（critically endangered，CR）3 个等级物种列为受胁物种，即属于珍稀濒危物种，近危（near threatened，NT）和无危（least concern，LC）物种不列为珍稀濒危物种（IUCN，2012）。

2）《中国物种红色名录》：是对分布于中国领土范围内物种所作出的濒危等级评定，遵循 IUCN 濒危物种等级评定标准，由相关学科专家学者讨论制定（汪松和解焱，2009）。

2. 保护物种

保护物种是指受国家法律和国际法律保护的物种。本章主要列出 2 类。

1）CITES：全称《濒危野生动植物种国际贸易公约》（Convention on International Trade in Endangered Species of Wild Fauna and Flora），分为附录 I 和附录 II 物种。其中，附录 I 物种等同于国家 I 级重点保护物种，附录 II 物种等同于国家 II 级重点保护物种（Smith 和解焱，2009）。

2）《国家重点保护野生动物名录》：1988 年 12 月 10 日国务院批准，1989 年 1 月 14 日由林业部、农业部令第 1 号发布施行的《国家重点保护野生动物名录》，分为附录 I 和附录 II 物种，附录 I 物种即国家 I 级重点保护物种，附录 II 物种即国家 II 级重点保护物种。

16.2.5　区系成分相似性比较

比较罗霄山脉内部、武夷山和南岭山脉的两栖动物区系成分相似性，使用 Jaccard 群落相似性系数公式：

$$C_j = j/(a + b - j)$$

式中，C_j 为两区系或两群落之间相似性系数，a、b 分别为两个不同群落中的种数；j 为两个区系或两个群落中的共有种数。

16.3　罗霄山脉两栖类动物部分类群的系统分类研究

16.3.1　蛙属系统分类

构建蛙属 *Rana* 系统发育树所使用的物种及其样品详见表 16-2，包含了除原趾沟蛙属 *Pseudorana* 外的中国中南、华南和华东地区所有已知物种和罗霄山脉历史文献中记录到的物种（邹多录，1985；邹多录和王凯，1991；陈春泉等，2006；杨道德等，2007，2008；王英永等，2017；李光运等，2018），共计 11 种，即寒露林蛙 *Rana hanluica*：地模标本 SYS a001137～1140；长肢林蛙 *R. longicrus*：GenBank 下载的台湾省台北市地模标本的基因序列（AB058881）；徂徕林蛙 *R. culaiensis*：GenBank 下载的地模标本的基因序列；镇海林蛙 *R. zhenhaiensis*：GenBank 下载的地模标本的基因序列；大别山林蛙 *R. dabieshanensis*：GenBank 下载的地模标本的基因序列（MF172963）；峨眉林蛙 *R. omeimontis*：地模标本 SYS a005304、5305；昭觉林蛙 *R. chaochiaoensis*：地模标本 SYS a001816、1831；借母溪林蛙 *R. jiemuxiensis*：地模标本 SYS a004318、4319；猫儿山林蛙 *R. maoershanensis*：GenBank 下载的地模标本的基因序列；日本林蛙 *R. japonica*：GenBank 下载的日本标本的基因序列；中国林蛙 *R. chensinensis*：GenBank 下载的陕西户县（今鄠邑区）地模标本的基因序列。

表 16-2　蛙属分子系统分析所使用的标本、样品和线粒体基因序列

物种	标本号	采集地点	16S rRNA	*CO1*
九岭山林蛙 *R. jiulingensis*	SYS a005519	江西省宜春市宜丰县官山保护区*	√	√
九岭山林蛙 *R. jiulingensis*	SYS a006999	江西省宜春市宜丰县官山保护区*	√	√
九岭山林蛙 *R. jiulingensis*	SYS a002584	江西省吉安市安福县武功山	√	√
九岭山林蛙 *R. jiulingensis*	SYS a002585	江西省吉安市安福县武功山	√	√
九岭山林蛙 *R. jiulingensis*	SYS a005511	湖南省岳阳市平江县幕阜山	√	√
九岭山林蛙 *R. jiulingensis*	SYS a006451	湖南省长沙市浏阳市大围山	√	√
九岭山林蛙 *R. jiulingensis*	SYS a006494	湖南省长沙市浏阳市大围山	√	√

物种	标本号	采集地点	16S rRNA	CO1
九岭山林蛙 *R. jiulingensis*	SYS a006495	湖南省长沙市浏阳市大围山	√	√
九岭山林蛙 *R. jiulingensis*	SYS a006496	湖南省长沙市浏阳市大围山	√	√
徂徕林蛙 *R. culaiensis*	KIZ SD080501	山东省泰安市岱岳区徂徕山*	KX269190	JF939082
徂徕林蛙 *R. culaiensis*	SYS a002549	湖南省株洲市茶陵县湖里湿地	√	√
徂徕林蛙 *R. culaiensis*	SYS a002634	江西省吉安市安福县武功山	√	√
徂徕林蛙 *R. culaiensis*	SYS a004776	江西省萍乡市芦溪县羊狮幕	√	√
徂徕林蛙 *R. culaiensis*	SYS a002641	江西省新余市蒙山	√	√
徂徕林蛙 *R. culaiensis*	SYS a004239	江西省南昌市梅岭森林公园	√	√
徂徕林蛙 *R. culaiensis*	SYS a004241	江西省南昌市梅岭森林公园	√	√
寒露林蛙 *R. hanluica*	SYS a002288	广西壮族自治区桂林市临桂区花坪保护区	√	√
寒露林蛙 *R. hanluica*	SYS a005119	广西壮族自治区桂林市龙胜各族自治县花坪保护区	√	√
寒露林蛙 *R. hanluica*	SYS a005120	广西壮族自治区桂林市龙胜各族自治县花坪保护区	√	√
寒露林蛙 *R. hanluica*	SYS a005086	广西壮族自治区桂林市灌阳县都庞岭	√	√
寒露林蛙 *R. hanluica*	SYS a005087	广西壮族自治区桂林市灌阳县都庞岭	√	√
寒露林蛙 *R. hanluica*	SYS a002233	贵州省黔东南苗族侗族自治州雷山县雷公山	√	√
寒露林蛙 *R. hanluica*	SYS a004346	贵州省铜仁市江口县梵净山	√	√
寒露林蛙 *R. hanluica*	SYS a004298	湖南省张家界市桑植县八大公山	√	√
寒露林蛙 *R. hanluica*	SYS a007216	湖南省怀化市洪江市雪峰山	√	√
寒露林蛙 *R. hanluica*	SYS a007250	湖南省邵阳市绥宁县黄桑保护区	√	√
寒露林蛙 *R. hanluica*	SYS a007251	湖南省邵阳市绥宁县黄桑保护区	√	√
寒露林蛙 *R. hanluica*	SYS a004358	湖南省邵阳市武冈市云山	√	√
寒露林蛙 *R. hanluica*	SYS a004359	湖南省邵阳市武冈市云山	√	√
寒露林蛙 *R. hanluica*	SYS a007259	湖南省邵阳市新宁县舜皇山	√	√
寒露林蛙 *R. hanluica*	SYS a001137	湖南省永州市双牌县阳明山*	√	√
寒露林蛙 *R. hanluica*	SYS a001140	湖南省永州市双牌县阳明山*	√	√
寒露林蛙 *R. hanluica*	SYS a004086	湖南省郴州市桂东县八面山	√	√
寒露林蛙 *R. hanluica*	SYS a006293	湖南省郴州市桂东县八面山	√	√
寒露林蛙 *R. hanluica*	SYS a001868	湖南省株洲市炎陵县桃源洞保护区	√	√
寒露林蛙 *R. hanluica*	SYS a002533	湖南省株洲市炎陵县龙渣瑶族乡	√	√
寒露林蛙 *R. hanluica*	SYS a004087	江西省赣州市崇义县齐云山	√	√
寒露林蛙 *R. hanluica*	SYS a004195	江西省吉安市井冈山市井冈山	√	√
寒露林蛙 *R. hanluica*	SYS a004196	江西省吉安市井冈山市井冈山	√	√
寒露林蛙 *R. hanluica*	SYS a007096	江西省吉安市遂川县巾石乡	√	√
寒露林蛙 *R. hanluica*	SYS a004446	江西省吉安市遂川县营盘圩乡	√	√
寒露林蛙 *R. hanluica*	SYS a004448	江西省吉安市遂川县营盘圩乡	√	√
寒露林蛙 *R. hanluica*	SYS a004453	江西省赣州市信丰县金盆山	√	√
寒露林蛙 *R. hanluica*	SYS a004455	江西省赣州市信丰县金盆山	√	√
寒露林蛙 *R. hanluica*	SYS a007099	广东省韶关市仁化县董塘镇	√	√
寒露林蛙 *R. hanluica*	SYS a007100	广东省韶关市仁化县董塘镇	√	√
长肢林蛙 *R. longicrus*	Not given	台湾省台北市*	AB058881	/
长肢林蛙 *R. longicrus*	NMNS 15022	台湾省苗栗县向天湖	KX269189	/

物种	标本号	采集地点	16S rRNA	CO1
长肢林蛙 R. longicrus	SYS a005905	福建省三明市宁化县牙梳山	√	√
长肢林蛙 R. longicrus	SYS a007038	江西省抚州市南城县王仙峰	√	√
长肢林蛙 R. longicrus	SYS a005892	江西省赣州市安远县三百山	√	√
长肢林蛙 R. longicrus	SYS a004487	江西省赣州市龙南县九连山	√	√
长肢林蛙 R. longicrus	SYS a005450	江西省赣州市龙南县九连山	√	√
长肢林蛙 R. longicrus	SYS a002355	江西省赣州市崇义县齐云山	√	√
长肢林蛙 R. longicrus	SYS a007097	江西省吉安市遂川县巾石乡	√	√
长肢林蛙 R. longicrus	SYS a007098	江西省吉安市遂川县巾石乡	√	√
长肢林蛙 R. longicrus	SYS a005219	广东省梅州市丰顺县铜鼓嶂	√	√
长肢林蛙 R. longicrus	SYS a005808	广东省梅州市丰顺县铜鼓嶂	√	√
长肢林蛙 R. longicrus	SYS a004605	广东省揭阳市普宁市流沙镇	√	√
长肢林蛙 R. longicrus	SYS a006756	广东省揭阳市普宁市龙潭水库	√	√
长肢林蛙 R. longicrus	SYS a004589	广东省惠州市龙门县南昆山	√	√
长肢林蛙 R. longicrus	SYS a005579	广东省惠州市龙门县南昆山	√	√
长肢林蛙 R. longicrus	SYS a005624	广东省韶关市仁化县丹霞山	√	√
长肢林蛙 R. longicrus	SYS a005625	广东省韶关市仁化县丹霞山	√	√
长肢林蛙 R. longicrus	SYS a000732	广东省韶关市仁化县城口镇	√	√
长肢林蛙 R. longicrus	SYS a000733	广东省韶关市仁化县城口镇		√
镇海林蛙 R. zhenhaiensis	SYS a001952	江西省上饶市广丰区铜钹山	√	√
镇海林蛙 R. zhenhaiensis	SYS a007000	江西省宜春市宜丰县官山保护区	√	√
镇海林蛙 R. zhenhaiensis	SYS a006208	浙江省宁波市奉化区溪口镇	√	√
镇海林蛙 R. zhenhaiensis	SYNU 08040100	浙江省杭州市	KF020599	KF020613
镇海林蛙 R. zhenhaiensis	KIZ 0803271	浙江省宁波市镇海区*	KX269218	JF939065
昭觉林蛙 R. chaochiaoensis	SYS a001816	四川省凉山彝族自治州昭觉县解放乡*	√	√
昭觉林蛙 R. chaochiaoensis	SYS a001831	四川省凉山彝族自治州昭觉县解放乡*	√	√
借母溪林蛙 R. jiemuxiensis	SYS a004318	湖南省怀化市沅陵县借母溪*	√	√
借母溪林蛙 R. jiemuxiensis	SYS a004319	湖南省怀化市沅陵县借母溪*	√	√
峨眉林蛙 R. omeimontis	SYS a005304	四川省乐山市峨眉山市峨眉山*	√	√
峨眉林蛙 R. omeimontis	SYS a005305	四川省乐山市峨眉山市峨眉山*	√	√
日本林蛙 R. japonica	KIZ YPX11775	日本千叶县夷隅市	KX269220	JF939101
大别山林蛙 R. dabieshanensis	AHU 2016R001	安徽省安庆市岳西县鹞落坪保护区*	MF172963	
中国林蛙 R. chensinensis	KIZ RD05SHX01	陕西省西安市鄠邑区*	KX269186	/
猫儿山林蛙 R. maoershanensis	SYNU 08030062	广西壮族自治区桂林市兴安县猫儿山*	HQ228163	/

注："√"表示本项目测序，"/"表示无序列，"*"表示模式产地。

　　基于线粒体 16S rRNA 和 CO1 基因构建的蛙属 Rana 贝叶斯系统发育树见图 16-1。昭觉林蛙和日本林蛙位于日本林蛙种组基部，均为有效种，且不分布于罗霄山脉。同为日本林蛙种组的祖徕林蛙、镇海林蛙、长肢林蛙、借母溪林蛙、峨眉林蛙、九岭山林蛙、大别山林蛙、寒露林蛙聚在一起，有较高的节点支持率（100/1.00），但结构比较复杂。祖徕林蛙、镇海林蛙和长肢林蛙聚为一支，有较高的节点支持率（100/1.00），并与借母溪林蛙形成并系关系，但无节点支持率。祖徕林蛙地模标本（KIZ-SD080501）与采集于湖南省茶陵县湖里湿地（SYS a002549）、江西省安福县武功山（SYS a002634）、江西省泸溪县羊狮幕（SYS a004776）、江西省新余市蒙山（SYS a002641）和江西省南昌市梅岭的标本聚为基部一支，有较高节点支持率（90/1.00）和微小的遗传分化，因此，这一支都是徂徕林蛙。徂徕林蛙原记录在山东半岛，其在江西省安福县武功山、江西省泸溪县羊狮幕、江西省新余市蒙山和江西省南昌市梅岭，是江西省新记录种。该种在罗霄山脉分布于武功山脉和万洋山脉之间的茶陵-永新盆地，并以此沟通洞庭湖流域和鄱阳湖流域。镇海林蛙、长肢林蛙形成姊妹支，但节点支持值较低（0.81），镇海林蛙包含了采集于九岭山脉官山国家级自然保护区的标本（节点支持值1.00），是镇海林蛙在罗霄山脉唯一的分布记录。长肢林蛙组成另一支（节点支持值1.00），几乎没有遗传分化，该支除台湾地模标本外，还有来自台湾省苗栗县、福建省宁化县牙梳山、江西省南丰县王仙峰、江西省安远县三百山、江西省龙南县九连山、江西省崇义县齐云山、江西省遂川县巾石乡的标本，在分子数据上确认了长肢林蛙在中国的分布。

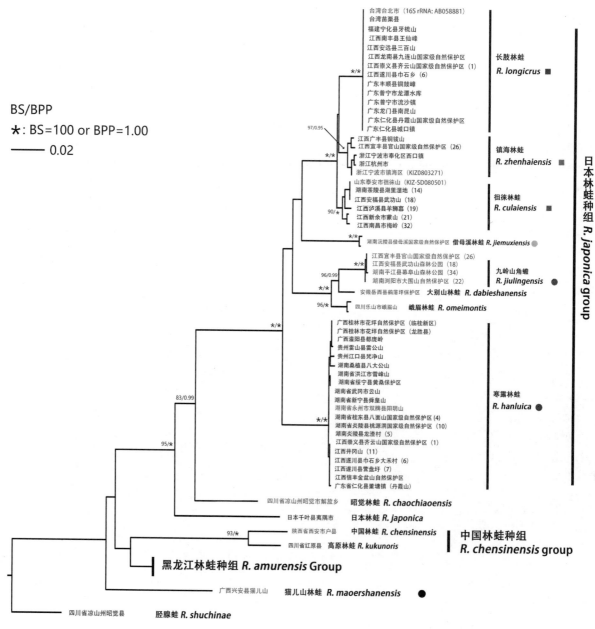

图 16-1　基于线粒体 16S rDNA 基因的林蛙属系统发育树（彩图另见文后图版）

加粗字体代表地模标本数据，括号内数字为表 16-1 中采集地对应的编号

峨眉林蛙、大别山林蛙与采集于江西省武功山国家森林公园、湖南省大围山国家级自然保护区、江西省官山国家级自然保护区和湖南省幕阜山国家森林公园的标本聚为一支，具有较高的节点支持率（1.00/100）。而采集于武功山国家森林公园、大围山国家级自然保护区、官山国家级自然保护区和幕阜山国家森林公园的标本聚为一支，具有较高的节点支持率（1.00/100），且彼此几乎没有遗传分化，说明这几个地点的林蛙为同一谱系，与大别山林蛙互为姊妹种，有较高的节点支持率（96/0.99），并有较深遗传分化，因此，该谱系是一个独立物种，即新种九岭山林蛙 R. jiulingensis。

寒露林蛙独立组成一支。寒露林蛙的地模标本与来自湖南省雪峰山、湖南省桑植八大公山、湖南省武冈市云山、湖南省桂东县八面山、广西壮族自治区龙胜各族自治县花坪、广西壮族自治区灌阳县都庞岭、贵州省铜仁市梵净山和雷山县雷公山、广东省仁化县丹霞山、江西省信丰县金盆山、江西省泸溪县羊狮幕、江西省吉安市井冈山、江西省崇义县齐云山等标本聚为一支（节点支持值100/1.00），分化很小，因此，寒露林蛙广泛分布于环洞庭湖流域。

本章建立的系统发育树确认了日本林蛙和昭觉林蛙等在罗霄山脉没有分布，它们在罗霄山脉的记录为鉴定错误所致。

至此，罗霄山脉共有 5 种林蛙，即镇海林蛙、长肢林蛙、寒露林蛙、徂徕林蛙和新种九岭山林蛙。

16.3.2　琴蛙属系统分类

Lyu 等（2020）基于采自中国东南部和台湾琴蛙属标本的线粒体 16S rRNA 和 CO1 基因构建了琴蛙属系统发育树，揭示了该地区以前文献记录的弹琴蛙 Nidirana adenopleura 包含 4 个谱系，以采自台湾的弹琴蛙地模标本为标准，万洋山脉谱系与台湾的弹琴蛙聚在一起，为真正弹琴蛙，另外的 3 个谱系分别代表了 3 个新种，即粤琴蛙 N. guangdongensis，模式产地在广东省英德市石门台国家级自然保护区；湘琴蛙 N. xiangica，模式产地在湖南省大围山国家级自然保护区（位于九岭山脉）；孟闻琴蛙 N. mangveni，模式产地在浙江省磐安县大盘山。基于 Lyu 等（2020）研究结果，本章重新构建了琴蛙属系统发育树（图 16-2）及不同种琴蛙在罗霄山脉及其邻近地区的分布图。

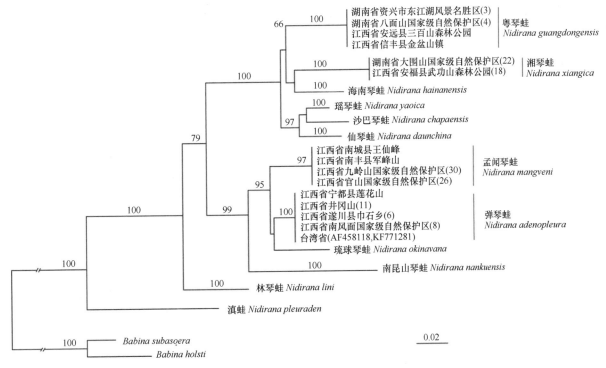

图 16-2　基于线粒体 16S rDNA 和 CO1 基因的琴蛙属系统发育树

括号内数字为表 16-1 中采集地点对应的编号

16.3.3 泛角蟾属系统分类

Wang 等（2019）基于线粒体 16S rRNA 和 *CO1* 基因构建了广义角蟾属 *Megophrys sensu lato* 贝叶斯系统发育树，揭示了泛角蟾属 *Panophrys* 在罗霄山脉至少包含 6 个谱系（图 16-3），代表了 6 个新种。

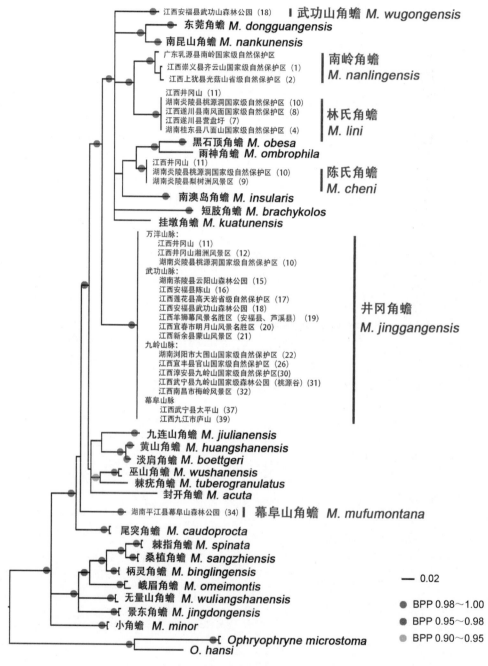

图 16-3　基于线粒体 16S rDNA 和 *CO1* 基因的泛角蟾属已知物种系统发育树（彩图另见文后图版）

括号内数字为表 16-1 中采集地点对应的编号

南岭角蟾 *Panophrys nanlingensis* 目前记录的分布点为诸广山脉的齐云山自然保护区和光菇山自然保护区；林氏角蟾的记录点为诸广山脉的八面山自然保护区、万洋山脉的南风面自然保护区、井冈山和桃源洞自然保护区；陈氏角蟾的记录点为江西井冈山、湖南桃源洞自然保护区和炎陵梨树洲风景区；井冈角蟾分布于万洋山脉的井冈山和桃源洞自然保护区以北的整个罗霄山脉，包括武功山脉、九岭山脉和幕阜山脉及其余脉；武功山角蟾仅分布于武功山脉的武功山森林公园；幕阜山角蟾仅分布于湖南幕阜山。

至此，罗霄山脉至少有 6 个独立的角蟾物种，小角蟾、淡肩角蟾和短肢角蟾在罗霄山脉均无分布，此前的分布记录为错误记录。

16.4　罗霄山脉两栖类动物区系组成

16.4.1　罗霄山脉两栖类物种组成

1. 物种组成

基于形态和分子鉴定，最终确认本次调查共记录两栖类 2 目 8 科 26 属 52 种，见表 16-3，约占当前中国两栖类物种总数的 10.4%。与历史文献相比，本调查未记录到大鲵、无斑雨蛙、经甫树蛙等物种。

表 16-3　罗霄山脉两栖类物种组成

| | 罗霄山脉 | | | | |
	诸广山脉	万洋山脉	武功山脉	九岭山脉	幕阜山脉
一、有尾目 Caudata					
1. 蝾螈科 Salamandridae					
1）七溪岭瘰螈 *Paramesotriton qixilingensis*		13			
2）弓斑肥螈 *Pachytriton archospotus*	1～3	8～11	18～19		
3）浏阳疣螈 *Tylototriton liuyangensis*				22	
4）东方蝾螈 *Cynops orientalis*					39
二、无尾目 Anura					
2. 蟾蜍科 Bufonidae					
5）中华蟾蜍 *Bufo gargarizans*	1～6	7～14	15～21	22～32	33～39
6）黑眶蟾蜍 *Duttaphrynus melanostictus*	1～5	7～14	15～16、18～21	32	
3. 角蟾科 Megophryidae					
7）崇安髭蟾 *Leptobrachium liui*	1～3	8～11	18～19	30～31	
8）福建掌突蟾 *Leptobrachella liui*	1～3	8～12	15～18		
9）珀普短腿蟾 *Brachytasophrys popei*		10～11			
10）南岭角蟾 *Panophrys nanlingensis*	1～2				
11）陈氏角蟾 *Panophrys cheni*		9～11			
12）井冈角蟾 *Panophrys jinggangensis*		10～12	15～21	22～32	37、39
13）林氏角蟾 *Panophrys lini*	3	7～11			
14）武功山角蟾 *Panophrys wugongensis*			19		
15）幕阜山角蟾 *Panophrys mufumontana*					34
4. 雨蛙科 Hylidae					
16）中国雨蛙 *Hyla chinensis*	1～3	7～14		30～31	
17）三港雨蛙 *Hyla sanchiangensis*	3	8、10～14	19	29	
5. 蛙科 Ranidae					
18）长肢林蛙 *Rana longicrus*	1～5	7～12			
19）镇海林蛙 *Rana zhenhaiensis*				25～26	

续表

	罗霄山脉				
	诸广山脉	万洋山脉	武功山脉	九岭山脉	幕阜山脉
20）徂徕林蛙 *Rana culaiensis*		14	18~19、21	32	
21）寒露林蛙 *Rana hanluica*	1、3、5	7~8、10~13			
22）九岭山林蛙 *Rana jiulingensis*			18	22、26、30	34
23）黑斑侧褶蛙 *Pelophylax nigromaculatus*	1~6	7~14	16、18	12~32	33~39
24）金线侧褶蛙 *Pelophylax plancyi*					39
25）弹琴蛙 *Nidirana adenopleura*	6	7~8、10~13			
26）孟闻琴蛙 *Nidirana mangveni*				26、30	
27）粤琴蛙 *Nidirana guangdongensis*	1~4				
28）湘琴蛙 *Nidirana xiangica*			18	22	
29）阔褶水蛙 *Sylvirana latouchii*	1~6	7~14	18~21	32	
30）沼水蛙 *Sylvirana guentheri*	1~6	7、10~14	15~18、21	22~32	34~39
31）竹叶蛙 *Odorrana versabilis*	1~3、5	7、10~12	18~19	22、26、30	33~34、36~37
32）花臭蛙 *Odorrana schmackeri*	1~6	7~13	15~21	22~31	33~39
33）宜章臭蛙 *Odorrana yizhangensis*	1~2	10~11	18		
34）大绿臭蛙 *Odorrana graminea*	1~6	7~14	15~21	22~32	34~39
35）崇安湍蛙 *Amolops chunganensis*		10~11	18		
36）华南湍蛙 *Amolops ricketti*	1~6	7~13	16~20	22~31	33~39
37）武夷湍蛙 *Amolops wuyiensis*				28、31	33~36、39
6. 叉舌蛙科 Dicroglossidae					
38）泽陆蛙 *Fejervarya multistriata*	1~6	7~14	15~21	22~32	33~39
39）虎纹蛙 *Hoplobatrachus chinensis*		11			35
40）福建大头蛙 *Limnonectes fujianensis*	1~6	7~14	15~21	32	
41）棘腹蛙 *Quasipaa boulengeri*	1~3	7~11	16~20	22、28、30~31	33、36~39
42）小棘蛙 *Quasipaa exilispinosa*	1~3	7~12	15~20	30	
43）棘胸蛙 *Quasipaa spinosa*	1~5	7~13	15~20	28、30	33~36
44）九龙棘蛙 *Quasipaa jiulongensis*		11		22	
7. 树蛙科 Rhacophoridae					
45）布氏泛树蛙 *Polypedates braueri*	1~6	7~14	15~21	22~32	35~36、39
46）大树蛙 *Zhangixalus dennysi*	1~6	7~14	15~21	22~32	36~39
47）井冈纤树蛙 *Gracixalus jinggangensis*		11			
48）红吸盘棱皮树蛙 *Theloderma rhododiscus*		11			
8. 姬蛙科 Microhylidae					
49）粗皮姬蛙 *Microhyla butleri*	1~6	7~14	15~21		
50）饰纹姬蛙 *Microhyla fissipes*	1~6	7~14	15~21	22~32	33、36~38
51）小弧斑姬蛙 *Microhyla heymonsi*	1~6	7~14	15~21	22~32	38
52）花姬蛙 *Microhyla pulchra*	1~6	7~14	15~21		

注：表格中非序号数字为记录地点，见表 16-1 地点编号。

罗霄山脉有尾目 1 科 4 属 4 种，无尾目 7 科 22 属 48 种。其中，以蛙科物种多样性最高，有 6 属 20 种，约占本区无尾目种总数的 42%；其次是角蟾科，有 4 属 11 种，约占无尾目种总数的 23%；叉舌蛙科 4 属 7 种，约占无尾目种总数的 15%；树蛙科 4 属 4 种；姬蛙科 1 属 4 种，约各占无尾目种总数的 8%。其余 2 科，蟾蜍科 2 属 2 种，雨蛙科 1 属 2 种。

泛角蟾属 *Panophrys* 多样性最高，有 6 种；其次是蛙属 *Rana*，有 5 种；臭蛙属 *Odorrana*、琴蛙属 *Nidirana*、棘胸蛙属 *Quasipaa* 和姬蛙属 *Microhyla* 均有 4 种；湍蛙属 *Amolops* 有 3 种；雨蛙属 *Hyla* 和侧褶蛙属 *Pelophylax* 均 2 种，其余 17 属均为 1 种。

2. 新种和新记录

在罗霄山脉所记录的两栖类中，有 14 个物种是 2012 年之后发表的，占罗霄山脉两栖类种总数的 26.9%。其中，有尾目蝾螈科 2 种，即七溪岭瘰螈和浏阳疣螈，此前分别被误定为中国瘰螈和宽脊疣螈。其余 12 种均属无尾目，其中角蟾科 7 种，即珀普短腿蟾、陈氏角蟾、井冈角蟾、林氏角蟾、武功山角蟾、幕阜山角蟾、南岭角蟾；蛙科 4 种，即九岭山林蛙、粤琴蛙、湘琴蛙、孟闻琴蛙；树蛙科 1 种，即井冈纤树蛙。

江西省新记录属 1 个，纤树蛙属 *Gracixalus*。省级新分布记录种 4 种，其中江西省新分布记录种 3 种，即祖徕林蛙、宜章臭蛙（杨剑焕等，2013）、崇安湍蛙（杨剑焕等，2013）；湖南省新分布记录种 1 种，即九龙棘蛙。

3. 分布特点

罗霄山脉两栖类 2 目 8 科 26 属 52 种，由南向北，南段诸广山脉记录两栖类 2 目 8 科 32 种，万洋山脉记录了 2 目 8 科 40 种；中段武功山脉 2 目 8 科 31 种；北段九岭山脉 2 目 8 科 30 种，幕阜山脉 2 目 7 科 21 种。其中，中华蟾蜍、黑斑侧褶蛙、沼水蛙、竹叶蛙、花臭蛙、大绿臭蛙、华南湍蛙、泽陆蛙、棘腹蛙、棘胸蛙、布氏泛树蛙、大树蛙、饰纹姬蛙和小弧斑姬蛙共 14 种广布于罗霄山脉 5 条中型山脉。

在有尾目中，以弓斑肥螈分布最为广泛，见于武功山脉以南的罗霄山脉；七溪岭瘰螈和浏阳疣螈均只分布于其模式产地，属于狭域分布物种或称为微特有种。

泛角蟾属 *Panophrys*：罗霄山脉无小角蟾、淡肩角蟾、短肢角蟾分布，所有 6 种角蟾均为新种。井冈角蟾分布的海拔范围最大，最低可见 400m，最高见于海拔 1200m，其分布范围也最大，遍布于井冈山和桃源洞国家级自然保护区以北的整个万洋山脉、武功山脉、九岭山脉和幕阜山脉，以及梅岭、庐山和湖南省衡东县四方山等地，是罗霄山脉最常见的角蟾；武功山角蟾见于武功山脉，林氏角蟾分布于整个万洋山脉和诸广山脉的八面山；南岭角蟾的模式产地在广东南岭，在罗霄山脉仅见于南段诸广山脉的齐云山南坡（齐云山国家级自然保护区）和北坡（光菇山省级自然保护区）；陈氏角蟾和幕阜山角蟾种分布区狭窄，仅分布于模式产地，属于微特有种。

罗霄山脉至少有 6 个独立角蟾物种，在整个泛角蟾属分布区内，罗霄山脉是角蟾多样性较高的地理区域。同时，角蟾在罗霄山脉表现出同域分布现象，井冈角蟾、陈氏角蟾和林氏角蟾同域分布于井冈山和桃源洞，湖南大围山至少同域分布有 3 种角蟾，武功山、庐山、官山等至少有 2 种角蟾同域分布。

蛙属 *Rana*：表 16-2 和图 16-1 表明，昭觉林蛙和日本林蛙的分布区远离罗霄山脉，罗霄山脉分布的林蛙共有 5 种，分别是长肢林蛙、寒露林蛙、祖徕林蛙、镇海林蛙和新种九岭山林蛙。

寒露林蛙和九岭山林蛙形态相近，趾间均为近满蹼。二者在罗霄山脉的分布有明显的替代现象，即寒露林蛙主要分布于环洞庭湖流域南部，罗霄山脉南段的诸广山脉和万洋山脉；而罗霄山脉中段武功山脉及北段的九岭山脉和幕阜山脉分布点是九岭山林蛙。

长肢林蛙、祖徕林蛙和镇海林蛙位于同一末端进化支，形成亲缘关系较近的并系关系，外部形态也比较相似，它们在罗霄山脉的分布并不重叠，呈现出明显的替代现象。长肢林蛙模式产地在台湾，在大陆分布于广东东部、北部，由南岭向北进入罗霄山脉和雩山山脉（安远县三百山和信丰县金盆山）。在罗霄山脉，长肢林蛙和寒露林蛙有相同的分布格局，它们分布的最北端都是万洋山脉，同时以罗霄山脉为界，长肢林蛙只分布于罗霄山脉以东区域，而未见分布于罗霄山脉以西区域，寒露林蛙只分布于罗霄山脉以西区域，以东区域未见分布。祖徕林蛙则主要见于罗霄山脉中段武功山脉与万洋山脉之间的断裂带，即茶陵-永新盆地，并以此沟通洞庭湖流域和鄱阳湖流域。镇海林蛙在罗霄山脉只见于北段的官山国家级自然保护区。

琴蛙属 *Nidirana*：图 16-2 结果表明，罗霄山脉分布有 4 种琴蛙，其中 3 种为隐存于原弹琴蛙的新种。4 种琴蛙在罗霄山脉的分布不重叠，在罗霄山脉的 5 条中型山脉，粤琴蛙分布于罗霄山脉南段的诸广山脉和雩山山脉南段（信丰县金盆山和安远县三百山），弹琴蛙在罗霄山脉主要分布于万洋山脉、雩山山脉中段（宁都）和诸广山脉东坡的遂川县巾石乡大禾村，大禾村所在山体与雩山山脉中段相连；湘琴蛙分布于武功山脉和九岭山脉的西段，孟闻琴蛙分布于九岭山脉中、东段和雩山山脉北段（江西南城县和南丰县）。

臭蛙属 *Odorrana*：罗霄山脉有 4 种臭蛙。花臭蛙、竹叶蛙和大绿臭蛙广布于罗霄山脉。宜章臭蛙分布于罗霄山脉的诸广山脉、万洋山脉和武功山脉；相比于南岭山脉和湖北五峰的孤立分布点，该种在罗霄山脉不仅分布区域广，且种群数量较大，罗霄山脉是该种的主要分布区。

湍蛙属 *Amolops*：罗霄山脉共有 3 种，武夷湍蛙只分布于罗霄山脉北段的九岭山脉和幕阜山脉，廖文波等（2014）、王英永等（2017）先前记录于万洋山脉的武夷湍蛙应属于错误记录。崇安湍蛙分布于武功山脉和万洋山脉。

棘蛙属 *Quasipaa*：罗霄山脉共 4 种，其中九龙棘蛙只分布于万洋山脉井冈山和九岭山脉大围山国家级自然保护区，有一定种群量，属于罗霄山脉和湖南省新记录种。小棘蛙分布于罗霄山脉除幕阜山脉以外 4 条中型山脉，种群量较大。

4. 特有性

罗霄山脉两栖类中，中国特有种 36 种，占本次调查记录种总数的 69.2%。该区有尾目蝾螈科 4 种均为中国特有种；无尾目中，32 种为中国特有种。其中，角蟾科 9 种均为中国特有种。雨蛙科三港雨蛙为中国特有种。20 种蛙科两栖动物中，17 种为中国特有种，占罗霄山脉蛙科两栖类的 85%；其中，蛙属 5 种、琴蛙属 4 种、臭蛙属 3 种、湍蛙属 3 种均为中国特有种，其余 2 个中国特有种为金线侧褶蛙和阔褶水蛙。叉舌蛙科 7 种中 4 种为中国特有种。树蛙科只有井冈纤树蛙为中国特有种。蟾蜍科和姬蛙科无中国特有种。

罗霄山脉特有种 9 种，占罗霄山脉种总数的 17.3%，分别是已知种七溪岭瘰螈、浏阳疣螈、陈氏角蟾、林氏角蟾、井冈角蟾、武功山角蟾、幕阜山角蟾、九岭山林蛙和井冈纤树蛙，这些均为 2012 年之后发表的新种，还有 2 个未发表新种。其中，七溪岭瘰螈、浏阳疣螈、陈氏角蟾、武功山角蟾、幕阜山角蟾和井冈纤树蛙只记录于其模式产地，属微特有种。林氏角蟾分布于诸广山脉的八面山和万洋山脉；井冈角蟾分布于万洋山脉、武功山脉、九岭山脉和幕阜山脉；九岭山林蛙分布于武功山脉、九岭山脉和幕阜山脉。

5. 稀有性

国家重点保护野生动物 1 种，虎纹蛙 *Hoplobatrachus chinensis* 被列为国家 II 级重点保护野生动物。无 CITES 附录收录物种。

根据 2019 年 IUCN 中国两栖类评估会议的评估结果，罗霄山脉两栖类有受胁物种 9 种，其中，陈氏角蟾为极危等级（CR）物种，井冈纤树蛙、浏阳疣螈和七溪岭瘰螈为濒危等级（EN）物种，长肢林蛙、棘胸蛙、九龙棘蛙、棘腹蛙、林氏角蟾为易危等级（VU）物种。

16.4.2　区系成分比较

1. 罗霄山脉南段、中段和北段两栖类区系比较

从地质地貌来看，罗霄山脉可分为南段、中段和北段。南段由诸广山脉和万洋山脉组成，中段为武功山脉，南段与中段由茶陵-永新盆地分隔；北段由九岭山脉和幕阜山脉组成，通过攸县-醴陵-万载盆地与中段武功山脉相隔。

南段共记录 2 目 8 科 42 种；中段面积最小，记录了两栖类 2 目 8 科 31 种，28 种与南段共有；北段共记录 2 目 8 科 36 种，24 种与中段共有，24 种与南段共有，南段、中段和北段两栖类区系的 Jaccard 相似性指数见表 16-4。

表 16-4　罗霄山脉南段、中段和北段两栖类区系 Jaccard 相似性指数（%）

罗霄山脉	南段	中段
南段		
中段	62.2	
北段	44.4	55.8

罗霄山脉南段诸广山脉记录了两栖类 2 目 8 科 32 种，万洋山脉 2 目 8 科 40 种；中段武功山脉 2 目 8 科 31 种；北段九岭山脉 2 目 8 科 30 种，幕阜山脉 2 目 7 科 21 种。

2. 罗霄山脉南段的万洋山脉与南岭中段和武夷山中段区系比较

由于目前无武夷山脉和南岭山脉两栖动物的完整数据，本章选取 3 个山脉中部面积相当且有比较完整调查数据的区域进行比较，分别是罗霄山脉南段的万洋山脉，包括井冈山国家级自然保护区、桃源洞国家级自然保护区和南风面国家级自然保护区；南岭中段，包括南岭国家级自然保护区和莽山国家级自然保护区；武夷山脉中段包括江西武夷山国家级自然保护区、福建武夷山国家级自然保护区和阳际峰国家级自然保护区。万洋山脉两栖类 2 目 8 科 40 种。根据我们今年的调查资料，整合同期的文献，去除大鲵等历史记录，南岭中段共记录两栖类 2 目 8 科 42 种（侯勉等，2012；傅祺等，2012；张梦斐等，2018；Hou et al.，2018），与万洋山脉共有物种 29 种；武夷山脉中段共记录两栖类 2 目 8 科 35 种（陶立奎等，2008；郭英荣等，2010），与罗霄山脉万洋山脉共有物种 25 种，与南岭中段共有物种为 24 种，三地两栖动物区系的 Jaccard 相似性指数见表 16-5。

表 16-5　万洋山脉、南岭中段和武夷山脉中段之间两栖动物区系的 Jaccard 相似性指数（%）

	万洋山脉	南岭中段
万洋山脉		
南岭中段	54.7	
武夷山脉中段	50.0	45.3

16.5　罗霄山脉两栖类动物区系特征

1）罗霄山脉是中南地区和华东地区的重要分界山脉，也是湘江水系和赣江水系的分界山脉，洞庭湖和鄱阳湖分列两侧，西侧隔洞庭湖及洞庭湖平原与武陵山脉和雪峰山对望，东侧则以鄱阳湖及赣鄱平原与黄山山脉及武夷山脉相隔，南侧与南岭山脉相接，北侧以长江与大别山脉相隔。由南向北，罗霄山脉由诸广山脉、万洋山脉、武功山脉、九岭山脉和幕阜山脉 5 条东北—西南走向的次级山脉共同构成，分为 3 段，南段由诸广山脉和万洋山脉组成，中段为武功山脉，南段与

中段由茶陵-永新盆地分隔；北段由九岭山脉和幕阜山脉组成，通过攸县-醴陵-万载盆地与中段武功山脉相隔。

在两栖动物区系方面，南岭山脉和洞庭湖流域对罗霄山脉两栖动物区系形成贡献更大。罗霄山脉南段的万洋山脉与南岭山脉中段的相似性较高（C_j＝54.7%），与武夷山脉中段相似性较低（C_j＝50.0%）。除东洋界华中区和华南区的广布种外，寒露林蛙、宜章臭蛙和竹叶蛙都是南岭山脉和罗霄山脉共有物种，棘腹蛙和花臭蛙是罗霄山脉和洞庭湖流域的共有物种，且花臭蛙只分布于大巴山脉东段、武陵山脉和罗霄山脉。

罗霄山脉内部，在整个罗霄山脉两栖动物区系形成和演化过程中，中段武功山脉的过渡性质明显，其与南段的相似性更高（C_j＝62.2%），而与北段的相似性稍低（C_j＝55.8%）。而南段与北段的相似性极低（C_j＝44.4%），这一数值低于罗霄山脉南段的万洋山脉与南岭山脉中段和武夷山脉中段的相似性（C_j分别为54.7%和50.0%）。这一结果与地理上对罗霄山脉的定义相吻合，武功山脉和万洋山脉、诸广山脉属于同一地理单元，即狭义罗霄山脉，北段（九岭山脉和幕阜山脉）属于另一个地理单元，即幕连九山脉。

罗霄山脉北段，即九岭山脉和幕阜山脉的两栖动物区系组成，受武陵山脉和黄山山脉影响较大。东方蝾螈、镇海林蛙、孟闻琴蛙和武夷湍蛙都应是从黄山山脉扩散而来，而花臭蛙、九岭山林蛙（系统进化树上与峨眉林蛙和大别山林蛙聚在一起，亲缘关系最近）有可能是从武陵山脉扩散而来的。

2）罗霄山脉是目前中国东南部两栖类多样性水平最高的地区，但其多样性仍然可能被严重低估。由于罗霄山脉一直不是多样性研究的热点地区，过去调查比较零碎，有很多物种未被发现或被错误鉴定，当中包括很多隐存的新种。2012年至今，在罗霄山脉共发表了13个两栖动物新种，还有4个新记录种。另外，通过万洋山脉、南岭山脉中段和武夷山脉中段的比较，万洋山脉只比南岭山脉中段少2种，而远高于武夷山脉中段（35种）。随着调查研究的深入，相信罗霄山脉两栖动物多样性水平将被大幅提升。

3）罗霄山脉两栖动物有较高的特有性。中国特有种36种，占本次调查记录的物种数69.2%。其中，罗霄山脉特有种9种，占17.3%，该比例远高于南岭和武夷山脉。

4）罗霄山脉历史记录的黑斑肥螈现修订为弓斑肥螈，日本林蛙、鳌掌突蟾、小角蟾、淡肩角蟾、短肢角蟾等均为错误鉴定物种；无斑雨蛙和经甫树蛙记录存疑；井冈山国家级自然保护区保存有20世纪80年代采集于井冈山的大鲵凭证标本，可以确定罗霄山脉曾有大鲵种群分布，但我们历时近10年的调查并未见到任何大鲵存在的证据，因此，目前罗霄山脉存在大鲵自然种群的可能性极低。

参 考 文 献

陈春泉, 宋玉赞, 黄晓凤, 等. 2006. 江西七星岭自然保护区两栖动物资源调查初报. 江西科学, 24(6): 505-528.

费梁, 胡淑琴, 叶昌媛, 等. 2006. 中国动物志 两栖纲(上卷) 总论 蚓螈目 有尾目. 北京: 科学出版社.

费梁, 胡淑琴, 叶昌媛, 等. 2009a. 中国动物志 两栖纲(中卷) 无尾目. 北京: 科学出版社.

费梁, 胡淑琴, 叶昌媛, 等. 2009b. 中国动物志 两栖纲(下卷) 无尾目 蛙科. 北京: 科学出版社.

费梁, 叶昌媛. 1992. 中国锄足蟾科掌突蟾属的分类探讨一新种描述(Amphibia: Pelobatidae). 动物学报, 38(3): 245-253.

费梁, 叶昌媛, 江建平. 2011. 中国两栖动物彩色图鉴. 成都: 四川科学技术出版社.

费梁, 叶昌媛, 江建平. 2012. 中国两栖动物及其分布彩色图鉴. 成都: 四川科学技术出版社.

傅祺, 杨道德, 费冬波, 等. 2012. 湖南莽山国家级自然保护区两栖动物资源调查与分析. 动物学杂志, 7(4): 62-67.

宫辉力, 庄文颖, 廖文波, 等. 2016. 罗霄山脉地区生物多样性综合科学考察. 中国科技成果, 17(22): 9-10.

郭英荣, 江波, 王英永, 等. 2010. 江西阳际峰自然保护区综合科学考察报告. 北京: 科学出版社.

侯勉, 李丕鹏, 吕顺青. 2012. 疣螈属形态学研究进展及四隐存居群地位的初步确定. 黄山学院学报, 14: 61-65.

黄族豪, 吴华钦, 陈东, 等. 2007. 井冈山自然保护区两栖动物多样性与保护. 江西科学, 25(5): 643-647.

李光运, 胡绍平, 刘美娟, 等. 2018. 江西金盆山省级自然保护区两栖动物资源调查. 江西农业大学学报, 40(4): 789-796.

李振基, 吴小平, 陈小麟, 等. 2009. 江西九岭山自然保护区综合科学考察报告. 北京: 科学出版社.

廖文波, 王英永, 李贞, 等. 2014. 中国井冈山地区生物多样性综合科学考察. 北京: 科学出版社.

廖文波, 王蕾, 王英永, 等. 2019. 湖南桃源洞国家级自然保护区生物多样性综合科学考察. 北京: 科学出版社.

林英. 1990. 井冈山自然保护区考察研究. 北京: 新华出版社.

刘承钊, 胡淑琴. 1961. 中国无尾两栖类. 北京: 科学出版社.

刘信中, 吴和平. 2005, 江西官山自然保护区科学考察与探究. 北京: 中国林业出版社.

沈猷慧, 沈端文, 莫小阳. 2008. 中国肥螈属(两栖纲: 蝾螈科)一新种——弓斑肥螈 *Pachytriton archospotus* sp. nov. 动物学报, 54(4): 645-652.

Smith A T, 解焱. 2009. 中国兽类野外手册. 长沙: 湖南科学技术出版社.

陶立奎, 程义杰, 陈晓虹. 2008. 江西武夷山国家级自然保护区两栖动物多样性初报. 四川动物, 27(5): 870-872.

汪松, 解焱. 2009. 中国物种红色名录 第二卷 脊椎动物 下册. 北京: 高等教育出版社.

王春林. 1998. 罗霄山脉的形成及其丹霞地貌的发育. 湘潭师范学院学报, 19(3): 110-115.

王同亮, 程林, 兰文军, 等. 2015. 江西武夷山国家级自然保护区两栖动物多样性及海拔分布特点. 生态学杂志, 34(7): 2009-2014.

王英永, 陈春泉, 赵健, 等. 2017. 中国井冈山地区陆生脊椎动物彩色图谱. 北京: 科学出版社.

王英永, 杨剑焕, 杜卿, 等. 2010. 江西阳际峰陆生脊椎动物彩色图谱. 北京: 科学出版社.

杨道德, 谷颖乐, 刘松, 等. 2007. 江西庐山自然保护区两栖动物资源调查与评价. 四川动物, 26(2): 362-365.

杨道德, 黄文娟, 陈武华. 2006. 江西武功山两栖爬行动物资源调查及评价. 四川动物, 25(2): 289-293.

杨道德, 刘松, 费冬波, 等. 2008. 江西齐云山自然保护区两栖爬行动物资源调查与区系分析. 动物学杂志, 43(6): 68-76.

杨剑焕, 洪元华, 赵健, 等. 2013. 5 种江西省两栖动物新纪录. 动物学杂志, 48(1): 129-133.

杨剑焕, 李韵, 张天度, 等. 2011. 3 种广东省两栖爬行动物新纪录. 动物学杂志, 46(1): 124-127.

张梦斐, 侯银梦, 陈德胜, 等. 2018. 湖南宜章发现两栖动物侏树蛙. 动物学杂志, 53(3): 475-478.

邹多录. 1985. 井冈山自然保护区两栖动物及其区系分布. 南昌大学学报, (1): 51-55.

邹多录, 王凯. 1991. 江西庐山两栖动物及其利用. 江西大学学报, 15(2): 65-68.

Chen J M, Poyarkov N A Jr, Suwannapoom C, et al. 2018. Large-scale phylogenetic analyses provide insights into unrecognized diversity and historical biogeography of Asian leaf-litter frogs, genus *Leptolalax* (Anura: Megophryidae). Molecular Phylogenetics and Evolution, 124: 162-171.

Chen J M, Zhou W W, Poyarkov N A Jr, et al. 2017. A novel multilocus phylogenetic estimation reveals unrecognized diversity in Asian horned toads, genus *Megophrys sensu lato* (Anura: Megophryidae). Molecular Phylogenetics and Evolution, 106: 28-43.

Frost D. 2019. Amphibian Species of the World: an Online Reference. Version 6.0. http://research.amnh.org/vz/herpetology/amphibia[2019-04-20].

Hou Y M, Zhang M, Hu F, et al. 2018. A new species of the genus *Leptolalax* (Anura, Megophryidae) from Hunan, China. Zootaxa, 4444: 247-266.

IUCN. 2012. IUCN Red List Categories and Criteria: Version 3.1. Second edition. Gland, Switzerland and Cambridge, UK: IUCN: iv, 32pp.

IUCN. 2019. The IUCN Red List of Threatened Species. Version 2019-1. https://www.iucnredlist.org[2019-04-13].

Liu Z Y, Chen G L, Zhu T Q, et al. 2018. Prevalence of cryptic species in morphologically uniform taxa - Fast speciation in Asian frogs. Molecular Phylogenetics and Evolution, 127: 723-731.

Lyu Z T, Dai K Y, Li Y, et al. 2020. Comprehensive approaches reveal three cryptic species of genus *Nidirana* (Anura, Ranidae) from China. ZooKeys, 914: 127-159.

Lyu Z T, Huang L S, Wang J, et al. 2019. Description of two cryptic species of the *Amolops ricketti* group (Anura, Ranidae) from southeastern China. ZooKeys, 812: 133-156.

Rao D Q, Yang D T. 1997. The variation in karyotypes of *Brachytarsophrys* with a discussion of the classification of the genus. Asiatic Herpetol Res, 7: 103-107

Tamura K, Stecher G, Peterson D, et al. 2013. MEGA6: molecular evolutionary genetics analysis, version 6.0. Molecular Biology and Evolution, 30: 2725-2729.

Thompson J D, Gibson T J, Plewniak F, et al. 1997. The CLUSTAL_X windows interface: flexible strategies for multiple sequence alignment aided by quality analysis tools. Nucleic Acids Research, 25: 4876-4882.

Wan H, Lyu Z T, Qi S, et al. 2020. A new species of the *Rana japonica* group (Anura, Ranidae, *Rana*) from China, with a taxonomic proposal for the *R. johnsi* group. ZooKeys, 942: 141-158.

Wang J, Lyu Z T, Liu Z Y, et al. 2019. Description of six new species of the subgenus *Panophrys* within the genus *Megophrys* (Anura, Megophryidae) from southeastern China based on molecular and morphological data. ZooKeys, 851: 113-164.

Wang J, Yang J H, Li Y, et al. 2018. Morphology and molecular genetics reveal two new *Leptobrachella* species in southern China (Anura, Megophryidae). ZooKeys, 776: 105-137.

Wang Y Y, Yang J H, Liu, Y. 2013. New distribution records for *Sphenomorphus tonkinensis* (Lacertilia: Scincidae) with notes on its variation and diagnostic characters. Asian Herpetological Research, 4(2): 147-150.

Wang Y Y, Zhang T D, Zhao J, et al. 2012. Description of a new species of the genus *Xenophrys* Günther, 1864 (Amphibia: Anura: Megophryidae) from Mount Jinggang, China, based on molecular and morphological data. Zootaxa, 3546: 53-67.

Wang Y Y, Zhao J, Yang J H, et al. 2014. Morphology, molecular genetics, and bioacoustic support two new sympatric *Xenophrys* (Amphibia: Anura: Megophryidae) species in Southeast China. PLoS One, 9(4): e93075.

Xiong R C, Li C, Jiang J P. 2015. Lineage divergence in *Odorrana graminea* complex (Anura: Ranidae: Odorrana). Zootaxa, 3963(2): 201-229.

Yang D D, Jiang J P, Shen Y H, et al. 2014. A new species of the genus *Tylototriton* (Urodela: Salamandridae) from northeastern Hunan Province, China. Asian Herpetological Research, 5: 1-11.

Yuan Z Y, Zhao H P, Jiang K, et al. 2014. Phylogenetic relationships of the genus *Paramesotriton* (Caudata: Salamandridae) with the description of a new species from Qixiling Nature Reserve, Jiangxi, southeastern China and a key to the species. Asian Herpetological Research, 5: 67-79.

Yuan Z Y, Zhou W W, Chen X, et al. 2016. Spatiotemporal diversification of the true frogs (genus *Rana*): A historical framework for a widely studied group of model organisms. Systematic Biology, 65(5): 824-842.

Zeng Z C, Zhao J, Chen C Q, et al. 2017. A new species of the genus *Gracixalus* (Amphibia: Anura: Rhacophoridae) from Mount Jinggang, southeastern China. Zootaxa, 4250(2): 171-185.

Zhao J, Yang J H, Chen G L, et al. 2014. Description of a new species of the genus *Brachytarsophrys* Tian and Hu, 1983 (Amphibia: Anura: Megophryidae) from Southern China based on molecular and morphological data. Asian Herpetological Research, 5(3): 150-160.

第 17 章　罗霄山脉爬行类动物区系及其物种多样性

摘　要　罗霄山脉由诸广山脉（包括八面山）、万洋山脉、武功山脉、九岭山脉和幕阜山脉 5 条中型山脉构成。通过历时 5 年的调查，共记录罗霄山脉爬行动物 2 目 15 科 44 属 68 种。罗霄山脉爬行动物多样性水平相对较高，但中国特有种比例中等偏低，区域特有种较少，其多样性最高的区域是万洋山脉。

17.1　研　究　背　景

对罗霄山脉爬行动物资源的前期调查研究较少，与罗霄山脉中、南段相比，目前罗霄山脉北段的爬行动物数据比较匮乏。杨道德等（2008）发表了江西齐云山（位于南段的诸广山脉）两栖爬行动物的调查数据，黄族豪等（2007）发表了江西井冈山（位于中、南段万洋山脉）爬行动物的调查数据，杨道德等于 2006 年发表了江西武功山森林公园（位于罗霄山脉中段）两栖爬行动物的调查数据，于 2007 年发表了江西庐山自然保护区（位于北段幕阜山脉）爬行动物的调查数据（杨道德等，2006，2007）。

为了比较全面地掌握罗霄山脉的爬行动物资源，本课题组以罗霄山脉的诸广山脉（以齐云山、光菇山、八面山为核心）、万洋山脉和武功山脉（以武功山、羊狮幕和明月山等为核心）为重点调查区，并向北扩大到罗霄山脉北段的九岭山脉（以大围山、九岭山和梅岭等为核心）和幕阜山脉（以幕阜山和九宫山等为核心），向东扩大至雩山山脉（以王仙峰、军峰山和凌云山等为核心），进行系统的爬行动物调查。

17.2　研　究　方　法

17.2.1　调查区域与调查方法

爬行动物调查区域与两栖类的相同，详见本书第 16 章。

根据不同类群的习性采用不同的调查方法，具体包括溯溪和沿路调查、典型生境样线法和陷阱法调查，同时填写记录表，记录种类、数量、海拔、活动状况、生境以及时间等数据。

标本制作和组织样品采集一般每个地点每种限采 4 个标本，重点调查物种采集 10 个标本，同时采集肌肉或肝脏组织样品，作为 DNA 研究材料，保存在 75%的乙醇溶液中。

17.2.2　种类鉴定依据

罗霄山脉爬行类种类鉴定依据 Reptile 数据库（Uetz et al.，2019）。

17.2.3　爬行类珍稀濒危和保护动物依据

1. 珍稀濒危物种

依据 IUCN 濒危等级标准厘定的受胁物种，其依据如下。

1）IUCN 红色名录：《世界自然保护联盟濒危物种红色名录》（简称"IUCN 红色名录"）。本章对物种珍稀濒危等级评定主要依据 IUCN 红色名录，将易危（vulnerable，VU）、濒危（endangered，EN）和极危（critically endangered，CR）三个等级物种列为受胁物种，即属于珍稀濒危物种，近危（near threatened，NT）和无危（least concern，LC）物种不属于珍稀濒危物种。

2）《中国物种红色名录》是对分布于领土范围内物种所作出的濒危等级的评定，遵循 IUCN 濒危物种等级评定标准，由相关学科专家学者讨论制定（汪松和解焱，2009）。

2. 保护物种

受国家法律和国际法律保护的物种，本章主要列出 2 类。

1）CITES：全称为《濒危野生动植物种国际贸易公约》（Convention on International Trade in Endangered Species of Wild Fauna and Flora），分为附录 I 和附录 II 物种。在我国，附录 I 物种等同于国家 I 级重点保护物种，附录 II 物种等同于国家 II 级重点保护物种（Smith 和解焱，2009）。

2）《国家重点保护野生动物名录》：1988 年 12 月 10 日国务院批准，1989 年 1 月 14 日由林业部、农业部令第 1 号发布施行了中国《国家重点保护野生动物名录》（China Key List），分为附录 I 和附录 II 物种，附录 I 物种即国家 I 级重点保护物种，附录 II 物种即国家 II 级重点保护物种。

17.3　罗霄山脉爬行类物种多样性和区系组成

17.3.1　物种多样性组成

截至 2018 年 12 月，罗霄山脉地区（包括诸广山脉、万洋山脉、武功山脉、九岭山脉、幕阜山脉）和雪山山脉陆域脊椎动物调查共记录了爬行纲动物 2 目 15 科 44 属 68 种（表 17-1）。

表 17-1　罗霄山脉和雪山山脉爬行动物物种组成及其分布

	诸广山脉	万洋山脉	武功山脉	九岭山脉	幕阜山脉	雪山山脉
龟鳖目 Testudines						
鳖科 Trionychidae						
中华鳖 *Pelodiscus sinensis*		√				
平胸龟科 Platysternidae						
平胸龟 *Platysternon megacephalum*		√				
有鳞目 Squamata 蜥蜴亚目 Lacertilia						
壁虎科 Gekkonidae						
多疣壁虎 *Gekko japonicas*		√		√		
梅氏壁虎 *Gekko melli*						√
铅山壁虎 *Gekko hokouensis*		√	√	√		√
蹼趾壁虎 *Gekko subpalmatus*		√				
鬣蜥科 Agamidae						
横纹龙蜥 *Diploderma fasciatum*		√				
丽棘蜥 *Acanthosaura lepidogaster*	√	√				
石龙子科 Scincidae						
宁波滑蜥 *Scincella modesta*		√				
股鳞蜓蜥 *Sphenomorphus incognitus*	√	√	√	√	√	√
印度蜓蜥 *Sphenomorphus indicus*	√	√		√		

	诸广山脉	万洋山脉	武功山脉	九岭山脉	幕阜山脉	雪山山脉
北部湾蜓蜥 *Sphenomorphus tonkinensis*		√				
中国石龙子 *Plestiodon chinensis*		√				
蓝尾石龙子 *Plestiodon elegans*		√	√			
蜥蜴科 Lacertidae						
古氏草蜥 *Takydromus kuehnei*		√	√			
北草蜥 *Takydromus septentrionalis*	√	√	√	√	√	√
崇安草蜥 *Takydromus sylvaticus*	√	√				
有鳞目 Squamata　蛇亚目 Serpentes						
盲蛇科 Typhlopidae						
钩盲蛇 *Indotyphlops braminus*		√				
闪鳞蛇科 Xenopeltidae						
海南闪鳞蛇 *Xenopeltis hainanensis*	√	√				
闪皮蛇科 Xenodermatidae						
井冈山脊蛇 *Achalinus jinggangensis*		√				
棕脊蛇 *Achalinus rufescens*		√		√		
钝头蛇科 Pareatidae						
台湾钝头蛇 *Pareas formosensis*	√	√	√			√
福建钝头蛇 *Pareas stanleyi*		√				
蝰科 Viperidae						
白头蝰 *Azemiops feae*		√				
尖吻蝮 *Deinagkistrodon acutus*	√	√	√	√	√	√
短尾蝮 *Gloydius brevicaudus*		√	√			
山烙铁头蛇 *Ovophis monticola*		√				
原矛头蝮 *Protobothrops mucrosquamatus*	√	√	√	√	√	√
福建竹叶青蛇 *Trimeresurus stejnegeri*	√	√	√	√	√	√
水蛇科 Homalopsidae						
中国水蛇 *Myrrophis chinensis*				√		
铅色水蛇 *Hypsiscopus plumbea*		√				
尾蛇科 Lamprophiidae						
紫沙蛇 *Psammodynastes pulverulentus*		√				√
眼镜蛇科 Elapidae						
银环蛇 *Bungarus multicinctus*	√	√	√	√	√	√
中华珊瑚蛇 *Sinomicrurus macclellandi*		√				
舟山眼镜蛇 *Naja atra*		√				
游蛇科 Colubridae						
锈链腹链蛇 *Hebius craspedogaster*		√	√			
白眉腹链蛇 *Hebius boulengeri*						√

续表

种	诸广山脉	万洋山脉	武功山脉	九岭山脉	幕阜山脉	雪山山脉
棕黑腹链蛇 *Hebius sauteri*		√				
草腹链蛇 *Amphiesma stolata*		√				
绞花林蛇 *Boiga kraepelini*	√	√	√	√		
尖尾两头蛇 *Calamaria pavimentata*		√				
钝尾两头蛇 *Calamaria septentrionalis*		√				
黄链蛇 *Lycodon flavozonatum*	√	√	√	√	√	√
赤链蛇 *Lycodon rufozonatum*	√	√	√	√	√	√
黑背白环蛇 *Lycodon ruhstrati*	√	√	√	√	√	√
玉斑锦蛇 *Euprepiophis mandarinus*	√	√	√	√	√	√
王锦蛇 *Elaphe carinata*		√	√			
黑眉锦蛇 *Elaphe taeniura*		√				
紫灰锦蛇 *Oreocryptophis porphyraceus*		√				
灰腹绿锦蛇 *Gonyosoma frenatum*		√				
颈棱蛇 *Macropisthodon rudis*		√	√			
台湾小头蛇 *Oligodon formosanus*		√				
中国小头蛇 *Oligodon chinensis*		√				
饰纹小头蛇 *Oligodon onatus*		√		√		
挂墩后棱蛇 *Opisthotropis kuatunensis*		√				
山溪后棱蛇 *Opisthotropis latouchii*	√	√	√	√	√	√
崇安斜鳞蛇 *Pseudoxenodon karlschmidti*	√	√	√	√	√	√
大眼斜鳞蛇 *Pseudoxenodon macrops*		√				
纹尾斜鳞蛇 *Pseudoxenodon stejnegeri*		√				
虎斑颈槽蛇 *Rhabdophis tigrinus*		√				
黑头剑蛇 *Sibynophis chinensis*		√				
环纹华游蛇 *Sinonatrix aequifasciata*		√				
乌华游蛇 *Sinonatrix percarinata*	√	√	√			
赤链华游蛇 *Sinonatrix annularis*		√		√		
翠青蛇 *Ptyas major*	√	√	√	√	√	√
乌梢蛇 *Ptyas dhumnades*		√				
黄斑渔游蛇 *Xenochrophis flavipunctatus*		√	√			
红纹滞卵蛇 *Oocatochus rufodorsatus*		√				

龟鳖目 Testudoformes 有 2 科 2 属 2 种，分别为鳖科 Trionychidae 的中华鳖 *Pelodiscus sinensis* 和平胸龟科 Platysternidae 的平胸龟 *Platysternon megacephalum*。

有鳞目 Squamata 蜥蜴亚目 Lacertillia 有 4 科 7 属 15 种。其中，壁虎科 Gekkonidae 有 1 属 4 种；鬣蜥科 Agamidae 有 2 属 2 种，其中龙蜥属 *Diploderma* 是江西省新记录属；石龙子科 Scincidae 有 3 属 6 种；蜥蜴科 Lacertidae 有 1 属 3 种。

有鳞目 Squamata 蛇亚目 Serpentes 有 9 科 35 属 51 种。其中，盲蛇科 Typhlopidae、闪鳞蛇科

Xenopeltidae 和尾蛇科 Lamprophiidae 均有 1 属 1 种；闪皮蛇科 Xenodermatidae、钝头蛇科 Pareatidae 均记录 1 属 2 种；水蛇科 Homalopsidae 有 2 属 2 种；蝰科 Viperidae 有 6 属 6 种；眼镜蛇科 Elapidae 有 3 属 3 种；游蛇科 Colubridae 有 19 属 33 种。

壁虎属 *Gekko* 多样性最高，共有 4 种；其次是蜓蜥属 *Sphenomorphus*、草蜥属 *Takydromus*、东亚腹链蛇属 *Hebius*、链蛇属 *Lycodon*、小头蛇属 *Oligodon*、斜鳞蛇属 *Pseudoxenodon* 和华游蛇属 *Sinonatrix*，各 3 种；石龙子属 *Plestiodon*、脊蛇属 *Achalinus*、钝头蛇属 *Pareas*、两头蛇属 *Calamaria*、锦蛇属 *Elaphe*、鼠蛇属 *Ptyas* 和后棱蛇属 *Opisthotropis*，各 2 种；其余各属均只有 1 种。

该区域调查共有 3 个地区性新记录种，分别是梅氏壁虎 *Gekko melli*（罗霄山脉地区新记录种，记录于雩山山脉）、北部湾蜓蜥 *Sphenomorphus tonkinensis*（江西省新记录种）和崇安草蜥 *Takydromus sylvaticus*（湖南省新记录种）。2017 年出版的《中国井冈山地区陆生脊椎动物彩色图谱》中，基于井冈山采集的 1 号标本描述的新种井冈攀蜥 *Diploderma jinggangensis*，通过分子证据比对，确定该种为横纹龙蜥 *Diplolerma fasciatum*，因此井冈攀蜥为无效种。横纹龙蜥不仅是江西省新记录种，其所在的属也是江西省新记录属。

17.3.2　珍稀濒危物种和受保护物种

1）IUCN 受胁物种：共有 3 个受胁物种，其中井冈山脊蛇为极危（CR）种，平胸龟为濒危（EN）种，中华鳖为易危（VU）种。

2）《中国物种红色名录》受胁物种：13 种。其中，平胸龟为濒危（EN）种，中华鳖、崇安草蜥、井冈山脊蛇、王锦蛇、玉斑锦蛇、黑眉锦蛇、乌梢蛇、银环蛇、舟山眼镜蛇、白头蝰、尖吻蝮和短尾蝮共计 12 种为易危（VU）种。

3）国家重点保护野生动物：罗霄山脉爬行动物无国家重点保护野生物种。

4）CITES 收录物种：2 种，平胸龟被列入附录 I，舟山眼镜蛇被列入附录 II。

17.3.3　罗霄山脉爬行类特有种

梅氏壁虎、宁波滑蜥、崇安草蜥、海南闪鳞蛇、福建钝头蛇、台湾钝头蛇、颈棱蛇、挂墩后棱蛇和山溪后棱蛇共 9 种爬行动物为中国特有种，占罗霄山脉爬行动物种总数的 13.2%。

17.3.4　罗霄山脉爬行类的生态特征

从本次调查结果来看，万洋山脉是罗霄山脉两栖动物多样性最高的地区，其多样性水平与武夷山脉相当，但低于南岭山脉。由于本次调查重点是万洋山脉，所记录的 68 种爬行动物中，65 种记录于万洋山脉，占 95.6%。其他区域的爬行动物大都为广布种，不仅遍布罗霄山脉，也遍布中国东南和华南地区。

17.4　罗霄山脉爬行类动物区系特征

爬行动物由于行为隐蔽、季节性强，与两栖类、鸟类和哺乳动物相比，其多样性调查难度更大，往往需要通过大量时间深入调查才能获得较为充分的数据。尽管罗霄山脉项目期限是 5 年，但想全面揭示南北跨度 1000km、东西跨度 200km 以上的范围内的爬行动物区系显然是不现实的，因此，爬行动物调查采取了突出重点覆盖全域的策略，万洋山脉是本项目调查的重点，通过万洋山脉来揭示罗霄山脉爬行动物的多样性水平和区系特点。

爬行动物皮肤高度角质化，有复杂的皮肤衍生物，机体保水能力较强；羊膜卵繁殖使其完全摆脱了对水的依赖，因此分布更加广泛，特有种少，广布种成为其区系的主要成分。罗霄山脉只有 9 种爬行动物是中国特有种，占调查记录全部爬行动物种总数的 13.2%。

基于罗霄山脉爬行动物的上述特点，当前数据很难评价其各个物种种群规模和准确的分布特点。

参 考 文 献

蔡波, 王跃招, 陈跃英, 等. 2015. 中国爬行纲动物分类厘定. 生物多样性, 23(3): 365-382.

宫辉力, 庄文颖, 廖文波. 2016. 罗霄山脉地区生物多样性综合科学考察. 中国科技成果, 17(22): 9-10.

郭英荣, 江波, 王英永, 等. 2010. 江西阳际峰自然保护区综合科学考察报告. 北京: 科学出版社.

黄族豪, 宋玉赞, 陈春泉, 等. 2007. 江西井冈山国家级自然保护区爬行动物多样性研究. 四川动物, 26(2): 368-369.

廖文波, 王英永, 李贞, 等. 2014. 中国井冈山地区生物多样性综合科学考察. 北京: 科学出版社.

林英. 1990. 井冈山自然保护区考察研究. 北京: 新华出版社.

汪松, 解焱. 2004. 中国物种红色名录 第一卷 红色名录. 北京: 高等教育出版社.

汪松, 解焱. 2009. 中国物种红色名录 第二卷 脊椎动物 下册. 北京: 高等教育出版社.

王英永, 陈春泉, 赵健, 等. 2017. 中国井冈山地区陆生脊椎动物彩色图谱. 北京: 科学出版社.

王英永, 杨剑焕, 杜卿, 等. 2010. 江西阳际峰陆生脊椎动物彩色图谱. 北京: 科学出版社.

杨道德, 黄文娟, 陈武华. 2006. 江西武功山两栖爬行动物资源调查及评价. 四川动物, 25(2): 289-293.

杨道德, 刘松, 古颖乐, 等. 2007. 江西庐山自然保护区爬行动物多样性调查与分析. 中南林业科技大学学报, 27(6): 72-76.

杨道德, 刘松, 费冬波, 等. 2008. 江西齐云山自然保护区两栖爬行动物资源调查与区系分析. 动物学杂志, 43(6): 68-76.

乐新贵, 洪宏志, 王英永. 2009. 江西省爬行纲动物新纪录——崇安地蜥 *Platyplacopus sylvaticus*. 四川动物, 28(4): 599-600.

张孟闻, 宗愉, 马积藩. 1998. 中国动物志 爬行纲 第一卷 总论 龟鳖目 鳄形目. 北京: 科学出版社.

张荣祖. 1999. 中国动物地理. 北京: 科学出版社.

赵尔宓. 2006a. 中国蛇类. 上册. 合肥: 安徽科学技术出版社.

赵尔宓. 2006b. 中国蛇类. 下册. 合肥: 安徽科学技术出版社.

赵尔宓, 黄美华, 宗俞, 等. 1998. 中国动物志 爬行纲 第三卷 有鳞目 蛇亚目. 北京: 科学出版社.

赵尔宓, 赵肯堂, 周开亚, 等. 1999. 中国动物志 爬行纲 第二卷 有鳞目 蜥蜴亚目. 北京: 科学出版社.

钟昌富. 1986. 井冈山自然保护区爬行动物初步调查. 江西大学学报(自然科学版), 10(2): 71-75.

钟昌富. 2004. 江西省爬行动物地理区划. 四川动物, 23(3): 222-229.

周正彦, 张微微, 孙志勇, 等. 2019. 江西凌云山自然保护区两栖爬行动物多样性调查与区系分析. 野生动物学报: 40(2): 1-6.

宗愉, 马积藩. 1983. 拟脊蛇属为一有效属称, 兼记一新种. 两栖爬行动物学报, 2(2): 61-63.

Ananjeva N B, Guo X G, Wang Y Z. 2011. Taxonomic diversity of Agamid Lizards (Reptilia, Sauria, Acrodonta, Agamidae) from China: a comparative analysis. Asian Herpetological Research, 2(3): 117-128.

Boulenger G A. 1893. Catalogue of the Snakes in the British Museum (Natural History). Volume I. London: Taylor and Francis.

Cai B, Wang Y Z, Chen Y Y, et al. 2015. A revised taxonomy for Chinese reptiles. Biodiversity Science, 23(3): 365-382.

Das I. 2010. A field guide to the reptiles of South-East Asia. London: New Holland Publishers.

Grismer L L, Wood P L Jr, Anuar S, et al. 2013. Integrative taxonomy uncovers high levels of cryptic species diversity in *Hemiphyllodactylus* Bleeker, 1860 (Squamata: Gekkonidae) and the description of a new species from Peninsular Malaysia. Zoological Journal of the Linnean Society, 169: 849-880.

Huang Z H, Song Y Z, Chen C Q, et al. 2007. Diversity of Reptiles in Jinggangshan National Nature Reserve. Sichuan Journal of Zoology, 26(2): 368-369.

IUCN Species Survival Commission. 2019. IUCN Red List of Threatened Species. http://www.redlist.org/[2019-04-25].

Nguyen T Q, Schmitz A, Nguyen T T, et al. 2011. Review of the genus *Sphenomorphus* Fitzinger, 1843 (Squamata: Sauria: Scincidae) in Vietnam, with description of a new species from Northern Vietnam and Southern China and the first record of *Sphenomorphus mimicus* Taylor, 1962 from Vietnam. Journal of Herpetology, 45(2): 145-154.

Pope C H. 1928. Seven new reptiles from Fukien Province, China. American Museum Novitat, 320: 1-6.

Pope C H. 1929. Notes on reptiles from Fukien and other Chinese provinces. Bulletin of the American Museum of Natural History, 58(8): 17-20, 335-487.

Pope C H. 1935. The reptiles of China. Turtles, crocodilians, snakes, lizards. Natural history of central Asia, X. New York: American Museum of Natural History: 1-27, 604.

Smith H M. 1943. The fauna of British India, Ceylon and Burma, Including the whole of the Indo-Chinese sub-region. Reptilia and Amphibia. Vol. III. Serpentes. London: Taylor and Francis: 583.

Uetz P, Freed P, Hošek J. 2019. The Reptile Database. http://www.reptile-database.org[2019-04-25].

Wan H, Lyu Z T, Qi S, et al. 2020. A new species of the *Rana japonica* group (Anura, Ranidae, Rana) from China, with a taxonomic proposal for the R. johnsi group. ZooKeys, 942: 141-158.

Wang Y Y, Yang J H, Liu Y. 2013. New distribution records for *Sphenomorphus tonkinensis* (Lacertilia: Scincidae) with notes on its variation and diagnostic characters. Asian Herpetological Research, 4(2): 147-150.

Yang D D, Huang W J, Chen W H. 2006. Species diversity of amphibians and reptiles in Wugongshan National Forest Park of Jiangxi Province. Sichuan Journal of Zoology, 25(2): 289-293.

Yang D D, Jiang J P, Shen Y H, et al. 2014. A new species of the genus *Tylototriton* (Urodela: Salamandridae) from northeastern Hunan Province, China. Asian Herpetological Research, 5: 1-11.

Yang D D, Liu S, Fei D B, et al. 2008. Field survey and faunal analysis on herpetological resources in Qiyunshan Nature Reserve, Jiangxi Province. Chinese Journal of Zoology, 43(6): 68-76.

Yang J H, Wang Y Y. 2010. Range extension of *Takydromus sylvaticus* (Pope, 1928) with notes on morphological variation and sexual dimorphism. Herpetology Notes, 3: 279-283.

Yuan Z Y, Zhao H P, Jiang K, et al. 2014. Phylogenetic relationships of the genus *Paramesotriton* (Caudata: Salamandridae) with the description of a new species from Qixiling Nature Reserve, Jiangxi, southeastern China and a key to the species. Asian Herpetological Research, 5: 67-79.

Yuan Z Y, Zhou W W, Chen X, et al. 2016. Spatiotemporal diversification of the true frogs (genus *Rana*): A historical framework for a widely studied group of model organisms. Systematic Biology, 65(5): 824-842.

Yue X G, Hong H Z, Wang Y Y. 2009. A newly recorded reptile from Jiangxi Province: *Platyplacopus sylvaticus*. Sichuan Journal of Zoology, 28(4): 599-600.

Zhong C F. 1986. Prelemenary survey of reptiles in the Jinggangshan Nature Reserve. Journal of Jiangxi University, 10(2): 71-75.

Zhong C F. 2004. Reptilian fauna and zoogeographic division of Jiangxi Province. Sichuan Journal of Zoology, 23(3): 222-229.

Zhou T, Chen B M, Liu G, et al. 2015. Biodiversity of Jinggangshan Mountain: the importance of topography and geographical location in supporting higher biodiversity. PLoS One, 10(3): e0120208.

Zhou Z Y, Zhang W W, Shun Z Y, et al. 2019. Diversity survey and analysis of herpetofauna in Lingyunshan Nature Reserve, Jiangxi Province, China. Chinesis Journal of Wildlife, 40(2): 1-6.

Zong Y, Ma J F. 1983. A new species of the genus *Achalinopsis* from Jiangxi and the restoration of this genus. Acta Herpetol. Sinica, Chengdu, (new ser.), 2(2): 61-63.

第18章　罗霄山脉鸟类区系及其物种多样性

摘　要　罗霄山脉是亚洲东部最重要的脊椎动物聚集地,同时也是动物南北迁徙的生物地理通道。本研究通过系统的野外调查工作,结合历史数据,首次对罗霄山脉的鸟类多样性与区系进行研究和总结。共有鸟类 18 目 70 科 215 属 369 种,其中国家 I 级重点保护野生动物 5 种,国家 II 级重点保护野生动物 50 种。被 IUCN 红色名录列为易危、濒危和极危的共有 11 种。东洋界鸟类 170 种,古北界鸟类 134 种,广布种 65 种。按居留类型来分,有留鸟 170 种、迁徙鸟 199 种。罗霄山脉鸟类物种丰富,珍稀濒危鸟种多,保护意义重大。本研究是对罗霄山脉系统性鸟类多样性研究的一项重要补充。

18.1　研　究　背　景

罗霄山脉位于中国大陆东南部,纵跨湖北、湖南、江西三省,是一条历史悠久、成因复杂、总体呈南北走向的大型山脉。主峰在江西省境内为南风面,海拔 2122m,在湖南省境内为酃峰,海拔 2120m,在欧亚大陆东南部仅次于海拔 2157.8m 的黄岗山,最低海拔 82m,相对落差达 2040m。罗霄山脉海拔从最低的 82m 抬升到最高的 2122m,地势在抬升过程中形成了众多的微地貌类型,原生植被在长期的演化过程中形成了众多不同的植被类型,多样化的生态环境孕育了丰富的植物区系,也为各类动物提供了丰富的食物资源和栖息场所,动物多样性较高。这一区域是中国大陆东部第三级阶梯最重要的气候和生态交错区,也是亚洲大陆第三纪古植被和生物区系的重要避难所,更是冰后期物种重新扩张的策源地。

鸟类位于食物网的中部和顶部,在生态系统的物质传递和能量流动中扮演着重要角色。研究一个地区鸟类的物种多样性,有助于了解该地区生态系统状态及变化趋势,从而为制定更加有效的保护措施提供科学依据(Wu et al., 2013)。罗霄山脉已有的鸟类研究主要集中于对单个保护区或单座山的研究。关于罗霄山脉最早的鸟类多样性报道见于周开亚等(1981)对江西庐山夏季鸟类的研究,该研究调查到庐山鸟类 84 种。戴年华等(1997)对江西官山自然保护区鸟类进行了考察并记录鸟类 78 种。王德良和罗坚(2002)对炎陵县下村乡鹭峰山的候鸟多样性进行了考察,记录到候鸟 21 种。杨道德等(2004)对武功山森林公园夏季鸟类进行了调查,记录到鸟类 112 种。罗霄山脉中研究较多且系统的主要为江西井冈山和湖南桃源洞国家级自然保护区。井冈山地区共记录到鸟类 287 种(廖文波等,2014),湖南桃源洞国家级自然保护区共记录鸟类 214 种(廖文波等,2018)。

罗霄山脉是我国中东部地区鸟类物种多样性最丰富的地区,保存了丰富的中国特有种和珍稀濒危鸟类。罗霄山脉中段井冈山-南风面-遂川还是鹭科、鸫科、莺科、秧鸡科等鸟类由华中、华北及以远地区向华南集中迁徙的重要通道。在国家科技基础性工作专项重点项目“罗霄山脉地区生物多样性综合科学考察”(项目编号 2013FY111500)实施之前,罗霄山脉大部分地区未进行过深入的科学考察研究,整体性、系统性资料匮乏。本研究利用该重点项目 5 年的系统野外考察数据,并结合已有资料,旨在比较全面地揭示罗霄山脉鸟类物种多样性及区系信息,以期为罗霄山脉的保护管理提供基础数据支撑。

18.2　研　究　方　法

在整个调查区域中，共设置了 62 个调查小区（表 18-1）。野外调查主要采用样线法和网捕法。样线法调查多在早晚鸟类活动较为活跃时进行，每条样线长度为 2～3km，调查队员以 2km/h 左右的步速前进，对样线两侧的鸟类进行观察并记录。单次调查中，每条样线重复 1～2 次，每条样线上配置 2 名调查人员。调查工具包括双筒望远镜、录音机、定向麦克风和数码相机。大部分的鸟类物种通过目击辨识，对有疑问的鸟种拍照后再进行识别；听到叫声但未观察且无法确定物种的鸟种，使用录音机录音，后期通过 Raven Version 1.4（Cornell Laboratory of Ornithology）软件对声音进行分析，以确定鸟种。

表 18-1　罗霄山脉鸟类调查地点

省份	地名	省份	地名	省份	地名
江西	莲花县大庵里	江西	奉新县萝卜潭	湖南	茶陵县云阳山
江西	上高县蒙山	江西	奉新县泥洋山	湖南	衡东县四方山
江西	崇义县齐云山	江西	奉新县桃仙岭	湖南	茶陵县湖里湿地
江西	安福县武功山	江西	奉新县越山	湖南	安福县陈山村
江西	井冈山市井冈山	江西	万载县鸡冠石	湖南	炎陵县桃源洞
江西	永新县七溪岭	江西	万载县竹山洞	湖南	炎陵县大院农场
江西	遂川县阡陌村附近	江西	上高县南港水源地	湖南	炎陵县金紫仙镇
江西	上犹县光菇山至齐云山	江西	宜丰县大西坑	湖南	资兴市烟坪乡顶辽村
江西	芦溪县羊狮幕	江西	宜丰县洞山	湖南	资兴市回龙山
江西	宜春市明月山	江西	宜丰县南屏	湖南	资兴市东江湖水库周边
江西	莲花县高天岩	江西	靖安县和尚坪	湖南	永兴县县城周边
江西	莲花县路口镇	江西	铜鼓县天柱峰	湖南	耒阳市黄市镇周边
江西	安福县陈山村	江西	铜鼓县连云山	湖南	衡东县县城附近
江西	遂川县营盘圩乡	江西	武宁县伊山	湖南	衡东县草市镇洣水边
江西	宜春市官山国家级自然保护区	江西	修水县程坊	湖南	衡东县石塘村永乐江边
江西	安义县西山岭	江西	修水县五梅山	湖南	茶陵县浣溪镇
江西	宜春市玉京山	江西	修水县黄龙山	湖南	炎陵县斜濑水
江西	宜春市店下镇	江西	瑞昌市南方红豆杉省级自然保护区	湖南	平江县幕阜山
江西	宜春市飞剑潭	湖南	平江县仙姑山	湖北	通山县九宫山
江西	奉新县百丈山	湖南	桂东县金银铺八面山	湖北	通山县隐水洞
江西	奉新县九岭山	湖南	炎陵县龙渣瑶族乡		

网捕调查中使用了雾网和渔网。雾网在白天和夜晚均能捕捉到鸟类，渔网只在夜间使用，配合灯光，捕捉迁徙中的鸟类。对于捕捉的鸟类，采集组织样品后释放。采集的组织样品类型为血液（大中型鸟类）或羽毛（小型雀鸟），对意外死亡的个体采集肌肉样品。野外采集的样品保存在装有无水乙醇的冷冻管中。对于野外捕捉后但无法准确辨识的物种，如某些柳莺，采集组织样本后，在实验室中通过分子手段识别。

除野外调查数据外，对已发表数据进行收集整理并复核。分类系统和鸟类名称依据郑光美（2017）的《中国鸟类分类与分布名录》（第三版）确定。鸟类区系参照《中国动物地理》（张荣祖，2011）确定。

18.3　罗霄山脉鸟类物种多样性与区系组成

18.3.1　鸟类多样性

在对罗霄山脉的野外调查中共记录到鸟类 17 目 61 科 239 种，结合历史数据，罗霄山脉共有鸟类 18 目 70 科 215 属 369 种（表 18-2）。占江西省鸟类 570 种（曾南京等，2018）的 64.74%。其中雀形目鸟类 213 种，占 57.72%，非雀形目鸟类 156 种，占 42.28%。其中于湖南八面山调查到的灰冠鹟莺（*Seicercus tephrocephalus*）和黑喉山鹪莺（*Prinia atrogularis*）为湖南省新记录种（黄秦等，2016）。鹟科鸟类最多，共有 32 种。除此之外，杜鹃科、秧鸡科、鹬科、鹭科、鹰科、鸥䴕科、啄木鸟科、鸦科、柳莺科、鸫科、鹟莺科、鸦科均达到或超过了 10 种。

表 18-2　罗霄山脉鸟类物种组成

序号	目	科	种	居留型	区系	国家保护等级	IUCN红色名录	数据来源
1	鸡形目 Galliformes	雉科 Phasianidae	鹌鹑 *Coturnix japonica*	冬	P			R
2			中华鹧鸪 *Francolinus pintadeanus*	留	O			R
3			白眉山鹧鸪 *Arborophila gingica*	留	O	II		O
4			灰胸竹鸡 *Bambusicola thoracicus*	留	O			O
5			黄腹角雉 *Tragopan caboti*	留	O	I	VU	O
6			白鹇 *Lophura nycthemera*	留	O	II		O
7			勺鸡 *Pucrasia macrolopha*	留	O	II		R
8			白颈长尾雉 *Syrmaticus ellioti*	旅	O	I		O
9			环颈雉 *Phasianus colchicus*	留	W			O
10	雁形目 Anseriformes	鸭科 Anatidae	小天鹅 *Cygnus columbianus*	冬	P	II		R
11			绿头鸭 *Anas platyrhynchos*	冬	P			R
12			绿翅鸭 *Anas crecca*	冬	P			R
13			斑嘴鸭 *Anas zonorhyncha*	冬	W			O
14			鸳鸯 *Aix galericulata*	冬	P	II		O
15			普通秋沙鸭 *Mergus merganser*	冬	P			R
16			中华秋沙鸭 *Mergus squamatus*	冬	P	I	EN	O
17	䴙䴘目 Podicipediformes	䴙䴘科 Podicipedidae	小䴙䴘 *Tachybaptus ruficollis*	留	W			O
18			凤头䴙䴘 *Podiceps cristatus*	冬	P			O
19	鸽形目 Columbiformes	鸠鸽科 Columbidae	山斑鸠 *Streptopelia orientalis*	留	W			O
20			火斑鸠 *Streptopelia tranquebarica*	旅	O			O
21			珠颈斑鸠 *Streptopelia chinensis*	留	O			O
22			斑尾鹃鸠 *Macropygia unchall*	留	O			R
23	夜鹰目 Caprimulgiformes	夜鹰科 Caprimulgidae	普通夜鹰 *Caprimulgus indicus*	留	W			O
24		雨燕科 Apodidae	白喉针尾雨燕 *Hirundapus caudacutus*	旅	O			O
25			白腰雨燕 *Apus pacificus*	旅	W			O
26			小白腰雨燕 *Apus nipalensis*	夏	O			O
27	鹃形目 Cuculiformes	杜鹃科 Cuculidae	红翅凤头鹃 *Clamator coromandus*	留	O			O
28			大鹰鹃 *Hierococcyx sparverioides*	留	O			O
29			北棕腹鹰鹃 *Hierococcyx hyperythrus*	旅	W			O

续表

序号	目	科	种	居留型	区系	国家保护等级	IUCN红色名录	数据来源
30			四声杜鹃 *Cuculus micropterus*	旅	W			O
31			大杜鹃 *Cuculus canorus*	旅	W			O
32			中杜鹃 *Cuculus saturatus*	旅	O			O
33			小杜鹃 *Cuculus poliocephalus*	夏	W			O
34			八声杜鹃 *Cacomantis merulinus*	夏	W			O
35			乌鹃 *Surniculus lugubris*	夏	O			R
36			噪鹃 *Eudynamys scolopaceus*	旅	W			O
37			褐翅鸦鹃 *Centropus sinensis*	留	O	II		O
38			小鸦鹃 *Centropus bengalensis*	留	O	II		O
39	鹤形目 Gruiformes	鹤科 Gruidae	白鹤 *Grus leucogeranus*	冬	P	I	CR	R
40		秧鸡科 Rallidae	花田鸡 *Coturnicops exquisitus*	旅	P	II	VU	R
41			白喉斑秧鸡 *Rallina eurizonoides*	旅	O			O
42			灰胸秧鸡 *Lewinia striata*	旅	O			O
43			普通秧鸡 *Rallus indicus*	冬	P			R
44			白胸苦恶鸟 *Amaurornis phoenicurus*	留	W			O
45			小田鸡 *Zapornia pusilla*	冬	P			R
46			红脚田鸡 *Zapornia akool*	留	O			O
47			红胸田鸡 *Zapornia fusca*	留	W			O
48			斑胁田鸡 *Zapornia paykullii*	旅	P			O
49			董鸡 *Gallicrex cinerea*	留	W			O
50			黑水鸡 *Gallinula chloropus*	留	W			O
51			白骨顶 *Fulica atra*	冬	P			O
52	鸻形目 Charadriformes	鸻科 Charadriidae	灰头麦鸡 *Vanellus cinereus*	夏	W			O
53			凤头麦鸡 *Vanellus vanellus*	冬	P			O
54			金眶鸻 *Charadrius dubius*	留	W			R
55			剑鸻 *Charadrius hiaticula*	冬	P			R
56			长嘴剑鸻 *Charadrius placidus*	冬	P			O
57		彩鹬科 Rostratulidae	彩鹬 *Rostratula benghalensis*	夏	O			R
58		水雉科 Jacanidae	水雉 *Hydrophasianus chirurgus*	夏	O			R
59		鹬科 Scolopacidae	丘鹬 *Scolopax rusticola*	旅	P			O
60			大沙锥 *Gallinago megala*	旅	P			O
61			扇尾沙锥 *Gallinago gallinago*	旅	P			O
62			针尾沙锥 *Gallinago stenura*	冬	W			R
63			林鹬 *Tringa glareola*	冬	P			R
64			泽鹬 *Tringa stagnatilis*	旅	P			R
65			青脚鹬 *Tringa nebularia*	冬	P			R
66			白腰草鹬 *Tringa ochropus*	冬	P			O
67			矶鹬 *Actitis hypoleucos*	旅	P			O
68			红颈瓣蹼鹬 *Phalaropus lobatus*	旅	P			R
69		三趾鹑科 Turnicidae	黄脚三趾鹑 *Turnix tanki*	旅	W			O

序号	目	科	种	居留型	区系	国家保护等级	IUCN红色名录	数据来源
70			棕三趾鹑 *Turnix suscitator*	旅	O			O
71		鸥科 Laridae	红嘴鸥 *Chroicocephalus ridibundus*	冬	P			O
72			海鸥 *Larus canus*	冬	P			R
73			普通燕鸥 *Sterna hirundo*	旅	P			R
74			白额燕鸥 *Sternula albifrons*	夏	W			R
75			灰翅浮鸥 *Chlidonias hybrida*	冬	P			R
76			白翅浮鸥 *Chlidonias leucopterus*	冬	P			R
77	鲣鸟目 Suliformes	鸬鹚科 Phalacrocoracidae	普通鸬鹚 *Phalacrocorax carbo*	冬	W			O
78	鹈形目 Pelecaniformes	鹭科 Ardeidae	苍鹭 *Ardea cinerea*	冬	W			O
79			草鹭 *Ardea purpurea*	旅	W			O
80			大白鹭 *Ardea alba*	旅	P			O
81			中白鹭 *Egretta intermedia*	旅	P			O
82			白鹭 *Egretta garzetta*	留	O			O
83			黄嘴白鹭 *Egretta eulophotes*	夏	W	II	VU	R
84			牛背鹭 *Bubulcus ibis*	旅	W			O
85			池鹭 *Ardeola bacchus*	旅	W			O
86			绿鹭 *Butorides striata*	旅	O			O
87			夜鹭 *Nycticorax nycticorax*	旅	W			O
88			大麻鳽 *Botaurus stellaris*	冬	W			R
89			黄斑苇鳽 *Ixobrychus sinensis*	旅	W			O
90			紫背苇鳽 *Ixobrychus eurhythmus*	旅	P			O
91			栗苇鳽 *Ixobrychus cinnamomeus*	旅	W			O
92			黑苇鳽 *Ixobrychus flavicollis*	旅	O			O
93			黑冠鳽 *Gorsachius melanolophus*	旅	O			R
94			海南鳽 *Gorsachius magnificus*	留	O	II	EN	R
95	鹰形目 Accipitriformes	鹰科 Accipitridae	黑冠鹃隼 *Aviceda leuphotes*	夏	O	II		O
96			凤头蜂鹰 *Pernis ptilorhynchus*	夏	W	II		O
97			黑翅鸢 *Elanus caeruleus*	留	O	II		R
98			黑鸢 *Milvus migrans*	冬	W	II		O
99			栗鸢 *Haliastur indus*	夏	O	II		R
100			蛇雕 *Spilornis cheela*	留	O	II		O
101			白尾鹞 *Circus cyaneus*	冬	P	II		O
102			鹊鹞 *Circus melanoleucos*	冬	P	II		R
103			白腹鹞 *Circus spilonotus*	冬	P	II		R
104			凤头鹰 *Accipiter trivirgatus*	留	O	II		O
105			赤腹鹰 *Accipiter soloensis*	夏	O	II		O
106			松雀鹰 *Accipiter virgatus*	留	W	II		O
107			日本松雀鹰 *Accipiter gularis*	冬	W	II		R
108			雀鹰 *Accipiter nisus*	冬	P	II		O
109			苍鹰 *Accipiter gentilis*	冬	P	II		R

续表

序号	目	科	种	居留型	区系	国家保护等级	IUCN红色名录	数据来源
110			灰脸鵟鹰 *Butastur indicus*	旅	P	II		O
111			普通鵟 *Buteo japonicus*	冬	P	II		O
112			林雕 *Ictinaetus malaiensis*	留	O	II		O
113			乌雕 *Clanga clanga*	冬	P	II		R
114			白腹隼雕 *Aquila fasciata*	留	O	II		O
115			白肩雕 *Aquila heliaca*	冬	P	I	VU	R
116			鹰雕 *Nisaetus nipalensis*	留	O	II		O
117	鸮形目 Strigiformes	鸱鸮科 Strigidae	黄嘴角鸮 *Otus spilocephalus*	旅	O	II		O
118			领角鸮 *Otus lettia*	留	O	II		O
119			红角鸮 *Otus sunia*	夏	O	II		O
120			鹰鸮 *Ninox scutulata*	留	O	II		R
121			褐林鸮 *Strix leptogrammica*	留	O	II		R
122			雕鸮 *Bubo bubo*	留	P	II		R
123			长耳鸮 *Asio otus*	冬	P	II		R
124			短耳鸮 *Asio flammeus*	冬	P	II		R
125			领鸺鹠 *Glaucidium brodiei*	夏	O	II		O
126			斑头鸺鹠 *Glaucidium cuculoides*	留	O	II		O
127			纵纹腹小鸮 *Athene noctua*	留	W	II		R
128		草鸮科 Tytonidae	草鸮 *Tyto longimembris*	留	O	II		R
129	咬鹃目 Trogoniformes	咬鹃科 Trogonidae	红头咬鹃 *Harpactes erythrocephalus*	留	O			O
130	犀鸟目 Bucerotiformes	戴胜科 Upupidae	戴胜 *Upupa epops*	冬	W			R
131	佛法僧目 Coraciiformes	蜂虎科 Meropidae	蓝喉蜂虎 *Merops viridis*	留	O			O
132		佛法僧科 Coraciidae	三宝鸟 *Eurystomus orientalis*	旅	W			O
133		翠鸟科 Alcedinidae	普通翠鸟 *Alcedo atthis*	留	W			O
134			蓝翡翠 *Halcyon pileata*	夏	O			O
135			白胸翡翠 *Halcyon smyrnensis*	留	O			O
136			冠鱼狗 *Megaceryle lugubris*	留	O			O
137			斑鱼狗 *Ceryle rudis*	留	O			O
138	啄木鸟目 Piciformes	拟啄木鸟科 Megalaimidae	大拟啄木鸟 *Psilopogon virens*	留	O			O
139			黑眉拟啄木鸟 *Psilopogon faber*	留	O			O
140		啄木鸟科 Picidae	蚁䴕 *Jynx torquilla*	冬	P			O
141			斑姬啄木鸟 *Picumnus innominatus*	留	O			O
142			白背啄木鸟 *Dendrocopos leucotos*	留	O			R
143			大斑啄木鸟 *Dendrocopos major*	留	P			O
144			棕腹啄木鸟 *Dendrocopos hyperythrus*	旅	O			R
145			星头啄木鸟 *Dendrocopos canicapillus*	留	O			R
146			栗啄木鸟 *Micropternus brachyurus*	留	O			O
147			黄冠啄木鸟 *Picus chlorolophus*	留	O			R
148			灰头绿啄木鸟 *Picus canus*	留	W			O
149			竹啄木鸟 *Gecinulus grantia*	留	O			R

续表

序号	目	科	种	居留型	区系	国家保护等级	IUCN红色名录	数据来源
150			黄嘴栗啄木鸟 *Blythipicus pyrrhotis*	留	O			O
151	隼形目 Falconiformes	隼科 Falconidae	白腿小隼 *Microhierax melanoleucos*	留	O	II		R
152			红隼 *Falco tinnunculus*	留	W	II		O
153			灰背隼 *Falco columbarius*	冬	P	II		R
154			红脚隼 *Falco amurensis*	旅	P	II		O
155			燕隼 *Falco subbuteo*	旅	W	II		O
156			游隼 *Falco peregrinus*	夏	W	II		O
157	雀形目 Passeriformes	八色鸫科 Pittidae	仙八色鸫 *Pitta nympha*	旅	O	II	VU	O
158		黄鹂科 Oriolidae	黑枕黄鹂 *Oriolus chinensis*	旅	W			O
159		莺雀科 Vireonidae	红翅鵙鹛 *Pteruthius aeralatus*	留	O			O
160			淡绿鵙鹛 *Pteruthius xanthochlorus*	留	O			R
161			白腹凤鹛 *Erpornis zantholeuca*	留	O			O
162		山椒鸟科 Campephagidae	大鹃鵙 *Coracina macei*	留	O			R
163			暗灰鹃鵙 *Lalage melaschistos*	夏	O			O
164			灰山椒鸟 *Pericrocotus divaricatus*	旅	P			R
165			小灰山椒鸟 *Pericrocotus cantonensis*	夏	O			O
166			灰喉山椒鸟 *Pericrocotus solaris*	留	O			O
167			赤红山椒鸟 *Pericrocotus flammeus*	留	O			O
168		钩嘴鵙科 Tephrodornithidae	钩嘴林鵙 *Tephrodornis virgatus*	留	O			R
169		卷尾科 Dicruridae	黑卷尾 *Dicrurus macrocercus*	夏	W			O
170			灰卷尾 *Dicrurus leucophaeus*	夏	O			O
171			发冠卷尾 *Dicrurus hottentottus*	夏	O			O
172		王鹟科 Monarchidae	寿带 *Terpsiphone incei*	夏	W			O
173		伯劳科 Laniidae	虎纹伯劳 *Lanius tigrinus*	旅	P			O
174			红尾伯劳 *Lanius cristatus*	冬	P			O
175			棕背伯劳 *Lanius schach*	留	O			O
176			灰背伯劳 *Lanius tephronotus*	旅	O			O
177			牛头伯劳 *Lanius bucephalus*	冬	P			R
178		鸦科 Corvidae	松鸦 *Garrulus glandarius*	留	W			O
179			灰喜鹊 *Cyanopica cyanus*	留	P			O
180			红嘴蓝鹊 *Urocissa erythroryncha*	留	W			O
181			灰树鹊 *Dendrocitta formosae*	留	O			O
182			喜鹊 *Pica pica*	留	W			O
183			大嘴乌鸦 *Corvus macrorhynchos*	留	W			O
184			达乌里寒鸦 *Corvus dauuricus*	冬	P			O
185			秃鼻乌鸦 *Corvus frugilegus*	留	P			R
186			小嘴乌鸦 *Corvus corone*	冬	P			R
187			白颈鸦 *Corvus pectoralis*	留	W			O
188		玉鹟科 Stenostiridae	方尾鹟 *Culicicapa ceylonensis*	夏	O			O
189		山雀科 Paridae	黄腹山雀 *Pardaliparus venustulus*	留	O			O

续表

序号	目	科	种	居留型	区系	国家保护等级	IUCN红色名录	数据来源
190			煤山雀 *Periparus ater*	留	P			R
191			大山雀 *Parus cinereus*	留	W			O
192			黄颊山雀 *Machlolophus spilonotus*	留	O			O
193			黄眉林雀 *Sylviparus modestus*	留	O			R
194		攀雀科 Remizidae	中华攀雀 *Remiz consobrinus*	旅	P			O
195		百灵科 Alaudidae	云雀 *Alauda arvensis*	冬	P			R
196			小云雀 *Alauda gulgula*	留	W			R
197		扇尾莺科 Cisticolidae	棕扇尾莺 *Cisticola juncidis*	留	W			O
198			山鹪莺 *Prinia crinigera*	留	O			O
199			黑喉山鹪莺 *Prinia atrogularis*	留	O			O
200			黄腹山鹪莺 *Prinia flaviventris*	留	O			O
201			纯色山鹪莺 *Prinia inornata*	留	O			O
202			长尾缝叶莺 *Orthotomus sutorius*	留	O			R
203		苇莺科 Acrocephalidae	黑眉苇莺 *Acrocephalus bistrigiceps*	旅	P			O
204			东方大苇莺 *Acrocephalus orientalis*	旅	W			O
205			钝翅苇莺 *Acrocephalus concinens*	旅	P			R
206			芦苇莺 *Acrocephalus scirpaceus*	迷	P			R
207			稻田苇莺 *Acrocephalus agricola*	夏	W			R
208			厚嘴苇莺 *Arundinax aedon*	旅	P			O
209		鳞胸鹪鹛科 Pnoepygidae	小鳞胸鹪鹛 *Pnoepyga pusilla*	留	O			O
210		蝗莺科 Locustellidae	高山短翅蝗莺 *Locustella mandelli*	留	O			O
211			棕褐短翅蝗莺 *Locustella luteoventris*	留	O			O
212			矛斑蝗莺 *Locustella lanceolata*	旅	P			O
213			小蝗莺 *Locustella certhiola*	旅	P			O
214		燕科 Hirundinidae	淡色崖沙燕 *Riparia diluta*	留	W			O
215			家燕 *Hirundo rustica*	夏	W			O
216			金腰燕 *Cecropis daurica*	夏	W			O
217			烟腹毛脚燕 *Delichon dasypus*	夏	O			O
218			毛脚燕 *Delichon urbicum*	旅	P			R
219		鹎科 Pycnonotidae	领雀嘴鹎 *Spizixos semitorques*	留	O			O
220			红耳鹎 *Pycnonotus jocosus*	留	O			O
221			白头鹎 *Pycnonotus sinensis*	留	O			O
222			黄臀鹎 *Pycnonotus xanthorrhous*	留	O			O
223			白喉红臀鹎 *Pycnonotus aurigaster*	留	O			R
224			灰短脚鹎 *Hemixos flavala*	留	O			R
225			栗背短脚鹎 *Hemixos castanonotus*	留	O			O
226			绿翅短脚鹎 *Ixos mcclellandii*	留	O			O
227			黑短脚鹎 *Hypsipetes leucocephalus*	留	O			O
228		柳莺科 Phylloscopidae	褐柳莺 *Phylloscopus fuscatus*	冬	P			O
229			黄腰柳莺 *Phylloscopus proregulus*	冬	P			R

序号	目	科	种	居留型	区系	国家保护等级	IUCN红色名录	数据来源
230			棕腹柳莺 *Phylloscopus subaffinis*	夏	O			O
231			黄眉柳莺 *Phylloscopus inornatus*	旅	P			O
232			淡眉柳莺 *Phylloscopus humei*	旅	P			R
233			极北柳莺 *Phylloscopus borealis*	旅	P			O
234			淡脚柳莺 *Phylloscopus tenellipes*	旅	P			O
235			冠纹柳莺 *Phylloscopus claudiae*	旅	O			O
236			白斑尾柳莺 *Phylloscopus ogilviegranti*	留	O			O
237			黑眉柳莺 *Phylloscopus ricketti*	旅	O			O
238			巨嘴柳莺 *Phylloscopus schwarzi*	旅	P			R
239			华西柳莺 *Phylloscopus occisinensis*	夏	O			R
240			双斑绿柳莺 *Phylloscopus plumbeitarsus*	夏	P			R
241			冕柳莺 *Phylloscopus coronatus*	旅	P			R
242			灰冠鹟莺 *Seicercus tephrocephalus*	夏	O			O
243			比氏鹟莺 *Seicercus valentini*	夏	O			O
244			淡尾鹟莺 *Seicercus soror*	夏	O			O
245			栗头鹟莺 *Seicercus castaniceps*	留	O			O
246			白眶鹟莺 *Seicercus affinis*	夏	O			R
247		树莺科 Cettiidae	鳞头树莺 *Urosphena squameiceps*	旅	P			O
248			远东树莺 *Horornis canturians*	旅	P			O
249			短翅树莺 *Horornis diphone*	留	P			O
250			强脚树莺 *Horornis fortipes*	留	O			O
251			黄腹树莺 *Horornis acanthizoides*	留	O			O
252			棕脸鹟莺 *Abroscopus albogularis*	留	O			O
253			栗头织叶莺 *Phyllergates cucullatus*	留	O			R
254		长尾山雀科 Aegithalidae	红头长尾山雀 *Aegithalos concinnus*	留	O			O
255		莺鹛科 Sylviidae	灰头鸦雀 *Psittiparus gularis*	留	O			O
256			棕头鸦雀 *Sinosuthora webbiana*	留	O			O
257			金色鸦雀 *Suthora verreauxi*	留	O			O
258			短尾鸦雀 *Neosuthora davidiana*	留	O			O
259			金胸雀鹛 *Lioparus chrysotis*	留	O			R
260		绣眼鸟科 Zosteropidae	栗耳凤鹛 *Yuhina castaniceps*	留	O			O
261			黑颏凤鹛 *Yuhina nigrimenta*	留	O			R
262			红胁绣眼鸟 *Zosterops erythropleurus*	冬	P			R
263			暗绿绣眼鸟 *Zosterops japonicus*	留	O			O
264		林鹛科 Timaliidae	华南斑胸钩嘴鹛 *Erythrogenys swinhoei*	留	O			O
265			棕颈钩嘴鹛 *Pomatorhinus ruficollis*	留	O			O
266			红头穗鹛 *Cyanoderma ruficeps*	留	O			O
267		幽鹛科 Pellorneidae	褐顶雀鹛 *Schoeniparus brunneus*	留	O			O
268			灰眶雀鹛 *Alcippe morrisonia*	留	O			O
269		噪鹛科 Leiothrichidae	矛纹草鹛 *Babax lanceolatus*	留	O			R

续表

序号	目	科	种	居留型	区系	国家保护等级	IUCN红色名录	数据来源
270			黑脸噪鹛 *Garrulax perspicillatus*	留	O			O
271			黑领噪鹛 *Garrulax pectoralis*	留	O			O
272			小黑领噪鹛 *Garrulax monileger*	留	O			O
273			棕噪鹛 *Garrulax berthemyi*	留	O			O
274			灰翅噪鹛 *Garrulax cineraceus*	留	O			O
275			画眉 *Garrulax canorus*	留	O			O
276			白颊噪鹛 *Garrulax sannio*	留	O			O
277			红嘴相思鸟 *Leiothrix lutea*	留	O			O
278		䴓科 Sittidae	普通䴓 *Sitta europaea*	留	P			R
279		鹪鹩科 Troglodytidae	鹪鹩 *Troglodytes troglodytes*	留	P			R
280		河乌科 Cinclidae	褐河乌 *Cinclus pallasii*	留	O			O
281		椋鸟科 Sturnidae	八哥 *Acridotheres cristatellus*	留	O			O
282			黑领椋鸟 *Gracupica nigricollis*	留	O			O
283			北椋鸟 *Agropsar sturninus*	旅	P			O
284			丝光椋鸟 *Spodiopsar sericeus*	留	W			O
285			灰椋鸟 *Spodiopsar cineraceus*	冬	P			O
286			灰背椋鸟 *Sturnia sinensis*	夏	O			R
287		鸫科 Turdidae	橙头地鸫 *Geokichla citrina*	旅	O			O
288			白眉地鸫 *Geokichla sibirica*	旅	P			O
289			小虎斑地鸫 *Zoothera dauma*	旅	P			O
290			乌鸫 *Turdus mandarinus*	留	W			O
291			灰背鸫 *Turdus hortulorum*	冬	P			O
292			乌灰鸫 *Turdus cardis*	冬	P			R
293			白眉鸫 *Turdus obscurus*	冬	P			R
294			斑鸫 *Turdus eunomus*	冬	P			O
295			白腹鸫 *Turdus pallidus*	冬	P			R
296			灰头鸫 *Turdus rubrocanus*	旅	O			R
297			宝兴歌鸫 *Turdus mupinensis*	留	O			R
298		鹟科 Muscicapidae	白喉短翅鸫 *Brachypteryx leucophris*	留	O			O
299			蓝短翅鸫 *Brachypteryx montana*	留	O			O
300			红尾歌鸲 *Larvivora sibilans*	旅	P			O
301			蓝歌鸲 *Larvivora cyane*	旅	P			O
302			红喉歌鸲 *Calliope calliope*	旅	P			O
303			红胁蓝尾鸲 *Tarsiger cyanurus*	冬	P			O
304			鹊鸲 *Copsychus saularis*	留	O			O
305			北红尾鸲 *Phoenicurus auroreus*	留	P			O
306			红尾水鸲 *Rhyacornis fuliginosa*	留	W			O
307			白顶溪鸲 *Chaimarrornis leucocephalus*	留	O			R
308			白尾地鸲 *Myiomela leucura*	留	O			O
309			小燕尾 *Enicurus scouleri*	留	O			O

序号	目	科	种	居留型	区系	国家保护等级	IUCN红色名录	数据来源
310			灰背燕尾 *Enicurus schistaceus*	留	O			O
311			白额燕尾 *Enicurus leschenaulti*	留	O			O
312			黑喉石䳭 *Saxicola maurus*	旅	P			O
313			灰林䳭 *Saxicola ferreus*	留	W			O
314			蓝矶鸫 *Monticola solitarius*	留	P			O
315			栗腹矶鸫 *Monticola rufiventris*	留	O			O
316			紫啸鸫 *Myophonus caeruleus*	留	O			O
317			白喉林鹟 *Cyornis brunneatus*	夏	O		VU	O
318			乌鹟 *Muscicapa sibirica*	留	P			O
319			北灰鹟 *Muscicapa dauurica*	留	P			O
320			褐胸鹟 *Muscicapa muttui*	留	O			R
321			白眉姬鹟 *Ficedula zanthopygia*	旅	P			O
322			黄眉姬鹟 *Ficedula narcissina*	旅	P			R
323			绿背姬鹟 *Ficedula elisae*	旅	P			R
324			鸲姬鹟 *Ficedula mugimaki*	旅	P			O
325			红喉姬鹟 *Ficedula albicilla*	冬	P			R
326			白腹蓝鹟 *Cyanoptila cyanomelana*	旅	P			O
327			琉璃蓝鹟 *Cyanoptila cyanomelana*	旅	O			O
328			海南蓝仙鹟 *Cyornis hainanus*	夏	O			R
329			小仙鹟 *Niltava macgregoriae*	留	O			O
330		丽星鹩鹛科 Elachuridae	丽星鹩鹛 *Elachura formosa*	留	O			O
331		叶鹎科 Chloropseidae	橙腹叶鹎 *Chloropsis hardwickii*	留	O			O
332		啄花鸟科 Dicaeidae	红胸啄花鸟 *Dicaeum ignipectus*	留	O			O
333		花蜜鸟科 Nectariniidae	叉尾太阳鸟 *Aethopyga christinae*	留	O			O
334		梅花雀科 Estrildidae	白腰文鸟 *Lonchura striata*	留	O			O
335			斑文鸟 *Lonchura punctulata*	留	O			O
336		雀科 Passeridae	山麻雀 *Passer cinnamomeus*	留	O			O
337			麻雀 *Passer montanus*	留	W			O
338		鹡鸰科 Motacillidae	山鹡鸰 *Dendronanthus indicus*	旅	P			O
339			白鹡鸰 *Motacilla alba*	留	W			O
340			黄鹡鸰 *Motacilla tschutschensis*	旅	P			O
341			黄头鹡鸰 *Motacilla citreola*	旅	P			O
342			灰鹡鸰 *Motacilla cinerea*	夏	P			O
343			树鹨 *Anthus hodgsoni*	冬	P			O
344			粉红胸鹨 *Anthus roseatus*	留	P			O
345			田鹨 *Anthus richardi*	冬	P			O
346			红喉鹨 *Anthus cervinus*	冬	P			R
347			黄腹鹨 *Anthus rubescens*	冬	P			O
348			水鹨 *Anthus spinoletta*	冬	P			R
349			山鹨 *Anthus sylvanus*	留	P			O

序号	目	科	种	居留型	区系	国家保护等级	IUCN红色名录	数据来源
350		燕雀科 Fringillidae	燕雀 *Fringilla montifringilla*	冬	P			O
351			普通朱雀 *Carpodacus erythrinus*	留	P			O
352			金翅雀 *Chloris sinica*	留	P			O
353			锡嘴雀 *Coccothraustes coccothraustes*	留	P			R
354			黑尾蜡嘴雀 *Eophona migratoria*	冬	P			O
355			黑头蜡嘴雀 *Eophona personata*	冬	P			R
356			褐灰雀 *Pyrrhula nipalensis*	留	O			R
357		鹀科 Emberizidae	小鹀 *Emberiza pusilla*	冬	P			O
358			白眉鹀 *Emberiza tristrami*	冬	P			R
359			栗耳鹀 *Emberiza fucata*	冬	P			R
360			灰头鹀 *Emberiza spodocephala*	冬	P			O
361			蓝鹀 *Emberiza siemsseni*	冬	O			O
362			三道眉草鹀 *Emberiza cioides*	冬	P			O
363			黄眉鹀 *Emberiza chrysophrys*	冬	P			R
364			田鹀 *Emberiza rustica*	冬	P		VU	O
365			黄喉鹀 *Emberiza elegans*	冬	P			O
366			黄胸鹀 *Emberiza aureola*	冬	P		CR	R
367			栗鹀 *Emberiza rutila*	冬	P			R
368			硫黄鹀 *Emberiza sulphurata*	旅	O			R
369			凤头鹀 *Melophus lathami*	夏	O			R

注：居留型：留. 留鸟；冬. 冬候鸟；夏. 夏候鸟；旅. 旅鸟；迷. 迷鸟，为偏离其迁徙路线而偶然出现在该区的候鸟。区系：O. 东洋界；P. 古北界；W. 广布种。IUCN 红色名录：VU. 易危；EN. 濒危；CR. 极危。数据来源：O. 野外调查；R. 历史记录。

18.3.2 鸟类区系与居留类型

罗霄山脉鸟类兼具东洋界和古北界成分，以东洋界成分为主。有记录的 369 种鸟类中，东洋界鸟类 170 种，占记录种总数的 46.07%；古北界鸟类 134 种，占 36.31%；广布种 65 种，占 17.62%。按居留类型，罗霄山脉有记录的 369 种鸟类中，留鸟 170 种，占记录种总数的 46.07%；夏候鸟 40 种，占 10.84%；冬候鸟 77 种，占 20.87%；旅鸟 82 种，占 22.22%。可见该区域以留鸟为主，冬候鸟次之。

18.3.3 濒危重点保护物种

罗霄山脉有记录的 369 种鸟类中，有国家 I 级重点保护物野生动物 5 种，分别为黄腹角雉 *Tragopan caboti*、白颈长尾雉 *Syrmaticus ellioti*、中华秋沙鸭 *Mergus squamatus*、白鹤 *Grus leucogeranus* 以及白肩雕 *Aquila heliaca*。国家 II 级重点保护野生动物 50 种，主要以鹰形目（21 种）、鸮形目（12 种）以及隼形目（6 种）物种为主。被 IUCN 红色名录评估为易危（VU）的有 7 种，分别为黄腹角雉 *Tragopan caboti*、花田鸡 *Coturnicops exquisitus*、黄嘴白鹭 *Egretta eulophotes* 白肩雕 *Aquila heliaca*、仙八色鸫 *Pitta nympha*、白喉林鹟 *Cyornis brunneatus* 和田鹀 *Emberiza rustica*；濒危（EN）的有 2 种，分别为中华秋沙鸭 *Mergus squamatus* 和海南鸦 *Gorsachius magnificus*；极危（CR）的有 2 种，分别为白鹤 *Grus leucogeranus* 和黄胸鹀 *Emberiza aureola*。罗霄山脉共有珍稀鸟类 58 种，占本区记录鸟类种总数的 15.72%。

18.4 罗霄山脉鸟类区系特征

本研究是迄今为止罗霄山脉最为全面的鸟类多样性记录，369 种鸟类各自具有不同的生态位需求，生态位的空间异质性反映了此区域拥有极高的生态环境多样性。

其中，游禽特别丰富，其他如涉禽、猛禽、攀禽、陆禽、鸣禽也十分丰富。作为中国大陆东部重要的生物避难所，罗霄山脉分布有大量的中国特有、珍稀濒危鸟类，如国家 I 级重点保护野生动物黄腹角雉 *Tragopan caboti*、白颈长尾雉 *Syrmaticus ellioti* 等在这一区域被发现，甚至活动频繁。本地区和秦岭、大巴山系、大别山系、四川南部山系、武夷山系、南岭山系等被国际鸟盟（BirdLife International）列为国际特有鸟类分布区—中国东南部山地（Endemic Birds Area-South-East Chinese Mountains），在整个中国东南部山地分布有 12 种中国特有种和珍稀濒危种其中白颈长尾雉 *Syrmaticus ellioti*、黄腹角雉 *Tragopan caboti*、白眉山鹧鸪 *Arborophila gingica*、海南鳽 *Gorsachius magnificus*、仙八色鸫 *Pitta nympha*、白喉林鹟 *Cyornis brunneatus* 等 6 种鸟类均曾经记录于罗霄山脉（BirdLife International and NatureServe，2015）。

纵跨湖北、湖南、江西三省的罗霄山脉，是一条历史悠久、成因复杂、总体呈南北走向的大型山脉，是中生代以来北半球亚热带东段陆地生物南北向迁徙、扩散的重要通道，也是保存较好的中亚热带生物多样性较为丰富的绿色廊道，很多特有成分以此为东西界，成为物种扩散的天然屏障。与其他鸟类丰富区域相比，罗霄山脉广布种特别丰富，相应地过境鸟也特别丰富。井冈山的涉禽、猛禽和杜鹃科鸟类比武夷山和峨眉山均丰富，显示山间湿地丰富、食物链组成完备、繁殖鸟（能为杜鹃科鸟类提供借巢的繁殖鸟）种类丰富。罗霄山脉西部为武陵山脉，南部与南岭相接，武陵山脉和南岭是我国生物多样性的关键地区，罗霄山脉作为两者的过渡区域或延伸区域，在区系区划上属于华中地区华东南省，是沟通华南地区和华中地区的通道。罗霄山脉鸟类区系的调查和区系性质研究是对中国大陆东部动物区系的重要补充，对丰富我国动物多样性也具有重要的意义。

参 考 文 献

戴年华, 刘玮, 蔡汝林. 1997. 江西省官山自然保护区鸟类调查初报. 江西科学, 15(4): 243-246.

黄秦, 林鑫, 梁丹. 2016. 湖南八面山发现灰冠鹟莺和黑喉山鹧莺. 动物学杂志, 51(5): 906-913.

廖文波, 王蕾, 王英永, 等. 2018. 湖南桃源洞国家级自然保护区生物多样性综合考察. 北京: 科学出版社.

廖文波, 王英永, 李贞, 等. 2014. 中国井冈山地区生物多样性综合科学考察. 北京: 科学出版社.

王德良, 罗坚. 2002. 湖南炎陵县下村乡鹭峰山候鸟考察报告. 湖南林业科技, (2): 71-75.

杨道德, 马建章, 黄文娟, 等. 2004. 武功山国家森林公园夏季鸟类资源调查. 中南林学院学报, 24(5): 87-92.

曾南京, 俞长好, 刘观华, 等. 2018. 江西省鸟类种类统计与多样性分析. 湿地科学与管理, 14(2): 50-60.

张荣祖. 2011. 中国动物地理. 北京: 科学出版社.

郑光美. 2017. 中国鸟类分类与分布名录. 3 版. 北京: 科学出版社.

周开亚, 李悦民, 刘月珍. 1981. 江西庐山的夏季鸟类. 南京师院学报(自然科学版), (3): 43-48.

BirdLife International and NatureServe. 2015. Bird species distribution maps of the world. BirdLife International, Cambridge, UK and NatureServe, Arlington, USA.

Wu Y J, Colwell R K, Rahbek C, et al. 2013. Explaining the species richness of birds along an elevational gradient in the subtropical Hengduan Mountains. Journal of Biogeography, 40(12): 2310-2323.

第 19 章 罗霄山脉哺乳类动物区系及其物种多样性

摘　要　通过实地调查，共记录罗霄山脉哺乳动物 91 种，隶属于 7 目 22 科 56 属，其中单种属有 42 属，占本地区哺乳动物属总数的 75.00%，反映了罗霄山脉哺乳动物属的多样性较高。列为国家 II 级重点保护野生动物的有藏酋猴 *Macaca thibetana* 等 8 种；列入 IUCN 红色名录濒危（EN）级别的有貉 *Nyctereutes procyonoides* 1 种，易危（VU）级别的有獐 *Hydropotes inermis*、水鹿 *Cervus unicolor* 和中华斑羚 *Naemorhedus griseus* 3 种，近危（NT）级别的有藏酋猴、大灵猫 *Viverra zibetha*、毛冠鹿 *Elaphodus cephalophus*、猪獾 *Arctonyx collaris* 和大足鼠耳蝠 *Myotis pilosus* 5 种；列入 CITES 附录的有 4 种，其中附录 I 有斑林狸 *Prionodon pardicolor* 和中华斑羚 2 种，附录 II 有藏酋猴和豹猫 *Prionailurus bengalensis* 2 种；列入《中国生物多样性红色名录——脊椎动物卷》的珍稀濒危物种（NT 和 VU 等级）高达 38 种，占本地区哺乳动物种总数的 41.76%；中国特有种有藏酋猴、小麂 *Muntiacus reevesi*、中华山蝠 *Nyctalus plancyi*、华南菊头蝠 *Rhinolophus huananus*、西南鼠耳蝠 *Myotis altarium* 和大卫鼠耳蝠 *Myotis davidii* 6 种。区系成分中东洋界种类占优（72 种，79.12%）；分布类型多样，东洋型分布物种最多（41 种），占 45.05%，南中国型次之（27 种），占 29.67%；随后为古北型（10 种，占 10.99%）、季风型和不易归类型（均为 5 种，占 5.5%）。发现 9 种蝙蝠为江西（4 种）、湖南（5 种）、湖北（2 种）的哺乳类分布新记录种，其中毛翼管鼻蝠 *Harpiocephalus harpia* 同时为上述三省哺乳类分布新记录种。9 种省级新记录蝙蝠种类如下（括号内为标本采集地）：①褐扁颅蝠 *Tylonycteris robustula*（江西井冈山）；②暗褐彩蝠 *Kerivoula furva*（江西井冈山）；③水甫管鼻蝠 *Murina shuipuensis*（江西井冈山）；④中蹄蝠 *Hipposideros larvatus*（湖南衡东）；⑤大卫鼠耳蝠 *Myotis davidii*（湖南衡东）；⑥中管鼻蝠 *Murina huttoni*（湖北通山）；⑦长指鼠耳蝠 *Myotis longipes*（湖南衡东）；⑧东亚水鼠耳蝠 *Myotis petax*（湖南衡东）；⑨毛翼管鼻蝠 *Harpiocephalus harpia*（江西井冈山、湖南炎陵、湖北通山）。

19.1　罗霄山脉哺乳类研究概况

1982～1983 年，江西省政府、江西省林业厅启动了井冈山地区第一次较大规模的考察。其间对井冈山地区的鸟类和哺乳动物进行了调查，以科考报告的形式首次较为详细地报道了井冈山哺乳动物有 42 种（含亚种）（林英，1990）。

郑发辉等（2007）在《井冈山国家级自然保护区自然资源评价》中，报道了该保护区哺乳动物有 67 种。首次报道了斑林狸 *Prionodon pardicolor* 的分布新记录，并把四川短尾猴改为藏酋猴 *Macaca thibetana*。但该文中并没有提供 67 种的物种名录。

2010 年 9 月至 2011 年 12 月，时隔近 30 年后江西省吉安市、井冈山管理局又联合启动了第二次井冈山综合科学考察。2013～2015 年，该调查进一步扩展至湖南炎陵桃源洞国家级自然保护区等，范围包含了罗霄山脉中段——万洋山脉的主体。考察内容更加全面、丰富和深入，研究成果显著，如徐忠鲜等（2013）报道的无尾蹄蝠为江西省哺乳动物新记录种等，相关哺乳动物研究成果反映在《中国井冈山地区生物多样性综合科学考察》（哺乳动物 64 种；廖文波等，2014）、《中国井冈山地区陆生脊椎动物彩色图谱》（王英永等，2017）、《湖南桃源洞国家级自然保护区生物多样性综合科学考察》（哺乳动物 49 种，廖文波等，2018）等专著中。

19.2　研　究　方　法

19.2.1　调查地点及路线取样

GPS 样点是卫星遥感影像判读各种景观类型的基础，根据室内判读的环境类型草图，现场核实判读的正误率，并对每个 GPS 样点做如下记录：①海拔表读出监测点的海拔值和经纬度；②记录植被、地貌和人类活动状况；③记录样线观察到的动物及其相关信息；④拍摄动物群落生活环境和典型环境外貌。

19.2.2　截距法、样线法和红外相机调查

根据调查区域的地形、地貌以及植被状况，划定调查范围，在哺乳动物活动的范围内制定有代表性的调查方法。

截距法：以 2km/h 的速度，观察、统计和记录每条样带中心线每侧 15m 内的哺乳动物活体及足迹、粪便、食物残迹、叫声等活动痕迹；鉴定并记录观察到的物种，同时统计数量和测定截距。

样线法：大中型哺乳动物（灵长类、偶蹄类、食肉类等）以及白天活动的小型哺乳动物的调查，采用样线直接观察或寻找活动痕迹（主要为足迹、粪便、皮毛、抓痕）进行观察。

还可布设红外相机进行调查，即在哺乳动物觅食活动或行走的环境附近，选择视野相对开阔的地方架设红外相机，定期（2～3 个月）更换相机内存卡和电池。

19.2.3　标本采集法

该方法主要针对小型哺乳类。地栖小型哺乳类（食虫类、啮齿类）等采用铗日法进行调查，每天安放鼠笼或鼠铗 80～100 个。次日清晨检查捕获情况并取回标本，并视具体捕获情况将采集工具置于原位或稍作调整。飞行性小型哺乳类（翼手类）则利用网捕法（包括雾网和竖琴网）进行调查，其中，对洞穴型及房屋型蝙蝠采取雾网或手网直接捕获；对树栖型蝙蝠采用竖琴网进行捕获，即天黑前在蝙蝠觅食或飞行活动路线布设竖琴网，次日早上检查捕获情况，辨认捕获种类，选留标本。采集样本或者利用数码照相机和摄像机进行拍摄，返回基地后再进行室内综合分析，判断其种类。所采集的标本随即进行剥制，同时采集肝、肌肉等组织样品于 75%乙醇溶液中保存。对稀有或者难以鉴定的种类，除利用形态分类方法加以辨别外，还利用分子系统发育技术进行物种鉴定。

19.2.4　访问调查

对大型哺乳类，走访当地猎人和护林员，查看保护区以及社区居民收藏的哺乳类皮张或骨骼。调查访问利用《中国兽类野外手册》（Smith 和解焱，2009）对相关人员进行无诱导式访问调查，使其描述出所知的野生动物种类及其鉴别特征、生态习性与分布状况，对访问调查所得信息综合分析，判断出物种分布情况。

19.2.5　标本查对及形态鉴定

利用中国科学院动物研究所或相关大学（如湖南师范大学、广州大学和华中师范大学）历年收集

和保存的哺乳类标本，对罗霄山脉调查范围内的哺乳动物多样性信息和标本进行核对与补充，确保鉴定的准确性和调查资料的完整性。

对采集的标本进行称重和外形测量，测量指标为：头躯长 HB（head and body length）、尾长 T（tail length）、耳长 E（ear length）、后足长 HF（hindfoot length）、前臂长 FA（forearm length）、胫骨长 Tib（tibia length）（杨奇森等，2007；Bates and Harrison，1997）。

依据《中国兽类野外手册》（Smith 和解焱，2009）、《中国哺乳动物图鉴》（盛和林，2005）及对部分模式标本描述的文献进行物种鉴定，中文名及拉丁名的确定以《中国哺乳动物多样性及地理分布》（蒋志刚等，2015）为准。

头骨比较：选取部分样本制作头骨剥制标本，使用数显游标卡尺（精确到 0.01mm），依据哺乳动物测量标准（杨奇森等，2007）对头骨标本的 15 项指标进行测量：颅全长 GTL（greatest length of skull）、颅基长 CBL（condylo-basal length）、枕犬长 CCL（condylo-canine length）、脑颅宽 BB（braincase breadth）、脑颅高 BH（height of braincase）、颧宽 ZB（zygomatic breadth）、后头宽 MW（mandible width）、腭长 PL（palate bridge length）、眶间宽 IOW（interorbital width）、上齿列长 C^1-M^3（length of upper tooth row）、上犬齿宽 C^1-C^1（width across upper canines）、上臼齿宽 M^3-M^3（width across upper molars）、下齿列长 C_1-M_3（length of lower tooth row）、下颌长 ML（mandible length）、下颌高 MH（height of mandible）。

19.2.6　分子系统发育学分析

将野外采集的组织样品，利用 PCR 技术，扩增并测定线粒体 DNA 中相关基因的分子序列，再对比 GenBank 已有的哺乳类物种的信息完成分子系统发育学分析，对本次采集的哺乳类进行鉴定与再核实。

剪取肌肉或肝脏组织约 20mg，使用 DNA 提取试剂盒（TIANGEN，天津）提取总 DNA。根据类群在 NCBI-nt（GenBank）数据库中信息丰度与覆盖度选择合适的分子标记，对管鼻蝠及伏翼使用线粒体 CO1 基因，对鼠耳蝠类群则使用 Cyt b 基因。其扩增引物分别为：CO1 基因（F：5′-ACA GCC TAA TAC CTA CTC GGC CAT-3′；R：5′-AGG CTC GGG TGT CTA CGT CCA-3′），Cyt b 基因（F：5′-AAA TCA CCG TTG TAC TTC AAC-3′；R：5′-TAG AAT ATC AGC TTT GGG TG-3′）。

PCR 的反应体系为 30μl：Premix TaqTM 15μl；引物各 0.4μl；模板 3μl；加入 ddH$_2$O 11.2μl 至 30μl。

PCR 程序为：预变性（94℃ 5min）；变性（94℃ 30s），退火（45～55℃ 30s），延伸（72℃ 60s），一共 35 个循环；最终延伸（72℃ 10min）。

扩增产物送上海美吉生物医药科技公司测序，使用 GENEIOUS 5.4（Drummond et al.，2011）对测序结果进行目测校对与拼接，结合 GenBank 数据库中下载的基因序列使用 MUSCLE（Edgar，2004）进行排序，使用 ModelTest（Posada and Crandall，1998）确定最优化核苷酸替换模型，使用 RAxML（Stamatakis，2014）构建 CO1 和 Cyt b 基因的最大似然系统发育树（maximum likelihood tree，ML tree）。

19.2.7　分类系统及区系依据

哺乳类分类系统主要依据《中国哺乳动物彩色图鉴》（潘清华等，2007）、《中国兽类野外手册》（Smith 和解焱，2009）和《中国兽类图鉴》（刘少英和吴毅，2019）。

动物区系类型主要依据《中国动物地理》（张荣祖，2011）和《中国哺乳动物多样性及地理分布》（蒋志刚等，2015）。

珍稀濒危动物主要依据《世界自然保护联盟濒危物种红色名录》（简称"IUCN 红色名录"）、CITES（Convention on International Trade in Endangered Species of Wild Fauna and Flora）附录、《国家重点保护野生动物名录》（China Key List，CKL）、《中国脊椎动物红色名录》（Red List of China's Vertebrates，RLCV）（蒋志刚等，2016）。

中国特有种（Endemic to China，EnC）主要依据《中国哺乳动物多样性及地理分布》等（蒋志刚等，2015）。

19.3　罗霄山脉哺乳类物种多样性与区系组成

19.3.1　哺乳类物种多样性

1. 物种多样性组成

本次调查根据实际记录和文献资料，罗霄山脉共有哺乳类 91 种（表 19-1），分属 7 目 22 科 56 属。其中劳亚食虫目 3 科 8 种，翼手目 3 科 37 种，灵长目 1 科 1 种，食肉目 5 科 13 种，偶蹄目 3 科 7 种，啮齿目 6 科 23 种，兔形目 1 科 2 种。以翼手目（40.66%）、啮齿目（25.27%）和食肉目（14.29%）三目的物种数目所占的比例最大，合计比例达到种总数的 80.22%；灵长目最少，只有 1 种。

表 19-1　罗霄山脉哺乳类物种组成

哺乳纲 Mammalia	罗霄山脉			区系成分	分布型	CKL	RLCV	CITES	IUCN	EnC	记录方式	
	北段	中段	南段								①	②
一、劳亚食虫目 Eulipotyphla												
1. 猬科 Erinaceidae												
东北刺猬 *Erinaceus amurensis*			√访	WS	O		LC		LC			+
2. 鼹科 Talpidae												
长吻鼹 *Euroscaptor longirostris*		√		OS	S		LC		LC		+	
华南缺齿鼹 *Mogera insularis*			√资	OS	S		NT		LC			+
3. 鼩鼱科 Soricidae												
微尾鼩 *Anourosorex squamipes*		√		OS	S		LC		LC		+	
喜马拉雅水鼩 *Chimarrogale himalayica*		√资	√资	OS	S		VU		LC			+
臭鼩 *Suncus murinus*		√	√	OS	W		LC		LC		+	
灰麝鼩 *Crocidura attenuata*		√		OS	S		LC		LC		+	
南小麝鼩 *Crocidura indochinensis*		√		OS	W		NT		LC		+	
二、翼手目 Choroptera												
4. 菊头蝠科 Rhinolophidae												
中菊头蝠 *Rhinolophus affinis*		√	√	OS	W		LC		LC		+	
华南菊头蝠 *Rhinolophus huananus*		√	√	OS	W		NT			√	+	
大菊头蝠 *Rhinolophus luctus*	√	√		OS	W		NT		LC		+	
大耳菊头蝠 *Rhinolophus macrotis*		√		OS	W		LC		LC		+	
皮氏菊头蝠 *Rhinolophus pearsoni*		√		OS	W		LC		LC		+	
小菊头蝠 *Rhinolophus pusillus*	√	√	√	OS	S		LC		LC		+	
中华菊头蝠 *Rhinolophus sinicus*	√	√	√	OS	W		LC		LC		+	
5. 蹄蝠科 Hipposideridae												
大蹄蝠 *Hipposideros armiger*		√		OS	W		LC		LC		+	
普氏蹄蝠 *Hipposideros pratti*			√	OS	W		NT		LC		+	
中蹄蝠 *Hipposideros larvatus*		√资	√	OS	W		LC		LC		+	
无尾蹄蝠 *Coelops frithi*		√		OS	W		VU		LC		+	
6. 蝙蝠科 Vesperitilionidae												
西南鼠耳蝠 *Myotis altarium*		√	√	OS	S		NT		LC	√	+	
中华鼠耳蝠 *Myotis chinensis*	√	√		OS	U		NT		LC		+	
大卫鼠耳蝠 *Myotis davidii*	√	√		OS	E		LC		LC	√	+	
渡濑氏鼠耳蝠 *Myotis rufoniger*		√	√	OS	S		VU				+	
金黄鼠耳蝠 *Myotis formosus*		√		OS	S		VU		LC		+	
长尾鼠耳蝠 *Myotis frater*		√		PS	O		DD		DD		+	
长指鼠耳蝠 *Myotis longipes*			√	PS	O		LC		DD		+	
华南水鼠耳蝠 *Myotis laniger*		√		OS	S		LC		LC		+	

续表

哺乳纲 Mammalia	罗霄山脉 北段	罗霄山脉 中段	罗霄山脉 南段	区系成分	分布型	CKL	RLCV	CITES	IUCN	EnC	记录方式 ①	记录方式 ②
东亚水鼠耳蝠 *Myotis petax*			√	WS	S		LC				+	
大足鼠耳蝠 *Myotis pilosus*		√	√	PS	U		NT		NT		+	
鼠耳蝠一种 *Myotis* sp.	√	√									+	
东亚伏翼 *Pipistrellus abramus*	√	√		OS	E		LC		LC		+	
爪哇伏翼 *Pipistrellus javanicus*		√资		OS	S		NT		LC			+
伏翼一种 *Pipistrellus* sp.		√									+	
灰伏翼 *Hypsugo pulveratus*			√	OS	S		NT		LC		+	
大棕蝠 *Eptesicus serotinus*			√	WS	U		LC		LC		+	
中华山蝠 *Nyctalus plancyi*		√		OS	S		LC		LC	√	+	
褐扁颅蝠 *Tylonycteris robustula*		√		OS	W		NT		LC		+	
斑蝠 *Scotomanes ornatus*	√	√		OS	S		LC		LC		+	
亚洲长翼蝠 *Miniopterus fuliginosus*	√	√	√	OS	O		LC		LC		+	
艾氏管鼻蝠 *Murina eleryi*		√		OS	W		NT				+	
哈氏管鼻蝠 *Murina harrisoni*		√		OS	W		DD		DD		+	
中管鼻蝠 *Murina huttoni*	√	√		OS	W		LC		LC		+	
水甫管鼻蝠 *Munina shuipuensis*		√		OS	W		DD				+	
毛翼管鼻蝠 *Harpiocephalus harpia*	√	√		OS	W		NT		LC		+	
暗褐彩蝠 *Kerivoula furva*	√	√		OS	W		DD		LC		+	
三、灵长目 Primates												
7. 猴科 Cercopithecidae												
藏酋猴 *Macaca thibetana*	√访或资	√	√	OS	S	II	VU	II	NT	√	+	
四、食肉目 Carnivora												
8. 犬科 Canidae												
貉 *Nyctereutes procyonoides*	√访或资	√资	√	PS	E		NT		EN		+	
9. 鼬科 Mustelidae												
青鼬 *Martes flavigula*		√	√资	OS	W	II	NT		LC		+	
黄腹鼬 *Mustela kathiah*		√资	√访	OS	S		NT		LC			+
黄鼬 *Mustela sibirica*	√	√	√访	PS	U		LC		LC		+	
鼬獾 *Melogale moschata*	√访或资	√	√痕迹	OS	S		NT		LC		+	
亚洲狗獾 *Meles leucurus*	√访或资	√资		PS	U		NT		LC			+
猪獾 *Arctonyx collaris*	√访或资	√	√	OS	W		VU		NT		+	
10. 灵猫科 Viverridae												
大灵猫 *Viverra zibetha*	√访或资	√资	√资	WS	W	II	VU		NT			+
小灵猫 *Viverricula indica*	√访或资	√	√	OS	W	II	VU		LC		+	
斑林狸 *Prionodon pardicolor*		√	√访	OS	W	II	VU	I	LC		+	
果子狸 *Paguma larvata*	√	√	√	OS	W		NT		LC		+	
11. 獴科 Herpestidae												
食蟹獴 *Herpestes urva*	√访或资	√	√	OS	W		NT		LC		+	
12. 猫科 Felidae												
豹猫 *Prionailurus bengalensis*	√访或资	√	√	OS	W		VU	II	LC		+	
五、偶蹄目 Artiodactyla												
13. 猪科 Suidae												
野猪 *Sus scrofa*	√	√	√	PS	U		LC		LC		+	
14. 鹿科 Cervidae												
獐 *Hydropotes inermis*	√访或资	√资	√	OS	S	II	VU		VU		+	
毛冠鹿 *Elaphodus cephalophus*		√资	√	OS	S		VU		NT		+	
小麂 *Muntiacus reevesi*	√	√	√	OS	S		VU		LC	√	+	

续表

哺乳纲 Mammalia	罗霄山脉			区系成分	分布型	CKL	RLCV	CITES	IUCN	EnC	记录方式	
	北段	中段	南段								①	②
赤麂 *Muntiacus muntjak*		√		OS	W		NT		LC		+	
水鹿 *Cervus unicolor*	√访或资	√	√	OS	W	II	VU		VU		+	
15. 牛科 Bovidae												
中华斑羚 *Naemorhedus griseus*		√资	√角	OS	E	II	VU	I	VU		+	
六、啮齿目 **Rodentia**												
16. 鼯鼠科 Petauristidae												
棕鼯鼠 *Petaurista petaurista*		√		OS	W		VU		LC		+	
17. 松鼠科 Sciuridae												
隐纹花松鼠 *Tamiops swinhoei*	√	√	√	OS	W		LC		LC		+	
珀氏长吻松鼠 *Dremomys pernyi*		√资	√资	OS	S		LC		LC			+
红腿长吻松鼠 *Dremomys pyrrhomerus*		√		OS	S		NT		LC		+	
赤腹松鼠 *Callosciurus erythraeus*	√		√	OS	W		LC		LC		+	
18.仓鼠科 Cricetidae												
黑腹绒鼠 *Eothenomys melanogaster*		√		OS	S		LC		LC		+	
东方田鼠 *Microtus fortis*		√	√资	OS	E		LC		LC		+	
19. 鼠科 Muridae												
巢鼠 *Micromys minutus*		√		PS	U		LC		LC		+	
中华姬鼠 *Apodemus draco*		√		OS	S		LC		LC		+	
黑线姬鼠 *Apodemus agrarius*			√资	PS	U		LC		LC			+
褐家鼠 *Rattus norvegicus*	√	√	√	WS	U		LC		LC		+	
黑家鼠 *Rattus rattus*			√资	OS	W		LC		LC			+
黄胸鼠 *Rattus tanezumi*	√	√资	√资	OS	W		LC		LC		+	
黄毛鼠 *Rattus losea*			√资	OS	S		LC		LC			+
大足鼠 *Rattus nitidus*		√	√	WS	W		LC		LC		+	
社鼠 *Niviventer confucianus*	√	√	√资	OS	W		LC		LC		+	
针毛鼠 *Niviventer fulvescens*	√	√	√	OS	W		LC		LC		+	
青毛硕鼠 *Berylmys bowersi*		√	√	OS	W		LC		LC		+	
白腹巨鼠 *Leopoldamys edwardsi*	√	√	√	OS	W		LC		LC		+	
小家鼠 *Mus musculus*		√资	√资	PS	U		LC		LC			+
20. 竹鼠科 Rhizomyidae												
中华竹鼠 *Rhizomys sinensis*			√	WS	W		LC		LC		+	
银星竹鼠 *Rhizomys pruinosus*		√	√	OS	W		LC		LC		+	
21. 豪猪科 Hystricidae												
豪猪 *Hystrix hodgsoni*	√访或资	√资	√刺	OS	W		LC		LC		+	
七、兔形目 **Lagomorpha**												
22. 兔科 Leporidae												
华南兔 *Lepus sinensis*	√	√	√	OS	S		LC		LC		+	
蒙古兔 *Lepus tolai*	√			WS	O		LC		LC		+	

注：区系成分：WS. 广泛分布种类；PS. 古北界分布种类；OS. 东洋界分布种类。分布型：W. 东洋型；S. 南中国型；U. 古北型；E. 季风型；O. 不易归类型。

保护等级：①IUCN 等级：EN. 濒危级别，VU. 易危级别，NT. 近危级别，LC. 无危级别，DD. 评价缺乏数据；②CITES 附录：I. 附录 I，II. 附录 II；③CKL：II. 国家 II 级保护野生动物；④RLCV 等级：VU. 易危级别，NT. 近危级别，LC. 无危级别，DD. 数据缺乏；⑤EnC. 中国特有种。

记录方式：①本调查记录物种；②据文献：廖文波等，2014，2018。

单种属有 42 个，占本地区哺乳动物属总数的 75%；包含 2 种的属 8 个，占本地区哺乳动物属总数的 14.3%；3 种及以上的属 6 个，占 10.7%。鼠耳蝠属 *Myotis* 有 11 种，是哺乳类中种数最多的属。

原文献记录的哺乳类如云豹 *Neofelis nebulosa*、金钱豹 *Panthera pardus*、金猫 *Catopuma temmincki*、狼 *Canis lupus*、豺 *Cuon alpinus*、赤狐 *Vulpes vulpes*、水獭 *Lutra lutra*、穿山甲 *Manis pentadactyla*、猕猴 *Macaca mulatta* 和中华鬣羚 *Capricornis milneedwardsii* 等 10 种，在本次调查（及访问）中均没有确实证据证实在该地区仍然栖息和存在，因此未列入名录。

2. 主要类群的物种多样性

（1）翼手类物种多样性

通过对 2013～2018 年野外采集标本进行鉴定，翼手类共 481 号标本，为 37 种（表 19-1，表 19-2）。其中菊头蝠科 7 种，蹄蝠科 4 种（图 19-1），蝙蝠科 26 种。其中蝙蝠科的物种数又以鼠耳蝠属居多（11 种，图 19-2），其次是管鼻蝠属 4 种，伏翼属 3 种（表 19-1）。与井冈山翼手类 3 科 7 属 16 种相比，罗霄山脉地区有 3 科 14 属 37 种，罗霄山脉地区蝙蝠物种多样性大大增加。

表 19-2 不同年度罗霄山脉翼手类和食虫类、啮齿类标本采集数量与种类

年度	调查时间	翼手类		食虫类、啮齿类	
		采集数量	采集种类	采集数量	采集种类
第一年度	2013 年 7 月 22～29 日	56	15	19	1
	2013 年 8 月 13～23 日	89	14	82	4
	2014 年 5 月 20～24 日	8	4	—	—
第二年度	2014 年 7 月 12～25 日	110	13	27	5
第三年度	2015 年 8 月 4～9 日	62	13	5	1
	2015 年 11 月 20～24 日	4	3	26	3
第四年度	2016 年 10 月 6～13 日	8	4	21	2
第五年度	2017 年 7 月 24 日至 8 月 1 日	56	10	7	1
	2018 年 3 月 19～28 日	88	9	27	4

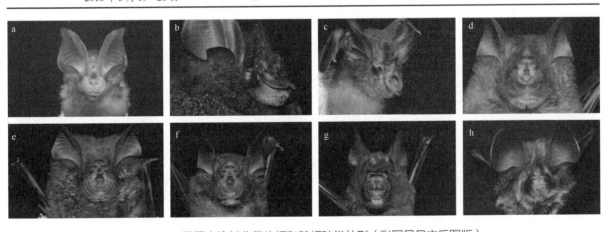

图 19-1 罗霄山脉部分菊头蝠和蹄蝠种类外形（彩图另见文后图版）

a. 大耳菊头蝠 *Rhinolophus macrotis*；b. 大菊头蝠 *R. luctus*；c. 小菊头蝠 *R. pusillus*；d. 中菊头蝠 *R. affinis*；e. 皮氏菊头蝠 *R. pearsoni*；f. 中华菊头蝠 *R. sinicus*；g. 大蹄蝠 *Hipposideros armiger*；h. 无尾蹄蝠 *Coelops frithi*

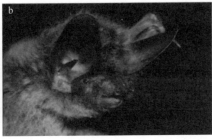

图 19-2　罗霄山脉部分鼠耳蝠属种类外形（彩图另见文后图版）

a. 大卫鼠耳蝠 *Myotis davidii*；b. 中华鼠耳蝠 *M. chinensis*；c. 长指鼠耳蝠 *M. longipes*；d. 渡濑氏鼠耳蝠 *M. rufoniger*；
e. 西南鼠耳蝠 *M. altarium*；f. 长尾鼠耳蝠 *Myotis frater*；g. 鼠耳蝠一种 *Myotis* sp.

（2）非飞行小型哺乳类物种多样性

2013～2018 年，罗霄山脉非飞行小型哺乳类多样性调查共计采集 214 个样本，计 14 种（表 19-1、表 19-2，图 19-3），其中包括啮齿类 9 种、食虫类 5 种。大部分地区均可采集到针毛鼠 *Niviventer fulvescens*，该种在罗霄山脉为优势种和广布种。

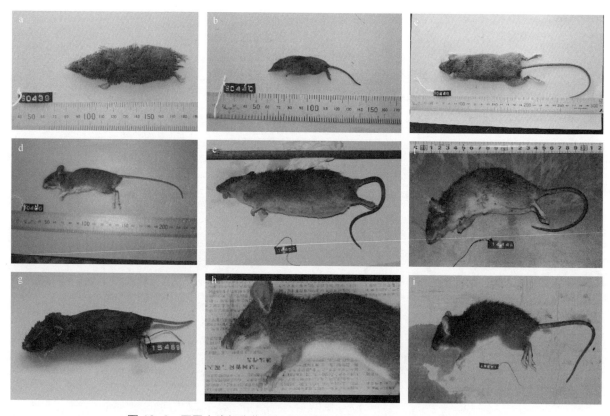

图 19-3　罗霄山脉部分非飞行小型哺乳类外形（彩图另见文后图版）

a. 微尾鼩 *Anourosorex squamipes*；b. 灰麝鼩 *Crocidura attenuata*；c. 针毛鼠 *Niviventer fulvescens*；d. 中华姬鼠 *Apodemus draco*；
e. 大足鼠 *Rattus nitidus*；f. 褐家鼠 *Rattus norvegicus*；g. 东方田鼠 *Microtus fortis*；h. 白腹巨鼠 *Leopoldamys edwardsi*；i. 青毛硕鼠
Berylmys bowersi

（3）红外相机调查结果

2014～2017 年，在罗霄山脉设立 27 个位点架设无人值守红外数码相机进行调查，工作时长为 36 个月。去除无效、重复及鸟类照片后，共获得有效哺乳类照片 319 张。其中 2014 年照片数量为 153 张，2015 年照片数量为 93 张，2016 年照片数量为 46 张，2017 年照片数量为 27 张。在本次有效照片中，共鉴定到哺乳类 17 种（表 19-3），隶属于 4 目 10 科，部分红外相机拍摄种类照片见图 19-4。

表 19-3　利用红外相机在罗霄山脉拍摄到的哺乳类记录（2014～2017 年）

物种	相机点数 （总点数）	有效照片数 （照片总数）	拍摄地点	CKL	CITES	IUCN
一、灵长目 Primates						
1. 藏酋猴 *Macaca thibetana*	2（44）	3（319）	羊狮幕	II	II	NT
二、鲸偶蹄目 Artiodactyla						
2. 赤麂 *Muntiacus muntjak*	11（44）	49（319）	井冈山、羊狮幕、鸡公岩			
3. 小麂 *Muntiacus reevesi*	15（44）	68（319）	井冈山、七溪岭、羊狮幕、鸡公岩			
4. 水鹿 *Cervus unicolor*	1（44）	4（319）	羊狮幕	II		VU
5. 家养山羊	2（44）	10（319）	鸡公岩			
6. 野猪 *Sus scrofa*	14（44）	50（319）	井冈山、七溪岭、羊狮幕			
三、食肉目 Carnivora						
7. 斑林狸 *Prionodon pardicolor*	1（44）	1（319）	七溪岭	II	I	
8. 果子狸 *Paguma larvata*	2（44）	11（319）	井冈山、羊狮幕			
9. 小灵猫 *Viverricula indica*	1（44）	1（319）	七溪岭	II		
10. 豹猫 *Prionailurus bengalensis*	1（44）	1（319）	井冈山		II	
11. 食蟹獴 *Herpestes urva*	1（44）	3（319）	羊狮幕			
12. 猪獾 *Arctonyx collaris*	4（44）	4（319）	井冈山			NT
13. 黄鼬 *Mustela sibirica*	5（44）	6（319）	七溪岭			
14. 青鼬 *Martes flavigula*	1（44）	1（319）	井冈山	II		
四、啮齿目 Rodentia						
15. 老鼠 Muroidea	16（44）	48（319）	井冈山、七溪岭、羊狮幕、鸡公岩			
16. 隐纹花松鼠 *Tamiops swinhoei*	1（44）	3（319）	井冈山			
17. 赤腹松鼠 *Callosciurus erythraeus*	4（44）	5（319）	井冈山、七溪岭、羊狮幕			

3. 珍稀濒危物种

罗霄山脉哺乳动物有 91 种，属于国家 II 级重点保护野生动物的有藏酋猴 *Macaca thibetana* 等 8 种（8.79%）（表 19-1，表 19-4）。列入 CITES 附录的有 4 种（4.40%）：其中附录 I 有斑林狸 *Prionodon pardicolor* 和中华斑羚 *Naemorhedus griseus* 2 种，附录 II 有藏酋猴和豹猫 *Prionailurus bengalensis* 2 种。列入 IUCN 红色名录濒危（EN）级别的有貉 *Nyctereutes procyonoides* 1 种，易危（VU）级别的有獐 *Hydropotes inermis*、水鹿 *Cervus unicolor* 和中华斑羚 3 种，近危（NT）级别的有藏酋猴、大灵猫 *Viverra zibetha*、毛冠鹿 *Elaphodus cephalophus*、猪獾 *Arctonyx collaris* 和大足鼠耳蝠 *Myotis pilosus* 5 种。中国特有种包括：藏酋猴、小麂 *Muntiacus reevesi*、中华山蝠 *Nyctalus plancyi*、华南菊头蝠 *Rhinolophus huananus*、西南鼠耳蝠 *Myotis altarium* 和大卫鼠耳蝠 *Myotis davidii* 等 6 种。在《中国生物多样性红色名录——脊椎动物卷》中列入珍稀濒危物种（NT 和 VU 等级）的达 38 种，占种总数的 41.76%。

19.3.2　区系特征和分布型

1. 区系特征

东洋界成分 72 种，占本地区哺乳动物种总数的 79.12%，因此本地区东洋界哺乳动物占绝对优势，总体呈现出以东洋界物种为主、南北渗透、东西混杂的群落结构特征。其中小麂 *Muntiacus reevesi* 为东洋界华中区的代表种类，广泛分布于华中区丘陵山地次生林灌生态环境，以果实、种子、嫩芽为食。

图 19-4　红外相机在罗霄山脉拍摄的部分兽类（彩图另见文后图版）

a. 斑林狸 *Prionodon pardicolor*（井冈山）; b. 青鼬 *Martes flavigula*（井冈山）; c. 黄鼬 *Mustela sibirica*（井冈山）; d. 藏酋猴 *Macaca thibetana*（羊狮幕）; e. 食蟹獴 *Herpestes urva*（羊狮幕）; f. 小麂 *Muntiacus reevesi*（鸡公岩）; g. 小灵猫 *Viverricula indica*（井冈山）; h. 野猪 *Sus scrofa*（羊狮幕）; i. 猪獾 *Arctonyx collaris*（井冈山）

表 19-4　罗霄山脉珍稀濒危哺乳动物

类型	级别	物种	种数
国家重点保护野生动物	II 级	藏酋猴、青鼬、大灵猫、小灵猫、斑林狸、鬣、水鹿、中华斑羚	8
IUCN 红色名录	濒危 EN	貉	1
	易危 VU	鬣、水鹿、中华斑羚	3
	近危 NT	藏酋猴、大灵猫、毛冠鹿、猪獾、大足鼠耳蝠	5
CITES	附录 I	斑林狸、中华斑羚	2
	附录 II	藏酋猴、豹猫	2
中国特有种		藏酋猴、小麂、中华山蝠、华南菊头蝠、西南鼠耳蝠、大卫鼠耳蝠	6
新记录种	湖南	中蹄蝠、大卫鼠耳蝠、长指鼠耳蝠、东亚水耳鼠、毛翼管鼻蝠	5
	江西	褐扁颅蝠、暗褐彩蝠、水甫管鼻蝠、毛翼管鼻蝠	4
	湖北	中管鼻蝠、毛翼管鼻蝠	2

古北界物种有：野猪 *Sus scrofa*、黄鼬 *Mustela sibirica*、亚洲狗獾 *Meles leucurus* 等 10 种，占种总数的 10.99%。其中翼手目（长尾鼠耳蝠 *Myotis frater*、长指鼠耳蝠 *Myotis longipes*、大足鼠耳蝠 *Myotis pilosus*）、食肉目（黄鼬、亚洲狗獾和貉 *Nyctereutes procyonoides*）和啮齿目（巢鼠 *Micromys minutus*、黑线姬鼠 *Apodemus agrarius* 和小家鼠 *Mus musculus*）各 3 种。

广布种包括大棕蝠 *Eptesicus serotinus*、褐家鼠 *Rattus norvegicus* 等 7 种。

此外，2 种蝙蝠的学名待鉴定，分别属于鼠耳蝠属和伏翼属，分布区系无法确定。

2. 分布型及生态型

（1）分布型

罗霄山脉哺乳动物的组成复杂，主要包括 5 种分布型。

东洋型（W）：主要分布于印度半岛、东南亚热带，在我国则为东洋界华南区的代表成分。罗霄山脉有东洋型哺乳动物 41 种，占 45.05%。

南中国型（S）：主要分布于我国亚热带以南地区，是华中区的代表成分。罗霄山脉有南中国型哺乳动物 27 种，占 29.67%。

古北型（U）：分布区环北半球，横贯欧亚大陆寒温带，属古北界。罗霄山脉有古北型哺乳动物 10 种，占 10.99%。

季风型（E）：主要分布于我国东部湿润地区，大多为喜湿种类，沿季风区南北扩散。罗霄山脉有季风型哺乳动物 5 种，占 5.5%。

不易归类型（O）：5 种（包括 2 种未鉴定到种的蝙蝠），占 5.5%。

蝙蝠属有 2 种未鉴定到种，未确定分布型。

（2）生态型

根据哺乳类生境和生态习性，将本地区哺乳类分为下列 5 种生态型。

1）地下生活型：鼹科、竹鼠科共 4 种，占本地区哺乳类种总数的 4.40%。

2）半地下生活型：猬科 1 种、鼩鼱科 5 种、鼠类 15 种、鼬科小型食肉类 4 种、兔科 2 种、豪猪科 1 种，共 28 种，占本地区哺乳类种总数的 30.77%。

3）地面生活型：主要是偶蹄目和食肉目中的大中型哺乳类，如野猪 *Sus scrofa*、小麂 *Muntiacus reevesi* 等，共计 16 种，占本地区哺乳类种总数的 17.58%。

4）树栖型：包括猴科、鼯鼠科、松鼠科共 6 种，占本地区哺乳类种总数的 6.59%。

5）飞行生活型：翼手目 37 种，占本地区哺乳类种总数的 40.66%。

3. 哺乳类省级新记录种

罗霄山脉哺乳类省级新记录种 9 种。

1）江西省 4 种，即褐扁颅蝠 *Tylonycteris robustula*、暗褐彩蝠 *Kerivoula furva*、水甫管鼻蝠 *Murina shuipuensis*、毛翼管鼻蝠 *Harpiocephalus harpia*。

2）湖南省 5 种，即：中蹄蝠 *Hipposideros larvatus*、大卫鼠耳蝠 *Myotis davidii*、长指鼠耳蝠 *Myotis longipes*、东亚水鼠耳蝠 *Myotis petax*；毛翼管鼻蝠 *Harpiocephalus harpia*。

3）湖北省 2 种，即中管鼻蝠 *Murina huttoni*、毛翼管鼻蝠 *Harpiocephalus harpia*。

各新记录种的物种照片见图 19-5，标本采集地和发表信息见第 20 章。其中，毛翼管鼻蝠分别在三省均有发现。

19.3.3　哺乳类资源评价

1）发现 9 种哺乳类为省级新记录种，25 种为罗霄山脉新记录种。调查记录到罗霄山脉共有哺乳动物 91 种，隶属于 7 目 22 科 56 属，其中单种属 42 属（占本地区哺乳动物属总数的 75%），省级兽类

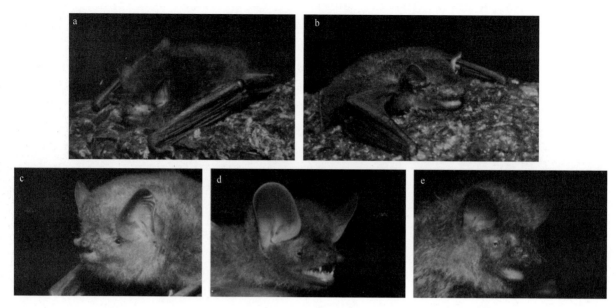

图 19-5　部分在罗霄山脉分布并发表的省级蝙蝠新记录种（彩图另见文后图版）

a. 暗褐彩蝠 *Kerivoula furva*（江西井冈山）；b. 褐扁颅蝠 *Tylonycteris robustula*（江西井冈山）；c. 毛翼管鼻蝠 *Harpiocephalus harpia*
（湖南炎陵）；d. 中管鼻蝠 *Murina huttoni*（湖北通山）；e. 水甫管鼻蝠 *Murina shuipuensis*（江西井冈山）

新记录种 9 种，罗霄山脉新记录种 25 种，反映了罗霄山脉哺乳动物物种多样性较高。翼手目（37 种，40.66%）、啮齿目（23 种，25.27%）和食肉目（13 种，14.29%）分列各目物种数的前 3 位，灵长目最少，仅 1 种。

2）小型哺乳动物物种多样性特别丰富。罗霄山脉翼手目（3 科 37 种，40.66%）、啮齿目（6 科 23 种，25.27%）和食肉目（5 科 13 种，14.29%）三类小型哺乳动物的物种数目（共 73 种）所占的比例最大，为种总数的 80.22%。且实地调查发现的 9 种哺乳类省级新记录种均为小型哺乳类（江西 4 种、湖南 5 种、湖北 2 种），说明该地小型哺乳动物物种多样性十分丰富。

3）区系成分以东洋界种类占优。东洋界种类 72 种，占 79.12%。分布型多样，东洋型分布物种最多（41 种，占 45.05%），南中国型次之（27 种，占 29.67%）；随后为古北型（10 种，占 10.99%）、季风型和不易归类型（均为 5 种，各占 5.5%）。

4）哺乳动物的生态型多样。调查结果表明，当地的哺乳类分为 5 种生态型，其中以飞行生活型的翼手目比例最高（37 种，占 40.66%），半地下生活类型的鼠类和食虫类次之（28 种，占 30.77%），之后依次为地面生活型的偶蹄目和食肉目大中型哺乳类（16 种，17.58%）、树栖型的鼯鼠和松鼠（6 种，6.59%）及地下生活型鼹鼠和竹鼠（4 种，4.40%）。

5）珍稀濒危保护动物比例不高。调查显示，属于国家 II 级重点保护野生动物的有藏酋猴 *Macaca thibetana* 等 8 种；列入 CITES 附录 I 的有斑林狸 *Prionodon pardicolor* 和中华斑羚 *Naemorhedus griseus* 2 种，列入附录 II 的有藏酋猴和豹猫 *Prionailurus bengalensis* 2 种；《中国生物多样性红色名录——脊椎动物卷》中列入珍稀濒危物种（NT 和 VU 等级）的有 38 种，占本地区哺乳动物种总数的 41.76%。原文献记录的云豹 *Neofelis nebulosa*、金钱豹 *Panthera pardus* 2 种国家 I 级重点保护野生动物，以及金猫 *Catopuma temmincki*、狼 *Canis lupus*、豺 *Cuon alpinus*、赤狐 *Vulpes vulpes*、水獭 *Lutra lutra*、穿山甲 *Manis pentadactyla*、猕猴 *Macaca mulatta* 和中华鬣羚 *Capricornis milneedwardsii* 等 8 种国家 II 级重点保护野生动物，在本次调查（及访问）中均没有证据证实其在本地区仍然栖息和存在。

6）地理位置特殊。罗霄山脉北段九岭山脉、幕阜山脉接近长江北部的大别山地区，中、南段武功山脉、万洋山脉、诸广山脉更接近南岭山脉。这种特殊的地理位置，有利于生物的南北迁移和东西渗透，对物种种群分化具有重要意义。

7）生态恢复与环境保护有待进一步加强。由于历史原因，原始生态环境或多或少受到不同程度的人为干扰，近年来随着生态文明建设的开展，当地民众和地方政府大力推崇生态恢复与环境保护建设，保护青山绿水已成地方政府的发展理念，建立的自然保护区、森林公园、湿地公园、风景名胜区，已在野生动物保护与管理、生态旅游、生态文明建设等社会经济建设中发挥了重要的作用。

参 考 文 献

陈柏承, 余文华, 吴毅, 等. 2015. 毛翼管鼻蝠在广西和江西分布新纪录及其性二型现象. 四川动物, 34(2): 211-215, 222.

冯磊, 吴倩倩, 石胜超, 等. 2017. 湖南发现的中蹄蝠形态结构及系统发育研究. 生命科学研究, 21(6): 515-518.

冯磊, 吴倩倩, 余子寒, 等. 2019. 湖南衡东发现东亚水鼠耳蝠. 动物学杂志, 54(1): 22-29.

宫辉力, 庄文颖, 廖文波. 2016. 罗霄山脉地区生物多样性综合科学考察. 中国科技成果, 17(22): 9-10.

黄正澜懿, 胡宜峰, 吴华, 等. 2018. 中管鼻蝠在湖北和浙江的分布新纪录. 西部林业科学, 47(6): 73-77.

蒋志刚, 江建平, 王跃招, 等. 2016. 中国脊椎动物红色名录. 生物多样性, 24(5): 500-551.

蒋志刚, 马勇, 吴毅, 等. 2015. 中国哺乳动物多样性及地理分布. 北京: 科学出版社.

李锋, 余文华, 吴毅, 等. 2015. 江西省发现泰坦尼亚彩蝠. 动物学杂志, 50(1): 1-8.

廖文波, 王蕾, 王英永, 等. 2018. 湖南桃源洞国家级自然保护区生物多样性综合科学考察. 北京: 科学出版社.

廖文波, 王英永, 李贞, 等. 2014. 中国井冈山地区生物多样性综合科学考察. 北京: 科学出版社.

林英. 1990. 井冈山自然保护区考察研究. 北京: 新华出版社.

刘少英, 吴毅. 2019. 中国兽类图鉴. 福州: 海峡书局出版社.

潘清华, 王应祥, 岩崑. 2007. 中国哺乳动物彩色图鉴. 北京: 中国林业出版社.

任锐君, 石胜超, 吴倩倩, 等. 2017. 湖南省衡东县发现大卫鼠耳蝠. 动物学杂志, 53(5): 870-876.

盛和林. 2005. 中国哺乳动物图鉴. 郑州: 河南科学技术出版社.

盛和林, 大泰司纪之, 陆厚基. 1999. 中国野生哺乳动物. 北京: 中国林业出版社.

Smith A T, 解焱. 2009. 中国兽类野外手册. 长沙: 湖南科学技术出版社.

王晓云, 张秋萍, 郭伟健, 等. 2016. 水甫管鼻蝠在模式产地外的发现——广东和江西省新纪录. 兽类学报, 36(1): 118-122.

王英永, 陈春泉, 赵健, 等. 2017. 中国井冈山地区陆生脊椎动物彩色图谱. 北京: 科学出版社.

徐忠鲜, 余文华, 吴毅, 等. 2013. 江西省翼手目一新纪录——无尾蹄蝠. 四川动物, 32(2): 263-268.

杨奇森, 夏霖, 冯祚建, 等. 2007. 兽类头骨测量标准 V: 食虫目、翼手目. 动物学杂志, 42(2): 56-62.

余文华, 胡宜锋, 郭伟健, 等. 2017. 毛翼管鼻蝠在湖南的新发现及中国适生分布区预测. 广州大学学报(自然科学版), 16(3): 15-20.

余子寒, 吴倩倩, 石胜超, 等. 2018. 湖南衡东县发现长指鼠耳蝠. 动物学杂志, 53(5): 701-708.

岳阳, 胡宜峰, 雷博宇, 等. 2019. 毛翼管鼻蝠性二型特征及其在湖北和浙江的分布新纪录. 兽类学报, 39(2): 142-154.

张秋萍, 余文华, 吴毅, 等. 2014. 江西省蝙蝠新纪录——褐扁颅蝠及其核型报道. 四川动物, 33(5): 746-749, 757.

张荣祖. 2011. 中国动物地理. 北京: 科学出版社.

郑发辉, 陈春泉, 邓大吉, 等. 2007. 井冈山国家级自然保护区自然资源评价. 福建林业科技, 34(3): 167-173.

Bates P J J, Harrison D L. 1997. Bats of the Indian Subcontinent. Kent: Harrison Zoological Museum.

Drummond M J, John J M, Mala S, et al. 2011. Aging and microRNA expression in human skeletal muscle: a microarray and bioinformatics analysis. Physiol Genomics, 43: 595-603.

Edgar R C. 2004. MUSCLE: multiple sequence alignment with high accuracy and high throughput. Nucleic Acids Research, 32(5): 1792-1797.

Posada D, Crandall C A. 1998. MODELTEST: testing the model of DNA substitution. Bioinformatics (Application Note), 14(9): 817-818.

Stamatakis A. 2014. RAxML version 8: a tool for phylogenetic analysis and post-analysis of large phylogenies. Bioinformatics (Application Note), 30(9): 1312-1313.

第 20 章　罗霄山脉新种与新记录种

摘　要　本次考察各专题组在罗霄山脉地区共发现、发表生物新属 4 属，新种 89 种，中国新记录种、省级新记录种共 100 种。其中，植物新种 10 种、江西省新记录科 1 科、新记录属 8 属、江西省与湖南省新记录种 100 种；真菌新属 2 属、新种 6 种、中国新记录种 1 种；贝类新种 2 种；昆虫新属 2 属、新种 53 种、中国新记录科 3 科；鱼类新种 2 种；两栖类新种 13 种、江西省、湖南省新记录种 4 种；爬行类江西省、湖南省新记录种 3 种；鸟类湖南省新记录种 2 种；哺乳类江西省、湖南省和湖北省新记录种 9 种。本书于此记录各新种的发表信息、识别特征、地理分布等，以及新记录种的性质和新分布地，以便为相关研究人员、保护管理部门查询和制定适当保护措施提供参考。

20.1　植物新种与新记录种

20.1.1　植物新种

（1）桂东锦香草　新种　野牡丹科 Melastomataceae

Phyllagathis guidongensis K. M. Liu et J. Tian, *Phytotaxa*, 263(1): 58-62, Figs. 1-3. 2016.

湖南：桂东县，普乐乡，25°53′N，113°58′E，海拔 970m，2014 年 7 月 3 日，刘克明、易任远、彭令 *24147*（主模式：HNNU！同模式：HNNU！CSFI！）。等模式：湖南：桂东县，东洛乡，海拔 624m，2014 年 9 月 6 日，喻勋林、黎明 *14090807*（存 CSFI！）。

新种与狭叶锦香草 *P. stenophylla* 相似。与后者的区别是，匍匐茎长 10～30cm；匍匐茎下部叶狭椭圆形，叶片（1.8～3.0）cm×（0.5～1.0）cm，顶端钝或短渐尖，两侧被稀疏刚毛和长柔毛，表面密被黄色腺体；花单生；蒴果具不明显的棱。

（2）张氏野海棠　新种　野牡丹科 Melastomataceae

Bredia changii W. Y. Zhao, X. H. Zhan et W. B. Liao, *Phytotaxa*, 307(1): 36-42, Figs. 1-3. 2017.

江西：崇义县，聂都乡，25°30′N，114°07′E，海拔 579m，2016 年 8 月 1 日，赵万义、刘忠成、叶矾等 *LXP-13-22114*（主模式：SYS！同模式：IBSC！）；大余县，烂泥泾林场，三江口，海拔 500m，1984 年 9 月 20 日，赖书坤、黄大付等 *840214*（旁模式：LBG！）；上犹县，五指峰，牛牯坳，1970 年 7 月 21 日，*Anonymous*（70）*509*（旁模式：PE）。

新种与小叶野海棠 *Bredia microphylla* 相似，与后者的区别在于，张氏野海棠叶片纸质，（2～3.5）cm×（1.7～3.2）cm，叶缘明显具齿，雄蕊近等长，花药连接体不具短距。

（3）杨氏丹霞兰　新种　兰科 Orchidaceae

Danxiaorchis yangii B. Y. Yang et B. Li, *Phytotaxa*, 306(4): 287-295. 2017.

江西：井冈山国家级自然保护区，林缘、灌丛下，26°27′06″N，114°30′43″E，海拔 360m，2016 年 4 月 7 日，杨柏云 *075*（主模式：IBSC！同模式：JXU！JXAU！）；同地，海拔 360m，2016 年 5 月 10 日，杨伯云 *076*（旁模式：JXU！）。

新种与丹霞兰 *D. singchiana* 相似，但杨氏丹霞兰的花较小，胼胝体"Y"形较大与倒卵状球形附属物相连，花粉块 4 枚等大，呈狭长椭圆球形，可明显区别于前者。

（4）纤秀冬青 新种 冬青科 Aquifoliaceae

Ilex venusta H. Peng et W. B. Liao, *Phytotaxa*, 298(2): 147-157. 2017.

江西：上犹县，光菇山，25°54′N，114°03′E，海拔 1107m，2016 年 10 月 27 日，许可旺、赵万义 *XKW183*（主模式：KUN! 同模式：SYS! PE! A!）；上犹县，五指峰乡，鹰盘山，25°59′N，114°08′E，海拔 1390m，2016 年 7 月 11 日，凡强、许可旺、赵万义 *XKW174*（旁模式：KUN! SYS!）。

纤秀冬青的雌花序单生，隶属于冬青属 *Ilex* sect. *Paltoria* 组。本种在形态上与绿冬青 *I. viridis*、三花冬青 *I. triflora* 相似，但前者叶狭窄，枝细弱下垂。

（5）武功山异黄精 新种 天门冬科 Asparagaceae

Heteropolygonatum wugongshanensis G. X. Chen, Y. Meng et J. W. Xiao, *Phytotaxa*, 328(2): 189-197. 2017.

江西：安福县，武功山，苔藓岩石湿地，27°33′N，114°14′E，海拔 1590m，2017 年 5 月 6 日，陈功锡、张代贵、肖佳伟 *LXP-06-9253*（主模式：JIU! 同模式：SYS!）。

本种在形态和系统发育关系上与异黄精 *H. roseolum* 相似，区别在于前者茎高 10~20cm，叶片 3~5 片，具 12~14 条弧形脉，花被钟状，裂片先端绿紫色，且染色体数目为 $2n=32=20m+2sm+10st$，核型不对称。

（6）中华膜叶铁角蕨 新种 铁角蕨科 Aspleniaceae

Hymenasplenium sinense K. W. Xu, L. B Zhang et W. B. Liao, *Phytotaxa*, 358(1): 1-25. 2018.

贵州：松桃苗族自治县，冷家坝，梵净山东北，海拔 820~1120m，岩石湿地，林缘岩壁，1986 年 10 月 5~9 日，中美贵州考察队 *2207*（主模式：MO!）；江西：遂川县，戴家埔乡，阡陌村，海拔 880m，2016 年 5 月 7 日，许可旺 *134*（副模式：SYS!）；井冈山市，荆竹山，1965 年 6 月 28 日，赖书坤等 *4281*（副模式：IBK!）。

本种在形态上与荫湿膜叶铁角蕨 *Hymenasplenium obliquissimum* 较为相似，区别在于前者根状茎鳞片棕色、羽片 15~25 对、叶卵形、羽片锯齿不具缺刻、小脉伸向锯齿顶端。

分布：广东、广西、贵州、湖南、江西、四川、云南等省区；印度、印度尼西亚、日本、尼泊尔和越南也产。

（7）衡山报春苣苔 新种 苦苣苔科 Gesneriaceae

Primulina hengshanensis L. H. Liu et K. M. Liu, *Phytotaxa*, 333(2): 293-297. 2018.

湖南：衡山县，和云村，27°22′N，112°40′E，海拔 107.5m，2015 年 8 月 2 日，刘克明、刘雷、刘林翰 *34218*（主模式：HNNU! 同模式：HNNU! CSFI!）。

本种与莨山报春苣苔 *P. langshanica* 相似，区别在于前者叶片肥厚且近肉质，阔卵形至连肾形，有时近圆形，长 9.7~22.3cm，宽 9~22cm；叶柄扁平，宽 2~3.5cm，密被柔毛；二歧聚伞花序 2~10 条或更多，二至三回分枝，每花序具 2~15（~30）花；2 枚能育雄蕊着生于距花冠基部 2.2cm 处等。

（8）绿花白丝草 新种 藜芦科 Melanthiaceae

Chamaelirium viridiflorum L. Wang, Z. C. Liu et W. B. Liao, *Phytotaxa*, 357(2): 126-132. 2018.

江西：崇义县，齐云山，25°54′09″N，114°01′02″E，海拔 1465m，河谷密林中，2017 年 6 月 9 日，刘忠成等 *LXP-13-23537*（主模式：SYS! 同模式：SYS!）；同地，海拔 1505m，2017 年 6 月 11 日，刘忠成等 *LXP-13-23500*（旁模式：SYS!）。

本种叶片椭圆形或卵形，叶柄短，与 *C. koidzumiana* 相似，区别在于本种花两侧对称，花被片均大；此外，本种也与十万大山白丝草 *C. shiwandashanensis* 相似，区别在于本种花瓣匙形至倒卵形，长 0.8~1.1cm，或多或少具柄。绿花白丝草种加词来源于本种的花被片颜色在花期结束时仍然是绿色的。

（9）罗霄虎耳草　新种　虎耳草科 Saxifragaceae

Saxifraga luoxiaoensis W. B. Liao, L. Wang et X. J. Zhang, *Phytotaxa*, 350(3): 291-296. 2018.

江西：遂川县，戴家埔乡，岩石湿地，26°16′N，114°02′E，海拔 1466m，2016 年 5 月 18 日，赵万义、丁巧玲、张信坚等 *LXP-13-16785*（主模式：SYS!；同模式：SYS!）；遂川县，戴家埔乡，26°18′N，114°03′E，海拔 1574m，2017 年 10 月 24 日，廖文波等 *LXP-13-24717*（旁模式：SYS!）；湖南：炎陵县，策源乡，海拔 1673m；同地，2017 年 10 月 28 日，赵万义等 *LXP-13-24990*（旁模式：SYS!）。

本种在形态上与大桥虎耳草相近，后者叶盾状着生，叶边缘具浅齿或近全缘，蒴果成熟时先端不为翅状，但前者叶不为盾状着生，边缘 7～9 浅裂，且蒴果成熟时先端呈翅状，但两种易区别。

（10）神农虎耳草　新种　虎耳草科 Saxifragaceae

Saxifraga shennongii L. Wang, W. B. Liao et J. J. Zhang, *Phytotaxa*, 418(1): 79-88. 2018；廖文波等. 湖南桃源洞国家级自然保护区生物多样性综合科学考察，95-96, f. 4.1 pl. XIV-1. 2018.

湖南：炎陵县，龙渣瑶族乡，红星桥下河谷，26°08′N，113°45′E，海拔 532m，2016 年 4 月 6 日，赵万义、刘忠成、张记军等 *LXP-09-09089*（主模式：SYS! 同模式：SYS!）；同地，2015 年 6 月 17 日，赵万义等 *LXP-09-07620*（旁模式：SYS!）；同地，2017 年 10 月 20 日，廖文波等 *LXP-13-24778*（旁模式：SYS!）；同地，2017 年 10 月 20 日，廖文波等 *LXP-13-24769*（旁模式：SYS!）；资兴市，青腰镇，八面山村，25°59′14″N，113°43′43.82″E，海拔 1200m，2018 年 8 月 12 日，赵万义等 *LXP-13-26371*（旁模式：SYS!）。

本种与大桥虎耳草 *S. daqiaoensis*、蒙自虎耳草 *S. mengtzeana* 相似，它们均无鞭匍枝、茎单一、叶背有斑点、叶基部无芽孢、茎生叶少、花两侧对称。区别在于本种叶片近圆形，叶片边缘 5～8 浅裂，叶背无毛，斑点浅黄色，叶柄被稀疏短腺毛或近无毛，花序分枝长达 10cm。

20.1.2　江西省新记录科

无叶莲科 Petrosaviaceae 为江西省新记录科，含 1 属 1 种。即无叶莲属 *Petrosavia*（江西省新记录属）疏花无叶莲 *Petrosavia sakuraii*（Makino）J. J. Sm. ex Steenis（江西省新记录种），张忠等. 亚热带植物科学, 2017, 46(2): 181-184.

江西：吉安市，井冈山国家级自然保护区，笔架山，海拔 1230m，2016 年 8 月 12 日，张忠等，*LXP-13-22120*（SYS!）。

20.1.3　江西省与湖南省新记录属、新记录种

2013～2019 年，考察队成员在罗霄山脉地区考察发现了大量的植物新记录属、新记录种，具体信息如表 20-1、表 20-2 所示，其中包括江西省新记录属 7 属，新记录种 64 种，湖南省新记录属 1 属，新记录种 36 种，合计两省新记录属共 8 属，新记录种 100 种。

表 20-1　罗霄山脉植物江西省新记录属和新记录种

序	科名	种名	类别	新分布地	文献引证或标本引证
1	Apocynaceae	卫矛叶链珠藤 *Alyxia odorata* Wall. ex G. Don	江西省新记录种	江西省宜丰县官山	*叶华谷、曾飞燕等 LXP10-3001
2	Aquifoliaceae	蒲桃叶冬青 *Ilex syzygiophylla* C. J. Tseng ex S. K. Chen et Y. X. Feng	江西省新记录种	江西省遂川县南风面	张信坚等，2018
3	Araceae	湘南星 *Arisaema hunanense* Hand.-Mazt.	江西省新记录种	江西省芦溪县万龙山	肖佳伟等，2017a
4	Asparagaceae	散斑竹根七 *Disporopsis aspersa* (Hua) Engl. ex K. Krause	江西省新记录种	江西省遂川县江西坳	郑圣寿等，2019
5	Balsaminaceae	浙江凤仙花 *Impatiens chekiangensis* Y. L. Chen	江西省新记录种	江西省武宁县（宋溪乡）、修水县（五梅山）	彭焱松等，2018a

续表

序	科名	种名	类别	新分布地	文献引证或标本引证
6	Burmanniaceae	头花水玉簪 *Burmannia championii* Thw.	江西省新记录种	江西省崇义县思顺乡、齐云山上十八垒至石碑头	冯璐等，2018
7	Campanulaceae	袋果草 *Peracarpa carnosa* (Wall.) Hook. f. et Thoms.	江西省新记录种	江西省遂川县南风面	张信坚等，2018
8	Caryophyllaceae	峨眉繁缕 *Stellaria omeiensis* C. Y. Wu et Y. W. Tsui ex P. Ke	江西省新记录种	江西省宜春市明月山	肖佳伟等，2017a
9	Caryophyllaceae	皱叶繁缕 *Stellaria monosperma* Buch.-Ham. ex D. Don var. *japonica* Maxim.	江西省新记录种	江西省芦溪县红岩谷景区	肖佳伟等，2017b
10	Caryophyllaceae	峨眉繁缕 *Stellaria omeiensis* C. Y. Wu et Y. W. Tsui ex P. Ke	江西省新记录种	江西省靖安县三爪仑乡、宝峰镇	*叶华谷、曾飞燕等 LXP10-4346；LXP10-4449
11	Compositae	川西黄鹌菜 *Youngia pratti* (Babcock) Babcock et Stebbins	江西省新记录种	江西省芦溪县红岩谷景区	肖佳伟等，2017b
12	Crassulaceae	土佐景天 *Sedum tosaense* Makino	江西省新记录种	江西省吉安市安福县泰山乡	黄佳璇等，2019
13	Cruciferae	卵叶阴山荠（卵叶岩荠）*Yinshania paradoxa* (Hance) Y. Z. Zhao	江西省新记录种	江西省靖安县三爪仑乡；铜鼓县三都镇	*叶华谷、曾飞燕等 LXP10-4346；LXP10-4449
14	Dioscoreaceae	细叶日本薯蓣 *Dioscorea japonica* Thunb. var. *oldhamii* Uline ex R. Knuth	江西省新记录种	江西省安福县大布乡	肖佳伟等，2017a
15	Gesneriaceae	窄叶马铃苣苔 *Oreocharis argyreia* Chun ex K. Y. Pan var. *angustifolia* K. Y. Pan	江西省新记录种	江西省井冈山河西垄、笔架山、朱砂冲	凡强等，2014
16	Gesneriaceae	弯管马铃苣苔 *Oreocharis curvituba* J. J. Wei et W. B. Xu	江西省新记录种	江西省崇义县思顺乡、齐云山上十八垒至石碑头	冯璐等，2018
17	Grossulariaceae	革叶茶藨子 *Ribes davidii* Franch.	江西省新记录种	江西省遂川县南风面	张信坚等，2018
18	Huperziaceae	昆明石杉 *Huperzia kunmingensis* Ching	江西省新记录种	江西省武功山山顶	肖佳伟等，2017b
19	Labiatae	佛光草 *Salvia substolonifera* Stib.	江西省新记录种	江西省分宜县大岗山	肖佳伟等，2017
20	Labiatae	湖南黄芩 *Scutellaria hunanensis* C. Y. Wu	江西省新记录种	江西省分宜县大岗山	向晓媚等，2018
21	Magnoliaceae	望春玉兰 *Magnolia biondii* Pampan.	江西省新记录种	江西省分宜县大岗山	向晓媚等，2018
22	Melastomataceae	桂东锦香草 *Phyllagathis guidongensis* K. M. Liu et J. Tian	江西省新记录种	江西省崇义县齐云山	赵万义等，2016
23	Myrsinaceae	打铁树 *Myrsine linearis* (Lour.) Poir.	江西省新记录种	江西省宜春市上高县白云峰	肖佳伟等，2017a
24	Oleaceae	枝花流苏树 *Chionanthus ramiflorus* Roxb.	江西省新记录种	江西省宜春市袁州区唐家山村	肖佳伟等，2017a
25	Oleandraceae	华南条蕨 *Oleandra cumingii* J. Sm.	江西省新记录种	江西省井冈山河西垄	郑圣寿等，2019
26	Onagraceae	小花柳叶菜 *Epilobium parviflorum* Schreber	江西省新记录种	江西省宜春市袁州区	肖佳伟等，2017a
27	Orchidaceae	浙江金线兰 *Anoectochilus zhejiangensis* Z. Wei et Y. B. Chang	江西省新记录种	江西省修水县（五梅山）	彭焱松等，2018a
28	Orchidaceae	银带虾脊兰 *Calanthe argenteo-striata* C. Z. Tang et S. J. Cheng	江西省新记录种	江西省赣州市大余三江口	刘环等，2020
29	Orchidaceae	疏花虾脊兰 *Calanthe henryi* Rolfe	江西省新记录种	江西省安福县羊狮幕	肖佳伟等，2017b
30	Orchidaceae	大黄花虾脊兰 *Calanthe sieboldii* Decaisne ex Regel	江西省新记录种	江西省吉安市青原区	王程旺等，2018
31	Orchidaceae	台湾吻兰 *Collabium formosanum* Hayata	江西省新记录种	江西省芦溪县红岩谷景区	肖佳伟等，2017b
32	Orchidaceae	串珠石斛 *Dendrobium falconeri* Hooker	江西省新记录种	江西省井冈山水口景区	王程旺等，2018
33	Orchidaceae	广东石斛 *Dendrobium kwangtungense* C. L. Tso	江西省新记录种	江西省赣州市大余三江口	刘环等，2020
34	Orchidaceae	广东盆距兰 *Gastrochilus guangtungensis* Z. H. Tsi	江西省新记录种	江西省井冈山	刘环等，2020
35	Orchidaceae	小小斑叶兰 *Goodyera yangmeishanensis* T. P. Lin	江西省新记录种	江西省九连山国家级自然保护区	王程旺等，2018
36	Orchidaceae	日本对叶兰 *Listera japonica* Bl.	江西省新记录种	江西省遂川县南风面	张信坚等，2018

续表

序	科名	种名	类别	新分布地	文献引证或标本引证
37	Orchidaceae	广东齿唇兰 *Odontochilus guangdongensis* S. C. Chen et al.	江西省新记录种	江西省崇义县齐云山	张信坚等，2018
38	Orchidaceae	齿爪齿唇兰 *Odontochilus poilanei* (Gagnepain) Ormerod	江西省新记录种	江西省吉安市井冈山湘洲	张信坚等，2018
39	Orchidaceae	短茎萼脊兰 *Sedirea subparishii* (Z. H. Tsi) Christenson	江西省新记录种	江西省吉安市井冈山湘洲	赵万义等，2016
40	Orchidaceae	宋氏绶草 *Spiranthes sunii* Boufford et Wen H. Zhang	江西省新记录种	江西省齐云山十八垒	刘环等，2020
41	Orchidaceae	香港绶草 *Spiranthes hongkongensis* S. Y. Hu et Barretto	江西省新记录种	江西省资溪县马头山	邓绍勇等，2017
42	Orchidaceae	宽距兰 *Yoania japonica* Maxim.	江西省新记录种	江西省遂川县南风面	*邹艳丽等，2019
43	Petrosaviaceae	疏花无叶莲 *Petrosavia sakurai* (Makino) J. J. Sm. ex Steenis	江西省新记录种	江西省江西井冈山笔架山，海拔 1230 m	张忠等，2017
44	Pinaceae	大别山五针松 *Pinus fenzeliana* var. *dabeshanensis* (C. Y. Cheng et Y. W. Law) L. K. Fu et Nan Li	江西省新记录种	江西省武宁县老鸦尖	彭焱松等，2018a
45	Plantaginaceae	疏花车前 *Plantago asiatica* L. subsp. *erosa* (Wall.) Z. Y. Li	江西省新记录种	江西省分宜县大岗山	向晓媚等，2018
46	Plantaginaceae	毛平车前 *Plantago depressa* Willd. subsp. *turczaninowii* (Ganesch.) Tzvelev	江西省新记录种	江西省安义县长埠镇；靖安县宝峰镇	*叶华谷、曾飞燕等 LXP10-3816；LXP10-4488
47	Polypodiaceae	裂禾蕨 *Tomophyllum donianum* (Sprengel) Fraser-Jenkins et Parris	江西省新记录种	江西省遂川县滁洲乡	黄佳璇等，2019
48	Primulaceae	琉璃繁缕 *Anagallis arvensis* L.	江西省新记录种	江西省上高县南港镇	*叶华谷、曾飞燕等 LXP10-4962
49	Primulaceae	管茎过路黄 *Lysimachia fistulosa* Hand.-Mazz.	江西省新记录种	江西省安义县长埠镇	*叶华谷、曾飞燕等 LXP10-3608
50	Primulaceae	白花过路黄 *Lysimachia huitsunae* Chien	江西省新记录种	江西省井冈山笔架山	赵万义等，2016
51	Rosaceae	短梗尾叶樱桃 *Cerasus dielsiana* (Schneid.) Yu et Li var. *abbreviata* (Card.) Yu et Li	江西省新记录种	江西省奉新县甘坊镇	*叶华谷、曾飞燕等 LXP10-3971
52	Rosaceae	黄脉莓 *Rubus xanthoneurus* Focke ex Diels	江西省新记录种	江西省上犹县五指峰省级自然保护区	赵万义等，2016
53	Rubiaceae	毛四叶葎 *Galium bungei* var. *punduanoides* Cuf.	江西省新记录种	江西省吉安市井风山	*张记军、刘忠成等，LXP-13-20241；凡强、赵万义等，LXP-13-24116
54	Rubiaceae	蔓虎刺 *Mitchella undulata* Sieb. et Zucc.	江西省新记录种	江西省吉安市井冈山	黄佳璇等，2019
55	Saxifragaceae	肾萼金腰 *Chrysosplenium delavayi* Franch.	江西省新记录种	江西省井冈山龙潭	凡强等，2014；肖佳伟等，2017
56	Saxifragaceae	莽山绣球 *Hydrangea mangshanensis* Wei	江西省新记录种	江西省萍乡市明月峡	肖佳伟等，2017b
57	Saxifragaceae	腺鼠刺 *Itea glutinosa* Hand.-Mazz.	江西省新记录种	江西省安福县羊狮幕	肖佳伟等，2017b
58	Scrophulariaceae	长序母草 *Lindernia macrobotrys* Tsoong	江西省新记录种	江西省崇义县思顺乡、齐云山上十八垒至石碑头	冯璐等，2018
59	Scrophulariaceae	圆苞山罗花 *Melampyrum laxum* Mip.	江西省新记录种	江西省井冈山笔架山	凡强等，2014
60	Umbelliferae	细叶旱芹 *Apium leptophyllum* (Pers.) F. Muell. ex Benth.	江西省新记录种	江西省上高县南港镇；分宜县双林镇	*叶华谷、曾飞燕等 LXP10-4905；LXP10-5234
61	Umbelliferae	鄂西前胡 *Peucedanum henryi* Wolff	江西省新记录种	江西省芦溪县武功山	肖佳伟等，2017a
62	Urticaceae	掌叶蝎子草 *Girardinia diversifolia* (Link) Friis	江西省新记录种	江西省宜丰县官山	*叶华谷、曾飞燕等 LXP10-7444；LXP10-5953
63	Vitaceae	桑叶葡萄 *Vitis heyneana* Roem. et Schult. subsp. *ficifolia* (Bge.) C. L. Li	江西省新记录种	江西省分宜县大岗山	向晓媚等，2018
64	Vitaceae	华西俞藤 *Yua thomsonii* (Laws.) C. L. Li var. *glaucescens* (Diels et Gilg) C. L. Li	江西省新记录种	江西省安福县羊狮幕景区；奉新县	肖佳伟等，2017；*叶华谷、曾飞燕 LXP10-3328（奉新县）

* 在罗霄山脉发现的江西省新记录种，在此附上凭证标本和采集人作为正式记录，并在本书此处正式公布，表 20-2 同。

表 20-2 罗霄山脉地区植物湖南省新记录属和新记录种

序	科名	种名	类别	新分布地	文献引证或标本引证
1	Amaranthaceae	长芒苋 Amaranthus palmeri S. Watson	湖南省新记录种	湖南省长沙市开福区	吴尧晶等，2018
2	Amaryllidaceae	中国石蒜 Lycoris chinensis Traub	湖南省新记录种	湖南省南岳山	夏江林等，2015
3	Asclepiadaceae	浙江乳突果 Adelostemma microcentrum Tsiang	湖南省新记录种	湖南省南岳山	夏江林等，2015
4	Balsaminaceae	封怀凤仙花 Impatiens fenghwaiana Y. L. Chen	湖南省新记录种	湖南省安仁县金紫仙镇金花村	周柳等，2019
5	Balsaminaceae	九龙山凤仙花 Impatiens jiulongshanica Y. L. Xu et Y. L. Chen	湖南省新记录种	湖南省幕阜山老龙沟	彭焱松等，2018b
6	Compositae	白花鬼针草 Bidens pilosa L. var. radiata Sch.–Bip.	湖南省新记录种	湖南省南岳山	夏江林等，2015
7	Compositae	翼茎阔苞菊 Pluchea sagittalis (Lam.) Cabrera	湖南省新记录种	湖南省长沙市岳麓区西湖湿地	吴尧晶等，2018
8	Compositae	江西蒲儿根 Sinosenecio jiangxiensis Y. Liu et Q. E. Yang	湖南省新记录种	湖南省桂东县普乐乡、齐云山寺附近	张记军等，2017
9	Compositae	白背蒲儿根 Sinosenecio latouchei (J. F. Jeffrey) B. Nord.	湖南省新记录种	湖南省浏阳市大围山	
10	Compositae	南方兔儿伞 Syneilesis australis Ling	湖南省新记录种	湖南省南岳山	夏江林等，2015
11	Convolvulaceae	瘤梗甘薯 Ipomoea lacunosa L.	湖南省新记录种	湖南省长沙市岳麓区洋湖湿地公园	吴尧晶等，2018
12	Cyperaceae	密苞叶薹草 Carex phyllocephala T. Koyam	湖南省新记录种	湖南省衡山县岭坡丹霞山	夏江林等，2015
13	Gesneriaceae	弯管马铃苣苔 Oreocharis curvituba J. J. Wei et W. B. Xu	湖南省新记录种	湖南省桂东县新坊乡	周柳等，2019
14	Gramineae	蒲苇 Cortaderia selloana (Schult.) Aschers. et Graebn.	湖南省新记录种	湖南省长沙市岳麓区洋湖湿地公园	吴尧晶等，2018
15	Gramineae	象草 Pennisetum purpureum Schum.	湖南省新记录种	湖南省醴陵市泗汾镇石湾村	周柳等，2019
16	Haloragaceae	粉绿狐尾藻 Myriophyllum aquaticum (Vellozo) Verdc.	湖南省新记录种	湖南省长沙县白沙镇	刘雷等，2017
17	Labiatae	假龙头花 Physostegia virginiana (L.) Benth.	湖南省新记录种	湖南省长沙市岳麓区洋湖湿地公园	吴尧晶等，2018
18	Lamiaceae	腺毛香简草 Keiskea glandulosa C. Y. Wu	湖南省新记录种	湖南省炎陵县十都镇鸡公岩	陈志晖等，2019
19	Marantaceae	水竹芋 Thalia dealbata Fraser	湖南省新记录种	湖南省长沙市岳麓区	刘雷等，2017
20	Melastomataceae	张氏野海棠 Bredia changii W. Y. Zhao, X. H. Zhan et W. B. Liao	湖南省新记录属、种	湖南省炎陵县双山村	陈志晖等，2019
21	Moraceae	榕树 Ficus microcarpa L.f.	湖南省新记录种	湖南省汝城县三江口瑶族镇仙溪村	周柳等，2019
22	Onagraceae	裂叶月见草 Oenothera laciniata Hill	湖南省新记录种	湖南省郴州市苏仙区飞天山镇	周柳等，2019
23	Onagraceae	美丽月见草 Oenothera speciosa Nutt.	湖南省新记录种	湖南省长沙市岳麓区洋湖湿地公园	吴尧晶等，2018b
24	Orchidaceae	莲花卷瓣兰 Bulbophyllum hirundinis (Gagnep.) Seidenf.	湖南省新记录种	湖南省资兴市黄草乡	彭令等，2016
25	Orchidaceae	球花石斛 Dendrobium thyrsiflorum Rchb.	湖南省新记录种	湖南省资兴市黄草乡龙兴村	彭令等，2016
26	Orchidaceae	广东羊耳蒜 Liparis kwangtungensis Schltr.	湖南省新记录种	湖南省炎陵县桃源洞	彭令等，2016
27	Orchidaceae	多花宽距兰 Yoania amagiensis Nakai et F. Maek	湖南省新记录属、种	湖南省炎陵县十都乡九曲水	*赵万义，刘忠成等，LXP-13-23893

序	科名	种名	类别	新分布地	文献引证或标本引证
28	Pyrolaceae	水晶兰 *Monotropa uniflora* L.	湖南省新记录种	湖南省炎陵县梨树洲、小沙湖	张记军等，2017
29	Rosaceae	光果悬钩子 *Rubus glabricarpus* Cheng	湖南省新记录种	湖南省炎陵县策源乡白水寨	陈志晖等，2019
30	Rubiaceae	毛四叶葎 *Galium bungei* var. *punduanoides* Cuf.	湖南省新记录种	湖南省浏阳市大围山	*叶华谷、曾飞燕等，LXP-10-5321，LXP-10-7480，LXP-10-8119
31	Scrophulariaceae	江西马先蒿 *Pedicularis kiangsiensis* Tsoong et Cheng f.	湖南省新记录种	湖南省炎陵县策源乡大院	陈志晖等，2019
32	Umbelliferae	峨参 *Anthriscus sylvestris* (L.) Hoffm. Gen.	湖南省新记录种	湖南省浏阳市大围山	*叶华谷、曾飞燕等 LXP10-5350
33	Umbelliferae	假苞囊瓣芹 *Pternopetalum tanakae* var. *fulcratum* Y. H. Zhang	湖南省新记录种	湖南省炎陵县策源乡大院	陈志晖等，2019
34	Urticaceae	掌叶蝎子草 *Girardinia diversifolia* (Link) Friis	湖南省新记录种	湖南省平江县连云山	*叶华谷、曾飞燕等 LXP10-7444；LXP10-5953
35	Urticaceae	小叶冷水花 *Pilea microphylla* (L.) Liebm.	湖南省新记录种	湖南省南岳山	夏江林等，2015
36	Vitaceae	华西俞藤 *Yuathomsonii* (Laws.) C. L. Li var. *glaucescens* (Diels et Gilg) C. L. Li	湖南省新记录种	湖南省茶陵县平水镇	张记军等，2017

20.2　真菌新属、新种与新记录种

20.2.1　真菌新属及所含新种

（1）华湿伞属　新属

Sinohygrocybe C. Q. Wang, M. Zhang et T. H. Li, *MycoKeys*, 38: 59-76. 2018.

华湿伞属与色汁伞属的明显区别在于前者具很长的担子（可达80μm），与蜡伞属的显著区别在于具有近规则的菌褶、菌髓，与黏黄伞属的主要区别在于具有更粗壮、弱黏性的子实体。

模式种及新种：绒柄华湿伞 *Sinohygrocybe tomentosipes* C. Q. Wang, M. Zhang et T. H. Li, *MycoKeys*, 38: 59-76. 2018.

凭证标本：湖南省，炎陵县，桃源洞国家级自然保护区，26°19′N，114°00′E，海拔1534m，2013年11月23日，王超群，GDGM50075、GDGM50149。

（2）红褶牛肝菌属　新属

Erythrophylloporus M. Zhang et T. H. Li, *Mycosystema*, 37(9): 1111-1126. 2018.

主要识别特征：红褶牛肝菌属在形态上较容易与其他牛肝菌属区分，其主要特征是橘黄色至橘红色的担子果，下延的子实层体，鲜黄色至橘黄色的菌肉受伤后呈深蓝色至蓝黑色。

模式种及新种：红褶牛肝菌 *Erythrophylloporus cinnabarinus* M. Zhang et T. H. Li, *Mycosystema*, 37(9): 1111-1126. 2018.

凭证标本：湖南省，汝城县，九龙江国家森林公园，25°28′N，113°47′E，海拔500m，2015年7月4日，张明，GDGM53332；海南省，乐东黎族自治县（以下简称"乐东县"），尖峰岭国家级自然保护区，18°44′N，108°55′E，海拔800m，2017年6月19日，张明，GDGM70536。

20.2.2　真菌新种

（1）黄丛毛层蘑菇　新种

Xanthagaricus flavosquamosus T. H. Li, I. Hosen et Z. P. Song, *MycoKeys*, 28: 1-18. 2017.

凭证标本：江西省，万载县，九龙省级森林公园，2015 年 8 月 25 日，张明、邹俊平、宋宗平，GDGM50918。

识别特征：菌盖直径 8～13mm，黄色至淡黄色，表面被黄色丛毛。菌褶离生，幼时黄白色至粉白色。担孢子较大，[5～5.5（～6）]μm×（3～3.5）μm，表面具疣。褶缘囊状体宽棒状。

（2）蔚蓝层蘑菇　新种

Xanthagaricus caeruleus I. Hosen, T. H. Li et Z. P. Song, *Mycoscience*, 59(2): 188-192. 2018.

凭证标本：江西省，万载县，九龙省级森林公园，2015 年 8 月 23 日，张明、宋宗平，GDGM50651。

识别特征：菌盖直径 10～15mm，紫罗兰色，小鳞片沿同心环方向间断密集分布。菌肉伤变淡蓝色至淡墨蓝色。菌褶离生，幼时苍白色至污白色，后变深蓝色至墨蓝色，干时黑色，密集。担孢子（5～6）μm×（3～3.5）μm，灰绿色至灰褐色或蓝褐色；具柄生囊状体；盖皮层由短膨大细胞组成。

（3）美丽金牛肝菌　新种

Aureoboletus formosus M. Zhang et T. H. Li, *Mycological Progress*, 14: 118. 2015.

凭证标本：湖南省，宜章县，莽山国家级自然保护区，24°59′N，112°56′E，海拔 940m，2014 年 8 月 16 日，周世浩，GDGM44444；湖南省，宜章县，莽山国家级自然保护区，24°59′N，112°56′E，海拔 1060m，2014 年 8 月 17 日，周世浩，GDGM50122。

识别特征：本种的主要特征是具有胶黏的菌盖表面和金黄色的子实层。与黄孔金牛肝菌 *A. auriporus* 和 *A. gentilis* 较相似，但不同点在于本种具有暗红色至灰红色菌柄，其表面不具有粉霜或网纹，担孢子相对较长和较窄。

（4）柠黄辣牛肝菌　新种

Chalciporus citrinoaurantius M. Zhang et T. H. Li, *Phytotaxa*, 327(1): 47-56. 2017.

凭证标本：湖南省，宜章县，莽山国家级自然保护区，24°57′N，112°56′E，海拔 1300m，2015 年 6 月 14 日，张明，GDGM44717、GDGM44481；浙江省，龙泉市，凤阳山国家级自然保护区，27°56′N，119°12′E，海拔 1000m，2016 年 9 月 11 日，张明，GDGM46540。

识别特征：本种的主要特征是亮黄色至粉红色的菌管和亮黄色的菌肉受伤后不变色。与 *C. rubinelloides* 相似，但不同点在于相对较小的子实体和相对较大的菌孔，以及小的担孢子。

（5）辐射辣牛肝菌　新种

Chalciporus radiatus M. Zhang et T. H. Li, *Mycoscience*, 57(1): 20-25. 2016.

凭证标本：湖南省，汝城县，九龙江国家森林公园，25°38′N，113°77′E，海拔 230 m，2013 年 8 月 1 日，张明，GDGM43285；湖南省，汝城县，九龙江国家森林公园，25°38′N，113°77′E，海拔 300m，2013 年 8 月 1 日，张明，GDGM50080；广东省，始兴县，车八岭国家级自然保护区，24°43′N，114°15′E，海拔 500m，2013 年 10 月 11 日，王超群，GDGM43305。

识别特征：本种的主要特征是放射状排列的棕色至红棕色子实层，亮黄色的菌肉，伤后不变色，较小的担孢子和囊状体中含有淡黄棕色物质。

（6）丛毛毛皮伞　新种

Crinipellis floccos T. H. Li, Y. W. Xia et W. Q. Deng, *Mycoscience*, 56: 476-480. 2015.

凭证标本：江西省，崇义县，阳岭国家森林公园，2013 年 8 月 2 日，徐江、周世浩，GDGM50000。

识别特征：本种的主要特征是菌盖和菌柄表面具有灰色至红棕色的丛毛。与 *C. zonata* 较相似，但不同点在于后者缺失红棕色丛毛和具有相对较小的担孢子。

20.2.3　真菌中国新记录种

（1）淡蜡黄鸡油菌　鸡油菌科 Cantharellaceae　中国新记录种

Cantharellus cerinoalbus Eyssart. et Walleyn. 产湖南：汝城县，九龙江国家森林公园。见：宋宗平，

张明，李泰辉. 淡蜡黄鸡油菌——中国食用菌一新记录. 食用菌学报，2017，24(1): 98-103.

20.3　贝类新种与新记录种

20.3.1　贝类新种

（1）龙潭弯螺　新种　扭轴蜗牛科 Streptaxidae

Sinoennea longtanensis Ouyang, *Acta Zootaxonomia Sinica*, 37(1): 72-75, Figs. 1-5. 2012.

正模标本：壳高 3.50mm，壳宽 1.80mm，壳口高 1.24mm，壳口宽 1.13mm，标本采自江西省井冈山市龙潭景点（26°35′N，114°08′E），2011 年 7 月 2 日（存南昌大学生命科学与食品工程学院标本室）。副模标本 9 个，壳高 3.24～3.60mm，壳宽 1.75～1.96mm，壳口高 1.00～1.29mm，壳口宽 1.03～1.29mm（存南昌大学生命科学与食品工程学院标本室、中国科学院动物研究所标本馆）。

（2）石钟山弯螺　新种　扭轴蜗牛科 Streptaxidae

Sinoennea shizhongshanensis Jiang et Ouyang, *Sichuan Journal Zoology*, 33(3): 381-383, Figs. 1-5. 2014.

正模标本：壳高 5.50mm，壳宽 2.50mm，壳口高 1.90mm，壳口宽 1.40mm（存南昌大学生命科学与食品工程学院标本室）。副模标本 25 个，壳高 5.20～6.00mm，壳宽 2.50～2.70mm，壳口高 1.70～2.00mm，壳口宽 1.40～1.70mm（存南昌大学生命科学与食品工程学院标本室、中国科学院动物研究所标本馆）。正、副模标本均采自江西省九江市湖口县石钟山景点（29°44.764′N，116°13.082′E），2013 年 5 月 20 日。

20.3.2　贝类江西省新记录种[①]

卵圆仿雕石螺 *Lithoglyphopsis ovatus* Liu et al., 1980。产江西省，赣江中游支流，袁水。见：杨丽敏，刘雄军，徐阳，等. 赣江流域淡水贝类物种多样性及评估. 长江流域资源与环境，2019，28（4）: 928-938. 淡水贝类，江西省新记录种。

20.4　昆虫新属、新种与新记录种

本节记录已经发表的采自罗霄山脉昆虫新属 2 属、新种 53 种。部分已鉴定暂未发表的新种（至目前为止约 17 种）在本节暂不记录。

（1）周氏狭顶蚱　新种（直翅目：短翼蚱科）

Systolederus choui Liang et Jia, *Entomotaxonomia*, 34(2): 141-146. 2012.

正模：♂，江西省，井冈山，罗浮，26°33′N，114°09′E，海拔 310m，2011 年 7 月 3 日，李锦伟采（存中山大学生物博物馆）。副模：1♂4♀，同正模，谢委才等采（存中山大学生物博物馆）。

与近似种的区别：近似于福建狭顶蚱 *Systolederus fujianensis* Zheng 和长背狭顶蚱 *S. longinota* Zheng，主要区别是：前胸背板总长超出后足腿节顶端部分长的 3.7～4.1 倍（雄）和 5.5～6.0 倍（雌），雌虫的中足股节与前翅等宽，后足跗节第 3 节长于第 1 节。

（2）黑斑棘蓟马　新种（缨翅目：蓟马科）

Asprothrips atermaculosus Wang et Tong, *ZooKeys*, 716: 19-28. 2017.

主要特征：雌虫身体黄白色，但触角 1～2 节、头部、前胸背板褐色；腹部背板 1～8 节具褐色斑点，其大小和数量在不同种群之间有变异。前翅白色和褐色相间。雄虫与雌虫相似，但

---

① 卵圆仿雕石螺是淡水贝类，不包括在第 13 章陆生贝类的统计中。

触角黄白色，腹部背板成对的斑纹仅分布于第 1～2 节和第 6 节；腹板 3～8 节各具小卵圆形腹腺域。

分布信息：湖南省，茶陵县，云阳山国家森林公园（26°47′58″N，113°30′18″E，海拔 300m），寄主淡竹叶 Lophatherum gracile（禾本科），2017 年 8 月 8 日，王朝红采。

（3）斑腹棘蓟马　新种（缨翅目：蓟马科）

Asprothrips punctulosus Tong, Wang et Mirab-balou, Zootaxa, 4061(2): 181-188. 2016.

主要特征：体通常褐色，雌虫触角第 5 节及第 6 节基半部黄色。腹部第 9 节背板末端具 1 对粗壮的直鬃。雄虫与雌虫相似，但触角第 1 节浅褐色，第 4 节黄色，腹板无腹腺域。

分布信息：江西省，崇义县，阳岭国家森林公园（25°39′N，114°18′E），寄主未知，2015 年 8 月 22 日，童晓立采。

（4）庐山领针蓟马　新种（缨翅目：蓟马科）

Helionothrips lushanensis Wang et Tong, ZooKeys, 714: 47-52. 2017.

主要特征：体深褐色，触角浅褐色；前翅褐色，具 2 相间的浅色斑纹。触角第 3～4 节各具 1 叉状感觉锥；前胸背板网状纹，网格内无皱纹。雄虫与雌虫相似，腹板无腹腺域。

分布信息：江西九江市，庐山风景区（29°33′N，115°59′E），寄主植物小蜡 Ligustrum sinense（木犀科），2015 年 11 月 9 日，童晓立采。

（5）凹新绢蓟马　新种（缨翅目：蓟马科）

Neohydatothrips concavus Mirab-balou, Tong et Yang, Zootaxa, 3700(1): 187. 2013.

主要特征：体褐色，但触角第 1～2 节，中、后足胫节黄色。前翅褐色，近基部浅色；腹部第 6 节比其余各腹节颜色浅。雄虫与雌虫相似，腹板第 7 节具 1 小卵圆形腹腺域。

分布信息：江西上犹县，齐云山国家级自然保护区（25°5′20″N，114°03′14″E），寄主未知，2017 年 9 月 23 日，童晓立采；湖南张家界（29°12′N，110°27′E），寄主未知，1987 年 7 月 29 日，童晓立采。

（6）褐腰暹罗蓟马　新种（缨翅目：蓟马科）

Siamothrips balteus Wang et Tong, ZooKeys, 637: 129-133. 2016.

主要特征：身体双色。触角第 1～2 节黄色，其余各节褐色；前翅白色，但近翅中央呈褐色；触角 8 节，第 3、4 节具叉状感觉锥；腹部背板通常黄白色，但第 2 腹节为褐色；腹部末端呈长锥状。雄虫未知。

分布信息：江西省，靖安县，三爪仑国家森林公园，骆家坪（29°01′33″N，115°17′32″E，海拔 630m），寄主植物檵木 Loropetalum chinense（金缕梅科），2016 年 8 月 17 日，王朝红采。

（7）叉锥针蓟马　新种（缨翅目：蓟马科）

Panchaetothrips bisulcus Mirab-balou et Tong, Camadiom Entomologist, 149: 151. 2016.

主要特征：体褐色至深褐色。触角第 1～2 节和 6～8 节褐色，第 3～5 节黄色，第 3、4 节各具 1 长而分叉的感觉锥；头部刻纹网状，单眼略隆起；前翅褐色，近基部 1/3 处有 1 三角形白斑。雄虫与雌虫相似。

分布信息：江西崇义县，阳岭国家森林公园（25°39′N，114°18′E），寄主未知，2015 年 8 月 22 日，王朝红采。

（8）楔纹贝蓟马　新种（缨翅目：管蓟马科）

Baenothrips cuneatus Zhao et Tong, ZooKeys, 636: 67-75. 2016.

主要特征：头、前胸褐色，腹部背板 2～5 节两侧各具 1 对褐色圆斑。头顶前缘具 3 对长鬃，背面中央有 1 楔形网状纹。雄虫无翅，头顶前缘只有 2 对长鬃。

分布信息：湖南炎陵县，神农谷国家森林公园（26°29′N，114°1′E），采自柳杉 Cryptomeria japonica var. sinensis（柏科）枯枝落叶，2014 年 9 月 15 日，赵超采。

（9）褐尾竹管蓟马 新种（缨翅目：管蓟马科）

Bamboosiella caudibruna Zhao, Wang et Tong, *Zootaxa*, 4514(2): 167-180. 2018.

主要特征：头、前胸背板和翅胸节褐色，触角第 1～3 节黄色，第 4～8 节通常褐色。腹部除第 10 节褐色外，其余黄褐色；除前足腿节基部褐色外，各足黄褐色；前翅透明，具 4～5 根间插缨。雄虫与雌虫相似，但前足跗节具小齿。

分布信息：江西崇义县，阳岭国家森林公园（25°37′50″N，114°18′16″E，海拔 940m），寄主毛竹叶，2015 年 8 月 22 日。赵超采。

（10）三角胫管蓟马 新种（缨翅目：管蓟马科）

Terthrothrips trigonius Zhao et Tong, *Zootaxa* 4323(4): 566. 2017.

主要特征：体褐色；头部较长，两颊在复眼后略凹陷，头背具横纹；触角 8 节，第 3 和 4 节各具 3 个简单感觉锥；复眼略短于头长的 1/4，腹面小于背面，复眼后鬃为复眼长的 1.5 倍，端部膨大；翅胸明显窄于腹部；前足胫节内缘无瘤突，前足跗节齿明显。雄虫体色和结构与雌虫相似，但前足腿节膨大，腹部第 9 节腹片具有 1 对发达的中对鬃。

分布信息：湖南炎陵县，神农谷国家森林公园（26°29′N，114°01′E），在凋落物中取食真菌，2015 年 8 月 24 日，赵超采。

（11）南方冠管蓟马 新种（缨翅目：管蓟马科）

Stephanothrips austrinus Tong et Zhao, *Zootaxa*, 4237(2): 311. 2017.

主要特征：无翅型，头和前胸褐色；翅胸节黄色，但中胸前侧角及后胸两侧褐色；腹部第 1 节褐色，第 2～8 节黄色，两侧有褐斑；尾管黄色，端部褐色；触角 5 节，第 4～5 节褐色，其余黄色；头部背面及两颊布满瘤突，头前缘有 2 对明显的头鬃；复眼由 3 个小眼面组成，缺单眼。

分布信息：江西九江市，井冈山风景区（26°37′N，114°7′E，海拔 1200m），在杉树枯枝落叶上取食真菌，2015 年 8 月 26 日，赵超采。

（12）秃头尾管蓟马 新种（缨翅目：管蓟马科）

Urothrips calvus Tong et Zhao, *Zootaxa*, 4237(2): 316. 2017.

主要特征：本种与南方冠管蓟马 *S. austrinus* 相似，但头部前缘无头鬃。

分布信息：江西九江市，井冈山风景区（26°37′23″N，114°7′4″E，海拔 1240m），在杉树枯枝落叶上取食真菌，2015 年 8 月 26 日，赵超采。

（13）小球甲 新种（鞘翅目：球甲科）

Sphaerius minutus Liang et Jia, *ZooKeys*, 808: 115-121. 2018.

正模：♂，江西省，吉安市，井冈山，茨坪西南 1.3km，26°33′4″N，114°12′2″E，海拔 850m，河流边缘石块下，2011 年 7 月 24 日，贾凤龙采；副模 5，同正模（中山大学生物博物馆，捷克国家博物馆）。

与近似种的区别：与分布于缅甸的 *S. papulosus* Lense，1940 相似，但鞘翅上的小颗粒分布不同，后足跗节 3 节。

（14）殷氏罗霄盲步甲 新种（鞘翅目：步甲科）

Luoxiaotrechus yini Tian et Huang, *Journ. Cave and Karst Srudies*, 77(3): 152-159. 2015.

分布信息：江西萍乡市，莲花县水帘洞（27°25′00″N，113°58′23″E），2013 年 10 月 17 日，田明义采。

（15）德氏罗霄盲步甲 新种（鞘翅目：步甲科）

Luoxiaotrechus deuvei Tian et Yin, *Tropical Zoology*, 26(4): 154-158. 2013.

分布信息：湖南攸县，酒埠江国家地质公园海棠洞（27°14′13″N，113°48′53″E），2012 年 10 月 3 日，田明义采。

罗霄盲步甲属 *Luoxiaotrechus* Tian et Huang, *Tropical Zoology*, 26(4): 154-158. 2013. 为本次罗霄山脉考察发表的新属。

（16）壮四都盲步甲　新种（鞘翅目：步甲科）

Sidublemus solidus Tian et Yin, *Tropical Zoology*, 26(4): 159-160. 2013.

分布信息：湖南桂东县，四都镇（26°00′24″N，113°46′81″E），2013 年 10 月 19 日，田明义采。

四都盲步甲属 *Sidublemus* Tian et Yin, *Tropical Zoology*, 26(4): 159-160. 2013. 为本次罗霄山脉考察发表的新属。

（17）蒲氏安牙甲 *Anacaena pui*　新种（鞘翅目：牙甲科）

Anacaena pui Komarek, *Koleopterologische Rundschau*, 82: 261. 2012.

正模：四川省，雅安。副模：江西省井冈山：茨坪，1994 年 6 月 2~14 日，荆竹山，26°31.0′N，114°05.9′E，海拔 6400m，2010 年 4 月 25 日，Fikáček、Hájek、Jia 和 Song 采（2 副模保存于中山大学生物博物馆）。

与近似种的区别：与高黎贡山毛腿牙甲 *A. gaoligongshana* Komarek, 2012 相似，但雄性外生殖器侧叶宽，端部圆平，基部短弯延伸。

（18）双叶陷口牙甲　新种（鞘翅目：牙甲科）

Coelostoma bifidum Jia, Aston et Fikáček, *Zootaxa*, 3887(3): 359. 2014.

正模：♂，江西吉安市，井冈山，双溪口，2010 年 10 月 3 日，贾凤龙采（中山大学生物博物馆）；副模 38 spec.（中山大学生物博物馆，捷克国家博物馆），同正模；1 male，3 spec.（捷克国家博物馆）：井冈山，万坑河谷，26°31.8′N，114°11.8′E，海拔 525m，2011 年 4 月 28 日，Fikáček、Hájek、Jia 和 Song 采；1 male，16 spec.（捷克国家博物馆）：井冈山白银湖，26°36.8′N、114°11.1′E，海拔 800m，2011 年 4 月 23~29 日，Fikáček、Hájek 和 Kubeček 采；4 spec.（捷克国家博物馆）：井冈山，白银湖，26°36.8′N，114°11.1′E，海拔 800m，2011 年 4 月 23~29 日，Fikáček 和 Hájek 采。

与近似种的区别：与库氏陷口牙甲 *C. coomani* Orchymont (1932)的区别为雄性外生殖器侧叶端部内缘突出，外缘明显呈角形，中叶端部 2/5 明显较基部窄；与拉扎陷口牙甲 *C. lazarense* Orchymont, 1925 的区别为雄性外生殖器中叶窄，端部很深地凹陷，侧叶顶端外缘角状；与特耐陷口牙甲 *C. turnai* Hebauer, 2006 的区别为雄性外生殖器侧叶端部内缘突出，外缘明显呈角形，中叶近中部不很强地加宽，生殖孔位于中叶中部。

（19）李时珍异节牙甲　新种（鞘翅目：牙甲科）

Cymbiodyta lishizheni Jia et Lin, *Zootaxa*, 3985(3): 446. 2015.

正模：♂（中山大学生物博物馆）江西，吉安市，观音岩，29.04°N，115.14°E，海拔 690m，2014 年 7 月 20 日，林任超采。副模（49，中山大学生物博物馆，捷克国家博物馆，美国堪萨斯大学昆虫博物馆），同正模；8 specs.，吉安市，三爪仑镇，白水洞，29.04°N，115.11°E，海拔 660m，2014 年 7 月 22 日，林任超采。

与近似种的区别：与东方异节牙甲 *C. orientalis* Jia et Short, 2010 可以通过以下特征区别，即体型较小，长 3.2~3.3mm；鞘翅边缘和端部黄边较宽；前足腿节被毛大约为腿节长的 2/3，中、后足腿节被毛，端线不斜截，被毛为腿节长的 3/4。

（20）利姆苍白牙甲　新种（鞘翅目：牙甲科）

Enochrus limbourgi Jia et Lin, *ZooKeys*, 480: 51. 2015.

正模：♂（中山大学生物博物馆）：China, Jiangxi Province, Jing'an county, Zaodu town, Nanshan village, 29.01°N, 115.16°E, 315m, 19. vii. 2014, light trap, Ren-Chao Lin leg.

主要特征：体长 7.3mm。头部无眼前斑；下颚须第 2 节黑褐色，仅端部黄褐色，末节全部黄褐色；前胸腹板具低矮纵脊；头、前胸背板和鞘翅刻点细小而密；小盾片具少数强刻点；雄性前、中足明显强烈弯，呈角状，基部具小齿；第 5 腹节端部具凹口，内具金黄色刚毛；雄性外生殖器侧叶端部向外弯，呈靴状，中叶基部宽大卵圆形，中部之上突然变窄，狭于侧叶，端部尖。

（21）费氏乌牙甲 新种（鞘翅目：牙甲科）

Oocyclus fikaceki Short et Jia, *Zootaxa*, 3012: 65. 2011.

正模：♂，福建省，武夷山（中山大学生物博物馆）。副模：57 exs.（中山大学生物博物馆），江西省，井冈山主峰，2010 年 10 月 2 日，贾凤龙采；11 exs.（中山大学生物博物馆），井冈山主峰，2011 年 4 月 29 日，贾凤龙采；1 ex.（中山大学生物博物馆），双溪口，2010 年 10 月 3 日，贾凤龙采；2 exs.（中山大学生物博物馆），双溪口，2011 年 4 月 24 日，贾凤龙采；37 exs.（中山大学生物博物馆），白银湖，2011 年 4 月 23 日，贾凤龙采；29 exs.（捷克国家博物馆，美国国家自然博物馆），白银湖，2011 年 4 月 23～29 日，Fikáček、Hajek 和 Kubecek 采；20 exs.（中山大学生物博物馆），大坝里，2011 年 4 月 28 日，贾凤龙采；8 exs.（捷克国家博物馆，美国国家自然博物馆），大坝里，Fikáček、Hajek、Kubecek、Jia、Song 和 Zhao 采；2 exs.（中山大学生物博物馆），茨坪，2011 年 4 月 24 日，贾凤龙采。

与近似种的区别：与鼎湖乌牙甲 *O. dinghu* Short et Jia（2011）和肖特乌牙甲 *O. shorti* Jia et Mate（2012）的区别为雄性外生殖器侧叶略弯曲，中叶端部分裂，射精孔大、三角形，距顶端大约等于射精孔纵轴。

（22）汉森梭腹牙甲 新种（鞘翅目：牙甲科）

Cercyon (Clinocercyon) hanseni Jia, Fikáček et Ryndevich, *Zootaxa*, 3090: 42. 2011.

正模：♂，江西省，上饶市，三清山（中山大学生物博物馆）。副模：34 exs.（中山大学生物博物馆，捷克国家博物馆，大英博物馆，白俄罗斯 Rydevich 收藏馆，美国堪萨斯大学自然博物馆，维也纳自然博物馆，哥本哈根大学动物博物馆），江西吉安市，井冈山，西坪，26°33.7′N，114°12.2′E，海拔 915m，2011 年 4 月 24 日，Fikáček、Hájek、Jia 和 Song 采；9 spec.（捷克国家博物馆），井冈山，荆竹山，26°31.0′N，114°05.9′E，海拔 640m，2011 年 4 月 25 日，Fikáček、Hájek、Jia 和 Song 采。

与近似种区别：以下特征可以将本种与其他种区别，即头黑色，前胸背板黑色，两侧缘浅黄褐色；鞘翅浅黄褐色，刻点纹深色，鞘缝纹黑色，近基部两侧具近三角形大黑斑。

（23）可爱梭腹牙甲 新种（鞘翅目：牙甲科）

Cercyon (s. str.) bellus Jia, Ryndevich et Fikáček, *Zootaxa*, 4565(4): 502. 2019.

正模：♂（中山大学生物博物馆），江西遂川县，南风面自然保护区，26°17′17″N，114°3′42″E，海拔 820m，2017 年 9 月 21～22 日，王式帅采。副模：7 spec.（中山大学生物博物馆，捷克国家博物馆，白俄罗斯 Ryndevich 收藏馆），同地；3 spec.（中山大学生物博物馆），江西吉安市井冈山，香洲，26°32′57″N，114°11′5″E，海拔 484m，2017 年 8 月 9 日，谢委才、王式帅采。

与近似种区别：本种可以与近似种 *C. pygmaeus*（Illiger，1801）通过以下特征相区别，即背面褐黄色，无黑色基带和基部边缘黑色带，鞘缝几乎全黑，中胸腹板突较宽，雄性外生殖器中叶基部最宽，端部不宽；后胸腹板无腿节线可以很容易与 *C. terminatus*（Marsham，1802)相区别。

（24）佐藤和牙甲 新种（鞘翅目：牙甲科）

Nipponocercyon satoi Fikáček, Jia et Ryndevich, *Zootaxa*, 3904(4): 573. 2015.

正模：♂，浙江省，天目山（中山大学生物博物馆）。副模：1 ♀（中山大学生物博物馆），江西省，井冈山，香洲，26°35.5′N，114°16.0′E，海拔 374m，2011 年 4 月 26 日，贾凤龙采；1 ♀（捷克国家博物馆），1 female（NMPC）：井冈山，茨坪，26°33.7°N，114°12.2°E，海拔 915m，2011 年 4 月 24 日，Fikáček、Hájek、Jia 和 Song 采。

与近似种区别：本种可以通过以下特征很容易与世界上已知的另外两种区别，即前胸腹板无中央纵脊；触角锤状部凹窝内无钉状感受器；鞘翅均匀黑色；鞘翅刻点列不成刻纹；腹部第 1 节刻点较其他刻点略大。

（25）中国阿露尾甲　新种（鞘翅目：露尾甲科 Nitidulidae）

Atarphia cincta Jelínek, Jia et Hájek, *Acta Entomologica Musei Nationalis Pragae*, 52(2): 467-474. 2012.

正模：♂，四川省，雅安，栗子坪（捷克国家博物馆）。副模：江西省，井冈山，松木坪（河谷），26°34.7′N，114°04.3′E，海拔 1280m，2011 年 4 月 27 日，M. Fikáček 和 J. Hájek 采（1♂，中山大学生物博物馆）。

与俄罗斯远东和日本分布的 *A. quadripunctata* (Kirejtshuk, 1992)相近，但本种前胸背板后部具有明显的发达隆突，鞘翅基部中央有黄斑，后部近鞘翅缝有黄色横斑。

（26）罗霄山四齿隐翅虫　新种（鞘翅目：隐翅虫科 Staphylinidae）

Nazeris luoxiaoshanus J. Y. Hu et L. Z. Li, *PLoS One*, 10(7): 4, Fig. 1. 2015.

江西宜春市，明月山国家森林公园，27°35′43″N，114°16′05″～114°16′29″E，海拔 700～1150m，2013 年 7 月 13 日（主模式：SNUC）；等模式：江西，萍乡市，芦溪县，杨家岭，27°35′03″N，114°15′02″E，海拔 820m，2013 年 7 月 15 日（存 SNUC）；江西省，萍乡市，武功山国家森林公园，27°27′39″N，114°10′03″E，海拔 1340～1400m，2013 年 7 月 19 日（存 SNUC）；江西省，萍乡市，芦溪县，羊狮幕，27°35′07″N，114°15′41″E，海拔 1360m，2013 年 10 月 24 日（存 SNUC）。

与近似种的区别：本种与 *N. luoi* 和 *N. tani* 相似，但本种阳茎侧叶和背突形状均不同。

（27）彭中四齿隐翅虫　新种（鞘翅目：隐翅虫科 Staphylinidae）

Nazeris pengzhongi J. Y. Hu et L. Z. Li, *PLoS One*, 10(7): 6, Fig. 2. 2015.

湖南省，炎陵县，桃源洞国家森林公园，26°29′44″N，114°04′39″E，海拔 1200m，2013 年 7 月 18 日（主模式：SNUC）；等模式：江西省，井冈山市，黄洋界，26°37′25″N，114°06′58″E，海拔 1240m（存 SNUC）；江西省，井冈山市，龙潭，26°35′47″N，114°08′25″E，海拔 760～820m，2014 年 7 月 29 日（存 SNUC）；江西省，井冈山市，水口，26°32′42″N，114°08′03″E，海拔 790～900m，2013 年 7 月 30 日（存 SNUC）；江西省，井冈山市，荆竹山，26°29′45″N，114°04′45″E，海拔 1160m，2014 年 7 月 31 日（存 SNUC）。

与近似种的区别：本种体色棕红和阳茎内部结构与 *N. luoxiaoshanus* 相似，但本种阳茎侧叶端部尖锐且背突较宽。

（28）双突四齿隐翅虫　新种（鞘翅目：隐翅虫科 Staphylinidae）

Nazeris divisus J. Y. Hu et L. Z. Li, *PLoS One*, 10(7): 7, Fig. 3. 2015.

湖南省，浏阳市，大围山，28°25′28″N，114°04′52″E，海拔 830m，2013 年 7 月 22 日（主模式：SNUC）。

与近似种的区别：本种体色偏黑和腹板形状与 *N. grandis* 相似，但本种体型偏小且阳茎内部结构与 *N. grandis* 不同。

（29）拟双突四齿隐翅虫　新种（鞘翅目：隐翅虫科 Staphylinidae）

Nazeris paradivisus J. Y. Hu et L. Z. Li, *PLoS One*, 10(7): 9, Fig. 4. 2015.

江西省，奉新县，百丈山，28°42′40″N，114°46′35″E，海拔 800～1100m，2013 年 7 月 17 日（主模式：SNUC）；等模式：江西省，奉新县，百丈山，28°41′35″N，114°46′27″E，海拔 800m，2013 年 7 月 14 日（存 SNUC）；江西省，奉新县，九岭山，28°41′57″N，114°44′33″E，海拔 1250m，2013 年 7 月 19 日（存 SNUC）；江西省，奉新县，泥洋山，28°49′12″N，115°03′26″E，海拔 1000m，2013 年 7 月 24 日（存 SNUC）。

与近似种的区别：本种体色偏黑和阳茎内部结构与 *N. divisus* 相似，但本种阳茎侧叶偏窄且背突弯曲。

（30）晓彬四齿隐翅虫　新种（鞘翅目：隐翅虫科 Staphylinidae）

Nazeris xiaobini J. Y. Hu et L. Z. Li, *PLoS One*, 10(7): 10, Fig. 5. 2015.

江西省，萍乡市，高天岩，27°23′51″N，114°00′54″E，海拔 1025m，2013 年 7 月 23 日（主模式：SNUC）。

与近似种的区别：本种体色棕色和腹板形状与 *N. trifurcatus* 相似，但本种阳茎侧叶偏宽且具较浅凹痕。

（31）丛超四齿隐翅虫　新种（鞘翅目：隐翅虫科 Staphylinidae）

Nazeris congchaoi J. Y. Hu et L. Z. Li, *PLoS One*, 10(7): 11, Fig. 6. 2015.

湖南省，炎陵县，桃源洞国家森林公园，26°29′14″N，114°00′42″E，海拔 770m，2013 年 7 月 16 日（主模式：SNUC）。

与近似种的区别：本种与四齿隐翅虫属的大型种类外形相似，但本种阳茎侧叶尤为细长且背突纤细。

（32）喃喃四齿隐翅虫　新种（鞘翅目：隐翅虫科 Staphylinidae）

Nazeris nannani J. Y. Hu et L. Z. Li, *PLoS One*, 10(7): 13, Fig. 7. 2015.

湖南省，浏阳市，大围山，28°25′37″N，114°07′43″E，海拔 1430m，2013 年 7 月 21 日（主模式：SNUC）。

与近似种的区别：本种体色棕黑色和腹板形状与 *N. congchaoi* 相似，但本种体型偏小，腹部刻点偏小，阳茎侧叶较短且较细。

（33）红四齿隐翅虫　新种（鞘翅目：隐翅虫科 Staphylinidae）

Nazeris rufus J. Y. Hu et L. Z. Li, *PLoS One*, 10(7): 14, Fig. 8. 2015.

湖南省，平江县，幕阜山国家森林公园，28°59′18″N，113°49′33″E，海拔 1550m，2013 年 7 月 24 日（主模式：SNUC）。

与近似种的区别：本种背板形状和阳茎内部结构与 *N. sadanarii* 相似，但本种鞘翅和腹部偏宽，阳茎侧叶端部较尖。

（34）子为四齿隐翅虫　新种（鞘翅目：隐翅虫科 Staphylinidae）

Nazeris ziweii J. Y. Hu et L. Z. Li, *PLoS One*, 10(7): 15, Fig. 9. 2015.

江西省，萍乡市，芦溪县，羊狮幕，27°33′38″N，114°14′35″E，海拔 1580m，2013 年 10 月 25 日（主模式：SNUC）；等模式：江西省，萍乡市，武功山国家森林公园，27°27′26″N，114°10′12″E，海拔 1500～1750m，2013 年 7 月 21 日（存 SNUC）。

与近似种的区别：本种阳茎侧叶端极短且较窄，背突卵圆形，与罗霄山脉其他四齿隐翅虫均不同。

（35）大围山四齿隐翅虫　新种（鞘翅目：隐翅虫科 Staphylinidae）

Nazeris daweishanus J. Y. Hu et L. Z. Li, *PLoS One*, 10(7): 16, Fig. 10. 2015.

湖南省，浏阳市，大围山国家森林公园，28°25′37″N，114°07′43″E，海拔 1430m，2013 年 7 月 21 日（主模式：SNUC）。

与近似种的区别：本种体型、刻点分布和腹板形状与 *N. cultellatus* 相似，但本种阳茎侧叶端部较短且窄。

（36）凸缘四齿隐翅虫　新种（鞘翅目：隐翅虫科 Staphylinidae）

Nazeris prominens J. Y. Hu et L. Z. Li, *PLoS One*, 10(7): 18, Fig. 11. 2015.

江西省，宜春市，明月山国家森林公园，27°35′32″～46″N，114°6′40″～114°17′13″E，海拔 1200～1600m，2013 年 7 月 12 日（主模式：SNUC）。

与近似种的区别：本种体色和阳茎内部结构与 *N. cultellatus* 相似，但本种雄性第 7 腹板后缘具缺刻，阳茎侧叶较短且背突较窄。

（37）泽侃四齿隐翅虫　新种（鞘翅目：隐翅虫科 Staphylinidae）

Nazeris zekani J. Y. Hu et L. Z. Li, *PLoS One*, 10(7): 19, Fig. 12. 2015.

湖南省，浏阳市，大围山，28°25′28″N，114°04′52″E，海拔 830m，2013 年 7 月 22 日（主模式：SNUC）；等模式：江西省，宜春市，奉新县，越山，28°47′03″N，115°10′25″E，海拔 800～900m，2013 年 7 月 23 日（存 SNUC）。

与近似种的区别：本种体型、刻点分布和腹板形状与 *N. prominens* 相似，但本种阳茎侧叶较长且背突较细。

（38）宜平四齿隐翅虫　新种（鞘翅目：隐翅虫科 Staphylinidae）

Nazeris yipingae J. Y. Hu, Y. X. Liu et L. Z. Li, *Zootaxa*, 4370(2): 184, Figs. 12-16. 2018.

江西省，井冈山市，荆竹山，26°29′45″N，114°04′45″E，海拔 1160m，2014 年 7 月 31 日（主模式：SNUC）。

与近似种的区别：本种体型与 *N. inaequalis* 相似，但本种雄性第 3～8 背板具微刻纹，阳茎侧叶对称且较长，背突细长。

（39）佳伟四齿隐翅虫　新种（鞘翅目：隐翅虫科 Staphylinidae）

Nazeris jiaweii J. Y. Hu, Y. X. Liu et L. Z. Li, *Zootaxa*, 4370(2): 185, Figs. 17-21. 2018.

湖南省，炎陵县，南风面，26°18′20″N，114°00′51″E，海拔 1730m，2014 年 5 月 28 日（主模式：SNUC）；等模式：桂东县，八面山，25°59′33″N，113°42′25″E，海拔 1510m，2014 年 6 月 1 日（存SNUC）。

与近似种的区别：本种体型与 *N. rufus* 相似，但本种阳茎侧叶端部较尖，背突侧面弯曲且较窄。

（40）茂林隆齿隐翅虫　新种（鞘翅目：隐翅虫科 Staphylinidae）

Stilicoderus maolini T. T Yu, J. Y. Hu et Z. H. Pan, *Zootaxa*, 4138(2): 375, Figs. 3-7. 2016.

江西省，井冈山市，荆竹山，26°29′45″N，114°04′45″E，海拔 1160m，2014 年 7 月 31 日（主模式：SNUC）；等模式：江西省，井冈山市，笔架山，26°31′03″N，114°11′17″E，海拔 580m，2014 年 7 月 24 日（存 SNUC）；湖南省，桂东县，八面山，25°59′33″N，113°42′25″E，海拔 1510m，2014 年 6 月 1 日（存 SNUC）。

与近似种的区别：本种阳茎内部结构与 *S. variolosus* 相似，但本种阳茎侧叶端部较直且较宽。

（41）八面山隆线隐翅虫　新种（鞘翅目：隐翅虫科 Staphylinidae）

Lathrobium bamianense Z. Peng et L. Z. Li, *Zootaxa*, 4158(3): 386, Figs. 1A, 2. 2016.

湖南省，桂东县，八面山，25°59′53″N，113°41′54″E，海拔 1760m，2014 年 6 月 4 日（主模式：SNUC）。

与近似种的区别：本种体型、体色和雄性第 7 腹板形状与 *L. jinyuae* 相似，但本种雄性第 8 腹板后缘缺刻较宽，阳茎侧叶较直。

（42）富民隆线隐翅虫　新种（鞘翅目：隐翅虫科 Staphylinidae）

Lathrobium fumingi Z. Peng et L. Z. Li, *Zootaxa*, 4158(3): 388, Figs. 1B, 3. 2016.

湖南省，桂东县，八面山，25°59′53″N，113°41′54″E，海拔 1760m，2014 年 6 月 4 日（主模式：SNUC）。

与近似种的区别：本种与同产地的 *L. bamianense* 相似，但本种体型偏大，雄性第 8 腹板后缘缺刻较小，阳茎侧叶和背突形状不同，雌性第 8 腹板较长。

（43）金玉隆线隐翅虫　新种（鞘翅目：隐翅虫科 Staphylinidae）

Lathrobium jinyuae Z. Peng et L. Z. Li, *Zootaxa*, 4158(3): 390, Figs. 1C, 4, 5A, 6. 2016.

湖南省，炎陵县，南风面，26°18′20″N，114°00′51″E，海拔 1730m，2014 年 5 月 28 日（主模式：

SNUC）；等模式：江西省，井冈山市，笔架山，26°30′19″N，114°09′25″E，海拔 1330m，2014 年 7 月 25 日（存 SNUC）；江西省，井冈山市，笔架山，26°30′37″N，114°09′48″E，海拔 1300m，2015 年 7 月 13 日（存 SNUC）。

与近似种的区别：本种阳茎形状与 *L. bamianense* 相似，但本种体型偏大，体色偏暗，雄性第 7 腹板具修饰性刚毛。

（44）九岭山隆线隐翅虫 新种（鞘翅目：隐翅虫科 Staphylinidae）

Lathrobium jiulingense Z. Peng et L. Z. Li, *Zootaxa*, 4158(3): 392, Figs. 5B, 7. 2016.

江西省，奉新县，九岭山，28°41′57″N，114°44′33″E，海拔 1250m，2013 年 7 月 19 日（主模式：SNUC）。

与近似种的区别：本种由于体型偏小，雄性第 8 腹板具密集强烈的修饰性刚毛，故与罗霄山其他隆线隐翅虫均不同。

（45）曙光隆线隐翅虫 新种（鞘翅目：隐翅虫科 Staphylinidae）

Lathrobium shuguangi Z. Peng et L. Z. Li, *Zootaxa*, 4158(3): 395, Figs. 5C, 8. 2016.

江西省，萍乡市，武功山国家森林公园，27°27′39″N，114°10′03″E，海拔 1340～1400m，2013 年 7 月 19 日（主模式：SNUC）。

与近似种的区别：本种雄性第 8 腹板的修饰性刚毛分布和阳茎内部结构与 *L. hujiayaoi* 相似，但本种雄性第 7～8 腹板后缘缺刻较浅且圆。

（46）臺叶隆线隐翅虫 新种（鞘翅目：隐翅虫科 Staphylinidae）

Lathrobium taiye Z. Peng et L. Z. Li, *Zootaxa*, 4158(3): 396, Figs. 9A, 10. 2016.

江西省，萍乡市，武功山国家森林公园，27°27′39″N，114°10′03″E，海拔 1340～1400m，2013 年 7 月 19 日（主模式：SNUC）；等模式：江西省，芦溪县，羊狮幕，27°34′25″N，114°14′14″E，海拔 910～1550m，2013 年 7 月 16 日（存 SNUC）。

与近似种的区别：本种雄性第 7～8 腹板形状与 *L. yipingae* 相似，但本种体色偏浅，雄性第 7～8 腹板具较多修饰性刚毛，阳茎侧叶较纤细。

（47）羊狮幕隆线隐翅虫 新种（鞘翅目：隐翅虫科 Staphylinidae）

Lathrobium yangshimuense Z. Peng et L. Z. Li, *Zootaxa*, 4158(3): 398, Figs. 9B, 11. 2016.

江西省，芦溪县，羊狮幕，27°35′07″N，114°15′41″E，海拔 1360m，2013 年 10 月 24 日（主模式：SNUC）。

与近似种的区别：本种雄性第 8 腹板形状和阳茎内部结构与 *L. badagongense* 相似，但本种体色偏红，雄性第 8 腹板后缘具少量修饰性刚毛，雌性第 8 腹板后缘较凸。

（48）宜平隆线隐翅虫 新种（鞘翅目：隐翅虫科 Staphylinidae）

Lathrobium yipingae Z. Peng et L. Z. Li, *Zootaxa*, 4158(3): 400, Figs. 9C, 12. 2016.

江西省，井冈山市，水口，26°32′42″N，114°08′03″E，海拔 790～900m，2013 年 7 月 30 日（主模式：SNUC）。

与近似种的区别：本种雄性第 7～8 腹板形状与 *L. taiye* 相似，但本种体色偏暗，雄性第 7～8 腹板具较少修饰性刚毛，阳茎侧叶较粗壮。

（49）泽鬼蚁甲 新种（鞘翅目：隐翅虫科 Staphylinidae）

Batrisodes zethus R. X. Jiang et Z. W. Yin, *ZooKeys*, 694: 25, Fig. 10. 2017.

湖南省，浏阳市，大围山，28°25′25″N，114°07′06″E，海拔 1391m，2017 年 6 月 3 日（主模式：SNUC）。

与近似种的区别：本种与罗霄山脉其他鬼蚁甲的不同之处在于体色偏淡，雄性触角第 10 节具特殊性修饰，雄性中足腿节具骨刺。

（50）武功山突眼隐翅虫　新种（鞘翅目：隐翅虫科 Staphylinidae）

Stenus wugongshanus Y. M. Yu, L. Tang et W. D. Yu, *ZooKeys*, 422: 74, Figs. 1, 2, 7-17. 2014.

江西省，萍乡市，武功山国家森林公园，海拔 1500～1750m，2013 年 7 月 21 日（主模式：SNUC）；等模式：江西省，萍乡市，武功山国家森林公园，海拔 1000～1350m，2013 年 7 月 20 日（存 SNUC）。

与近似种的区别：本种体型与 *S. huangganmontium* 相似，但本种第 4～5 腹节侧背板缺失且阳茎形状与其不同。

（51）明月山突眼隐翅虫　新种（鞘翅目：隐翅虫科 Staphylinidae）

Stenus mingyueshanus Y. M. Yu, L. Tang et W. D. Yu, *ZooKeys*, 422: 77, Figs. 3, 4, 18-27. 2014.

江西省，宜春市，明月山国家森林公园，海拔 1140m，2013 年 10 月 23 日（主模式：SNUC）；等模式：江西省，宜春市，明月山国家森林公园，海拔 1610m，2013 年 7 月 11 日（存 SNUC）。

与近似种的区别：本种体型与 *S. ovalis* 相似，但本种头部、前胸背板和鞘翅背部刻点较粗糙且稀疏。

（52）宋氏突眼隐翅虫　新种（鞘翅目：隐翅虫科 Staphylinidae）

Stenus songxiaobini Y. M. Yu, L. Tang et W. D. Yu, *ZooKeys*, 422: 79, Figs. 5, 6, 28-37. 2014.

江西省，萍乡市，武功山国家森林公园，海拔 1340～1400m，2013 年 7 月 19 日（主模式：SNUC）；等模式：萍乡市，武功山国家森林公园，海拔 1000～1350m，2013 年 7 月 20 日（存 SNUC）。

与近似种的区别：本种体型与 *S. mingyueshanus* 相似，但本种前胸背板和鞘翅表面刻点较密集且深。

（53）罗霄双线隐翅虫　新种（鞘翅目：隐翅虫科 Staphylinidae）

Lobrathium luoxiaoense W. R. Li et L. Z. Li, *ZooKeys*, 348: 92, Fig. 3. 2013.

江西省，芦溪县，羊狮幕，27°34′15″N，114°14′12″E，海拔 995m，2012 年 7 月 16 日（主模式：SNUC）；等模式：江西省，宜春市，明月山国家森林公园，27°35′41″～27°35′43″N，114°16′25″E，海拔 1130m，2013 年 7 月 13 日（存 SNUC）。

与近似种的区别：本种体色、鞘翅斑纹和雄性第 7 腹板形状与 *L. anatitum* 相似，但本种雄性第 8 腹板后缘缺刻较小，阳茎侧叶较弯曲。

20.5　两栖类新种与新记录种

20.5.1　两栖类新种

（1）珀普短腿蟾　新种　角蟾科 Megophryidae

Brachytasophrys popei Zhao, Yang, Chen, Chen et Wang, *Asian Herpetological Research*, 5(3): 150-160, Fig. 3. 2014.

正模标本：SYS a001867，湖南省，炎陵县，桃源洞国家级自然保护区，26.5025°N，114.0606°E，海拔 1045m，2012 年 7 月 17 日。

副模标本：SYS a001864-1866，采集信息同正模；SYS a001874-1878，江西省，井冈山市，井冈山，2012 年 7 月 20 日；SYS a000583-0585，0588-0589，广东省，乳源瑶族自治县，南岭国家级自然保护区，2009 年 8 月 13 日。

罗霄山脉分布点：湖南桃源洞，江西井冈山。

体型较小，雌性体长 86.2mm，雄性体长 70.7～83.5mm；头甚宽扁，头宽约为头长的 1.2 倍，头宽约为体长的一半；吻棱不明显，鼓膜隐蔽；犁骨棱突出，细长，两个犁骨棱间距宽，其间距约是内鼻孔间距的 1.5 倍；舌呈梨状，后端缺刻深；左右跟部不相遇；前伸贴体时胫跗关节达口角；指序：

III＞IV＞I＞II；雄性趾间有 1/3～2/3 蹼，雌性趾间最多有 1/3 蹼；趾侧均有显著的厚缘膜，雌性的略宽于雄性；上眼睑外侧有若干大小不等的疣粒，其中一个较大，突出成角状的淡黄色锥状长疣；雄蟾第 I、II 指背面密布有小的黑褐色婚刺；雄性有单咽下内声囊；蝌蚪有横向的白色条纹，腹侧紧接着白色斑点，身体两侧有两条纵向的白色条纹。

（2）井冈角蟾 新种 角蟾科 Megophryidae

Panophrys jinggangensis Wang et al., *Zootaxa*, 3546: 53-67, Figs. 3, 4. 2012.

正模标本：SYS a001430，江西省，井冈山市，井冈山，26.5518°N，114.1549°E，海拔 845m，2011 年 9 月 13 日。

副模标本：SYS a001413-1416，采集信息同正模。

罗霄山脉分布点：湖南桃源洞、云阳山、四方山、大围山，江西井冈山、武功山、羊狮幕、蒙山、官山、九岭山、梅岭、太平山、庐山。

体型偏小，雄性体长 35.1～36.7mm，雌性体长 38.4～41.6mm；头长约等于头宽；吻端钝，突出下颌甚多，侧视向后倾斜至口；鼓膜大而明显，鼓径约为眼径的 4/5；犁骨齿弱；舌缘光滑，无缺刻；指序：III＞IV＞I＞II；指趾均具弱缘膜，趾间微蹼；指/趾基下瘤大；背面密布疣粒；上眼睑具疣粒数颗，其中一颗极为明显，呈角状；背面浅棕色，有 4 条纵向平行的深棕色带纹，两眼间有一深棕色三角形斑；四肢及指趾背面浅棕色，具深棕色横纹；腹面灰色，散布黑色或棕色斑点。

（3）林氏角蟾 新种 角蟾科 Megophryidae

Panophrys lini Wang et Yang, *PLoS One*, 9(4): e93075, Fig. 5. 2014.

正模标本：SYS a001420，江西省，井冈山市，八面山，26.5772°N，114.1018°E，海拔 1369m，2011 年 9 月 19 日。

副模标本：SYS a001419-1421，采集信息同正模；SYS a002381-2386，采集地点同正模，2013 年 10 月 6 日；SYS a002375-2380，江西省，井冈山市，荆竹山，2013 年 10 月 5 日；SYS a002369-2370，2372-2374，江西省，遂川县，南风面，2013 年 10 月 6 日；SYS a001417-1418，江西省，井冈山市，井冈山，2011 年 9 月 13 日；SYS a002128，湖南省，炎陵县，桃源洞国家级自然保护区，2013 年 5 月 21 日。

罗霄山脉分布点：湖南八面山、桃源洞，江西南风面、井冈山。

体型偏小，雌性体长 37.0～39.9mm，雄性体长 34.1～39.7mm；头长约等于头宽；吻端俯视钝尖，侧视平直，向后倾斜至口，突出下颌甚多；无犁骨齿；舌缘光滑，无缺刻；鼓膜或显或不显，其上部大多隐于鼓上褶下；后肢长，左右跟部重叠，胫跗关节达眼前角；指序：III＞IV＞I≥II；指趾缘膜明显，趾间微蹼；指/趾基下瘤明显；背面光滑，散布疣粒；背部具弯曲肤棱数条；体侧有小疣；腹面光滑；上眼睑边缘处有一角状疣；鼓上褶窄，色浅；背面红棕色或橄榄色，眶间有一深色三角形斑，背面有"X"形斑纹；黑色小刺散布于第 I 指背面中部；雄性具单侧咽下内声囊；卵黄色。

（4）陈氏角蟾 新种 角蟾科 Megophryidae

Panophrys cheni Wang et Liu, *PLoS One*, 9(4): e93075, Fig. 6. 2014.

正模标本：SYS a001873，江西省，井冈山市，荆竹山，26.4961°N，114.0794°E，海拔 1210m，2012 年 7 月 20 日。

副模标本：SYS a001871-1872，采集信息同正模；SYS a001427-1429，采集地点同正模，2011 年 9 月 19 日；SYS a001538，采集地点同正模，2012 年 4 月 7 日；SYS a002123-2127，2140-2145，湖南省，炎陵县，桃源洞国家级自然保护区，2013 年 5 月 22 日。

罗霄山脉分布点：湖南桃源洞，江西井冈山。

体型偏小，雌性体长 31.8～34.1mm，雄性体长 26.2～29.5mm；头长约等于头宽；吻端俯视钝圆，侧视平直，向后倾斜至口，突出下颌甚多；鼓膜大而明显，鼓径约为眼径的 4/5；无犁骨齿；舌缘后端缺刻；鼓膜或显或不显，其上部大多隐于鼓上褶下；后肢长，左右跟部重叠甚多，胫跗关节达鼻孔和吻之间；指序：III＞IV＞II＞I；指趾缘膜明显，趾间微蹼；趾基下瘤不显；背面密布疣粒，在背侧排列成平行的两列，其间有"X"形皮肤棱；胫背大疣横向排列成 4～5 行；腹面光滑；上眼睑边缘处有一角状疣；鼓上褶明显，色浅；背面红棕色或黄褐色，具深色网纹；四肢背面有深色横纹；具单侧咽下外声囊。

（5）南岭角蟾　新种　角蟾科 Megophryidae

Panophrys nanlingensis Lyu, Wang, Liu et Wang, *ZooKeys*, 851: 113-164, Fig. 8. 2019.

正模标本：SYSa001964，广东省，乳源瑶族自治县，南岭国家级自然保护区，24.9136°N，113.0201°E，海拔 1008m，2012 年 12 月 21 日。

副模标本：SYS a001959-1963，采集信息同正模；SYS a002334，2356-2358，江西省，崇义县，齐云山，2013 年 10 月 1～3 日。

罗霄山脉分布点：江西齐云山、光菇山。

体型小，雄性头体长 30.5～37.3mm；吻背视钝圆；鼓膜清晰，中等大小，鼓膜径和眼径之比为 0.43～0.57；具犁骨棱和犁骨齿；舌后端深缺刻；后肢细长，左右跟部相超越，胫跗关节贴体前伸达眼后角至眼中部；胫长与头体长之比为 0.45～0.51，足长与头体长之比为 0.61～0.73；指间无蹼，指侧无缘膜，趾间微蹼，趾侧缘膜窄；指/趾基部具一个指/趾基部下瘤；颞区、上唇和颊部至吻端区域具密集的锥状痣粒；背部痣粒和疣粒形成一个不连续的"X"形皮肤棱并在"X"形皮肤棱的两侧形成一对不连续的背侧皮肤棱；颞褶清晰，白色；体背棕色，眶间有一个镶黄色边的黑色三角形斑块，躯干背侧具一镶黄色边的"X"形或"V"形黑色斑块；雄性具咽下单声囊；繁殖期雄性的婚垫和婚刺不可见。

（6）幕阜山角蟾　新种　角蟾科 Megophryidae

Panophrys mufumontana Wang, Lyu et Wang, *ZooKeys*, 851: 113-164, Fig. 10. 2019.

正模标本：SYS a006391，湖南省，平江县，幕阜山，28.9718°N，113.88163°E，海拔 1300m，2017 年 8 月 3 日。

副模标本：SYS a006390，6392，6419，采集信息同正模。

罗霄山脉分布点：湖南幕阜山。

体型小，雄性头体长 30.1～30.8mm，雌性头体长 36.3mm；头长略大于头宽，头宽与头长之比为 0.98～0.99；鼓膜清晰，中等大小，鼓膜径与眼径之比为 0.51～0.58，鼓膜上 1/4 部分被颞褶覆盖；无犁骨齿；舌后端无缺刻；后跟重叠，雄性胫跗关节贴体前伸到达鼓膜处，雌性则到达眼部；胫长与头体长之比为 0.47～0.53，足长与头体长之比为 0.68～0.74；指侧无缘膜，具指基下瘤，指序为 II＝IV＜I＜III；趾间微蹼，趾侧缘膜窄，具趾基下瘤；体背、四肢背面和腹侧具密集痣粒，其间散布疣粒，部分痣粒在体背中央连缀成"V"形、"\ /"形或"X"形的皮肤棱；上眼睑具一小疣粒；颞褶清晰；背面浅棕色至深棕色，眼间具一三角形的深色斑；腹侧下方具一对纵向的具白色边缘的黑色斑块；喉部和胸部皮肤灰黑色，具深棕色的斑纹和乳白色的点斑，腹部皮肤灰白色，具乳白色和橘色的点斑；大腿腹面皮肤具密集的白色小疣粒。

（7）武功山角蟾　新种　角蟾科 Megophryidae

Panophrys wugongensis Wang, Lyu et Wang, *ZooKeys*, 851: 113-164, Fig. 9. 2019.

正模标本：SYS a002625，江西省，芦溪县，羊狮幕，27.5800°N，114.2520°E，海拔 550m，2014 年 5 月 9 日。

副模标本：SYS a002610-2611，江西省，安福县，武功山，2014 年 5 月 8 日；SYS a004777，4796-4804，江西省，安福县，武功山，2016 年 5 月 23 日。

罗霄山脉分布点：湖南大围山，江西武功山、羊狮幕。

雄性体型小，头体长 31.0～34.1mm，雌性体型中等，头体长 38.5～42.8mm；鼓膜清晰，略凹陷，中等大小，鼓膜径与眼径之比为 0.47～0.52；无犁骨齿；舌后端无缺刻；后肢短，后跟不相遇，胫跗关节贴体前伸到达眼后角至鼓膜后缘之间；胫长与头体长之比为 0.39～0.44，足长与头体长之比为 0.56～064；指侧无缘膜，具指基下瘤，指序为 II<I=IV<III；趾间微蹼，趾侧具窄缘膜，具趾基下瘤；体背具密集痣粒，四肢背面及腹侧具少量大疣粒；上眼睑具一小疣粒；颞褶清晰，白色；体背黄棕色或红棕色，眼睑具一不完整的黑色三角形斑块，身体背面中部具一黑色的"X"形斑块；腹面皮肤灰黑色，腹部皮肤具乳白色的云状斑和黑色点斑；雄性具一咽下单声囊；繁殖期雌性具米黄色的卵。

（8）九岭山林蛙　新种　蛙科 Ranidae

Rana jiulingensis Wan, Lyu, Li et Wang, *ZooKeys*, 942: 141-158. 2020

正模标本：SYS a005519，江西省，宜丰县，官山国家级自然保护区，28.5535°N，114.5878°E，海拔 300m，2016 年 9 月 14 日。

副模标本：SYS a002584-2585，江西省，安福县，武功山，2014 年 5 月 8 日；SYS a005511，湖南省，平江县，幕阜山，2016 年 9 月 13 日；SYS a006451，6494-6496，湖南省，浏阳市，大围山，2017 年 8 月 5～6 日。

罗霄山脉分布点：湖南大围山、幕阜山，江西武功山、官山。

雄性头体长 48.3～57.8mm，雌性头体长 48.2～57.5mm。体背光滑，棕黄色；腹面光滑，乳白色；头长显著大于头宽；不具颞褶；背侧褶自眼后角笔直地延伸至体背后部；指趾末端均不具腹侧沟；指基均具指基下瘤；蹼式 I1⅓ - 2II1⅓ - 2⅔ III1½ - 2⅔ IV3 - 1⅓ V；胫跗关节前伸超过吻端；雄性不具声囊，繁殖期颊部和颞部具红色痣粒，第 I 指基部有乳白色婚垫，婚垫分为三部分，具婚刺。

（9）粤琴蛙　新种　蛙科 Ranidae

Nidirana guangdongensis Lyu, Wan et Wang, *ZooKeys*, 914: 127-159, Figs. 5-7. 2020.

正模标本：SYS a005767，广东省，英德市，石门台国家级自然保护区，24.4450°N，113.1617°E，海拔 320m，2017 年 4 月 24 日。

副模标本：SYS a005765-5766，采集信息同正模；SYS a005995，5997-5998，采集地点同正模，2017 年 6 月 20 日；SYS a006879，采集地点同正模，2018 年 4 月 20 日；SYS a007688，采集地点同正模，2019 年 4 月 23 日。

罗霄山脉分布点：湖南八面山、东江湖，江西齐云山、光菇山。

雄性头体长 50.0～58.4mm，雌性头体长 55.3～59.3mm。体背红棕色，后背部有浅色脊线；腹面白色；不具颞褶；背侧褶在体后部断断续续；背部皮肤甚粗糙，雄性体背、背侧褶、体侧和后肢背面均有白色锥状刺；指序 II<I<IV<III；除第 I 指外，指趾末端均具腹侧沟；胫跗关节前伸达鼻孔，后肢跟部重叠；雄性具一对咽下声囊，繁殖期第 I 指具单个婚垫且体侧具光滑、隆起的肩上腺。

（10）湘琴蛙　新种　蛙科 Ranidae

Nidirana xiangica Lyu et Wang, *ZooKeys*, 914: 127-159, Figs. 11-13. 2020.

正模标本：SYS a006492，湖南省，浏阳市，大围山，28.4237°N，114.0793°E，海拔 820m，2018 年 8 月 6 日。

副模标本：SYS a006491，6493，采集信息同正模；SYS a002590-2591，江西省，安福县，武功山，2014 年 5 月 8 日；SYS a007269-7273，湖南省，双牌县，阳明山，2018 年 6 月 21 日。

罗霄山脉分布点：湖南大围山，江西武功山。

雄性头体长 56.3～62.3mm，雌性头体长 53.5～62.6mm。体背棕绿色，后背部无脊线；腹面白色；不具颞褶；背侧褶在体后部断断续续；背部皮肤甚粗糙，雄性体背、背侧褶、体侧、后肢背面、颊部、颞部和鼓膜均有白色锥状刺；指序 II＜I＜IV＜III；指趾末端均具腹侧沟；胫跗关节前伸达眼吻之间，后肢跟部刚好相遇；雄性具一对咽下声囊，繁殖期第 I 指具单个婚垫且体侧具粗糙、显著隆起的肩上腺。

（11）孟闻琴蛙 新种 蛙科 Ranidae

Nidirana mangveni Lyu, Qi et Wang, *ZooKeys*, 914: 127-159, Figs. 8-10. 2020.

正模标本：SYS a006313，浙江省，磐安县，大盘山，28.9801°N，120.5447°E，海拔 860m，2017 年 8 月 1 日。

副模标本：SYS a006310-6312，6314，采集信息同正模；SYS a006413，6414，6416，浙江省，杭州市，龙门山，2017 年 8 月 3 日；SYNU 12050569，浙江省，杭州市，杭州植物园，2012 年 5 月 8 日。

罗霄山脉分布点：江西官山、九岭山。

雄性头体长 53.6～59.7mm，雌性头体长 59.7～65.1mm。体背浅棕色，后背部浅色脊线有或无；腹面白色；颞褶弱；背侧褶在体后部断断续续；背部皮肤粗糙，体后背部具密集疣粒，雄性体背或后背具白色锥状刺；指序 I＜II＜IV＜III；第 III、IV 指及全部趾末端具腹侧沟；胫跗关节前伸达眼前角，后肢跟部重叠；雄性具一对咽下声囊，繁殖期第 I 指具单个婚垫且体侧具不发达的肩上腺。

（12）中华湍蛙 新种 蛙科 Ranidae

Amolops sinensis Lyu, Wang et Wang, *ZooKeys*, 812: 133-156, Figs. 3, 4, 5A. 2019.

正模标本：SYS a007107，广东省，英德市，石门台国家级自然保护区，24.49°N，113.11°E，海拔 510m，2018 年 6 月 22 日。

副模标本：SYS a007105-7106，7108-1709，采集信息同正模；SYS a004165，广东省，英德市，石门台国家级自然保护区，2015 年 7 月 26 日；SYS a005710，5712，广东省，龙门县，南昆山，2017 年 4 月 8 日；SYS a005089，广西壮族自治区，灌阳县，都庞岭，2016 年 7 月 18 日；SYS a007268，湖南省，双牌县，阳明山，2018 年 6 月 21 日；SYS a004257，湖南省，衡山县，衡山，2015 年 8 月 19 日。

罗霄山脉分布点：湖南衡山。

体粗壮，雄性头体长 40.2～46.5mm，雌性头体长 47.7～52.7mm；体背橄榄棕色至深棕色，部分个体具不规则的浅色条形斑纹；腹部白色或米黄色，具灰黑色的斑纹；体背皮肤甚粗糙，雄性体背散布锥形的疣粒和隆起的大瘰粒；犁骨齿发达，舌后端深缺刻；无背侧褶；肩部具一对纵向的皮肤棱；跟部重叠；无外跖突和跗腺；无声囊；雄性第 I 指婚垫发达，婚垫上具米黄色的婚刺；雄性在繁殖期颞褶（部分个体包括鼓膜区域）和颊部具白色的锥状刺。

（13）井冈纤树蛙 新种 树蛙科 Rhacophoridae

Gracixalus jinggangensis Zeng, Zhao, Chen, Chen, Zhang et Wang, *Zootaxa*, 4250(2): 171-185, Figs. 3, 4A. 2017.

正模标本：SYS a004811，江西省，井冈山市，荆竹山，26.4913°N，114.0758°E，海拔 1208m，2016 年 5 月 24 日。

副模标本：SYS a004805，4807，4809，4810，4812，采集信息同正模；SYS a004095-4096，采

集地点同正模，2015 年 7 月 5 日；SYS a003170，采集地点同正模，2014 年 7 月 27 日；SYS a003223，采集地点同正模，2014 年 8 月 6 日。

罗霄山脉分布点：江西井冈山。

体型小，雄性头体长 27.9～33.8mm（9 雄），雌性头体长 31.6mm（1 雌）；上眼睑、背部无细刺；头、躯干以及四肢的背面和侧面皮肤粗糙，散布疣粒；腹部有颗粒疣；胫跗关节处无肤突；指间蹼退化仅具蹼迹；趾蹼中度发达；生活时体背棕色或浅棕色，两眼间至体背中部有一醒目的倒 "Y" 形棕黑色大斑；雄性具单咽下声囊，第 I、II 指基部具婚垫，其上细刺几乎不可见。

20.5.2 两栖类江西省新记录种

罗霄山脉地区发现的两栖类江西省新记录种见表 20-3。

表 20-3 罗霄山脉两栖类江西省新记录种

序号	种名	科名	目中文名	新分布地	文献引证
1	崇安湍蛙 *Amolops chunganensis* (Pope, 1929)	蛙科 Ranidae	无尾目	江西省吉安市荆竹山、安福县武功山	杨剑焕等，2013；本书
2	宜章臭蛙 *Odorrana yizhangensis* Fei, Ye et Jiang, 2007	蛙科 Ranidae	无尾目	江西省吉安市井冈山	杨剑焕等，2013
3	徂徕林蛙 *Rana culaiensis* Li, Lu et Li, 2008	蛙科 Ranidae	无尾目	湖南省茶陵县湖里湿地；江西省安福县武功山，新余市蒙山，南昌市梅岭森林公园	本书在此首次记录（标本号：SYS a002549, 2634, 4776, 4239）
4	红吸盘棱皮树蛙 *Theloderma rhododiscus* (Liu et Hu, 1962)	树蛙科 Rhacophoridae	无尾目	江西省安远县三百山，井冈山市荆竹山	曾昭驰等，2017

20.6 爬行类新记录种

罗霄山脉地区发现的爬行类江西省、湖南省新记录种见表 20-4。

表 20-4 罗霄山脉爬行类江西省、湖南省新记录种

序号	种名	科名	新分布地	文献引证
1	北部湾蜓蜥 *Sphenomorphus tonkinensis* (Nguyen, Schmitz, Nguyen, Orlov, Böhme et Ziegler, 2011)	石龙子科 Scincidae	江西省井冈山市井冈山	Wang et al.，2013
2	崇安草蜥 *Takydromus sylvaticus* (Pope, 1928)	蜥蜴科 Lacertidae	湖南省桂东县八面山	本书在此首次记录（标本号：SYSr001363）
3	横纹龙蜥 *Diploderma fasciatum* (Mertens, 1926)	鬣蜥科 Agamidae	江西省井冈山市荆竹山	Wang et al.，2017

20.7 鸟类新记录种

1）黑喉山鹪莺 *Prinia atrogularis*（Moore），雀形目，湖南省桂东县。湖南省新记录种。

2）灰冠鹟莺 *Phylloscopus tephrocephalus*（Anderson），雀形目，湖南省桃源洞。湖南省新记录种。

20.8 哺乳类新记录种

罗霄山脉地区发现的哺乳类江西省、湖南省和湖北省新记录种见表 20-5。

表 20-5　罗霄山脉哺乳类江西省、湖南省和湖北省新记录种

序号	种名	科名	新分布地/类别	引证
1	褐扁颅蝠 Tylonycteris robustula	蝙蝠科 Vespertilionidae	井冈山，江西省新记录种	张秋萍等，2014
2	暗褐彩蝠 Kerivoula furva	蝙蝠科 Vespertilionidae	井冈山，江西省新记录种	李锋等，2015
3	水甫管鼻蝠 Murina shuipuensi	蝙蝠科 Vespertilionidae	井冈山，江西省新记录种	王晓云等，2016
4	中蹄蝠 Hipposideros larvatus	蝙蝠科 Vespertilionidae	衡东县，湖南省新记录种	冯磊等，2017
5	大卫鼠耳蝠 Myotis davidii	蝙蝠科 Vespertilionidae	衡东县，湖南省新记录种	任锐君等，2017
6	中管鼻蝠 Murina huttoni	蝙蝠科 Vespertilionidae	通山县，湖北省新记录种	黄正澜懿等，2018
7	长指鼠耳蝠 Myotis longipes	蝙蝠科 Vespertilionidae	衡东县，湖南省新记录种	余子寒等，2018
8	东亚水鼠耳蝠 Myotis petax	蝙蝠科 Vespertilionidae	衡东县，湖南省新记录种	冯磊等，2019
			井冈山，江西省新记录种	陈柏承等，2015
9	毛翼管鼻蝠 Harpiocephalus harpia	蝙蝠科 Vespertilionidae	炎陵县，湖南省新记录种	余文华等，2017
			通山先，湖北省新记录种	岳阳等，2019

参 考 文 献

陈柏承, 余文华, 吴毅, 等. 2015. 毛翼管鼻蝠在广西和江西分布新记录及其性二型现象. 四川动物, 34(2): 211-215.
陈志晖, 刘忠成, 赵万义, 等. 2019. 湖南省种子植物分布新资料. 亚热带植物科学, 48(2): 181-185.
邓绍勇, 罗晓敏, 等. 2017. 江西兰科一新记录种——香港绶草. 江西科学, 35(5): 692-693.
凡强, 赵万义, 施诗, 等. 2014. 江西省种子植物区系新资料. 亚热带植物科学, 43(1): 29-32.
冯磊, 吴倩倩, 石胜超, 等. 2017. 湖南发现的中蹄蝠形态结构及系统发育研究. 生命科学研究, 21(6): 515-518, 522.
冯磊, 吴倩倩, 余子寒, 等. 2019. 湖南衡东发现东亚水鼠耳蝠. 动物学杂志, 54(1): 22-29.
冯璐, 王浩威, 肖敏, 等. 2018. 江西省齐云山地区种子植物新资料. 亚热带植物科学, 47(1): 72-76.
黄佳璇, 张信坚, 赵万义, 等. 2019. 江西省维管植物分布新纪录. 亚热带植物科学, 48(3): 299-302.
黄秦, 林鑫, 梁丹. 2016. 湖南八面山发现灰冠鹟莺和黑喉山鹪莺. 动物学杂志, 51(5): 906.
黄正澜懿, 胡宜峰, 吴华, 等. 2018. 中管鼻蝠在湖北和浙江二省分布新记录. 西部林业科学, 47(6): 73-77.
姜娇, 陈德牛, 吴小平, 等. 2014. 江西弯螺属一新种记述(肺螺亚纲, 柄眼目, 扭轴蜗牛科). 四川动物, 33(3): 381-383.
李锋, 余文华, 吴毅, 等. 2015. 江西省发现泰坦尼亚彩蝠. 动物学杂志, 50(1): 1-8.
刘环, 王程旺, 肖汉文, 等. 2020. 江西兰科植物新资料. 南昌大学学报(理科版), 44(2): 167-171.
刘雷, 段林东, 周建成, 等. 2017. 湖南省 4 种新记录外来植物及其入侵性分析. 生命科学研究, 21(1): 31-34.
欧阳珊, 刘息冕, 吴小平. 2012. 江西弯螺属一新种记述. 动物分类学报, 37(1): 72-75.
彭令, 刘雷, 肖顺勇, 等. 2016. 湖南的新记录植物(七). 湖南师范大学自然科学学报, 39(6): 26-31.
彭焱松, 詹选怀, 周赛霞, 等. 2018a. 江西省种子植物 3 新记录种. 亚热带植物科学, 47(3): 43-45.
彭焱松, 詹选怀, 周赛霞, 等. 2018b. 湖南省凤仙花科一新记录种. 江西科学, 36(4): 549-550, 566.
任锐君, 石胜超, 吴倩倩, 等. 2017. 湖南省衡东县发现大卫鼠耳蝠. 动物学杂志, 52(5): 870-876.
宋宗平, 张明, 李泰辉. 2017. 淡蜡黄鸡油菌——中国食用菌一新记录. 食用菌学报, 24(1): 98-102.
田径, 孔小丽, 杜强, 等. 2014. 江西报春苣苔属(苦苣苔科)3 个新记录种. 江西林业科技, 42(1): 37-38.
王程旺, 梁跃龙, 张忠, 等. 2018. 江西省兰科植物新记录. 森林与环境学报, (3): 367-371.
王晓云, 张秋萍, 郭伟健, 等. 2016. 水甫管鼻蝠在模式产地外的发现——广东和江西蝙蝠新记录. 兽类学报, 36(1): 118-122.
吴尧晶, 周柳, 肖顺勇, 等. 2018. 湖南省 6 种新记录外来植物及其入侵性分析. 湖南师范大学自然科学学报, 41(3): 25-29.
夏江林, 李明红, 刘克明. 2015. 湖南被子植物分布新资料. 湖南农业大学学报(自然科学版), 41(3): 245-246.
向晓媚, 肖佳伟, 张代贵, 等. 2018. 江西省武功山地区种子植物新资料. 生物资源, 40(5): 450-455.
肖佳伟, 孙林, 谢丹, 等. 2017a. 江西省种子植物分布新记录. 云南农业大学学报, 32(1): 170-173.
肖佳伟, 向晓媚, 谢丹, 等. 2017b. 江西药用植物新记录. 中国中药杂志, 42(22): 4431-4435.

杨剑焕, 洪元华, 赵健, 等. 2013. 5 种江西省两栖动物新记录. 动物学杂志, 48(1): 129-133.

杨丽敏, 刘雄军, 徐阳, 等. 2019. 流域淡水贝类物种多样性及评估. 长江流域资源与环境, 28(4): 928-938.

余文华, 胡宜锋, 郭伟健, 等. 2017. 毛翼管鼻蝠在湖南的新发现及中国分布的预测. 广州大学学报(自然科学版), 16(3): 15-20.

余子寒, 吴倩倩, 石胜超, 等. 2018. 湖南省发现长指鼠耳蝠. 动物学杂志, 53(5): 701-708.

岳阳, 胡宜峰, 吴毅, 等. 2019. 毛翼管鼻蝠性二型特征及其在湖北和浙江的分布新记录. 兽类学报, 39(2): 142-154.

曾昭驰, 张昌友, 袁银, 等. 2017. 红吸盘棱皮树蛙新记录及其分布区扩大. 动物学杂志, 52(2): 235-243.

张记军, 赵万义, 刘忠成, 等. 2017. 罗霄山脉西坡—湖南省种子植物三新记录种. 亚热带植物科学. 46(1): 70-73.

张秋萍, 余文华, 吴毅, 等. 2014. 江西省蝙蝠新记录——褐扁颅蝠及其核型报道. 四川动物, 33(5): 746-749.

张信坚, 冯璐, 宋含章, 等. 2018. 江西省种子植物分布新资料. 亚热带植物科学, 47(4): 370-376.

张忠, 赵万义, 凡强, 等. 2017. 江西省种子植物一新记录科(无叶莲科)及其生物地理学意义. 亚热带植物科学, 46(2): 181-184.

赵万义, 刘忠成, 张忠, 等. 2016. 罗霄山脉东坡—江西省种子植物新记录. 亚热带植物科学, 45(4): 365-368.

郑圣寿, 王垂祥, 黄燕双, 等. 2019. 江西省维管植物新记录. 南方林业科学, 47(6): 46-48.

周柳, 田径, 吴尧晶, 等. 2019. 湖南的新记录植物(八). 生命科学研究, 23(1): 35-38.

Alström P, Xia C W, Rasmussen P C, et al. 2015. Integrative taxonomy of the Russet Bush Warbler *Locustella mandelli* complex reveals a new species from central China. Avian Research, 6: 9.

Cai X Z, Hu G W, Cong Y Y. 2016. *Impatiens xanthinoides* (Balsaminaceae), a new species from Yunnan, China. Phytotaxa, 227(3): 261-267.

Cai X Z, Tian J, Xiao S Y, et al. 2015. *Primulina hunanensis* sp. nov. (Gesneriaceae) from a limestone area in southern Hunan, China. Nordic Journal of Botany, 33: 576-581.

Cai X Z, Yi R Y, Zhou L, et al. 2014. *Primulina jianghuaensis* sp. nov. (Gesneriaceae) from a limestone cave in southern Hunan, China. Nordic Journal of Botany, 32: 70-74.

Chen K, Zhang D D, Li H H. 2018a. Systematics of the new genus *Spinosuncus* Chen, Zhang & Li with descriptions of four new species (Lepidoptera, Crambidae, Pyraustinae). ZooKeys, 799: 115-151.

Chen K, Zhang D D, Stănescu M. 2018b. Revision of the genus *Eumorphobotys* with descriptions of two new species (Lepidoptera, Crambidae, Pyraustinae), Zootaxa, 4472(3): 489-504.

Fikacek M, Jia F L, Ryndrich S. 2015. A new aberrant species of *Nipponocercyon* from the mountains of southeastern China (Coleoptera: Hydrophilidae: Sphaeridiinae). Zootaxa, 3904(4): 572-580.

Hosen M I, Song Z P, Gates G, et al. 2017. Two new species of *Xanthagaricus* and some notes on *Heinemannomyces* from Asia. MycoKeys, 28: 1-18.

Hosen M I, Song Z P, Gates G, et al. 2018. *Xanthagaricus caeruleus*, a new species with ink-blue lamellae from southeast China. Mycoscience, 59(2): 188-192.

Hu J Y, Liu Y X, Li L Z. 2018. Two new species of *Nazeris* Fauvel in the Luoxiao Mountain Range, China (Coleoptera, Staphylinidae, Paederinae). Zootaxa, 4370(2): 180-188.

Jelínek J, Jia F L, Hájek J. 2012. A new species of the genus *Atarphia* (Coleoptera: Nitidulidae) from China. Acta Entomologica Musei Nationalis Pragae, 52(2): 467-474.

Jia F L, Liang Z L, Ryndevich S K. 2010. Two new species of *Cercyon* Leach, 1817 and additional faunistic records from China (Coleoptera, Hydrophilidae). ZooKeys, 4565(4): 502.

Jia F L, Lin R C. 2015a. Additions to the review of Chinese *Enochrus*, with description of a new species (Coleoptera, Hydrophilidae, Enochrinae). ZooKeys, 480: 49-57.

Jia F L, Lin R C. 2015b. *Cymbiodyta lishizheni* sp. nov., the second species of the genus from China. Zootaxa, 3985(3): 446-450.

Jiang L, Xu K W, Fan Q, et al. 2017. A new species of *Ilex* (Aquifoliaceae) from China based on morphological and molecular data. Phytotaxa, 298(2): 147-157.

Jiang R X, Yin Z W. 2017. Eight new species of *Batrisodes* Reitter from China (Coleoptera, Staphylinidae, Pselaphinae). ZooKeys, 694: 11-30.

Kuang R P, Duan L D, Gu J Z, et al. 2014. *Impatiens liboensis* sp. nov. (Balsaminaceae) from Guizhou, China. Nordic Journal of Botany, 32: 463-467.

Li T, Li T H, Wang C Q, et al. 2017. *Gerhardtia sinensis* (Agaricales, Lyophyllaceae), a new species and a newly recorded genus for China. Phytotaxa, 332(2): 172-180.

Li W R, Li L Z. 2013. Discovery of the male of *Lobrathium rotundiceps* (Koch), and a new species of *Lobrathium* from Jiangxi, East China (Coleoptera, Staphylinidae, Paederinae). ZooKeys, 348: 89-95.

Liang G Q, Jia F L. 2012. A catalogue of the species in the oriental genus *Systolederus* Bolivar, 1887 (Orthoptera:

Tetrigoidea: Metrodoridae) with description of a new species from Jinggangshan, China. Entomotaxonomia, 34(2): 141-146.

Liang Z L, Jia F L. 2018a. A new species of *Sphaerius* Waltl from China (Coleoptera, Myxophaga, Sphaeriusidae). ZooKeys, 808: 115-121.

Liang Z L, Jia F L. 2018b. Actualized checklist of Chinese Haliplidae, with new provincial records (Coleoptera: Haliplidae). Koleopterologische Rundschau, 88: 9-15.

Liu Z C, Lu F, Wang L, et al. 2018. *Chamaelirium viridiflorum* (Melanthiaceae), a new species from Jiangxi, China. Phytotaxa, 357(2): 126-132.

Lyu Z T, Jian W, Li Y Q, et al. 2019. Description of two cryptic species of *Amolops ricketti* group (Anura: Ranidae) from southeastern China. ZooKeys, 812: 133-156.

Lyu Z T, Zeng Z C, Wang J, et al. 2017. Resurrection of genus *Nidirana* (Anura: Ranidae) and synonymizing *N. caldwelli* with *N. adenopleura*, with description of a new species from China. Amphibia-Reptilia, 38(4): 483-502.

Majid M B, Wang Z H, Tong X L. 2017. Review of the Panchaetothripinae (Thysanoptera: Thripidae) of China, with two new species descriptions. Canadian Entomologist, 149(2): 141-158.

Majid M B, Yang S L, Tong X L. 2013. One new species, four new records and key to species of *Hydatothrips* (Thysanoptera: Thripidae) from China (including Taiwan). Zootaxa, 3641(1): 74-82.

Shi W F, Tong X L. 2014. The genus *Labiobaetis* (Ephemeroptera: Baetidae) in China, with description of a new species. Zootaxa, 3815(3): 397-408.

Shi W F, Tong X L. 2015. Taxonomic notes on the genus *Baetiella* Uéno from China, with the descriptions of three new species (Ephemeroptera: Baetidae). Zootaxa, 4012(3): 553-569.

Song B, Li T, Li T H, et al. 2018. *Phallus fuscoechinovolvatus* (Phallaceae, Basidiomycota), a new species with a dark spinose volva from southern China. Phytotaxa, 334(1): 19-27.

Tian J, Liu L, Xiao S Y, et al. 2018. *Primulina hengshanensis* (Gesneriaceae), a new species from the Danxia landform in Hunan, China. Phytotaxa, 333(2): 293-297.

Tian J, Pen L, Zhou J C, et al. 2016. *Phyllagathis guidongensis* (Melastomataceae), a new species from Hunan, China. Phytotaxa 263(1): 58-62.

Tian M Y, Yin H M. 2013. Two new cavernicolous genera and species of Trechinae from Hunan Province, China (Coleoptera: Carabidae). Tropical Zoology, 26(4): 154-165.

Tong X L, Wang Z H, Majid M B. 2016. Two new species and one new record of the genus Asprothrips (Thysanoptera: Thripidae) from China. Zootaxa, 4061(2): 181-188.

Tong X L, Zhao C. 2017. Review of fungus-feeding urothripine species from China, with descriptions of two new species (Thysanoptera: Phlaeothripidae). Zootaxa, 4237(2): 307-320.

Wang C Q, Zhang M, Li T H, et al. 2018. Additions to tribe Chromosereae (Basidiomycota, Hygrophoraceae) from China, including *Sinohygrocybe* gen. nov. and a first report of *Gloioxanthomyces nitidus*. MycoKeys, 38: 59-76.

Wang J, Lyu Z T, Liu Z Y, et al. 2019. Description of six new species of the subgenus *Panophrys* within genus *Megophrys* (Anura: Megophryidae) from southeastern China based on molecular and morphological data. ZooKeys, 851: 113-164.

Wang L, Liao W B. 2014. *Sinojohnstonia ruhuaii* (Boraginaceae), a new species from Jiangxi, China. Novon A Journal for Batanical Nomenclature, 32(2): 250-254.

Wang Y Y, Yang J H, Liu Y. 2013. New distribution records for Sphenomorphus tonkinensis (Lacertilia: Scincidae) with notes on its variation and diagnostic characters. Asian Herpetological Research, 4(2): 147-150.

Wang Y Y, Zhao J, Yang J H, et al. 2014. Morphology, molecular genetics, and bioacoustic support two new sympatric *Xenophrys* (Amphibia: Anura: Megophryidae) species in Southeast China. PLoS ONE, 9(4): e93075.

Wang Z H, Tong X L. 2016. *Siamothrips balteus*, a new species of *Scirtothrips* genus-group from China (Thysanoptera, Thripidae). ZooKeys, 637: 129-133.

Wang Z H, Tong X L. 2017a. A new species of *Helionothrips* from China (Thysanoptera, Panchaetothripinae). ZooKeys, 714: 47-52.

Wang Z H, Tong X L. 2017b. Variation in colour markings of an unusual new *Asprothrips* species from China (Thysanoptera, Thripidae). ZooKeys, 716: 19-28.

Wang Z H, Zhao C, Chen J Y, et al. 2016. Two newly recorded genera and a new species of *Thripinae* from China (Thysanoptera: Thripidae). Zoological Systematics, 41(3): 253-260.

Xia Y W, Li T H, Deng W Q, et al. 2015. A new *Crinipellis* species with floccose squamules from China. Mycoscience, 56: 476-480.

Xiao J W, Meng Y, Zhang D G, et al. 2017. *Heteropolygonatum wugongshanensis* (Asparagaceae, Polygonateae), a new species from Jiangxi province of China. Phytotaxa, 328(2): 189.

Xu J, Li T H, Justo A, et al. 2015. Two new species of *Pluteus* (Agaricales, Pluteaceae) from China. Phytotaxa, 233(1): 61-68.

Xu K W, Jiang L, Zhang L B, et al. 2018a. *Asplenium cyrtosorum* (Aspleniaceae), a new fern from Yunnan, China. Phytotaxa, 351(2): 176-180.

Xu K W, Shi X G, Fan Q, et al. 2017. *Ilex calcicola* (Aquifoliaceae), a new species from a limestone area of Guangxi, China. Phytotaxa, 326(4): 245-251.

Xu K W, Zhang L, Lu N T, et al. 2018b. Nine new species of *Hymenasplenium* (Aspleniaceae) from Asia. Phytotaxa, 358(1): 1-25.

Xu K W, Zhou X M, Zhang L B, et al. 2018c. *Hymenasplenium hastifolium* sp. nov. (Aspleniaceae) from a karst cave in western Guangxi, China. Phytotaxa, 333(2): 281-286.

Yang B, Xiao S, Jiang Y, et al. 2017. *Danxiaorchis yangii* sp. nov. (Orchidaceae: Epidendroideae), the second species of Danxiaorchis. Phytotaxa. 306(4): 287.

Yu T T, Hu J Y, Pan Z H. 2016. Two new species and new records of *Stilicoderus* Sharp from China (Coleoptera, Staphylinidae, Paederinae). Zootaxa, 4138(2): 373-390.

Yu W H, Gabor C, Yi W. 2020. Tube-nosed variations: a new species of the genus *Murina* (Chiroptera: Vespertilionidae) from China. Zoological Research, 41(1): 70-77.

Yu Y M, Tang L, Yu W D. 2014. Three new species of the *Stenus cirrus* group (Coleoptera, Staphylinidae) from Jiangxi, South China. ZooKeys, 442: 73-84.

Zeng Z C, Zhao J, Chen C Q, et al. 2017. A new species of the genus *Gracixalus* (Amphibia: Anura: Rhacophoridae) from Mount Jinggang, southeastern China. Zootaxa, 4250(2): 171-185.

Zhang D D, Li J W. 2016. Two new species and five newly recorded species of the genus *Udea* Guenée from China (Lepidoptera, Crambidae), ZooKeys, 565: 123-139.

Zhang J J, Zhao W Y, Meng K K, et al. 2019. *Saxifraga shennongii*, a new species of Saxifragaceae from Hunan Province, China. Phytotaxa, 418(1): 79-88.

Zhang L, Zuo Q, Li J Y, et al. 2018a. A new species of *Notothylas* (Notothyladaceae) from southwest China. Phytotaxa, 367(2): 191-195.

Zhang M, Li T H, Bin S. 2017a. Two new species of *Chalciporus* (Boletaceae) from southern China revealed by morphological characters and molecular data. Phytotaxa, 327(1): 47-56.

Zhang M, Li T H, Gelardi M, et al. 2017c. A new species and a new combination of *Caloboletus* from China. Phytotaxa, 309(2): 118-126.

Zhang M, Li T H, Nuhn E M. et al. 2017b. *Aureoboletus quercus*-spinosae, a new species from Tibet of China. Mycoscience, 58(3): 192-196.

Zhang M, Li T H, Wang C Q, et al. 2015a. *Aureoboletus formosus*, a new bolete species from Hunan Province of China. Mycological Progress, 14(12): 1-7.

Zhang M, Li T H, Xu J, et al. 2015b. A new violet brown *Aureoboletus* (Boletaceae) from Guangdong of China. Mycoscience, 56(5): 481-485.

Zhang M, Wang C Q, Li T H, et al. 2015c. A new species of *Chalciporus* (Boletaceae, Boletales) with strongly radially arranged pores. Mycoscience, 57(1): 20-25.

Zhang S M, Wang Z H, Li Y J, et al. 2018b. One new species, two generic synonyms and eight new records of Thripidae from China (Thysanoptera). Zootaxa, 4418(4): 370-378.

Zhang X J, Liu Z C, Meng K K, et al. 2018c. *Saxifraga luoxiaoensis* (Saxifragaceae), a new species from Hunan and Jiangxi, China. Phytotaxa, 350(3): 291-296.

Zhao C, Jia H M, Tong X L. 2018a. Two new records and one new species of the genus *Apelaunothrips* from China (Thysanoptera: Phlaeothripidae). Zootaxa, 4450(3): 385-393.

Zhao C, Tong X L. 2016. A new species of *Baenothrips* Crawford from China (Thysanoptera, Phlaeothripidae). ZooKeys, 636: 67-75.

Zhao C, Tong X L. 2017a. Two new species and two new records of fungus-feeding Phlaeothripinae from China (Thysanoptera, Phlaeothripidae). ZooKeys, 694: 1-10.

Zhao C, Tong X L. 2017b. Two new species and a new record of the fungivorous genus *Terthrothrips* from China (Thysanoptera: Phlaeothripidae). Zootaxa, 4323(4): 561-571.

Zhao C, Wang Z H, Tong X L. 2018b. Three new species and three new records of the genus *Bamboosiella* from China (Thysanoptera: Phlaeothripidae). Zootaxa, 4514(2): 151.

Zhao C, Zhang H R, Tong X L. 2018c. Species of the fungivorous genus *Psalidothrips* Priesner from China, with five new species (Thysanoptera, Phlaeothripidae). ZooKeys, 746: 25-50.

Zhao J, Yang J H, Chen G L, et al. 2014. Description of a new species of the genus *Brachytarsophrys* Tian and Hu, 1983

(Amphibia: Anura: Megophryidae) from Southern China based on molecular and morphological data. Asian Herpetological Research, 5(3): 150-160.

Zhao W Y, Fan Q, Ye H G, et al. 2017. *Bredia changii*, a new species of Melastomataceae from Jiangxi, China. Phytotaxa, 307(1): 36-42.

Zhong X R, Li T H, Jiang Z D, et al. 2018. A new yellow species of *Craterellus* (Cantharellales, Hydnaceae) from China. Phytotaxa, 360(1): 35-44.

罗霄山脉地区生物多样性综合科学考察项目组
（2013～2018 年）

专家组

　　组长：宫辉力　庄文颖

　　成员：施苏华　金志农　聂海燕　张正旺　韩诗畴　向梅梅　张宪春　廖文波

课题总负责人

　　廖文波

课题及专题组负责人

1. 自然地理组：苏志尧

　　地质地貌组：张　珂

　　土壤气候组：苏志尧

　　水文水资源组：崔大方

2. 植物与植被组：廖文波

　　植被地理组：王　蕾　廖文波

　　北段苔藓组：张　力

　　中、南段苔藓组：刘蔚秋

　　幕阜山脉植物组：詹选怀

　　九岭山脉植物组：叶华谷

　　武功山脉植物组：陈功锡

　　湘江流域植物组：王　蕾

　　万洋山脉植物组：廖文波　陈春泉

　　诸广山脉植物组：刘克明

　　罗霄山脉兰科组：杨柏云　凡　强

3. 大型真菌组：李泰辉

　　罗霄山脉真菌组：李泰辉　邓旺秋

自然保护协作组：陈春泉　涂晓斌

　　　　　　　　单纪红　饶文娟

　　　　　　　　李茂军　张　忠

　　　　　　　　沈红星

4. 脊椎动物组：王英勇

　　罗霄山脉鱼类组：欧阳珊

　　北段两爬动物组：吴　华

　　南段两爬动物组：王英永

　　北段哺乳动物组：吴　毅

　　南段哺乳动物组：邓学建

　　罗霄山脉鸟类组：刘　阳

5. 昆虫组：庞　虹　贾凤龙

　　北段（湖北境）昆虫组：李利珍

　　南段（江西境）昆虫组：贾凤龙

　　南段（湖南境）昆虫组：童晓立

6. 数据平台组：李鸣光　李宁智

科考主要协助机构

　　江西省林业局；吉安市林业局；井冈山管理局；贵州科学院；湖南省林业局；江西省、湖南省、湖北省在罗霄山脉范围内的各级保护区管理局、国家森林公园、各市县林业局、地方乡镇政府等

科考各参加单位和主要参加人员

广东省微生物研究所（真菌组）

李泰辉　邓旺秋　张　明　宋　斌　沈亚恒　李　挺　张成花　黄　浩　林　敏　肖正端
黄秋菊　王超群　徐　江　宋宗平　钟祥荣　贺　勇　黄　虹

广州大学生命科学学院（哺乳动物组）

吴　毅　周　全　余文华　徐忠鲜　李　锋　陈柏承　张秋萍　郭伟健　王晓云　黎　舫
胡宜峰　岳　阳　黄正澜懿　唐　璇

湖南师范大学生命科学学院（哺乳动物组）

邓学建　李建中　王　斌　黎红辉　梁祝明　吴倩倩　唐梓钧　刘子祥　舒　服　赵冬冬
石胜超　任锐君　刘宜敏　冯　磊　余子寒　柳　勇　刘　钊　王　璐

湖南师范大学生命科学学院（植物组）

刘克明　刘林翰　蔡秀珍　旷仁平　丛义艳　朱香清　田　径　易任远　彭　令　田学辉
刘　雷　吴尧晶　周　柳　李帅杰　尹　娟　彭　帅　刘蕴哲　吴　玉　王芳鸣

华南农业大学林学与风景园林学院（土壤组）

苏志尧　崔大方　张　璐　曾曙才　孙余丹　徐明锋　李文斌　张　毅　王永强

华南农业大学农学院（昆虫组）

童晓立　王　敏　杨淑兰　王朝红　赵　超

华中师范大学生命科学学院（动物组）

吴　华　罗振华　赵　勉　刘家武　李辰亮　魏世超　杜万鑫　刘继兵　苏　娟　张有明
吴行燕　付　超　朱笑然　高　蕾　邱富源　韩梦莹　姚律成　谌　婷　曹　阳　王　倩
王丹丹　黄　波

吉首大学植物资源保护与利用湖南省高校重点实验室（植物组）

陈功锡　张代贵　袁志忠　廖博儒　肖佳伟　孙　林　张　洁　张　成　王冰清　宋　旺
向晓媚　张梦华　谢　丹　吴　玉　蒋　颖

南昌大学生命科学学院（鱼类组、贝类组）

欧阳珊　吴小平　谢广龙　徐　阳　郭　琴　周幼杨　刘雄军

南昌大学生命科学学院（兰科植物组）

杨柏云　罗火林　熊冬金　肖汉文　刘南南　沈宝涛　韩　宇

上海师范大学生命科学学院（昆虫组）

李利珍　赵梅君　汤　亮　殷子为　彭　中　胡佳耀　谢喃喃　戴从超　沈佳伟　严祝奇
余一鸣　宋晓彬　吕泽侃　刘逸萧　周德尧　姜日新　蒋卓衡　陈宜平

首都师范大学资源环境与旅游学院（植物组、植被组）

王　蕾　刘忠成　张记军　刘楠楠　张明月　张　伟　张启彦　刘羽霞　阿尔孜古力

中国科学院华南植物园（植物组）

叶华谷　曾飞燕　林汝顺　叶华谷　唐秀娟　陈有卿　刘运笑　叶育石

中国科学院庐山植物园（植物组）

詹选怀　彭焱松　桂忠明　刘　洁　周赛霞　潘国庐　梁同军　张　丽　聂训明　张　颉
程冬梅

深圳市中国科学院仙湖植物园（苔藓植物组）

张　力　左　勤　Chua Mung Seng　刘嘉杰　林漫华　钟淑婷

中山大学地球科学与工程学院（地质组）

张　珂　黄康有　邹和平　李忠云　李肖杨

中山大学生命科学学院（动物组）

王英永　赵　建　吕植桐　李玉龙

中山大学生命科学学院（昆虫组）

贾凤龙　庞　虹　张丹丹

中山大学生命科学学院（鸟类组）

刘　阳　黄　秦　唐琴冬　杨圳铭　潘新园　梁　丹　赵岩岩　张蛰春　王雪婧　刘思敏
陈国玲　张　楠　林　鑫　李欣彤　湛　霞　苏乐怡

中山大学生命科学学院（苔藓植物组）

刘蔚秋　石祥刚　刘滨扬　舒　婷　李　善　朱术超　关易云　徐建区　付　伟　王湘媛

中山大学生命科学学院（植物组、植被组）

廖文波　凡　强　赵万义　王龙远　许可旺　阴倩怡　丁巧玲　刘　佳　张信坚　涂　明
景慧娟　李朋远　施　诗　李飞飞　丁明艳　许会敏　余　意　郭　微　叶　砚　关开朗
冯慧喆　刘逸嵘　冯　璐　黄翠莹　朱晓枭　孙　键　潘嘉文　林石狮　杨文晟　王晓阳
周婉诗

贵州科学院（自然保护协作组）

洪　江

江西省林业局、吉安市林业局及各保护区等（自然保护协作组）

陈春泉　陈善文　丁晓君　丁新军　单纪红　段晓毛　高金福　龚　伟　顾育铭　郭志文
饶文娟　胡振华　黄初升　黄逢龙　黄素坊　简宗升　蒋　勇　蒋志茵　李茂军　李燕山
钟　婷　李毅生　梁　校　刘大椿　刘同柱　刘小亮　刘　钊　刘中元　贾凤海　何桂强
张　忠　龙　纬　罗　翔　罗燕春　罗忠生　聂林海　欧阳明　彭春娟　彭诗涛　彭永平
彭招兰　邵峰春　施向宏　汪晓玲　王　冬　王仁贵　王国兵　王　娟　吴福贵　黄子发
吴素梅　肖小林　肖艳凤　谢福传　徐　俭　徐晓文　阳小军　杨海荣　曾祥明　杨　亮
姚攀峰　易　婷　于　涛　袁东海　袁小年　张英能　张新图　钟阿勇　周标庆　周　峰
周日巍　周小卿　周裕新　曾广腾　游春华　谢　敏　谭浩华　魏贤彪　万　春　王若旭
王凌峰　王陶元　方平福　方院新　邓小毛　甘　青　甘文峰　卢　进　叶贺民　田　斌
朱定东　朱建华　刘　锐　齐明华　江桂兰　汤建华　阮晓东　李　伟　李清福　李德清
杨义林　杨秋太　肖卫国　肖卫前　肖瑞培　陈志军　肖晓东　吴启全　佘志勇　邹秋平
邹清平　宋玉赞　张　强　洪祖华　刘国传　张文尧　张贵珍　郑圣寿　黎杰俊　曾红高
吴茂隆　邓晓峰　杜禹延　段　寰　段信先　段学涛　龚继斌　顾育蓉　胡　庆　胡水华
胡文娟　胡艺忠　黄学东　李花兰　李牛贵　李小珍　林勇松　刘福珍　刘　洪　刘　璐
刘清亮　刘水萍　刘文娟　刘香莲　龙心明　罗　军　罗深晓　明　鸣　欧阳波　彭　俊
彭志勇　万晓华　韦锦云　文　秦　肖　娟　肖　勇　谢小建　张　蓓　张文栋　郑孝强
涂晓斌　周　静　朱晓峰　朱志锋　邹超煜　邹建成　邹　瑛　左鑫树　陈小龙　陈石柳
陈仕义　陈仕仁　陈宝平　林　栋　罗玉红　周　洪　郑海平　胡红元　胡欣怿　袁小求
郭文才　郭玉秀　郭招云　黄剑雄　蒋力庆　蒋小林　曾以平　承　勇　曾宪文　谢忠发
雷晓明　刘子弟　陈　平　邱美花　刘　颖　钟　靓

湖南省桃源洞国家级自然保护区（自然保护协作组）

沈红星　杨书林　曾茂生　陈极胜

图　版

图版 I　真菌新属、新种照片

1. 华湿伞属 *Sinohygrocybe* C. Q. Wang, M. Zhang et T. H. Li, 绒柄华湿伞 *Sinohygrocybe tomentosipes* C. Q. Wang, M. Zhang et T. H. Li（新属、新种）

2. 红褶牛肝菌属 *Erythrophylloporus* M. Zhang et T. H. Li, 红褶牛肝菌 *Erythrophylloporus cinnabarinus* M. Zhang et T. H. Li（新属、新种）

3. 黄丛毛层蘑菇 *Xanthagaricus flavosquamosus* T. H. Li, I. Hosen et Z. P. Song

4. 蔚蓝层蘑菇 *Xanthagaricus caeruleus* I. Hosen, T. H. Li et Z. P. Song

5. 美丽金牛肝菌 *Aureoboletus formosus* M. Zhang et T. H. Li

6. 柠黄辣牛肝菌 *Chalciporus citrinoaurantius* M. Zhang et T. H. Li

7. 辐射辣牛肝菌 *Chalciporus radiatus* M. Zhang et T. H. Li

8. 丛毛毛皮伞 *Crinipellis floccos* T. H. Li, Y. W. Xia et W. Q. Deng

图版 II　植物新种及新记录科照片

1. 桂东锦香草 *Phyllagathis guidongensis* K. M. Liu et J. Tian

2. 张氏野海棠 *Bredia changii* W. Y. Zhao, X. H. Zhan et W. B. Liao

3. 杨氏丹霞兰 *Danxiaorchis yangii* B. Y. Yang et B. Li

4. 纤秀冬青 *Ilex venusta* H. Peng et W. B. Liao

5. 武功山异黄精 *Heteropolygonatum wugongshanensis* G. X. Chen, Y. Meng et J. W. Xiao

6. 中华膜叶铁角蕨 *Hymenasplenium sinense* K. W. Xu, L. B. Zhang et W. B. Liao

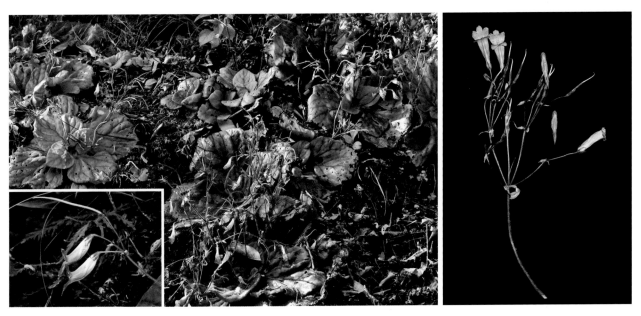

7. 衡山报春苣苔 *Primulina hengshanensis* L. H. Liu et K. M. Liu

8. 绿花白丝草 *Chamaelirium viridiflorum* L. Wang, Z. C. Liu et W. B. Liao

9. 罗霄虎耳草 *Saxifraga luoxiaoensis* W. B. Liao, L. Wang et X. J. Zhang

10. 神农虎耳草 *Saxifraga shennongii* L. Wang, W. B. Liao et J. J. Zhang

11. 无叶莲科 Petrosaviaceae 疏花无叶莲 *Petrosavia sakuraii* (Makino) J. J. Sm. ex Steenis

a. 生境；b. 穗状花序；c. 花，侧面观；d. 雌蕊和雄蕊；e. 根

图版 III　昆虫新种、新记录种照片

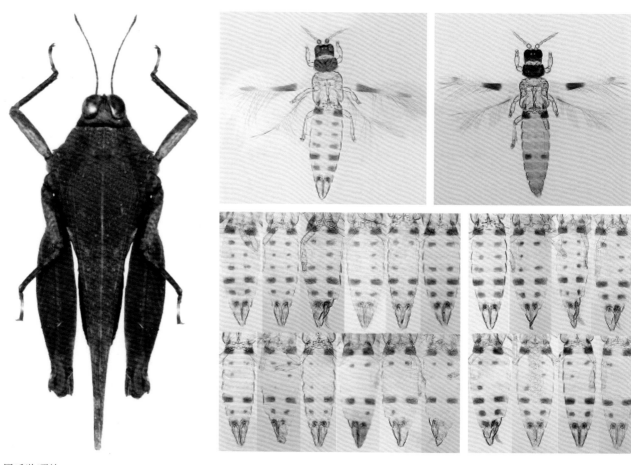

1. 周氏狭顶蚱 *Systolederus choui* Liang et Jia

2. 黑斑棘蓟马 *Asprothrips atermaculosus* Wang et Tong

3. 斑腹棘蓟马 *Asprothrips punctulosus* Tong, Wang et Mirab-balou

4. 庐山领针蓟马 *Helionothrips lushanensis* Wang et Tong

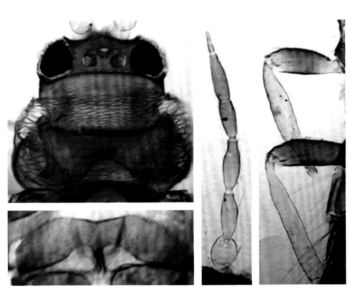

5. 凹新绢蓟马 *Neohydatothrips concavus* Mirab-balou, Tong et Yang

6. 褐腰暹罗蓟马 *Siamothrips balteus* Wang et Tong

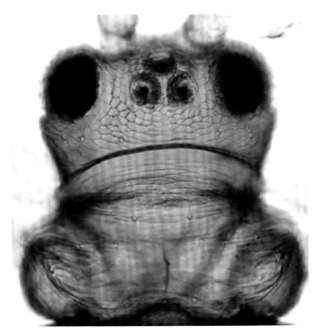

7. 叉锥针蓟马 *Panchaetothrips bisulcus* Mirab-balou et Tong

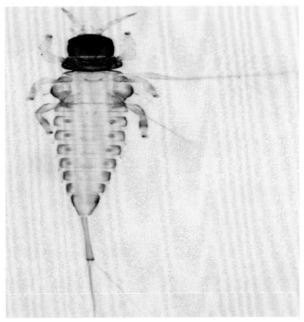

8. 楔纹贝蓟马 *Baenothrips cuneatus* Zhao et Tong

9. 褐尾竹管蓟马 *Bamboosiella caudibruna* Zhao,Wang et Tong

10. 三角胫管蓟马 *Terthrothrips trigonius* Zhao et Tong

11. 南方冠管蓟马 *Stephanothrips austrinus* Tong et Zhao

12. 秃头尾管蓟马 *Urothrips calvus* Tong et Zhao

13. 小球甲 *Sphaerius minutus* Liang et Jia

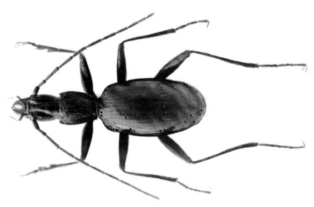

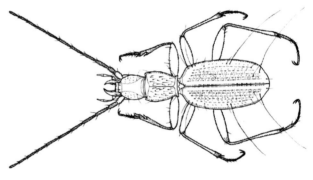

14. 殷氏罗霄盲步甲 *Luoxiaotrechus yini* Tian et Huang

15. 德氏罗霄盲步甲 *Luoxiaotrechus deuvei* Tian et Yin

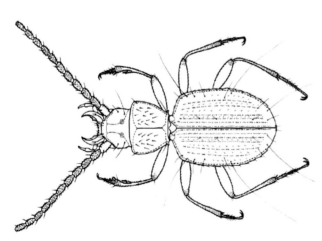

16. 壮四都盲步甲 *Sidublemus solidus* Tian et Yin

17. 蒲氏安牙甲 *Anacaena pui* Komarek

18. 双叶陷口牙甲 *Coelostoma bifidum* Jia, Aston et Fikáček

19. 李时珍异节牙甲 *Cymbiodyta lishizheni* Jia et Lin

20. 利姆苍白牙甲 *Enochrus limbourgi* Jia et Lin

21. 费氏乌牙甲 *Oocyclus fikaceki* Short et Jia

22. 汉森梭腹牙甲 *Cercyon (Clinocercyon) hanseni* Jia,
Fikáček et Ryndevich

23. 可爱梭腹牙甲 *Cercyon (s.str.) bellus* Jia, Ryndevich et
Fikáček

24. 佐藤和牙甲 *Nipponocercyon satoi* Fikáček, Jia et Ryndevich

25. 中国阿露尾甲 *Atarphia cincta* Jelínek, Jia et Hájek

26. 罗霄山四齿隐翅虫 *Nazeris luoxiaoshanus* J. Y. Hu et L. Z. Li

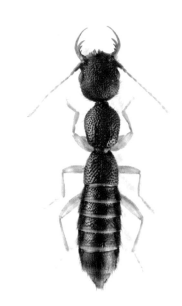

27. 彭中四齿隐翅虫 *Nazeris pengzhongi* J. Y. Hu et L. Z. Li

28. 双突四齿隐翅虫 *Nazeris divisus* J. Y. Hu et L. Z. Li

29. 拟双突四齿隐翅虫 *Nazeris paradivisus* J. Y. Hu et L. Z. Li

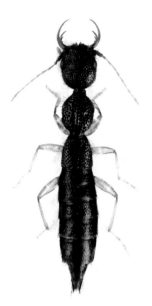

30. 晓彬四齿隐翅虫 *Nazeris xiaobini* J. Y. Hu et L. Z. Li

31. 丛超四齿隐翅虫 *Nazeris congchaoi* J. Y. Hu et L. Z. Li

32. 喃喃四齿隐翅虫 *Nazeris nannani* J. Y. Hu et L. Z. Li

33. 红四齿隐翅虫 *Nazeris rufus* J. Y. Hu et L. Z. Li

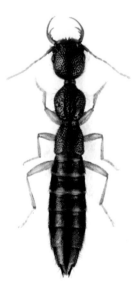

34. 子为四齿隐翅虫 *Nazeris ziweii* J. Y. Hu et L. Z. Li

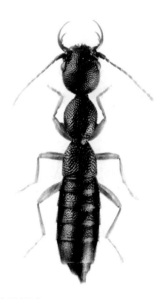

35. 大围山四齿隐翅虫 *Nazeris daweishanus* J. Y. Hu et L. Z. Li

36. 凸缘四齿隐翅虫 *Nazeris prominens* J. Y. Hu et L. Z. Li

37. 泽侃四齿隐翅虫 *Nazeris zekani* J. Y. Hu et L. Z. Li

38. 宜平四齿隐翅虫 *Nazeris yipingae* J. Y. Hu, Y. X. Liu et L. Z. Li

39. 佳伟四齿隐翅虫 *Nazeris jiaweii* J. Y. Hu, Y. X. Liu et L. Z. Li

40. 茂林隆齿隐翅虫 *Stilicoderus maolini* T. T Yu, J. Y. Hu et Z. H. Pan

41. 八面山隆线隐翅虫 *Lathrobium bamianense* Z. Peng et L. Z. Li

42. 富民隆线隐翅虫 *Lathrobium fumingi* Z. Peng et L. Z. Li   43. 金玉隆线隐翅虫 *Lathrobium jinyuae* Z. Peng et L. Z. Li

44. 九岭山隆线隐翅虫 *Lathrobium jiulingense* Z. Peng et L. Z. Li   45. 曙光隆线隐翅虫 *Lathrobium shuguangi* Z. Peng et L. Z. Li

46. 臺叶隆线隐翅虫 *Lathrobium taiye* Z. Peng et L. Z. Li   47. 羊狮幕隆线隐翅虫 *Lathrobium yangshimuense* Z. Peng et L. Z. Li

48. 宜平隆线隐翅虫 *Lathrobium yipingae* Z. Peng et L. Z. Li

49. 泽鬼蚁甲 *Batrisodes zethus* R. X. Jiang et Z. W. Yin

50. 武功山突眼隐翅虫 *Stenus wugongshanus* Y. M. Yu, L. Tang et W. D. Yu

51. 明月山突眼隐翅虫 *Stenus mingyueshanus* Y. M. Yu, L. Tang et W. D. Yu

52. 宋氏突眼隐翅虫 *Stenus songxiaobini* Y. M. Yu, L. Tang et W. D. Yu

53. 罗霄双线隐翅虫 *Lobrathium luoxiaoense* W. R. Li et L. Z. Li

图版 IV　贝类新种照片

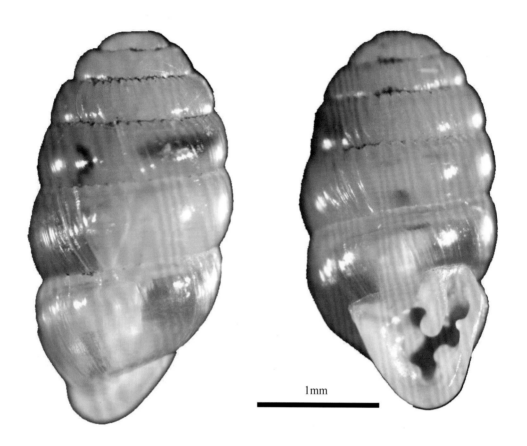

1mm

1. 龙潭弯螺 *Sinoennea longtanensis* Ouyang

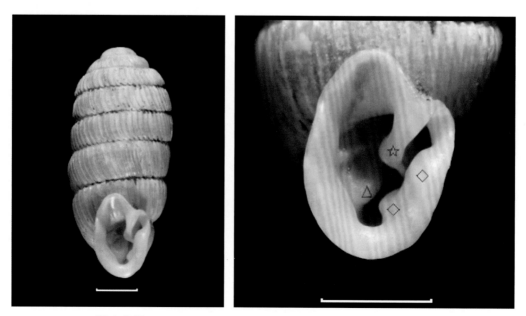

2. 石钟山弯螺 *Sinoennea shizhongshanensis* Jiang et Ouyang（比例尺 = 1mm)

☆角板；△轴缘齿；◇基齿

图版 V 两栖类新种照片

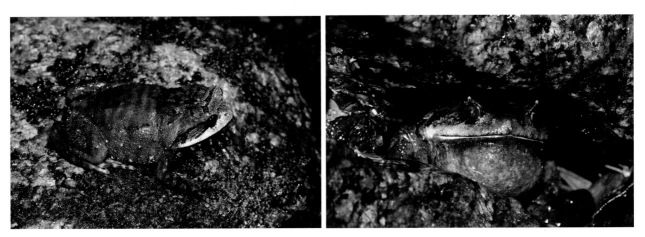

1. 珀普短腿蟾 *Brachytasophrys popei* Zhao, Yang, Chen, Chen et Wang

2. 井冈角蟾 *Panophrys jinggangensis* Wang et al.

3. 林氏角蟾 *Panophrys lini* Wang et Yang

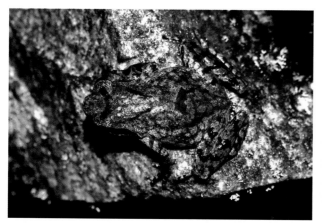

4. 陈氏角蟾 *Panophrys cheni* Wang et Liu   5. 中华湍蛙 *Amolops sinensis* Lyu, Wang et Wang

6. 南岭角蟾 *Panophrys nanlingensis* Lyu, Wang, Liu et Wang

7. 井冈纤树蛙 *Gracixalus jinggangensis* Zeng, Zhao, Chen, Chen, Zhang et Wang

图版 VI

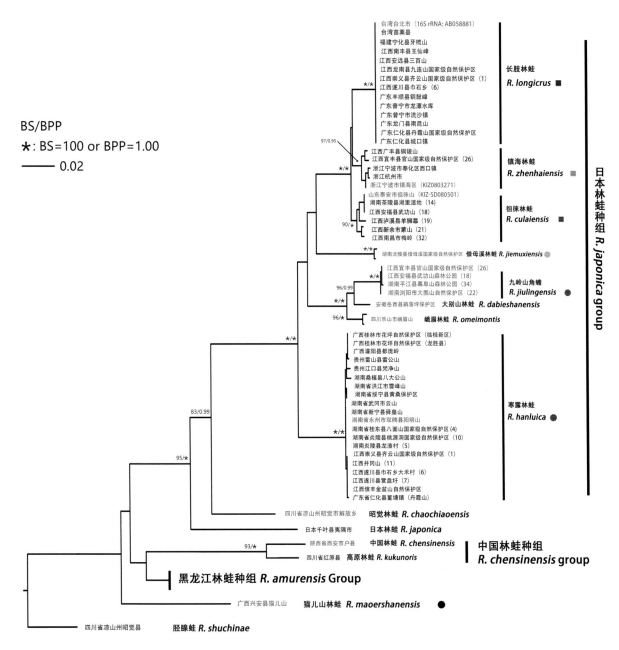

BS/BPP
★: BS=100 or BPP=1.00
—— 0.02

台湾台北市 (16S rRNA: AB058881)
台湾苗栗县
福建宁化县牙梳山
江西南丰县王仙峰
江西安远县三百山
江西龙南县九连山国家级自然保护区
江西崇义县齐云山国家级自然保护区 (1)
★/★ 江西遂川县巾石乡 (6)
广东丰顺县铜鼓峰
广东普宁市龙潭水库
广东普宁县流沙镇
广东龙门县南昆山
广东仁化县丹霞山国家级自然保护区
广东仁化县城口镇

长肢林蛙 R. longicrus ■

97/0.95
江西广丰县铜钹山
★/★ 江西宜丰县官山国家级自然保护区 (26)
浙江宁波市奉化区西口镇
浙江杭州市
浙江宁波市镇海区 (KIZ0803271)

镇海林蛙 R. zhenhaiensis ■

山东泰安市徂徕山 (KIZ-SD080501)
湖南茶陵县湖里湿地 (14)
江西安福县武功山 (18)
90/ 江西泸溪县羊狮幕 (19)
江西新余市蒙山 (21)
江西南昌市梅岭 (32)

徂徕林蛙 R. culaiensis ■

★/★ 湖南沅陵县借母溪国家级自然保护 借母溪林蛙 R. jiemuxiensis ●

江西宜丰县官山国家级自然保护区 (26)
江西安福县武功山森林公园 (18)
96/0.99 湖南平江县幕阜山森林公园 (34)
★/★ 湖南浏阳市大围山自然保护区 (22)

九岭山角蟾 R. jiulingensis ●

★/★ 安徽岳西县鹞落坪保护区 大别山林蛙 R. dabieshanensis

96/★ 四川乐山市峨眉山 峨眉林蛙 R. omeimontis

广西桂林市花坪自然保护区 (临桂新区)
广西桂林市花坪自然保护区 (龙胜县)
广西灌阳县都庞岭
贵州雷山县雷公山
贵州江口县梵净山
湖南桑植县八大公山
湖南省洪江市雪峰山
湖南省绥宁县黄桑保护区
湖南省武冈市云山
湖南省新宁县舜皇山
湖南省永州市双牌县阳明山
★/★ 湖南省桂东县八面山国家级自然保护区 (4)
湖南沅陵县桃源洞国家级自然保护区 (10)
湖南炎陵县龙渣村 (5)
江西崇义县齐云山国家级自然保护区 (1)
江西井冈山 (11)
江西遂川县巾石乡大禾村 (6)
江西遂川县营盘圩 (7)
江西信丰金盆山自然保护区
广东省仁化县董塘镇 (丹霞山)

寒露林蛙 R. hanluica ●

四川省凉山州昭觉市解放乡 昭觉林蛙 R. chaochiaoensis

日本千叶县夷隅市 日本林蛙 R. japonica

93/★ 陕西省西安市户县 中国林蛙 R. chensinensis
四川省红原县 高原林蛙 R. kukunoris

83/0.99

95/★

黑龙江林蛙种组 R. amurensis Group

广西兴安县猫儿山 猫儿山林蛙 R. maoershanensis ●

四川省凉山州昭觉县 胫腺蛙 R. shuchinae

日本林蛙种组 R. japonica group

中国林蛙种组 R. chensinensis group

图 16-1 基于线粒体 16S rDNA 基因的林蛙属系统发育树
加粗字体代表地模标本数据，括号内数字为表 16-1 中采集地对应的编号

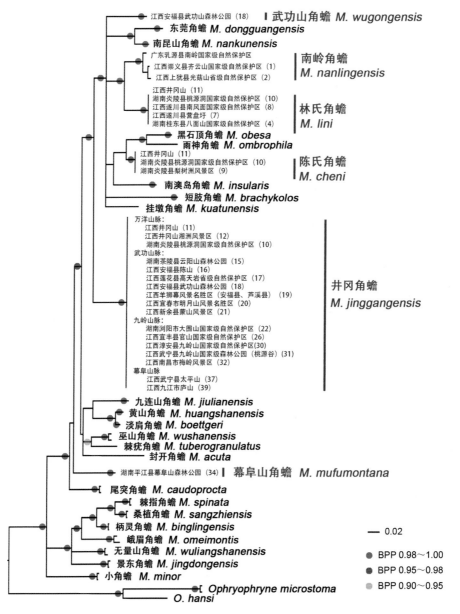

江西安福县武功山森林公园 (18) ▮ 武功山角蟾 M. wugongensis
东莞角蟾 M. dongguangensis
南昆山角蟾 M. nankunensis
广东乳源县南岭国家级自然保护区
江西崇义县齐云山国家级自然保护区 (1) ┤ 南岭角蟾 M. nanlingensis
江西上犹县光菇山省级自然保护区 (2)
江西井冈山 (11)
湖南炎陵县桃源洞国家级自然保护区 (10)
江西遂川县南风面国家级自然保护区 (8) ┤ 林氏角蟾 M. lini
江西遂川县营盘圩 (7)
湖南桂东县八面山国家级自然保护区 (4)
黑石顶角蟾 M. obesa
雨神角蟾 M. ombrophila
江西井冈山 (11)
湖南炎陵县桃源洞国家级自然保护区 (10) ┤ 陈氏角蟾 M. cheni
湖南炎陵县梨树洲风景区 (9)
南澳岛角蟾 M. insularis
短肢角蟾 M. brachykolos
挂墩角蟾 M. kuatunensis
万洋山脉:
    江西井冈山 (11)
    江西井冈山湘洲风景区 (12)
    湖南炎陵县桃源洞国家级自然保护区 (10)
武功山脉:
    湖南茶陵县云阳山森林公园 (15)
    江西安福县陈山 (16)
    江西莲花县高天岩省级自然保护区 (17)
    江西安福县武功山森林公园 (18)
    江西羊狮幕风景名胜区 (安福县、芦溪县) (19) ┤ 井冈角蟾 M. jinggangensis
    江西宜春市明月山风景名胜区 (20)
    江西新余县蒙山风景区 (21)
九岭山脉:
    湖南浏阳市大围山国家级自然保护区 (22)
    江西宜丰县官山国家级自然保护区 (26)
    江西淳安县九岭山国家级自然保护区 (30)
    江西武宁县九岭山国家级森林公园 (桃源谷) (31)
    江西南昌市梅岭风景区 (32)
幕阜山脉:
    江西武宁县太平山 (37)
    江西九江市庐山 (39)
九连山角蟾 M. jiulianensis
黄山角蟾 M. huangshanensis
淡肩角蟾 M. boettgeri
巫山角蟾 M. wushanensis
棘疣角蟾 M. tuberogranulatus
封开角蟾 M. acuta
湖南平江县幕阜山森林公园 (34) ▮ 幕阜山角蟾 M. mufumontana
尾突角蟾 M. caudoprocta
棘指角蟾 M. spinata
桑植角蟾 M. sangzhiensis
柄灵角蟾 M. binglingensis
峨眉角蟾 M. omeimontis
无量山角蟾 M. wuliangshanensis
景东角蟾 M. jingdongensis
小角蟾 M. minor
Ophryophryne microstoma
O. hansi

— 0.02

● BPP 0.98～1.00
● BPP 0.95～0.98
● BPP 0.90～0.95

图 16-3 基于线粒体 16S rDNA 和 CO1 基因的泛角蟾属已知物种系统发育树

括号内数字为表 16-1 中采集地点对应的编号

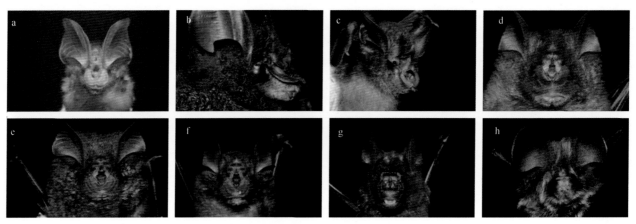

图 19-1 罗霄山脉部分菊头蝠和蹄蝠种类外形

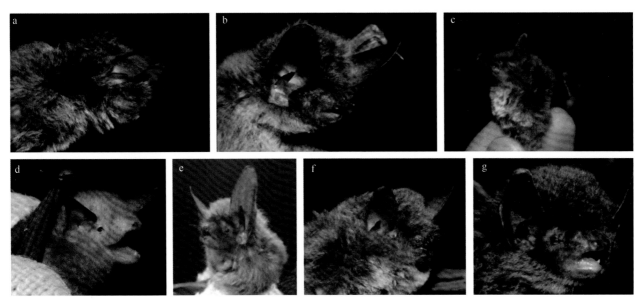

图 19-2　罗霄山脉部分鼠耳蝠属种类外形

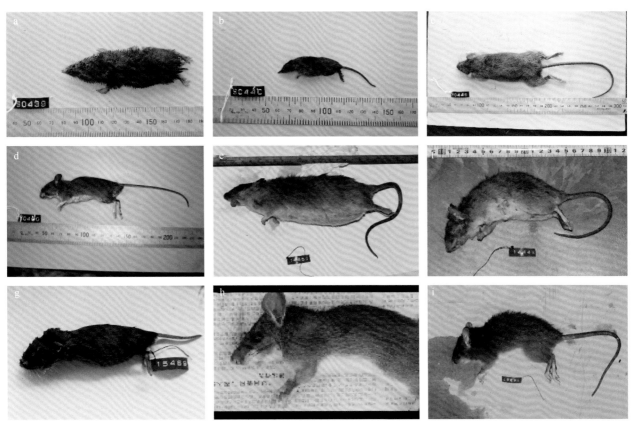

图 19-3　罗霄山脉部分非飞行小型哺乳类外形

图 19-4 红外相机在罗霄山脉拍摄的部分兽类

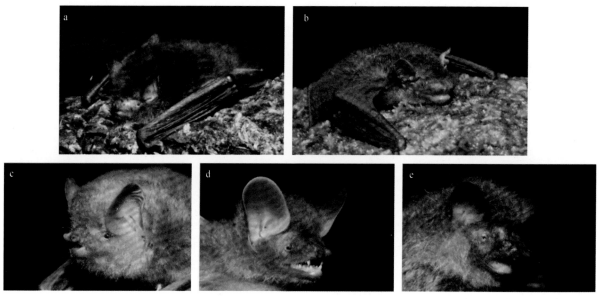

图 19-5 部分在罗霄山脉分布并发表的省级蝙蝠新记录种